인조이 **말레이시아**

인조이 말레이시아

지은이 강석균
펴낸이 임상진
펴낸곳 (주)넥서스

초판 1쇄 발행 2015년 1월 5일
3판 12쇄 발행 2019년 8월 12일

4판 1쇄 발행 2024년 4월 15일
4판 2쇄 발행 2024년 4월 20일

출판신고 1992년 4월 3일 제311-2002-2호
주소 10880 경기도 파주시 지목로 5
전화 (02) 330-5500 팩스 (02) 330-5555

ISBN 979-11-6683-839-2 13980

가격은 뒤표지에 있습니다.
잘못 만들어진 책은 구입처에서 바꾸어 드립니다.

www.nexusbook.com

여행을 즐기는 가장 빠른 방법

인조이 말레이시아

쿠알라 룸푸르·페낭
랑카위·코타 키나발루

MALAYSIA

강석균 지음

넥서스BOOKS

Prologue

여는 글

일곱 빛깔 무지개의 나라!

연중 따뜻한 말레이시아에서는 기습 강우인 스콜이 내려 한낮의 더위를 식혀 주곤 하는데, 스콜이 온 뒤에는 어김없이 아름다운 일곱 빛깔 무지개를 볼 수 있다. 이는 말레이계, 중국계, 인도계 등 여러 민족이 어울려 살아가는 말레이시아의 풍경과 많이 닮아 있다. 민족마다 생활 풍속이 다르고, 이슬람, 도교, 불교, 힌두교 등 종교도 다르며, 말레이 요리, 중국 요리, 인도 요리, 뇨냐 요리 등 요리도 달라 한자리에서 종합 선물 세트처럼 다양한 삶의 모습을 볼 수 있는 곳이 말레이시아이다.

하늘에는 무지개, 땅에는 7개 보석 같은 도시들

말레이시아 수도 **쿠알라룸푸르**는 하늘 높이 솟은 페트로나스 트윈 타워, 중국과 인도 풍경을 엿볼 수 있는 차이나타운과 리틀 인디아, 고급 쇼핑센터가 즐비한 부킷 빈탕 등에서 말레이시아의 발전하는 현재를 보고 밝은 미래까지 예감하게 한다. 수수함과 첨단, 말레이 문화와 중국, 인도 문화가 어우러져 있지만, 소란스럽지 않고 의외로 차분한 모습에 믿음이 간다. 이런 차분한 분위기 덕분에 처음 말레이시아를 방문한 여행자들도 안심하고 여행할 수 있다.
쿠알라룸푸르 남쪽 **말라카**와 쿠알라룸푸르 북쪽 **페낭**은 동서양을 동시에 볼 수 있는 해양 실크로드 도시로 한쪽에는 명나라 정화의 후손들이 세운 차이나타운, 또 다른 한쪽에는 18세기 후반 도래한 네덜란드와 영국 등이 세운 서양 구역이 조성되어 있어 역사 문화 테마파크를 연상케 한다. 말라카 남쪽의 **조호르 바루**는 웅장한 술탄 아부 바카르 모스크에서 이슬람 문화를 엿볼 수 있고 무엇보다 싱가포르와 접해 하루이틀 보너스 같은 싱가포르 여행을 하기 좋은 곳이다.

휴양 낙원과 정글 트레킹 성지

페낭 북쪽 **랑카위**는 아직 때 묻지 않은 휴양 낙원으로 텡아 해변과 판타이 체낭 해변에서 물놀이를 하거나 스노클링 같은 해양 액티비티를 즐기기 좋고 킬림 지오포레스트 공원에서 보

트를 타고 맹그로브 숲을 탐험해도 즐겁다. 말레이반도 중간에 위치한 **타만 네가라**는 여행 난이도는 높지만, 빛깔 고운 새들과 원숭이 같은 야생 동물을 볼 수 있는 열대 우림이 있어 가볼 만한 곳이다. 탐험 대장이 된 양 정글 트레킹과 보트 사파리, 나이트 사파리를 즐기는 것은 타만 네가라에서 빼놓을 수 없는 일정이다. 무엇보다 주위가 온통 정글이라 현대 문명에서 잠시 떨어져 있는 색다른 느낌까지 가질 수 있다.

힐링 여행지 끝판왕, 코타 키나발루

코타 키나발루는 말레이시아의 파라다이스이자 힐링 여행지 끝판왕이다. 보르네오섬 북쪽에 자리한 코타 키나발루는 동남아 최고봉인 키나발루산과 바다에 보석처럼 떠 있는 툰쿠 압둘 라만 해양 공원, 반딧불 향연이 신비로운 클리아스강, 원주민의 모습을 볼 수 있는 마리 마리 문화 마을, 녹색 융단이 끝없이 펼쳐진 골프장, 안락한 쉼터를 제공해 주는 리조트, 생선 굽는 연기로 가득한 필리피노 마켓 등 볼거리와 즐길 거리가 풍부해, 누구나 한 번쯤 방문해 보기를 강력히 추천한다.

이 책을 진행하며 말레이시아 관광청과 각 관광지 홈페이지와 자료를 참고하였음을 밝힌다. 끝으로 현지 취재 중 호의를 베풀어 주신 말레이시아 분들, 수트라 하버 리조트 취재 협조를 해 주신 유니홀리데이 허윤주 이사님, 남주원 님, Tracy Lim, Ms. Anh, 이 책을 진행해 주신 넥서스 출판사 관계자 분들께 깊은 감사를 드린다.

강석균

이 책의 구성

1

한눈에 보는 말레이시아

말레이시아는 어떤 매력을 가지고 있을까? 말레이시아의 대표 관광지와 음식, 쇼핑 아이템, 액티비티를 사진으로 보면서 여행의 큰 그림을 그려 보자.

2

추천 코스

전문가가 추천하는 말레이시아 여행 코스를 참고하여 자신의 여행 스타일에 맞는 최적의 일정을 세워 보자.

3

지역 여행

말레이시아 전국 10개 지역을 구석구석 소개한다. 말레이시아를 찾는 여행자라면 꼭 가 봐야 할 대표적인 명소부터 맛집, 상점, 호텔 등을 소개하고 상세한 관련 정보를 담았다.

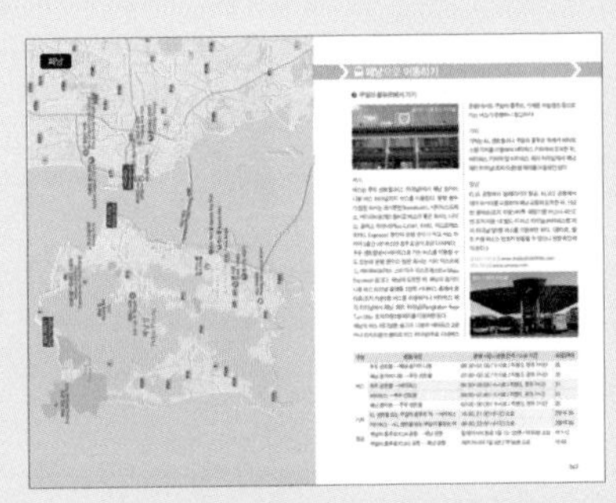

지역별 교통편과 상세한 지도

지역별 베스트 코스와 관광 명소 소개

문화적 배경 지식과 유용한 여행 팁

추천 식당과 숙소, 스파, 클럽 등

현지의 최신 정보를 정확하게 담고자 하였으나 현지 사정에 따라 정보가 예고 없이 변동될 수 있습니다. 특히 요금이나 시간 등의 정보는 안내된 자료를 참고 기준으로 삼아 여행 전 미리 확인하시기 바랍니다.

4

테마 여행

여행을 더 풍성하고 다채롭게 만들어 줄 말레이시아의 즐길 거리들을 테마별로 소개한다.

말레이시아 식신 코드

5

여행 정보

여행 전 준비부터 공항 출입국 수속까지, 여행 전 알아두면 유용한 정보들을 담았다.

여행 준비

6

여행 회화

현지에서 사용할 수 있는 간단한 말레이어 회화 표현을 수록했다.

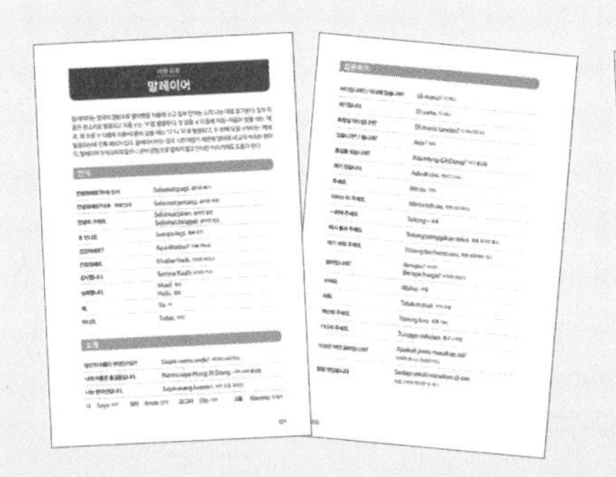
말레이어

찾아보기

책에 소개된 관광 명소와 식당, 숙소 등을 이름만 알아도 쉽게 찾을 수 있도록 정리했다.

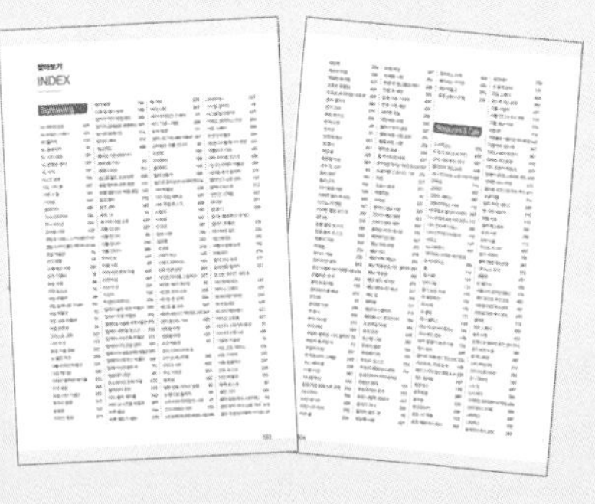
찾아보기

INDEX

Sightseeing

모바일 지도 활용법

책에 나온 장소를 내 휴대폰 속으로!

여행 중 길 찾기가 어려운 독자를 위한 인조이만의 맞춤 지도 서비스.
구글맵 기반으로 새롭게 돌아온 모바일 지도 서비스로 스마트하게 여행을 떠나자.

STEP 01

아래 QR을 이용하여 모바일 지도 페이지 접속.

STEP 02

STEP 03

지도 목록에서 찾고자 하는 장소를 검색하여 원하는 장소로 이동!

❶ 지역 목록으로 돌아가기
❷ 길 찾는 장소 선택
❸ 큰 지도 보기
❹ 지도 공유하기
❺ 구글 지도앱으로 장소 검색

※ 구글을 서비스하지 않는 지역에서는 사용이 제한될 수 있습니다.

Contents

목차

한눈에 보는 말레이시아

추천 코스

지역 여행

테마 여행

여행 정보

한눈에 보는 말레이시아

- 말레이시아 기본 정보
- 관광 명소 BEST 10
- 액티비티 BEST 10
- 음식 BEST 10
- 쇼핑 아이템 BEST 10

Malaysia Information

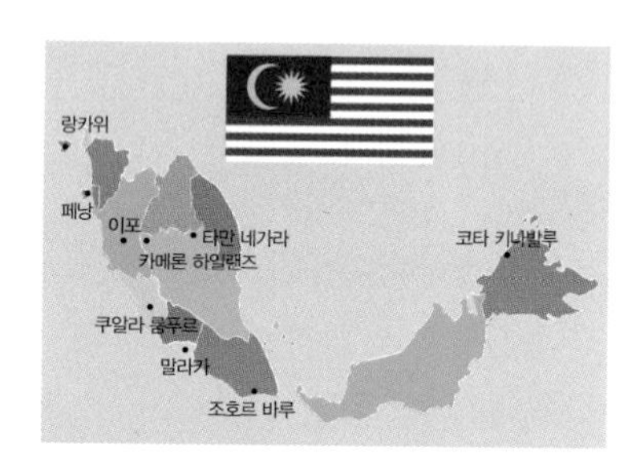

개요와 역사

국명 : 말레이시아(Malaysia)
수도 : 쿠알라 룸푸르(Kuala Lumpur)
면적 : 329,847km^2
인구 : 약 3천만 명
종족 : 말레이계 60%, 중국계 25%, 인도계 7%, 기타 8%
언어 : 말레이어
종교 : 이슬람교, 불교, 힌두교

동남아의 말레이반도와 북보르네오 등에 위치한 입헌 군주제 국가로, 국교는 이슬람교이지만 종교의 자유가 있어 다른 종교에 비교적 관대한 편이다. 말레이시아의 왕은 이슬람의 지도자를 뜻하는 '술탄'이라고 불리며, 각 지역의 술탄 9명이 5년마다 돌아가면서 왕이 된다. 말레이시아 주민은 말레이, 중국, 인도 등 3대 민족으로 이루어져 있는데 일반적으로 사회 주도 세력은 말레이계, 경제 주도 세력은 중국계, 나머지는 인도계가 차지하고 있다고 알려져 있다. 말레이반도 내륙에는 원주민인 오랑 아슬리가 살고 있다. 국토 면적은 329,847km^2, 인구는 약 3천만 명이다.

말레이반도에 사람이 살기 시작한 것은 기원전 8,000년경이고 기원전 1,000년경에 철기 문화가 나타났으며 2~3세기 말레이 북부 케다 지역에 중앙 집권적 국가가 탄생하였다. 7~8세기 말레이반도와 인도네시아 지역에 스리위자야 왕국이 세워졌고 이때부터 중국과 인도, 유럽 간의 해상 중계 무역으로 큰 부를 쌓았다. 그 중심에는 말라카가 있었는데 14세기 이슬람교를 믿는 말라카 왕국이 세워졌고 이 무렵 중국인, 인도인, 중동인 등이 말라카로 들어왔다. 1511년 중계 무역항을 노린 포르투갈의 식민지가 되었고 1641년 네덜란드의 식민지, 1824년에는 영국의 식민지가 되었다. 제2차 세계 대전 기간인 1941년에는 일본에게 점령당한 적이 있고 전쟁 후 1948년 말라야 연방이 결성되었으나 여전히 영국의 식민지 상태였다. 1957년 영국으로부터 독립하며 말레이반도와 북보르네오를 포함하는 말레이시아 연방을 결성하였고, 싱가포르가 독립하는 등의 일을 겪으며 오늘에 이르고 있다.

언어

공용어는 말레이어이나 오랫동안 영국의 식민지였기 때문에 영어 사용이 친근하다. 중국계 주민도 많아 차이나타운 등지에서는 일부 중국어로 소통이 가능하다. 말레이어의 문자 표기는 영국의 영향으로 알파벳을 차용해 쓰고 외래어 중에서 일부 단어는 소리 나는 대로 표기하기도 한다. 따라

서 말레이어를 모르는 사람도 표지판의 지명 등을 읽는 데는 큰 문제가 없다. 중국어 사용자를 위해 한자를 병기하는 경우도 많다.

시차

말레이시아의 표준 시각은 우리보다 1시간 늦다. 예를 들어 한국 시간으로 10시일 때, 말레이시아 시간으로는 아직 9시인 셈이다. 서머 타임제는 실시하지 않는다. 참고로 말레이시아에 인접한 싱가포르의 표준 시각은 말레이시아와 같고, 태국과 인도네시아는 말레이시아보다도 1시간 더 늦어 우리나라와는 2시간 차이가 난다.

기후 & 여행 시즌

고온 다습한 열대 우림 기후로 연평균 기온은 27℃이며 6~9월에는 30℃가 넘어간다. 연평균 강우량 2,410mm, 습도는 63~80%이다. 10월부터 2월까지는 우기, 나머지 기간은 건기이다. 우기에는 주로 밤 시간에 열대 지역 단기성 폭우를 뜻하는 스콜이 내린다. 우기 때 말레이 동해안은 여행하기 힘들 수 있고 동해안의 섬은 한동안 폐쇄되기도 하나 쿠알라 룸푸르가 있는 서해안은 여행하기 괜찮다. 말레이시아를 여행하기에 가장 좋은 시기는 3~5월의 봄과 10~11월의 가을이나 나머지 시기도 조금 더 더울 뿐, 다니기 어려운 정도는 아니다.

화폐

말레이시아 화폐는 링깃(Ringgit, RM)으로 불린

다. 보조 통화는 센(sen)이라고 하며, 1링깃은 100센에 해당한다. 지폐는 100, 50, 20, 10, 5, 1링깃짜리가 있고, 동전은 50, 20, 10, 5, 1센짜리가 있다. 환율은 RM1=약 286원(2023년 10월 기준)이나 은행에서 환전할 때에는 수수료가 붙어 실제 받는 돈의 액수는 다를 수 있다. 카드의 경우, 비자(VISA), 마스타(Master), 아멕스(Amex) 등 국제적으로 통용되는 신용 카드의 사용이 가능하며, 현금 인출기(ATM)를 통해서 현금 서비스를 받거나 체크 카드로 예금을 인출할 수 있다.

전압 & 플러그

말레이시아 전압은 220V, 50Hz이고, 영국식 3구 플러그를 사용한다. 따라서 핸드폰이나 카메라, 노트북 등을 충전하려면 우리가 사용하는 2구에서 3구로 연결하는 어댑터가 필요하다. 특급 호텔의 경우 프론트에서 어댑터를 대여해 주기도 하나 일반 숙소라면 미리 어댑터를 준비하는 것이 좋다. 어댑터는 말레이시아 상점이나 시장에서 RM10 내외로 구입할 수 있다.

전화

말레이시아 국가 번호는 60이고, 지역 번호는 쿠알라 룸푸르 03, 이포 05, 페낭 04, 랑카위 04, 말라카 06, 조호르 바루 07, 코타 키나발루 088, 쿠칭 082 등이다. 예를 들어 한국에서 말레이시아 쿠알라 룸푸르로 국제 전화를 걸 때는 국제 전화 식별 번호(001, 002 등)+60(말레이시아 국가 번호)+3(쿠알라 룸푸르 지역 번호, 0 빼고)+0000-0000(해당 전화번호)를 누르면 된다. 반대로, 말

레이시아에서 한국 서울로 국제 전화를 걸 때는 00(국제 전화 식별 번호)+82(한국 국가 번호)+2(서울 지역 번호, 0 빼고)+0000-0000(해당 전화번호)를 누르면 된다.

호텔 전화

보통 0번이나 9번을 누르고 시외 전화(지역 번호+전화번호)나 시내 전화를 이용할 수 있으나 체크아웃 시 전화 요금이 계산되니 주의한다.

공중전화

공항에는 신용 카드로 걸 수 있는 카드식 공중전화가 있으나 대부분은 50, 30, 10, 5, 1센(sen) 동전을 넣는 공중전화이다. 공중전화를 사용하려면 수화기를 들고 동전 넣고 신호음이 떨어지면 전화번호를 눌러 통화한다.

핸드폰 & 심 카드

핸드폰은 한국 전화번호 그대로 로밍(Roaming)하여 사용하거나, 공항 내 상점에서 선불 통화 카드인 심(Sim) 카드 또는 유심(Usim) 카드를 구입해 이용할 수 있다. 1~2일의 초단기 여행이라면 로밍이 편리하지만, 그 이상의 기간이라면 다양한 가격의 심 카드를 잘 비교해서 가장 저렴한 것으로 구입하도록 하자. 심 카드에는 전화번호가 나와 있고 데이터 심 카드의 경우 전화번호와 일정 데이터가 표시되어 있다. 심 카드를 핸드폰에 꽂고 심 카드에 나온 사항대로 등록을 하면 말레이

통신 회사 부스

시아에서 핸드폰 사용이 가능해진다. 구입처에서 심 카드를 등록해 달라고 하면 종업원이 알아서 등록해 준다. 심 카드는 사용 패턴에 따라 구입할 수 있는데 통화 위주인지 인터넷을 위한 데이터 위주인지에 따라 용도에 맞는 것을 구입한다.
심 카드 종류는 Maxis 사의 Hotlink(www.hotlink.com.my), Celcom 사의 Xpax/Celcom Frenz(www.celcom.com.my), DiGi(www.digi.com.my), Umobile(www.u.com.my) 등이 있고 각 회사별로 다양한 심 카드가 있으니 홈페이지를 참고한다. 가격은 1개월 통화+데이터의 심 카드가 RM50 내외이다. 사용하다가 더 필요해지면 금액을 충전하여 사용하면 된다. 심 카드는 가급적 어느 정도 영어가 통하는 공항 내 상점에서 구입하는 것이 좋다.

인터넷

웬만한 호텔이나 리조트에는 무선 인터넷이 있어 스마트폰이나 노트북 등으로 인터넷을 즐길 수 있다. 인터넷 카페(1시간 RM4 내외)는 시내에서 가끔 볼 수 있으나 많은 것은 아니다. 그래도 각 도시의 여행자 거리에는 한두 곳 정도 있기 마련이니 필요하면 여행자 거리로 가 보자. 요즘은 데이터가 있는 심 카드를 구매한 뒤 핸드폰으로 인터넷을 이용하거나 핸드폰 테더링을 이용하여 태블릿이나 노트북에서 인터넷을 이용하는 경우가 많다.

화장실

도시에서는 맥도날드 같은 패스트푸드점이나 쇼핑센터의 화장실을 이용할 수 있고 시외에서는 관광지나 사원의 화장실을 이용한다. 대형 쇼핑센터

내에는 화장지가 있으나 그 외 화장실에는 화장지가 없으니 미리 준비하자. 이슬람 신자들은 휴지 대신 화장실 내 호스를 이용해 뒤처리를 하는데 이 때문에 화장실 바닥이 젖어 있는 경우도 있어, 슬리퍼 신고 화장실을 이용하면 발이 젖을 수 있다.

치안

말레이시아의 치안은 대체로 안전하나 늦은 시간에 외진 곳이나 골목 등은 지나지 않도록 한다. 쇼핑센터나 버스 터미널 등 사람들로 북적이는 곳에서는 소매치기나 날치기를 주의하고 유흥가의 레스토랑, 주점 등에서는 신용 카드를 사용하지 않는 것이 좋다.

긴급 연락처

경찰/구급차 999
쿠알라 룸푸르 관광 경찰 03-9284-2222
주말레이시아 대사관 긴급 전화 017-623-8343

축제 & 행사

말레이시아는 다종교, 다민족 국가이므로 각 민족의 종교와 관련된 축제나 말레이시아 독립 기념일 같은 행사가 다채롭게 열린다. 이들 축제나 행사가 열리는 시기에 말레이시아를 방문하게 된다면 말레이시아 사람들과 어울려, 색다른 문화를 즐겨 보는 것도 좋다. 일부 축제나 행사 일은 음력으로 실시되므로 매년 개최일이 바뀔 수 있다.

★ 주요 축제와 행사 캘린더

시기	축제 & 행사	내용
1월	타이푸삼(Thaipusam)	1월 말~2월 초, 각지에서 인도계 힌두 신자들이 모이는 힌두교 최대 행사
2월	춘절(Chinese New Year)	음력 1월 1일로 중국계 사람들의 최대 명절 춘절 전후, 쇼핑센터에서 바겐세일, 이벤트 개최
3월	컬러스 오브 말레이시아(Colours of Malaysia)	3월 말, 각 민족의상을 입은 댄서들의 화려한 댄싱
4월	성 금요일(Good Friday)	둘째 주 금요일, 예수의 재판과 처형을 기리는 날 주로 기독교 신자가 많은 사바, 사라왁 주에서 열림
5월	웨삭 데이(Wesak Day)	5월 중순, 부처님 탄생 축하 행사
6월	말레이시아 국왕 탄생 축제(Birthday of Seri Paduka Beginda Yang Di-Pertyan Agong)	첫째 주 토요일, 국왕 탄생 축제로 퍼레이드 열림
8월	독립기념일(National Day)	8월 31일, 메르데카 광장에서 민속춤, 퍼레이드 등이 있는 성대한 독립기념 축제 열림
9월	하리 라야 푸아사(Hari Raya Puasa)	9월 중순, 이슬람 라마단 끝남을 축하하는 의식
10월	디파발리 데이(Deepavali Day)	10월 하순, 선이 악을 이긴 전설에 기인한 축제로 힌두교 감사제. 3주간 디팜 램프를 켜고 행복과 부 축원
11월	하리 라야 하지(Hari Raya Haji)	11월 중하순, 성지 메카로의 순례 시기, 공항 붐빔
12월	성탄절(Christmas)	25일, 영국 식민지 영향, 각 쇼핑센터 바겐세일과 이벤트 실시. 종교에 상관없이 즐기는 명절

페트로나스 트윈 타워

88층, 452m로 말레이시아 발전의 상징으로 여겨지는 쌍둥이 빌딩이다. 41층과 86층 전망대에서 쿠알라 룸푸르의 전경을 한눈에 바라볼 수 있으며, 고급 쇼핑센터인 수리아 KLCC에서 쇼핑도 즐길 수 있다. p.104

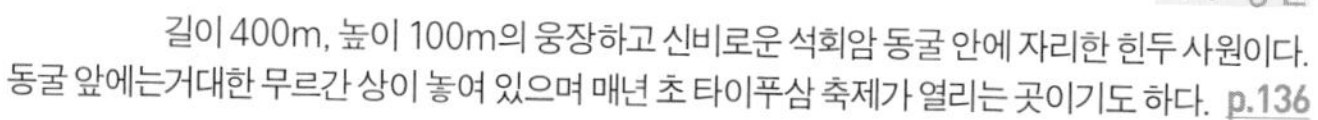

바투 동굴

길이 400m, 높이 100m의 웅장하고 신비로운 석회암 동굴 안에 자리한 힌두 사원이다. 동굴 앞에는거대한 무르간 상이 놓여 있으며 매년 초 타이푸삼 축제가 열리는 곳이기도 하다. p.136

겐팅 하일랜즈의 친쉬 동굴 사원

겐팅 하일랜즈는 고원의 라스베이거스로 불리는 카지노가 유명한 휴양지이다. 산 중턱 친쉬 동굴 사원에는 하늘에 닿을 듯 멋진 육각탑이 반겨 주고 시원한 바람이 불어오는 전망대에서 풍경을 감상할 수 있다. p.165

카메론 하일랜즈의 보 티 농장

카메론 하일랜즈는 해발 1,500m의 고원에 위치한 인기 휴양지로, 차, 꽃, 딸기, 벌꿀 등 고산 농업이 발달했다. 마치 산등성이에 녹색 융단을 깔아놓은 듯한 드넓은 차밭을 볼 수 있다. p.191

이포의 템푸룽 동굴

이포 시내 남쪽에 있는 석회 동굴로 최고 높이 120m, 길이 1.9km의 방대한 규모를 자랑한다. 동굴 내의 거대한 종유석과 석순 등이 신비로움을 자아낸다. p.234

페낭 힐

페낭의 조지 타운 서쪽에 위치한 해발 692m의 산으로, 산 위의 전망대에서 오르면 조지 타운, 페낭 대교, 버터워스가 한눈에 들어온다. 산 중턱에는 말레이시아 최대의 불교 사찰인 켁록시 사원이 자리하고 있다. p.268

랑카위의 판타이 체낭 해변

수심이 낮고 파도가 잔잔해서 물놀이나 해양 스포츠를 즐기기 좋고 저녁이면 서쪽으로 기우는 석양을 감상하기도 그만이다. 밤에는 해변의 노천 바에서 흥겨운 음악과 함께 시원한 맥주 한잔을 즐겨 보자. p.323

말라카의 더치 광장

17~18세기 네덜란드 식민지 시대에 세워진 총독 공관인 스타더이스, 그리스도 교회, 시계탑, 분수 등이 모여 있는 광장이다. 이국적인 옛 건물들 사이를 거닐며 수백 년 전 식민지 시대로 시간 여행을 떠나 보자. p.365

조호르 바루의 아부 바카르 모스크

말레이시아에서 가장 아름다운 모스크 중의 하나이다. 1900년 빅토리아 양식으로 지어진 모스크의 외관은 흡사 유럽의 궁전을 연상케 한다. p.406

코타 키나발루의 마리 마리 문화 마을

북보르네오 코타 키나발루에 살아 온 원주민들의 전통 가옥과 생활 용품, 음식, 공연 등을 볼 수 있는 문화 마을이다. 불 피우기, 대롱 화살 시범 등을 구경할 수 있고 체험도 할 수 있다. p.435

증기 기차 여행

코타 키나발루에서 출발하는 북보르네오 증기 기차는 옛날 방식 그대로 장작을 때서 기차를 움직이며, 기차 내부는 20세기 초기의 클래식한 인테리어를 자랑한다. 칙칙폭폭 소리와 함께 달리다보면 그 시절로 빠져드는 느낌이 든다. (※ 2024년 3월 현재, 증기 기차 리뉴얼 작업으로 운행 중단되었으니 참고!)

해양 스포츠

더운 열대 지역을 여행하다 투명한 바다를 만나면 당장이라도 바다에 뛰어들고 싶어진다. 물안경을 끼고 스노클링을 하거나 바나나 보트, 제트 스키, 패러세일링 등 다양한 해양 스포츠를 즐기다 보면 하루 해가 짧기만 하다.

정글 트레킹

열대 우림이 울창한 말레이시아에서 숲 속 트레킹을 안 한다면 섭섭할 것이다. 하늘 높이 솟은 나무, 갖가지 곤충이 노니는 수풀, 뜻밖에 만나는 아름다운 야생화까지 다양한 정글의 풍경을 감상해 보자.

보트 투어

열대 우림을 키워 내는 것은 쏟아지는 비와 그 비가 모인 강이다. 강은 구불구불 열대 우림을 돌아 흐른다. 보트를 타고 강을 거슬러 오르며 강의 생명력을 느끼고, 강 주위의 열대 우림을 감상해 보면 어떨까!

동물원 산책

정글 속에는 오랑우탄, 코주부원숭이, 코뿔새인 혼빌 등 신기한 동물들이 산다. 정글 깊숙이 직접 들어가기는 어렵지만, 도심과 가까운 동물원에서도 언제든지 야생 동물들을 만날 수 있다.

워터파크 물놀이

해변 휴양지가 아닌 도시에서도 워터파크에서 시원한 물놀이를 즐길 수 있다. 여행 중 하루쯤은 바쁜 관광 대신에 워터파크나 리조트 수영장에서 한가로운 시간을 보내도 좋을 것이다.

캐노피 워크

말레이시아의 열대 우림에 꼭 있는 것이 높은 나무에 가느다란 구름다리를 연결한 캐노피 워크웨이이다. 아슬아슬한 구름다리를 걷는 것은 스릴 넘치는 경험이며, 높은 곳에서 열대 우림을 내려다보며 관찰하는 것도 색다르다.

열대 과일 농원 투어

열대 기후의 말레이시아에는 갖가지 열대 과일이 풍성하다. 열대 과일 농원을 둘러보는 투어는 평소 접하기 힘든 열대 과일을 값싸게 양껏 먹을 수 있는 기회이다.

석회 동굴 탐험

석회 동굴은 우리나라에도 있지만 말레이시아의 석회 동굴은 조금 더 큰 규모를 자랑한다. 거대한 종유석, 석순이 있는 석회 동굴을 구경하고 동굴 속에 자리 잡은 힌두 사원을 만날 기회를 놓치지 말자.

차밭 투어

홍차가 유명한 말레이시아에는 곳곳에 드넓은 차밭이 있다. 산등성이에 녹색 융단을 깔아 놓은 듯한 차밭 풍경을 감상하고 차 제조 과정을 견학한 다음에 맛보는 차 맛은 이보다 더 좋을 수 없다.

음식 Best 10

나시 르막

말레이시아식 덮밥으로, 코코넛 밀크를 넣어서 지은 밥에 튀긴 멸치, 오이, 땅콩, 매운 삼발 소스 등을 올려 먹는 음식이다.

나시 고렝

말레이시아식 볶음밥으로, 넣는 재료에 따라 다양한 종류가 있고 계란 프라이를 올리기도 한다.

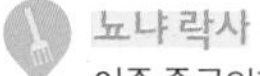

뇨냐 락사

이주 중국인과 말레이시아인의 혼혈인 페라나칸 사람들의 요리를 보통 뇨냐 요리라고 한다. 매콤하면서 신맛이 나는 진한 국물에 국수를 넣어 먹는 말레이시아식 짬뽕이라고 할 수 있다.

아얌 퐁테

고기, 감자, 채소를 넣고 조린 페라나칸 요리로, 고기는 닭고기를 주로 쓴다. 말레이시아식 고기 조림 또는 고기 찌개라고 보면 된다.

차퀘티아우

납작한 국수와 새우, 계란, 숙주 등을 넣고 볶은 요리로, 만들기도 간편하고 맛도 좋은 야시장 인기 메뉴!

바쿠테

중국식 한방 갈비탕으로 돼지갈비와 버섯, 한약재 등을 넣고 잘 끓인 요리. 우리의 삼계탕처럼 기력을 보하는 음식이기도 하다.

하이난 치킨 라이스

중국 하이난 지방 요리로 일종의 백숙이다. 육즙이 살아 있고 살이 부드러워 먹기 좋은 닭고기에, 작은 공처럼 만든 쌀 경단을 곁들여 먹는다.

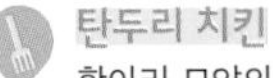

탄두리 치킨

항아리 모양의 탄두리 화덕에 붉은 탄두리 소스를 바른 닭고기를 잘 구운 것으로, 보통 로티나 난과 함께 먹는다.

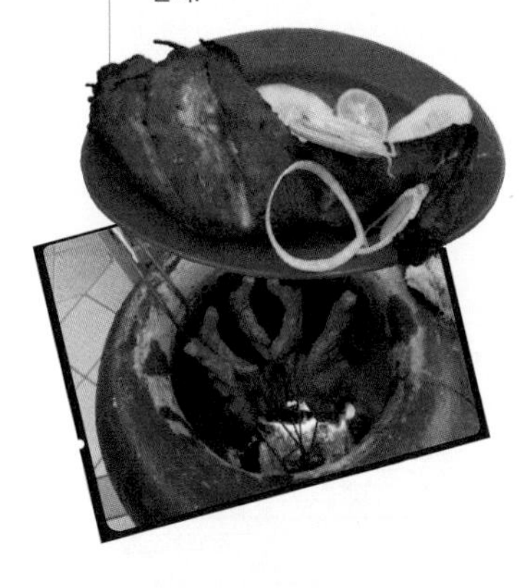

스팀 보트

뜨겁게 끓인 닭뼈 육수에 해산물, 고기, 생선, 채소, 국수, 어묵 등을 넣어 먹는 요리. 샤부샤부의 일종이며, 중국식 이름은 훠궈이다.

바나나잎 식사

넓은 바나나잎에 난, 소스, 탄두리 치킨, 빠빠담(과자) 등을 얹어 먹는 음식으로, 보통 깨끗한 손으로 먹어야 제맛이지만 외국인은 포크를 사용해도 무방하다.

쇼핑 아이템 Best 10

백랍(주석 제품)

말레이시아 특산품인 주석을 이용하여 만든 제품은 녹이 슬지 않고 찬 것은 차게, 뜨거운 것은 뜨겁게 유지시켜 주는 성질이 있다. 맥주잔이나 와인잔, 접시, 기념품 등의 백랍 제품을 볼 수 있다. RM300~

구두 & 가방

말레이시아에는 여러 로컬 브랜드와 해외 브랜드의 구두 & 가방 체인점이 있어 다양한 제품을 살펴보고 구입하기 좋다. 대부분 중저가라서 가격 부담도 적다. RM100~

바틱

동남아 전통 염색법으로 염색한 천을 바틱이라 하는데, 바틱으로 만든 제품도 바틱이라 한다. 치마, 셔츠, 스카프, 가방 등 다양한 바틱 제품이 있다. RM100~

보 티

카메론 하일랜즈의 차밭에서는 양질의 차가 생산되는데 그중에서도 보 티와 카메론 밸리 티가 인기를 끈다. 주요 생산품은 홍차이고 녹차나 허브를 함유한 향차도 있다. RM10~

스파용품

고급 스파에서 사용하는 허브 에센스, 샴푸, 보디 스크럽 재료, 비누 등을 구입해 집에서 사용할 수도 있고 선물용으로도 좋다. RM50~

초콜릿

땀을 많이 흘리는 열대 지방일수록 기력을 회복하는 데 도움을 주는 달달한 디저트가 인기를 끈다. 특히 초콜릿은 다크 초콜릿부터 딸기, 두리안, 커피 등을 넣은 것까지 다양한 제품이 있다. RM40~

말레이 모자

이슬람 신자들이 쓰는 타원형의 모자로, 단순한 흰색 모자부터 검은 바탕에 테두리를 금실로 장식한 송켓 모자까지 여러 종류가 있다. 이슬람 신자가 아니더라도 기념으로 구입할 만하다. RM40~

해삼 비누

콜라겐, 콘드로이틴 황산 등을 함유해 바다의 인삼이라 불리는 해삼으로 만든 비누. 피부 탄력 강화, 노화 방지, 영양 보습, 노화 방지, 미백, 기미와 주근깨 개선, 아토피 개선 등의 효과가 있다고 알려져 있으나 맹신하진 말자. RM6~

사바 주 특산 커피

말레이시아 하면 알리카페나 올드타운 화이트 커피가 유명하지만 이들 커피 대신 사바 주의 커피 농가에서 생산되는 특산 커피를 구입하면 어떨까. 오리지널 커피의 맛과 향을 느끼기에 충분할 것이다. RM10~

공예품 지갑

야시장이나 주말 시장에는 말레이시아인들의 손재주를 발휘해 만든 공예품 지갑이 있어 둘러볼 만하다. 이들 공예품 지갑은 노점마다 가격이 조금씩 다르니 비교해 보고 구입한다. RM10~

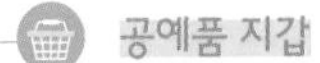

추천 코스

- 초스피드 주말 여행 **쿠알라 룸푸르–바투 동굴 2박 4일**
- 말레이시아 문화 여행 **쿠알라 룸푸르–말라카 3박 5일**
- 열대 해변과 이국 풍경 **페낭–랑카위 4박 6일**
- 모험 가득 정글 트레킹 **타만 네가라–카메론 하일랜즈 4박5일**
- 북보르네오의 파라다이스 **코타 키나발루 4박 6일**

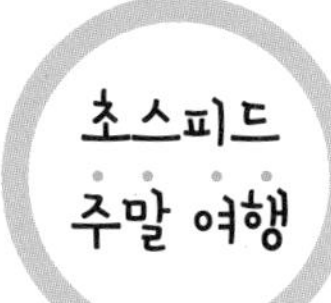

쿠알라 룸푸르-바투 동굴 2박 4일

쿠알라 룸푸르 시내의 주요 관광지와 근교의 바투 동굴을 함께 둘러보는 표준 코스이다. 새 공원, 메르데카 광장 주변, 차이나타운과 KLCC 지역, 부킷 빈탕 등 가까운 곳끼리 엮어서 동선을 짜는 것이 요령! 바투 동굴은 아침 일찍 출발할수록 오후 시간에 여유가 있다.

비행기 6시간

공항 철도(KLIA) 익스프레스 또는 트랜짓+전철 30분

16:35
인천 국제공항 출발

21:55
쿠알라 룸푸르 국제공항(KLIA)에 도착

23:30
숙소 도착하여 체크인하기

2일차

08:30
숙소 출발

09:00
국립 박물관에서 말레이시아의 역사와 문화 엿보기 p.72

택시 5분

10:00
새 공원에서 형형색색의 앵무새와 기념 촬영하기 p.78

12:00
새 공원 구내 레스토랑에서 점심 식사

택시 5분

13:00
메르데카 광장 주위의 식민지풍 건물 산책 p.83

택시 5분

15:00
관디 템플에서 재물신 관우에게 소원 빌기 p.68

도보 1분

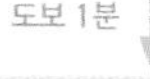

15:30
스리 마하 마리암만 사원의 화려한 조각 감상하기 p.67

도보 5분

16:00
잘란 프탈링의 재래시장에서 쇼핑과 군것질 삼매경 p.67

도보 5분

17:00
센트럴 마켓에서 공예품 쇼핑 후 푸드코트에서 저녁 식사 p.65, p.109

숙소

바투 동굴

3일차

KTM 커뮤터
또는 시내버스 1시간
(KL센트럴 출발 기준)

08:30
숙소 체크아웃하고
짐 맡기기

바투 동굴

10:00
바투 동굴 앞의 거대한
무루간 상 배경으로
셀카 찍기 **p.136**

도보
3분

12:00
바투 동굴 앞 식당에서
간단한 점심 식사

KTM 커뮤터
또는 시내버스 1시간

쿠알라 룸푸르

14:00
페트로나스 트윈 타워
전망대에서 기념 촬영하고
수리아 KLCC에서 쇼핑
p.104, p.105

도보
3분

18:00
마담 콴에서
말레이시아 요리로 저녁 식사 후
숙소에 들러 짐 찾기 **p.116**

공항철도 (KLIA)
30분

20:30
쿠알라 룸푸르
국제공항(KLIA) 도착하여
수속 및 대기

23:30
쿠알라 룸푸르
국제공항(KLIA) 출발

Tip 바투 동굴 대신 반일 일정으로 동물원, 미드 밸리 시티, 선웨이 라군, 푸트라자야를 넣거나 전일 일정으로 버자야 힐, 겐팅 하일랜즈 등을 넣어도 좋다.

4일차

한국

07:10
인천 국제공항 도착

예상 경비(1인 기준, 항공료 제외)

숙박비 RM600(300x2, 비즈니스 호텔 기준)
식사비 RM210(6끼 x RM35)
교통비 RM200
입장료, 기타 RM150

합계 **RM1,160**

말레이시아 문화 여행

쿠알라 룸푸르-말라카 3박 5일

말레이시아의 수도 쿠알라 룸푸르와 식민지풍 건물이 많이 남아 있는 말라카를 함께 여행하는 코스이다. 말라카는 도시 전체가 유적이라고 해도 과언이 아닐 만큼 볼거리가 많으므로, 당일치기로 둘러보려면 아침 일찍 출발하고 관심 있는 곳만 선별해서 동선을 짜는 것이 좋다.

3일차
08:30
숙소 출발
08:30
푸두 센트럴 버스 터미널 출발
시외버스
약 2시간
말라카
10:30
말라카 센트럴
버스 터미널 도착
시내버스
15분
10:45
더치 광장에서 포르투갈, 영국 등
식민지 시대 건물 탐방 p.365
도보
5분
11:00
세인트 프란시스 자비에르
교회에서 자비에르 수도사를
만나보기 p.369
도보
15분
11:30
세인트 폴 교회에서 말라카 전경을
배경으로 기념 촬영 p.369
도보 5분
12:00
이국적인 풍경의 말라카 술탄
왕궁 박물관 & 파모사 요새
구경하기 p.370, p.371
도보
3분
13:00
블랙 캐년 레스토랑에서 점심
식사도 하고 커피도 마시고! p.387
도보
15분
14:00
페라나칸 문화를 엿볼 수 있는
바바 뇨냐 전통 박물관 방문 p.377
도보 10분
15:00
쳉훈텡 사원에서 명나라
정화 장군 만나기 p.381
도보
5분
16:00
존커 거리는 야시장이 열리는
주말에 방문하면 더 좋아!
p.379
도보
3분
17:00
화모사 레스토랑에서
하이난 치킨 라이스로 저녁 식사
p.388
시내버스
15분
18:30
말라카 센트럴 버스 터미널 출발
시외버스
약 2시간
쿠알라
룸푸르
20:30
푸두 센트럴 버스 터미널 도착
21:00
숙소

4일차

08:30
숙소 체크아웃하고
짐 맡기기

09:00
국립 박물관에서 말레이시아의
역사와 문화 엿보기 **p.72**

도보 5분

10:30
국립 천문관의 플라네타륨 쇼장에서
우주와 천체 영상 감상 **p.76**

도보 5분

11:00
이슬람 미술관에서
이슬람 공예품과 미술품 감상
p.74

도보 3분

12:00
현대적인 이슬람 건축
국립 모스크 방문 **p.74**

도보 10분

13:00
새 공원 구내 레스토랑에서
점심 식사

14:00
새 공원에서 형형색색의 앵무새와
기념 촬영하기 **p.78**

택시 10분

15:30
관디 템플에서 재물신 관우에게
소원 빌기 **p.68**

도보 1분

16:00
스리 마하 마리암만 사원의
화려한 조각 감상하기 **p.67**

도보 5분

16:30
잘란 프탈링의 재래시장에서
쇼핑과 군것질 삼매경 **p.67**

도보 5분

18:00
고풍스러운 프레셔스 올드
차이나에서 저녁 식사 후
숙소에 들러 짐 찾기 **p.108**

전철 +공항 철도(KLIA) 30분

20:30
쿠알라 룸푸르
국제공항(KLIA)
도착하여 수속 및 대기

23:30
쿠알라 룸푸르
국제공항(KLIA)
출발

5일차

07:10
인천 국제공항 도착

예상 경비(1인 기준, 항공료 제외)

숙박비 RM900(300x3, 비즈니스 호텔 기준)
식사비 RM315(9끼 x RM35)
교통비 RM300
입장료, 기타 RM200

합계 **RM1,715**

페낭-랑카위 4박 6일

열대 해변과 이국 풍경

페낭과 랑카위는 거리가 가까워 함께 코스를 짜기 좋다. 세계 문화유산인 페낭의 조지 타운을 거닐며 시간 여행을 떠나고, 랑카위 해변에서는 모든 것을 잊고 바다로 뛰어들어 보자. 랑카위에서는 하루 또는 반나절쯤 일정을 비우고 해변에서 물놀이를 하거나 휴식을 취해도 좋다.

1일차

16:35
인천 국제공항 출발

21:55
쿠알라 룸푸르 국제공항(KLIA) 도착하여 국내선 환승 대기

23:25
쿠알라 룸푸르 국제공항(KLIA) 출발

00:15
페낭 공항 도착

01:15
숙소 도착하여 체크인하기

2일차

08:30
숙소 출발

09:00
화려하게 장식된 얍 콩시 & 쿠 콩시 둘러보기 p.255, p.256

도보 15분

10:30
중국풍과 말레이풍이 결합된 페낭 페라나칸 맨션 구경 p.261

도보 5분

11:00
중국 사원 콴잉텡 사원과 식민지 유적 세인트 조지 교회의 조화 p.258

도보 5분

12:00
페낭 박물관 & 아트 갤러리에서 페낭의 역사와 문화 살펴보기 p.259

도보 10분

13:00
에스플래나드 공원 푸드코트에서 현지인처럼 점심 식사 p.284

도보3분

14:00
콘월리스 요새의
오래된 포대에서 기념 촬영
p.262

도보 1분

15:00
낮보다 밤에 더 예쁜
퀸 빅토리아 시계탑 p.263

도보 15분

15:30
리틀 인디아 & 마하 마리암만 사원
에서 인도 문화 탐방 p.260

도보 30분
또는 트라이쇼 20분

16:30
콤타르 68층 전망대에서 조지 타운과
페낭 일대를 한눈에 바라보기 p.252

도보 5분

18:00
콤타르 내 푸드코트에서 나시 르막,
나시 고렝으로 저녁 식사

19:00
숙소

3일차

08:30
숙소 출발

택시+시내버스
30분

09:00
켁록시 사원의 거대한 육각탑, 관
음상을 배경으로 기념 촬영 p.269

시내버스+
케이블카
30분

11:00
페낭 힐에서 조지 타운과 페낭
일대, 페낭 대교 조망 p.268

도보 5분

12:00
데이비드 브라운 레스토랑
& 티 테라스에서 로맨틱 런치
p.286

케이블카+
시내버스
1시간

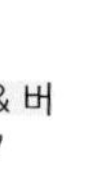

14:00
바투 페링기 해변에서
물놀이와 일광욕 즐기기
p.270

시내버스
1시간

17:00
태국 사원 왓 차야망카라람 & 버
마 사원 구경하기 p.266, p.267

도보 15분

1830
왁자지껄 시장통 같은 거니 드라이브
노점 식당가에서 저녁 식사 p.285

택시
20분

20:00
숙소

4일차

택시 10분

페리 약 2시간 30분

택시 20분

07:30
숙소 체크아웃하기

08:15
스웨테남 페리 선착장에서 페리 탑승

10:30
랑카위 쿠아 페리 선착장 도착

10:50
판타이 체낭 해변 숙소 도착하여 체크인하기

도보 3분

11:30
판타이 체낭 해변에서 제트 스키, 바나나 보트 등 해양 스포츠 즐기기 p.323

도보 5분

13:30
화덕에서 갓 구운 피자와 파스타가 일품인 레드 토마토에서 점심 식사 p.337

렌터카 또는 택시 40분

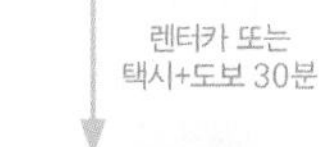

15:10
오리엔탈 빌리지에서 케이블카 타고 마친창산 전망대로 고고씽! p.327, p.328

렌터카 또는 택시+도보 30분

16:30
랑카위의 십이선녀탕, 세븐 웰스 폭포에서 물놀이, 일광욕 하기 p.329

렌터카 또는 택시 20분

18:00
낭만적인 마레 블루 이탈리안 레스토랑에서 와인 한잔 p.340

렌터카 또는 택시 30분

19:30
숙소

판타이 텡아 해변

5일차

투어

08:30
숙소 체크아웃하고 짐 맡기기

투어

09:00
습지와 석회 동굴,
안다만 바다의 삼위일체,
킬림 지오포레스트 공원 투어 **p.316**

12:00
킬림 지오포레스트 공원 내
수상 식당에서 점심 식사

투어

14:00
숙소로 돌아왔다가
다시 출발

렌터카 또는
택시 30분

14:30
새 공원에서
앵무새에게 먹이 주기 **p.315**

렌터카 또는
택시 5분

15:30
전직 총리의 진귀한 선물이
전시된 페르다나 갤러리 **p.315**

렌터카 또는
택시 30분

16:30
호텔 말레이시아 레스토랑에서
인도 요리로 저녁 식사 **p.334**

택시
20분

17:50
숙소에 들러
짐 찾기

택시
15분

18:05
랑카위 공항 도착하여
수속 및 대기

19:35
랑카위 공항 출발

말레이시아
국내선
1시간 5분

20:45
쿠알라 룸푸르
국제공항(KLIA) 도착하여
국제선 환승 대기

23:30
쿠알라 룸푸르
국제공항(KLIA) 출발

Tip 5일 오후 일정은 교통편이 불편하니
대절 택시를 이용한 투어를 해도 좋다.

6일차

07:10
인천 국제공항 도착

예상 경비(1인 기준, 항공료 제외)

숙박비 RM1,200(300x4, 비즈니스 호텔 기준)
식사비 RM420(12끼 x RM35)
교통비 RM500
입장료, 기타 RM300

합계 **RM2,420**

모험 가득 정글 트레킹

타만 네가라-카메론 하일랜즈 4박 6일

열대 우림에서 트레킹을 해 보지 않고서 진짜 말레이시아 여행을 했다고 말할 수 없을 것이다. 템벨링강을 따라 타만 네가라까지 가는 보트 여행, 타만 네가라에서의 정글 트레킹과 나이트 사파리 투어, 그리고 카메론 하일랜즈에서의 농장 투어까지 말레이시아의 자연을 온몸으로 체험할 수 있는 코스이다.

1일차

비행기 6시간

공항 철도(KLIA) 익스프레스 또는 트랜짓+전철 30분

16:35
인천 국제공항 출발

21:55
쿠알라 룸푸르 국제공항(KLIA)에 도착

23:30
숙소 도착하여 체크인하기

2일차

여행사 미니버스 3시간

여행사 미니버스 20분

08:00
숙소 체크아웃하기

08:30
차이나타운 만다린호텔 앞에서 출발

12:00
경유지인 제란툿에서 점심 식사하고 제란툿 시내 산책 p.206

보트 약 3시간

도보 3분

15:00
쿠알라 템벨링 선착장에서 쿠알라 타한까지 보트 여행하며 템벨링강의 경치 감상하기

18:00
타만 네가라의 쿠알라 타한 도착

18:15
숙소 도착하여 체크인한 후 근처 식당에서 저녁 식사

템벨링강 보트

3일차

크로싱 보트+도보 30분

08:30
숙소 출발

09:00
높이 40m의 구름다리
캐노피 워크웨이 걷기 **p.209**

도보 1시간

11:00
부킷 테레섹에서 즐기는
정글 트레킹 **p.209**

도보 3시간

14:00
스리 무티아라에서
오리지널 피자와 파스타로
점심 식사 **p.213**

도보+보트 10분

15:30
쿠알라 타한으로 돌아와
산책 & 휴식

도보 5분

18:00
수상 레스토랑 쿠알라 뷰에서
로맨틱 저녁 식사 후 휴식 **p.212**

투어

20:00
캄캄한 정글 속으로 나들이,
나이트 사파리 **p.211**

투어

22:00
숙소

4일차

09:30
숙소
체크아웃하기

10:00
타만 네가라 출발

여행사 미니버스 2시간

12:00
국도 휴게소에서 점심 식사

여행사 미니버스 2시간 30분

카메론 하일랜즈

15:30
카메론 하일랜즈의 타나 라타 도착,
숙소 체크인 후 시내 & 야시장 산책
p.184

도보 5분

18:00
붕가 수리아에서 로티 차나이,
치킨 무르타박으로 저녁 식사
p.195

도보 5분

19:00
숙소

보 티 농장

5일차

투어

08:30
숙소 체크아웃하고 짐 맡기기

투어

09:00
보 티 농장, 브린창, 딸기 농장, 나비 농장 등을 둘러보는 카메론 하일랜즈 반일 투어 **p.185, p.188, p.191, p.193**

13:00
쿠마르에서 탄두리 치킨으로 점심 식사 **p.195**

렌트 오토바이 20분

14:30
키팜 시장에서 특산 딸기 맛보고 로즈 센터에서 장미 구경 **p.187**

렌트 오토바이 10분

15:30
말레이시아에서 4번째로 큰 불교 사원, 삼포 사원에서 소원 빌기 **p.186**

렌트 오토바이 10분

16:00
숙소에 들러 짐 찾고 카메론 하일랜즈 출발

시외버스 또는 여행사 버스 4시간

20:00
쿠알라 룸푸르 국제공항(KLIA) 도착하여 수속 및 대기

23:30
쿠알라 룸푸르 국제공항(KLIA) 출발

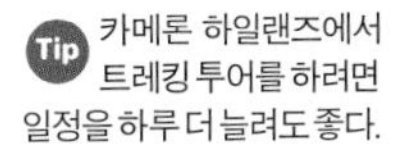

Tip 카메론 하일랜즈에서 트레킹 투어를 하려면 일정을 하루 더 늘려도 좋다.

4일차

07:10
인천 국제공항 도착

예상 경비(1인 기준, 항공료 제외)

숙박비 RM1,200(300x4, 비즈니스 호텔 기준)
식사비 RM420(12끼 x RM35)
교통비 RM500
입장료, 기타 RM200

합계 **RM2,320**

코타 키나발루 4박 6일

별다른 일정 없이 럭셔리한 리조트와 아름다운 해변만 즐겨도 행복한 곳이지만, 휴식보다 관광과 체험을 좋아하는 사람이라면 다양한 투어를 이용해 알찬 일정을 짜 보자. 취향에 맞는 시외 투어를 몇 개 선택한 후, 투어와 투어 사이 남는 시간에 시내 도보 관광과 해변에서의 물놀이, 숙소에서의 휴식을 적절하게 배치하면 환상적인 일정이 완성된다.

마리 마리 문화 마을

북보르네오 증기 기차 여행

3일차

미니밴 → 기차 → 기차

09:00
숙소 픽업 대기

10:00
기차 타고 떠나는 시간 여행!
북보르네오 증기 기차 투어
p.431

12:00
말레이시아 전통 도시락
티핀 런치로
즐거운 점심 시간

14:00
탄중 아루 역에서 내려
코타 키나발루 시내로!

투어 버스

14:30
시내에서 하차하여
수리아 사바에서 쇼핑 즐기기
p.422

도보 5분

15:30
없는 것은 없고 있는 것
은 있는 센트럴 마켓 탐방
p.423

도보 3분

16:00
건어물 시장에서 맥주 안주,
핸디 크래프트 마켓에서
공예품 쇼핑 **p.423, p.424**

도보 5분

16:30
벨라 선셋 스파에서
마사지 받기 **p.460**

도보 5분

17:30
필리피노 야시장의 노점에서
생선구이로 저녁 식사 **p.424**

19:00
숙소

Tip 2024년 3월 현재, 증기 기차 리뉴얼 작업 중!
운행 중단 시, 코타 키나발루 시티 투어(툰 무스타파 타워(구 사바 주청사)→코타 키나발루 시티 이슬람 사원→푸토시(중국 불교 사원)→앳킨슨 시계탑→공예품 쇼핑)또는 래프팅으로 대체하자.

4일차

08:00
숙소 픽업 대기

→ 미니밴

09:00
투어 이용하여
키나발루산 트레킹하기
p.444

→ 투어

12:00
포링 온천 앞 식당에서
다른 여행객과 함께 점심 식사

→ 투어

13:00
포링 온천 구경하기
또는 캐노피 워크웨이 체험하기
p.448

→ 투어

16:00
프칸 나발루 전망대에서
키나발루산을 배경으로
기념 촬영하기 **p.443**

→ 투어

17:00
관광 커피 판매점에서
커피와 꿀 제품 쇼핑

→ 투어 버스 20분

18:00
코타 키나발루 시내 도착

→ 도보 10분

18:10
스아리캇 유키에서
말레이시아 한방 갈비탕인
바쿠테로 저녁 식사 **p.454**

→

19:00
숙소

5일차

08:30
숙소 체크아웃하고 짐 맡기기

→ 도보 15분

08:15
제셀턴 포인트(선착장)에
도착하여 보트 탑승

→ 여행사 보트 10분

09:00
툰쿠 압둘 라만 공원에서
스노클링하고 일광욕 즐기는
호핑 투어 **p.439**

→ 투어

여행사 보트 10분

도보 15분

12:00
호핑 투어 식당에서 즐기는
야외 바비큐 파티

13:00
제셀턴 포인트 도착하여
코타 키나발루 시내로 이동

13:20
시내에서 렌터카 대여
또는 택시 이용하여
록카위 야생 동물 공원으로 이동

렌터카 또는 택시 40분

14:00
록 카위 야생 공원에서
오랑우탄, 코주부원숭이 만나기
p.433

렌터카 또는 택시 40분

19:00
어퍼스타에서
두툼한 스테이크 맛보기
p.451

도보 10분

20:00
필리피노 마켓에서
쇼핑 p.424

공항버스 또는 택시 15분

21:00
숙소에 들러
짐 찾기

21:30
코타 키나발루 공항 도착하여
수속 및 대기

6일차

01:30
코타 키나발루 공항
출발

비행기 5시간 20분

07:30
인천 국제공항 도착

Tip 코타 키나발루에서는 투어 여행지를 개인적으로 여행하기 어려워, 가급적 투어로 다니는 것이 편하다.

예상 경비(1인 기준, 항공료 제외)

숙박비 RM1,200(300x4, 비즈니스 호텔 기준)
식사비 RM420(12끼 x RM35)
교통비 RM1,200
입장료, 기타 RM200

합계 **RM3,020**

지역 여행

- 쿠알라 룸푸르
- 쿠알라 룸푸르 시외
- 카메론 하일랜즈
- 타만 네가라
- 이포
- 페낭
- 랑카위
- 말라카
- 조호르 바루
- 코타 키나발루

말레이시아

캄보디아
베트남
태국
프를리스
Perlis
랑카위
Langkawi
크다
Kedah
페낭
Penang
페낭
Penang
클란탄
Kelantan
타이핑
Taiping
Tanjung Mentong
Tasik Kenyir
트렝가누
Terengganu
페락
Perak
이포
Ipoh
카메론 하일랜즈
Cameron Highlands
타만 네가라
Taman Negara
시티아완
Sitiawan
말레이시아
(말레이반도)
틀룩 인탄
Teluk Intan
셀랑고르
Selangor
파항
Pahang
쿠알라 룸푸르
Kuala Lumpur
느그리 슴빌란
Negeri Sembilan
Endau
Rompin
National Park
메르싱
Mersing
포트 딕슨
Port Dickson
말라카
Malaka
탕칵
Tangkak
말라카
Melaka
조호르
Johor
클루앙
Kluang
조호르 바루
Johor Bahru
싱가포르
인도네시아
(수마트라섬)

필리핀
쿠닷
Kudat
코타 키나발루
Kota Kinabalu
라나우
Ranau
산다칸
Sandakan
연방주 라부안
사바
Sabah
Tabin Wildlife Reserve
브루나이
미리
Miri
타와우
Tawau
Mulu National Park
Pulong Tau National Park
빈툴루
Bintulu
말레이시아
(북보르네오)
시부
Sibu
Maludam National Park
사라왁
Sarawak
인도네시아
(보르네오섬)

말레이시아의 주요 지역

랑카위

안다만 해의 진주로 불리는 랑카위는 말레이시아에서 가장 활기찬 여행지 중 하나. 유네스코 생태 공원으로 지정된 킬림 지오 포레스트 공원은 습지와 섬, 바다, 해변을 한 번에 즐길 수 있어 좋다.

이포

세계적인 주석 산지로 유명한 이포에는 유럽풍의 구시가지와 커다란 석회석 동굴이 있어 흥미를 끈다. 한가롭게 구시가지를 산책하고 박쥐가 날아다니는 석회석 동굴을 탐험해 보자.

페낭

동서양을 잇는 해양 실크 로드의 길목에 있어 동양의 진주로 불렸던 곳으로, 서양식과 중국식 건물이 즐비한 조지 타운은 유네스코 세계 문화유산으로 지정되기도 했다. 또한 다양한 음식을 맛볼 수 있어 말레이시아 음식의 수도라 불리기도 한다.

쿠알라 룸푸르

다민족 국가 말레이시아의 수도로 페트로나스 트윈 타워와 고급 쇼핑가 부킷 빈탕으로 대표되는 현대적인 도시 풍경과 메르데카 광장의 유럽식 건물들, 차이나타운의 중국식 생활상까지 다양한 면모를 즐길 수 있다.

말라카

동서양을 잇는 해양 실크 로드의 또 다른 중심지 말라카는 유럽식 건물과 중국식 건물이 즐비해, 유네스코 세계 문화유산에 선정되었다. 주말이면 차이나타운의 존커 거리에서 야시장이 열려, 예쁜 기념품을 쇼핑하거나 이색적인 주전부리를 맛보기 좋다.

타만 네가라

말레이시아 청정 열대 우림의 상징인 타만 네가라는 야생 동물이 뛰노는 울창한 숲, 유유히 흐르는 강줄기, 시원한 폭포 등 자연에서의 하루를 보내기 좋은 곳이다. 트레킹화 끈을 질끈 동여매고 정글 속을 걷는 기분이 상쾌하다.

카메론 하일랜즈

말레이시아를 대표하는 고원 휴양지인 카메론 하일랜즈에는 드넓은 녹색 융단이 펼쳐져 있어 눈이 시원하다. 차밭 사이를 산책하며 갓 딴 차를 시음해 볼 수도 있고, 울창한 열대 우림 속에서 정글 트레킹을 하기에도 적당한 곳이다.

코타 키나발루

보르네오섬의 코타 키나발루는 말레이시아의 파라다이스이다. 하늘을 찌를 듯한 키나발루산과 보석처럼 빛나는 툰쿠 압둘 라만 공원의 섬들은 자연에서 휴가를 즐기기에 최적의 장소를 제공한다.

조호르 바루

19세기 이 지역을 다스리던 조호르 술탄이 새롭게 왕궁을 건설하며 발전하기 시작했다. 다리 하나를 사이에 두고 싱가포르와 마주 보고 있어서, 싱가포르와 묶어서 여행하기에 딱 좋은 도시이다.

Kuala Lumpur
쿠알라 룸푸르

말레이시아의 수도이자 여행의 중심

말레이시아의 수도인 쿠알라 룸푸르(약칭 KL)는 크게 차이나타운, 레이크 가든, 툰쿠 압둘 라만 & 초우 킷, 부킷 빈탕, KLCC 지역으로 나눌 수 있다. 차이나타운에서는 중국계 주민들의 모습을, 레이크 가든에서는 녹음이 우거진 열대 공원 풍경을 볼 수 있고, 툰쿠 압둘 라만 & 초우 킷에는 인도계 주민들이 모이는 리틀 인디아와 재래시장인 초우 킷 시장이 있다. 부킷 빈탕은 해외 명품에서 전자 제품, 로컬 브랜드 제품까지 구입할 수 있는 대표적인 쇼핑 타운이고, KLCC에는 말레이시아의 상징 중 하나인 KL 타워와 페트로나스 트윈 타워 등이 있어 볼거리가 많다. 이들 지역에서는 나날이 발전하는 말레이시아의 현주소와 다민족 국가에서 볼 수 있는 다채로운 풍경을 충분히 느낄 수 있을 것이다.

쿠알라 룸푸르에서 꼭 해야 할 일! **BEST 3**

❶ 페트로나스 트윈 타워 또는 KL 타워의 전망대에서 풍경 감상
❷ 없는 것 빼고 다 있는 차이나타운에서 쇼핑하기
❸ 서양풍 건물이 즐비한 메르데카 광장에서 기념 촬영하기

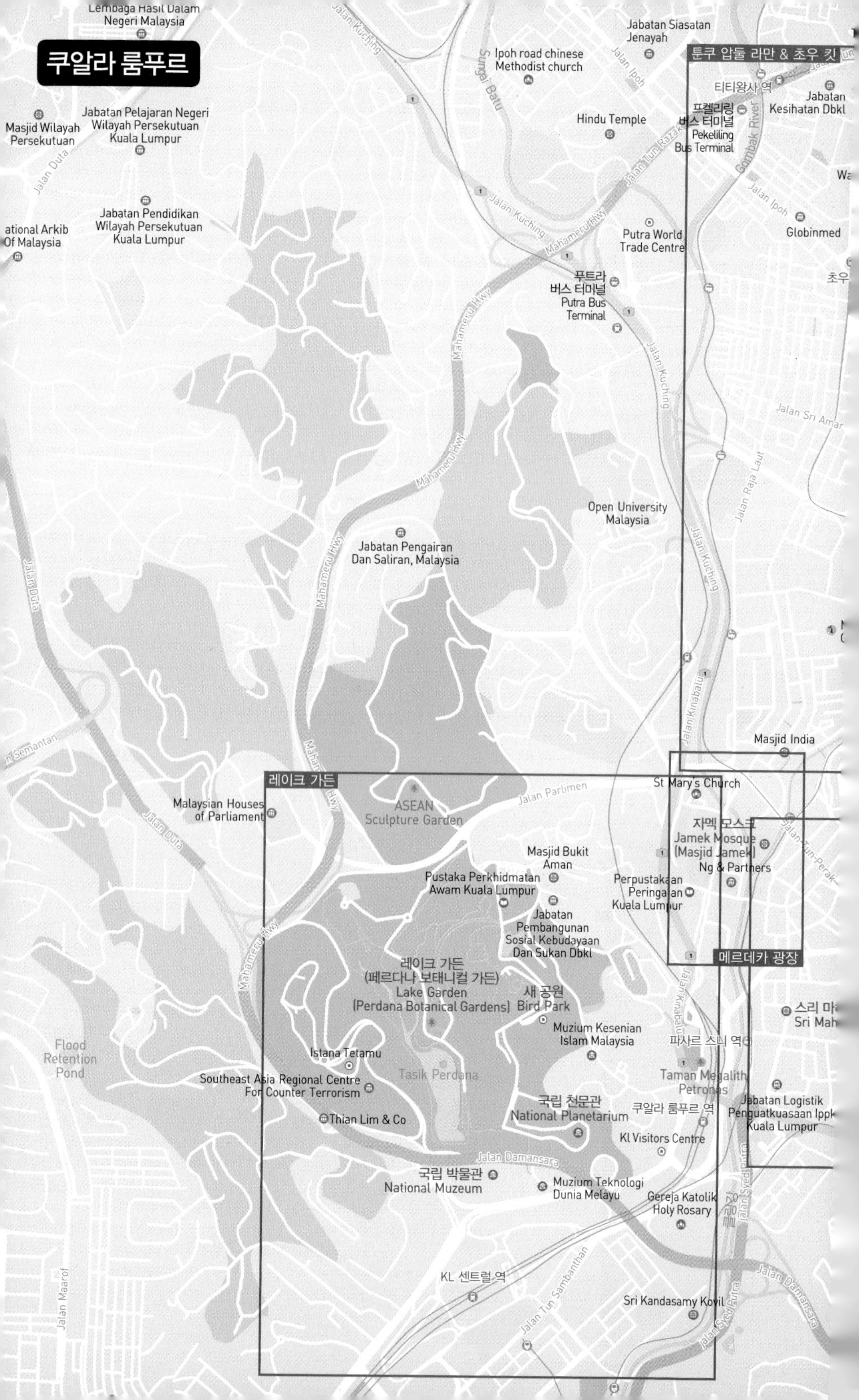

쿠알라 룸푸르
Lembaga Hasil Dalam Negeri Malaysia
Jabatan Siasatan Jenayah
Ipoh road chinese Methodist church
툰쿠 압둘 라만 & 초우 킷
티티왕사 역
Jabatan Kesihatan Dbkl
프켈리링 버스 터미널
Pekeliling Bus Terminal
Hindu Temple
Masjid Wilayah Persekutuan
Jabatan Pelajaran Negeri Wilayah Persekutuan Kuala Lumpur
Jabatan Pendidikan Wilayah Persekutuan Kuala Lumpur
ational Arkib Of Malaysia
Putra World Trade Centre
Globinmed
푸트라 버스 터미널
Putra Bus Terminal
Open University Malaysia
Jabatan Pengairan Dan Saliran, Malaysia
Masjid India
레이크 가든
St Mary's Church
Malaysian Houses of Parliament
ASEAN Sculpture Garden
자멕 모스크
Jamek Mosque (Masjid Jamek)
Masjid Bukit Aman
Ng & Partners
Pustaka Perkhidmatan Awam Kuala Lumpur
Perpustakaan Peringatan Kuala Lumpur
Jabatan Pembangunan Sosial Kebudayaan Dan Sukan Dbkl
메르데카 광장
레이크 가든 (페르다나 보태니컬 가든)
Lake Garden (Perdana Botanical Gardens)
새 공원
Bird Park
Muzium Kesenian Islam Malaysia
파사르 스니 역
Flood Retention Pond
Istana Tetamu
Tasik Perdana
Taman Megalith Petronas
Southeast Asia Regional Centre For Counter Terrorism
국립 천문관
National Planetarium
쿠알라 룸푸르 역
Jabatan Logistik Penguatkuasaan Ippk Kuala Lumpur
Thian Lim & Co
Kl Visitors Centre
국립 박물관
National Muzeum
Muzium Teknologi Dunia Melayu
Gereja Katolik Holy Rosary
KL 센트럴 역
Sri Kandasamy Kovil
Jalan Duta
Jalan Kuching
Jalan Ipoh
Jalan Tun Razak
Mahameru Hwy
Jalan Parlimen
Jalan Damansara
Jalan Kinabalu
Jalan Tun Sambanthan
Jalan Syed Putra
Jalan Maarof
Jalan Tun Perak
Jalan Raja Laut
Jalan Sri Amar
Gombak River
Sungai Batu

Universiti Teknologi Malaysia
Masjid Universiti Teknologi Malaysia
PJS Environmental Services Sdn. Bhd.
Hospital Pusrawi SDN BHD
Jabatan Kerja Sosial
National Heart Institute
Jabatan Pengairan Malaysia
Surau Rajaiyah
Pertubuhan Kebangsaan Melayu Bersatu
Office Of The Labour Attache Embassy Of Republic Of The Philippines
KLCC
Embassy of the Republic of Indonesia
High Commission of the Republic of the Fiji Islands
Surau
Chinese Visa Application Service Center
KLCC 역
British-Malaysian Chamber of Commerce
Schmart Technologies Sdn. Bhd.
페트로나스 트윈 타워
Petronas Twin Tower
Masjid As-Syakirin
Pusat Latihan Penyiaran Negara
부킷 나나스 역
Simfoni Lake
Export Vlaanderen Royal Embassy Of Belgium
Embajada De Colombia
KLCC 공원
KLCC Park
KL 타워
KL Tower
US Commercial Service, US Embassy
Slovakian Embassy in Kuala Lumpur
Vietnamese Embassy in Kuala Lumpur
Iraqi Embassy in Kuala Lumpur
Residence Of Embassy Japan
라자 출란 역
Prince Court Medical Centre
Tung Shin Hospital
부킷 빈탕 역
Royal Selangor Golf Club
임비 역
부킷 빈탕
Smk Aminuddin Baki
Jabatan Belia Dan Sukan
thanh Ja Sdn.Bhd.
Pusat Maklumat Rakyat Wpkl
SME Corporation Malaysia (SME Corporation)
Jalan Tun Razak
Jalan Raja Muda Abdul Aziz
Jalan Semarak
Sungai Sungai
AKLEH
Jalan Yap Kwan Seng
Jalan Ampang
Jalan Ramlee
Jalan Pinang
Jalan Perak
Jalan Kia Peng
Lorong Kuda
Jalan-Sultan-Ismail
Jalan Raja Chulan
Jalan Bukit Bintang
Jalan Pudu
Jalan Imbi
Jalan-Hang-Tuah
Jalan Hang Jebat
Jalan Kampung Pandan
Jalan Changkat Thambi Dollah
Jalan Maharajalela
Jalan Dewan Bahasa
Jalan San Peng
Jalan Pasar
Jalan Yew
Jalan Cochrane
Jalan Loke

쿠알라 룸푸르로 이동하기

우리나라에서 가기

항공편

인천 국제공항에서 쿠알라 룸푸르까지 대한 항공과 말레이시아 항공, 바틱 에어 말레이시아 등이 매일 직항으로 운항한다. 소요 시간은 약 6시간 30분이다. 직항이 아닌 경유편은 여러 항공사에서 인천 국제공항에서 대만, 홍콩, 광저우 등을 거쳐 쿠알라 룸푸르까지 운항하고, 소요 시간은 9~15시간 정도이며 직항에 비해 가격이 조금 저렴하다. 대한 항공과 말레이시아 항공, 바틱 에어 말레이시아는 쿠알라 룸푸르 국제공항(KLIA, 1터미널)에 도착한다. 쿠알라 룸푸르 시내까지는 30분~1시간 소요된다.

대한 항공 1588-2001, www.koreanair.com
말레이시아 항공 www.malaysiaairlines.com
바틱 에어 말레이시아 www.malindoair.com

쿠알라 룸푸르 국제공항(KLIA)에서 시내 이동하기

쿠알라 룸푸르 국제공항(KLIA, Kuala Lumpur International Airport)은 쿠알라 룸푸르 남쪽에 있는 말레이시아 대표 공항으로 KLIA와 KLIA2로 구분된다. 두 곳 모두 쿠알라 룸푸르 시내로 가는 KLIA 익스프레스, 공항버스 등이 연결되므로 이동하기 편리하다. 주로 대한 항공과 말레이시아 항공 같은 대형 항공사들이 이용한다. 참고로 쿠알라 룸푸르 국제공항의 약자와 공항철도의 약자가 KLIA로 같다.

쿠알라 룸푸르 국제공항 www.klia.com.my

공항철도(KLIA) 익스프레스 KLIA 공항에서 쿠알라 룸푸르 시내인 KL 센트럴까지 직행으로 연결하고 소요 시간은 28분이다. KL 센트럴에서 숙소까지는 경전철 LRT나 택시 카운터에서 택시를 이용한다. KLIA 익스프레스(직행) 외 KLIA 트랜짓(완행)도 KLIA에서 살락 팅기, 푸트라자야, TBS 버스 터미널이 있는 반다르 타식 슬라탄(Bandar Tasik Selatan)을 거쳐 쿠알라 룸푸르 시내인 KL 센트럴까지 운행한다. 익스프레스와 트랜짓 요금은 동일!

운행시간 05:00~00:23(15~20분 간격)
요금 성인 RM55, 어린이 RM25
홈페이지 www.kliaekspres.com

공항버스 Airport Coach KLIA 공항에서 출발하는 버스는 익스프레스 코치와 스타 셔틀버스가 있다. 익스프레스 코치는 공항버스 정류장에서 KL 센트럴까지 운행하고, 스타 셔틀버스는 버스 정류장에서 KL 센트럴 · 차이나타운의 푸두라야(푸두 센트럴) 터미널 및 KL 시내까지 운행하며 소요 시간은 각 1시간이다.

홈페이지 스타 셔틀버스 www.starwira.com

구분	운행 구간	운행 시간	요금 (RM)
익스프레스 코치	KLIA-KL 센트럴	07:45 ~20:45	15
스타 셔틀버스	KLIA-KL 센트럴-푸두라야 / KL 시내	05:15 ~24:00	10 /18

택시 Taxi KLIA 공항 3층 에어포트 택시 카운터에서 행선지, 인원을 말하고 요금을 지불하면 택시가 배차된다. 에어포트 택시가 아닌 일반 택시인 버짓 택시를 이용할 때에도 택시 카운터를 이용하거나 미리 가격 흥정을 하고 택시를 이용하는 것이 좋다. 택시 카운터를 이용하지 않고 택시 호객을 따라가면 바가지를 쓸 우려가 있으니 주의한다.

요금 RM100 내외

쿠알라 룸푸르 국제공항(KLIA) • 국제공항2 (KLIA2)에서 주요 도시로 가기

국제선 항공기가 도착하는 쿠알라 룸푸르 국제공항(KLIA)과 쿠알라 룸푸르 국제공항2(KILIA2)에서 시내의 버스터미널을 거치지 않고 공항에서 직접 말레이시아 내 도시로 갈 수 있다. 쿠알라 룸푸르 국제공항(KLIA)에서 이포, 말라카, 조호르 바루, 쿠알라 룸푸르 국제공항2(KLIA2)에서 이포, 겐팅, 말라카, 조호르 바루 등으로 버스가 운행된다. 버스 행선지와 시간, 요금 등은 현지 사정, 버스 운행회사에 따라 다를 수 있으니, 이용 전에 꼭 확인하는 것이 좋다.

출발지	행선지	운행 시간	요금 (RM)
쿠알라 룸푸르 국제공항 (KLIA)	이포	02:00, 09:00, 12:30, 15:00, 17:30, 20:30	42
	말라카	01:00, 07:30, 09:00, 10:30, 11:30, 13:00, 14:00, 16:00, 18:00, 20:00, 21:00	21.9
	조호르 바루	03:00, 07:00, 09:15, 13:00, 14:30, 16:30, 18:30, 21:15, 23:59	65
쿠알라 룸푸르 국제공항2 (KLIA2)	이포	09:00, 12:30, 15:00, 17:30, 20:30, 02:00	42
	겐팅	08:00, 11:30, 13:30, 15:30, 17:30, 20:00	35
	말라카	01:15, 07:45, 09:15, 10:45, 11:45, 13:15, 14:15, 16:15, 18:15, 20:15, 21:15	21.9
	조호르 바루	02:40, 06:40, 08:55, 12:40, 14:10, 16:10, 20:55, 23:40	65

수방 공항에서 시내 가기

수방 공항(Subang Airport)은 KLIA 공항이 생기기 전에 이용하던 공항으로 주로 말레이시아 국내를 운항하는 버자야 항공, 파이어플라이 항공 등 저가 항공사들이 이용한다. 수방 공항에서 쿠알라 룸푸르 시내까지는 터미널 2층에서 주차장 쪽 육교 건너 버스 정류장에서 47번 버스를 이용하거나 택시를 이용한다.

말레이시아의 다른 도시에서 가기

국내선 항공편

말레이시아 국내선은 말레이시아 항공과 에어 아시아 등이 페낭, 랑카위, 조호르 바루 등에서 쿠알라 룸푸르 국제공항까지 운항하고 말레이시아 인근 국제선은 여러 항공사가 태국 푸켓, 방콕, 싱가포르, 자카르타 등에서 쿠알라 룸푸르까지 운항한다.

기차

말레이반도를 운행하는 기차는 동해안 북쪽의 툼팟(Tumpat)에서 KL센트럴을 거쳐 조호르 바루, 싱가포르 우드랜드까지 가는 이스트-사우스 루트(East-South Route), 태국 핫야이, 말레이시아 파당 베사르에서 KL센트럴을 거쳐 조호르 바루, 싱가포르 우드랜드까지 가는 노스-사우스 루트(North-South Route), KL센트럴과 이포 간을 운행하는 ETS 트레인(ETS Train) 등이 있다. 따라서 쿠알라 룸푸르 북쪽 페낭 인근 버터워스, 북동쪽 툼팟, 남쪽 조호르 바루 등에서 기차를 이용해 쿠알라 룸푸르의 KL 센트럴(역)에 도착 가능하다. 좌석은 1등석 침대(2Plus, 2층 침대), 1등석 좌석(프리미어), 2등석 침대(슈피리어), 2등석 좌석(슈피리어), 3등석 좌석(이코노미) 등이 있다. KL센트럴에서 이포행을 제외하고 운행 횟수가 많지 않아 여행자는 잘 이용하지 않으니 참고!

말레이시아 철도국 www.ktmb.com.my

시외버스

말레이반도 전역에서 쿠알라 룸푸르로 가는 시외버스가 있어 이용하기 편리하다. 쿠알라 룸푸르의 주요 버스 터미널은 말레이반도 동해안을 제외하고 카메론 하일랜즈, 이포, 알로 스타, 페낭 등 전 지역을 운행하는 푸두 센트럴(Pudu Central), KLIA 트랜짓, KTM 커뮤터, 지하철 LRT 등이 정차하고 조호르 바루, 말라카 등 말레이반도 남서쪽으로 운행하는 버스가 출발하는 TBS(Terminal Bersepadu Selatan) 버스 터미널, 쿠알라 트렝가누, 코타 바하루 등 말레이반도 동해안으로 가는 버스가 운행하는 푸트라(Putra) 버스 터미널, 겐팅 하일랜즈, 테메로, 라우부, 콴탄, 제란툿 등 내륙의 파항 주, 동해안 방향으로 가는 버스를 운행하는 프켈리링(Pekeliling) 버스 터미널 등이 있다.

버스 터미널 운행 정보 www.expressbusmalaysia.com

푸두 센트럴 Pudu Central 원래 명칭은 푸두라야이지만 간단히 푸두라고 한다. 말레이반도 동해안을 제외하고 카메론 하일랜즈, 이포, 알로 스타, 페낭 등 전 지역을 가는 버스를 운행하고 있다.

TBS Terminal Bersepadu Selatan 공항 철도 킬리아 트랜짓, 전철인 KTM 커뮤터 세렘반(Seremban) 선, 지하철인 LRT 스리 프탈링(Sri Petaling) 선 등이 정차하는 쿠알라 룸푸르 남쪽, 반다르 타식 슬라탄(Bandar Tasik Selatan) 역 인근의 버스 터미널로 말라카, 조호르 바루 등 말레이반도 남서쪽으로 가는 버스를 운행한다.

푸트라 버스 터미널 Putra Bus Terminal PWTC 푸트라 월드 트레이드 센터 옆에 있는 버스 터미널로 쿠알라 트렝가누, 코타 바하루 등 말레이반도 동해안으로 가는 버스가 운행한다. 푸트라 버스 터미널까지는 LRT 클라나 자야(Kelana Jaya) 선을 이용한다.

프켈리링 버스 터미널 Pekeliling Bus Terminal LRT 티티왕사(Titiwangsa)역 옆 있는 버스 터미널로 겐팅 하일랜즈, 테메로, 라우부, 콴탄 등 내륙의 파항 주, 동해안 방향으로 가는 버스를 운행한다. 타만 네가라 부근 제란툿으로 가는 버스도 출발!

두타 버스 터미널 Duta Bus Terminal 차이나타운 북서쪽에 있는 버스 터미널로 둔군, 쿠알라 테렝가누, 쿠안탄 등으로 가는 버스를 운행한다.

쿠알라 룸푸르의 교통수단

시내 교통

도시 철도

쿠알라 룸푸르에는 경전철 LRT, MRT, 전철 KTM 커뮤터, KL 모노레일 등의 도시 철도가 다닌다. 그중 경전철 LRT는 암팡(Ampang)과 센툴 티무르(Sentul Timur)를 연결하는 암팡(Ampang)선, 클라나 자야(Kelana Jaya)와 터미널 푸트라(Terminal Putra)를 연결하는 클라나 자야(Kelana jaya)선, 스리 프탈링(Sri Petaling)과 센툴 티무르(Sentul Timur)를 연결하는 스리 프탈링(Sri Petaling)선 등이 있다. 운행 시간은 06:00~24:00, 약 8분 간격, 요금은 RM 0.8~9.7 내외이다. 현금 대신 LRT, KL 모노레일, BRT(Bus Rapid Transit), 버스 통합 교통카드인 마이 래피드 카드(My Rapid Card, RM10)를 이용하면 편리하다.

래피드KL 홈페이지 www.myrapid.com.my

전철, KTM 커뮤터(KTM Komuter) KTM 커뮤터는 스렘반(Seremban)과 탄중 마림(Tanjung Malim)을 연결하는 스렘반(Seremban)선, 프라부한 클랑(Perabuhan Klang)과 바투 케이브(Batu Caves)를 연결하는 포트 클랑(Port Klang)선 등이 있다. KTM 커뮤터 운행 시간은 05:30~22:00, 15~30분 간격, 요금은 RM1.5~21 내외이다.

KTM 커뮤터 홈페이지 www.ktmb.com.my

KL 모노레일(KL Monorail) KL 모노레일은 KL센트럴과 티티왕사(Titiwangsa)를 연결하고 운행 시간은 06:00~24:00, 요금은 RM0.8~9.7 내외이다. 보통 모노레일 2량 정도 붙여 운행하나 전철 KTM 커뮤터나 경전철 LRT에 비해 모노레일 객차의 크기가 작기 때문에 출퇴근 시간, 주말에는 매우 혼잡하다.

KL 모노레일 홈페이지 www.myrapid.com.my

버스와 택시

시내버스 말레이시아 시내를 운행하는 버스는 KL래피드 버스, 메트로 버스, SJ 버스 등이 있으나 특정 구간을 제외하고 노선을 파악하기 어려우므로 지하철, 전철 등에 비해 불편할 수 있다. 요금은 RM1~3 내외이다.

KL래피드 버스 www.myrapid.com.my

택시 쿠알라 룸푸르의 택시는 레드 택시(기본 RM3), 블루 택시(RM6) 등이 있다. 보통 미터 요금을 적용하지만 일부 택시는 일정 금액을 요구하기도 한다. KL 타워 같은 곳에서는 택시 카운터가 있어 행선지를 말하고 요금을 지불하면 택시를 배정해 준다. 특급 호텔 앞에 늘어선 블루 택시를 이용할 수도 있다. 그나마 쿠알라 룸푸르에서는 미터로 갈 수 있으나 지

터치 앤 고 Touch 'n Go Card

KLIA 익스프레스, KLM, LRT, KL 모노레일, 버스는 물론, 고속도로 톨게이트, 편의점, 약국 등에서 이용할 수 있는 교통카드다. 공항, LRT 역, 편의점, 약국, 주유소 등에서 구입과 충전을 할 수 있다.

전화 03-2714-8888 요금 카드 RM10(충전은 최대 RM500까지) 홈페이지 www.touchngo.com.my

방에서는 대부분 택시 카운터에서 행선지를 말하고 요금을 지불한 뒤 택시를 이용하게 된다. 택시 카운터가 없는 지역을 여행할 때는 택시 기사와 요금을 흥정해야 한다.

관광객을 위한 시티 투어 버스

홉온홉오프 버스(Hop-On-Hop-Off Bus)

쿠알라 룸푸르의 주요 관광지를 자유롭게 타고 내릴 수 있는 2층 버스로, 단시간에 쿠알라 룸푸르를 둘러보고 싶은 사람에게 적당하다. 영어, 일어 등으로 된 오디오 가이드가 제공되며 티켓은 운전기사에게 사거나 주요 지점의 홉온홉오프 버스 부스에서 산다. 바투 동굴 셔틀, 쿠알라 룸푸르 · 푸트라자야 야경 티켓도 판매한다.

운행 시간 09:00~18:00(약 30분 간격), 20:00~22:00
요금 24시간 RM60, 48시간 RM90, 나이트 투어 RM65
주요 코스 센트럴 마켓-국립 박물관-말레이시아 왕궁-새 공원-국립 모스크-메르데카 광장-KLCC-KL타워-빈탕 워크-차이나타운
전화 011-1230-5350
홈페이지 www.myhoponhopoff.com

고 케이엘 시티 버스(Go KL City Bus) 쿠알라 룸푸르 주요 관광지를 무료 순환하는 버스로 북쪽 KLCC에서 남쪽 부킷 빈탕의 파빌리온, 버자야 타임스 스퀘어 등을 연결하는 그린 라인, 동쪽 부킷 빈탕의 파빌리온과 서쪽 차이나타운의 파사르 사니 역을 연결하는 퍼플 라인, 파빌리온과 메단 마라를 연결하는 블루 라인, KL 센트럴과 메단 마라를 연결하는 레드 라인 등이 있다. 파사르 스니에서 KL 타워와 파빌리온, 파빌리온에서 환승하여 페트로나스 트윈 타워 등으로 가기 편리하다. 고 케이엘 시티 버스 노선도는 공항의 관광 안내소에서 구할 수 있다.

운행 시간 주중 06:00~23:00, 주말 · 휴일 07:00~23:00 (배차 간격 5~15분) 요금 무료 홈페이지 www.gokl.com.my

렌터카 & 렌트 오토바이

렌터카는 공항의 렌터카 업체를 이용하는 것이 편리하고 렌트 오토바이는 주로 여행자 거리에서 이용한다. 렌터카를 이용하려면 국제 운전면허증이 필요하고 스쿠터는 그냥 대여해 주는 경우가 많다. 렌터카와 렌트 오토바이 이용 시 보험 여부를 확인하고 운전 방향이 왼쪽임을 유의해 운전한다.

그랩(Grab)

그랩은 앱 호출 승용차/택시/오토바이 서비스이다. 스마트폰으로 간편하게 부를 수 있고 미리 기사와 요금을 알 수 있어 편리하다. 단, 정부 공인 서비스가 아니므로 이용 시 주의 필요!

쿠알라 룸푸르 여행 안내

말레이시아 투어리즘 센터(MTC)
03-2161-5161
투어리스트 인포메이션 센터(MATIC)
03-9235-4800

쿠알라 룸푸르 도시 철도 노선도

1 KTM Batu Caves-Pulau Sebang Line
2 KTM Tanjung Malim-Pelabuhan Klang Line
3 LRT Ampang Line
4 LRT Sri Petaling Line
5 LRT Kelana Jaya Line
6 ERL KLIA Ekspres Line
7 ERL KLIA Transit Line
8 KL Monorail Line
9 MRT Kajang Line
10 KTM KL Sentral-Terminal Skypark Line
11 LRT Shah Alam Line
12 MRT Putrajaya Line
B1 BRT Sunway Line3

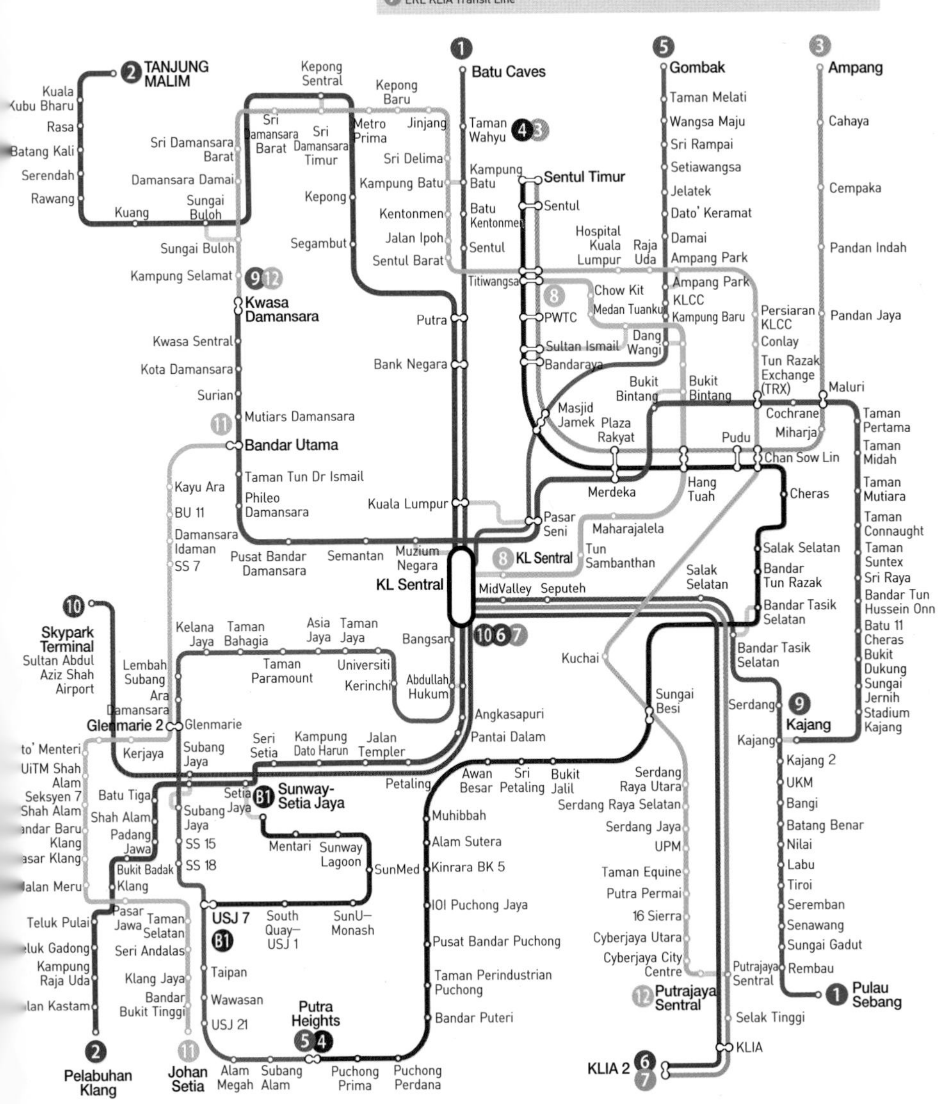

쿠알라 룸푸르 1박 2일 코스

한 나라의 수도를 1박 2일에 다 둘러보긴 어려운 일이니 볼 것은 보고 뺄 것은 빼는 지혜가 필요하다. 쿠알라 룸푸르 시내를 시계 방향 또는 시계 반대 방향으로 움직이며 여행해 보자.

1일

국립 박물관

도보 15분

이슬람 미술관

도보 3분

국립 모스크

도보 10분

새 공원

택시 10분

세인트 메리 대성당·메르데카 광장·
술탄 압둘 사마드 빌딩

택시 5분

잘란 프탈링
(차이나타운)

2일

페트로나스 트윈 타워

도보 3분

아쿠아리아 KLCC

도보 10분

파빌리온 &
스타힐 갤러리

도보 5분

잘란 부킷 빈탕의
마사지 거리

도보 3분

잘란 알로의
먹거리 거리

차이나타운 Chinatown

다민족 국가인 말레이시아의 인구 비율은 말레이족 5 : 중국계 2.3 : 인도계 0.7 : 기타 2로 말레이족이 다수를 이루고 있으나, 유독 쿠알라 룸푸르만큼은 중국계 주민이 절반을 차지한다. 특히 차이나타운에 중국계 주민들이 대다수 모여 살고 있다. 뿐만 아니라 이 지역에는 유명한 힌두 사원도 있고 차이나타운 북쪽 리틀 인디아와도 가까워 인도계 사람들이 심심치 않게 목격된다. 잘란 프탈링 거리(차이나타운), 관디 템플에서는 중국, 스리 마하 마리암만 사원에서는 인도의 모습을 엿볼 수 있다.

Access LRT 파사르 스니 역 또는 LRT 플라자 라캿 역에서 차이나타운 방향, 도보 3분
Best Course 스리 마하 마리암만 사원 → 관디 템플 → 센트럴 마켓 → 차이나타운

센트럴 마켓 Central Market

쿠알라 룸푸르 최고의 기념품 상가

1888년 개점 이후, 1980년대 현재 위치로 이전되었다. 2층 규모의 센트럴 마켓은 말레이시아의 문화, 유산, 예술, 공예의 특징이 잘 나타나 있는 상품을 판매하고 있다. 1층에는 인디아 거리, 콜로니얼 거리 등의 테마 거리, 2층에는 말레이시아 전통 문양의 직물과 의류 판매점들이 있다. 말레이시아의 특산품인 주석으로 만든 기념품이나 동남아 전통 직물인 바틱 제품, 기념품을 구입하기 좋다. 출출하다면 2층의 푸드코트, 프레셔스 올드 차이나(Precious Old China), 진저 레스토랑(Ginger Restaurant) 등에서 식사를 해도 괜찮다.

주소 Lot 3.04-3.06, Central Market, Jalan Hang Kasturi 교통 LRT 파사르 스니(Pasar Seni) 역에서 잘란 술탄(Jalan Sultan) 이용 / LRT 플라자 라캿(Plaza Rakyat) 역에서 잘란 푸두(Jalan Pudu)·잘란 툰탄 청록(Jalan Tun Tan Cheng Lock) 이용, 잘란 프탈링(Jalan Petaling) 지나 도보 5~10분 시간 10:00~22:00 전화 1300-22-8688(안내) 홈페이지 www.centralmarket.com.my

아넥스 갤러리 The Annexe Gallery

말레이풍 그림을 구입하거나 즉석 캐리커처 도전

회화, 조각, 사진 등 다양한 전시를 진행한다. 센트럴 마켓과 가까워 접근하기 좋고 아넥스 갤러리 주변으로 화랑가가 형성되어 있어 말레이시아 회화를 감상하기도 괜찮다. 화랑 거리에서는 초상화를 그려 주는 화가들도 있다.

주소 Jalan Hang Kasfuri, Central Market 교통 센트럴 마켓 뒤쪽 시간 화~토 12:00~20:00, 일 12:00~16:00, 월요일 휴관(전시에 따라 다름) 요금 무료 또는 RM40 내외(전시에 따라 다름) 전화 03-2070-1137

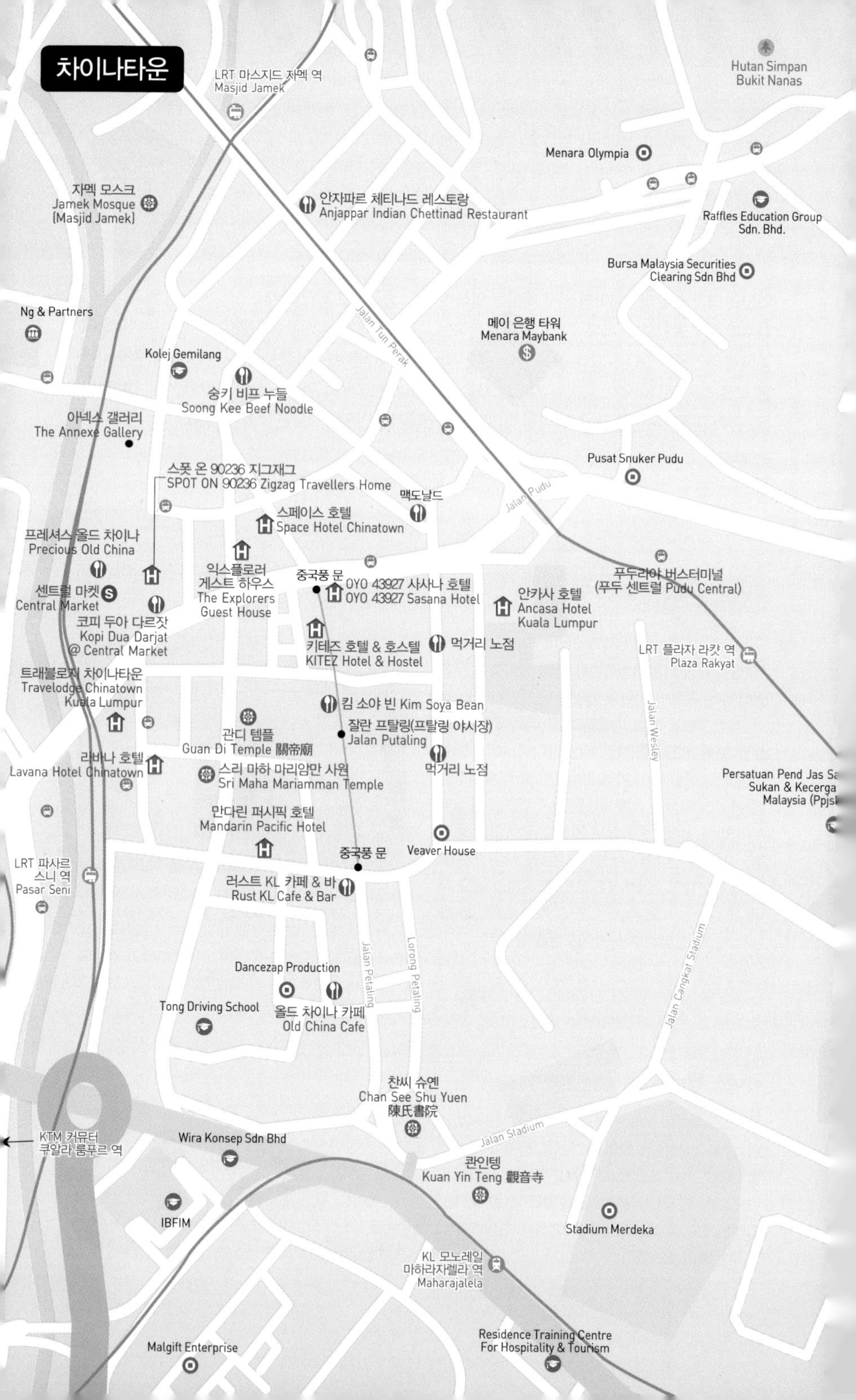
차이나타운
LRT 마스지드 자멕 역
Masjid Jamek
Hutan Simpan
Bukit Nanas
Menara Olympia
자멕 모스크
Jamek Mosque
(Masjid Jamek)
안자파르 체티나드 레스토랑
Anjappar Indian Chettinad Restaurant
Raffles Education Group
Sdn. Bhd.
Bursa Malaysia Securities
Clearing Sdn Bhd
Ng & Partners
Jalan Tun Perak
메이 은행 타워
Menara Maybank
Kolej Gemilang
숭키 비프 누들
Soong Kee Beef Noodle
아넥스 갤러리
The Annexe Gallery
Pusat Snuker Pudu
스폿 온 90236 지그재그
SPOT ON 90236 Zigzag Travellers Home
맥도날드
Jalan Pudu
스페이스 호텔
Space Hotel Chinatown
프레셔스 올드 차이나
Precious Old China
익스플로러
게스트 하우스
The Explorers
Guest House
중국풍 문
OYO 43927 사사나 호텔
OYO 43927 Sasana Hotel
푸두라야 버스터미널
(푸두 센트럴 Pudu Central)
센트럴 마켓
Central Market
안카사 호텔
Ancasa Hotel
Kuala Lumpur
코피 두아 다르잣
Kopi Dua Darjat
@ Central Market
키테즈 호텔 & 호스텔
KITEZ Hotel & Hostel
먹거리 노점
LRT 플라자 라캿 역
Plaza Rakyat
트래블로지 차이나타운
Travelodge Chinatown
Kuala Lumpur
킴 소야 빈 Kim Soya Bean
Jalan Wesley
관디 템플
Guan Di Temple 關帝廟
잘란 프탈링(프탈링 야시장)
Jalan Putaling
라바나 호텔
Lavana Hotel Chinatown
스리 마하 마리암만 사원
Sri Maha Mariamman Temple
먹거리 노점
Persatuan Pend Jas Sa
Sukan & Kecerga
Malaysia (Ppjsk
만다린 퍼시픽 호텔
Mandarin Pacific Hotel
LRT 파사르
스니 역
Pasar Seni
중국풍 문
Veaver House
러스트 KL 카페 & 바
Rust KL Cafe & Bar
Jalan Petaling
Lorong Petaling
Jalan Cangkat Stadium
Dancezap Production
Tong Driving School
올드 차이나 카페
Old China Cafe
찬씨 슈옌
Chan See Shu Yuen
陳氏書院
KTM 커뮤터
쿠알라 룸푸르 역
Wira Konsep Sdn Bhd
Jalan Stadium
콴인텡
Kuan Yin Teng 觀音寺
IBFIM
Stadium Merdeka
KL 모노레일
마하라자렐라 역
Maharajalela
Residence Training Centre
For Hospitality & Tourism
Malgift Enterprise

잘란 프탈링(프탈링 야시장) Jalan Putaling

차이나타운의 중심

차이나타운은 페트로나스 트윈 타워, 부킷 빈탕과 함께 쿠알라 룸푸르의 중심을 이룬다. 차이나타운의 범위는 서쪽 LRT 파사르 스니 역에서 동쪽 플라자 라캿 역까지, 북쪽 잘란 푸두와 잘란 툰탄 청록에서 남쪽 잘란 술탄 지나 잘란 불라탄 메르데카(Jalan Bulatan Merdeka)까지이고, 잘란 프탈링이 그 중심부에 있다. 이곳에는 다민족 국가인 말레이시아의 국민 중 중국 사람들이 많이 모여 살며 장사를 하거나 식당을 운영하고 있다. 잘란 프탈링 거리는 북쪽과 남쪽에 전통 중국풍의 문과 전광판이 있어 찾기 쉽다. 잘란 프탈링의 노점에서는 티셔츠, 신발, 주석 잔, 마그네틱 같은 기념품들을 많이 볼 수 있는데 흥정을 통해 정가의 2/3 가격으로 구입하면 적당하다. 이 거리에는 상품을 파는 노점상 이외에도 음료나 각종 음식을 파는 식당도 많으므로 식사나 간단한 요기를 즐겨도 좋은 곳이다.

주소 Jalan Petaling, Kuala Lumpur 교통 LRT 파사르 스니(Pasar Seni) 역 하차, 잘란 술탄(Jalan Sultan) 이용 / LRT 플라자 라캿(Plaza Rakyat) 역 하차, 잘란 푸두(Jalan Pudu)·잘란 툰탄 청록(Jalan Tun Tan Cheng Lock) 이용, 잘란 프탈링(Jalan Petaling)·차이나타운 방향, 도보 5~10분 / KL 모노레일 마하라자렐라(Maharajalela) 역에서 차이나타운 방향, 도보 10분

스리 마하 마리암만 사원 Sri Maha Mariamman Temple

인도에 여행 온 듯한 착각이 드는 곳

LRT 파사르 스니 역 동쪽에 위치한 말레이시아 최대의 힌두교 사원으로 1873년 세워졌고 1999년 보수되었다. 힌두교 사원의 상징 중 하나인 사원 입구 겸 탑은 고프람(Gopuram)이라고 하는데 5층 높이에 다양한 힌두신이 조각되어 있다. 사원 내에는 수많은 신이 있는 것으로 알려진 힌두교의 신 중 파괴의 신인 시바, 창조의 신인 브라마, 유지의 신인 비시누, 지혜와 복의 신인 가네샤 등을 모시는 신전을 볼 수 있다. 매년 1~2월 힌두교 축제인 타이푸삼(Thaipusam)에는 사원 내 은마차에 전쟁과 풍요의 신인 무르간 신상을 싣고 바투 동굴까지 행진을 하기도 한다. 사원에 입장하기 위해서는 신발을 벗어야 하고 사원 내에서는 참배를 드리거나 수행 중인 사람들이 있으므로 소란스럽지 않게 행동하자.

주소 163, Jalan Tun H. S. Lee 교통 LRT 파사르 스니(Pasar Seni) 역에서 잘란 술탄(Jalan Sultan) 이용, 잘란 술탄에서 좌회전, 도보 3분 시간 06:00~20:30 요금 무료

관디 템플 Guan Di Temple 關帝廟

재물신이자 군신인 삼국지 관우를 모시는 곳

《삼국지》에 나오는 촉나라 장수 관우(關羽)를 모시는 관제묘(關帝廟)로, 관우는 중국 사람과 화교들에게 전쟁의 신이자 재물의 신으로 추앙받는다. 사원 안쪽 중앙에는 관우상이 있는데 붉은 얼굴에 손에는 춘추를 들고 있다. 생전에 관우 얼굴이 잘 익은 대추처럼 붉었고 평소 춘추를 즐겨 읽었다는 것에서 기인한 것이다. 관우상 좌우에는 그의 아들인 관평, 그의 부하인 주창이 보좌하고 있으며 사원 내에는 관우가 타던 적토마와 그가 사용하던 청용언월도도 볼 수 있다. 사원에 들어서면 사원 천정에 돌돌 매달려 있는 만년향 타는 연기가 자욱하고 관우상을 향해 복을 기원하는 사람들을 많이 볼 수 있다.

주소 168, Jalan Tun H. S. Lee, Kuala Lumpur 교통 스리 마하 마리암만 사원에서 도보 1분 시간 07:30~15:30 요금 무료 전화 03-2078-2735

찬씨 슈옌 Chan See Shu Yuen 陳氏書院

차이나타운에서 보기 드문 가문 사당

보통 차이나타운에는 광저우, 푸젠 같은 지역 회관이나 가문 사당, 또는 불교나 도교 사원이 자리한다. 이들은 타지로 이주한 중국인들의 모임 장소이고 부와 안전을 기원하던 곳이어서 이주 중국인들의 삶을 엿볼 수 있다. 차이나타운 남쪽에 위치한 찬씨 슈엔은 1897년 찬(陳)씨 가문의 선조를 모시기 위해 세워졌다. 주 건물은 정면 3칸, 중정, 후면 3칸의 중국 전통 사원 형식을 띠고 있는데 화려한 용마루 장식이 인상적이다. 서원 안쪽 덕성당에는 찬씨 선조의 위패가 모셔져 있다.

주소 172, Jalan Petaling, Kuala Lumpur 교통 차이나타운에서 잘란 프탈링(Jalan Petaling) 이용, 남쪽으로 도보 15분 / KL 모노레일 마하라자렐라(Maharajalela) 역에서 도보 3분 시간 10:00~17:00 요금 무료 전화 03-2070-6511

콴인텡 Kuan Yin Teng 觀音寺

대자대비 관음에게 소원을 빌어 봐!

1880년 차이나타운 남쪽에 위치한 찬씨 슈엔 아래 세워진 사원으로, 자비의 신인 관음보살을 모시는 곳이다. 콴인텡 입구에는 중국풍의 돌로 된 삼문이 있고 안쪽에 후대에 다시 세워진 것으로 보이는 현대적인 느낌의 사찰 건물이 있다. 관음은 자비의 여신으로 대개 바닷가에 있거나 바다에서 일하는 사람들이 세운 것이 많다. 과거에는 바다에서 생업을 하던 사람을 위한 안전 장치가 마땅치 않았기 때문에 자비의 여신인 관음이나 바다의 여신 천후(天后)에게 기원하는 것 말고는 방법이 없었을 것이다.

주소 Jalan Maharajalela, Kuala Lumpur 교통 찬씨 슈엔에서 도보 1분 / KL 모노레일 마하라자렐라(Maharajalela) 역에서 도보 3분 시간 09:00~17:00 요금 무료

레이크 가든 Lake Garden

차이나타운 서쪽 레이크 가든(페르다나 보태니컬 가든)과 국립 박물관 주변 지역을 말한다. 레이크 가든에는 난초 정원, 나비 공원, 새 공원 등이 있는데 일대를 산책하며 열대 자연의 생명력과 아름다움을 느껴 보자. 공원 남쪽에는 국립 모스크, 이슬람 미술관, 국립 박물관, 북쪽에는 국가 기념비가 있다. 모스크와 미술관에서는 이슬람이 국교인 말레이시아의 이슬람 문화를 엿볼 수 있으며, 국립 박물관에서는 말레이시아의 역사와 문화를 알아볼 수 있다.

Access 차이나타운의 LRT 파사르 스니(Pasar Seni) 역에서 쿠알라 룸푸르 역을 지나 도보 15분 / KL 센트럴, 쿠알라 룸푸르 역에서 연결
Best Course 쿠알라 룸푸르 역→국립 박물관→국립 천문관→국립 모스크→이슬람 미술관→새 공원→국가 기념비

브릭필즈 리틀 인디아 Brickfields Little India

말레이시아에서 만나는 인도

브릭필즈는 KL 모노레일 KL 센트럴 역과 툰 삼반선 역 사이 지역을 말하는데 이곳에 인도계 사람들이 모여 리틀 인디아를 이루고 있다. 영국 식민지 시절, 말레이시아 철도 건설을 위해 인도와 스리랑카 등에서 온 노동자들이 모여 살면서 인도계 거주지를 형성하게 되었다고 한다. 툰쿠 압둘 라만의 리틀 인디아와 비슷하게 인도 전통 복장인 사리나 터반을 만드는 데 필요한 직물 상점, 탄두리 치킨과 난, 라시 등을 맛볼 수 있는 인도 레스토랑, 인도계 상품을 살 수 있는 잡화점, 힌두교 상징물 등을 만날 수 있다. 간혹 우리에게 익숙지 않은 흑갈색의 얼굴과 큰 눈의 인도계 사람들이 무섭게 느껴질 수 있으나 그들도 보통 말레이시아 사람이다. 단, 늦은 시간에 이곳을 방문하는 것은 좋지 않고 낮 시간일지라도 홀로 인적 드문 골목으로 들어가지 않도록 한다. 대부분의 인도계 상점과 레스토랑은 대로변에 있다.

주소 Jalan Thambipillay, Kuala Lumpur 교통 KL 모노레일 KL 센트럴 역 또는 KL 센트럴 역에서 동쪽 잘란 탐비필레이(Jalan Thambipillay) 방향, 도보 3~10분

레이크 가든
ASEAN Sculpture Garden
국가 기념비
National Monument(Tugu Negara)
Jalan Tun Ismail
Jalan Parlimen
Masjid India
St Mary's Church
Institut Perekabentuk Dalaman Malaysia
Kelab Di Raja Selangor
LRT 미스지드 자멕 역
Masjid Jamek
Niza Abdu
자멕 모스크
Jamek Mosque (Masjid Jamek)
Masjid Bukit Aman
Dataran Merdeka
Ng & Partners
Kolej Gemilang
Pustaka Perkhidmatan Awam Kuala Lumpur
Perpustakaan Peringatan Kuala Lumpur
Jabatan Pembangunan Sosial Kebudayaan Dan Sukan Dbkl
Cambridge English For Life Sdn. Bhd.
Jalan Cenderamulia
Jalan Kebun Bunga
Jalan Tugu
Jalan Bukit Aman
Jalan Cenderasari
나비 공원
Butterfly Park
히비스커스 정원
Hibiscus Park
Central Market Kuala Lumpur
 Erican L
Institut Teknologi Bandaraya Antarabangsa
레이크 가든
(페르다나 보태니컬 가든)
Lake Garden
(Perdana Botanical Gardens)
Jalan Ria
Jalan Lembah
난초 식물원
Orchid Park
새 공원
KL Bird Park
Sekolah Menengah Kebangsaan (P) Methodist
Sri Maha Ma
Temple
사슴 공원
Muzium Kesenian Islam Malaysia
LRT 파사르 스니 역
Pasar Seni
Institut Cq-tec
Dancezap Production
Jalan Perdana
국립 모스크
National Mosque(Masjid Negara)
Istana Tetamu
페르다나 호수
Tasik Perdana
툰 압둘 라작의 기념관
Tun Abdul Rajak Memorial
Taman Megalith Petronas
Tong Driving School
Jalan Kinabalu
Jabatan Logistik Penguatk
Ippk Kuala Lumpur
Southeast Asia Regional Centre For Counter Terrorism
경찰 박물관
Royal Malaysia Police Museum
이슬람 미술관
Islamic Art Museum
말레이시아 철도국
쿠알라 룸푸르 역
Kuala Lumpur
Wira Konsep Sdn
국립 천문관
National Planetarium
Kl Visitors Centre
IBFIM
Jalan Damansara
국립 박물관
National Museum
Muzium Teknologi Dunia Melayu
Malgift Enterprise
Bangunan Agama Jpm
Gereja Katolik Holy Rosary
Jalan Perseketuan
Kolej Internexia
BEST WESTERN PREMIER Dua Sentral
Music N' Movies @ Stesen Sentral Kuala Lumpur
Malaysian Indian Art And Culture Association
Sonali Products (M) Sdn Bhd
KL 센트럴
KL Sentral
Jalan Tun Sambanthan
Jalan Padang Belia
Sri Kandasamy Kovil
Sekolah Memandu Rakyat
KL 모노레일 센트럴 역
KL Sentral
Jalan Tebing
Jalan Syed Putra
이스타나 네가라 왕궁
Istana Negara
E-One Studio - Plaza Sentral
Jalan Thambipillay
InvestKL Corporation
Jalan Istana
1 Sentral
브릭필즈 리틀 인디아
Brickfields Little India
KL 모노레일 툰 삼반선 역
Tun Sambanthan
Lorong Bellamy
Sekolah Kebangsaan (Perempuan) Methodist 1 Brickfields (M)
Sekolah Sri Murni
Lavanya Arts Sdn. Bhd.
천후궁 방향
Sungai Kelang
Jalan Syed Putra
Buddhist Maha Vihara

이스타나 네가라 왕궁 Istana Negara

5년마다 돌아가며 말레이시아의 왕이 된다

KL 센트럴 동쪽에 위치한 말레이시아 왕궁으로, 1928년에 주석 광산으로 부를 이룬 화교가 세운 건물이다. 한때 일본군이 점거한 적이 있고 훗날 국가에 귀속되어 왕궁으로 이용되고 있다. 말레이시아는 국가의 상징적 수반인 왕이 있고, 실질적 통치자인 수상을 두는 입헌 군주국이다. 재미있는 것은 연방제 국가이면서 이슬람 국가인 말레이시아의 국왕은 각 주의 왕이라고 할 수 있는 술탄이 5년마다 돌아가며 국왕에 취임한다는 것이다. 현재 왕궁 입장은 불가하므로 왕궁 외관만 둘러볼 수 있다. 기념 촬영하는 정도로 만족하자.

주소 Jalan Duta, Kuala Lumpur 교통 KL 센트럴에서 택시로 5분 요금 무료

천후궁 Thean Hou Temple 天后宮

아시아 최대 규모의 천후궁

KL 센트럴 남쪽에 위치한 사원이다. 중국에서 바다의 신으로 알려져 있는 천후는 중국 남쪽 바닷가 사람들이나 동남아로 이주한 화교들이 많이 숭배한다. 천후궁에서는 보통 천후가 중앙에 위치하고 좌우에 해변의 신인 스웨이 메이(Swei Mei), 자비의 신인 콴 인(Kuan Yin, 관음)이 보좌한다. 천후궁은 바다와 관계가 깊기 때문에 보통 바다나 강을 향해 세워진다. 이곳은 1880년경 처음 세워졌고 현재의 건물은 1980년대 4층 규모로 재건된 것인데 아시아 최대 규모이다. 입구에 천후궁이라 적힌 삼문이 있고 그 뒤로 4층 사원 건물이 들어서 있다. 용과 물고기로 장식되어 있는 용마루뿐 아니라 화려한 색채와 조각으로 장식된 실내 인테리어도 볼만하다.

주소 65, Persiaran Endah, Taman Persiaran Desa, Kuala Lumpur 교통 KL 센트럴 또는 KTM 미드 밸리(Mid Valley) 역에서 택시로 5분 시간 08:00~22:00 요금 무료 전화 03-2274-7088 홈페이지 www.hainannet.com.my

국립 박물관 National Museum

말레이시아의 역사와 문화에 빠져 보자

1963년 말레이 전통 건축 양식으로 건립되었고 선사, 말레이 왕국, 식민지 시절, 현대의 말레이 등 4개의 전시실이 있다. 선사실에서는 선사 시대의 토기와 도기, 생활용품을 전시하고, 말레이 왕국실에서는 역대 말레이 왕국의 변천과 문화를 보여 준다. 식민지 시절관에서는 1511년 말라카가 포르투갈의 식민지가 된 이래 400년 이상 네덜란드, 영국, 일본 등의 식민지였던 역사와 문화를 보여 주며, 현대 말레이관에서는 1946년 통일 말라야 국가 조직(The United Malay National Organisation, UMNO) 결성 시도, 1948년 말라야 연방 결성, 1957년 말레이시아 독립, 1963년 보르네오 사바와 사라왁을 포함한 말레이시아 연방 수립 등 다사다난했던 현대사와 현재의 말레이시아의 모습을 보여 준다. 중앙홀의 그림자 인형인 와양 쿨리트, 전시실의 범선 조각, 금으로 만든 나뭇가지 공예품, 왕가의 침실 등이 볼 만하다. 본관 밖에는 말레이 원주민의 생활상을 엿볼 수 있는 오랑 아슬리 공예 박물관, 말레이 세계 민족학 박물관 같은 전시관이 있고 마당에 옛날 마차, 옛날 자동차, 증기 기관차 등도 보인다.

말레이시아 역사와 문화를 한눈에

주소 Jalan Damansara, Kuala Lumpur 교통 쿠알라 룸푸르 역 또는 KL 센트럴에서 도보 5~10분 시간 09:00~17:00 요금 성인 RM5, 어린이 RM2 전화 03-2267-1111 홈페이지 www.muziumnegara.gov.my

말레이 세계 민족학 박물관
Malay World Ethnology Museum

다민족 국가인 말레이시아를 이해하는 시간

국립 박물관 뒤쪽의 핑크빛 건물로 동남아, 남태평양, 인도양, 아프리카 등에 분포한 말레이 민족의 문화와 관련된 것들을 전시하는 박물관이다.

교통 국립 박물관 내

오랑 아슬리 공예 박물관

Orang Asli Craft Museum

말레이 원주민이 만드는 공예품

말레이 원주민을 '오랑 아슬리'라고 하는데 이들이 만드는 바구니, 가방, 그릇, 도기 등의 공예품을 전시하는 박물관이다. 입구에 커다란 목제 도깨비상이 있어 찾기 쉽다.

교통 국립 박물관 내

쿠알라 룸푸르 역 KL Railway Station

동양과 서양, 인도와 이슬람 양식이 섞인 건축물

쿠알라 룸푸르 역은 새로운 KL 센트럴(중앙역)이 생기기 전까지 쿠알라 룸푸르의 중앙역이었다. 영국 식민지 시절인 1885년, 쿠알라 룸푸르에서 클랑에 이르는 약 30km의 철도 노선이 생기며 시작되었다. 1911년 영국 건축가 허브복(A. B, Hubbock)의 설계로 아치와 크고 작은 첨탑이 있는 오스만 투르크, 무굴, 고딕, 고대 그리스 양식이 섞인 구 KL 중앙역(현재의 쿠알라 룸푸르 역)이 건설되었다. 현재 쿠알라 룸푸르 역은 선웨이 라군의 스티아 자야(Setia Jaya) 역, 블루 모스크의 샤 알람(Shah Alam) 역, 크탐섬의 프라부한 클랑(Perabuhan Klang) 역, 미드 밸리(Mid Valley) 역, 마인스 원더랜드의 세르당(Serdang) 역 등 쿠알라 룸푸르와 시외를 연결하는 KTM 커뮤터 역으로 이용된다.

주소 Jalan Sultan Hishamuddin, Kuala Lumpur 교통 LRT 파사르 스니(Pasar Seni) 역에서 도보 15분 전화 03-2273-5588 홈페이지 www.ktmkomuter.com.my

말레이시아 철도국 Malaysia Railway Office

콜로니얼 양식의 고풍스러운 철도국

쿠알라 룸푸르 역 건너편에 있는 웅장한 건물은 말레이시아 철도 본부이다. 쿠알라 룸푸르 역을 설계한 영국 건축가 허브복의 작품으로 여러 양식이 혼합된 콜로니얼 양식이 적용되었다. 아치와 둥근 기둥, 중앙 현관 위 흰색의 돔, 돔 위의 작은 첨탑이 있다. 이국적인 궁전이나 성채처럼 보인다.

주소 Jalan Sultan Hishamuddin 교통 쿠알라 룸푸르 역 건너편

국립 모스크 National Mosque(Masjid Negara)

담백한 느낌의 이슬람 모스크

차이나타운 서쪽 쿠알라 룸푸르(구 중앙역) 역 옆에 위치하고 있는 국립 이슬람 사원이다. 말레이시아 초대 총리 툰쿠 압둘 라만의 제안으로 1965년 완공되었다. 높은 첨탑에 절반만 펴진 종이 우산 모양의 파란색 지붕이 있는 예배당 건물이 인상적이다. 8,000명을 수용할 수 있는 규모이다. 이슬람 예배 시간을 제외하고 내부에 들어갈 수 있으나 예배당에서 기도를 하거나 명상에 잠긴 사람들에게 방해가 되지 않도록 주의한다. 보통 대예배당은 남성 전용이고 귀퉁이 작은 예배당은 여성 전용이니 참고할 것!

주소 Jalan Perdana, Kuala Lumpur 교통 LRT 파사르 스니(Pasar Seni) 역에서 도보 15분, 쿠알라 룸푸르 역 옆 시간 월~금 09:00~13:00, 14:00~17:00 / 토 · 일 휴관 요금 무료 전화 03-2693-7784 홈페이지 www.masjidnegara.gov.my

이슬람 미술관 Islamic Art Museum

이슬람 예술품의 보고

이슬람 미술관은 총 4층으로 이루어져 있다. 1층은 로비, 2층에는 분수가 있는 중정, 레스토랑, 미술관 스토어가 있다. 3층에는 세계 각국의 이슬람 자료와 모스크 모형, 4층은 직물, 도자기, 무기, 화폐 등을 전시하는 전시관이다. 상설 전시 이외에 템포러리 갤러리에서 테마에 따른 전시가 열리기도 한다. 말레이시아 국교인 이슬람 종교를 이해하는 데 도움이 된다.

주소 Jalan Lembah Perdana, Kuala Lumpur 교통 쿠알라 룸푸르 역에서 국립 모스크 지나 도보 10분 시간 09:30~18:00 요금 성인 RM20, 학생 RM10 전화 03-2092-7070 홈페이지 www.iamm.org.my

이슬람 문화와 할랄 음식

말레이시아는 이슬람이 국교이지만 종교의 자유가 있어 이슬람 사원인 모스크 외에도 불교, 기독교, 힌두교, 유교 사원도 볼 수 있다. 다만, 모스크를 둘러볼 때에 노출이 심한 복장을 삼가고 새벽, 정오, 일몰 전, 일몰 후, 취침 전 등 하루 5번 있는 이슬람 예배 시간에 출입을 삼가는 것이 좋다. 예배 시간은 모스크에서 크게 울리는 코란 방송을 듣고 짐작할 수 있다. 예배당은 남녀가 구분되어 있으므로 출입 시 주의해야 한다.

또한 보통 이슬람에서는 돼지고기, 술, 담배를 금지하나 이슬람을 믿는 무슬림(이슬람 신자) 말레이인 외에 타종교를 믿는 중국계, 인도계 말레이 사람은 술과 담배에 대해 관대하다. 돼지고기는 차이나타운의 일부 레스토랑을 제외하면 찾아보기 힘들고 대신 전체적으로 닭고기나 소고기를 많이 먹는다. 무슬림이 먹는 음식은 할랄(Halal)이라고 하여 아랍어로 '허용된 것'이란 뜻을 가지고 있고 할랄 음식 중 닭고기, 소고기 같은 육류는 이슬람의 알라 이름으로 도축된 것을 말한다. 대개 육류에 할랄 표시가 되어 있거나 레스토랑에 할랄이라 표시하여 이슬람의 알라 이름으로 처리된 음식을 내는 곳임을 알리고 있다. 그 밖의 제품에도 할랄 표시된 것이 있다. 이는 무슬림이 할랄 표시를 신경 써 음식을 섭취한다는 의미이고, 무슬림이 아닌 사람은 할랄 제품을 사용하거나 할랄 레스토랑을 이용하는 것은 아무 문제가 없다.

이들 이슬람 금기는 이슬람 색채가 강한 말레이반도 동해안의 주에서 강조되어 그곳에서는 술과 담배를 보기 힘들 수 있으니 참고하자. 말레이시아 전체적으로는 왼손을 부정하게 여기기 때문에 오른손으로 식사를 하거나 물건을 건네받으면 좋고, 머리를 신성시하므로 남의 머리를 만지거나 특히 아이들의 머리를 만지는 일이 없어야 한다. 또한 말레이 사람과 정치 문제, 종교 비판 등에 대해 거론하지 않는 것이 좋다.

경찰 박물관 Royal Malaysia Police Museum

미드 CSI에 관심 있다면 꼭 살펴볼 것

국립 모스크에서 이슬람 박물관 방향으로 걷다가 왼쪽 언덕길로 오르면 경찰 박물관이 나온다. 박물관은 1961년 건립되었고 범죄 단체에서 압수한 무기와 서류, 말라야 공산당과의 전투 자료 등을 전시하고 있다. 경찰 박물관 건너편의 이슬람 분위기가 나는 건물은 박물관으로 오인하기 쉬우나 야야산 아이북하리(Yayasan Aibukhary)라는 이슬람 재단 건물이다. 코란을 상징화한 건물 외관이 신비한 분위기를 자아낸다.

주소 Jalan Perdana 이슬람 박물관 뒤 교통 쿠알라 룸푸르 역에서 국립 모스크 지나 도보 10분 시간 09:00~17:00, 월요일 휴관 요금 무료 전화 03-2272-5689

국립 천문관 National Planetarium

항공과 우주에 관한 모든 것

국립 천문관은 레이크 가든 남쪽 언덕에 위치해 있다. 3개의 전시관에는 천체도, 천체 사진, 우주인 훈련 기구, 우주복 등 항공과 우주에 관한 전시를 볼 수 있다. 전시관 외 돔 상영관으로 된 플래네테리움 쇼장에서는 시간별로 다양한 주제의 항공과 우주에 관한 영상을 상영한다. 건물 상층에는 구경 35cm의 천체 망원경이 있어 천문 관측과 교육에 사용된다. 전체적으로는 체험 위주의 시설이 많아서 아이들과 함께 찾아도 좋은 곳이다.

주소 Lot 53, Jalan Perdana, Kuala Lumpur 교통 쿠알라 룸푸르 역에서 경찰 박물관을 지나 국립 천문관 방향 / 쿠알라 룸푸르 역에서 잘란 다만사리(Jalan Damansari)를 이용, 레이크 가든 방향, 레이크 가든 남문에서 국립 천문관 방향, 도보 20분 시간 09:00~16:30, 월요일 휴관 요금 입장료 무료, 플라네타륨 쇼 RM12 전화 03-2273-5484 홈페이지 www.planetariumnegara.gov.my

레이크 가든(페르다나 보태니컬 가든) Lake Garden(Perdana Botanical Gardens)

여유로운 시간을 즐길 수 있는 공원

차이나타운 서쪽에 있는 공원으로, 1880년대 약 92ha의 방대한 넓이로 조성되었다. 공원 내 페르다나 호수가 있어 '페르다나 보태니컬 가든'이라고도 한다. 공원 남쪽에 국립 천문관, 중간에 개발의 아버지라 불린 전직 총리, 툰 압둘 라작의 기념관(Tun Abdul Rajak Memorial), 사슴 공원, 난초 정원, 새 공원, 북쪽에 히비스커스 공원 등이 있다. 공원을 구경하기 전, 공원 내를 순환하는 트램을 타고 한 바퀴 돌아보는 것도 좋다. 한가롭게 발길 닿는 대로 공원을 둘러보며 페르다나 호숫가에서 잠시 쉬어도, 공원 내 매점에서 간식을 사 먹어도 즐겁다. 단, 이른 아침이나 늦은 저녁에는 사람이 별로 없으므로 가급적 낮 시간에 방문하는 것이 좋고 으슥한 곳으로 가지 않도록 하자.

주소 Jalan Kebun Bunga Tasik Perdana, Kuala Lumpur 교통 공원 남문_쿠알라 룸푸르 역에서 잘란 다만사리(Jalan Damansari) 이용 / 오키드 가든_쿠알라 룸푸르 역에서 국립 모스크·경찰 박물관 지나 도보 20분 시간 07:00~20:00 요금 입장료 무료, 트램 RM0.5 전화 03-2273-5423

난초 식물원 Orchid Park

형형색색의 난초 정원에서 기념 촬영은 필수

난초 식물원에는 말레이시아에서 자라는 180여 종의 난초가 자라고 있다. 보라색, 분홍색, 노란색 등 여러 가지 색으로 핀 난초를 배경으로 기념 촬영을 해 보자. 참고로 난초 개화 시기는 3월에서 11월 사이다.

주소 Jalan Cenderawasih, Taman Tasik Perdana 교통 레이크 가든 중간 시간 09:00~18:00 요금 평일 무료, 토~일·국경일 RM1 전화 03-2693-5399

나비 공원 Butterfly Park

예쁜 나비가 가득

나비 공원은 습기 가득한 열대 우림으로 꾸며져 있고 5,000여 종의 나비를 보유하고 있다. 꽃이나 나뭇가지에 앉아 있거나 공원을 날아다니는 형형색색의 나비를 보고 있으면 절로 기분이 좋아진다. 공원 내 숲과 작은 연못에는 나비 외에도 다람쥐, 도마뱀, 잉어, 거북이 등도 있다.

주소 Jalan Cenderawasih, Taman Tasik Perdana 교통 레이크 가든 북쪽 시간 09:00~16:30 요금 성인 RM30, 어린이 RM18 전화 010-264-6957 홈페이지 www.klbutterflypark.com

히비스커스 정원 Hibiscus Park

나팔꽃을 닮은 말레이시아의 국화

히비스커스는 쌍떡잎식물 아욱목 아욱과 무궁화 속 식물로 흔히 부상화(扶桑花)라고 한다. 이 꽃은 말레이시아의 국화이자 '열대의 여왕'이라는 별칭이 있다. 보통은 다섯 개의 꽃잎에 하나의 수술이 나오는데 붉은색, 흰색, 노란색 등 색깔이 다양하다. 나팔꽃과 생김새가 비슷한데 땅에서 자라는 들꽃이 아닌 가지가 있는 나무에 꽃이 핀다. 이곳에 500여 종의 히비스커스가 자라고 있고 알려진 바로는 3,000여 종의 히비스커스가 있다고 한다. 말레이시아 전역의 정원이나 숲에서 흔히 볼 수 있는 꽃이어서 친근하다.

주소 Jalan Cenderawasih, Taman Tasik Perdana 교통 레이크 가든 중간 시간 09:00~18:00 요금 평일 무료, 토~일·국경일 RM1 전화 03-2167-6000

새 공원 Bird Park

똑똑한 새들이 펼치는 명연기

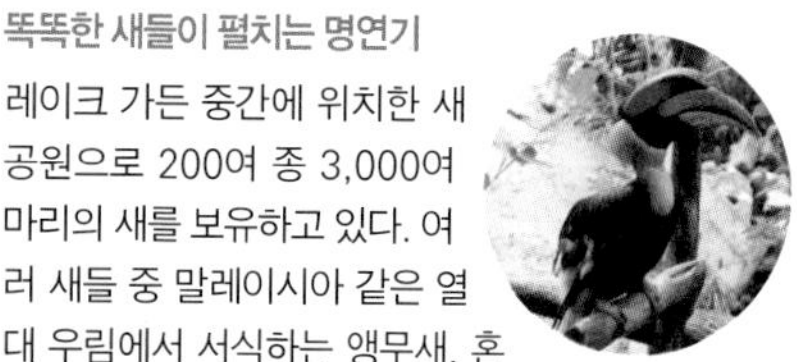

레이크 가든 중간에 위치한 새 공원으로 200여 종 3,000여 마리의 새를 보유하고 있다. 여러 새들 중 말레이시아 같은 열대 우림에서 서식하는 앵무새, 혼빌, 홍학 등은 몸집이 크고 빨간색, 노란색, 청색 등 강렬한 원색을 자랑하며 독특하고 우렁찬 울음이 인상적이다. 열대 우림에 서식하는 새들 외에도 공작새, 타조, 오리 등 여러 조류를 구경할 수 있다. 새 공원의 하이라이트는 하루 두 번 공연하는 새 공연으로 조련사 손에 안착하기, 앵무새의 번호 뽑기, 자전거 타기, 깃발 뽑기 등은 어른 아이 모두에게 즐거움을 준다. 새 공원 곳곳에서 행해지는 새 먹이 주기나 새와 함께하는 기념 촬영 등에 참여해 보자.

주소 Jalan Cenderawasih, Taman Tasik Perdana 교통 레이크 가든 중간 시간 09:00~18:00 요금 성인 RM85, 어린이 RM60 전화 03-2272-1010 홈페이지 www.klbirdpark.com

국가 기념비 National Monument(Tugu Negara)

적과 싸웠던 용사들을 기리는 곳

1948년부터 1960년까지 말라야 연방의 독립을 위해 말라야 공산당과 벌인 전투에서 희생된 병사들을 기리기 위해 세워졌다. 말레이시아 깃발을 들고 돌격하는 모양의 국가 기념비는 미국의 조각가 펠릭스 드 웰던(Felix de Weldon)이 15.5m 높이의 청동상으로 만들었다. 근처에 기념탑도 볼 수 있다.

주소 Jalan Tamingsari 교통 레이크 가든 북쪽 / LRT 마스지드 자멕(Masjid Jamek) 역에서 서쪽, 잘랄 파 르리멘(Jalan Parlimen) 이용, 도보 20분 또는 택시 이용 시간 07:00~18:00 요금 무료 전화 012-235-6023

메르데카 광장 Merdeka Square

메르데카 광장 주변은 영국 식민지 시절의 식민지 정부 청사가 모여 있는 곳이다. 이들 건축물은 인도와 유럽 건축의 영향을 받아 독특한 식민지풍(콜로니얼)으로 지어졌으며, 현재는 박물관, 갤러리, 도서관 등으로 쓰인다. 이들 건축물을 배경으로 기념 촬영하기 좋은 곳이다. 메르데카 광장은 1957년 말레이시아 독립이 선포된 역사적인 장소로, 매년 독립 기념 행사와 문화 행사 등이 열린다.

Access 차이나타운에서 도보 15분
Best Course 국립 섬유 박물관 → 쿠알라 룸푸르 시티 갤러리 → 메르데카 광장 → 술탄 압둘 사마드 빌딩 → 세인트 메리 대성당 → 자멕 모스크

국립 섬유 박물관 National Textile Museum

다양한 섬유 관련 전시품을 볼 수 있는 박물관

메르데카 광장 남쪽에 있는 박물관으로, 1905년 영국 건축가 허브복(A. B. Hubbock)이 설계하였다. 영국의 영향으로 적벽돌과 석고를 사용하였고, 아치와 둥근 기둥, 중앙 현관과 건물 양쪽 끝의 둥근 지붕이 있는 전망대는 무굴 양식으로 만들었다. 이 건물은 당시 철도 사무국으로 사용되었고 훗날 박물관이 되었다. 박물관에서는 말레이 전통 의상, 사바와 사라왁의 전통 의상, 말레이시아 페라나칸(중국계와 말레이 혼혈)의 직물 공예, 중국 의상, 전통 직물인 바틱, 직물 직조 방법과 염색 등 다양한 섬유 관련 전시품들이 있다.

주소 JKR 26, Jalan Sultan Hishamudin, Kuala Lumpur 교통 차이나타운 센트럴 마켓 옆 잘란 항 카스투리(Jalan Hang Kasturi) 이용, 북쪽 방향, 사거리에서 좌회전 후 다리 건너 바로 / LRT 마스지드 자멕(Masjid Jamek) 역에서 센트럴 마켓 방향, 사거리에서 우회전 후 다리 건너 바로, 도보 10분 시간 09:00~17:00 요금 무료 전화 03-2694-3457 홈페이지 www.muziumtekstilnegara.gov.my

쿠알라 룸푸르 시티 갤러리 Kuala Lumpur City Gallery

쿠알라 룸푸르 발전상을 한눈에 담다

1899년 영국 콜로니얼(식민지) 양식으로 건설되었고 1940년대에는 캐노피 루프가 추가되었다. 한동안 정부 청사로 쓰이다가 2012년 쿠알라 룸푸르의 역사를 알리는 시티 갤러리로 탈바꿈하였다. 시티 갤러리 내에서 쿠알라 룸푸르의 과거와 현재, 미래를 표현한 모형과 전시물을 둘러볼 수 있다.

주소 No 27, Jalan Raja, Dataran, Kuala Lumpur 교통 국립 섬유 박물관에서 도보 3분 시간 09:00~18:00, 화요일 휴관 요금 무료 전화 03-2698-3333 홈페이지 www.klcitygallery.com

메르데카 광장
Masjid India
세인트 메리 대성당
Cathedral of St. Mary the Virgin
시립 극장
City Theatre
Institut Perekabentuk Dalaman Malaysia
LRT 마스지드 자멕 역
Masjid Jamek
구 하급 법원·구 연방조사부
Former Sessions & Magistrates Court, The Old Survey Department
로열 셀랑고르 클럽
Royal Selangor Club
술탄 압둘 사마드 빌딩
Sultan Abdul Samad Building
자멕 모스크
Jamek Mosque (Masjid Jamek)
Jalan Tun Pe
메르데카 광장
Merdeka Square
1
레게 맨션
Reggae Mansion
Ng & Partners
국기 게양대 & 빅토리안 분수대
쿠알라 룸푸르 기념 도서관
Perpustakaan Peringatan Kuala Lumpur
Kolej Gemilang
숭키 비프 누들
Soong Kee Beef Noodle
쿠알라 룸푸르 시티 갤러리
Kuala Lumpur City Gallery
국립 섬유 박물관
National Textile Museum
방콕 은행
Bangkok Bank Berhad
Jalan Bukit Aman
Jalan Hang Kasturi
홍릉 은행
Hong Leong Bank
센트럴 마켓
Central Market
1
Institut Teknologi Bandaraya Antarabangsa

메르데카 광장 Merdeka Square

말레이시아 독립 선언이 이루어진 역사의 현장

차이나타운 북쪽에 위치한 잔디 광장이다. 광장 주위에 영국 식민지 시절 식민지 정부 부처가 모여 있었다. 1957년 8월 31일 말레이시아가 독립하면서 메르데카 광장에 있던 국기 게양대의 영국 국기를 내리고 말레이시아 국기를 게양하였다. 현재의 국기 게양대는 메르데카 광장 남쪽에 100m 높이로 달려 있다. 메르데카 광장에서는 크리켓 경기가 열리거나 독립 기념일, 기념 행사 등 각종 행사가 열린다.

주소 Jalan Raja, Kuala Lumpur 교통 국립 섬유 박물관에서 도보 3분 / LRT 마스지드 자멕((Masjid Jamek)) 역에서 도보 10분

국기 게양대 & 빅토리안 분수대

고풍스런 분수대에서 뿜는 시원한 물줄기

메르데카 광장 남쪽에는 국기 게양대와 1897년 영국 식민지 시절에 만들어진 빅토리안 분수대(Victorian Fountain)가 있다. 빅토리안 분수대의 물줄기는 한여름 열기를 식혀 준다.

주소 Merdeka Square, Jalan Raja, Kuala Lumpur

세인트 메리 대성당 Cathedral of St. Mary the Virgin

고딕풍으로 지어진 성공회 성당

메르데카 광장 북쪽에 위치한 성공회 성당으로 1894년 영국 건축가 노먼(A. C. Norman)이 고딕 양식으로 만들었다. 제단이 있는 앞, 옆쪽이 고딕 양식, 지붕은 경사가 급한 주황색 지붕으로 튜더 왕조 양식처럼 보인다. 내부에는 앞쪽에 작은 제단이 있을 뿐 화려한 스테인드글라스 같은 것은 없다.

주소 Jalan Raja, Kuala Lumpur 시간 09:00~17:00 교통 메르데카 광장에서 바로 전화 03-2692-8672

술탄 압둘 사마드 빌딩 Sultan Abdul Samad Building

식민지 시절의 연방 사무국 건물

1897년 영국 식민지 시절 영국 건축가 노먼(A. C. Norman)의 설계로 건축되었다. 발굽 아치와 원형 기둥, 중앙 현관과 건물 양 끝에 있는 돔 등 영국 빅토리아 양식과 무어 양식 등을 사용한 건물이다. 메르데카 광장 주위의 건물 중에서 가장 높고 넓으며 고층 시계탑이 있어 메르데카 광장의 랜드마크가 되고 있다. 영국 식민지 시설에는 연방 사무국으로 사용했고 후에 말레이시아 정부 청사로 쓰이다가 현재 폐쇄한 상태다. 시계탑 위쪽은 정부 오피스 건물로 1896년 영국 건축가 허브복(A. B. Hubbock)이 설계한 것이다.

주소 Jalan Raja, Kuala Lumpur 교통 국립 섬유 박물관에서 도보 3분 / LRT 마스지드 자멕(Masjid Jamek) 역에서 도보 10분 전화 03-2267-8088

자멕 모스크 Jamek Mosque(Masjid Jamek)

멀리서 봐도 멋있는 모스크

LRT 마스지드 자멕 역 옆에 있는 이슬람 사원으로, 1909년 영국 건축가 허브복(A. B. Hubbock)이 무굴 양식으로 건축하였다. 마스지드(Masjid)는 말레이어로 '모스크'라는 뜻이다. 클로버 모양의 아치가 회랑을 둘러싸고 한쪽에 원형의 첨탑이 있는 형태다. 1965년 국립 모스크가 건립되기 전에는 이곳이 중요한 모스크 역할을 했다. 이슬람 기도 시간을 제외하고는 입장이 가능하지만 가운을 입거나 여자는 히잡을 써야 한다. 사원 입구에서는 이슬람 신자가 아닌 사람을 걸러 내고 입구가 닫혀 있는 경우도 많으므로 굳이 안으로 들어가려고 하지 말자. 사원 밖에서 보거나 LRT 마스지드 자멕 역 플랫폼에서 보는 정도가 적당하다.

주소 Jalan Tun Perak, Kuala Lumpur 교통 LRT 마스지드 자멕(Masjid Jamek) 역에서 바로 시간 08:30~12:30, 14:30~16:00(금 15:00~16:00), 월요일 휴관 요금 무료 전화 03-9235-4848

메르데카 광장 주변의 옛 건물 산책

1786년 페낭,1824년 말라카, 1874년 말레이 전체가 영국의 식민지가 되었다. 1941년 단기간의 일본 점령 기간을 제외하고는 1957년까지 영국의 식민지였다. 메르데카 광장 주변은 영국 식민지 정부 시대에 건설한 건물들이 잘 보존되어 오늘까지 이어진다. 세인트 메리 성당이(1894년) 초기에 세워진 건물이고 비교적 나중에 세워진 건물이 자멕 모스크 건물(1909년)이다. 이들 건물들은 말발굽 모양의 아치, 원형 기둥, 중앙 현관과 건물 양 끝에 둥근 돔 등이 있는 무어 양식, 경사가 급한 주황색 지붕과 뼈대가 드러난 벽체 등이 있는 영국 튜더 왕조 양식, 각진 고성처럼 보이는 고딕 양식, 클로버 모양의 아치가 있는 무굴 양식까지 다양한 건축 양식으로 지어졌다. 건축에 관심이 있는 사람이라면 주의 깊게 둘러보자.

시립 극장

로열 셀랑고르 클럽

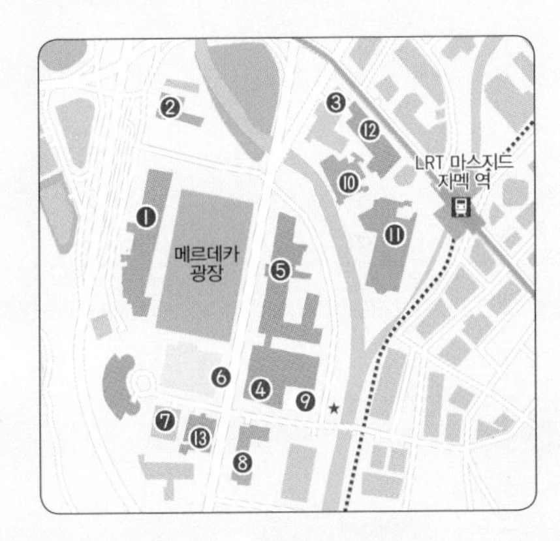

❶로열 셀랑고르 클럽
Royal Selangor Club
건축 연도 : 1889년
건축 양식 : 튜더 왕조

❷세인트 메리 성당
St. Mary's Cathedral
건축 연도 : 1894년
건축가 : 노먼 A. C. Norman
건축 양식 : 고딕

❸시립 극장
City Theatre
건축 연도 : 1896년
건축가 : 허브복 A. B. Hubbock
건축 양식 : 무어

❹구 우체국
The Old General Post Office
건축 연도 : 1896년
건축가 : 허브복 A. B. Hubbock
건축 양식 : 빅토리아·무어·무굴

❺술탄 압둘 사마드 빌딩
Sultan Abdul Samad Building
건축 연도 : 1897년
건축가 : 노먼 A. C. Norman
건축 양식 : 빅토리아·무어·무굴

❻빅토리안 분수대
Victorian Fountain
건축 연도 : 1897년
건축 양식 : 빅토리아

❼정부 인쇄 사무소
Government Printing Office
건축 연도 : 1899년
건축가 : 노먼 A. C. Norman
건축 양식 : 무굴
※ 현재 KL 시티 갤러리
(KL City Gallery)

❽국립 섬유 박물관
National Textiles Museum
건축 연도 : 1905년
건축가 : 허브복 A. B. Hubbock
건축 양식 : 무굴

❾인더스트리얼 코트
The Industrial Court
건축 연도 : 1905년
건축가 : 무어딘 A. K. Moosdeen
건축 양식 : 콜로니얼
※ KL 첫 번째 백만장자 록예우의 상업 빌딩

❿구 고등 법원
Former The High Court Building
건축 연도 : 1909년
건축가 : 허브복 A. B. Hubbock
건축 양식 : 무굴

⓫자멕 모스크
Jamek Mosque(Masjid Jamek)
건축 연도 : 1909년
건축가 : 허브복 A. B. Hubbock
건축 양식 : 무굴

⓬구 하급 법원·구 연방조사부
Former Sessions & Magistrates Court, The Old Survey Department
건축 연도 : 1910년
건축 양식 : 무굴

⓭구 국립 역사 박물관
Former National History Museum
건축 연도 : 1919년
건축 양식 : 콜로니얼
※ 원래 구 차터드 뱅크 빌딩(The old Chartered Bank building, 현재 폐쇄)

툰쿠 압둘 라만 & 초우 킷
국립 극장
National Theatre(Istana Budaya)
국립 초상화 미술관
National Portrait Gallery
국립 미술관
National Arts Gallery
KL 모노레일 티티왕사 역
Titiwangsa
Kuala Lumpur General Hospital
페어필드 쿠알라 룸푸르
Fairfield Kuala Lumpur Jalan Pahang
KL 모노레일 초우 킷 역
Chow Kit
크로스로드 호텔
Crossroads Hotel
나시 칸다르 샤즈 커리 하우스
Nasi Kandar Shazz Curry House
초우 킷 시장
Chow Kit Market
마람 시장
Malam Market
LRT PWTC 역
KTM 커뮤터 푸트라 역
Putra
LRT 술탄 이스마일 역
Sultan Ismail
LRT 캄풍 바루 역
Kampung Baru
KL 므단 투쿠 역
Medan Tuanku
Tune Hotels - Downtown KL
프레스콧 호텔
Prescott Hotel
소고 백화점
Sogo Department Store
시앙 시푸드 레스토랑
Siang Seafood Restaurant
LRT 반다라야 역
Bandaraya
KTM 커뮤터 뱅크 네가라 역
Bank Negara
K 호텔
K Hotel
(Katel Kuala Lumpur)
LRT 당 왕기 역
Dang Wangi
KL 모노레일 부킷 나나스 역
Bukit Nanas
리틀 인디아 푸드 코트
Little India Food Court
리틀 인디아
Little India
나시 칸다르 이브람샤
Restoran Nasi Kandar Ibramsha
인도 모스크
India Mosque
바자르
Bazar
LRT 마스지드 자멕 역
Masjid Jamek
레게 맨션
Reggae Mansion
베텔 리프
Betel Leaf
자멕 모스크
Jamek Mosque
(Masjid Jamek)
Shangri-La Hotel, Kuala Lumpur
Pacific Regency Hotel Suites
The Weld
Hutan Simpan Bukit Nanas
Menara Olympia
St Mary's Church
Jalan Tun Razak
Jalan Sultan Ismail
Jalan Raja Alang
Jalan Ampang
Jalan Raja Chulan

툰쿠 압둘 라만 & 초우 킷
Tuanku Abdul Rahman & Chow Kit

차이나타운 북쪽의 바자르를 거쳐, 인도계 주민들이 모여 사는 리틀 인디아로 갈 수 있다. 이곳에는 사리, 터번 같은 인도 의상에 쓰이는 직물을 파는 상점, 인도 레스토랑, 인도 모스크 등 여러 볼거리가 있다. 리틀 인디아 위쪽으로는 초우 킷 시장, 마람 시장이 있어 말레이 사람들의 소소한 일상을 엿볼 수 있다. 말레이 상가, 인도 상점, 쇼핑센터, 재래시장 등에서 다양한 쇼핑을 즐길 수 있는 곳이기도 하다. 재래시장의 즐거움인 다양한 먹거리도 빼놓지 말자.

Access 툰쿠 압둘 라만_LRT 마스지드 자멕(Masjid Jamek) 역 하차 / 초우 킷_KL 모노레일 초우 킷(Chow Kit) 역 하차
Best Course 바자르 → 리틀 인디아 → 소고 백화점 → 초우 킷 시장 → 마람 시장

리틀 인디아 Little India

말레이 최대의 인도계 커뮤니티

LRT 마스지드 자멕 역 북쪽 잘란 마스지드 인디아와 잘란 툰쿠 압둘 라만 사이의 지역으로, 인도계 사람들이 모여 산다. 이 거리에는 사리를 입은 여성, 머리에 터번을 쓴 남자도 보인다. 사리나 터번을 만들 때 쓰는 직물과 인도 전통 복장을 판매하는 상점들, 인도 음식을 파는 식당들이 많아 마치 인도 여행을 온 것 같은 느낌이 들기도 한다. 모스크 주변 광장에서는 다양한 공연도 펼쳐진다. 리틀 인디아를 구경하며 길가의 노점상에서 판매하는 꼬치구이, 음료 등 길거리 먹거리도 빼놓지 말자. 리틀 인디아뿐만 아니라 차이나타운 위쪽과 자멕 모스크 사이에도 인도계 상점들이 많다.

인도 분위기 물씬~

주소 Jalan Masjid India, Jalan Lorong Tuanku Abdul Rahman, Jalan Tuanku Abdul Rahman 교통 LRT 마스지드 자멕(Masjid Jamek) 역에서 잘란 믈라위(Jalan Melayu) 이용, 도보 5분

말레이시아 찐 로컬 여행지, 툰쿠 압둘 라만 & 초우 킷

KL 모노레일 초우 킷 역 남쪽 대로, 좌우로 초우 킷 시장과 마람 시장이 있어 찐 로컬 여행을 좋아하는 이들의 관심을 끈다. 이들 시장에는 열대 과일, 채소, 생선, 고기는 물론 의류, 잡화까지 없는 것 빼고 다 있어 하나하나 구경하다보면 시간 가는 줄 모른다. 어디 물건 뿐이랴, 물건을 파는 사람의 모습도 말레이인, 인도인, 중국인에 구경하는 서양 관광객까지 다양해 인종 전시장을 방불케 한다. 시장통에 흐르는 음악은 말레이시아 음악인지 인도 음악인지, 트로트 음악도 아닌 것이 왠지 흥이 나는 요상한 음악이 사람을 홀리게도 한다. 시장을 돌아다니다가 목 마르면 즉석 야자 주스를 마시면 되고 배고프면 인도풍인지 중국풍인지 섞인 간식을 사 먹는다. 단, 시장통에 사람이 매우 많으므로 소지품 도난이나 분실에 주의하자! 또 골목도 매우 많으니 길을 잃지 않도록 한다.

바자르

Bazar

없는 것 빼고 다 있는 재래시장

LRT 마스지드 자멕 역에서 잘란 믈라위 방향에 바자르(시장)가 형성되어 있다. 가설 지붕을 올린 시장을 지나면 야시장으로 이어진다. 바자르에서 가장 많이 볼 수 있는 것은 의류, 액세서리, 화장품이고 먹거리로는 검은 왕모래와 함께 굽는 군밤이 있는데 간접 가열로 익혀 탄 부분이 없고 고소하다. 야시장에서는 길가에 핸드폰, USB 메모리, 티셔츠 등을 깔아 놓고 장사를 한다. 가격이 생각보다 저렴하다면 짝퉁일 가능성이 높다. 흥정은 필수이나 잘 깎아 주진 않는다.

주소 Jalan Merayu, Kuala Lumpur 교통 LRT 마스지드 자멕(Masjid Jamek) 역에서 잘란 믈라위(Jalan Melayu) 방향, 도보 3분

인도 모스크

India Mosque

말레이 모스크와는 다른 느낌의 인도 모스크

100여 년 전 인도계 무슬림(이슬람 신도) 상인들이 세운 쿠알라 룸푸르에서 가장 오래된 이슬람 사원이다. 적갈색 대리석으로 만든 건물은 훗날 재건된 것이다. 금요일 기도 시간에는 3층의 기도실에 3,500명의 무슬림이 모인다. 바자르에서 리틀 인디아 가는 길에 있어 쉽게 찾을 수 있고 리틀 인디아에서 랜드마크 역할을 하는 장소다.

주소 Jalan Lorong Tuanku Abdul Rahman, Kuala Lumpur 교통 LRT 마스지드 자멕(Masjid Jamek) 역에서 잘란 믈라위(Jalan Melayu) 방향, 도보 5분 전화 03-2692 1009

소고 백화점 Sogo Department Store

일본계 상품을 쇼핑할 수 있는 백화점

일본계 백화점으로 명품 브랜드보다는 일본 브랜드와 로컬 브랜드 위주의 상품을 판매한다. L/G(지하) 푸드코트인 푸드 홀, G/F 화장품, 1F 여성 패션, 2F 남성 패션, 3F 토털 패션, 4F 어린이 상품, 5F 생활용품, 6F 식당가로 이루어져 있다. 리틀 인디아가 있는 툰쿠 압둘 라만 지역에서 가장 북적이는 곳으로 백화점 앞에서는 밴드의 거리 공연이 펼쳐지기도 한다. 백화점 푸드코트나 식당가에서 식사를 하고 디저트 카페에서 잠시 쉬기 좋다.

주소 190 Jalan Tuanku Abdul Rahman, Kuala Lumpur 교통 LRT 마스지드 자멕(Masjid Jamek) 역에서 잘란 툰쿠 압둘 라만(Jalan Tuanku Abdul Rahman) 이용, 북쪽으로 도보 15분 / KL 모노레일 므단 툰쿠(Medan Tuanku) 역에서 잘란 술탄 이스마일(Jalan Sultan Ismail) 이용, 서쪽으로 간 뒤 사거리에서 좌회전, 잘란 툰쿠 압둘 라만 이용. 도보 10분 시간 일~목 10:00~21:30, 금~토 ~22:00 홈페이지 www.sogo.com.my

버스킹 Busking

길거리에서 간단한 공연을 하며 수익을 얻는 것을 버스킹이라고 하는데 한국에서는 홍대 근처에서 버스킹하는 광경을 종종 볼 수 있다. 쿠알라 룸푸르에서는 리틀 인디아라 불리는 잘란 툰쿠 압둘 라만 거리에서 버스킹이 열린다. 기타, 키보드, 드럼을 갖춘 밴드 공연(소고 백화점 앞)부터 기타, 퍼커션 또는 민속 악기만 갖춘 공연 등 다양한 공연이 열린다. 추억의 팝송이나 말레이시아 유행 음악을 들으며 말레이시아에서의 시간을 좀더 풍성하게 채워 보자. 공연에 감동을 받았다면 모금함에 동전 몇 개 건네는 것은 어떨까.

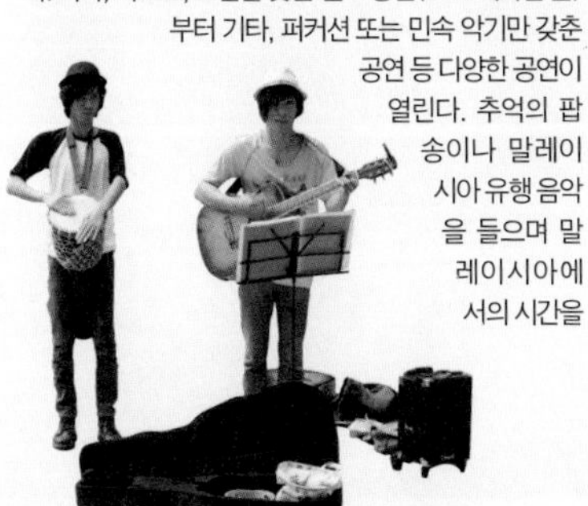

위치 잘란 툰쿠 압둘 라만(아래쪽 잘란 멜라위와 만나는 지점에서 위쪽 잘란 술탄 이스마일 사거리)

국립 극장 National Theatre(Istana Budaya)

유명한 세계 순회 공연도 열리는 극장

LRT 티티왕사 또는 KL 모노레일 티티왕사 역 동쪽에 파란색 지붕이 인상적인 국립 극장이 위치한다. 멀리서도 파란색의 반쯤 접힌 듯한 지붕이 눈에 띈다. 티티왕사 역에서 국립 극장 가는 길의 사거리 굴다리를 통과하는 것이 좀 헷갈리고 불편하지만 그곳만 지나면 바로 국립 극장이다. 이곳에서는 클래식 음악, 무용, 뮤지컬, 콘서트 등의 공연이 자주 열리므로 여행 중 시간이 된다면 공연을 즐겨 보자. 운이 좋으면 세계 순회공연 중인 뮤지컬이나 콘서트를 만날 수도 있다. 저녁이 되면 국립 극장 한쪽 마당에 간이 식당이 열려 간단한 식사를 하기도 좋다. 이곳은 한적한 변두리 지역이라 티티왕사 역에서 국립 극장이나 국립 미술관으로 걸어간다면 동행과 함께 가거나 티티왕사 역에서 택시를 이용하는 것도 괜찮다.

주소 Jalan Tun Rajak, Kuala Lumpur 교통 LRT·KL 모노레일 티티왕사(Titiwangsa) 역에서 잘란 툰 라작(Jalan Tun Rajak) 이용, 사거리 지나 국립 극장·국립 미술관 방향, 도보 20분 또는 택시 이용 전화 03-4026-5555 홈페이지 istanabudaya.gov.my

국립 미술관 National Arts Gallery

말레이시아에서 예술적인 안목 키우기

미술관 입구에 국립 초상화 미술관(National Portrait Gallery)이, 안쪽에 국립 미술관(National Arts Gallery)이 있다. 전시실은 G/F~2F에 걸쳐 있는데 미술관 중앙의 원형 보행로를 빙빙 돌아 위층으로 올라가며 전시품을 감상하면 된다. 각 전시실에는 말레이시아 출신 작가들의 그림과 조각, 현대 미술 등을 관람할 수 있고 비정기적으로 해외 작품도 전시된다. G/F의 미술관 숍에서 전시된 미술 작품 도록이나 기념품, 미술 재료를 구입할 수도 있다.

주소 Jalan Tun Rajak, Kuala Lumpur 교통 국립 극장에서 바로 시간 10:00~18:00 요금 무료 전화 03-4026-7000 홈페이지 www.artgallery.gov.my

국립 초상화 미술관
National Portrait Gallery

다양한 말레이 사람들을 그림에서 만나다

국립 미술관 입구 오른쪽에 국립 초상화 미술관이 있어 다양한 인물 묘사를 감상할 수 있다. 인물 묘사는 조각 작품과 회화 작품으로 나뉘는데 이들 작품 속에서 다민족이 어우러져 사는 말레이시아 사람들의 다양한 모습을 만나게 된다.

주소 Jalan Tun Rajak, Kuala Lumpur

초우 킷 시장 Chow Kit Market

열대 과일, 채소, 먹거리가 있는 재래시장

KL 모노레일 초우 킷 역에서 남동쪽에 위치한 시장으로 잘란 툰쿠 압둘 라만에서 동쪽으로 한 블록 떨어져 있다. 큰 길에서 시티 빌라 호텔(City Villa Hotel)을 찾아가면 쉽게 찾을 수 있다. 시장에는 스카프, 모자, 티셔츠, 신발, 액세서리, 시계뿐만 아니라 열대 과일, 채소 등을 취급하는 청과 시장도 있다. 시장 곳곳에 먹거리도 다양해 골라먹는 재미가 있다. 시장에서 큰길로 나오면 바자르 바루 초우 킷(Bazaar Baru Chow Kit)이라는 상가(시장통)가 있고 상가 옆에는 말레이시아 전통 음악이 흘러나오는 레코드점이 있다. 큰길에서 의류, 화장품, 세제 등을 파는 바자르 바루 초우 킷을 통해 초우 킷 시장으로 들어가도 된다. 단, 소지품 보관에 주의하고 시장이 아닌 외진 골목으로 가지 않도록 한다.

주소 Jalan Raja Bot, Jalan Lorong Haji Hussein 3, Kuala Lumpur 교통 KL 모노레일 초우 킷(Chow Kit) 역에서 잘란 툰쿠 압둘 라만(Jalan Tuanku Abdul Rahman) 이용, 남쪽 방향, 잘란 라자 봇(Jalan Raja Bot)에서 좌회전, 도보 10분

마람 시장 Malam Market

여기도 청, 저기도 청, 청바지 천국

초우 킷 시장 건너편에 있는 노점 시장으로 야시장이지만 낮부터 영업을 한다. 차양을 친 좁은 골목에는 청바지 노점이 상당히 많고 바지 밑단을 줄여주는 재봉사가 있는데 대부분 남자인 것도 재미있다. 청바지는 대부분 로컬 브랜드이지만 간혹 리바이스 같은 고급 브랜드도 있는데 가격이 싼 것으로 보아 진품이 아닐 가능성이 있다. 이곳에는 청바지 이외 구제 신발, 허리띠, 향수 등을 파는 노점도 볼 수 있다. 시장 끝 한적한 곳에서 중국계 말레이시아 호객꾼이 간판도 없는 마사지 숍으로 관광객을 유인하는데 따라가지 않는 것이 좋다. 만일, 그곳에서 바가지를 쓰거나 위험에 처했다면 일단 그들이 원하는 대로 들어 주고 나중에 말레이시아 관광 경찰(03-141-5522)에게 신고하자.

주소 Jalan Haji Taib, Kuala Lumpur 교통 KL 모노레일 초우 킷(Chow Kit) 역에서 잘란 툰쿠 압둘 라만(Jalan Tuanku Abdul Rahman) 이용, 남쪽 방향, 잘란 하지 테이브(Jalan Haji Taib)에서 우회전, 도보 15분

부킷 빈탕

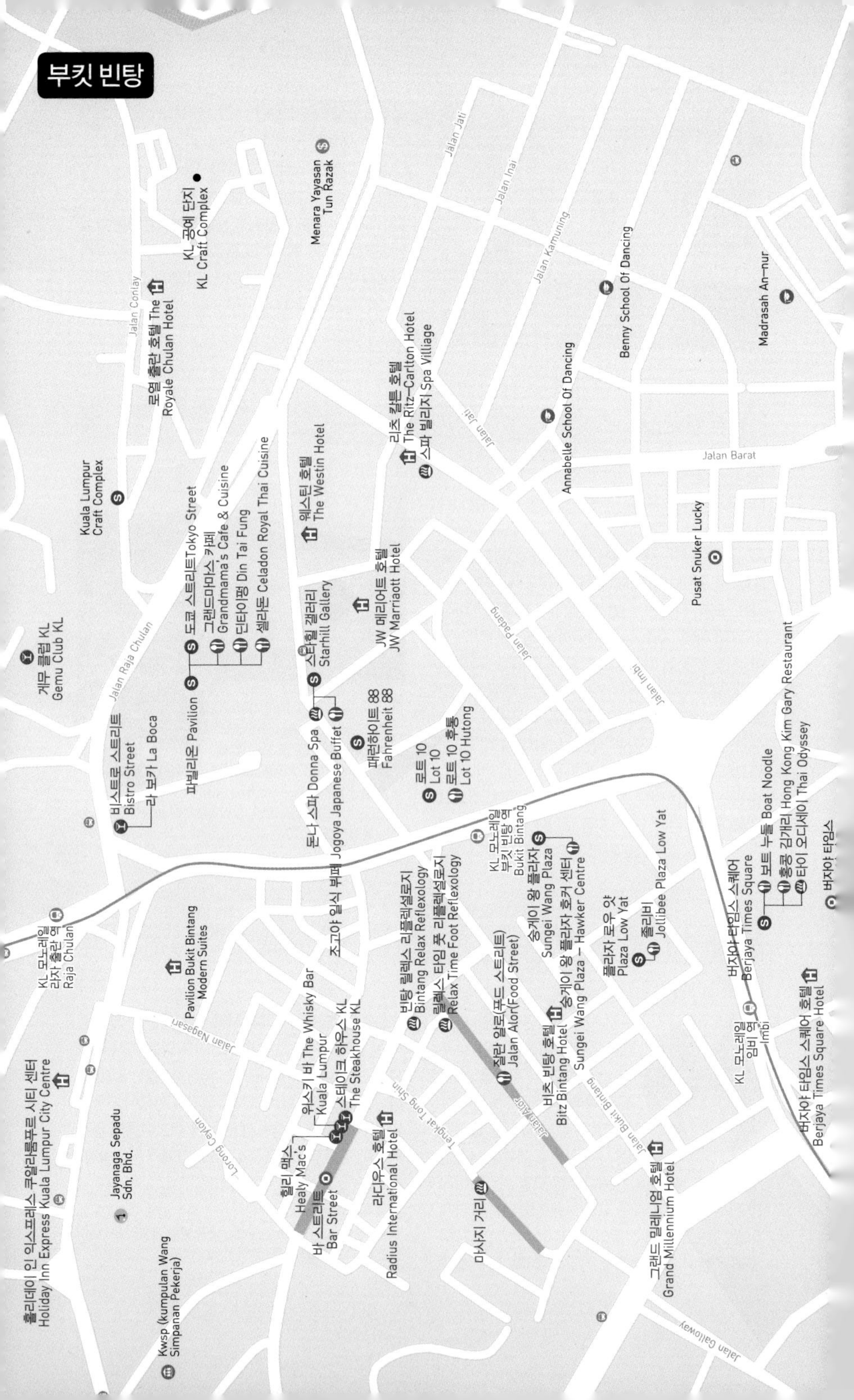

홀리데이 인 익스프레스 쿠알라룸푸르 시티 센터
Holiday Inn Express Kuala Lumpur City Centre
KL 모노레일
라자 출란 역
Raja Chulan
게무 클럽 KL
Gemu Club KL
Kuala Lumpur
Craft Complex
Jayanaga Sepadu
Sdn. Bhd.
비스트로 스트리트
Bistro Street
Jalan Raja Chulan
Jalan Conlay
라 보카 La Boca
로열 출란 호텔 The
Royale Chulan Hotel
Kwsp (kumpulan Wang
Simpanan Pekerja)
Pavilion Bukit Bintang
Modern Suites
파빌리온 Pavilion
도쿄 스트리트Tokyo Street
KL 공예 단지
KL Craft Complex
Lorong Ceylon
Jalan Nagasari
그랜드마마스 카페
Grandmama's Cafe & Cuisine
딘타이펑 Din Tai Fung
셀라돈 Celadon Royal Thai Cuisine
힐리 맥스
Healy Mac's
위스키 바 The Whisky Bar
Kuala Lumpur
바 스트리트
Bar Street
스테이크 하우스 KL
The Steakhouse KL
돈나 스파 Donna Spa
스타힐 갤러리
Starhill Gallery
웨스틴 호텔
The Westin Hotel
Menara Yayasan
Tun Razak
조고야 일식 뷔페 Jogoya Japanese Buffet
패런하이트 88
Fahrenheit 88
JW 메리어트 호텔
JW Marriaott Hotel
라디우스 호텔
Radius International Hotel
리츠 칼튼 호텔
The Ritz-Carlton Hotel
빈탕 릴렉스 리플렉설로지
Bintang Relax Reflexology
스파 빌리지 Spa Villiage
Tengkat Tong Shin
로트 10
Lot 10
릴렉스 타임 풋 리플렉설로지
Relax Time Foot Reflexology
로트 10 후통
Lot 10 Hutong
Jalan Jati
Jalan Jati
마사지 거리
KL 모노레일
부킷 빈탕 역
Bukit Bintang
잘란 알로(푸드 스트리트)
Jalan Alor(Food Street)
Jalan Padang
Jalan Inai
Jalan Alor
숭게이 왕 플라자
Sungei Wang Plaza
Jalan Kamuning
비츠 빈탕 호텔
Bitz Bintang Hotel
숭게이 왕 플라자 호커 센터
Sungei Wang Plaza – Hawker Centre
Annabelle School Of Dancing
Jalan Bukit Bintang
플라자 로우 얏
Plaza Low Yat
Benny School Of Dancing
Jalan Imbi
그랜드 밀레니엄 호텔
Grand Millennium Hotel
졸리비
Jollibee Plaza Low Yat
Jalan Galloway
Pusat Snuker Lucky
Jalan Barat
버자야 타임스 스퀘어
Berjaya Times Square
KL 모노레일
임비 역
Imbi
보트 누들 Boat Noodle
Madrasah An-nur
홍콩 김개리 Hong Kong Kim Gary Restaurant
타이 오디세이 Thai Odyssey
버자야 타임스 스퀘어 호텔
Berjaya Times Square Hotel
버자야 타임스

부킷 빈탕 Bukit Bintang

쿠알라 룸푸르 최고의 쇼핑센터가 모여 있는 부킷 빈탕은 쿠알라 룸푸르의 강남으로 불린다. 명품에서부터 공예품까지 다양한 물건들을 둘러볼 수 있는 곳이다. KL 공예 단지에서 동남아 전통 직물인 바틱과 공예 박물관을 둘러보고 파빌리온, 스타힐 갤러리에서 명품 쇼핑은 어떨까. 패런하이트 88과 버자야 타임스 스퀘어를 지나 플라자 로우 얏에서는 전자 제품, 핸드폰 등을 살펴보자. 놀이동산인 타임 스퀘어 테마파크와 먹거리 거리인 잘란 알로도 빼놓지 말자.

Access KL 모노레일 부킷 빈탕 역 이용
Best Course KL 공예 단지 → 파빌리온 → 스타힐 갤러리 → 패런하이트 88 → 로트 10 → 플라자 로우 얏 → 타임스 스퀘어 테마파크 → 잘란 알로

KL 공예 단지 KL Craft Complex

수준 높은 말레이 공예품 감상

부킷 빈탕의 파빌리온 북동쪽에는 공예 박물관(Craft Museum), 공예 마을(Craft Villige), 예술가 촌(Artist Colony), 디자인 센터(Design Centre) 등 말레이시아 전통 공예품과 관련된 곳들이 밀집해 있다. 카르야네카(Karyaneka) 전시·판매점에는 말레이시아 전통 직물인 바틱, 말레이시아 주산물인 주석으로 만든 주석 잔과 주석 기념품 등을 볼 수 있다. 이들 공예품은 장인이 만든 정품이므로 안심하고 선물용으로 구입해도 좋다.

주소 Jalan Konlay, Kuala Lumpur 교통 KL 모노레일 라자 출란(Raja Chulan) 역에서 잘란 자라 출란-잘란 콘레이(Jalan Conlay) 이용, 도보 15분 / 파빌리온 뒤쪽에서 잘란 콘레이 이용, 도보 10분 시간 09:00~18:00 요금 무료 전화 03-2162-7459 홈페이지 www.kraftangan.gov.my

공예 박물관
Craft Museum

말레이 공예품 역사와 제작 과정을 살펴본다

KL 공예 단지 내에 위치하고 있는 박물관으로 말레이시아 지역에서 생산한 공예품을 전시한다. 각 지역의 전통 의상과 공예품, 생활용품 등으로 꾸며져 있는데 말레이시아 특유의 나뭇가지 문양과 기하학적인 문양이 인상적이다. 이외에도 새를 닮은 연, 커다란 향로 모양의 금속 공예품도 볼만하다.

주소 Jalan Konlay, Kuala Lumpur 교통 KL 공예 단지 내
시간 09:00~18:00 요금 성인 RM3, 어린이 RM1

파빌리온 Pavilion

쿠알라 룸푸르 최대의 고급 쇼핑센터

쿠알라 룸푸르의 중심인 부킷 빈탕 동쪽에 위치한 최고급 쇼핑센터이다. 구찌, 에르메스, 프라다 같은 명품 브랜드부터 자라, 망고, 에스프리, 포에버 21, 파디니 콘셉트 스토어 등 중저가 브랜드 등 다양한 브랜드를 갖추고 있다. 파빌리온 서쪽의 건물을 가로지르는 통로는 비스트로 스트리트인데 여기에 다양한 레스토랑과 바가 모여 있고 2층에 명품관, 1~3층에 레스토랑, 6층에 일본풍 쇼핑몰인 도쿄 스트리트와 식당가 등이 위치해 있다. 파빌리온 앞 분수대는 말레이시아 사람들의 만남의 광장이기도 하다. 쿠알라 룸푸르에서 단 한 곳만 쇼핑을 해야 한다면 반드시 들러야 하는 곳이다. 쇼핑센터에 사람이 많으므로 소지품 보관에 주의한다.

주소 168 Jalan Bukit Bintang, Kuala Lumpur 교통 KL 모노레일 부킷 빈탕(Bukit Bintang) 역에서 도보 5분 시간 10:00~22:00 전화 03-2118-8833 홈페이지 www.pavilion-kl.com

도쿄 스트리트
Tokyo Street

도쿄 테마의 쇼핑을 즐기다

파빌리온 6F에 위치한 도쿄 스트리트는 도쿄를 테마로 한 쇼핑가이자 식당가이다. 동남아의 일본 테마 쇼핑몰에서 열렬히 환영받는 일본 문화와 관련 있는 상품, 일본 음식을 보면 말레이시아에서 일본의 인기는 정말 대단하다. 몇몇 한국 음악과 드라마의 인기만을 보고 한류라고 떠드는 것이 무색할 지경이다. 도큐 스트리트에는 저가 상품이면서 어느 정도 품질을 보장하는 다이소, 일본 라멘과 스시, 돈부리, 오차를 맛볼 수 있는 일본 식당까지 50여 개의 점포가 입점해 있어 일본을 그대로 옮겨 놓은 것 같은 느낌을 받는다.

주소 6F, Pavilion, 168 Jalan Bukit Bintang, Kuala Lumpur

비스트로 스트리트
Bistro Street

서양풍의 바와 레스토랑이 줄줄이 사탕

파빌리온 서쪽 끝을 남북으로 가로지르는 통로에 다양한 레스토랑과 바가 즐비한 비스트로 스트리트가 있다. 대부분의 레스토랑과 바는 싱가포르의 세련된 레스토랑이나 바를 연상시킬 만큼 세련된 인테리어를 자랑하며 손님 중에는 외국인도 많아 마치 서울의 이태원 같은 느낌을 받는다. 라티노 바 라 보카(Latino Bar La Boca), 웨이브라우 저먼 비스트로 & 바(Weissbrau German Bistro & Bar) 등이 대표적인 레스토랑이다. 쇼핑을 마친 뒤, 식사를 하거나 시원한 맥주 한잔하기 좋은 장소다.

주소 1F, Pavilion, 168 Jalan Bukit Bintang, Kuala Lumpur

스타힐 갤러리 Starhill Gallery

쿠알라 룸푸르 고급 쇼핑센터

파빌리온 건너편에 위치한 최고급 쇼핑센터로, 다면체 모양의 화장품 전문점 세포라(Sepora) 매장이 인상적이다. 세포라와 이어진 본 건물에 디오르, 루이비통, 미소니 같은 명품 브랜드와 유명 브랜드, 로컬 브랜드를 골고루 갖추고 있다. LG의 식당가는 피스트(Feast, 잔치), GF의 패션은 인덜지(Indulge, 탐닉), 1F의 시계 & 액세서리는 아돈(Adorn, 장식), 2F의 패션은 익스플로어(Explore, 탐구), 3F의 뷰티 & 스파는 팸퍼(Pamper, 만족), 4F의 고급 레스토랑은 릴리시(Relish, 풍미), 5F의 아트 갤러리는 뮤즈(Muse, 시상) 등 층별로 테마를 잡아 별칭으로 부르는 것이 특징이다. LG층 피스트에는 화려함의 극치를 달리는 스타힐 티 살롱, 인도 요리를 맛볼 수 있는 스파이스 오브 인디아, 두툼한 스테이크가 인상적인 제이크 샤브로일 스테이크 등의 레스토랑이 관광객의 발길을 이끈다.

주소 181, Jalan Bukit Bintang, Kuala Lumpur 교통 KL 모노레일 부킷 빈탕(Bukit Bintang) 역에서 도보 5분 시간 10:00~22:00 전화 03-2782-3800 홈페이지 www.thestarhill.com.my

패런하이트 88 Fahrenheit 88

유명 브랜드와 로컬 브랜드가 가득한 곳

스타힐 갤러리 아래쪽에 있는 쇼핑센터로, 명품 브랜드 없이 중저가 브랜드나 로컬 브랜드를 갖추고 있다. 아시아 패션 콘셉트 스토어를 표방하지만 일본 느낌이 강한 파르카마야, 유니클로 플래그십 스토어 등을 추천한다. 고급 쇼핑센터인 파빌리온이나 스타힐 갤러리에 비해 전체적으로 소박한 느낌을 준다. 밸런타인데이, 크리스마스 등 기념일에는 쇼핑센터 입구에서 노래와 춤이 어우러진 공연이 펼쳐지기도 한다.

주소 179, Jalan Bukit Bintang, Kuala Lumpur 교통 KL 모노레일 부킷 빈탕(Bukit Bintang) 역에서 도보 5분 시간 10:00~22:00 전화 03-2148-5488 홈페이지 www.fahrenheit88.com

로트 10 Lot 10

후통 푸드코트 강추

KL 모노레일 부킷 빈탕 역 옆에 있는 쇼핑센터로 H&M, 자라 같은 중저가 브랜드, 롬프 같은 로컬 브랜드, 이세탄 백화점 등을 갖추고 있다. 유명 브랜드 상점이 있는 G/F를 제외하면 소소한 느낌이 난다. 이곳은 쇼핑보다는 지하의 후통(중국어로 '좁은 골목'이라는 의미)이라는 식당가가 더 유명하다. 후통에서는 중식, 일식, 서양식, 말레이 요리까지 다양한 음식을 맛볼 수 있다. 내부는 넓진 않지만 항상 북적인다. 식사 후에는 음료, 빙수, 아이스크림 같은 디저트도 맛보자.

주소 50, Jalan Sultan Ismail, Kuala Lumpur 교통 KL 모노레일 부킷 빈탕(Bukit Bintang) 역 옆 시간 10:00~22:00 전화 03-2141-0500 홈페이지 www.lot10.com.my

숭게이 왕 플라자 Sungei Wang Plaza

동대문 쇼핑센터를 연상케 하는 곳

KL 모노레일 부킷 빈탕 역 근처에 위치한 쇼핑센터로 명품 브랜드는 없고 PDI, 빈치, 바타 같은 로컬 브랜드, 팍슨 백화점을 갖추고 있다. 숭게이 왕 플라자 내부에는 팍슨 백화점을 제외하고는 동대문 상가가 연상되는 작은 상가들이 빼곡하게 자리한다. 각층마다 패션, 액세서리, 신발, 식당 등이 혼재하고 있다. 3F의 푸드코트와 3~4F의 식당가는 중식, 말레이 요리 등 다양한 요리를 맛볼 수 있어 지나는 길에 부담 없이 들르기 좋다.

주소 Jalan Bukit Bintang, Kuala Lumpur 교통 KL 모노레일 부킷 빈탕(Bukit Bintang) 역에서 바로 시간 10:00~22:00 전화 03-2148-6109 홈페이지 www.sungeiwang.com

플라자 로우 야 Plaza Low Yat

쿠알라 룸푸르 최대의 전자 상가

숭게이 왕 플라자 뒤쪽에 위치하는 전자 상가로 L/G, G/F, UG/F, 1~4F까지 컴퓨터, 태블릿, 핸드폰, 카메라 등 다양한 전자 제품을 판매한다. 저층에는 주로 삼성, 소니, 노키아, 도시바 같은 공식 대리점이 있고 위층에는 여러 전자 브랜드를 모아 판매하는 대형 가전 할인 매장, 핸드폰 매장, 노트북 매장 등이 자리한다. 호객 행위가 없는 편이라 돌아보기는 좋으나 지나치게 저렴한 제품은 짝퉁일 확률이 높다. 전자 제품은 동남아보다 한국이 더 싸거나 비슷하기 때문에 굳이 동남아에서 구입할 필요는 없지만 간혹 한국에 출시되지 않은 모델이 있을 수도 있으니 찬찬히 둘러보자. 단, 환불이나 교환이 어려우니 신중하게 구입해야 한다.

주소 7, Jalan Bukit Bintang, Kuala Lumpur 교통 KL 모노레일 부킷 빈탕(Bukit Bintang) 역에서 바로 시간 10:00~22:00 전화 03-2148-3651 홈페이지 plazalowyat.com

잘란 알로(푸드 스트리트) Jalan Alor(Food Street)

어두워지면 활기가 도는 유흥가

KL 모노레일 부킷 빈탕 역 서쪽에 위치한 거리로 길 양편에 중국 식당, 말레이 식당, 해산물 식당 등이 즐비하고 저녁부터는 사테라 불리는 꼬치, 닭튀김, 열대 과일, 음료 노점상이 장사를 시작한다. 낮에는 휴점하는 곳이 많아 밤에 가는 것을 추천한다. 저녁이 되면 사방에서 고기를 굽고 튀기고 볶는 연기와 냄새가 진동하여 그냥 지나치기 어렵다. 거리에 사람들이 매우 많아 어수선하기 때문에 쇼핑센터의 푸드코트나 식당가에서 느긋하게 식사를 하고 이곳에서는 맥주 한잔하는 것이 좋다. 식사를 해야 한다면 조금은 한산한 오후 시간에 오는 것도 괜찮다. 사람이 많으므로 소지품 보관에 주의하고 늦은 시간까지는 머물지 말자. 주변에 마사지 숍이나 술집 등이 많은데 유흥가의 호객꾼을 따라가지 말 것!

주소 Jalan Alor, Kuala Lumpur 교통 KL 모노레일 부킷 빈탕(Bukit Bintang) 역에서 잘란 창캇 부킷 빈탕(Jalan Changkat Bukit Bintang) 방향, 좌회전하여 잘란 알로 방향, 도보 10분 시간 17:00~02:00 요금 꼬치 RM5 내외, 면·덮밥 RM10 내외, 시푸드 RM50 내외

바 스트리트 Bar Street

술 한잔이 그립다면 이곳이 정답

KL 모노레일 부킷 빈탕 역에서 잘란 창캇 부킷 빈탕 방향으로 가다가 잘란 알로를 지나쳐 직진하면 여러 펍, 바, 레스토랑, 카페가 있는 바 스트리트가 나온다. 잘란 창캇 부킷 빈탕의 래디우스 인터내셔널 호텔을 랜드마크로 정하면 길을 찾기 편하다. 호텔 지나서부터가 바 스트리트인데 위스키 바(The Whisky Bar), 힐리 맥스(Healy Mac's), 로카펠러 창캇(Rockafellers Changkat) 등이 인기 많은 곳이다. 손님 중에는 말레이 사람보다 서양 사람들이 더 많은 경우도 있다. 대부분 늦은 오후에 문을 열어 새벽까지 영업한다. 한 바퀴 둘러보고 마음에 드는 장소에서 술 한 잔 기울이며 말레이시아에서의 추억을 쌓아 보자.

주소 Jalan Changkat Bukit Bintang, Kuala Lumpur 교통 잘란 알로에서 잘란 창캇 부킷 빈탕(Jalan Changkat Bukit Bintang) 방향, 도보 3분 시간 17:00~02:00

마사지 거리 Massage Street

여행 피로 회복은 발 마사지에서 시작

KL 모노레일 부킷 빈탕 역에서 위스키 거리 방향이나 잘란 부킷 빈탕 거리 방향에 마사지 숍들이 여럿 보인다. 이런 곳에서는 스파보다는 발 마사지나 전신 마사지 정도가 적당하다. 스파는 시설과 서비스가 좋은 쇼핑센터 내 스파나 특급 호텔 스파를 이용하는 것이 좋다. 마사지복으로 갈아입을 때 지갑이나 귀중품은 보관함보다는 직접 소지하는 것이 좋으니 참고하자. 부킷 빈탕의 마사지 거리 외 차이나타운에도 몇몇 마사지 숍이 있다.

주소 Jalan Bukit Bintang, Kuala Lumpur 교통 KL 모노레일 부킷 빈탕(Bukit Bintang) 역에서 잘란 부킷 빈탕 방향 시간 10:00~23:00 요금 발 마사지 1시간 RM50, 전신 마사지 1시간 RM60, 이어 캔들링 RM60

버자야 타임스 스퀘어 Berjaya Times Square

오밀조밀 수많은 상가와 실내 테마파크까지!

명품 브랜드 없이 유니클로, 에스프리 같은 중저가 브랜드와 F.O.S, 키첸 같은 로컬 브랜드를 갖추고 있다. 작은 상점이 빼곡하게 입점해 있어 동대문 의류 상가와 비슷한 느낌이다. 5~8F에는 롯데월드를 연상케 하는 타임스 스퀘어 테마파크가 있어 아이들과 함께 찾아도 좋다. 쿠알라 룸푸르 근교에 위치한 부킷 팅기 버자야 힐을 방문하고자 하는 사람은 8F에 있는 콜마 트로피컬과 사토 리조트 사무실에서 왕복 미니버스(봉고) 티켓을 예매할 수 있다. 좌석이 9~10석에 불과하니 주말과 공휴일이 아니더라도 미리 예약하는 것이 좋다. 버자야 힐에는 콜마 트로피컬 호텔과 마을, 사토 리조트가 있고 주변에 작은 동물원, 재패니즈 빌리지 등이 있어 하루를 보내기 좋다.

주소 1, Jalan Imbi, Kuala Lumpur 교통 KL 모노레일 임비(Imbi) 역에서 바로 연결 시간 10:00~22:00 전화 03-2117-3111 홈페이지 www.berjayatimessquarekl.com

타임스 스퀘어 테마파크 Times Square Theme Park

어른과 아이 모두 만족시키는 테마파크

버자야 타임스 스퀘어 5~8F에 위치한 실내 테마파크로 크게 5F의 갤럭시 스테이션(Galaxy Station), 7F의 판타지 가든(Fantasy Garden) 2개의 존으로 나뉜다. 공간에 비해 놀이 기구가 많아 복잡한 느낌을 받는다. 갤럭시 스테이션에는 슈퍼소닉 오디세이(Supersonic Odyssey)라는 롤러코스터, 360도 회전 놀이 기구인 스페이스 어택(Space Attack), 스피닝 오빗(Spinning Orbit) 등 강도 높은 놀이 기구가 있고, 판타지 가든에는 회전목마인 버디 고 라운드(Buddy Go Round), 몰리 쿨 스윙(Molly-Cool's Swing)이라는 바이킹, 범퍼카인 로보 크래쉬(Robo Crash) 등 강도가 약한 놀이 기구가 있다. 아이를 동반한 여행이라면 가 볼 만하다. 주말보다는 평일이, 오후보다는 오전에 방문하는 것이 좋다.

주소 5F1, Berjaya Times Square, Jalan Imbi, Kuala Lumpur 교통 버자야 타임스 스퀘어에서 도보 3분 시간 월~금 12:00~20:00, 토~일 11:00~20:00 요금 성인 RM75, 어린이 RM70 전화 03-2117-3118 홈페이지 www.berjayatimessquarethemeparkkl.com

주목해야 할 브랜드 스토어 BEST 10

F.O.S Factory Outlet, Store

말레이시아를 대표하는 콘셉트 스토어 중 하나로, 패션에 민감한 트렌드 세터는 물론 일반인들도 많이 찾는 곳이다.

홈페이지 www.fos.com.my

파디니 콘셉트 스토어 Padini Concept Store

대표적인 로컬 콘셉트 스토어로, 그룹 산하에 PDI, 빈치, 시드 같은 브랜드도 가지고 있다. 남녀노소를 위한 다양한 제품을 선보인다.

홈페이지 www.padini.com

보이어 갤러리 Voir Gallery

말레이시아의 로컬 콘셉트 스토어 중 하나로, 그룹 산하에 애플민트, 소다, 누아르 같은 브랜드를 가지고 있다.

홈페이지 www.voir.com.my

빈치 Vincci

말레이시아 대표 구두 브랜드 중 하나로 일반 상품을 파는 빈치와 프리미엄 제품을 파는 빈치 플러스로 나뉜다. 구두를 구입할 때는 밑창이 단단한지 따져 보고 구입한다. 빈치와 라이벌 브랜드인 노즈도 추천한다.

홈페이지 www.padini.com/brands/padini-concept-store/vincci.html

바타 Bata

직접 제조, 판매하는 제품과 타사 브랜드 제품을 판매하는 편집 매장으로 구성되어 있다. 대부분의 제품이 중저가라 부담 없이 고를 수 있다. 구두를 구입할 때는 밑창이 단단한지 따져 보고 구입한다.

홈페이지 bata.com.my

찰스 & 키스 Charles & Keith

찰스와 키스 웡이 만든 세계적인 브랜드로 가방, 구두, 액세서리 등을 취급한다. 한국에서 접하지 못한 트렌디한 디자인의 가방, 구두가 눈에 띄면 구입해 보자.

홈페이지 www.charleskeith.com

보니아 & 셈보니아 Bonia & Sembonia

말레이시아 대표 가방 브랜드로 전 세대를 아우르는 보니아와 젊은 여성을 대상으로 하는 셈보니아로 나뉜다. 다양하고 이색적인 디자인의 제품을 만날 수 있고 가격이 저렴한 편이다.

홈페이지 www.bonia.com, www.sembonia.com

코튼 온 Cotton On

호주 브랜드로 말레이시아 유명 쇼핑센터에서 자주 볼 수 있다. 면과 데님 소재의 캐주얼 패션을 선보이고 저렴한 편이라 현지에서 가볍게 입고 다닐 옷을 구입하려면 방문해 보자.

홈페이지 asia.cottonon.com/?currency=MYR

브랜드 아웃렛 Brand Outlet

F.O.S, 파디니, 보이어 같은 콘셉트 스토어로 아동복부터 여성, 남성복, 액세서리까지 다양한 패션 제품을 선보인다. 특히 할인률이 크거나 1+1 행사를 하는 특가 제품을 잘 찾아볼 것!

홈페이지 www.padini.com/brands/brands-outlet.html

사사 Sasa

한때 홍콩 여행객에게 인기를 끌었던 중저가 화장품 매장으로 말레이시아에서도 여성들에게 관심을 받고 있다. 색조 화장품 라인이 다양하고 가격이 저렴하다.

홈페이지 corp.sasa.com/en/home

KLCC
Sungai Bunus
Pertubuhan Kebangsaan Melayu Bersatu
Koperasi Belia Nasional Berhad
LRT 캄풍 바루 역 Kampung Baru
Jalan Raja Muda Musa
Jalan Raja Ali
AKLEH
E12
Epncr (M) Sdn. Bhd
송켓 레스토랑 Songket Restaurant
Brewball Pool Club & Bar
Reliance Saujana Sdn Bhd
Smart-Centric Global
Jalan Yap Kwan Seng
Chinese Visa Application Service Center
Pusat Latihan Vocal
Embassy of the Republic of Indonesia
High Commission Of The Republic Of Fiji Islands
Malaysia Tourist Centre (MaTic)
Breakout Malaysia - Real Escape Game
InterContinental Kuala Lumpur
LRT 암팡 파크 역 Ampang Park
GTower
Jalan Binjai
KL 모노레일 므단 툰쿠 역 Medan Tuanku
Surau
마야 호텔 Maya Hotel
앙군 스파 Anggun Spa
Jalan Sultan Ismail
Wellness Art Training Centre
LRT KLCC 역
페트로나스 트윈 타워 Petronas Twin Tower
스카이 브리지 & 전망대 Sky Bridge & Observatory
수리아 KLCC Suria KLCC
페트로사인스 Petrosains
시그니처 푸드 코트 Signatures Food Court
리틀 페낭 카페 Little Penang Kafe
마담 콴 Madam Kuan's
고려원 Kyorowon
돔 DÔME
Kuala Lumpur City Centre Park
Lorong Kuda
Simfoni Lake
KLCC 공원 KLCC Park
Jalan Doraisamy
Jalan Raja Abdullah
르네상스 호텔 Renaissance Kuala Lumpur Hotel
스파 Spa
Jalan Ampang
말레이시아 관광 센터 Malaysia Tourism Centre(MATIC)
코코아 부티크 Cocoa Boutique
만다린 오리엔탈 호텔 Mandarin Oriental Hotel
더 스파 The Spa
LRT 당 왕기 역 Dang Wangi
KL 모노레일 부킷 나나스 역 Bukit Nanas
콩코드 호텔 Concorde Hotel
Pusat Latihan Penyiaran Negara
Jalan Ramlee
Jalan Pinang
Cooking School
하드 록 카페 Hard Rock Cafe
KL 시티워크 KL City Walk
Centre for Executive Education
Kolej Rima Kuala Lumpur
Jalan Sultan Ismail
KL 컨벤션 센터 KL Convention Centre
KLCC 아쿠아리아 KLCC AQUARIA
홍룽 은행 Hong Leong Bank
샹그릴라 호텔 Shangri-La Hotel
Overseas Economic Cooperation Fund (Japan)
그랜드 하얏트 호텔 Grand Hyatt Hotel
이싸 스파 ESSA Spa
트레이더스 호텔 Traders Hotel
Jalan Binjai
Vietnamese Embassy in Kuala Lumpur
KL 타워 KL Tower
XD 극장 XD Theater
블루 코랄 아쿠아리움 Blue Coral Aquarium
동물원 Animal Zone
F1 시뮬레이션 F1 Simulation
조랑말 타기 PONY RIDE
모굴 마할 Moghul Mahal
산티노스 피자 Santinos Pizza
어트모스피어 360 Atmosphere 360
Pacific Regency Hotel Suites
AKATI Consulting (Malaysia)
Jalan Perak
서티8 레스토랑 THIRTY8 Restaurant
Energy Commission
Jalan Kia Peng
Jalan Tengah
퍼시픽 리젠시 호텔 Pacific Regency Hotel Suite
아이어 스파 Ayer Spa
The Weld
KL 모노레일 라자 출란 역 Raja Chulan
Kavaq Business Intelligence
Jalan Changkat Kia Peng
Kuala Lumpur Craft Complex

KLCC Kuala Lumpur City Center

쿠알라 룸푸르에서 가장 현대적인 지역이자, KL 타워와 페트로나스 트윈 타워라는 두 랜드마크가 있어 반드시 방문해야 하는 곳이다. 쿠알라 룸푸르 상징 중 하나인 KL 타워에서 쿠알라 룸푸르 시내를 조망하고 페트로나스 트윈 타워로 이동해, 수리아 KLCC에서 쇼핑을 하고 KLCC 공원에서 산책을 하며 시간을 보내는 것은 어떨까. 수리아 KLCC와 KLCC 공원 일대는 주민들에게 쿠알라 룸푸르에서 가장 쾌적한 쇼핑센터 겸 휴식처가 되고 있다.

Access KL타워_KL 모노레일 부킷 나나스(Bukit Nanas) 역 하차 / 페트로나스 트윈 타워_LRT KLCC 역 하차
Best Course KL 타워 → 페트로나스 트윈 타워 → 수리아 KLCC → KLCC 공원 → 아쿠아리아 KLCC

KL 타워 KL Tower

쿠알라 룸푸르의 남산 타워

KL 모노레일 부킷 나나스 역에서 시계 방향으로 콩코드 호텔-사거리-KL 타워 방향으로 돌면 KL 타워에 다다를 수 있다. 1996년에 완공된 276m 높이의 KL 타워는 1998년 페트로나스 트윈 타워 완공 전까지는 쿠알라 룸푸르를 상징하는 건축물 중 하나였다. 지상층 전망대 입구는 이슬람 사원의 아름다운 문양이 있는 문으로 꾸며졌다. 전망대에서 쿠알라 룸푸르 전역을 조망할 수 있고 날씨가 좋으면 겐팅 하일랜즈나 말라카 해협의 바다도 보인다. KL 타워에는 입체 영상을 볼 수 있는 XD 극장, F1 경주차 장치를 볼 수 있는 F1 시뮬레이션, 미니 동물원, 블루 코랄 아쿠아리움 등이 있어 아이들과 함께 가도 좋다. 주말이나 공휴일에는 붐비니 주말보다는 평일이, 오후 보다는 오전에 가면 조금은 여유롭게 전망을 즐길 수 있다.

주소 2, Jalan Punchak, Kuala Lumpur 교통 KL 모노레일 부킷 나나스(Bukit Nanas) 역에서 잘란 술탄 이스마일(Jalan Sultan Ismail) 이용, 콩코드 호텔 지나 사거리에서 우회전, 잘란 피 람리(Jalan P Ramlee) 이용, 잘란 푼 착(Jalan Punchak)에서 우회전, 도보 20분 / 잘란 푼착의 KL 타워로 오르는 입구에서 KL 타워 주차장행 무료 셔틀버스(봉고) 이용(도보로는 5~8분) 시간 09:00~22:00 요금 전망대 성인 RM49, 어린이 RM29 / 스카이 데크 RM99 전화 03-2020-5444 홈페이지 www.menarakl.com.my

XD 극장
XD Theater

3D 영상을 뛰어넘는 입체 영상 극장

입체 안경을 끼고 영화 내용에 따라 움직이는 특수 좌석에 앉아 입체 영상을 관람하는 곳이다. 남녀노소 누구나 즐거운 시간을 보낼 수 있다.

주소 2, Jalan Punchak, Kuala Lumpur 교통 KL 타워 입구 시간 09:00~22:00 요금 성인 RM18, 어린이 RM15

블루 코랄 아쿠아리움
Blue Coral Aquarium

도심 속 신비한 바다 생물 탐방

산호, 열대 물고기 등을 볼 수 있는 아쿠아리움이다. 에어컨이 있어 시원하므로 관람도 하고 더위도 식혀 보자. 아이들과 함께라면 꼭 방문해 볼 것!

주소 2, Jalan Punchak, Kuala Lumpur 교통 KL 타워 입구 시간 09:00~22:00 요금 성인 RM18, 어린이 RM15

동물원 Animal Zone

비단뱀과 기념 촬영 찰칵

비단뱀, 원숭이, 토끼, 앵무새 등 다양한 동물을 볼 수 있는 동물원이다. 말레이시아 사람들은 비단뱀이나 앵무새를 어깨에 올리고 기념 촬영하는 것을 즐기는데, 동물을 좋아하는 사람이라면 한번 도전해 보자.

주소 2, Jalan Punchak, Kuala Lumpur 교통 KL 타워 입구 시간 09:00~22:00 요금 성인 RM12, 어린이 RM9

F1 시뮬레이션 F1 Simulation

경주용 자동차를 체험해 보다

F1의 F는 포뮬러(Fomula)를 뜻하는데 이는 세계 자동차 연맹(FIA)이 주관하는 경주용 자동차 경기를 말한다. 포뮬라 카는 바퀴가 넓으면서 차체가 바닥에 닿을 듯 낮은 것이 특징이다. 포뮬라는 F1~3으로 구분하는데 가장 빠른 속도를 자랑하는 F1은 8기통 2,400cc, F2는 8기통 3,000cc 이하, F3은 4기통 2,000cc 이하의 포뮬러 카를 말한다. F1에 관심이 있다면 경주용 자동차와 비슷하게 꾸며진 F1 시뮬레이터에 탑승해 모니터 상의 레이싱 코스를 달려보는 것은 어떨까.

주소 2, Jalan Punchak, Kuala Lumpur 교통 KL 타워 입구 시간 09:00~22:00 요금 성인 RM18, 어린이 RM15

조랑말 타기 PONY RIDE

조랑말 타고 KL타워 주변 돌아보기

KL 타워 입구 앞에는 조랑말 타는 곳이 있다. 혼자라면 조랑말, 일행이 있다면 조랑말이 끄는 마차를 타고 KL 타워 주변을 한 바퀴 돌아보자. 단, 조랑말은 몸무게 80kg 이하인 사람만 탈 수 있다.

주소 2, Jalan Punchak, Kuala Lumpur 교통 KL 타워 입구 시간 08:30~21:30 요금 RM18 내외

말레이시아 관광 센터 Malaysia Tourism Centre(MATIC)

말레이시아 관광 정보의 보고

농장주 겸 주석 광산 업자였던 콘톤센이 1935년에 영국 콜로니얼 양식으로 세운 건물이다. 이후 영국 육군 사무소, 일본군 육군 본부 등으로 사용되다가 현재 말레이시아 관광 센터로 이용되고 있다. 관광 센터 옆에는 관광 경찰 사무실과 초콜릿 제품을 판매하는 코코아 부티크도 있다. 다양한 관광 정보를 얻기 좋고 잠시 쉬어 가기도 괜찮다.

주소 109, Jalan Ampang, Kuala Lumpur 교통 KL 모노레일 부킷 나나스(Bukit Nanas) 역에서 잘란 암팡(Jalan Ampang) 이용, 도보 10분 시간 09:00~17:00. 토~일 휴무 홈페이지 www.matic.gov.my

코코아 부티크 Cocoa Boutique

샘플 시식만으로도 행복한 초콜릿 천국

말레이시아에서 가장 큰 초콜릿 판매점으로, 말레이시아 관광 센터 근처와 페낭에 지점이 있다. 망고, 파파야, 두리안 등을 넣은 과일 초콜릿, 말레이시아 인삼으로 불리는 통캇 알리(Tongkat Ali)를 넣은 통캇 알리 초콜릿, 칠리, 생강, 커리가 든 허브 초콜릿, 땅콩, 아몬드가 든 견과류 초콜릿 등 300여 가지 초콜릿을 선보인다. 선물용으로 구입해도 좋다. 다양하게 샘플을 맛보려면 단체 관광객과 함께 들어가는 것이 좋다.

주소 139, Jalan Ampang, Kuala Lumpur 교통 말레이시아 관광 센터 바로 옆 전화 03-2162-2008 홈페이지 harristonchocolate.com

페트로나스 트윈 타워 Petronas Twin Tower

쿠알라 룸푸르 발전을 대변하는 타워

쿠알라 룸푸르 중심지인 KLCC(Kuala Lumpur City Centre)에는 말레이시아의 발전을 대변하는 페트로나스 트윈 타워가 있다. 452m, 88층 높이의 쌍둥이 빌딩으로 1998년 국영 석유 회사인 페트로나스가 건설했다. 오른쪽 1관은 일본 건설사, 왼쪽 2관은 한국 건설사, 스카이 브리지는 프랑스 건설사에서 시공하였다. 41층에는 두 빌딩을 잇는 스카이 브리지, 86층에는 전망대가 있어 쿠알라 룸푸르 시내를 조망할 수 있다. 두 빌딩 아래쪽 6개 층에는 수리아 KLCC라는 쇼핑몰이 있다. 페트로나스 트윈 타워의 전망대와 쇼핑몰, KLCC 공원 등에는 관광과 쇼핑, 휴식 등을 위해 찾는 관광객과 현지인들이 많다. 또한 시원한 에어컨이 나오고 편의 시설이 잘되어 있어 더위를 피하려는 사람들로 언제나 북적인다. 소지품 보관에 주의하고 관광객을 대상으로 접근하는 사람을 조심한다.

주소 Kuala Lumpur City Centre, Kuala Lumpur 교통 LRT KLCC 역에서 도보 5분 전화 03-2331-8080 홈페이지 www.petronastwintowers.com.my

---

스카이 브리지 & 전망대 Sky Bridge & Observatory

인기 만점, 예약은 필수

스카이 브리지는 페트로나스 트윈 타워 41~42층(높이 171m)에 위치한 다리로 길이는 51m이고 트윈 타워를 공중에서 연결한다. 전망대는 86층(높이 370m)에 위치해 있고 1시간에 2회, 각 40명씩 관람할 수 있다. 페트로나스 트윈 타워 지하(Concouse Level)에서 오전 8시 30분부터 입장권을 구입할 수 있는데 하루 입장 인원이 한정되어 있어 조기에 마감하므로 매표 개장 시간보다 일찍 나와 줄을 서는 것이 좋다. 2~3일 전에 찾아도 원하는 날짜에 매진일 정도로 인기 많은 곳이다.

주소 Kuala Lumpur City Centre, Kuala Lumpur 교통 페트로나스 트윈 타워 41F 시간 매표 08:30~(티켓 매진 시까지), 관람 09:00~21:00 / 휴관 매주 월요일 요금 성인 RM98, 어린이 RM50

수리아 KLCC Suria KLCC

쿠알라 룸푸르 최대의 고급 쇼핑센터

페트로나스 트윈 타워 지하층(CL)부터 4층까지는 수리아 KLCC라는 고급 쇼핑센터가 있는데 부킷 빈탕의 파빌리온과 쌍벽을 이루는 쇼핑몰이다. 수리아 KLCC는 LRT 역 쪽의 암팡 몰(Ampnang Mall), 정문 쪽의 센터 몰(Center Mall), KLCC 공원 쪽의 파크 몰(Park Mall), KLCC 컨벤션 쪽의 람리 몰(Ramlee Mall) 등으로 구분되어 있으나 모두 연결되어 있다. 버버리, 코치, 구찌, 루이비통, 샤넬 같은 명품 브랜드, 자라, 톱숍, 망고, 유니클로, 에스프리 같은 중저가 브랜드, G2000, 바타 같은 로컬 브랜드뿐만 아니라 이세탄·팍슨·막스 앤 스펜서 백화점 등도 입점해 있다. 각 몰에는 다양한 레스토랑이 있어 입맛에 맞게 고를 수 있다.

주소 Suria KLCC, Kuala Lumpur City Centre, Kuala Lumpur 교통 페트로나스 트윈 타워 CL~4F 시간 10:00~22:00 전화 03-2382-2828 홈페이지 www.suriaklcc.com.my

페트로사인스 Petrosains

과학 원리를 배우며 신나게 논다

페트로나스 트윈 타워 4F에 위치한 과학 체험관이다. 디스커버리 센터에서는 오일 통을 타고 어둠 속을 탐험하는 다크 라이드, 그림자극 와양 쿨리트(Wayang Kulit) 물품이 전시된 페트로 자야, 석유 산업 관련 시설을 볼 수 있는 오일 플랫폼, F1 경주차를 볼 수 있는 스피드 등이 볼만하다. 여러 체험 시설이 있어 지루할 틈이 없다.

주소 Kuala Lumpur City Centre, Kuala Lumpur 교통 페트로나스 트윈 타워 4F 시간 09:30~17:30 요금 평일 성인 RM35, 어린이 RM20 / 주말 성인 RM40, 어린이 RM25 전화 03-2331-8181 홈페이지 www.petrosains.com.my

KLCC 공원 KLCC Park

도심 속 열대 우림 체험

페트로나스 트윈 타워 뒤쪽에 위치한 공원으로, 50ac의 넓이를 자랑한다. 페트로나스 트윈 타워를 비추는 심포니 연못과 심포니 연못 주위로 울창한 열대 우림이 조성되어 있다. 낮에는 쉬거나 운동을 하는 관광객, 현지인들이 대부분이고 밤에는 가로수 등불 아래에서 데이트하는 연인들이 많다. 밤 8시부터 연못에서 음악이 흐르며 분수가 춤을 추는 분수쇼, 레이크 심포니가 펼쳐지기도 한다.

주소 Kuala Lumpur City Centre, Kuala Lumpur 교통 페트로나스 트윈 타워 뒤쪽 시간 10:00~22:00 요금 무료 전화 03-2382-2828 홈페이지 www.suriaklcc.com.my/attractions/klcc-park

KL 컨벤션 센터 KL Convention Centre

쿠알라 룸푸르의 국제회의가 열리는 곳!

'도시 속의 도시'라는 콘셉트를 가지고 있는 컨벤션 센터이다. KL 컨벤션 센터 내에 회의장과 공연장, 지하에는 아쿠아리아 KLCC와 식당가를 갖추고 있으며 뒤쪽에 KLCC 공원이 펼쳐져 있다. 보통 페트로나스 트윈 타워를 구경하고 KLCC 공원을 거쳐 KL 컨벤션 센터로 가거나 KL 모노레일 라자 출란 역에서 KL 컨벤션 센터를 거쳐 KLCC 공원과 페트로나스 트윈 타워로 가기도 한다.

주소 KL Convention Centre, Kuala Lumpur City Centre, Kuala Lumpur 교통 LRT KLCC 역에서 페트로나스 트윈 타워 지나 도보 10분 / KL 모노레일 라자 출란(Raja chulan) 역에서 잘란 라자 출란-잘란 키아 펭(Jalan Kia Peng) 이용, 도보 10분 시간 08:00~18:00 요금 무료 전화 03-2333-2888 홈페이지 www.klccconventioncentre.com

KLCC 아쿠아리아 KLCC AQUARIA

쿠알라 룸푸르 최대의 아쿠아리움

2004년 개장한 아쿠아리움으로 5,000여 마리의 해양 생물을 보유하고 있다. 레벨 1에는 해양 생물을 만져볼 수 있는 터치 풀, 수달과 물쥐 등이 사는 스트림, 아마존의 청소부 피라냐를 볼 수 있는 피라냐 탱크, 전기를 내뿜는 전기뱀장어가 서식하는 일렉트릭 존이 있고, 레벨 2에는 상어와 여러 물고기를 볼 수 있는 아쿠아 시어터, 다양한 동물을 볼 수 있는 와이어드 앤 원더풀, 후미 거북과 브라질 거대 담수어 아라파이마가 사는 말레이시아 홍수림 등이 있어 다양한 해양 생물을 관람하기 좋다. 매일 10:45~17:30에는 아쿠아리움 곳곳에서 해양 생물 먹이 주는 체험을 할 수 있으므로 관심 있는 해양 생물이 있으면 미리 가서 대기해 보자. 아쿠아리아 KLCC의 하이라이트는 약 90m의 해저 터널에서 자유롭게 유영하는 상어, 가오리, 물고기 등을 보는 것으로 마치 심해 속에 있는 기분이 든다.

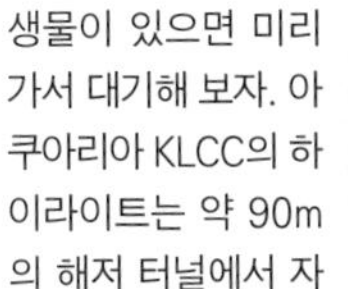

주소 AQUARIA KLCC, Kuala Lumpur City Centre, Kuala Lumpur 교통 KL 컨벤션 센터 지하 시간 10:00~20:00(매표 ~19:00) 요금 성인 RM75, 어린이 RM65 전화 03-2333-1975, 03-2333-1888 홈페이지 www.aquariaklcc.com

KL 시티 워크 KL City Walk

도심을 걸으며 카페에서 커피 한잔의 여유

KLCC 공원 옆 잘란 피낭(Jalan Pinang)에서 한 블록 서쪽에 위치한 문화·상업 거리로, 위쪽 잘란 피 람리에서 아래쪽 페나라 피낭 건물까지 이어진다. 이 거리에는 패션숍, 레스토랑, 카페 등이 있어 한가롭게 산책을 하며 여유를 만끽하기에 좋다.

주소 Lot 119-120, Jalan P Ramlee, Kuala Lumpur 교통 LRT KLCC 역에서 잘란 피 람리(Jalan P Ramlee) 이용, KL 타워 방향, 사거리 지나 좌회전, 도보 15분

Restaurant & Café

차이나타운에서는 중국 요리, 리틀 인디아에서는 인도 요리를 즐길 수 있고, 부킷 빈탕의 쇼핑센터 식당가에서는 말레이 요리부터 중국 요리, 인도 요리, 양식, 일식까지 다양한 요리를 한자리에서 맛볼 수 있다. 쇼핑센터 식당가의 레스토랑은 어느 정도 영어가 통하고 메뉴판도 잘 되어 있어 외부의 레스토랑에 비해 상대적으로 주문하기도 편리하다.

차이나타운

안자파르 체티나드 레스토랑 Anjappar Indian Chettinad Restaurant

예전 레게 맨션의 건너편에 위치한 인도 레스토랑이다. 차이나 타운 위쪽에 많이 사는 인도계 사람들이 주 고객으로, 인도 정통 음식을 맛보기 좋다. 메뉴는 탄두리 치킨, 커리, 난, 유산균 음료인 라씨 등이다.

주소 47, Leboh Ampang, City Centre, Kuala Lumpur 교통 차이나타운에서 방콕 은행 옆길인 잘란 툰 HS 리(Jalan Tun H.S Lee) 이용, 숭키 비프 누들 지나 도보 10분 메뉴 탄두리 치킨, 버터 치킨 커리, 갈릭 난, 플레인 난, 스위트 라씨 전화 03-2026-6194

숭키 비프 누들

Soong Kee Beef Noodle

차이나타운에서 방콕 은행을 지나면 중국계 레스토랑 숭키 비프 누들이 나온다. 우육면과 죽을 전문으로 한다. 우육면은 중국 사람들이 즐겨 먹는 음식 중 하나로, 뜨거운 육수에 국수를 넣고 고기 경단, 채소 등을 고명으로 얹어 먹는다. 과음했다면 부드러운 죽을 선택해도 좋다.

주소 86, Jalan Tun H.S.Lee, Kuala Lumpur 교통 차이나타운에서 방콕 은행 옆길인 잘란 툰 HS 리(Jalan Tun H.S Lee) 이용, 도보 5분 시간 11:00~21:30, 일요일 휴무 메뉴 우육면, 우육환면, 어생죽 RM10 내외 전화 014-967-1945

프레셔스 올드 차이나

Precious Old China

차이나타운 1F에 있는 레스토랑으로 내부는 고가구와 골동품으로 꾸며 옛 분위기가 난다. 뇨냐 요리, 중국 호키엔(복건) 요리 등을 맛볼 수 있다. 북적이는 차이나타운에서 조용히 식사를 즐기기 좋은 곳이다.

주소 1F, Central Market, Jalan Hang Kasturi, Kuala Lumpur 교통 차이나타운에서 센트럴 마켓 방향, 도보 5분 시간 11:00~21:00 메뉴 진생 치킨 수프 RM12.8, 뇨냐 락사 RM12.8, 아얌 퐁테 RM18.8(세금+서비스 차지 16% 추가) 전화 03-2273-7372 홈페이지 www.oldchina.com.my

센트럴 마켓 푸드코트

Central Market Food Court

센트럴 마켓 1F에 위치한 푸드코트로 말레이식, 뇨냐 요리, 중식, 양식 등 다양한 요리를 맛볼 수 있다. 무엇보다 가격 대비 맛도 좋고 양도 많아 만족스러운 식사를 즐길 수 있다. 딤섬을 직접 보고 고를 수 있는 것이 장점!

주소 1F, Central Market, Jalan Hang Kasturi, Kuala Lumpur 교통 차이나타운에서 센트럴 마켓 방향, 도보 5분 시간 11:00~22:00 메뉴 딤섬, 나시 고렝, 미고렝, 덮밥, 중식, 양식 등 전화 018-319-9864 홈페이지 www.centralmarket.com.my

코피 두아 다르잣

Kopi Dua Darjat @ Central Market

센트럴 마켓 앞에 있는 작은 카페로 커피가 맛있다고 알려진 곳이다. 그런데 메뉴판이 말레이어로만 쓰여 있어 생소하다. 음료 그림을 보고 주문해 보자.

주소 50, Jalan Hang Kasturi, City Centre, Kuala Lumpur 교통 차이나타운에서 센트럴 마켓 방향, 도보 3분 시간 10:00~22:00 메뉴 홍차(DARJAT), 커피(KOPI), 초코렛라테(COKLAT), 녹차(MATCHA), 주스(MENET) RM10 내외

러스트 KL 카페 & 바 Rust KL Cafe & Bar

프탈링 야시장 남쪽에 있는 카페 겸 바이다. 여느 동남아 건물처럼 폭은 좁고 길이는 긴 건물을 사용한다. 메뉴는 햄버거, 피자, 파스타, 브런치부터 맥주, 칵테일까지 다양하다. 세련된 서양식 차찬텡 같은 느낌!

주소 115, Jalan Petaling, City Centre, Kuala Lumpur 교통 차이나타운에서 도보 3분 시간 일~목 11:00~24:00, 금~토 11:00~01:00, 화요일 휴무 메뉴 햄버거, 피자, 파스타, 펜케이크, 맥주, 칵테일 전화 019-901-1150

킴 소야 빈 Kim Soya Bean

차이나타운의 잘란 프탈링 거리 북쪽에 있는 두유 및 두부 푸딩 노점으로, 저녁에는 항상 사람들이 줄을 서 있다. 특별할 것도 대단할 것도 없는 두유와 두부 푸딩인데 인기가 있는 것은 맛에 대한 자부심으로 오랜 시간 한 자리를 지키며 장사를 한 주인 아저씨 덕분은 아닐지.

주소 Chinatown, Jalan Petaling, Kuala Lumpur 교통 차이나타운의 잘란 프탈링 거리 북쪽, 도보 3분 시간 11:00~22:00 메뉴 두유(Soya Bean) RM2, 두부 푸딩(Tou Fu Fah) RM1.5 내외

올드 차이나 카페 Old China Cafe

이주 중국인들이 쿠알라 룸푸르 정착 초기부터 영업을 한 역사 깊은 레스토랑으로 센트럴 마켓의 프레셔스 올드 차이나 레스토랑과 주인이 같다. 1층은 상가나 식당, 2층은 거주지 형태인 전형적이고 오래된 숍 하우스(Shop House)를 레스토랑으로 이용하여 옛 분위기가 난다. 메뉴는 뇨냐 요리, 말레이 요리, 말레이화 된 중국 요리 등이 있다. 저녁에는 사람이 많으니 방문할 사람은 서두르자.

주소 Old China Cafe, 11 Jalan Petaling, Kuala Lumpur 교통 잘란 프탈링 거리 남쪽 중국풍 문 지나 직진 후 우회전, 도보 5분 시간 11:00~22:00 메뉴 프라이드 스프링 롤 RM6.8, 진생 수프 RM9.9, 뇨냐 락사 RM10.9 전화 03-2072-5915 홈페이지 www.oldchina.com.my

툰쿠 압둘 라만 & 초우 킷

베텔 리프 Betel Leaf

LRT 마스지드 자멕 역에서 가까운 곳에 있는 인도 레스토랑이다. 김밥천국 같은 분식점도 아닌데 베지테리언, 넌베지테리언 메뉴가 매우 많다. 베지테리안 세트 메뉴가 가성비 좋다.

주소 77A, Leboh Ampang, City Centre, Kuala Lumpur 교통 LRT 마스지드 자멕(Masjid Jamek) 역에서 동쪽, 도보 1분 시간 11:00~22:00 메뉴 탄두리 치킨, 커리, 케밥, 로티, 세트 메뉴 전화 018-280-5134

리틀 인디아 푸드 코트

Little India Food Court

LRT 마스지드 자멕 역에서 상가 시장인 바자르를 지나 리틀 인디아에 들어서면 음식을 판매하는 노점상들이 있고 조금 더 가면 푸드코트가 나온다. 주차장 같은 공터에 지붕을 올린 노점 형태의 음식점들이 늘어서 있다. 생선 요리인 이칸 바카르, 밥과 반찬이 같이 나오는 나시 캄푸르, 닭고기덮밥인 나시 아얌, 진한 국물이 인상적인 락사 등을 맛볼 수 있다.

주소 Jalan Masjid India, Kuala Lumpur 교통 LRT 마스지드 자멕(Masjid Jamek) 역에서 바자르 지나 리틀 인디아 방향, 도보 5분 시간 10:00~22:00 메뉴 이칸 바카르, 나시 캄푸르, 나시 아얌, 락사 등 RM10 내외

나시 칸다르 이브람샤

Restoran Nasi Kandar Ibramsha

영화관 LFS 콜로세움 근처에 위치한 인도 무슬림 레스토랑으로 동네 밥집 느낌이다. 식당 이름이기도 한 나시 칸다르는 한 접시에 밥과 커리, 여러 반찬을 함께 담아 먹는 음식이다.

주소 68 Jalan Tuanku Abdul Rahman, Kuala Lumpur 교통 LRT 마스지드 자멕(Masjid Jamek) 역에서 바자르 지나 리틀 인디아 방향, 도보 7분 시간 07:00~19:00, 금요일 휴무 메뉴 나시 칸다르, 탄두리 치킨, 커리, 로티 등 전화 012-361-2000

시앙 시푸드 레스토랑

Siang Seafood Restaurant

리틀 인디아 북쪽에 위치한 일본계 소고 백화점에서 식재료를 판매하는 L/F의 푸드 홀, 식당가가 있는 6F이 가장 인기 많다. 식당가 중에서 시앙 시푸드 레스토랑은 다양한 딤섬과 시푸드, 중식을 맛볼 수 있는 것으로 유명하다. 인근의 일식당인 수마(Suma)에서도 합리적인 가격으로 세트 메뉴(세트 A~D RM28.8~45.8)를 즐길 수 있다.

주소 6th Floor, Kompleks Pernah Sogo, 190, Jalan Tuanku Abdul Rahman, Kuala Lumpur 교통 LRT 마스지드 자멕(Masjid Jamek) 역에서 바자르 지나 리틀 인디아 방향, 도보 15분 시간 11:00~21:30 메뉴 브레이즈 치킨 미트볼 RM28, 프라이드 치킨 윙 RM10, 가리비 & 삭스핀 덤플링 RM9 전화 1300-88-7646 홈페이지 www.klsogo.com.my

초우 킷 시장 식당가

없는 것 빼고 다 있는 재래시장 구경이 재미있지만 재래시장 먹거리도 빼놓을 수 없다. 군밤, 열대 과일 등을 주전부리 삼아 맛보고 식당가가 나오면 밥이나 면 등 입맛에 따라 골라 먹자. 시장통의 식당에서는 보통의 말레이시아 사람을 만날 수 있어 좋고 음식 값도 저렴해 부담이 없다. 식사 후에는 음료 노점에서 과일 주스를 맛보아도 좋다.

주소 Chow Kit Market, Jalan Tuanku Abdul Rahman , Kuala Lumpur 교통 KL 모노레일 초우 킷(Chow Kit) 역에서 남쪽, 시티 빌라 호텔·초우 킷 시장 방향, 도보 5분 시간 10:00~19:00 메뉴 나시 고렝, 나시 르막, 나시 캄푸르 등 RM10 내외

나시 칸다르 샤즈 커리 하우스 Nasi Kandar Shazz Curry House

KL 모노레일 초우 킷 역에서 시티 빌라 호텔 방향에 있는 서민 레스토랑으로, 밥과 반찬을 늘어놓고 원하는 반찬을 접시에 담는 나시 칸다르를 전문으로 한다. 먹고 싶은 것만 접시에 담아, 음식 낭비가 없고 돈도 아낄 수 있다. 식사 후에는 코코넛 노점에서 시원한 코코넛 음료를 마셔 보자.

주소 Jalan Tuanku Abdul Rahman, Kuala Lumpur 교통 KL 모노레일 초우 킷(Chow Kit) 역에서 남쪽, 시티 빌라 호텔·초우 킷 시장 방향, 도보 5분 시간 08:00~20:00 메뉴 나시 고렝, 나시 르막, 나시 캄푸르 등 RM10 내외

부킷 빈탕

그랜드마마스 카페 Grandmama's Cafe & Cuisine

부킷 빈탕 대표 쇼핑센터인 파빌리온 6F에 있는 로컬 레스토랑으로, 레스토랑 벽에 할머니가 오토바이를 타고 가는 재미있는 그림이 그려져 있다. 주 메뉴는 도가니 그릇에 푹 끓여서 나오는 피시 헤드 커리 핫폿, 왕새우와 국수 볶음인 드라이드 프라이드 상하르 에그 누들, 매운 새우볶음인 삼발 프탈 프론, 닭고기덮밥인 나시 아얌 이스티므아 등이 있어 입맛에 따라 선택하기 좋다.

주소 6F, Pavilion, 168 Jalan Bukit Bintang, Kuala Lumpur 교통 KL 모노레일 부킷 빈탕(Bukit Bintang) 역에서 도보 5분 시간 10:00~22:00 메뉴 피시 헤드 커리 핫폿 RM40, 드라이드 프라이드 상하르 에그 누들 RM33, 삼발 프탈 프론 RM35 전화 03-2143-9333

딘타이펑 Din Tai Fung

파빌리온 6F 식당가에 위치한 딤섬 레스토랑으로 대만에서 시작해 지금은 한국에도 지점이 있을 정도로 전 세계적인 체인 레스토랑이 되었다. 상하이 요리와 샤오룽바오 같은 딤섬, 볶음밥 등을 맛볼 수 있다. 모락모락 김이 나는 찜통에 여러 가지딤섬이 익어 가는 것을 보고 있으면 당장에 하나 물고 싶은 충동이 인다.

주소 6F, Pavilion, 168 Jalan Bukit Bintang, Kuala Lumpur 교통 KL 모노레일 부킷 빈탕(Bukit Bintang) 역에서 도보 5분 시간 11:00~21:30 메뉴 샤오룽바오(돼지), 하가우(새우), 샤오마이(돼지, 새우) 등 RM10 내외 전화 03-2148-8292 홈페이지 www.dintaifung.com.my

셀라돈 Celadon Royal Thai Cuisine

파빌리온 6F에 위치한 정통 태국 레스토랑이다. 반으로 자른 파인애플에 담겨 삼아 나오는 파인애플 볶음밥, 볶음면인 팟타이, 껍질까지 바삭한 프라이드 머드 크랩, 농어 찜 등 군침이 도는 요리가 많다. 태국 요리 하면 빼놓을 수 없는 카우팟(볶음밥)이나 진한 국물이 일품인 똠양꿍도 꼭 맛을 보자.

주소 6F, Pavilion, 168 Jalan Bukit Bintang, Kuala Lumpur 교통 KL 모노레일 부킷 빈탕(Bukit Bintang) 역에서 도보 5분 시간 10:00~22:00 메뉴 파인애플 볶음밥 RM22.9, 팟타이(볶음면) RM22.9, 프라이드 머드 크랩 RM43.9 전화 03-2148-8708

조고야 일식 뷔페 Jogoya Japanese Buffet

말레이시아에서 가장 큰 뷔페 중 하나로 일식, 중식, 양식, 페이스트리, 디저트 등 다양한 음식을 즐기기 좋다. 음식은 찬 것부터 더운 것 순으로 먹는데 초밥으로 시작해 샤부샤부나 중식의 불도장으로 마무리하는 것을 추천한다.

주소 Starhill Gallery, T3, Relish Floor(Level 3), 181, Jalan Bukit Bintang, Kuala Lumpur 교통 KL 모노레일 부킷 빈탕(Bukit Bintang) 역에서 도보 5분 시간 12:00~16:00, 17:30~22:30 메뉴 주중_점심 RM135, 저녁 RM145 전화 03-2142-1268 홈페이지 www.jogoyarestaurants.com

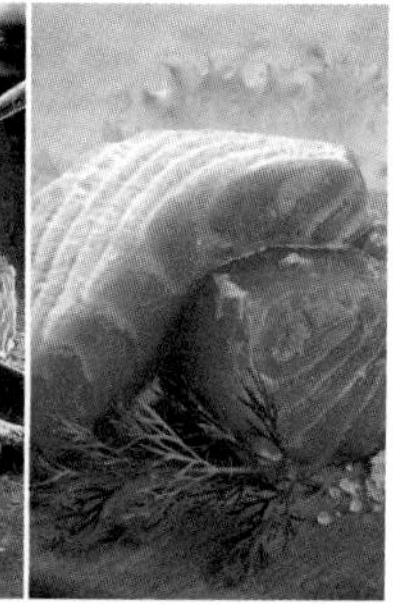

로트 10 후통 Lot 10 Hutong

쇼핑센터 로트 10 지하에 있는 푸드 코트로, 30여 개의 식당과 디저트 숍이 좁은 골목에 늘어서 있다. 콩타이의 싱가포르 프론 미(새우 국수), 캠프벨의 미니 포이아(Popiah, 빙떡), 호웽키의 완톤미(운탄면), 숭키의 비프 누들(우육탕), 하이난 치킨 라이스, 킴리안키의 호키엔 미(복건 국수)를 추천한다. 식당 옆에는 아이스크림, 아이스카창, 음료 등을 파는 디저트 숍도 있다. 건강을 생각한다면 여러 생약을 넣고 달인 한약 음료를 맛보는 것도 괜찮다. 사람이 많으므로 소지품 보관에 유의한다.

주소 LG/F, Lot 10 Shopping Centre, 50, Jalan Sultan Ismail, Kuala Lumpur 교통 KL 모노레일 부킷 빈탕(Bukit Bintang) 역에서 바로 연결 시간 10:00~22:00 메뉴 싱가포르 프론 미, 미니 포이아, 완톤미, 비프 누들, 호키엔 미 등 RM10 내외 전화 03-2782-3566 홈페이지 www.lot10hutong.com

보트 누들 Boat Noodle

쌀국수, 볶음밥, 닭튀김 등 태국 거리 음식을 선보이는 타이 레스토랑이다. 메뉴에 음식 사진이 있어 주문하는 데 어려움이 없으나 쌀국수의 경우 값이 싼 대신 양이 매우 적어 혼자 3그릇은 먹어야 양이 찬다. 한국에도 상륙한 닭껍질튀김을 맛보아도 즐겁다.

주소 03-104, 3F, Berjaya Times Square, 1 Jalan Imbi, Kuala Lumpur 교통 KL 모노레일 임비(Imbi) 역에서 바로 메뉴 쌀국수 · 볶음면 각 RM2, 볶음밥 RM14.9, 닭껍질튀김 RM2.2 전화 018-204-9940 홈페이지 boatnoodle.com.my

홍콩 김개리 Hong Kong Kim Gary Restaurant

홍콩 분식점 메뉴를 그대로 옮겨 온 홍콩식 레스토랑이다. 메뉴는 볶음밥, 우육면, 파스타, 테판야키 세트, 신라면까지 다국적으로 다양한 음식을 선보인다. 식사 후 디저트로는, 산처럼 쌓아 주는 홍콩식 눈꽃 빙수가 인기 있다.

주소 LG-69 & 70, L/G F, East Zone, Berjaya Times Square, No. 1, Jalan Imbi, Kuala Lumpur 교통 KL 모노레일 임비(Imbi) 역에서 바로 메뉴 볶음밥 RM12.9, 신라면 RM14.9, 파스타, 테판야키 세트 전화 03-2143-6408 홈페이지 www.kimgary.my

팁

보통은 팁이 없다고 생각하면 된다. 호텔 레스토랑이나 고급 레스토랑의 최종 요금에 팁인 서비스 차지(보통 10%)가 포함되어 있으므로 따로 팁을 줄 필요가 없고 중소 레스토랑에는 서비스 차지가 없는 경우도 많다. 고급 호텔이나 리조트라면 아침 외출할 때 방청소를 하는 하우스키퍼를 위해 베개 위에 1달러 정도 놓아도 좋으나 꼭 그래야 하는 것은 아니다. 추가로 택시를 이용 할 때 거스름돈을 팁으로 주는 것도 좋다.

숭게이 왕 플라자 호커 센터

Sungei Wang Plaza - Hawker Centre

숭게이 왕 플라자 4층에 있는 싱가포르식 푸드코트(호커 센터)이다. 말레이식은 물론 중식, 인도식, 면 요리, 덮밥까지 저렴한 가격에 푸짐하게 먹을 수 있는 곳이다.

주소 4F, Sungei Wang Plaza, Jalan Bukit Bintang 교통 KL 모노레일 부킷 빈탕 역에서 바로 연결 시간 10:00~22:00 메뉴 말레이식, 중식, 인도식, 면식, 덮밥 RM10 내외 전화 012-912-1573 홈페이지 www.sungeiwang.com

졸리비 Jollibee Plaza Low Yat

플라자 로우 얏 내부에 있는 말레이시아 패스트푸드점이다. 메뉴는 여느 패스트푸드점처럼 프라이드 치킨, 버거, 버거 스테이크(덮밥), 파스타 등이 있다. 세트 메뉴가 가성비가 좋다.

주소 Low Yat, Lot G-028BC & G028CA & G028ST, Jln Bukit Bintang 교통 KL 모노레일 임비(Imbi) 역에서 도보 5분 시간 10:00~22:00 메뉴 프라이드 치킨, 소시지 버거, 비프 버거, 버거 스테이크, 파스타

잘란 알로(푸드 스트리트) Jalan Alor(Food Street)

KL 모노레일 부킷 빈탕 역 서쪽에 위치한 잘란 알로는 먹거리 거리로 유명하다. 낮에는 한가한 모습이지만 밤이 되면 본격적인 영업을 시작한다. 꼬치인 사테, 딤섬, 말레이식, 중식 등으로 메뉴도 다양하다. 주요 레스토랑으로는 말레이식 음식을 먹을 수 있는 살우(Sal Woo), 해산물을 맛볼 수 있는 멩 키 그릴 피시(Meng Kee Grill Fish), 태국 음식 전문점인 베 브라더스(Beh Brothers)와 중식과 말레이식을 내는 드래곤 뷰(Dragon View) 등이 있다. 많은 곳에서 어느 곳을 가야 할지 모르겠다면 사람이 붐비는 곳을 고르면 실패 없다.

주소 Jalan Alor, Bukit Bintang, Kuala Lumpur 교통 KL 모노레일 부킷 빈탕(Bukit Bintang) 역에서 잘란 알로 방향, 도보 5분 시간 17:00~24:00 메뉴 시푸드, 말레이식, 중식, 딤섬, 사테 등

KLCC

모굴 마할 Moghul Mahal

KL 타워에 있는 인도 레스토랑으로, 정통 북인도 요리와 모굴라이(Moghulai) 요리를 전문으로 한다. 고기가 메인인 북인도 요리는 순한 편이고 무굴 제국과 관련 있는 모굴라이 요리는 기름지고 향이 강하다. 참고로 남인도 요리는 코코넛 밀크를 많이 쓰고 자극적인 것이 특징이다. 붉은 소스를 발라 탄두리 화덕에 구운 탄두리 치킨과 난이 가장 무난하며 여러 가지를 한꺼번에 맛보고 싶다면 바나나잎 식사를 주문해 보자.

주소 UG-06&07, UG/, Menara Kuala Lumpur No.2, Jalan Punchak, Off Jalan P.Ramlee, Wilayah Persekutuan, Kuala Lumpur 교통 KL 모노레일 부킷 나나스(Bukit Nanas) 역에서 도보 20분 시간 11:00~23:00 메뉴 로티, 탄두리 치킨, 바나나잎 식사, 난 등 전화 03-2070-8288

산티노스 피자 Santinos Pizza

KL 타워 내에 위치한 피자집으로 하와이안, 더블 페페로니, 마가리타, 베지테리언 피자 등을 낸다. 해외여행에서 입맛 없을 때는 익숙한 피자에 콜라가 최고다!

주소 ug10-11 menara, Jalan Puncak, Kuala Lumpur 교통 KL 타워에서 바로 시간 09:30~21:30 메뉴 하와이안, 더블 페페로니, 마가리타, 부처스, 베지테리언 피자

어트모스피어 360 Atmosphere 360 Revolving Restaurant

KL 타워 상부, 282m 지점에 위치한 회전 레스토랑이다. 런치, 애프터눈 티, 하이 티, 디너 뷔페로 운영되고 창가 자리는 별도의 요금이 추가된다. 가성비가 좋은 편이니 KL 타워 구경도 하고 뷔페 식사도 하길 추천!

주소 Menara Kuala Lumpur, Jalan Puncak, Kuala Lumpur 교통 KL 타워 내, 바로 시간 12:00~22:00 메뉴 월~목 런치 RM118, 하이티 RM88, 디너 RM199 / 금~일 런치 RM148, 하이티 RM110, 디너 RM248 / 윈도 차지 RM25~50

시그니처 푸드코트 Signatures Food Court

페트로나스 트윈 타워 내 쇼핑센터 수리아 KLCC에는 넓고 사람도 많은 2F의 시그니처 푸드코트, 4F의 라사 푸드 아레나(Rasa Food Arena) 이렇게 2개의 푸드코트가 있다. 메뉴는 말레이식, 중식, 양식, 일식 등으로 다양하다.

주소 2F, 4F, Suria KLCC, Jalan P Ramlee, Kuala Lumpur City Centre, Kuala Lumpur 교통 LRT KLCC 역에서 도보 5분 시간 10:00~22:00 메뉴 말레이식, 중식, 양식, 일식 등 전화 03-2382-2828

리틀 페낭 카페 Little Penang Kafe

수리아 KLCC 4F에 있는 말레이 레스토랑으로 페낭 요리가 전문이다. 페낭은 예부터 이주 중국인과 말레이 인 사이에서 태어난 페라나칸이 많이 사는 지역이다. 이들 요리를 뇨냐 요리라고 하는데 페낭의 대표 요리다. 중국과 말레이시아 음식이 섞인 뇨냐 요리는 약간 시큼함이 특징이며, 진한 국물이 있는 락사, 아얌 퐁테 등이 대표적인 뇨냐 요리이다.

주소 Lot 409-411, 4F, Suria KLCC, Jalan P Ramlee, Kuala Lumpur City Centre, Kuala Lumpur 교통 수리아 KLCC 4F 메뉴 나시 르막 RM11.3, 차퀘티아우 RM11.3, 호키엔 프론 미 RM11.3 전화 03-2163-0215

마담 콴 Madam Kuan's

깔끔한 말레이 요리가 나오는 곳이다. 말레이 요리의 정석인 나시 르막(덮밥), 비프 른당(소고기 볶음), 코코넛 밀크를 넣고 끓인 생선찌개인 아삼 피시 헤드, 닭고기 덮밥인 나시 아얌 등을 추천한다. 마담 콴은 수리아 KLCC 이외에 파빌리온, 방사 등에도 분점이 있다.

주소 4F, Suria KLCC, Jalan P Ramlee, Kuala Lumpur City Centre, Kuala Lumpur 교통 수리아 KLCC 4F 메뉴 나시 르막 세트 RM19.9, 비프 른당 세트 RM17.9, 아얌 피시 세트 RM18.9 전화 03-2026-2297/8

고려원 Koryowon

쿠알라 룸푸르 최초의 한국 식당으로 알려진 곳으로 스타힐 갤러리에도 분점이 있다. 말레이 음식, 인도 음식에 조금은 물린다면 고려원을 찾아 보자. 타지에서 맛보는 뚝배기 불고기, 김치찌개, 된장찌개 등은 어느 새 밥 한 공기를 뚝딱 해치우는 밥도둑이 된다.

주소 4F, Suria KLCC, Jalan P Ramlee, Kuala Lumpur City Centre, Kuala Lumpur 교통 수리아 KLCC 4F 메뉴 뚝배기 불고기, 김치찌개, 육개장 등 전화 03-2166-6189

돔 DÔME

페트로나스 트윈 타워 1층에 있는 브런치 카페로 통창 밖으로 보이는 녹음을 즐기며 커피를 마시거나 식사하기 좋다. 메뉴는 나시 느막부터 파스타, 버거까지 동서양 음식이 나온다.

주소 Petronas Twin Tower, G-45, G/F, Kuala Lumpur 교통 수리아 KLCC 내 메뉴 커피, 파스타, 버거, 나시 느막, 샌드위치 전화 012-224-1735 홈페이지 www.hkhls.com

로컬 프랜차이즈 레스토랑 BEST 6

올드타운 화이트 커피 Oldtown White Coffee

말레이시아의 스타벅스라 불리는 커피 전문점으로 이포 특산 화이트 커피와 디저트, 간단한 간식을 취급한다. 말레이시아에서는 스타벅스 대신 올드타운 화이트 커피를 이용해 보자.

홈페이지 www.oldtown.com.my

시크릿 레시피 Secret Recipe

말레이시아식 차찬텡(茶餐廳)이면서 패스트푸드점 분위기가 나는 곳으로 커피와 차 같은 음료부터 케이크 같은 디저트, 그리고 나시 르막, 파스타 같은 식사까지 선보인다. 음식이 대체로 깔끔해 말레이시아를 갈 때면 종종 찾곤 한다.

홈페이지 www.secretrecipe.com.my

치킨 라이스 숍 Chicken Rice Shop

하이난 치킨을 주 메뉴로 하고 만둣국, 청경채 무침 같은 간단한 중국 요리, 말레이 요리, 샌드위치도 먹을 수 레스토랑이다. 저렴한 가격에 비해 맛도 좋고 양도 만족스러운 곳이다.

홈페이지 www.thechickenriceshop.com

로티 보이 Roti Boy

1998년 말레이시아 페낭에서 시작한 로티 보이는 겉은 바삭하고 속은 부드러운 번이 유명한 제과 체인으로 2007년 한국에도 진출하였다. 빵 나오는 시간이면 길게 줄을 선 모습을 심심치 않게 볼 수 있다.

홈페이지 www.rotiboy.com

빅 애플 도넛 & 커피 Big Apple Donuts & Coffee

2007년 말레이시아에서 시작한 도넛 전문점으로 지금은 인도네시아, 태국, 중국 등에도 분점이 있다. 여행 중 출출할 때 도넛과 커피 한 잔으로 요기를 해 보자.

홈페이지 www.bigappledonuts.com

무 카우 프로즌 요거트 Moo Cow Frozen Yogurts

2011년 창업한 말레이시아 프로즌 요거트 전문점으로 블루베리, 딸기, 망고, 살구 등 다양한 요거트 제품을 선보이고 있다.

홈페이지 moocow.my

Bar & Club

대도시인 쿠알라 룸푸르는 다른 지역에 비해 나이트라이프가 발달한 편이다. 바는 쇼핑가인 부킷 빈탕의 바 거리나 파빌리온 쇼핑센터의 비스트로 거리에 모여 있고 클럽은 페트로나스 트윈 타워와 KL 타워 사이에 한 곳, 부킷 빈탕 쇼핑가에 한 곳 정도 있다. 파빌리온 쇼핑센터의 비스트로 거리는 식사와 함께 술 한잔하기 좋고 부킷 빈탕의 바 거리는 음악을 들으며 한잔하기 좋은 곳이다.

부킷 빈탕

라 보카 La Boca

라 보카는 파빌리온 비스트로 거리에 있는 라티노 바(Latino Bar)로, 흥겨운 라틴 음악을 들으며 정통 중남미 음식을 먹거나 맥주를 마시기 좋다. 생선이나 해산물을 라임이나 레몬즙, 소금을 넣고 절인 요리인 세비체(Cheviche), 작은 접시에 소량 담겨 나오는 전채 요리인 타파스(Tapas), 중남미식 덮밥인 리 콘 카르네(Chili Con Carne)를 추천한다. 저녁에는 간이 무대에서 라이브 공연이 열려 분위기는 점점 무르익는다.

주소 Level 3, Pavilion, 168 Jalan Bukit Bintang, Kuala Lumpur 교통 KL 모노레일 부킷 빈탕(Bukit Bintang) 역에서 파빌리온 방향, 도보 5분 시간 10:00~24:00 메뉴 세비체, 타파스, 아르헨티나 스타일 바비큐, 맥주 등 전화 03-2148-9977 홈페이지 www.laboca.com.my

스테이크 하우스 KL The Steakhouse KL

잘란 알로 푸드 스트리트 인근의 위스키 스트리트에 자리한 스테이크 전문점이다. 두툼한 스테이크가 먹음직스럽고 달달한 디저트도 군침이 돈다. 식사하며 와인을 한잔하기에 좋다.

주소 48, Changkat Bukit Bintang, Bukit Bintang 교통 KL 모노 부킷 빈탕(Bukit Bintang) 역에서 서쪽, 위스키 스트리트 방향, 도보 7분 시간 17:30~24:00 메뉴 샐러드, 스프, 스테이크, 와인 전화 012-735-6709

힐리 맥스 Healy Mac's

아이리시 바(Irish Bar) 겸 레스토랑으로 넓은 홀 안에 항상 스포츠 채널이 켜져 있다. 낮에는 한산해 맥주 한잔 홀짝이기 좋으나 밤에는 사람이 많아 왁자지껄 소란스럽다. 낮에 식사 겸 맥주 한잔하기에 좋은 곳이다.

주소 37, Jalan Changkat Bukit Bingtang, Kuala Lumpur 교통 KL 모노레일 부킷 빈탕(Bukit Bintang) 역에서 잘란 알로, 솔레 호텔 지나 도보 7분 시간 월~금 14:00~02:00, 토~일 11:00~02:00 메뉴 타이거 맥주, 하우스 와인, 위스키, 칵테일 전화 03-019-380-6588

위스키 바 The Whisky Bar Kuala Lumpur

부킷 빈탕의 바 거리에 있는 위스키 전문점이다. 아일랜드, 캐나다, 미국, 일본, 스코틀랜드 등에서 수입된 275개의 위스키 라벨을 보유하고 있어 주당이라면 반드시 들러야 하는 곳이다. 식사 메뉴로는 뉴질랜드 램 촙, 바비큐 쇼트 립, 앙구스 스테이크, 그리스식 샐러드, 에스카르고 등이 있다. 분위기에 휩쓸려 과음하거나 현지인과 시비가 붙지 않도록 하자.

주소 46, Jalan Changkat Bukit Bingtang, Kuala Lumpur 교통 KL 모노레일 부킷 빈탕(Bukit Bintang) 역에서 잘란 알로, 솔레 호텔 지나 도보 7분 시간 17:00~01:00 메뉴 앙구스 스테이크, 일본 위스키 세트(5종) RM76~, 세계 위스키 세트(5종) RM43~ 전화 03-2143-2268 홈페이지 thewhiskybarkl.com

KLCC

게무 클럽 KL Gemu Club KL

파빌리온 쇼핑몰 북쪽에 있는 클럽이다. 매일 밤 다른 DJ가 신나는 음악과 퍼포먼스를 선보인다. K-팝도 종종 나와 한국 관광객을 즐겁게 한다. 늦은 밤 숙소로 갈 때 너무 취하지 않도록 주의하자.

주소 1, Jalan Kia Peng, Kuala Lumpur 교통 KL 모노레일 라자 출란(Raja Chulan) 역에서 동쪽, 도보 5분 시간 수~일 10:00~03:00, 월~화 휴무 메뉴 입장료 RM68(음료 1잔) 내외 전화 011-2639-5797

하드 록 카페 Hard Rock Cafe

하드 록을 테마로 한 카페다. 보통 하드 록 호텔과 함께 운영하지만 이곳은 콩코드 호텔의 일부를 사용한다. 하드 록 카페의 상징인 전자 기타가 놓인 입구를 지나면 한편에 하드 록 카페 기념품을 파는 하드 록 스토어와 음식을 먹을 수 있는 레스토랑, 무대가 열리는 스테이지가 보인다. 라이브 공연은 밤 8시경부터 시작되고 밤 10~11시 무렵 최고조를 이룬다. 주말에는 찾는 사람이 많으므로 서두르는 것이 좋다.

주소 Concorde Hotel, Jalan Sultan Ismail, Kuala Lumpur 교통 KL 모노레일 부킷 나나스(Bukit Nanas)

역에서 도보 5분 시간 일~목 11:30~24:00, 금~토 11:30~01:00 요금 버거, 스테이크, 피자, 맥주, 칵테일 전화 03-2715-5555 홈페이지 www.hardrockcafe.com/location/kuala-lumpur

서티8 레스토랑 THIRTY8 Restaurant, Bar&Lounge

그랜드 하얏트 12층에 위치한 레스토랑으로 스테이크, 볶음밥, 국수 등 깔끔한 음식도 좋지만 싱그러운 KLCC 공원을 조망하며 시간을 보낼 수 있어

좋은 곳이다. 특급 호텔이어서 레스토랑 공간이나 서비스도 부족함이 없다.

주소 Grand Hyatt, 12, Jalan Pinang 교통 LRT KLCC 역과 KL모노레일 라자 출란 역에서 그랜드 하얏트 호텔 방향 시간 07:00~23:00 메뉴 스테이크 RM200 내외, 볶음밥, 국수, 케이크 RM50~100 내외 전화 03-2203-9188 홈페이지 kualalumpur.grand.hyatt.com

송켓 레스토랑 Songket Restaurant

LRT 암팡 파크 역과 KLCC 역 중간에 있는 극장식 레스토랑으로, 말레이 요리도 맛보고 말레이 전통 공연도 감상할 수 있다. 송켓 플레터, 사테, 양고기 구이인 캄빙 팡강 브렘파, 닭고기 요리인 아얌 마삭 므라 등 메뉴의 종류가 많고 일반 식당에서 볼 수 없는 이색적인 요리도 많다. 식후에는 아이스 카창이나 케이크 같은 디저트도 맛보자.

주소 29, Jalan Yap Kwan Seng, Kuala Lumpur 교통 LRT 암팡 파크(Ampang Park) 또는 KLCC 역에서 도보 8분 시간 12:00~15:00, 18:00~23:00(주말 17:00~23:00), 공연 20:30~21:15 메뉴 송켓 플레터(전채 요리) RM30, 캄빙 팡강 브렘파(양고기) RM58, 아얌 마삭 므라(닭고기) RM22 전화 03-2161-3331 홈페이지 www.songketrestaurant.com

Spa & Massage

쿠알라 룸푸르의 스파와 마사지 숍은 주로 KLCC 지역과 부킷 빈탕에 모여 있으니, 이 지역을 둘러볼 때 마무리로 스파와 마사지를 넣어 보자. 마사지 거리에서 가볍게 발 마사지를 받아도 좋고 호텔 스파에서 고급 서비스를 받아도 괜찮다. 스파와 마사지의 수준과 가격은 업소가 위치한 곳에 따라 달라진다. 부킷 빈탕 마사지 거리는 저가, 중소 호텔 스파는 중가, 고급 호텔 스파는 고가이다.

부킷 빈탕

돈나 스파 Donna Spa

스타힐 갤러리에 위치한 스파로 2011년 말레이시아 스파 & 건강 상에서 베스트 데이 스파, 2012년 하퍼스 바자르 스파 상에서 베스트 이그조틱 스파 익스피리언스 부분을 수상했다. 깔끔한 스파 룸에서 말레이 전통 마사지, 발리 전통 마사지 등을 받을 수 있고 스파 서비스를 이용해도 좋다.

주소 Pamper Level, Starhill Gallery, 181, Jalan Bukit Bintang, Kuala Lumpur 교통 KL 모노레일 부킷 빈탕(Bukit Bintang) 역에서 도보 10분 시간 09:00~24:00 요금 발 마사지(40분) RM120, 발리 마사지(1시간) RM200, 돈나 마사지(1시간) RM240 전화 03-2141-8999 홈페이지 www.donnaspa.net

스파 빌리지 Spa Villiage

리츠 칼튼 호텔에 위치한 고급 스파로 스웨디시, 아로마, 핫 스톤, 로미 로미(Lomi Lomi), 말레이, 투이나 안모(Tuina Anmo), 타이, 발리니즈 등 다양한 종류의 마사지를 받을 수 있으며, 네일 케어, 스킨, 페이셜 트리트먼트 등도 서비스된다.

주소 The Ritz-Carlton Hotel, 168, Jalan Imbi, Pudu, Kuala Lumpur 교통 KL 모노레일 부킷 빈탕(Bukit Bintang) 역에서 파빌리온·호텔 방향, 도보 8분 시간 12:00~20:00 요금 보디 마사지 테라피(1시간) RM225, 스파 트리트먼트(3시간) RM675 전화 03-2782-9090 홈페이지 www.spavillage.com

타이 오디세이 Thai Odyssey

태국 마사지 체인점으로 쿠알라 룸푸르의 패런하이트 88, 미드 밸리 메가몰, 조호르 바루, 포트 딕슨, 페낭 등에 분점이 있다. 2011년 말레이시아 스파 & 건강 상(Malaysia Spa & Wellness Awards) 중에서 베스트 패밀리 스파 부분을 수상했다. 편안한 분위기에서 정통 태국 마사지를 받을 수 있는 곳이다.

주소 LG/F, Berjaya Times Square, No 1 Jalan Imbi, Kuala Lumpur 교통 KL 모노레일 임비(Imbi) 역에서 바로 시간 10:00~22:00 요금 발 마사지(1시간) RM68, 태국 마사지(1시간) RM98, 아로마테라피(1시간) RM118 전화 03-2145-8788 홈페이지 www.thaiodyssey.com

빈탕 릴렉스 리플렉설로지
Bintang Relax Reflexology

잘란 알로 푸드 스트리트 입구를 지난 곳에 위치한 마사지 가게이다. 가게 전면에 요금표가 붙어 있고 개방된 베드에서 발 마사지 또는 전신 마사지를 받는다.

주소 71, Jln Jalan Bukit Bintang, Jalan Bukit Bintang, Kuala Lumpur 교통 KL 모노레일 부킷 빈탕(Bukit Bintang) 역에서 잘란 알로 푸드 스트리트 방향, 도보 5분 시간 09:00~17:00 요금 발 마사지, 전신 마사지 RM60 내외

릴렉스 타임 풋 리플렉설로지
Relax Time Foot Reflexology

잘란 알로 푸드 스트리트 입구에 있는 마사지 가게이다. 개방된 공간에서 발 마사지와 전신 마사지를 받을 수 있다. 마사지 만족도는 마사지사에 좌우되니 실력 있는 마사지사가 오기를 기대하자.

주소 69 Tingkat Bawah, Changkat Bukit Bintang 교통 KL 모노레일 부킷 빈탕(Bukit Bintang) 역에서 잘란 알로 푸드 스트리트 방향, 도보 5분 시간 24시간 요금 발 마사지, 전신 마사지 RM60 내외

KLCC

앙군 스파 Anggun Spa

마야 호텔에 있는 스파로 말레이 마사지, 태국 마사지, 아유베르딕 마사지, 발리니즈 마사지, 핫 스톤 마사지 등 마사지 종류가 많은 편이다. 스파 패키지, 페이셜 트리트먼트로 이용해 보자.

주소 3F, Maya Hotel, 138, Jalan Ampang, Kuala Lumpur 교통 LRT KLCC 역 또는 KL 모노레일 부킷 나나스(Bukit Nanas) 역에서 도보 5~8분 시간 11:00~18:00 요금 전통 말레이 마사지(50분) RM300, 발리니즈 마사지(50분) RM300, 디톡시피케이션(2시간 30분) RM480 전화 03-2711-8866 내선 290 홈페이지 www.hotelmaya.com.my

스파 Spa

르네상스 호텔 내에 있는 고급 스파로, 럭셔리한 스파 룸에서 샤워를 하고 편안한 복장으로 갈아입으면 수준 높은 마사지나 스파를 받을 수 있다. 고급 중의 고급 스파로 가격이 조금 비싸지만 비싼 만큼 만족감이 크다.

주소 Renaissance Hotel, Corner of Jalan Sultan Ismail & Jalan Ampang, Kuala Lumpur 교통 LRT KLCC 역 또는 KL 모노레일 부킷 나나스(Bukit Nanas) 역에서 도보 5~10분 시간 10:00~21:00 요금 발 마사지(50분) RM175, 만다라 마사지(50분) RM355, 웜 스톤 마사지(50분) RM225 전화 03-2771-6741 홈페이지 www.marriott.com/hotels/travel/kulrn-renaissance-kuala-lumpur-hotel

아이어 스파 Ayer Spa

퍼시픽 리젠시 호텔에 위치한 스파로 건강 트리트먼트를 이용하는 전통 말레이 스파이다. 특히 보디 스크럽에는 바닐라 코코넛, 히비스커스 로즈, 허벌 커피, 화이트 라이스, 통캇 알리 등 말레이시아의 천연 재료가 사용된다. 태국 마사지와는 또 다른 전통 말레이 마사지의 세계로 빠져 보자.

주소 9F, Pacific Regency Hotel Suite, KH Tower, Jalan Punchak, Jalan P.Ramlee, Kuala Lumpur 교통 KL 모노레일 부킷 나나스(Bukit Nanas) 역에서 샹그릴라 호텔 지나 사거리에서 우회전, KL 타워 방향, 도보 10분 시간 10:30~23:00 요금 발 마사지, 전통 말레이 마사지, 보디 스크럽, 스파 패키지, 페이셜 트리트먼트 전화 03-2020-1805 홈페이지 www.pacific-regency.com

더 스파 The Spa

더 스파에서는 '우리의 고요한 분위기와 순한 트리트먼트는 당신을 세상의 고요함으로 인도한다.'는 거창한 문구로 손님을 맞이하고 있다. 강도 높게 느껴지는 태국 마사지가 아닌 부드러운 말레이 마사지를 받고 있으면 잠이 솔솔 온다. 더 스파에 고단한 몸을 맡기고 단잠에 빠져 보자. 더 스파는 샹그릴라 호텔, 트레이더스 호텔에도 분점이 있으니 가까운 곳을 이용해 보자.

주소 Mandarin Oriental Hotel, Jalan Pinang, Kuala Lumpur City Centre, Kuala Lumpur 교통 LRT KLCC 역에서 도보 5분 시간 11:00~19:00, 월요일 휴무 요금 전통 말레이 마사지(1시간 20분) RM495, 아로마 테라피(1시간 20분) RM495, 스파 테라피(1시간 50분) RM655 전화 03-2179-8772 홈페이지 www.mandarinoriental.com/kualalumpur

이싸 스파 ESSA Spa

그랜드 하얏트 호텔에 위치한 고급 스파로 9개의 스파 스위트 룸과 2개의 커플 스위트 룸을 갖추고 있다. 각 스파 스위트 룸은 넓고 럭셔리하게 꾸며졌고 샤워실과 베드가 있어 마사지나 스파를 받기 편안하다. 마사지, 보디 트리트먼트, 스파 패키지, 페이셜 트리트먼트, 네일 트리트먼트 등 원하는 서비스를 골라 보자.

주소 Grand Hyatt Hotel, Jalan Pinang, Kuala Lumpur 교통 LRT KLCC 역 또는 KL 모노레일 라자 출란(Raja Chulan) 역에서 도보 5~8분 시간 10:00~22:00 요금 피트 퍼스트(발 마사지, 1시간) RM260, 아로마 리스토어(1시간) RM300, 라무안 디톡스(1시간) RM280 전화 03-2182-1234 홈페이지 kualalumpur.grand.hyatt.com/hyatt/pure/spas/index.jspms

Hotel & Resort

쿠알라 룸푸르의 고급 호텔은 부킷 빈탕과 KLCC 지역에 위치하고, 비즈니스 호텔, 이코노미 호텔, 호스텔과 게스트 하우스는 차이나타운에 주로 분포한다. 고급 호텔을 굳이 원하는 것이 아니라면 교통의 중심지인 KL센트럴, 푸두 센트럴(버스 터미널)과 가까운 차이나타운 지역에 숙소를 정하는 것이 편리하다.

차이나타운

안카사 호텔

중저가 호텔

Ancasa Hotel Kuala Lumpur

차이나타운 동쪽의 푸두 센트럴(버스 터미널) 가는 길에 위치한 호텔로, 스탠더드 룸에서 패밀리 스위트 룸까지 294개의 객실을 보유하고 있다. 호텔 부대시설로는 안카사 스파, 레스토랑 샤프론 브래서리(Saffron Brasserie), 카사 알앤비 바(Casa RnB) 등이 있다.

주소 Jalan Tun Tan Cheng Lock, Kuala Lumpur 교통 차이나타운에서 푸두 센트럴(버스 터미널) 방향, 도보 3분 요금 스탠더드 룸 RM208 전화 03-2026-6060 홈페이지 www.ancasahotels.com.my

트래블로지 차이나타운

중저가 호텔

Travelodge Chinatown Kuala Lumpur

차이나타운 서쪽에 위치한 10층 호텔로 폭이 좁고 길이가 긴 건물이다. 스탠더드 더블 룸에서 프리미엄 스위트 룸까지 180개의 객실을 보유하고 있다. 호텔에서 차이나타운, LRT 파사르 스니 역으로 가기 편리하다.

주소 Jalan Hang Kasturi, Kuala Lumpur 교통 차이나타운에서 LRT 파사르 스니(Pasar Seni) 역 방향, 도보 3분 요금 스탠더드 더블 룸 RM160 내외 전화 03-2032-2288 홈페이지 www.geohotelkl.com

라바나 호텔 Lavana Hotel Chinatown

중저가 호텔

LRT 파사르 스니 역에서 가까운 곳에 있는 중저가 호텔이다. 중저가 호텔이라도 침실과 화장실이 깔끔하여 이용하는 어려움이 없다. 호텔 뒤로 관디 템플, 프탈링 야시장이 있어 돌아보기도 편리하다.

주소 2, Jalan Hang Kasturi, City Centre, Kuala Lumpur 교통 LRT 파사르 스니(Pasar Seni) 역에서 도보 2분 요금 슈피리어, 딜럭스, 패밀리 RM100 내외 전화 03-2022-1731 홈페이지 www.lavanahotel.com

만다린 퍼시픽 호텔

중저가 호텔

Mandarin Pacific Hotel

차이나타운 남쪽에 위치한 호텔로 스탠더드 룸, 딜럭스 룸 등이 있으며 객실이 깔끔한 편이다. 일행이 2인 이상이라면 게스트 하우스보다는 비용을 조금 더 지불하고 호텔을 이용하는 것이 만족도가 높다. 호텔에 입점해 있는 여행사 카운터에서는 타만 네가라, 카메론 하일랜즈 등으로 가는 여행사 버스를 운영하기도 한다.

주소 Jalan Sultan, Kuala Lumpur 교통 차이나타운의 잘란 프탈링 거리 남쪽, 도보 5분 요금 스탠더드 룸 RM123, 딜럭스 트윈 룸 RM150 전화 03-2070-3000 홈페이지 www.mandpac.com.my

익스플로러 게스트 하우스

The Explorers Guest House

차이나타운에서 방콕 은행가는 골목에 위치한 4층 높이의 게스트 하우스다. 휴게실, 주방, 샤워실, 침실 등의 시설이 잘 되어 있어 이용하기 편리하다. 차이나타운의 잘란 프탈링 거리, LRT 파사르 스니 역과 접근성이 좋다. 인기 게스트 하우스이므로 성수기나 주말에는 방이 없을 수도 있다.

주소 130, Jalan Tun H S Lee, Kuala Lumpur 교통 차이나타운에서 방콕 은행 방향, 도보 3분 요금 도미토리 RM33~36, 스탠더드 트윈 RM92 전화 03-2022-2200 홈페이지 www.theexplorersguesthouse.com

키테즈 호텔 & 호스텔 KITEZ Hotel & Hostel

게스트 하우스

차이나타운 프탈링 야시장 위쪽에 있는 신축 호스텔이다. 객실은 도미토리와 딜럭스 룸이 있는데, 일행이 있다면 도미토리보다 딜럭스 룸을 선택하는 것이 만족도가 높다. 호스텔 아래쪽이 프탈링 야시장이라 둘러보기 좋고 LRT 파사르 스니 역과 푸두 센트럴에서 가까워 이동하기도 편리하다.

주소 37, Jalan Petaling, City Centre, Kuala Lumpur 교통 LRT 파사르 스니(Pasar Seni) 역에서 동쪽, 도보 7분 요금 도미토리 RM32, 디럭스 룸 RM86 내외 전화 03-2389-3754 홈페이지 kitezhotel.com

스폿 온 90236 지그재그 SPOT ON 90236 Zigzag Travellers Home

센트럴 마켓 옆에 자리한 호스텔로 객실은 도미토리, 더블 룸, 패밀리 룸 등을 갖추고 있다. 호스텔은 여러 사람이 함께 이용하지만, 어울리기 좋아하는 사람이라면 별 어려움 없이 지낼 수 있다.

주소 34, First Floor, Jalan Hang Kasturi, City Centre, Kuala Lumpur 교통 LRT 파사르 스니(Pasar Seni) 역에서 센트럴 마켓 방향, 도보 5분 전화 03-8873-3710 요금 도미토리 RM30, 더블 룸 RM45, 패밀리 RM54

OYO 43927 사사나 호텔 OYO 43927 Sasana Hotel

차이나타운 프탈링 야시장 위쪽에 있는 중저가 호텔이다. 객실 요금은 호스텔에 비해 조금 비싸지만, 사람들로 복잡하지 않아 만족도가 높다. 객실 내 개인 화장실이 있는 것도 호스텔에 비할 바가 아니다. 센트럴 마켓, 프탈링 야시장 등을 돌아다니기도 편리하다.

주소 16, Jalan Petaling, City Centre, Kuala Lumpur 교통 LRT 파사르 스니(Pasar Seni) 역에서 센트럴 마켓 지나, 도보 8분 요금 스탠더드 더블 RM74, 딜럭스 더블 RM77, 트리플 RM88 전화 03-8873-3710

스페이스 호텔 Space Hotel Chinatown

게스트
하우스

특이하게 우주를 테마로 한 캡슐 호텔이다. 캡슐 형태의 도미토리는 공상 과학 영화에서 봄 직한 느낌이다. 더블 룸 역시 우주선 침실을 재현해 놓았는데 잠이 잘 올지는 의문이다. 독특한 것을 좋아하는 사람이라면 한번 찾아갈 만한 곳이다.

주소 No 5, Jalan Petaling, City Centre, Kuala Lumpur 교통 LRT 파사르 스니(Pasar Seni) 역에서 센트럴 마켓 지나, 왼쪽 골목 안. 도보 8분 요금 도미토리 RM76, 더블 RM178, 4인실 RM180 전화 03-2022-3330 홈페이지 www.spacehotel.com.my

툰쿠 압둘 라만 & 초우 킷

K 호텔

중저가
호텔

K Hotel(Katel Kuala Lumpur)

LRT 마스지드 자멕 역 북쪽에 있는 중저가 호텔이다. 객실은 스탠더드 더블, 슈피리어 더블, 딜럭스 퀸, 트리플 룸 등이 있다. 일부 스탠더드 더블은 창문이 없는 경우도 있으니 참고하자. 호텔 인근에 인도풍 거리인 잘란 마스자드 인디아(리틀 인디아)가 있어 둘러보기 좋다.

주소 142-146, Jalan Tuanku Abdul Rahman, City Centre, Kuala Lumpur 교통 LRT 마스지드 자멕(Masjid Jamek) 역에서 리틀 인디아 지나 도보 10분 / LRT 반다라야(Bandaraya) 역에서 잘란 툰쿠 압둘 라만 방향, 도보 3분 요금 스탠더드 더블 RM131, 슈피리어 더블·딜럭스 퀸 RM151, 트리플 RM197 전화 03-2693-4246 홈페이지 www.khotel.com.my

프레스콧 호텔

Prescott Hotel

스탠더드 룸에서 주니어 스위트 룸까지 139개의 객실을 보유하고 있다. 호텔 부대시설로는 레스토랑 마카나 커피하우스(Makana Coffeehouse), 음료와 스낵을 맛볼 수 있는 타자 카페(Tazza Cafe) 등이 있다.

주소 No. 23, Lorong Medan Tuanku, Satu Off Jalan Sultan Ismail, Kuala Lumpur 교통 LRT 술탄 이스마일(Sultan Ismail) 역에서 도보 5분 요금 스탠더드 룸 RM79, 슈피리어 룸 RM100 전화 03-2713-7887 홈페이지 prescotthotels.asia/KLMedanTuanku

크로스로드 호텔
중저가 호텔

Crossroads Hotel

KL 모노레일 초우 킷 역 바로 옆에 있는 중저가 호텔이다. 객실은 스탠더드 싱글/더블, 슈피리어 더블, 트리플, 패밀리 룸 등을 운영한다. 스탠더드 싱글은 창문이 없다. 호텔 아래 쪽에 초우 킷 시장이 있어 둘러보기 좋고 리틀 인디아인 잘란 마스지드 인디아도 가깝다.

주소 1, Jalan Raja Muda Abdul Aziz, Chow Kit, Kuala Lumpur 교통 KL 모노레일 초우 킷(Chow Kit) 역에서 동쪽, 바로 요금 스탠더드 더블 RM130, 슈피리어 더블 RM150, 트리플 RM200 전화 03-2698-7000 홈페이지 www.crossroads-hotel.com

페어필드 쿠알라 룸푸르
고급 호텔

Fairfield Kuala Lumpur Jalan Pahang

KL 모노레일 초우 킷 역 북쪽에 위치한 중가 호텔이다. 저가 호텔에 비해 가격은 2배 비싸지만, 호텔 부대시설이나 조식이 포함되어 있는 것을 감안하면 괜찮은 선택이 될 수 있다. 연인과 함께하는 여행이라면 조금 좋은 호텔을 이용하는 것도 괜찮다.

주소 1 Jalan Datuk Haji Eusoff, Off, Jalan Pahang, Kuala Lumpur 교통 KL 모노레일 초우 킷(Chow Kit) 역 북쪽, 도보 2분 요금 스탠더드 트윈·킹 RM307, 디럭스 킹 RM519 전화 03-2777-7777 홈페이지 www.marriott.com/en-us/hotels/kulfi-fairfield-kuala-lumpur-jalan-pahang

부킷 빈탕

로열 출란 호텔 The Royale Chulan Hotel
고급 호텔

파빌리온 북동쪽에 있는 특급 호텔로, 저층은 말레이 전통 가옥을 본떠 만들었다. 2013년 호텔 예약 사이트 트립어드바이저에서 선정한 럭셔리 호텔 부분에서 수상(The Prestigious 2013 Travelers' Choice Award)하기도 했다. 슈피리어 룸에서 익스큐티브 스위트 룸까지 다양한 객실을 보유하고 있으며 부대시설로는 야외 수영장, 레스토랑 와리산 카페(Warisan Cafe), 붕아 에마스(Bunga Emas) 등이 있다.

주소 Jalan Conlay, Kuala Lumpur 교통 KL 모노레일 부킷 빈탕(Bukit Bintang) 역에서 도보 10분 요금 슈피리어 룸 RM295 전화 03-2688-9688 홈페이지 www.theroyalechulan.com

웨스틴 호텔 The Westin Hotel

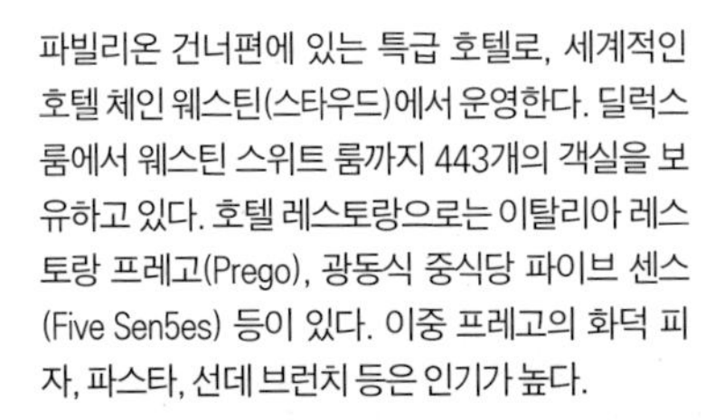

파빌리온 건너편에 있는 특급 호텔로, 세계적인 호텔 체인 웨스틴(스타우드)에서 운영한다. 딜럭스 룸에서 웨스틴 스위트 룸까지 443개의 객실을 보유하고 있다. 호텔 레스토랑으로는 이탈리아 레스토랑 프레고(Prego), 광동식 중식당 파이브 센스(Five Sen5es) 등이 있다. 이중 프레고의 화덕 피자, 파스타, 선데 브런치 등은 인기가 높다.

주소 100, Jalan Bukit Bintang, Kuala Lumpur 교통 KL 모노레일 부킷 빈탕(Bukit Bintang) 역에서 파빌리온 방향, 도보 10분 요금 딜럭스 룸 RM510 전화 03-2731-8333 홈페이지 www.starwoodhotels.com/westin

JW 메리어트 호텔 JW Marriaott Hotel

고급 호텔

파빌리온 건너편에 있는 특급 호텔로, 세계적인 호텔 체인인 메리어트에서 운영한다. 객실은 딜럭스 룸에서 주니어 스위트 룸까지 다양하게 보유하고 있고 호텔 시설로는 야외 수영장, 스파, 중식당 상하이(Shanghai) 등이 있다. 특이하게 조식과 석식 뷔페는 스타힐 갤러리 L/F에 있는 숙(Shook!) 레스토랑을 이용한다. 호텔 로비에서 스타힐 갤러리와 연결된다.

주소 183, Jalan Bukit Bintang, Bukit Bintang, Kuala Lumpur 교통 KL 모노레일 부킷 빈탕(Bukit Bintang) 역에서 파빌리온 방향, 도보 5분 요금 딜럭스 룸 RM480 전화 03-2715-9000 홈페이지 www.marriott.com/hotels/travel/kuldt-jw-marriott-hotel-kuala-lumpur

리츠 칼튼 호텔 The Ritz-Carlton Hotel

고급 호텔

JW 메리어트 호텔 뒤쪽에 있는 특급 호텔로, 세계적인 호텔 체인인 리츠 칼튼이 운영한다. 딜럭스 룸에서 익스큐티브 스위트 룸까지 365개의 객실을 보유하고 있다. 호텔 부대시설로는 스파, 중식당 리엔(Li Yen), 레스토랑 세카르르(CESAR'S) 등이 있다.

주소 168, Jalan Imbi, Pudu, Kuala Lumpur 교통 KL 모노레일 부킷 빈탕(Bukit Bintang) 역에서 파빌리온 방향, 도보 8분 요금 딜럭스 룸 RM520 전화 03-2142-8000 홈페이지 www.ritzcarlton.com/en/Properties/KualaLumpur

솔레 호텔

Hotel Soleil

스탠더드 룸에서 프리미엄 스위트 룸까지 456개의 객실을 보유하고 있다. 부대시설로는 야외 수영장, 레스토랑 코피티암(Kopitiam) 등이 있다. 호텔 인근에는 먹거리 거리인 잘로 알란, 바 거리가 있어 식사를 하거나 시원한 맥주를 마시기 좋다.

주소 Changkat Bukit Bintang, Kuala Lumpur 교통 KL 모노레일 부킷 빈탕(Bukit Bintang) 역에서 잘란 알로 방향, 도보 10분 요금 스탠더드 룸 RM400 내외 전화 03-2715-3888 홈페이지 www.hotelsoleilbb.com

그랜드 밀레니엄 호텔

Grand Millennium Hotel

KL 모노레일 부킷 빈탕 역 서쪽에 있는 특급 호텔로, 딜럭스 룸에서 프레지덴셜 스위트 룸까지 다양한 객실을 보유하고 있다. 객실은 모던하면서도 심플하다. 부대시설로는 야외 수영장, 광동식 중식당 라이칭위엔(Lai Ching Yuen), 뷔페 레스토랑 밀(The Mill), 일식당 타쿠미(Takumi) 등이 있다.

주소 160, Jalan Bukit Bintang, Bukit Bintang, Kuala Lumpur 교통 KL 모노레일 부킷 빈탕(Bukit Bintang) 역에서 잘란 부킷 빈탕(Jalan Bukit Bintang) 이용, 도보 5분 요금 딜럭스 룸 RM420 전화 03-2117-4888 홈페이지 www.millenniumhotels.com/grandmillenniumkualalumpur

홀리데이 인 익스프레스 쿠알라룸푸르 시티 센터

고급 호텔

Holiday Inn Express Kuala Lumpur City Centre

KL 모노레일 라자 출란 역 인근에 있는 중가 호텔이다. 호텔 아래쪽으로 파빌리온, 로트 10, 숭게이 왕 플라자, 버자야 타임즈 스퀘어 등 대형 쇼핑몰이 늘어서 있어 쇼핑하기 편리하다. 호텔 인근에 패트로나스 트윈 타워, KL 타워 등이 있어 둘러 보기도 괜찮다.

주소 84, Jalan Raja Chulan, Kuala Lumpur, Kuala Lumpur 교통 KL 모노레일 라자 출란(Raja Chulan) 역에서 서쪽, 도보 2분 요금 스탠더드 트윈·더블·퀸 RM221, 스탠더드 RM275 전화 03-2028-8888 홈페이지 www.ihg.com/holidayinnexpress/hotels/us/en/kuala-lumpur

버자야 타임스 스퀘어 호텔

고급 호텔

Berjaya Times Square Hotel

버자야 타임스 스퀘어 쇼핑센터와 연결된 특급 호텔로, 객실은 슈피리어 룸에서 스튜디오 룸까지 다양하게 갖추고 있다. 객실에는 침대, TV, 욕실, 와이파이 등이 갖춰져 있다. 호텔 레스토랑으로는 빅 애플(Big Apple), 샘플링 온 더 포틴스(Samplings on the Fourteenth) 등이 있는데 고층에 자리하고 있어 야경을 감상하기 좋다.

주소 Berjaya Times Square, No 1 Jalan Imbi, Kuala Lumpur 교통 KL 모노레일 임비(Imbi) 역에서 바로 요금 슈피리어 룸 RM395 전화 03-2117 8000 홈페이지 www.berjayahotel.com/kualalumpur

비츠 빈탕 호텔 Bitz Bintang Hotel

중저가 호텔

잘란 알로 푸드 스트리트 아래 쪽에 위치한 중저가 호텔이다. 1~2층이 상가이고 3층부터 호텔로 이용된다. 객실 내는 침대, TV, 냉장고, 화장실 등 기본 시설이 잘 되어 이용하는데 불편함이 없다. 부킷 빈탕 쇼핑가에서 쇼핑하기 편리하고 밤에 잘란 알로 푸드 스트리트에서 맥주 한잔 하기도 괜찮다.

주소 59, Jln Bukit Bintang, Bukit Bintang, Kuala Lumpur 교통 KL 모노레일 부킷 빈탕(Bukit Bintang) 역에서 서쪽, 잘란 부킷 빈탕 거리 방향, 도보 5분 요금 딜럭스 퀸 RM108, 딜럭스 킹 RM117, 딜럭스 트윈 RM135, 트리플 RM162 전화 03-2110-5151 홈페이지 www.bintangwarisanhotel.com

KLCC

마야 호텔 Maya Hotel

고급 호텔

LRT KLCC 역과 KL 모노레일 부킷 나나스 역 사이에 있는 특급 호텔로, 스튜디오 룸에서 딜럭스 스위트 룸까지 207개의 객실을 보유하고 있다. 부대시설로는 하이드로테라피 수영장, 앙군 스파, 레스토랑 라마 타마(Ramah Tamah), 스틸 워터(Still Waters), 마야 브래서리(Maya Brasserie) 등이 있다. 전망 좋은 13F의 스카이 라운지에서 칵테일 한잔을 하며 쿠알라 룸푸르의 야경을 감상하는 것도 좋다.

주소 138, Jalan Ampang, Kuala Lumpur 교통 LRT KLCC 역 또는 KL 모노레일 부킷 나나스(Bukit Nanas) 역에서 도보 5~8분 요금 스튜디오 룸 RM520 전화 03-2711-8866 홈페이지 www.hotelmaya.com.my

르네상스 호텔 Renaissance Kuala Lumpur Hotel

고급 호텔

마야 호텔 옆에 있는 특급 호텔로 구관인 이스트 윙(East Wing), 신관인 웨스트 윙(West Wing)을 합쳐 920여 개의 객실을 보유하고 있다. 이스트 윙 객실 중 페트로나스 트윈 타워가 보이는 객실이 조금 더 비싸다. 부대시설로는 야외 수영장, 스파, 중식당 다이너스티(Dynasty), 일식당 사가노(Sagano), 뷔페 레스토랑 템테이션(Temptations) 등이 있다.

주소 Corner of Jalan Sultan Ismail & Jalan Ampang, Kuala Lumpur 교통 LRT KLCC 역 또는 KL 모노레일 부킷 나나스(Bukit Nanas) 역에서 도보 5~10분 요금 슈피리어 룸 이스트 윙 RM340, 슈피리어 룸 이스트 윙 페트로나스 빌딩 뷰 RM365 전화 03-2706-8088 홈페이지 www.marriott.com/hotels/travel/kulrnrenaissance-kuala-lumpur-hotel

콩코드 호텔

Concorde Hotel

고급 호텔

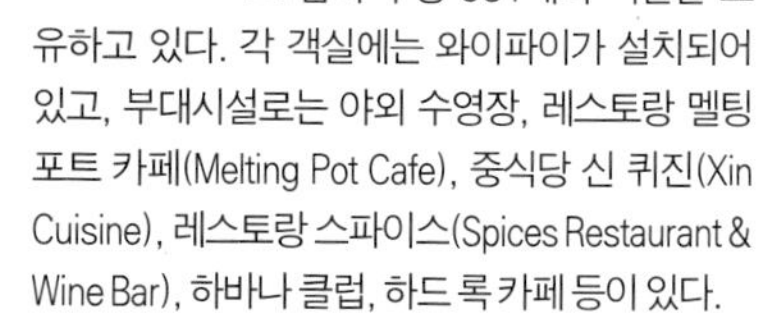

KL 모노레일 부킷 나나스 역 근처에 위치한 특급 호텔로, 일반 객실이 있는 타워 윙과 스위트 룸이 있는 프리미어 윙으로 나뉜다. 슈피리어 룸에서 스위트 룸까지 총 581개의 객실을 보유하고 있다. 각 객실에는 와이파이가 설치되어 있고, 부대시설로는 야외 수영장, 레스토랑 멜팅 포트 카페(Melting Pot Cafe), 중식당 신 퀴진(Xin Cuisine), 레스토랑 스파이스(Spices Restaurant & Wine Bar), 하바나 클럽, 하드 록 카페 등이 있다.

주소 Concorde Hotel, Jalan Sultan Ismail, Kuala Lumpur 교통 KL 모노레일 부킷 나나스(Bukit Nanas) 역에서 도보 5분 요금 슈피리어 룸 RM278 전화 03-2144-2200 홈페이지 kualalumpur.concordehotelsresorts.com

퍼시픽 리젠시 호텔

Pacific Regency Hotel Suite

고급 호텔

KL 타워 부근에 있는 특급 호텔로, 신설 객실인 프리미어 플로 스위트와 예전 객실인 퍼시픽 플로 스위트로 나뉘고 총 283개의 객실을 갖추고 있다. 부대시설로는 루프톱 수영장, 아이어 스파(Ayer Spa), 타이 레스토랑 쏘이 23(Soi 23), 캐주얼 레스토랑 크리스털로(Cristallo) 등이 있어 이용하기 좋다. 특히 루프톱 수영장은 34F에 있어 물놀이를 하거나 일광욕을 즐기기 좋다.

주소 KH Tower, Jalan Punchak, Jalan P.Ramlee, Kuala Lumpur 교통 KL 모노레일 부킷 나나스(Bukit Nanas) 역에서 샹그릴라 호텔 지나 사거리에서 우회전, KL 타워 방향, 도보 10분 요금 슈피리어 스위트 룸 RM352 전화 03-2332-7777 홈페이지 www.pacific-regency.com

만다린 오리엔탈 호텔 Mandarin Oriental Hotel

페트로나스 트윈 타워 옆에 있는 특급 호텔로, 객실 중 페트로나스 트윈 타워가 보이는 객실이 조금 더 비싸다. 부대시설로는 루프톱 야외 수영장, 스파, 레스토랑 만다린 그릴(Mandarin Grill), 광둥식 중식당 라이포힌(Lai Po Heen), 레스토랑 모자익(Mosaic), 퓨전 일식당 와사비 비스트로(Wasabi Bistro) 등이 있다. 특히 루프톱 야외 수영장은 KLCC 공원을 향하고 있어 열대 우림 속에 있는 착각을 일으킨다.

주소 Jalan Pinang, Kuala Lumpur City Centre, Kuala Lumpur 교통 LRT KLCC 역에서 도보 5분 요금 딜럭스 룸 트윈 타워 뷰 RM619 전화 03-2380-8888 홈페이지 www.mandarinoriental.com/kualalumpur

샹그릴라 호텔 Shangri-La Hotel

고급 호텔

KL 모노레일 부킷 나나스 역 남쪽에 있는 특급 호텔로, 딜럭스 룸에서 스위트 룸까지 662개의 객실을 보유하고 있다. 최고급 호텔의 대명사 샹그릴라에서 운영하는 곳이라 객실도 굉장히 안락하고, 편리한 부대시설로 명성이 높다. 부대시설로는 야외 수영장, 스파, 프렌치 레스토랑 라피테(Lafite), 중식당 상 팰리스(Shang Palace), 일식당 지팡구(Zipangu) 등이 있다. 호텔에서 KL 타워가 가깝고 페트로나스 트윈 타워도 멀지 않다.

주소 11, Jalan Sultan Ismail, Kuala Lumpur 교통 KL 모노레일 부킷 나나스(Bukit Nanas) 역에서 도보 5분 요금 딜럭스 룸 RM420 전화 03-2032-2388 홈페이지 www.shangri-la.com/kualalumpur

그랜드 하얏트 호텔

Grand Hyatt Hotel

고급 호텔

페트로나스 트윈 타워에서 KLCC 컨벤션 센터 방향에 있는 특급 호텔로, 객실 중 트윈 타워가 보이는 객실이 조금 더 비싸다. 스탠더드 룸에서 스위트 룸까지 다양하고 412개의 객실을 운영한다. 부대시설로는 야외 수영장, 이싸 스파(Essa Spa), 레스토랑 제이피 테레스(JP Teres), 레스토랑 써티에잇(Thirty8) 등이 있다. 레스토랑 써티에잇은 38F에 있어 식사를 하며 쿠알라 룸푸르 시내를 조망할 수 있고 야경을 감상하기도 괜찮다.

주소 Jalan Pinang, Kuala Lumpur 교통 LRT KLCC 역 또는 KL 모노레일 라자 출란(Raja Chulan) 역에서 도보 5~8분 요금 스탠더드 그랜드 트윈 룸 RM690 전화 03-2182-1234 홈페이지 kualalumpur.grand.hyatt.com

트레이더스 호텔

Traders Hotel

고급 호텔

KLCC 컨벤션 센터 옆에 있는 특급 호텔로, 세계적인 호텔 체인 샹그릴라에서 운영한다. 객실 중 페트로나스 트윈 타워가 보이는 객실이 조금 더 비싸고 KLCC 공원이 내려다보이는 객실에서는 싱그러운 열대 우림을 느낄 수 있다. 딜럭스 룸에서 스위트 룸까지 571개의 객실을 보유하고 있다. 부대시설로는 수영장, 스파, 레스토랑 고보 치찻(Gobo Chit Chat), 고보 업스테어 라운지 & 그릴(Gobo Upstairs Lounge & Grill) 등이 있다.

주소 Kuala Lumpur City Centre, Kuala Lumpur 교통 LRT KLCC 역 또는 KL 모노레일 라자 출란(Raja Chulan) 역에서 KLCC 컨벤션 센터 방향, 도보 10분 요금 딜럭스 룸 RM420 전화 03-2332-9888 홈페이지 www.shangri-la.com/kualalumpur/traders

Kuala Lupur Suburbs
쿠알라 룸푸르 시외

다양한 볼거리가 있는 KL 시외 지역

쿠알라 룸푸르 시외에는 거대한 석회암 동굴인 바투 동굴, 말레이시아 특산품인 주석 제품을 만드는 로열 셀랑고르 공장, 열대의 동물을 만나는 동물원, 쇼핑 천국 미드 밸리 시티, 어트랙션과 워터 파크가 결합된 테마파크인 선웨이 라군, 쇼핑과 호수 물놀이를 할 수 있는 마인즈 웰니스 시티, 행정 신도시 푸트라자야, 열대 우림 속의 프랑스 마을 버자야 힐, 고원 위의 라스베이거스라 불리는 겐팅 하일랜즈 등이 있다. 그중 버자야 힐과 겐팅 하일랜즈는 열대 우림 지역으로 수려한 풍경과 맑은 공기, 낮은 온도를 자랑해 오래전부터 고산 휴양지로 인기가 높았으며, 현재는 리조트, 카지노, 골프장 등이 들어서 있어 휴식을 취하기에 좋다. 쿠알라 룸푸르 시내를 어느 정도 둘러보았다면 쿠알라 룸푸르 시외의 쇼핑 단지, 테마파크, 휴양지에서 한가로운 시간을 보내 보자. 단기간에 모든 곳을 둘러볼 수는 없으니 각자 취향에 따라 원하는 여행지를 골라서 떠나 보자.

Lagong
TAMAN SERI PUTRA 1
SELAYANG BARU
TAMAN PINGGIRAN
Klang Gates Dam
버자야 힐 Berjaya Hill
겐팅 하일랜즈 Genting Highlands
TAMAN SELAYANG JAYA
바투 동굴 Batu Caves
KAWASAN PERINDUSTRIAN PUTRA
68
B9
SENTUL
TAMAN MELATI
TAMAN DESA MELAWATI
1
E33
TAMAN SETAPAK INDAH
DESA AMAN PURI
TAMAN USAHAWAN
동물원 Zoo Negara
Sungai Buloh
DANAU KOTA
UKAY PERDANA
TAMAN PERINDUSTRIAN KIP
KEPONG
JINJANG SELATAN
TAMAN SRI RAMPAI
KAMPUNG BARU SUNGAI BULOH
로열 셀랑고르 공장 Royal Selangor Pewter
BANDAR SRI DAMANSARA
28
TAMAN SRI BINTANG
SETAPAK
E1
TAMAN SETIAWANGSA
SOLARIS MONT KIARA
JALAN IPOH
15
KOTA DAMANSARA
BANDAR PINGGIRAN SUBANG
E12
DESA SRI HARTAMAS
FEDERAL TERRITORY OF KUALA LUMPUR
DESA PINGGGIRAN PUTRA
E11
TAMAN SAINS SELANGOR
DATARAN SUNWAY
TAMAN TUN DR ISMAIL
KAMPUNG LEMBAH JAYA UTARA
Ampang
DESA PANDAN
쿠알라 룸푸르 Kuala Lumpur
IMBI
BANDAR UTAMA
PANDAN INDAH
B62
E23
Subang
SS 22
TAMAN PANDAN MEWAH
1
TAMAN PERINDUSTRIAN JAYA
E38
SS 2
미드 밸리 시티 Mid Valley City
PANDAN PERDANA
PJS 13
B9
E9
15
E1
SS 5
TAMAN DESA
프탈링자야 Petaling Jaya
TAMAN TTDI JAYA
SS 7
KUCHAI
TAMAN BUKIT SEGAR
KAMPUNG

쿠알라 룸푸르 시외
선웨이 라군
Sunway Lagoon
Puchong Jaya
SS 19
USJ 1
E5
B11
BANDAR BARU SRI PETALING
Batu 9 Cheras
Cheras
ALAM DAMAI
SUNGAI BESI
BANDAR TUN HUSSEIN ONN
TAIPAN BUSINESS CENTRE
BANDAR PUCHONG JAYA
BANDAR KINRARA 1
BUKIT JALIL
BANDAR DAMAI PERDANA
CHERAS PERDANA
BANDAR MAHKOTA CHERAS
AH2
HICOM INDUSTRIAL ESTATE
PUSAT BANDAR PUCHONG
TAMAN SERDANG RAYA
E20
마인즈 웰니스 시티
The Mines Wellness City(MWC)
Puchong
KAMPUNG SUNGAI SEKAMAT
E11
Seri Kembangan
Balakong
TAMAN IMPIAN EHSAN
TAMAN BUNGA NEGARA
TAMAN PERINDUSTRIAN PUSAT BANDAR PUCHONG
TAMAN PUNCAK JALIL
TAMAN MESRA
TAMAN SRI SERDANG
E18
TAMAN ALAM MEGAH
KAMPUNG SUNGAI KANTAN
TAMAN EQUINE
TAMAN MAJU JAYA
LESTARI PUTRA
PUTRA POINT COMMERCIAL CENTRE
Kajang
TAMAN PINGGIRAN PUTRA
Serdang
PUSAT PERINDUSTRIAN SUNGAI CHUA
TAMAN BUKIT MEWAH
KAMPUNG BUKIT LANCHUNG
BANDAR BUKIT
SKVE
E26
TAMAN PUTRA PRIMA
TAMAN INDUSTRI MERANTI PERMAI
TAMAN KAJANG UTAMA
IOI RESORT
B17
Bandar Baru Bangi
PRESINT 11
SEKSYEN 4 BANDAR BARU BANGI
BANDAR SAUJANA PUTRA
TAMAN PUTRA PERDANA
PRESINT 10
PRESINT DIPLOMATIK
SEKSYEN 12
SEKSYEN 1
CYBERJAYA
PRESINT 9
PRESINT 1
SEKSYEN 3 BANDAR BARU BANGI
BANDAR NUSA PUTRA
PUTRAJAYA
PRESINT 15
CYBER 4
SEKSYEN 15
푸트라자야
Putrajaya
사이버자야
Cyberjaya
CYBER 9
PRESINT 7
PRESINT 3
Bangi
TAMAN DESA SENTOSA
CYBERJAYA
DESA PINGGIRAN
KAMPUNG SUNGAI MERAB
PRESINT 4

바투 동굴 Batu Caves

바투 동굴은 쿠알라 룸푸르 북쪽으로 13km 떨어진 곳에 있는 석회암 동굴로 힌두교 성지로 알려져 있다. 1878년 미국인 탐험가 윌리엄 호너비가 이곳을 탐사한 뒤 세상에 알려졌고 1891년에 힌두교 사원이 세워졌으며, 한때는 말라야 공산당의 근거지 겸 탄약고로 쓰인 적도 있다. 인도 타밀족이 숭배하는 힌두교의 신 무루간을 모시고 있어 타이푸삼 축제 때 각지에서 은마차에 무루간의 초상 또는 신상을 싣고 바투 동굴로 모여든다. 바투 동굴은 종교적인 의의를 제외하더라도 길이 400m, 높이 100m의 웅장하고 신비로운 석회암 동굴 그 자체만으로 충분히 매력적인 곳이다. 바투 동굴의 272개 계단 위에서 내려다보는 쿠알라 룸푸르 시내의 풍경과 페트로나스 트윈 타워, KL 타워 모습도 인상적이다. 바투 동굴 입구 주변에는 야생 원숭이가 서식하여 재미있는 볼거리를 제공하는데 원숭이들이 음식을 노리고 사람에게 접근하므로 지갑, 카메라 등 소지품 보관에 주의해야 한다. 주말이나 공휴일에는 많은 사람이 방문하므로 소매치기에도 신경을 쓰자.

Access ① KL 센트럴 역 또는 쿠알라 룸푸르 역에서 KTM 커뮤터 이용, KTM 커뮤터 바투 동굴 역 하차, 도보 10분 ② 차이나타운 방콕 은행 앞 버스 정류장에서 U6, D11 버스 이용, 바투 동굴 앞 마을 하차, 도보 5분 ③ LRT 티티왕사 역 버스 정류장에서 U1, U10 버스 이용, 바투 동굴 하차 ④ 홉온홉오프 바투 셔틀버스(10:00, 14:00, RM35)

Best Course 무루간 신상 → 바투 동굴 삼문 → 272개의 계단 → 힌두교 사원 → 석회 동굴 → 다크 케이브 → 노점가

바투 동굴 Batu Caves

석회 동굴 속 힌두교 사원 탐방

바투 동굴은 겉으로 보기에 수목이 우거진 야산처럼 보이지만 안으로 들어가면 빗물이 4억 년 된 석회암을 녹이면서 생긴 큰 동굴 세 개, 작은 동굴 한 개와 마주할 수 있다. 가장 큰 동굴은 길이 400m, 높이 100m인데 이곳에 힌두교 신전이 세워져 있다. 신전이 있는 석회암 동굴은 신전을 세우고 조명을 달고 많은 사람들이 드나들면서 많이 훼손되었다. 구멍 뚫인 천장에서 흘러내린 빗물 자국, 석순, 석주 등을 관찰할 수 있다.

주소 Jalan Batu Caves, Kuala Lumpur 시간 07:00~21:00 요금 무료 전화 03-6189-6284 홈페이지 batucaves.com

무루간 Murugan

인도 타밀족이 숭배하는 전쟁의 신

힌두교 3대 신 중 하나인 시바(Shiva)의 둘째 아들 무루간은 전쟁의 신으로 인도 타밀족이 가장 숭배하는 신이다. 바투 동굴의 무루간 신상은 2006년 인도 장인들에 의해 42.7m의 높이로 세워졌는데 악신을 물리칠 때 쓰는 창살을 들고 있다.

무루간 하면 몸에 쇠꼬챙이를 꽂는 고행으로 유명한 타이푸삼 축제를 떠올리게 된다. 일설에 의하면 시바 신이 악신 아수라(Asuras)와의 다툼에서 밀린 천신 데바스(Devas)를 돕기 위해 전쟁의 신 무루간을 만들어 이기게 했는데, 이를 기념한 것이 타이푸삼이라고 한다. 다른 설에 의하면, 번영의 여신 스리 마하 마리암만(Sri Maha Mariamman)에게 장남 카나바다(Kanabada)와 차남 무루간이 있었는데 그녀는 두 아들에게 가장 소중한 것을 찾아 세 바퀴를 돌고 먼저 오는 사람에게 자신의 자리를 물려주겠다고 했다. 무루간이 집을 떠나 고행하며 지구를 세 바퀴 도는 동안 카나바다는 집에서 빈둥거렸는데, 스리 마하 마리암만에게 꾸중을 듣자 그녀의 주위를 세 바퀴 돌며 어머니가 가장 소중하다고 말했다. 이에 감동한 스리 마하 마리암만이 자신의 자리를 물려주었고 고행길에서 돌아온 무루간은 실망하여 바투 동굴로 들어가 버렸다. 훗날 자신이 경솔했음을 안 스리 마하 마리암만이 바투 동굴로 무루간을 찾아갔으나 1년에 한 번만 만나 주었는데 이때가 타이푸삼 축제일이라고 한다.

해마다 1월 말~2월 초의 타이푸삼 축제 때에는 각지에서 은마차에 무루간 초상이나 신상을 싣고 무루간을 모신 바투 동굴로 행진을 한다.

주소 Batu Caves, Kuala Lumpur

272개의 계단

인간의 죄를 상징하는 계단을 오르다

바투 동굴 입구의 삼문에서 바투 동굴로 이어지는 272개의 계단은 인간이 범할 수 있는 죄의 숫자를 의미한다. 계단은 3갈래인데 왼쪽은 과거의 죄, 중앙은 현재의 죄, 오른쪽은 미래의 죄를 뜻한다. 타이푸삼 축제에서는 고행자가 인간의 삶의 무게인 카바디(Kavadi)를 짊어지고 계단을 오르며 참회하는 의식이 있다. 실제로는 계단을 오르며 참회한다는 생각보다는 너무 힘들다는 생각만 드니 역시 보통 인간임을 깨닫게 된다. 오르는 길은 힘들지만 올라와서 보는 풍경은 기가 막히게 멋지다. 가까이에는 시원하게 뚫린 석회암 동굴과 그 속의 신전이 보이고, 멀리에는 쿠알라 룸푸르의 페트로나스 트윈 타워가 손에 잡힐 듯하다.

주소 Batu Caves, Kuala Lumpur

힌두교 사원

다양한 힌두 신상과 벽화

1878년 바투 동굴이 세상에 알려진 후 1891년 이곳에 힌두교 사원이 세워지면서 인도 외의 나라에 있는 최대의 힌두교 사원이 되었다. 특히 인도 타밀족이 숭배하는 무루간 신을 모시는 곳이라 타이푸삼 축제 때 많은 사람들이 찾아온다. 바투 동굴 내부에서는 다양한 힌두 신상과 벽화를 볼 수 있다. 힌두교 사원 앞에는 노란 옷을 입은 사제가 힌두 신자에게 액운을 몰아내고 복을 가져다주는 붉은 점인 신두르(Sindoor)를 이마에 찍어 주기도 한다.

주소 Batu Caves, Kuala Lumpur

다크 케이브 Dark Cave

랜턴 켜고 들어가는 어둠 속 신비의 세계

바투 동굴 입구에서 272개의 계단을 오르면 정면에 신전이 있는 큰 동굴이 나오는데 그 옆에 다크 케이브가 자리한다. 신전이 있는 큰 동굴에는 조명 시설이 있지만 이곳은 석회암 동굴과 동굴 생물 보호를 위해 조명을 설치하지 않아 '어둠 동굴(Dark Cave)'이라고 불린다. 동굴 안쪽에는 크고 작은 공간과 수많은 통로가 있고 전체 길이는 2km 정도 된다. 동굴 속에는 5종의 박쥐, 170여 종의 무척추 동물이 서식한다. 입구에서 45분 소요되는 에듀케이션 투어나 3시간 소요되는 어드벤처 투어를 신청하면 다크 케이브를 탐험해 볼 수 있다. 투어에 참여하고 싶다면 랜턴과 건전지를 준비하는 게 좋고, 습기 찬 석회암 동굴 바닥이 미끄러우므로 트레킹화나 등산화를 신는 것이 좋다.

주소 Batu Caves, Kuala Lumpur 시간 화~금 10:00~16:00, 토~일 10:00~16:30, 월요일 휴무 요금 에듀케이션 투어(45분)_성인 RM35, 어린이 RM28 / 어드벤처 투어(3시간)_성인 RM80, 어린이 RM60

타이푸삼Thaipusam

매년 1월 말~2월 초에 힌두교 새해 축제인 타이푸삼(Thaipusam)이 말레이시아 전역에서 열린다. 타이푸삼을 주도하는 이들은 인도계 말레이시아 사람들이지만, 말레이계나 중국계도 모두 구분 없이 축제에 동참한다. 타이푸삼에서 타이(Thai)는 인도 타밀어로 '신성한 한 달', 푸삼(Pusam)은 '보름달이 뜨는 시간'을 뜻한다. 타이푸삼은 주로 힌두교의 전쟁의 신 무루간(Murugan)을 기리는 축제이다.

타이푸삼은 보통 4일간 계속되는데 첫째 날은 사원과 무루간 신상 또는 초상을 꽃으로 꾸민다. 둘째 날은 두 마리의 소가 끄는 은마차에 무루간 신상 또는 초상을 싣고 쿠알라 룸푸르부터 13km 거리의 바투 동굴까지 행진을 한다. 이때 무루간 신을 모신 은마차의 뒤를 수많은 사람들이 따라간다. 셋째 날은 타이푸삼의 절정으로 무루간 신을 모신 바투 동굴 앞에서 힌두교 신자 중 자원자들이 쇠꼬챙이, 쇠고리로 신체를 관통하는 고행을 행하는데 신기하게 피를 흘리지 않고 통증도 느끼지 않는다고 한다. 고행자들은 무루간 신에게 바칠, 카바디(Kavadi)라 불리는 화려하게 장식된 등짐을 지고 바투 동굴로 가는 272개의 계단을 오른다. 이때 군중들은 타밀어로 신성한 본질을 뜻하는 '벨(Vel)'을 외침으로써 고행자와 하나가 되어 축제의 절정으로 치닫게 된다.

고행자의 등짐 카바디는 삶의 무게을 뜻하고, 쇠꼬챙이 고행과 계단 오르기는 삶의 고통을 뜻한다. 즉, 고행을 견디고 계단을 오르는 것은 삶의 무게를 지고 삶의 고통을 이겨 참회와 속죄를 한다는 의미이다. 고행자가 계단을 다 오를 때 군중들은 사람의 머리 또는 내재된 참 자아를 뜻하는 코코넛을 깸으로써 참 자아를 만나게 된다고 한다.

타이푸삼 기간 중에는 흥겨운 인도 전통 음악이 쉴 새 없이 흘러나오고 흥겨운 음악에 맞춰 끝없이 춤을 추는 사람들을 볼 수 있어 말레이시아 사람들의 축제에 대한 열정을 짐작할 수 있다.

로열 셀랑고르 공장 & 동물원

Royal Selangor Pewter & Zoo Negara

로열 셀랑고르 공장에서 말레이시아 특산물인 주석의 역사와 제조 과정을 살펴 보고 주석으로 만든 기념품을 구입할 수 있다. 동물원에서는 열대 우림에 서식하는 코끼리, 호랑이, 오랑우탄, 코뿔새 등을 만날 수 있다. 두 곳을 다 보려면 먼저 로열 셀랑고르 공장을 견학한 뒤, 택시나 승용차로 동물원으로 이동하면 된다. 아이들과 함께라면 동물원만 가는 것도 괜찮다.

Access 로열 셀랑고르 공장_LRT 왕사 마주(Wangsa Maju) 역에서 913FB2번 버스 이용, 공장 하차 / 동물원_차이나타운 방콕 은행 앞에서 16, 20, U23번 버스(요금 RM2.5) 이용, 동물원 하차

Best Course 로열 셀랑고르 공장 → 동물원

로열 셀랑고르 백랍 공장 Royal Selangor Pewter

말레이시아의 특산품인 주석 제품 감상

말레이시아의 주된 광물이 주석이고, 무른 성질의 주석에 구리와 안티몬을 섞어 단단하게 한 것이 백랍(Pewter)으로 흔히 주석 공예품이라 부른다. 1885년 중국에서 건너온 용쿤(Yong Koon)에 의해 설립된 로열 셀랑고르는 말레이시아를 넘어 세계 최고의 주석 공예품을 생산·판매하는 회사가 되었다. 로열 셀랑고르는 쿠알라 룸푸르 북쪽 세타파크(Setapak) 지역에 공장과 비지터 센터가 있는데 주석 공예품에 관심이 있다면 방문해 보자. 영어, 중국어, 일본어 가이드가 있는데 주석 공예품의 역사와 제품 설명, 제조 과정에 대한 설명을 들을 수 있다. 주석 제품의 최대 장점은 뜨거운 것은 뜨거운 대로, 차가운 것은 차가운 대로 온도를 유지시켜 준다는 것이다. 주전자와 찻잔, 맥주잔, 와인잔, 그릇, 기념품 등 100여 가지 제품이 있다. 비지터 센터 앞에는 창립 100주년 기념으로 제작한, 높이 2m, 무게 1.6t에 달하는 세계 최대의 주석잔이 있어서 기념 촬영하기 좋다. 또한 비지터 센터에서는 주석 두드림 작업(Hard Knocks)과 주물(Foundry) 등 주석 공예 클래스도 운영하니 관심 있는 사람은 홈페이지를 통해 신청해 보자. 시내에서 로열 셀랑고르 주석 공예품을 구입하고 싶은 사람은 페트로나스 트윈 타워 내 수리아 KLCC 이세탄 백화점, 부킷 빈탕의 파빌리온, 쿠알라 룸푸르 국제공항(KLIA) 내 상점 등을 이용하면 된다.

주소 4, Jalan Usahawan 6, Setapak Jaya 시간 09:00~17:00(토 ~16:30) 요금 입장료 무료 / 주석 두드림 작업 클래스 RM75, 주물 클래스 RM180(각 4인 이상, 2일 전 신청) 전화 03-4145-6122, 03-4145-6000 홈페이지 비지터 센터 visitorcentre.royalselangor.com, 로열 셀랑고르 www.royalselangor.com

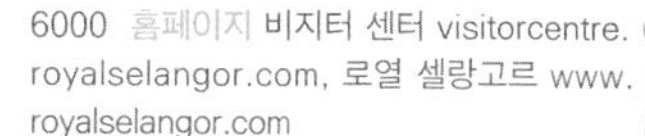

동물원 Zoo Negara

열대 지역에 서식하는 진귀한 동물을 만나는 동물원 여행

쿠알라 룸푸르 북쪽에 위치한 국립 동물원으로 호랑이, 사자, 물소, 기린, 원숭이 같은 포유류부터 코뿔새, 앵무새, 홍학 등의 조류와 파충류까지 약 200여 종의 동물을 보유하고 있다. 동물원은 입구를 기점으로 호수가 있는 서쪽, 북쪽, 동쪽, 중앙으로 나눌 수 있는데 동물원이 넓으므로 동물원 입구에서 출발하는 트램을 타고 한 바퀴 돌아본 뒤 좋아하는 동물을 찾아 구경하는 것이 효율적이다.

트램 타고 동물원 구경!

주소 Hulu Kelang, Ampang, Selangor 시간 09:00~17:00 / 동물 쇼_11:00, 15:00(금 15:30) / 포토 코너_주말·공휴일 11:00, 13:00, 15:00, 17:00 요금 입장료-성인 RM88, 어린이 RM43 / 트램-1번 정류장 RM11.9, 2번 정류장 RM9.9 전화 03-4108-3422 홈페이지 www.zoonegara.my

동물 쇼
Animals Show

바다사자, 원숭이, 앵무새가 보여 주는 재주

동물원의 원형 극장(Show Amphitheatre)에서 하루 2회 동물 쇼가 진행된다. 입구의 포토 존에서는 동물과의 기념 촬영을 할 수 있다. 동물 쇼에서는 바다사자(Sea Lion)와 짧은꼬리원숭이(Macaque), 마코앵무새(Macaw)가 재미있는 재주를 보여 준다.

아쿠아리움
Aquarium

여유로운 아쿠아리움 산책

동물원 내 소규모로 자리 잡은 아쿠아리움이지만 세계 최대의 민물 열대어인 피라루크, 아폴로 샤크, 골든 바브(Barb), 티 바브, 가시 열대어, 펭귄 등을 볼 수 있다. 붐비지 않아 좋아하는 물고기를 원하는 만큼 볼 수 있는 것이 장점이다.

미드 밸리 시티 Mid Valley City

쇼핑 마니아라면 들러 볼 만한 곳

KL 센트럴 남쪽에 위치한 쇼핑 단지로 슈퍼마켓 이온 빅, 일본계 백화점 이온, 메트로 자야 백화점 등이 입주한 미드 밸리 메가몰, 일본계 백화점 이세탄, 싱가포르계 백화점 로빈슨 등이 입주한 가든스 몰이 있고 가든스 몰 뒤로는 가든스 호텔 & 레지던스가 자리한다. 이들 쇼핑센터는 굉장히 넓어 반나절 이상 시간을 보낼 수 있을 정도다. 슈퍼마켓부터 백화점, 고급 쇼핑몰까지 다양하게 모여 있어서 한곳에서 원하는 상품을 선택하기 편리하다. KL 센트럴 남서쪽 방사르(Bangsar)에도 방사르 빌리지 I, II라는 쇼핑 단지가 있으나 미드 밸리 시티에 비하면 소규모이다.

Access 쿠알라 룸푸르 역 또는 KL 센트럴 역에서 KTM 커뮤터 이용, KTM 미드 밸리 역 하차
Best Course 미드 밸리 메가몰 → 이온 빅 → 이온 → 메트로 자야 → 센터 포인트 → 가든스 몰 → 로빈슨 → 이세탄

미드 밸리 메가몰 Mid Valley Megamall

유명 브랜드, 로컬 브랜드 상품 찾아 삼만 리

미드 밸리 시티의 대표 쇼핑센터 중 하나로 이온 빅 슈퍼마켓, 이온 백화점, 메트로 자야 백화점이 입점해 있다. 미드 밸리 메가몰에는 고가의 명품 브랜드는 없지만 자라, 유니클로, 에스프리, 망고, 무지, 포에버 21 같은 유명 브랜드와 빈치, PDI 같은 로컬 브랜드를 갖추고 있다. 쇼핑센터 내에는 LG의 식당가, 2F와 3F의 푸드코트와 식당가가 있어서 입맛에 맞는 메뉴를 골라 식사를 즐길 수 있다. 또한 3F의 볼링장과 복합 영화관에서 즐거운 시간을 보낼 수도 있다.

주소 Mid Valley Megamall, Mid Valley City, Lingkaran Syed Putra 교통 KTM 커뮤터 미드 밸리 역에서 바로 시간 10:00~22:00 전화 03-2938-3333 홈페이지 www.midvalley.com.my

블러바드 Boulevard

바와 레스토랑이 늘어선 거리

미드 밸리 메가몰과 가든스 몰 사이에 레스토랑이 즐비한 거리를 말하는데 주로 미드 밸리 메가몰 건물에 입주해 있다. 라이브러리(The Library), 비욘드 베기(Beyond Veggie), 칠리스 그릴 & 바(Chili's Grill & Bar), 일식당 니치난 지도리야(Nichinan Jidoriya), 디저트 숍 딜리셔스(Delicious), 브롯제이트 저먼 비어(Brotzeit German Bier Bar & Restaurant) 등 다양한 레스토랑과 바가 있어 쇼핑 후 식사를 하거나 시원한 맥주 한잔하기 좋다.

주소 Mid Valley Megamall, Mid Valley City, Lingkaran Syed Putra 교통 미드 밸리 메가몰에서 바로

가든스 몰 The Gardens Mall

쇼핑센터 안의 쇼핑센터를 만나다

미드 밸리 시티의 대표 쇼핑센터 중 하나로 이세탄, 로빈슨, 막스 & 스펜서 백화점 등이 입점해 있다. 가든스 몰에는 버버리, 에르메스 같은 명품 브랜드부터 에스프리, 알도 같은 유명 브랜드와 로컬 브랜드까지 다양한 상점이 있다. LG의 식당가에 말레이 요리부터 중식, 일식, 양식, 한식까지 다양한 메뉴의 식당이 있고 3F에도 식당가와 푸드코트가 있다. 전체적으로 가든스 몰이 미드 밸리 메가몰에 비해 고급스럽다.

주소 The Gardens Mall, Mid Valley City, Lingkaran Syed Putra 교통 미드 밸리 메가몰에서 바로 시간 월~금 10:00~21:00, 토 09:00~21:00, 일 11:00~19:00 전화 03-2297-0288 홈페이지 www.thegardensmall.com.my

선웨이 라군 Sunway Lagoon

쿠알라 룸푸르 남서쪽, 말레이시아의 특산물인 주석을 캐던 광산이 위치해 있던 약 32ha의 넓은 부지가 호텔과 쇼핑센터, 테마파크가 있는 선웨이 라군으로 변신했다. 선웨이 피라미드는 자라, H&M, 망고 같은 유명 브랜드가 입점해 있는 쇼핑센터이고, 선웨이 라군은 어트랙션과 동물원, 익스트림 파크, 워터 파크가 있는 테마파크이다. 선웨이 피라미드에서 쇼핑하고 선웨이 라군에서 물놀이도 한 다음 선웨이 리조트 호텔에서 하룻밤을 보내는 것이 선웨이 라군을 알차게 보내는 방법이다.

Access ① KL 센트럴 역에서 KL 모노레일 방향, 잘란 툰 삼반탄(Jalan Tun Sambanthan)에서 U63, U67 버스 이용, 선웨이 라군(피라미드)에서 하차 ② KTM 세티아 자야(Setia Jaya) 역에서 택시 이용

Best Course 선웨이 라군(어뮤즈먼트 파크 → 스크림 파크 → 와일드라이프 파크 → 파도 풀과 해변 → 익스트림 파크 → 워터 파크) → 선웨이 피라미드(블루 존 → 오렌지 존 → 레드 존)

선웨이 피라미드 Sunway Pyramid

스핑크스와 피라미드를 테마로 한 쇼핑센터

선웨이 피라미드는 피라미드와 피라미드를 지키는 스핑크스를 모티브로 만들었다. 내부는 피라미드 아트리움(Pyramid Atrium), 오렌지 아트리움(Orange Atrium)의 오렌지 존(Orange Zone), 블루 아트리움(Blue Atrium)의 블루 존(Blue Zone), 피라미드 아이스 링크(Pyramid Ice Rink)의 레드 존(Red Zone)으로 나뉜다. 버스 정류장에 내리면 보이는 곳이 오렌지 존이다. 쇼핑센터에는 팍슨, 이온, 막스 & 스펜서 백화점이 입점해 있다. 상점가에는 고가의 명품 브랜드는 없고 자라, H&M, 망고, 유니클로, 포에버 21 같은 유명 브랜드와 바타 같은 로컬 브랜드가 있다. 먹거리로는 LG 2의 식당가, 1F의 푸드코트인 푸드 스트리트 등에서 다양한 메뉴를 선택할 수 있어 편리하다. 선웨이 피라미드 쇼핑센터는 상당히 넓기 때문에 무작정 돌아보는 것보다는 팸플릿을 보고 동선을 정해 원하는 상점만 둘러보는 것이 효율적이다. 선웨이 피라미드에서 선웨이 라군으로 이동하려면 블루 아트리움의 블루 존에서 밖으로 나가면 된다.

주소 3, Jalan PJS 11/15, Bandar Sunway 교통 선웨이 라군(피라미드) 버스 정류장에서 바로 시간 10:00~22:00 전화 03-7494-3100 홈페이지 www.sunwaypyramid.com

선웨이 라군 Sunway Lagoon

어트랙션과 어드벤처랜드, 워터 파크까지 다양한 놀거리

선웨이 라군 입구에서 시계 방향으로 바이킹, 회전 놀이 기구 등이 있는 어뮤즈먼트 파크(Amusement Park), 귀신의 집이 있는 스크림 파크(Scream Park), 원숭이, 뱀, 코뿔새 혼빌 등을 볼 수 있는 와일드라이프 파크(Wildlife Park), 선웨이 라군 중앙의 대형 파도 풀과 넓은 해변이 있는 파도 풀과 해변, 번지 점프와 카트를 즐길 수 있는 익스트림 파크(Extreme Park), 대형 워터 슬라이드가 있는 워터 파크(Water Park) 등으로 나뉜다. 스크림 파크 뒤쪽에서 파도 풀과 해변을 지나 익스트림 파크로 연결되는 곳에 길이 400m, 높이 30m의 캐노피 워크도 설치되어 있다. 선웨이 라군의 메인 테마가 워터 파크와 파도 풀, 해변이기 때문에 테마파크 내에서 수영복을 입고 다니는 사람을 쉽게 볼 수 있으며, 어트랙션도 수영복 차림으로 이용하는 사람이 있다. 소지품은 테마파크 내 보관함에 보관하면 되기 때문에 수영복 또는 반바지에 가벼운 겉옷을 입고 다니는 것이 좋다. 놀이 기구도 타고 물놀이도 하고 식사도 하다 보면 하루가 부족할 정도다. 선웨이 라군은 하루 정도 할애해 여행 일정을 세워 보자.

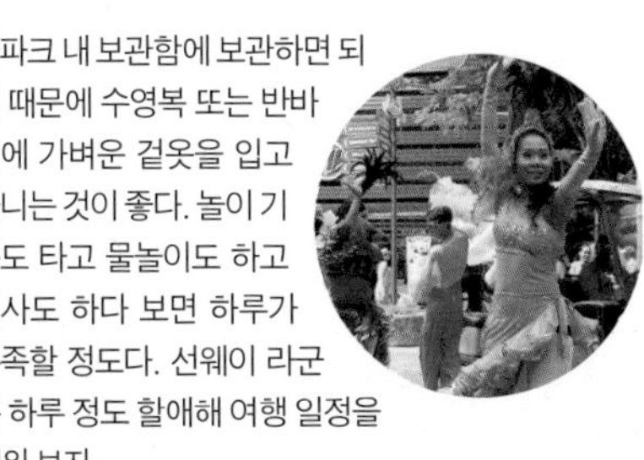

주소 3, Jalan PJS 11/11, Bandar Sunway 교통 선웨이 라군(피라미드) 버스 정류장에서 도보 5분 시간 10:00~18:00, 18:00~23:00, 화요일 휴무 / 보디 보딩 15:00~15:45, 서핑 18:00~18:45 요금 입장료-성인 RM340, 어린이 RM288 / 카트-1인용 RM35, 2인용 RM40 / 번지 점프 RM175, G Force X RM82 전화 03-5639-0000 홈페이지 www.sunwaylagoon.com

어뮤즈먼트 파크
Amusement Park

스릴 넘치고 다양한 어트랙션 체험

회전 놀이 기구 부치 캐시디 트레일(Butch Cassidy Trail), 슬라이드 놀이 기구 콜로라도 스프래시(Colorado Splash), 수로 보트 그랜드 캐년 리버 래피드(Grand Canyon River Rapids), 회전목마 캐로셋(Carouset) 등을 추천한다. 스크림 파크 뒤쪽에서 파도 풀과 해변을 지나 익스트림 파크로 이어지는 아슬아슬한 구름다리 캐노피 워크도 꼭 걸어 보자.

위치 선웨이 라군 입구 오른쪽

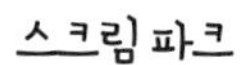

스크림 파크
Scream Park

열대의 더위를 날리는 호러 체험

호러우드 스튜디오(Horrorwood Studio)에서 귀신이 아닌 좀비가 공격한다. 효과음이 큰 어두운 통로를 지나야 하는데 생각보다 무섭지는 않다.
스크림 파크 주위의 회전 전망대 웨건 휠(Wagon Wheel), 바이킹 파이어러트 리벤지(Pirate's Revenge) 등도 재미있다.

위치 선웨이 라군 입구 앞쪽

와일드라이프 파크
Wildlife Park

동물원 구경은 언제나 즐거워!

스크림 파크를 지나면 동물원인 와일드라이프 파크에서 호랑이, 곰, 사슴, 원숭이, 코뿔새 혼빌, 악어, 앵무새, 뱀 등 150여 종의 동물을 만날 수 있다. 앵무새와 기념 촬영을 해 보자.

위치 선웨이 라군 입구 오른쪽 앞

파도 풀과 해변
Wave Pool & Beach

미녀들과 함께 수영 시합

선웨이 라군 중앙에 커다란 파도 풀과 해변이 있어 마치 바닷가에 놀러 온 느낌이다. 파도 풀은 수심이 낮고 파도도 심하지 않아 아이들이 놀기 좋다. 깊은 곳에 들어가려면 구명조끼가 필수이다. 해변의 선베드에 누워 일광욕을 즐겨도 좋다.

위치 선웨이 라군 입구에서 스크림 파크와 와일드라이프 파크 지나서

워터 파크
Water Park

더울 땐 물놀이가 최고

워터 파크의 상징이 된 360도 회전하는 대형 워터 슬라이드와 미끄럼틀형 워터 슬라이드가 있어 즐거운 시간을 가질 수 있다. 워터 파크는 항상 바닥이 물로 젖어 있으므로 미끄러지지 않도록 주의한다.

위치 선웨이 라군 입구에서 스크림 파크, 와일드라이프 파크 지나서 왼쪽

익스트림 파크
Extreme Park

짜릿한 번지 점프의 추억

파도 풀과 해변을 가로지르는 캐노피 워크에서 번지 점프를 즐기거나 고무줄의 탄력으로 하늘로 날아가는 지 포스 엑스(G Force X)를 경험해 보자. 카트장에서 친구들과 스릴 넘치는 경기를 벌여도 좋다. 단, 익스트림 파크 이용 시 추가 요금이 발생하는 점을 알아 두자.

위치 선웨이 라군 입구에서 파도 풀과 해변 지나서

마인즈 웰니스 시티

The Mines Wellness City(MWC)

쿠알라 룸푸르 남쪽에 위치한 마인즈 웰니스 시티는 1,000ac의 넓은 부지에 자리 잡고 있으며, 북쪽과 남쪽에는 호수가 있고 골프장과 호텔, 전시장, 쇼핑센터 등을 갖추고 있다. 쇼핑센터 마인즈는 일부 유명 브랜드와 로컬 브랜드 상점뿐이어서 쇼핑만이 목적이라면 굳이 찾을 필요는 없다. 그러나 풍경 좋은 호숫가 골프장에서 골프를 치거나 호수에서 한가롭게 크루즈를 즐기려는 사람이라면 추천한다. 마인즈 웰니스 시티 남쪽에 푸트라자야가 있으니 그곳에 다녀오는 길에 잠시 들러 뱃놀이를 즐겨 보는 것은 어떨까. 호숫가의 레스토랑이나 카페에서 드넓은 호수를 바라보며 시원한 맥주 한잔하는 것도 나름 낭만적이다.

Access ① KL 센트럴 또는 쿠알라 룸푸르 역에서 KTM 커뮤터 이용, KTM 커뮤터 세르당(Serdang) 역 하차, 도보 10분 ② KTM 커뮤터 세르당 역 건너편 수로에서 마인즈 웰니스 시티행 워터보트(10:30~22:30, 30분 간격, 요금 RM2) 이용
Best Course 마인즈 크루즈 → 마인즈 쇼핑센터

마인즈 The Mines

실용적인 브랜드 위주의 쇼핑센터

마인즈 웰니스 시티에 위치한 쇼핑센터로 고가의 명품 브랜드는 없고 몇몇 유명 브랜드와 보이어 갤러리, 바타, 니치, F.O.S 같은 로컬 브랜드를 갖추고 있다. L1에는 마인즈 크루즈가 출발하는 메인 제티(선착장)와 식당가가 있다. 호수가 보이는 식당에서 식사를 하거나 커피를 마시기 좋다. L4에는 핸드폰과 가전을 취급하는 IT몰이 있는데 전자 제품에 관심 있다면 한국에 들어오지 않은 모델을 찾아 보자. 단, 가격이 싼 제품은 모조품일 수 있으니 주의한다.

주소 Jalan Dulang 쿠알라 룸푸르 남쪽 시간 10:00~22:00 전화 03-8942-5010 홈페이지 www.capitaland.com/my/malls/the-mines

Travel Tip

마인즈 크루즈 The Mines Cruise

마인즈 크루즈의 맛보기는 KTM 세르당 역 건너편에 위치한 KTM 세르당 제티(선착장)에서 워터 택시를 이용해 마인즈 웰니스 시티 메인 제티까지 오는 것이다. 마인즈 크루즈에는 남쪽 호수와 북쪽 호수를 둘러보는 어메이징 크루즈, 북쪽 호수를 둘러보는 디스커버리 크루즈, 남쪽 호수를 둘러보는 그리너리 크루즈, 수륙 양용 차량으로 호수를 탐험하는 워터 스플래시 투어 등이 있다. 운이 좋다면 호수로 지는 석양을 만나는 행운을 누리게 될 수도 있다.

주소 The Mines Wellness City Main Jetty, Jalan Dulang 교통 마인즈 웰니스 시티 내 전화 03-8945-8860 홈페이지 minescruise.com.my

★ 마인즈 크루즈 & 투어

크루즈	코스	시간/소요 시간	요금 (성인/어린이)
어메이징 크루즈 Amazing Cruise (MWC Tour)	마인즈 크루즈 메인 제티 → 남쪽 호수 → 워터 리프트 → 북쪽 호수 → 메인 제티	10:30~18:30 / 1시간 10분	RM50/38
디스커버리 크루즈 Discovery Cruise (North Lake)	마인즈 크루즈 메인 제티 → 워터 리프트 → 북쪽 호수 → 메인 제티	10:30~18:30 / 50분	RM40/28
그리너리 크루즈 Greenery Cruise (South Lake)	마인즈 크루즈 메인 제티 → 남쪽 호수 → 메인 제티	10:30~18:30 / 20분	RM 25/18
라이드 & 숍 Ride N' Shop	마인즈 크루즈 메인 제티 → KTM 세르당 제티	10:30~22:30 / 5분	RM3
와와 스플래시 투어 WaWa Splash Tour	마인즈 크루즈 메인 제티 → 남쪽 호수/북쪽호수 → 메인 제티	11:30~18:30 / 30분	RM30/20

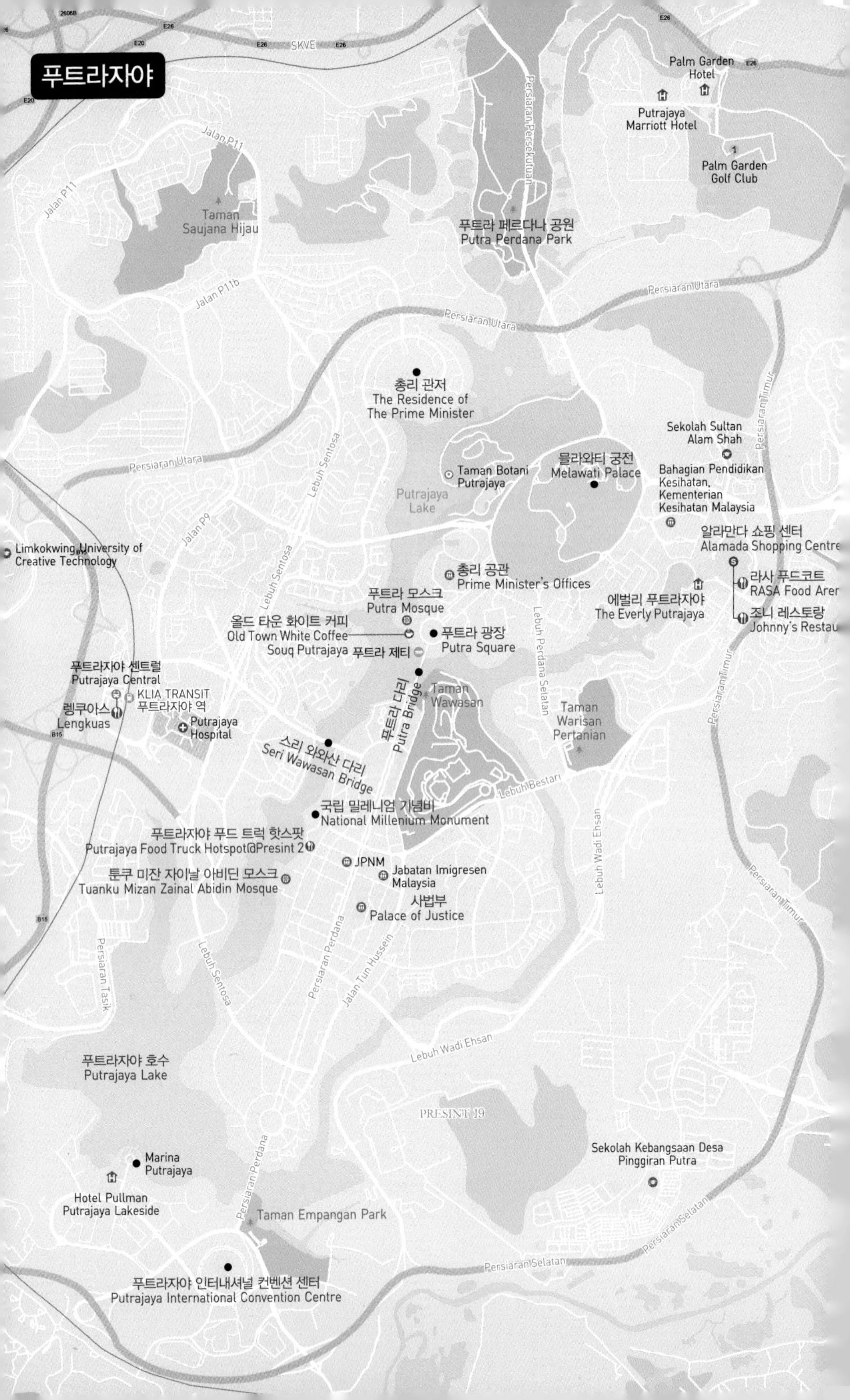
푸트라자야
SKVE
Palm Garden Hotel
Putrajaya Marriott Hotel
Palm Garden Golf Club
Jalan P11
Taman Saujana Hijau
Persiaran Persekutuan
푸트라 페르다나 공원
Putra Perdana Park
Jalan P11b
Persiaran Utara
총리 관저
The Residence of The Prime Minister
Persiaran Timur
Sekolah Sultan Alam Shah
Taman Botani Putrajaya
믈라와티 궁전
Melawati Palace
Bahagian Pendidikan Kesihatan, Kementerian Kesihatan Malaysia
Putrajaya Lake
Lebuh Sentosa
Jalan P9
Limkokwing University of Creative Technology
알라만다 쇼핑 센터
Alamada Shopping Centre
총리 공관
Prime Minister's Offices
라사 푸드코트
RASA Food Arer
푸트라 모스크
Putra Mosque
에벌리 푸트라자야
The Everly Putrajaya
조니 레스토랑
Johnny's Restau
올드 타운 화이트 커피
Old Town White Coffee
푸트라 광장
Putra Square
Souq Putrajaya 푸트라 제티
Lebuh Perdana Selatan
푸트라자야 센트럴
Putrajaya Central
KLIA TRANSIT
푸트라자야 역
렝쿠아스
Lengkuas
Putrajaya Hospital
푸트라 다리
Putra Bridge
Taman Wawasan
Taman Warisan Pertanian
스리 와와산 다리
Seri Wawasan Bridge
Lebuh Bestari
국립 밀레니엄 기념비
National Millenium Monument
푸트라자야 푸드 트럭 핫스팟
Putrajaya Food Truck Hotspot@Presint 2
JPNM
Jabatan Imigresen Malaysia
툰쿠 미잔 자이날 아비딘 모스크
Tuanku Mizan Zainal Abidin Mosque
사법부
Palace of Justice
Lebuh Wadi Ehsan
Persiaran Perdana
Jalan Tun Hussein
Persiaran Tasik
푸트라자야 호수
Putrajaya Lake
PRESINT 19
Marina Putrajaya
Hotel Pullman Putrajaya Lakeside
Sekolah Kebangsaan Desa Pinggiran Putra
Taman Empangan Park
Persiaran Selatan
푸트라자야 인터내셔널 컨벤션 센터
Putrajaya International Convention Centre

푸트라자야 Putrajaya

쿠알라 룸푸르에서 남쪽으로 25km 떨어진 곳에 말레이시아의 새로운 행정 수도 푸트라자야가 있다. 마하티르 전직 수상이 구상한 행정 수도는 1995년 공사를 시작했고 1999년 완공되어 쿠알라 룸푸르의 행정 부처가 이전되었다. 현재 푸트라자야에는 전 국왕을 위한 플라와티 궁전, 총리 공관, 사법부 등의 정부 청사가 자리하고 있고 2001년에는 쿠알라 룸푸르와 라부안에 이어 세 번째 연방 지역으로 지정되기도 했다. 계획 도시인 푸트라자야는 중앙에 호수를 품고 있으며 반듯한 길과 깨끗한 환경을 자랑하지만 사람과 차가 적어 한적한 느낌을 받는다. 푸트라자야의 볼거리로는 푸트라 모스크, 총리 공관, 컨벤션 센터, 스리 와와산 다리 등이 있다. 푸트라자야 옆에는 IT 산업의 중심인 사이버자야가 있다.

Access KL 센트럴에서 킬리아 트랜짓(KLIA Transit)을 이용, 푸트라자야(Putra Jaya) 센트럴(역)에 하차
Best Course 푸트라자야 센트럴 → 스리 와와산 다리 → 푸트라 모스크 → 푸트라 광장 → 총리 공관 → 스리 게미랑 다리 → 푸트라자야 인터내셔널 컨벤션 센터 → 알라만다 쇼핑 센터/마인즈 웰니스 시티

푸트라자야 인터내셔널 컨벤션 센터 Putrajaya International Convention Centre

컨벤션 센터 언덕에서 내려다보는 멋진 전경

푸트라자야 남쪽 언덕에 위치한 컨벤션 센터로 말레이 왕가의 은제 벨트인 펜딩 페락(Pending Perak)의 눈 모양에서 영감을 얻어 디자인되었다고 한다. 주요 시설로는 2,800명을 수용하는 대극장 플레너리 홀(Plenary Hall), 연회장 페르다나 홀(Perdana Hall), 원형 회의장 헤드 오브 스테이트(Head Of State), 카페(Cafe @PICC) 등이 있다.

주소 Dataran Gemilang, Presint 5, Putrajaya 교통 푸트라자야 센트럴에서 푸트라자야 투어 또는 버스 터미널에서 버스 이용 요금 무료 전화 03-8887-6000 홈페이지 www.picc.com.my

툰쿠 미잔 자이날 아비딘 모스크 Tuanku Mizan Zainal Abidin Mosque

햇볕에 반짝이는 강철 모스크

푸트라 광장의 푸트라 모스크에 이어 푸트라자야에서 두 번째로 유명한 모스크로 금속성 빛깔의 외관 때문에 강철 모스크(Iron Mosque)로 불린다. 2004년부터 시작해 2009년에 완공되었다. 기둥이 있는 사각형 건물에 돔을 올린 외관은 한국의 국회 의사당과 닮았다. 푸트라자야 투어에 참여하면 이동 중에 모스크를 볼 수 있다.

주소 Jalan Taunku Abdul Rahman, Precinct 3, Putrajaya 교통 푸트라자야 센트럴에서 푸트라자야 투어 또는 버스 터미널에서 버스 이용, 사법부 앞 하차 요금 무료 전화 03-8880-4300 홈페이지 www.masjidtuankumizan.gov.my

국립 밀레니엄 기념비 National Millenium Monument

오벨리스크를 닮은 첨탑

툰쿠 미잔 자이날 아비딘 모스크(강철 모스크) 옆에 있는 기념비이다. 높이 68m이고 끝이 뾰족한 첨탑으로 오벨리스크를 닮았다. 저녁에는 기념비 끝에 등불이 켜져 푸트라자야 호수의 등대 역할을 한다.

주소 Lebuh Ehsan, Precinct 2, Putrajaya 교통 툰쿠 미잔 자이날 아비딘 모스크에서 바로

푸트라자야 투어&푸트라자야 반딧불 투어 Putrajaya Tour&Putrajaya Firefly Tour

푸트라자야 여행은 푸트라자야 센트럴 역에서 출발하는 푸트라자야 투어를 이용하거나 푸트라자야 센터럴 버스 정류장에서 KRTravelT523번 버스 또는 그랩을 이용해 툰쿠 미잔 자이날 아비딘 모스크(강철 모스크), 푸트라 모스크까지 가면 된다. 쿠알라 룸푸르에서 출발하는 푸트라자야 반딧불 투어는 푸트라자야+몽키 힐, 반딧불 공원 등을 볼 수 있다.

	푸트라자야 투어	푸트라자야 반딧불 투어
출발지	푸트라자야 센트럴 역	쿠알라 룸푸르
일시	일~목 11:00, 15:00, 금 15:00 (2시간 소요)	13:00~20:00
요금	RM50	RM260
신청	역의 시티 투어 창구에서 바로	인터넷
코스	푸트라자야 센트럴 → 스리 와와산 다리 → 푸트라 광장 → 푸트라 모스크 → 총리 공관 → 푸트라자야 인터내셔널 컨벤션 센터 → 푸트라자야 센트럴	푸트라 모스크 → 총리 공관 → 연방 법원 → PICC 전망대 → 사티 사원 → 몽키 힐 → 반딧불 공원 → 왕궁 → 메르데카 광장 → KLCC 트윈 타워

*시티+푸트라자야 반딧불 투어(RM250) 시간은 10:00~20:00
*푸트라자야 반딧불 투어와 시티+푸트라자야 반딧불 투어는 일정 인원일 때 진행됨
*투어는 여행사별로 코스, 요금 등이 다를 수 있음.

사법부 Palace of Justice

말레이시아 사법을 담당하는 곳

툰쿠 미잔 자이날 아비딘 모스크(강철 모스크) 건너편에 위치한 정부 청사이다. 건축 양식은 정통 이슬람 문화의 영향을 받았고 건물 전면에는 아치, 건물 중앙 위쪽에는 돔이 있는 무어 양식이 적용되었다. 현재 항소 법원 겸 연방 법원 건물(Court of Appeal & Federal Court)로 쓰이고 있다. 푸트라자야 투어 진행 중에 볼 수 있다.

주소 Jalan Persiaran Perdana, Putrajaya 교통 툰쿠 미잔 자이날 아비딘 모스크에서 도보 5분 전화 03-8880-3500

스리 와와산 다리 Seri Wawasan Bridge

부채 모양으로 철선이 늘어선 현수교

푸트라자야를 남북으로 흐르고 있는 푸트라자야 호수에는 다리가 여럿 있다. 스리 와와산 다리는 푸트라자야를 대표하는 다리 중 하나로 푸트라자야 센트럴(역)에서 푸트라자야 시내로 들어가는 길목에 있는 현수교이다. 다리 서쪽에 외기둥이 있고 서쪽과 동쪽이 철선으로 걸쳐져 있다. 푸트라자야 투어를 이용하면 다리에서 잠시 정차하여, 기념 촬영할 시간을 준다.

주소 Seri Saujana Bridge, Putrajaya 교통 푸트라자야 센트럴에서 푸트라자야 투어 또는 버스 터미널에서 버스 이용 전화 03-8000-8000

푸트라 다리 Putra Bridge

클래식한 분위기의 묵직한 다리

푸트라자야의 대표적인 다리 중 하나로 남쪽 정부 청사와 북쪽 총리 공관을 연결한다. 1997년 길이 435m의 아치형 돌다리 모양으로 건설되었고 다리 밑에서는 크루즈 타식 푸트라자야가 출발한다. 푸트라자야 투어로 푸트라 광장에 도착한 뒤 둘러볼 수 있다.

주소 Putra Bridge, Putrajaya 교통 푸트라자야 센트럴에서 푸트라자야 투어 또는 버스 터미널에서 버스 이용

푸트라 광장 Putra Square

원형 국기봉이 늘어선 광장

푸트라자야 북쪽의 총리 공관과 푸트라 모스크 앞에 위치한 원형 광장으로 여러 개의 국기봉을 볼 수 있다. 평소에는 시민들의 휴식처로 이용되고 독립 기념일 같은 공식적인 날에는 퍼레이드가 열리는 곳이다. 인근의 총리 공관, 푸트라 모스크, 푸트라 다리 등과 연계해서 둘러보기 좋다.

주소 Putra Square, Putrajaya 교통 푸트라자야 센트럴에서 푸트라자야 투어 또는 버스 터미널에서 버스 이용

푸트라 모스크 Putra Mosque

연한 핑크색의 거대 모스크

푸트라 광장 서쪽에 있는 연한 핑크색의 모스크로 1997년 건축을 시작해 1999년 완공하였다. 돔의 높이는 50m, 본당 밖 첨탑의 높이는 116m이며 15,000명을 수용할 수 있다. 입구의 아치문이 있는 사각 건물과 커다란 돔이 있는 본당 건물, 첨탑 등으로 이루어져 있으며 맘루크와 무어 양식이 적용되었다. 본당 내부에는 기하학적이고 화려한 이슬람 문양이 새겨져 있어 눈길을 끈다. 모스크에 입장할 때는 오른쪽 무료 가운 대여소의 가운을 착용해야 입장 가능하다. 모스크 안에는 기도를 하거나 명상을 하는 이슬람 신자들이 있으므로 조용히 관람하자.

주소 Perdana Putra, Putrajaya 교통 푸트라 광장에서 바로 시간 06:00~22:00 요금 무료 전화 03-8888-5678 홈페이지 www.masjidputra.gov.my

총리 공관 Prime Minister's Offices

언덕 위 웅장한 서양풍 건물

푸트라 광장 북쪽 언덕에 위치한 총리 공관으로 1997년 건축을 시작해 1999년 완공하였다. 총리 공관은 팔라디언(Palladian)과 네오클래시즘(Neoclassicism) 같은 말레이와 이슬람, 유럽 문화의 영향을 받았다. 건물 중앙에 연녹색 돔이 있고 건물 좌우는 정확히 대칭을 이루고 있다. 지붕 위의 돔만 없다면 여느 유럽의 현대식 건물과 다를 바 없어 보인다. 푸트라 광장에서 총리 공관을 배경으로 기념 촬영하기 좋다.

주소 Prime Minister's Office of Malaysia, Main Block, Perdana Putra Building, Putrajaya 교통 푸트라 광장에서 바로 전화 03-8888-8000 홈페이지 www.pmo.gov.my

푸트라자야 호수 Putrajaya Lake

푸트라자야를 남북으로 잇는 호수

푸트라자야 북쪽에 있는 여러 갈래의 습지와 남쪽을 연결하는 호수가 있는데 400ha의 방대한 넓이를 자랑한다. 호수 서쪽으로는 조금 떨어진 곳에 푸트라자야 센트럴이 있고, 동쪽 호숫가에는 관공서와 총리 공관, 모스크 등이 자리한다. 푸트라 광장의 푸트라 다리에서 출발하는 크루즈 타식 푸트라를 이용하면 호수 일대를 유람할 수 있다.

주소 Putrajaya Lake, Putrajaya 교통 푸트라자야 센트럴에서 푸트라자야 투어 또는 버스 터미널에서 버스 이용, 푸트라 광장 하차

크루즈 타식 푸트라자야 Cruise Tasik Putrajaya

푸트라 광장 인근 푸트라 다리 밑에 있는 푸트라 제티(선착장)에서 크루즈 타식 푸트라자야가 출발한다. 크루즈의 종류는 매 시간 출발하는 유람(Sightseeing)과 디너 크루즈로 나눌 수 있다. 유람은 푸트라 제티에서 남쪽 푸트라자야 국제 컨벤션 센터 방향으로 운행한 뒤 돌아온다. 디너는 최소 15인 이상 되어야 운항하며, 식사는 브런치부터 런치, 하이티, 디너 등에서 고를 수 있다. 단체 여행이라면 크루즈를 통으로 빌려서 호수를 둘러보아도 좋다.

주소 Jeti Putra, Jambatan Putra, Presint 1 교통 푸트라 광장에서 푸트라자야 다리 밑 방향 시간 슈퍼 세이버 07:00~19:30, 데이 크루즈 10:00~18:45(유람 30~40분 소요, 디너 1~2시간 소요) 요금 유람(Sightseeing)-슈퍼 세이버/데이 크루즈 RM25/50, 다이닝 크루즈-월~목 RM170, 금~일 RM190 전화 03-8888-5539 홈페이지 www.cruisetasikputrajaya.com

총리 관저 The Residence of The Prime Minister

흰색의 웅장한 총리 거주지

총리 공관 서쪽, 푸트라자야 호수 건너편에 있는 총리 관저로 1997년 건축을 시작해 1999년 완공하였다. 건물 중앙에 연녹색의 돔이 있고 좌우에 현대적인 느낌의 건물이 있어 총리 공관의 모습과 비슷하다. 총리 관저의 첫 이용자는 흔히 마하티르 총리로 불리는 말레이시아 제4대 총리 툰 닥터 마하티르 모하매드(Tun Dr. Mahathir Mohamad)였다.

주소 The Residence of The Prime Minister, Putrajaya
교통 푸트라자야 센트럴 버스 터미널에서 버스 이용

푸트라 페르다나 공원 Putra Perdana Park

푸트라자야 북쪽 습지에 마련된 공원

총리 공관 북쪽 13구역의 습지에 위치한 공원으로 12개의 독특한 공원으로 구성되어 있다. 그중에서 가장 큰 것은 식물 정원(Botanical Garden), 습지 공원(Wetland Park), 농업 유산 공원(Agriculture Heritage Park) 등이다. 식물 정원은 93ha의 방대한 넓이로 말레이시아 최대를 자랑한다. 습지 공원은 말레이시아 최초이자 최대의 민물 습지 공원이며, 농업 유산 공원은 기름야자, 고무, 코코아 같은 상업 농업을 배울 수 있는 곳이다. 교통이 불편해 오가기 어려운 것이 아쉽다.

주소 Putra Perdana Park, Putrajaya, Presint 13 교통 푸트라자야 센트럴 버스 터미널에서 버스 이용

믈라와티 궁전 Melawati Palace

퇴임한 국왕을 위한 궁전

푸트라자야 북쪽, 총리 공관 뒤의 언덕 위에 세워진 궁전으로 쿠알라 룸푸르의 이스타나 네가라에 이어 두 번째 국립 궁전이다. 1999년 건축을 시작해 2002년 완공하였다. 각 주의 술탄이 5년마다 돌아가며 국왕(Yang di-Pertuan Agong)을 맡는 독특한 제도를 가진 말레이시아에서 은퇴한 왕을 위한 휴식처로 쓰인다. 푸트라자야 투어에 참여하면 이동 시 볼 수 있다.

주소 Precinct 1, Putrajaya

알라만다 쇼핑 센터 Alamada Shopping Centre

푸트라자야 최대의 쇼핑센터

푸트라 광장 동쪽에 위치한 쇼핑센터로 대형 할인 매장 까르푸와 팍슨 백화점이 입점해 있다. 상점으로는 명품 브랜드 없이 유니클로, 망고, 에스프리 같은 중저가 유명 브랜드와 니치, 빈치, PDI 같은 로컬 브랜드를 갖추고 있다. LG의 푸드코트, GF의 식당가가 있어 쇼핑 후 식사를 할 수 있으며 THE HUB 층의 복합 영화관이나 볼링장에서 시간을 보내도 좋다.

주소 Jalan Alamanda, Precinct 1 교통 푸트라자야 센트럴 버스 터미널에서 알라만다행 버스 이용 전화 03-8888-8882 홈페이지 www.alamanda.com.my

버자야 힐 Berjaya Hill

쿠알라 룸푸르 북동쪽 부킷 팅기(Bukit Tingki)의 열대 우림 속에 위치한 리조트로 해발 822m 높이와 80ac의 넓이를 자랑한다. 쿠알라 룸푸르 인근에서 비교적 고산 지대에 속하므로 선선한 기온과 맑은 공기, 오염되지 않은 자연을 만끽할 수 있는 곳이다. 이곳에는 중세 프랑스 마을과 고성을 재현한 콜마 트로피컬 호텔, 샤토 리조트가 있어 쿠알라 룸푸르 사람들의 주말 여행지로 각광받고 있다. 콜마 트로피컬을 중심으로 위쪽에 재패니스 빌리지와 보태니컬 가든, 아래쪽에 어드벤처 파크와 동물원, 스포츠 콤플렉스, 골프장 등이 있어 볼거리와 체험 거리도 충분하다. 전체적으로 프랑스풍으로 조성되어 말레이시아 사람들의 인기 있는 웨딩 촬영 장소가 되기도 한다. 맛있는 음식과 음료를 준비해 말레이시아의 열대 우림으로 피크닉을 떠나 보자.

Access KL 모노레일 임비 역, 버자야 타임스 스퀘어 8F 콜마 트로피컬 & 샤토 리조트 사무실(03-2149-1788)에서 왕복 미니버스[버자야 타임스 스퀘어 → 버자야 힐 09:30, 12:00, 17:15, 20:30 / 버자야 힐 → 버자야 타임스 스퀘어 08:00, 10:45, 16:00, 19:30 / 1시간 소요 / 요금_왕복 RM60, 편도 RM38(재패니즈 빌리지 & 보태니컬 가든 입장료 포함), 입장료_성인 RM12, 어린이 RM8]를 예약한 후, 버자야 타임스 스퀘어에서 버자야 타임스 호텔로 가는 모퉁이에서 버자야 힐행 미니버스 이용 ※ 미니버스 정원이 9~10석에 불과하므로 예약 필수 ※버자야 힐행 미니 버스 운행하지 않을 시, 개인 대절 차량을 이용하거나 버자야 힐 투어(1인 $82 내외)를 이용!

Best Course 콜마 트로피컬 → 재패니즈 빌리지 → (콜마 트로피컬) → 어드벤처 파크 → 동물원 → 콜마 트로피컬 → 샤토 리조트

버자야 힐 셔틀버스 운행 구간 및 시간

말레이시아 중부 내륙에 위치한 버자야 힐 내의 교통수단은 트럭을 개조한 무료 셔틀버스이다. 이런 종류의 개조 트럭은 말레이시아의 리조트, 공원 등에서 간혹 볼 수 있다. 셔틀버스의 구간은 콜마 트로피컬-재패니즈 빌리지, 콜마 트로피컬-(어드벤처 파크)-동물원-골프장(BHGCC), 골프장-승마장(Horse Trail) 등이고 운행 시간은 대략 09:45~02:10이다. 셔틀버스를 이용하려면 출발 시간 전에 정류장에서 대기한 뒤, 버스가 지나면 손을 들어 세운 뒤 탑승한다. 셔틀버스는 버자야 힐 내를 저속으로 운행하지만 탑승 시 손잡이를 꼭 잡고 안전에 유의하도록 하자. 인기 좋은 재패니즈 빌리지를 오갈 때는 사람이 많을 수 있으므로 미리 줄을 서는 것이 좋다. 셔틀버스를 놓치면 1시간 기다려야 한다. 도보로도 콜마 트로피컬-재패니즈 빌리지 또는 콜마 트로피컬-(어드벤처 파크)-동물원 등으로 갈 수 있으나 날씨도 덥고 많이 걸어야 해서 쉽지는 않다.

★ 셔틀버스 운행 구간 및 시간

운행 구간	운행 시간(1시간 간격)
콜마 트로피컬 → 재패니즈 빌리지	09:45~05:45
재패니즈 빌리지 → 콜마 트로피컬	10:00~06:00
콜마 트로피컬 → (어드벤처 파크) → 동물원 → 골프장	09:45~13:45, 15:20~01:20
골프장 → 동물원 → 콜마 트로피컬	10:00~02:00
골프장 → 승마장	09:55~13:55, 15:30~01:30
승마장 → 골프장	10:10~02:10

콜마 트로피컬 Colmar Tropicale

중세 고성을 닮은 리조트 호텔

16세기의 프랑스 알사스 지역을 본떠 만든 리조트 겸 호텔로 2000년 개장하였다. 고성의 성문을 연상케 하는 입구를 지나면 나무 뼈대가 드러난 흰 벽체, 적갈색의 지붕, 자잘한 넙적 돌로 포장한 바닥이 있는 프랑스 마을이 나온다. 마을 안에 235개의 룸을 갖춘 호텔과 르 블라종(Le Blason, 말레이 요리), 라 플람(La Flamme, 이탈리아 요리), 르 풀레 로티(Le Poulet Roti, 로스트 치킨), 라 불랑주리(La Boulangerie, 베이커리 카페), 르 빈(Le Vin, 바), 르 비야(Le Billard, 당구/음료), 료잔테이(Ryo Zan Tei, 재페니스 빌리지/일식) 등 8개의 라운지와 레스토랑, 그리고 타타미 스파(Tatami Spa, 재패니즈 빌리지) 등이 자리한다. 전망대에 오르면 콜마 트로피컬과 샤토 리조트가 있는 버자야 힐 일대가 한눈에 들어온다. 콜마 트로피컬 산하에 골프장, 재패니스 빌리지, 보태니컬 가든, 어드벤처 파크, 동물원 등이 있어 피크닉을 나온 듯 하루를 즐겁게 보낼 수 있다. 여건이 된다면 1박을 하면서 콜마 트로피컬 곳곳을 즐겨 보자.

주소 KM48, Persimpangan Bertingkat Lebuhraya Karak, Bukit Tinggi 교통 버자야 힐행 미니버스(봉고) 정류장에서 바로 요금 슈피리어 룸 RM199 시간 07:00~22:30 전화 09-221-3666 홈페이지 www.colmartropicale.com.my

재패니즈 빌리지
Japanese Village

열대 우림 속에서 만나는 일본 풍경

콜마 트로피컬 북쪽, 해발 1,066m 지점의 열대 우림 속에 위치한 일본풍 마을로 일본 건축가 카이오 아리즈미(Kaio Ariizumi)가 일본에서 장인들을 데리고 와 일본식 정원과 건물을 조성하였다. 재패니즈 빌리지 중간 매점을 중심으로 위쪽에 일본 티 하우스, 타타미 스파, 우메 타타미 스위트(Ume Tatami Suite)가 있고, 아래쪽에 료잔테이 레스토랑, 보태니컬 가든 등이 있다. 말레이시아 열대 우림 속에서 만나는 일본 정원이 색다르고 일본 티 하우스에서 일본 다도를 체험하거나 일본 전통 복장인 기노모를 대여해 기념 촬영을 할 수도 있다.

주소 Japanese Village, KM48, Persimpangan Bertingkat Lebuhraya Karak 교통 콜마 트로피컬에서 셔틀버스(트럭 개조) 이용, 재패니즈 빌리지 정류장 하차, 재패니즈 빌리지까지 도보 5분 시간 09:00~19:00 / 기노모 대여·다도 체험 11:30~16:30 요금 기노모 대여·다도 체험 RM20 내외 전화 09-221-3666

보태니컬 가든
Botanical Garden

다양한 식물이 자라는 식물원 산책

재패니즈 빌리지 매점에서 아래쪽에 위치한 식물원으로 말레이시아에서 가장 큰 난초이자 희귀한 난초인 타이거 오키드(Tiger Orchid), 말레이시아의 인삼으로 불리는 통캇 알리(Tongkat Ali) 등을 볼 수 있다. 사람이 인위적으로 정비한 도심의 식물원이 아니라 열대 우림에서 자생하는 식물과 나무들을 둘러본다고 생각하자. 보태니컬 가든을 산책한 후에는 료잔테이 레스토랑에서 식사해도 좋다.

주소 Botanical Garden, KM48, Persimpangan Bertingkat Lebuhraya Karak 교통 콜마 트로피컬에서 셔틀버스(트럭 개조) 이용, 재패니즈 빌리지 정류장 하차, 재패니즈 빌리지까지 도보 5분 시간 09:00~19:00

어드벤처 파크 Adventure Park

고공에서 펼쳐지는 짜릿한 모험

콜마 트로피컬에서 남서쪽에 위치하고 있는 공원으로 키 큰 나무 중간에 걸쳐진 구름다리를 걷는 캐노피 워크(Canopy Walk), 동남아에서 가장 긴 900m의 쇠줄에 매달려 내려가는 플라잉 폭스(Flying Fox), 페인트 볼 워페어(Pint Ball Warfare) 등을 체험할 수 있다. 캐노피 워크나 플라잉 폭스 등을 체험할 때에는 안전 수칙을 잘 따라 위험에 처하는 일이 없도록 주의한다.

주소 Adventure Park, KM48, Persimpangan Bertingkat Lebuhraya Karak 교통 콜마 트로피컬에서 어드벤처 파크행 셔틀버스(개조 트럭) 이용 시간 10:00~18:00 요금 캐노피 워크 RM30, 플라잉 폭스 RM78 전화 09-221-3666

동물원 Animal Park

사슴, 토끼, 공작만으로도 아이들의 천국

콜마 트로피컬 남서쪽에 위치한 미니 동물원으로 네덜란드에서 온 점박이 사슴, 인도네시아 술라웨시에서 온 티모렌시스 사슴(Timorensis Deer), 당나귀, 공작, 토끼 등이 있다. 매점에서 동물 먹이를 구입해 사슴이나 토끼에게 직접 먹여 보거나 아이들이 당나귀를 타는 체험도 할 수 있다.

주소 Zoo, KM48, Persimpangan Bertingkat Lebuhraya Karak 교통 콜마 트로피컬에서 어드벤처 파크행 셔틀버스(개조 트럭) 이용 시간 10:00~18:00 요금 RM5 내외

버자야 힐에서 스포츠 즐기기

공기 좋은 열대 우림에 위치한 버자야 힐에서 활동적인 스포츠에 도전해 보는 것은 어떨까? 산악자전거를 대여해 버자야 힐 일대를 둘러보아도 좋고 고급 스포츠로 여겨지는 승마 체험을 할 수도 있다. 버자야 힐 골프 & 컨트리클럽(Berjaya Hill Golf & Courty Club)에서는 골프를 즐길 수 있고, 스포츠 콤플렉스에서 활쏘기나 볼링 시합을 하며 시간을 보내도 좋다.

주소 Berjaya Hill, Hose trail, Sport Complex 교통 콜마 트로피컬에서 셔틀버스(개조 트럭) 이용 전화 콜마 트로피컬 09-221-3666, 스포츠 콤플렉스 09-222-8882

★ 버자야 힐에서의 스포츠

구분	위치	시간	요금
산악자전거 Mountain Biking	콜마 트로피컬 산악자전거 대여소	10:00~18:00 (16:00 마감)	첫 2시간 1인용 RM25, 2인용 RM40 시간 추가 시 1인용 RM10, 2인용 RM20
			종일(7시간) 1인용 RM65, 2인용 RM120
승마 Horse Trail Rides	버자야 힐 경마장	금~수 10:00~18:00 (목 휴무)	Lead Ride 10분 RM25, 30분 RM80, 1시간 RM120
			Outride 1.5시간 RM180, 2시간 RM200
			Picnic Ride RM350
			Riding Course 45분씩 RM550
활쏘기	스포츠 콤플렉스	10:00~18:00	성인 12발 RM12, 어린이 6발 RM3
볼링, 당구	상동	상동	실비
골프	버자야 힐 골프 & 컨트리 클럽	10:00~18:00	18홀 주중 RM165, 주말 RM250
			9홀 주중 RM118, 주말 RM188
			캐디 RM55, 카트(Buggy) RM35

※ 승마 요금은 주중 논 피크(Non Peak) 기준

겐팅 하일랜즈 Genting Highlands

겐팅 하일랜즈는 쿠알라 룸푸르 북동쪽 내륙, 해발 1,950m 높이에 위치하고 말레이시아 유일의 카지노가 있어 '고원의 라스베이거스'라는 별칭이 있다. 산 아래인 고통 자야 스테이션에서 케이블카 스카이웨이를 타고 산 위인 겐팅 하일랜즈로 올라간다. 겐팅 하일랜즈에는 겐팅 그룹이 운영하는 겐팅 그랜드 호텔, 세계 최대의 퍼스트 월드 호텔, 카지노, 인도어 테마파크인 스카이트로폴리스 인도어 테마파크, 산 중턱의 친쉬 동굴 사원, 산 아래의 딸기 농장, 리조트 월드 아와나, 골프장 등이 있어 하루를 즐겁게 보낼 수 있다. 겐팅 하일랜즈와 친쉬 동굴 사원에서 내려다보는 말레이시아 열대 우림의 모습이 굉장히 아름답다. 퍼스트 월드 호텔, 리조트 호텔, 리조트 월드 아와나 등의 가격이 비싸지 않으니 하룻밤 묵으며 겐팅 하일랜즈를 충분히 즐겨 보자.

Access ① KL 센트럴 역에서 에어로 버스(08:00~18:00, 2시간 간격, 2시간 30분~3시간 소요 / RM10) 이용, 푸트라 터미널 LRT 곰박(Terminal Putra LRT Gombak, 08:30~18:30) 경유, 아와나 버스 터미널(Awana Bus Terminal, 겐팅산 위) 하차 ② 푸두라야 버스 터미널에서 에어로 버스(07:30~19:30, 2시간 간격, 2시간 30분~3시간 소요 / RM10) 이용, 잘란 페켈리링(Jalan Pekeliling, 08:00~18:00) 버스 정류장 경유, 아와나 버스 터미널 하차 ③ 베르세파두 셀라탄 터미널(Terminal Bersepadu Selatan, TBS / 09:00~17:30 / RM10) 또는 KLIA2/1(12:00, 13:45, 16:30, 17:45 / RM35)에서 에어로 버스/겐팅 익스프레스 버스 이용, 아와나 버스 터미널 하차

*돌아오는 티켓이 없을 수 있으므로 왕복 티켓을 구입할 것. 주말에는 조기 매진되므로 예매 필수!

Best Course 겐팅 스카이월드 테마파크 또는 스카이트로폴리스 인도어 테마파크 → 스카이 애비뉴/퍼스트 월드 플라자 → 친쉬 동굴 사원 → 겐팅 하일랜즈 프리미엄 아웃렛

겐팅 & 아와나 스카이웨이 Genting & Awana Skyway

흔들흔들 올라가는 케이블카 여행

1997년 운영을 시작한 겐팅 & 아와나 스카이웨이는 고통 자야 스테이션-하일랜즈 스테이션과 아와나 스테이션-친쉬 스테이션-스카이 에비뉴 스테이션 간을 운행한다. 특히 겐팅 스카이웨이는 3.38km의 거리를 22km/hr의 빠른 속도로 승객을 실어 나른다. 창밖으로 펼쳐지는 말레이시아의 열대 우림 풍경에 넋을 잃고 바라보게 된다.

주소 Genting Highlands 교통 겐팅 하일랜즈 내 고통 자야 스테이션, 하일랜즈 스테이션, 아와나 스테이션, 친쉬 스테이션, 스카이 에비뉴 스테이션에서 스카이웨이 이용 시간 겐팅 스카이웨이 07:30~19:30, 아와나 스카이웨이 07:00~23:00 요금 겐팅 스카이웨이-일반/유리 곤돌라 편도 RM10/21, 왕복 RM18/35 / 아와나 스카이웨이-일반/유리 곤돌라 편도 RM10/21, 왕복 RM18/35 전화 03-2718-1118 홈페이지 www.rwgenting.com

Notice 겐팅 스카이웨이는 2024년 3월 현재 휴업 중이니 방문 전에 운영 재개 여부를 확인하자.

Travel Tip

겐팅 & 아와나 무료 셔틀버스

겐팅 하일랜즈는 스카이웨이 이외에도 무료 셔틀버스가 운행되고 있어 편리하게 이용할 수 있다. 3개의 노선이 아와나 버스 터미널, 리조트 월드 아와나, 퍼스트 월드 호텔, 친쉬 동굴 사원으로 운행되고 있는데, 각각 운행 구간과 시간이 다르므로 미리 확인하고 이용해야 한다. 주말에는 셔틀버스 이용자가 많으므로 미리 줄을 서는 것이 좋다.

운행 구간	운행 시간	비고
퍼스트 월드 버스 터미널-리조트 월드 아와나	00:30, 02:00, 03:30, 05:00, 06:15	리조트 월드 아와나 게스트 우선
퍼스트 월드 버스 터미널(00분)-친쉬 동굴 사원(15분)	09:00~21:00 1시간 간격	13:00 운행 없음
아와나 버스 터미널-홀딩 베이-리조트 월드 아와나	01:00~06:45 07:00~12:30 15분 간격	

겐팅 스카이 월드 테마파크 Genting SkyWorlds Theme Park

산 위 테마파크에서 즐기는 어트랙션

근년에 새로 세워진 테마파크로 레이싱 어트랙션인 이글 마운틴, 분수쇼가 펼쳐지는 센트럴 파크, 회전 목마가 있는 리오 구역, 우주를 테마로 한 어트랙션이 있는 안드로메다 베이스 등 즐길 거리가 많다. 테마파크에서 하루 종일 즐기고 싶다면 겐팅 스카이 월드 테마파크를, 어트랙션 몇 개만 즐길 거라면 스카이트로폴리스 인도어 테마파크를 방문하자.

주소 Resorts World, Genting SkyWorlds, Genting Highlands 교통 겐팅 하일랜즈에서 바로 시간 11:00~18:00, 화요일 휴무 요금 원데이 티켓 RM189(온라인 RM151) 전화 019-201-6286 홈페이지 www.gentingskyworlds.com

딸기 농장 Genting Strawberry Leisure Farms

겐팅 고원에서 자란 청정 딸기를 맛보다

말레이시아 내륙 산간은 연중 선선하고 일정한 기온을 유지하여 딸기, 차, 꽃, 버섯 등을 재배하는 데 최적의 조건을 갖추고 있다. 이곳 겐팅 하일랜즈의 딸기 농장도 대단위로 재배가 되고 있고 일부는 관광객을 위한 체험 농장으로 운영된다. 입장료 없이 딸기 농장을 둘러볼 수 있고, 딸기 따는 체험을 하려면 100g 단위로 요금을 내거나 1박스(3인 체험) 단위로 지불하도록 되어 있다. 주인 몰래 딸기를 따 먹으면 벌금을 물리니 굳이 어려움을 자초하지 말자. 구불구불 이어진 딸기 농장 길을 나오면 꽃 농장 길이 나오고 이어 딸기, 꿀, 딸기 캐릭터 상품 판매점이 나온다. 마지막으로는 버섯 농장을 지나면 출구다. 아이들과 함께라면 딸기 따는 체험을 해 보는 것도 좋고 딸기 판매점에서 딸기를 구입해 맛보아도 좋다.

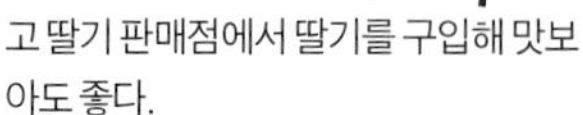

주소 No. 6, Lot 3707, Jalan Jati 2, Bandar Gohtong Jaya 교통 고통 자야 스테이션에서 자동차로 3분 소요 시간 09:30~18:30 요금 입장료 무료 / 딸기 따기 체험 100g RM6, 1박스 RM15 내외 전화 03-6100-1152 홈페이지 www.facebook.com/gentingfarmhouse

친쉬 동굴 사원 The Chin Swee Caves Temple 清水岩廟

산 중턱에 조성된 암굴 사원

겐팅 하일랜즈와 리조트 월드 아와나 중간, 해발 1,402m 지점에 위치한 불교 사원이다. 사원의 명칭인 친쉬는 원래 불교 승려였으나 중국 푸젠성에서는 비를 부르고 악령을 쫓는 신으로 추앙된다. 1975년 퍼스트 호텔과 카지노가 최종 완공된 이후, 겐팅 그룹으로부터 기증받는 28ac의 부지에 친쉬 동굴 사원의 건축을 시작하였다. 산 중턱 바위산에 사원을 짓는 것은 어려운 일이어서 무려 18년이 지난 1994년에 완공되었다. 사원의 동쪽으로부터 거대한 좌불상, 10개의 지옥을 표현한 10개의 지옥방, 관음상이 있고, 마당에는 불전이 있으며, 불전 앞 건물에 친쉬 사원, 서쪽에 9층 육각탑 등이 있다. 친쉬 사원 전망대에서 내려다보는 전경이 멋지다. 사원 동쪽 거대한 좌불이 미약한 중생을 굽어보고 있으며, 멋지게 쌓아올린 9층 육각탑이 하늘에 닿을 듯하다.

주소 The Chin Swee Caves Temple 교통 아와나 버스 터미널에서 친쉬 동굴행 셔틀버스 이용, 친쉬 동굴 사원 하차 / 아와나 스테이션에서 아와나 스카이웨이 이용, 친쉬 스카이웨이 스테이션 하차(요금 편도 RM10, 왕복 RM18) 시간 06:00~22:00 요금 무료 전화 03-2179-1886 홈페이지 www.chinswee.org

좌불
Buddha Statue

산 아래 속세를 살피는 거대 좌불

거대한 좌불은 결과부좌 자세로 왼손은 펴서 단전에 놓고 오른손은 엄지와 중지로 동그라미를 만드는 설법인을 보이고 있다. 이는 부처님의 설법을 나타내는 자세이다. 부처님의 고귀한 설법까지 알지는 못해도 부처님이 세상을 향해 착하게 살라고 말하는 정도는 알아듣자.

위치 사원 동쪽

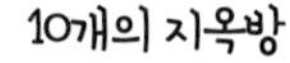

10개의 지옥방
10 Chambers of Hell

현세에 죄를 지으면 내세에 지옥 간다

겐팅 하일랜즈 바위산에 10개의 작은 굴을 만들고, 현생에서 죄를 짓고 지옥에 가서 무시무시한 벌을 받는 10가지 광경을 묘사했다.

위치 사원 동쪽

전망대
Observatory

신선이 노닐 듯한 최고의 전망대

해발 1,402m의 친쉬 동굴 사원은 마당 전체가 빼어난 전망대 역할을 하지만, 그중에서도 친쉬 사원이 있는 건물 내의 조금 높은 곳에 정자처럼 만든 전망대에는 반드시 올라가 보자. 전망대 아래로 멀리 리조트 월드 아와나가 손에 잡힐 듯하고 좌우로는 말레이반도 내륙의 열대 우림이 끝도 없이 펼쳐진다. 보고 있노라면 어디선가 바람이 불어 발 아래에 구름 주단을 깔아 놓는다.

위치 친쉬 사원이 있는 건물 내

9층 육각탑
Pagoda

어디서든 예술 사진을 얻을 수 있는 만불탑

많은 불상으로 장식된 9층 육각탑의 한자 이름은 만불탑(萬佛塔)이다. 내부에는 1만 개의 축원등이 설치되어 있다. 멀리서도 보이는 탑은 곧 부처이자 불법을 뜻해 먼 곳으로 불법을 전파한다는 의미를 담는다. 9층 육각탑은 겐팅 하일랜즈의 열대 우림과 파란 하늘, 구름과 어우러져 사진을 대충 찍어도 예술 사진이 된다.

위치 사원 서쪽

친쉬 사원 Chin Swee Temple

자연 바위산을 이용한 사원

친쉬 조사(淸水祖師)는 원래 불교 승려였으나 비를 부르고 악령을 물리치는 비범한 능력으로 인해 중국 푸젠 지방에서 신으로 추앙받는다. 불당 앞 건물 내에 친쉬 사원이 있는데 바위산이 그대로 드러난 중앙에 친쉬의 상을 모시고 사원을 받치는 두 개의 커다란 기둥에 화려한 용 조각으로 장식하였다.

위치 불당 앞 전망대가 있는 건물 내

카지노 데 겐팅 Casino De Genting

말레이시아에서 유일한 카지노

1969년 개장한 말레이시아 유일의 카지노로 세계에서 가장 높은 해발 1,950m에 위치하고 있으며 세계에서 가장 큰 카지노로 알려져 있다. 화려한 네온사인으로 유명한 마카오의 카지노와 달리, 겐팅 하일랜즈의 카지노는 겉으로 보기에는 어디에 있나 싶을 정도이고 카지노 입구 또한 소박하기 그지없다. 카지노 내에는 포커, 블랙잭, 바카라 등의 게임을 하는 테이블이 있는데 세계 각지에 온 손님들로 가득하다. 액수가 큰 게임은 한국에서 불법 행위로 간주되니 가볍게 둘러보는 정도로 그치자. 카지노 입장 시 간단한 보안 검사를 거치고 가방은 보관함에 보관해야 하며 사진 촬영은 허용되지 않는다.

주소 Genting Grand Hotel, Genting Highlands 교통 겐팅 하일랜즈에서 그랜드 호텔 방향, 바로 전화 03-2718-1118 홈페이지 www.rwgenting.com

퍼스트 월드 플라자 First World Plaza

실내 쇼핑 상가 겸 레스토랑 거리

퍼스트 월드 호텔 내에 코튼 온(Cotton On), 디젤(Diesel) 같은 상점과 레스토랑이 있는 쇼핑가이다. 겐팅을 찾는 사람 중에는 말레이시아, 싱가포르, 중국 등에서 온 중국인들이 많아 한자로 된 간판과 설명을 쉽게 볼 수 있다. 겐팅 하일랜즈에는 이곳 외 리조트 월드 겐팅 내 스카이 애비뉴, 산 아래 겐팅 하일랜즈 프리미엄 아웃렛 같은 쇼핑몰이 있다.

주소 First World Plaza, First World Hotel, Genting Highlands 교통 겐팅 하일랜즈에서 바로

스카이트로폴리스 인도어 테마파크 Skytropolis Indoor Theme Park

겐팅 고원의 롯데 월드

퍼스트 월드 리조트 내에 있는 실내 놀이동산으로 유령의 집인 헌티드 어드벤처, 실내 놀이동산을 공중에서 한 바퀴 도는 리오 플로트(Lio Float), 롤러블레이드 유로 익스프레스(Euro Express), 회전목마 등 22종의 놀이 기구를 즐길 수 있다. 실내 놀이동산 외에 어린이 체험장 '하일랜즈 히어로즈', 기묘한 전시품이 있는 '리플리스 빌리브 잇 오어 낫'에도 들러 보자.

주소 Level 1, First World Plaza 교통 겐팅 하일랜즈에서 바로 시간 09:00~21:00 요금 원데이 패스 RM75, 놀이 기구 1개 RM10/15

Restaurant & Café

바투 동굴 앞 레스토랑은 사람들로 북적이는 전형적인 관광지 레스토랑이어서 정돈된 분위기에서 식사하기 어려우니 현지인과 어울려 한 끼 식사를 한다는 생각으로 접근하자. 미드 밸리 시티, 선웨이 라군의 레스토랑은 쇼핑이나 테마파크에 갔을 때 들르기 괜찮고, 버자야 힐이나 겐팅 하일랜즈의 레스토랑은 야외 좌석이나 호텔 레스토랑에서 여유를 갖고 느긋하게 식사하기 좋다.

바투 동굴

라니 빌라스 RANI VILAS RESTAURANT

바투 동굴 앞에 있는 인도 채식 레스토랑이다. 바나나 잎에 밥과 커리, 반찬이 나오는 베지테리언 세트가 가성비 좋고 단품으로 토사이(부침개), 베지테리언 브리야니(볶음밥), 푸리(공갈빵) 등을 주문해도 괜찮다.

주소 RANI VILAS RESTAURANT SHOP, Batu Caves 교통 바투 동굴 앞 바로 시간 08:00~20:00 메뉴 베지테리언 세트 RM12, 토사이(부침개), 베지테리언 브리야니(볶음밥), 푸리(공갈빵) 전화 03-6186-2518

오 예 바나나 리프

Oh Yeah Banana Leaf Batu Caves

바투 동굴 광장 동쪽에 위치한 인도 레스토랑이다. 메뉴는 치킨/새우 브리야니, 토사이, 푸리, 바나나 잎 식사, 나시 르막 등이고, 채식 식당이 아니어서 치킨 메뉴도 있다. 식후에는 브루 커피를 맛보아도 좋다.

주소 NO 1 DOLOMITE PARK AVENUE, Batu Caves 교통 바투 동굴 광장에서 동쪽, 도보 3분 시간 월~목 07:00~22:00, 금~일 07:00~23:00 메뉴 토사이(부침개), 치킨/새우 브리야니(볶음밥), 푸리(공갈빵), 바나나 잎 식사, 나시 르막 전화 012-672-2616

미드 밸리 시티

팝콘 푸드코트 Pop Corn Food Court

쇼핑센터 미드 밸리 메가몰 2F에 위치한 푸드코트로 말레이 요리와 중식, 양식, 일식 등의 다양한 메뉴를 맛볼 수 있다. 메뉴 중에는 말레이 야시장 먹거리 노점에서 인기를 끄는 궤티아우(납작 국수와 새우, 계란 볶음)와 그릴 피시(은박지에 생선을 찐 것)를 추천한다. 생선찜은 생선 종류, 첨가 재료에 따라 이칸 파리(Ikan Pari), 이칸 텡기리(Ikan Tenggiri), 이칸 센카루(Ikan Cenkaru), 이칸 도리(Ikan Dory) 등 30여 가지가 있다. 생선에 약간 맵고 짭조름한 양념을 발라 은박지로 싼 뒤 찌는데 밥도둑이 따로 없다.

주소 2F, Mid Valley Megamall, Mid Valley City, Lingkaran Syed Putra 교통 미드 밸리 메가몰 내 시간 10:00~22:00 메뉴 궤티아우(Kwai Teow) RM6.9, 비프 프라이드 라이스 RM6.9, 이칸 파리 RM7.9 전화 03-2284-5220 홈페이지 www.midvalley.com.my

난도스 Nando's Mid Valley Megamall

아프리칸 포르투갈식 닭요리 체인점이다. 매콤한 칠리 소스를 발라 불에 구운 닭 요리(아프리칸 치킨)가 살짝 맵고 쫄깃하다. 치킨은 한 마리 통째로 내기도 하지만, 부위별 치킨과 볶음밥, 프렌치 프라이 등을 묶은 세트로 나오기도 한다.

주소 LG-053, Mid Valley City, Kuala Lumpur 교통 미드 밸리 메가몰에서 바로 시간 10:00~22:00 메뉴 치킨, 소시 치킨 볼(치킨+볶음밥), 밀 플래터, 음료 전화 03-8966-2534 홈페이지 www.nandos.com.my

돔 카페 Dome Cafe

카페라고 불리지만 음료와 간단한 음식이 있는 스낵 레스토랑이다. 조식부터 샐러드, 샌드위치, 파스타, 피자까지 다양한 양식 위주의 메뉴를 선보인다. 커피나 차, 음료를 마시며 시간을 보내기도 좋다.

주소 GF, The Gardens Mall, Mid Valley City, Lingkaran Syed Putra 교통 미드 밸리 메가몰에서 바로 시간 08:00~22:00 메뉴 터키시 브레드 치킨 샌드위치 RM25, 볼로네이즈 파스타 RM25, 피자 RM28 전화 03-2283-3603 홈페이지 www.thegardensmall.com.my

스시 잔마이 Sushi Zanmai

가든스 몰 3F에 있는 일식당으로 컨베이어 벨트에 초밥 접시가 계속 나오는 회전 초밥집 스타일이다. 가격은 접시마다 다르고 100가지 이상의 초밥와 채소 등이 제공된다. 초밥 이외에 우동이나 돈가스, 덮밥 같은 일식 메뉴도 선보인다. 패런하이트 88, 플라자 로우 얏, 선웨이 피라미드 등에도 분점이 있다.

주소 3F, The Gardens Mall, Mid Valley City, Lingkaran Syed Putra 교통 가든스 몰 내 시간 11:00~10:00 메뉴 초밥, 우동, 돈가스 등 전화 012-289-2030 홈페이지 www.supersushi.com.my

안티포딘 Antipodean @ Mid Valley

미드 밸리 메가몰 중간에 있는 브런치 카페이다. 여러 종류의 브렉퍼스트, 토스트, 팬케이크, 토스트, 베이글이 군침을 돌게 하고 파스타, 피자, 버거도 먹음직스럽다. 그 외에도 메뉴가 많아 양식 김밥천국이 아닌가 싶다.

주소 GE-011(A), Grd Floor, Mid Valley Megamall 교통 미드 밸리 메가몰에서 바로 시간 08:00~22:00 메뉴 브렉퍼스트, 아보카도 토스트, 베이글, 파스타, 피자,버거 전화 03-2202-3411 홈페이지 antipodeancoffee.com

서울나미 코리안 BBQ SeoulNami Korean BBQ

가든스 몰에 자리한 한국식 BBQ 전문점이다. 한국이 아닌 말레이시아에서 닭고기, 소고기, 해산물 등을 불탄에 구워 먹는 재미가 있다. 고기를 먹고 난 뒤에는 볶음밥도 먹을 수 있고 김치 반찬도 반갑다.

주소 F-215 The Gardens Mall, Lingkaran Syed Putra, Mid Valley City 교통 가든스 몰 내 시간 11:00~22:00 메뉴 닭고기, 소고기, 해산물 BBQ, 볶음밥, 김치 전화 03-2202-3336 홈페이지 www.thegardensmall.com.my

푸트라자야

푸트라자야 푸드 트럭 핫스폿 Putrajaya Food Truck Hotspot @ Presint 2

'강철 모스크'라는 별칭이 있는 툰쿠 미잔 자이날 아비딘(Tuanku Mizan Zainal Abidin) 모스크 북쪽, 여러 푸드 트럭이 모이는 장소이다. 메뉴는 믹스 그릴, 치킨 그릴, 파스타, 피자, 버거 등으로 즉석에서 먹기 좋은 것들이다. 종종 라이브 공연도 열린다.

주소 Jalan Tuanku Abdul Rahman, Presint 2, Putrajaya 교통 툰쿠 미잔 자이날 아비딘 모스크에서 북쪽, 도보 4분 시간 17:00~24:00 메뉴 믹스 그릴, 치킨 그릴, 파스타, 피자, 버거 전화 03-8861-1877

렝쿠아스 Lengkuas

푸트라자야 센트럴 출구에서 버스 터미널 방향에 위치한 식당이다. 푸트라자야 오전 11시 투어를 한다면 이곳에서 아침 겸 점심 식사를 하기 좋다. 투어가 2시간 정도 진행되는데 투어 중에는 간식을 사 먹을 곳이나 시간이 없으니 이곳에서 간단히 식사를 하고 돌아다니도록 하자.

주소 Putrajaya Central, Putrajaya 교통 푸트라자야 센트럴(역)에서 바로 시간 10:00~22:00 메뉴 음료, 덮밥 RM10 내외

라사 푸드코트

RASA Food Arena

푸트라 광장 동쪽, 알라만다 쇼핑 센터 LG층에 있는 푸드코트로 말레이 요리, 중식, 양식 등 다양한 음식을 맛볼 수 있어 편리하다. 푸드코트의 장점은 가격 대비 맛도 좋다는 것이다.

주소 Alamada Shopping Complex LG, Jalan Alamanda, Precinct 1 교통 푸트라자야 센트럴 버스 터미널에서 알라만다행 버스 이용 전화 03-8861-6128 홈페이지 www.alamanda.com.my

올드 타운 화이트 커피

Old Town White Coffee Souq Putrajaya

'핑크 모스크'라는 별칭이 있는 푸트라 모스크 옆에 있는 커피점이나 실은 말레이시아식 차찬텡(茶餐廳)이다. 커피부터 토스트, 디저트, 밥, 면, 치킨까지 동서양을 넘나드는 메뉴가 제공된다. 단, 무겁지 않고 간단히 먹을 수 있는 것들이다.

주소 G-004, Putra Fine Dining at Souq, Presint 1, Putrajaya 교통 푸트라 모스크에서 바로 시간 09:00~21:00 메뉴 나시 르막(덮밥), 면, 토스트, 치킨, 커피, 디저트 전화 018-905-9299 홈페이지 www.oldtownmy.com

조니 레스토랑

Johnny's Restaurant Alamanda, Putrajaya

알라만다 쇼핑 센터 내에 위치한 샤브샤브(핫팟) 전문점이다. 먼저 육수를 선택하고 육수에 넣어 먹을 소고기, 닭고기, 양고기, 해산물, 채소 등을 고르면 된다. 고르는 것이 어려우면 2인 또는 4인 세트를 주문해도 괜찮다. 볶음밥, 샐러드 같은 단품 요리도 있다.

주소 Lot No. 21, Rasa Food Arena LG 72 & 74 Alamanda Shopping Centre 교통 알라만다 쇼핑 센터 내 시간 10:00~22:00 메뉴 소고기, 닭고기, 양고기, 해산물 샤브샤브, 세트 2인/4인 전화 012-564-6056 홈페이지 www.johnnysrestaurants.com

버자야 힐

라 플람 La Flamme

콜마 트로피컬 내에 있는 이탈리안 레스토랑이다. 갓 구워 낸 피자가 맛있고 파스타도 먹을 만하다. 때때로 가성비 높은 판촉용 메뉴를 선보이므로 필히 선택하자. 야외 테이블에서 중세풍 콜마 트로피컬 거리를 보며 식사를 해도 즐겁다.

주소 Colmar Tropicale, KM48, Persimpangan Bertingkat Lebuhraya Karak 교통 콜마 트로피컬 내 메뉴 피자, 파스타, 스테이크 전화 09-221-3666 홈페이지 www.colmartropicale.com.my

르 풀레 로티 Le Poulet Roti

프랑스 요리가 부담스럽다면 로스트 치킨 전문점 르 포렛 로티를 찾는 것도 좋다. 주요 메뉴로는 튀긴 닭고기와 감자튀김이 나오는 프라이드 치킨 촙(Fried Chiken Chop), 닭구이인 클래식 로스트(Classic Roast), 닭고기덮밥인 아얌 퍼르식(Ayam Percik) 등이 있다. 시원한 맥주와 함께 버자야 힐에서의 치맥을 즐겨 보자.

주소 Colmar Tropicale, KM48, Persimpangan Bertingkat Lebuhraya Karak 교통 콜마 트로피컬 내 메뉴 프라이드 치킨 촙 RM19.5, 클래식 로스트/아얌 퍼르식 1/4~한 마리 RM19.5~68 전화 09-221-3666 홈페이지 www.colmartropicale.com.my

라 불랑주리 La Boulangerie

콜마 트로피컬 프랑스 마을 내에 위치한 베이커리 카페로 다양한 페이스트리, 샌드위치, 디저트, 음료 등을 갖추고 있다. 버자야 힐을 둘러본 뒤, 가볍게 쉬기 좋은 곳이다.

주소 Colmar Tropicale, KM48, Persimpangan Bertingkat Lebuhraya Karak 교통 콜마 트로피컬에서 바로 메뉴 페이스트리, 샌드위치, 디저트, 커피 등 RM10 내외 전화 09-221-3666 홈페이지 www.colmartropicale.com.my

료잔테이 Ryo Zan Tei

버자야 힐의 열대 우림 속에 자리한 일식 레스토랑이다. 열대 우림 산중에 있어 멀게 느껴지지만 쿠알라 룸푸르로부터 불과 1시간 정도면 닿을 수 있어 그리 먼 곳은 아니다. 시원한 냉우동에 초밥을 곁들이고 맥주까지 있다면 더할 나위가 없을 듯!

주소 Japanese Village, KM48, Persimpangan Bertingkat Lebuhraya Karak 교통 콜마 트로피컬에서 바로 메뉴 우동, 초밥, 맥주 등 RM40 내외 전화 09-221-3666 홈페이지 www.colmartropicale.com.my

스타벅스 Starbucks Berjaya Hills

버자야 힐에 뜬금없이 전에 없던 스타벅스가 들어섰다. 버자야 힐 산정에서 마시는 스타벅스 커피가 얼마나 맛있을까 기대하며 한잔 마셔 보자. 스타벅스 마니아라면 말레이시아 표시가 들어간 머그 컵이나 텀블러를 구입해도 좋다.

주소 La Grande, Berjaya Hills Resort, KM48, Persimpangan Bertingkat 교통 콜마 트로피컬에서 바로 메뉴 아메리카노, 카푸치노, 라테 전화 012-230-0462

라 비에 La Vie

샤토 리조트가 자랑하는 유기농 조식이 제공되는 레스토랑 겸 바이다. 조식 이후에는 양식, 중식, 일식 등의 다양한 메뉴를 선보인다. 복장 규정상 슬리퍼를 착용하거나 짧은 옷차림으로는 입장할 수 없다.

주소 The Chateau, KM48, Persimpangan Bertingkat Lebuhraya Karak 교통 샤토 리조트 내 메뉴 파스타, 샌드위치, 버거, 나시 고렝, 디저트 전화 09-221-3888 홈페이지 www.thechateau.com.my

딸기 농장 카페 Farms House Cafe

게팅 스카이웨이 로어 스테이션 부근 딸기 농장을 둘러본 뒤, 농장 내에 위치한 카페에서 덮밥 나시 르막(Nasi Remak), 와플, 딸기 주스, 딸기 커피 등을 맛볼 수 있다. 배가 부르다면 간단히 와플에 딸기 주스를 먹어 보자.

주소 No. 6, Lot 3707, Jalan Jati 2, Bandar Gohtong Jaya 교통 고통 자야 스테이션에서 자동차로 3분 소요 시간 09:00~19:00 메뉴 나시 르막 RM6~12, 와플 RM4.5, 딸기 주스 RM9.5 전화 03-6100-1152 홈페이지 www.gentingfarmhouse.com

퍼스트 월드 플라자 식당가 First World Plaza Restaurants

퍼스트 월드 호텔과 겐팅 그랜드 호텔 사이 퍼스트 월드 플라자에 푸드코트인 말레이시안 푸드 스트리트(Malaysian Food Street), 할랄 푸드코트인 메단 슬라라(Medan Selera), 중식당 등이 있어 입맛에 따라 골라 먹기 좋다.

주소 First World Hotel, Genting Highlands 교통 겐팅 하일랜즈 산 위에서 바로 메뉴 말레이 요리, 양식, 중식, 일식 등 전화 03-2718-1118 홈페이지 www.rwgenting.com

푸드 팩토리

The Food Factory

겐팅 하일랜즈의 퍼스트 월드 호텔 4층에 위치한 뷔페 레스토랑이다. 페이스트리부터 딤섬, 나시 르막, 국수, 죽까지 다양한 음식을 선보인다. 쿠알라 룸푸르에서 아침 일찍 출발했다면 이곳에서 조식 뷔페로 식사하고 둘러보아도 좋다.

주소 Level 4, First World Hotel, Genting Highlands 교통 겐팅 하일랜즈에서 바로 메뉴 뷔페 조식 RM 42 전화 03-2718-1118 홈페이지 www.rwgenting.com

친쉬 동굴 사원 채식 식당

The Chin Swee Caves Temple Vegetarian Restaurant

대부분의 사원 식당은 가격 대비 맛이 우수한 편이다. 친쉬 동굴 사원 내의 채식 식당도 깔끔한 채식 식단이 꽤 맛있는 편이다. 주 메뉴로는 볶음밥, 덮밥, 볶음면 등이 있고 두부 푸딩 같은 디저트와 녹차 등도 선보인다.

주소 The Chin Swee Caves Temple 교통 아와나 버스 터미널에서 친쉬 동굴행 셔틀버스 이용, 친쉬 동굴 사원 하차 / 아와나 스테이션에서 아와나 스카이웨이 이용, 친쉬 스카이웨이 스테이션 하차 시간 10:00~20:30 메뉴 볶음밥, 덮밥, 볶음면 전화 03-6101-1613 홈페이지 www.chinswee-vegetarianrestaurant.com

Spa & Massage

버자야 힐의 고급 호텔과 리조트에 타타미 스파, 라 상테 같은 고급 스파가 자리한다. 이들 스파의 이용 가격은 부킷 빈탕의 대중 스파에 비해 비싸나 각 스파만의 기법을 이용해 피로를 풀어 주고 활력을 되찾게 해 준다. 스파 패키지 프로그램을 이용하면 발부터 전신, 얼굴까지 한 번에 서비스를 받을 수 있다.

버자야 힐

타타미 스파 Tatami Spa

재패니즈 빌리지 내에 위치한 스파로 일본을 제외한 아시아 지역에서 일본 스타일의 콘셉트를 처음 적용한 곳이다. 호스피털리 아시아에서 실시한 '2007~2008 호스피털리 아시아 플래티늄 어워즈'에서 올해의 리조트 스파로 선정되기도 했다. 전신 마사지, 아로마테라피, 보디 스크럽 등이 있고 일본에서 유래한 스파 배스(Spa Bathing)인 후로(Furo)를 제공한다.

주소 Japanese Village, KM48, Persimpangan Bertingkat Lebuhraya Karak 교통 콜마 트로피컬 내 메뉴 전신 마사지, 아로마테라피, 보디 스크럽 등 전화 09-221-3888 홈페이지 www.colmartropicale.com.my

라 상테 La Sante Organic Spa

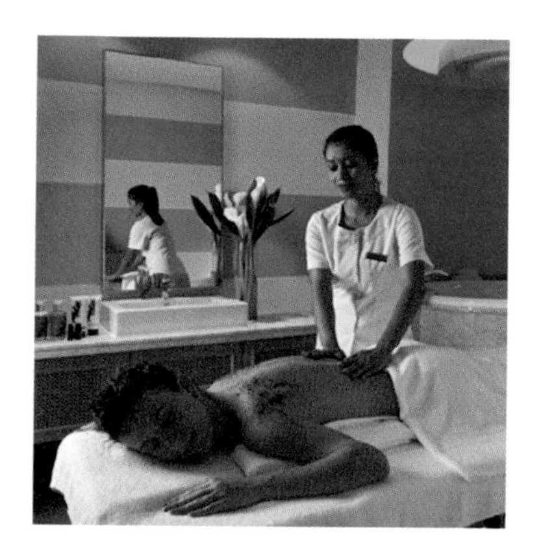

아시아에서 최초로 유럽 스타일 콘셉트를 적용한 스파로 마사지와 스파뿐만 아니라 체형 관리, 뷰티 서비스까지 다양한 서비스를 제공한다. 얼굴마사지 및 관리인 뷰티 에센스(Beauty Essence), 전신 마사지인 보디 팸퍼(Body Pamper), 허벌 마시지, 아로마테라피 ,스트레스 릴리프(Stress Relief) 등이 있다. 콜마 트로피컬의 타타미 스파에 비해 고급 스파라고 할 수 있고 가격도 조금 더 비싸다.

주소 The Chateau, KM48, Persimpangan Bertingkat Lebuhraya Karak 교통 샤토 리조트 내 메뉴 전신 마사지, 아로마테라피, 보디 스크럽 등 전화 09-288-8222 홈페이지 www.thechateau.com.my

Hotel & Resort

쿠알라 룸푸르 시외의 숙소는 대부분 고급 호텔이나 리조트로, 선웨이 라군이나 미드밸리 시티의 호텔이 비교적 시내와 가깝고 나머지는 시내와 떨어져 있다. 그중 버자야 힐과 겐팅 하일랜즈의 호텔 및 리조트는 여행보다는 휴양을 위한 숙소라고 볼 수 있다.

미드 밸리 시티

세인트 길 블라바드

고급 호텔

St. Giles Boulevard Hotel

미드 밸리 메가몰과 연결된 호텔로 쿠알라 룸푸르 시내, KL 센트럴과 가깝기 때문에 쿠알라 룸푸르 시내 구경을 가거나 다른 지역으로 이동하기 좋다. 호텔 인근 미드 밸리 메가몰이나 가든스 몰에서 쇼핑을 하거나 호텔 수영장에서 시간을 보내도 즐겁다.

주소 Boulevard Hotel, Mid Valley City, Lingkaran Syed Putra 교통 미드 밸리 메가몰에서 바로 요금 슈피리어 룸 RM360 전화 03-2109-8888 홈페이지 www.stgileshotels.com/st-giles-boulevard

가든스 호텔 & 레지던스

고급 호텔

The Gardens Hotel & Residences

가든스 몰 뒤쪽에 위치한 호텔로 단기 투숙자를 위한 호텔과 장기 투숙자를 위한 레지던스로 운영된다. KL 센트럴 남쪽으로 쿠알라 룸푸르 시내와 조금 떨어져 있어 번잡하지 않다. 쇼핑센터 가든스 몰과 미드 밸리 메가몰과 가까워, 쇼핑 후 호텔 레스토랑에서 식사를 하기도 좋다.

주소 The Gardens Hotels, Mid Valley City, Lingkaran Syed Putra 교통 가든스 몰에서 바로 요금 딜럭스 룸 RM308 전화 03-2268-1188 홈페이지 www.stgileshotels.com/the-gardens

선웨이 라군

선웨이 피라미드 호텔 / 선웨이 리조트 호텔 & 스파

고급 호텔

Sunway Pyramid Hotel / Sunway Resort Hotel & Spa

캐주얼한 느낌의 선웨이 피라미드 호텔과 가족적인 분위기의 선웨이 리조트 호텔 & 스파는 선웨이 라군의 워터 파크를 둘러싸고 있다. 두 호텔 모두 선웨이 라군 옆에 있어 선웨이 라군 테마파크나 선웨이 피라미드 쇼핑센터를 이용하기 편리하다. 호텔에서 선웨이 라군으로 연결되는 통로가 있다. 호텔 식당으로는 아시아, 일본, 지중해식 등 다양한 메뉴를 내는 푸지온(Fuzion), 조식, 중식, 석식 뷔페를 내는 아트리움(The Atrium), 중식, 시푸드를 선보이는 웨스트 레이크 가든(West Lake Garden) 등이 있다.

주소 Persiaran, Bandar Sunway 교통 선웨이 라군(피라미드) 버스 정류장에서 도보 5분 요금 선웨이 피라미드 호텔_슈피리어 룸 RM416 / 선웨이 리조트 호텔 & 스파_프리미어 룸 RM550 전화 선웨이 리조트 호텔 & 스파 03-7492-8000 홈페이지 www.sunwayhotels.com/sunway-pyramid

마인즈 웰니스 시티

마인즈 비치 리조트 Mines Beach Resort

고급 호텔

마인즈 쇼핑센터 위쪽에 있는 리조트로 쿠알라 룸푸르와 조금 떨어져 있어 스탠더드 룸은 비교적 저렴하다. 리조트 옆에 쇼핑센터 마인즈가 있어 이용하기 편리하고 북쪽과 남쪽 호수를 둘러보는 마인즈 크루즈도 운행 중이다. 골프를 좋아한다면 인근 마인즈 리조트 & 골프 클럽에서 라운딩을 해도 좋을 듯하다.

주소 Jalan Dulang Off The Darul Ehsan 교통 마인즈 웰니스 시티에서 도보 5분 요금 스탠다드 룸 RM280 전화 03-8943-6688 홈페이지 www.minesbeachresort.com

푸트라자야

에벌리 푸트라자야 The Everly Putrajaya

고급 호텔

푸트라자야 북쪽 알라만다 쇼핑 센터 근처에 있는 호텔이다. 호텔에서 호수와 푸트라 모스크가 멀지 않아 둘러보기 좋다. 또한 이렇다할 번화가가 없는 푸트라자야에서 알라만다 쇼핑 센터는 밤마실 나가기 적당한 곳이다.

주소 1, Jalan Alamanda 2, Presint 1, Putrajaya 교통 알라만다 쇼핑 센터에서 바로 요금 딜럭스 트윈 RM261, 딜럭스 킹 RM288, 이그제큐티브룸 RM387 전화 03-8892-2929 홈페이지 teg-hotels.com/b/everly-putrajaya

버자야 힐

샤토 The Chateau Spa & Wellness Resort

고급 리조트

콜마 트로피컬 앞에 위치한 리조트로 18세기 프랑스 알사스의 오 코에스닉부르그(Haut Koesnigburg) 성을 모델로 건축하였고 세계 최초의 유기농 건강 스파 리조트이다. 리조트의 주요 시설로는 유기농 재료로 장식한 130개의 룸과 스위트, 아시아 최초로 유럽 스타일 콘셉트의 스파 시스템을 적용한 스파 라 상테(La Sante), 5개의 레스토랑과 바가 있다. 샤토는 손님들의 편안한 휴식을 위해 12세 이하 어린이의 입장을 금지하는 정책이 있다. 버자야 힐 내 시설과 셔틀버스 등은 콜마 트로피컬과 공용으로 이용 가능하다.

주소 The Chateau, KM 48 Persimpangan Bertingkat LebuhrayaKarak 교통 콜마 트로피컬에서 바로 요금 딜럭스 룸 RM585 전화 09-221-3888 홈페이지 www.thechateau.com.my

겐팅 하일랜즈

겐팅 그랜드 호텔 Genting Grand Hotel

고급 호텔

겐팅 하일랜즈 산 위에 위치한 특급 호텔로 쾌적한 프리미어 룸과 럭셔리한 스위트 룸을 갖추고 있고 객실에서 열대 우림 풍경을 볼 수 있다. 호텔 인근에 하일랜즈 스테이션이 있어 겐팅 스카이웨이를 이용하기 편리하다. 인근 맥심 호텔은 카지노 게스트와 겐팅 리워드 카드(Genting Rewards Card) 회원이라면 예약이 가능하다.

주소 Genting Grand Hotel, Genting Highlands 교통 겐팅 하일랜즈에서 바로 요금 그랜드 프리미어 룸 RM570 전화 03-2718-1118 홈페이지 www.rwgenting.com

퍼스트 월드 호텔 First World Hotel

중저가 호텔

기네스북에 오른 세계 최대의 호텔이자 겐팅 하일랜즈의 상징 중 하나로 적색과 녹색, 황색 등 컬러풀한 외관을 자랑한다. 2개 동의 건물에 6,118개의 객실, 64개의 체크인 부스가 있고 수십 대의 자동 체크인 기계가 설치되어 있다. 보통 체크인 데스크가 있는 호텔 로비가 럭셔리하게 꾸며진 것과 달리 이곳은 대형 관공서 창구처럼 매우 심플하다.

주소 First World Hotel, Genting Highlands 교통 겐팅 하일랜즈 산 위에서 바로 요금 스탠다드 룸 RM174 전화 03-2718-1118 홈페이지 www.rwgenting.com

리조트 호텔 Resort Hotel

중저가 호텔

겐팅 그랜드 옆에 위치한 호텔로 겐팅 그랜드에 비해 가격이 저렴하다. 시설은 조금 떨어질 수 있으나 객실에서 바라보는 풍경은 겐팅 그랜드 호텔과 크게 다르지 않다.

주소 Resort Hotel, Genting Highlands 교통 겐팅 하일랜즈에서 바로 요금 스탠더드 룸 RM200 내외 전화 03-2718-1118 홈페이지 www.rwgenting.com

리조트 월드 아와나 Resort world Awana

중저가 호텔

겐팅 하일랜즈 남쪽에 위치한 호텔로 멀리서도 눈에 띄는 팔각 빌딩이 인상적이다. 호텔 수영장에서 물놀이를 하거나 호텔 주위의 18홀 골프장에서 라운딩을 즐길 수 있다. 사람들로 북적이는 겐팅 하일랜즈 산 위의 호텔들과 달리 한적한 편이라 비교적 여유로운 시간을 보낼 수 있다.

주소 Resort world Awana, KM 13, Genting Highlands 교통 아와나 버스 터미널에서 리조트 월드 아와나행 셔틀버스 또는 아와나 스카이웨이 이용 요금 슈피리어 딜럭스 룸 RM238 전화 03-6101-3015 홈페이지 www.rwgenting.com

Cameron Highlands
카메론 하일랜즈

정글 트레킹도 하고 드넓은 차밭도 걷고

쿠알라 룸푸르 북동쪽의 해발 1,500m 고원에 자리한 열대 우림으로, 16℃ 정도의 선선한 기온 때문에 영국 식민지 시절부터 휴양지로 인기가 높았다. 카메론 하일랜즈의 주요 지역은 남쪽의 링렛(Ringlet), 중심부의 타나 라타(Tanah Rata), 야시장으로 유명한 브린창(Brinchang), 농업 지대인 키 팜(Kea Farm), 북쪽의 캄풍 라자(Kampung Raja)로 나뉜다. 링렛에서 캄풍 라자까지의 열대 우림은 티 플랜테이션(차 농장), 플라워 플랜테이션(꽃 농장), 딸기 농장, 꿀벌 농장, 장미 화원 등으로 개발되어 볼거리를 제공한다. 티 플랜테이션 중에는 카메론 밸리 차 농장과 보 티 농장이 유명한데 보통은 보 티 농장에 방문해 차 가공 과정을 견학하고 차밭을 둘러본다. 키 팜 시장은 카메론 하일랜즈에서 가장 재래시장다운 모습을 자랑하고, 브린창의 야시장은 밤마다 사람들로 북적이며, 불교 사찰인 삼포 사원은 많은 사람들이 참배를 하러 방문한다. 하지만 뭐니 뭐니 해도 카메론 하일랜즈 여행의 하이라이트는 정글을 걸으며 세계에서 가장 큰 꽃인 라플레시아와 말레이시아 원주민 오랑 아슬리를 만나는 정글 트레킹과 브린창산 트레킹이다.

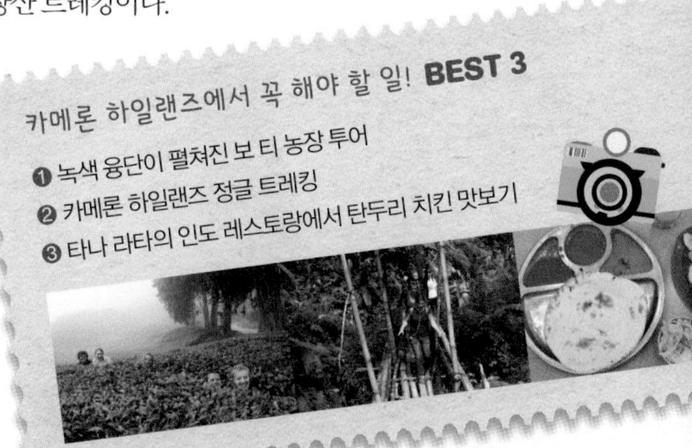

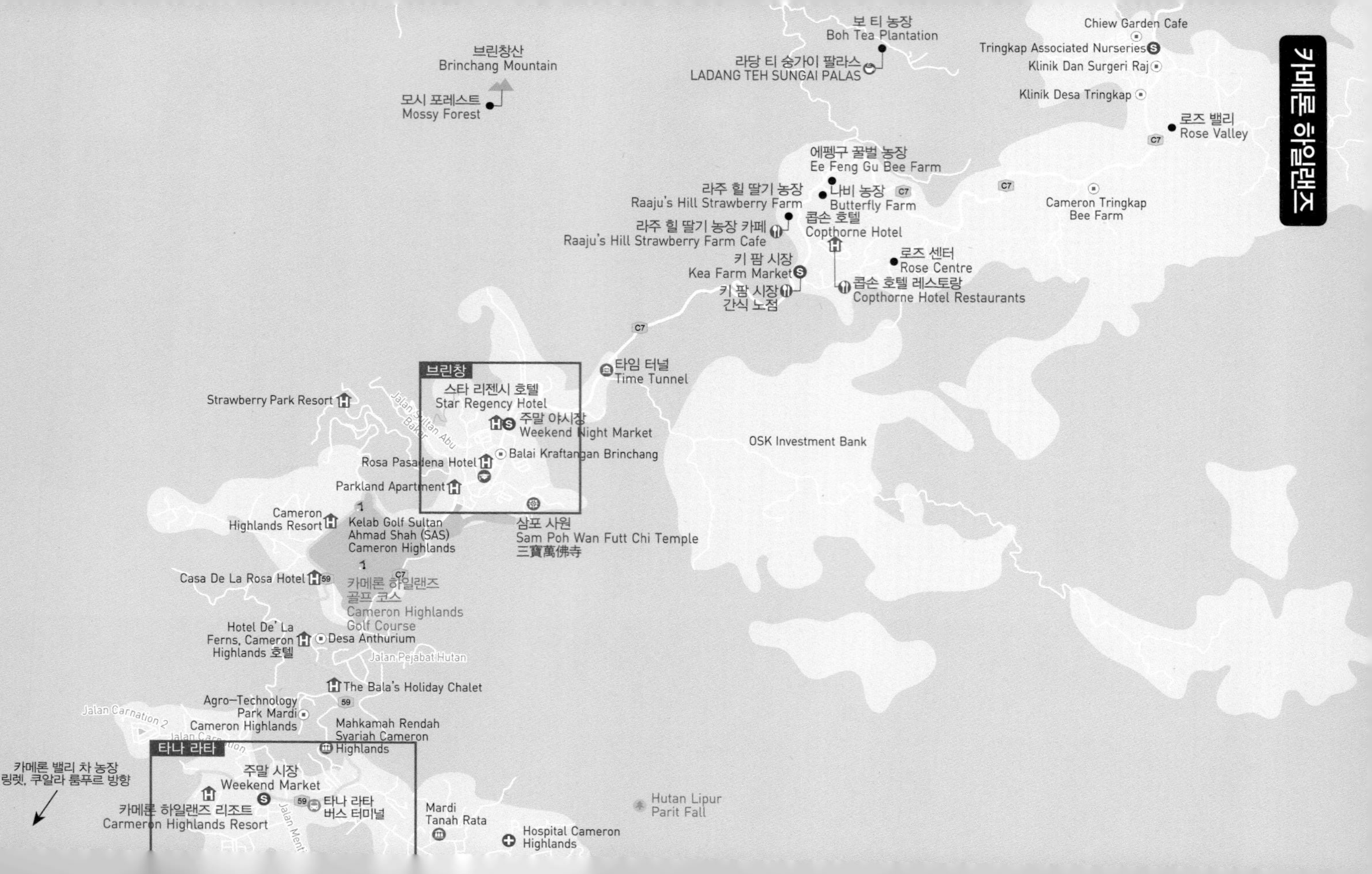
카메론 하일랜즈
브린창산
Brinchang Mountain
모시 포레스트
Mossy Forest
보 티 농장
Boh Tea Plantation
라당 티 숭가이 팔라스
LADANG TEH SUNGAI PALAS
Chiew Garden Cafe
Tringkap Associated Nurseries
Klinik Dan Surgeri Raj
Klinik Desa Tringkap
로즈 밸리
Rose Valley
에펭구 꿀벌 농장
Ee Feng Gu Bee Farm
라주 힐 딸기 농장
Raaju's Hill Strawberry Farm
나비 농장
Butterfly Farm
Cameron Tringkap
Bee Farm
라주 힐 딸기 농장 카페
Raaju's Hill Strawberry Farm Cafe
콥손 호텔
Copthorne Hotel
키 팜 시장
Kea Farm Market
로즈 센터
Rose Centre
키 팜 시장
간식 노점
콥손 호텔 레스토랑
Copthorne Hotel Restaurants
C7
타임 터널
Time Tunnel
브린창
스타 리젠시 호텔
Star Regency Hotel
주말 야시장
Weekend Night Market
Strawberry Park Resort
Jalan Sultan Abu Bakar
OSK Investment Bank
Balai Kraftangan Brinchang
Rosa Pasadena Hotel
Parkland Apartment
Cameron
Highlands Resort
Kelab Golf Sultan
Ahmad Shah (SAS)
Cameron Highlands
삼포 사원
Sam Poh Wan Futt Chi Temple
三寶萬佛寺
Casa De La Rosa Hotel
카메론 하일랜즈
골프 코스
Cameron Highlands
Golf Course
Hotel De' La
Ferns, Cameron
Highlands 호텔
Desa Anthurium
Jalan Pejabat Hutan
The Bala's Holiday Chalet
Agro-Technology
Park Mardi
Cameron Highlands
Jalan Carnation 2
Mahkamah Rendah
Syariah Cameron
Highlands
타나 라타
카메론 밸리 차 농장
링렛, 쿠알라 룸푸르 방향
주말 시장
Weekend Market
카메론 하일랜즈 리조트
Carmeron Highlands Resort
타나 라타
버스 터미널
Jalan Menti
Mardi
Tanah Rata
Hospital Cameron
Highlands
Hutan Lipur
Parit Fall

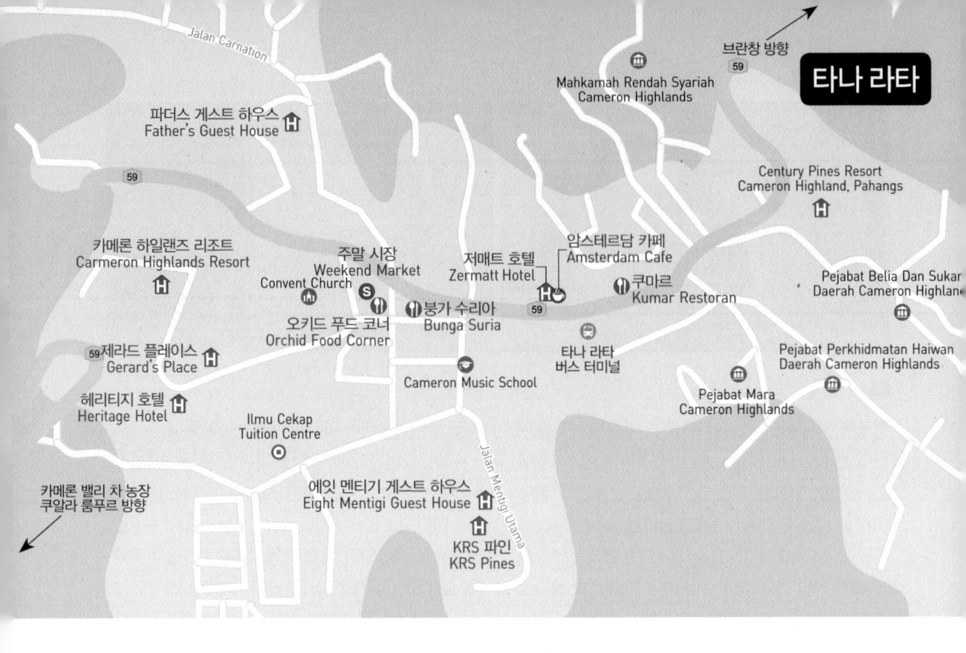

카메론 하일랜즈로 이동하기

쿠알라 룸푸르에서 가기

타나 라타 버스 터미널

카메론 하일랜즈에 기차역이 없어 버스만 이용할 수 있다. 쿠알라 룸푸르 차이나타운 인근에 위치한 푸두 센트럴(버스 터미널)에서 카메론 하일랜즈의 타나 라타로 떠나는 버스가 08:30~17:30에 30분~1시간 간격으로 운행되며 소요 시간은 약 4시간이다. 버스 회사별로 제각기 운행하고 티켓 구입 후에는 대개 환불이 안 되니 신중히 구입한다. 버스는 우리나라의 우등 고속에 해당하는 VIP 버스와 일반 버스로 나뉘는데 요금은 같거나 VIP 버스가 조금 높을 수 있다. 카메론 하일랜즈행 버스 중 VIP 버스는 08:30, 09:00, 10:30, 13:00에 출발하고 나머지 시간대에는 일반 버스가 운행되는데 회사 사정에 따라 변동이 있을 수 있다.

운행 구간	운행 회사	운행 시간	요금 (RM)
푸두 센트럴 → 카메론 하일랜즈(타나 라타)	GT Express	08:30, 09:30, 12:30, 14:30, 17:30	35
	Kesatuan	08:30~17:00, 1일 9회	
카메론 하일랜즈 → 푸두 센트럴	C.S. Travel	08:30, 12:00, 12:30, 15:00, 17:30	35
	Perak Transit (VIP)	08:00~17:30, 1일 10회	35
카메론 하일랜즈 → KL 센트럴 / 푸두 센트럴	Unititi Express	08:45, 11:00, 13:45, 16:00	35
	C.S. Travel Liner	09:30, 14:30	35

타나 라타 버스 터미널

시외버스

다른 지역에서 가기

이포에서 카메론 하일랜즈로 가는 버스는 이포의 메단 고펭(Medan Gopeng) 버스 터미널에서 1일 4회(09:30, 11:00, 17:30, 19:00) 운행된다. 페낭에서 갈 때는 숭가이 니봉(Sungai Nibong) 버스 터미널에서 1일 2회(07:15, 13:15) 운행되는 버스를 타거나, 페낭 조지 타운(George Town)의 콤타르 주변에서 1일 1회(09:00경) 운행되는 여행사 버스(대형) 등을 이용하면 된다. 조지 타운과 쿠알라 타한(Kuala Tahan), 쿠알라 베슷(Kuala Besut) 등에서는 여행사 미니밴도 1일 1회(09:00경) 운행된다. 여행사 버스와 미니밴은 여행사 사정에 따라 횟수와 시간이 변동될 수 있고 미니밴은 좌석이 8~9석에 불과하므로 이용하려면 미리 예약하는 것이 좋다.

카메론 하일랜즈에서 다른 지역으로 갈 때는 타나 라타 버스 터미널을 이용한다. 북쪽으로 랑카위, 버터워스(Butterworth), 페낭, 이포, 캄파르(Kampar, 08:00), 동쪽과 동북쪽으로 쿠알라 바루(Kuala Bharu, 08:00), 쿠알라 베슷(Kuala Besut, 08:00), 구아 무상(Gua Musang, 10:00), 쿠알라 리피스(Kuala Lipis, 08:00), 타만 네가라(Taman Negara), 프렌티안섬(Perhentian Island), 남쪽으로 KLIA/KLIA2 & 말라카(Melaka), 싱가포르(Singapore, 10:00)로 가는 버스나 미니밴이 있다.

카메론 하일랜즈의 교통수단

카메론 하일랜즈는 타나 라타를 중심으로 남쪽에 링렛, 북쪽에 브린창, 캄풍 라자 마을이 있고 주요 볼거리는 주로 타나 라타에서 캄풍 라자 사이에 있다. 카메론 하일랜즈를 둘러보려면 타나 라타 버스 터미널에서 캄풍 라자까지 운행하는 시내버스를 이용하거나 오토바이를 렌트하거나 택시 대절을 하는 방법이 있다.

오토바이는 타나 라타 버스 터미널의 우니티티 익스프레스 매표소나 타나 라타 길거리의 여행사를 통해 렌트할 수 있는데 국제 운전면허증(오토바이)을 요구한다. 오토바이는 스쿠터가 아니라 기어 있는 오토바이이므로 운전에 자신이 없는 사람은 렌트하지 않는 편이 좋다. 카메론 하일랜즈의 도로는 굴곡이 심하므로 주행 시 과속 운전을 피하고 교통 법규를 잘 지킨다. 렌트 비용은 4시간에 RM30, 8시간에 RM50이며, 보증금 RM100을 내거나 여권을 맡겨야 한다.

택시는 타나 라타 버스 터미널의 택시 사무소(Cameron Highlands Taxi, 05-491-2355)에 대기 중인 택시 기사와 협의를 통해 요금을 정하면 되는데 보통 반나절 정도 대절하면 주요 볼거리를 둘러볼 수 있고, 요금은 3시간에 RM25 내외이다. 도시처럼 도로에 빈 택시가 다니지 않으니 참고한다. 대중교통으로 둘러볼 수 없는 볼거리는 투어를 이용하자.

카메론 하일랜즈 1박 2일 코스

카메론 하일랜즈는 대중교통으로 다니기 불편하므로 여행사의 투어 프로그램을 이용하는 것이 좋다. 첫날은 보 티 농장, 꿀벌 농장, 나비 농장 등을 둘러보는 가장 기본적인 투어를 하고, 둘째 날은 정글 트레킹을 하면서 세계 최대의 꽃 라플레시아와 오랑 아슬리 원주민 마을을 보러 가는 트레킹 + 생태 투어에 참가해 보자.

1일

보 티 농장

투어 버스 20분

브린창산

투어 버스 20분

에펭구 꿀벌 농장

도보 5분

나비 농장

도보 10분

키 팜 시장

도보 10분

로즈 센터

도보 + 택시 20분

삼포 사원

2일

정글 트레킹

투어 버스 20분

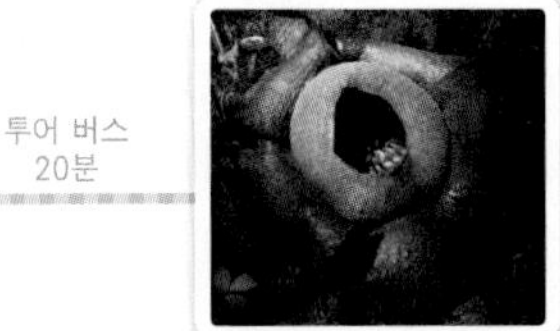

라플레시아 꽃 서식지

투어 버스 20분

오랑 아슬리 마을

타나 라타 Tanah Rata

카메론 하일랜즈 여행의 시작이자 끝

카메론 하일랜즈의 중심이 되는 마을로 관공서, 경찰서, 병원, 상가, 식당가, 버스 터미널, 여행사, 게스트 하우스 등이 모여 있다. 쿠알라 룸푸르나 페낭에서 카메론 하일랜즈로 오는 버스의 종착지이기도 하다. 여행자들은 타나 라타에 머물면서 카메론 하일랜즈를 둘러보기 좋고, 여행사를 통해 보 티 투어, 정글 트레킹 같은 투어도 이용할 수 있다. 주말이면 타나 라타 서쪽 공터에서 주말 시장이 열려, 사람들로 북적인다.

주소 17, Jalan Mentigi, Tanah Rata, Cameron Highlands, Pahang 교통 쿠알라 룸푸르, 페낭 등에서 시외버스 또는 여행사 미니밴 이용 전화 카메론 하일랜즈 012-205-1117 홈페이지 카메론 하일랜즈 cameronhighlands.com

주말 시장

Weekend Market

열대 과일, 채소, 먹거리가 있는 야시장

타나 라타 서쪽 공터에서 열리는 주말 시장으로 중고 의류, 신발, 액세서리, 닭고기, 생선, 열대 과일, 채소 등 다양한 상품이 팔린다. 간단히 입을 반바지나 티셔츠, 슬리퍼 정도 구입하면 적당하다. 주말 시장 먹거리로는 피자, 닭구이, 무르타박 등이 있는데 즉석에서 만들어 주므로 인기가 있다.

주소 타나 라타 서쪽 공터, Tanah Rata 교통 타나 라타 중심 상가에서 도보 5분 시간 토·공휴일 16:00~ 21:00

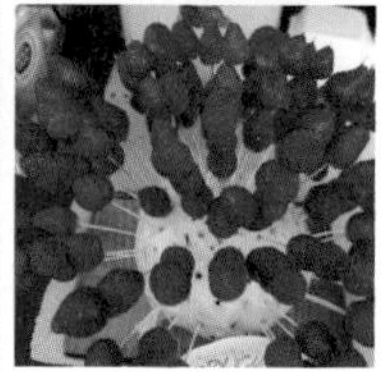

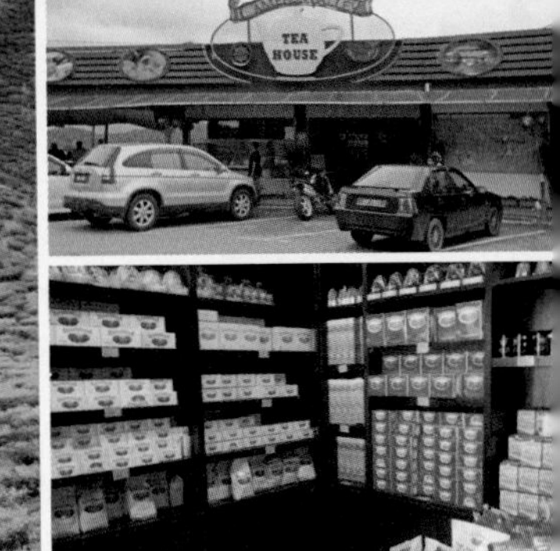

카메론 밸리 차 농장 Cameron Valley Tea Farm

녹색 융단을 깔아 놓은 듯!

타나 라타와 남쪽 링렛(Ringlet) 사이에 위치한 티 플랜테이션(Tea Plantation)이다. 플랜테이션은 열대 지역의 대규모 농장, 농지를 가리킨다. 카메론 밸리 차 농장은 1933년 설립되었고 현재 1,600ac의 넓은 부지에서 주당 70톤의 찻잎을 수확한다. 주요 생산품으로는 찻잎을 따서 무쇠솥에 덖은 녹차, 찻잎을 발효시킨 홍차, 어린 찻잎으로 만들어 찻물이 투명한 백차, 계피처럼 향기 나는 성분을 추가한 향차(flavoured Tea), 허브를 추가한 허브 차 등이 있고 이들 상품은 싱가포르, 인도네시아 등 세계 각국으로 수출된다. 카메론 밸리 홈페이지에 소개된 차의 효능은 정신을 맑게 하고 콜레스테롤을 낮추며 체중 감소를 유도하고 암, 심장병, 당뇨병 등에 도움이 된다고 한다. 카메론 밸리 차 농장 길가에는 카메론 밸리 티 하우스(Cameron Valley Tea House)라는 딸기 매장 겸 카페가 있어 잠시 쉬어 가기 좋다. 카메론 하일랜즈에는 카메론 밸리 차 농장 외에도 바랏 티 플랜테이션(Bharat Tea Plantation), 보 티(Boh Tea), 숭가이 팔라스(Sungai Palas) 등의 차 농장이 있다.

주소 Batu 34, Jalan Besar, Cameron Highlands 교통 타나 라타에서 택시 또는 오토바이 이용 전화 05-485-1454 홈페이지 bharattea.com.my

브린창 Brinchang

여러 호텔과 레스토랑, 주말 야시장이 있는 곳

브린창은 카메론 하일랜즈에서 타나 라타 다음으로 규모가 큰 마을로, 타나 라타에서 북쪽으로 4km 정도 떨어져 있다. 페낭에서 버스를 이용해 카메론 하일랜즈로 향하면 브린창에 정차한 뒤 타나 라타로 간다. 이곳에서 게스트 하우스는 찾아보기 힘들지만 중소 호텔과 식당은 여러 군데 있어 편리하게 이용할 수 있다. 주말이면 공터에서 야시장이 열려 사람들로 북적이는데 타나 라타의 주말 시장보다 규모가 크다. 타나 라타에서 카메론 하일랜즈 투어에 참가하면 브린창을 지나게 되니, 투어에서 돌아오는 길에 브린창에 내려 둘러보고 택시를 이용해 타나 라타로 돌아가는 것도 좋다.

주소 Brinchang, Cameron Highlands 교통 타나 라타에서 택시 또는 시내버스, 오토바이 이용 전화 카메론 하일랜즈 012-205-1117 홈페이지 카메론 하일랜즈 cameronhighlands.com

주말 야시장 Weekend Night Market

타나 라타 야시장보다 규모가 큰 야시장

브린창 북쪽 공터에서 열리는 주말 야시장으로 의류, 신발, 열대 과일, 채소 등을 취급한다. 타나 라타의 주말 시장에서 중고 의류를 볼 수 있다면 이곳에서는 신품 의류를 볼 수 있는 점이 다르다. 야시장이라면 빼놓을 수 없는 볶음밥, 덮밥, 닭고기 구이, 피자 등의 먹거리도 풍성하다. 야시장이 열리는 주말에는 초저녁부터 늦은 밤까지 시장을 찾는 사람과 차량이 많아 브린창의 메인 도로가 정체를 이루기도 한다.

주소 Brinchang Weekend Night Market, Cameron Highlands 교통 브린창 주유소 북쪽 키 팜 시장 방향, 바로 시간 토·공휴일 17:00~21:00

삼포 사원 Sam Poh Wan Futt Chi Temple 三寶萬佛寺

말레이시아에서 4번째로 큰 불교 사찰

브린창 주유소 부근의 동쪽 산 중턱에 위치한 불교 사찰로 보통 삼포 사원이라고 하지만 정식 명칭은 '삼보만불사'이다. 말레이시아에서 4번째로 큰 불교 사찰로 1972년 브린창을 내려다보는 위치에 세워졌다. 삼문을 지나면 불단에 배가 불룩 나온 포대화상의 모습이 보인다. 포대화상은 옛날 중국 승려로 배가 불룩했고 항상 자루를 가지고 다니며 보시를 받아 생활했다. 그는 날씨나 사람들의 길흉화복을 잘 맞춰, 미륵보살의 현신이라 여겨져 왔다. 포대화상이 있는 불당 뒤쪽에 대웅보전이 있는데, 대웅보전의 중앙에는 비로자나불이 있고 그 양쪽에 보살이 모셔져 있다. 다른 전각에는 관음보살상, 옥불상, 21 나한상 등이 있고, 명나라 때 남해 원정의 주역이자 역병을 물리쳤다고 하는 정화 장군(Cheng Ho)의 조각상이 모셔져 있기도 하다.

주소 Sam Poh Wan Futt Chi Temple, 41 Miles, Brinchang 교통 브린창 주유소에서 잘란 페카 바투(Jalan Pecah Batu) 이용, 도보 15분 시간 08:00~17:00 요금 무료 전화 05-491-1393

타임 터널 Time Tunnel

카메론 하일랜즈의 역사와 문화를 엿볼 수 있는 곳

브린창 북쪽에 위치한 추억의 박물관으로 옛날 카메론 하일랜즈의 모습을 사진과 물품으로 보여 준다. 그 밖에 오래된 콜라병, 찻잔 등 옛 추억을 되살리는 잡동사니 전시관, 태국 실크 사업가였던 짐 톰슨 전시관, 말레이시아의 이모저모를 보여 주는 메르데카 전시관 등이 있다. 박물관은 길가 가건물로 자칫하면 그냥 지나칠 수 있으니 주의하자.

주소 Time Tunnel, Brinchang 교통 타나 라타에서 택시, 시내버스, 오토바이 이용 / 브린창에서 도보 30분 시간 10:00~18:00 요금 성인 RM6, 어린이 RM4 홈페이지 www.timetunnel.cameronhighlands.com

키 팜 시장 Kea Farm Market

카메론 하일랜즈의 농업 중심지이자 시장

콥손 호텔(Copthorne, 구 에쿼토리얼 호텔) 부근은 해발 1,610m의 고산 지역으로 옛날부터 키 팜(Kea Farm)이라 불리는 카메론 하일랜즈의 농업 중심지였다. 콥손 호텔 못 미친 삼거리에 키 팜 시장이 있는데 이곳은 예전 브린창이었던 곳이다. 카메론 하일랜즈 초창기에는 이곳에 사람들이 모여들어 시내를 형성했으나, 부지가 좁아지자 키 팜 남쪽, 지금의 브린창 지역으로 옮겼다고 한다. 삼거리 키 팜 시장에는 열대 과일, 채소 등을 판매하는 상점들이 늘어서 있고 주말이면 노점까지 더해서 북적인다. 카메론 하일랜즈에서 가장 재래시장다운 곳이기도 하다. 키 팜 시장에서 빼놓을 수 없는 것이 먹거리로,

카메론 하일랜즈의 주산품 중 하나인 딸기, 삶은 고구마와 옥수수, 닭튀김, 각양각색의 어묵, 꼬치 등 맛볼 것이 많다.

주소 Kea Farm, Brinchang 교통 타나 라타에서 택시, 시내버스, 오토바이 이용 시간 10:00~18:00

로즈 센터 Rose Centre

각양각색의 장미를 볼 수 있는 곳

키 팜 시장에서 내륙 쪽으로 들어온 곳에 있는 장미 화원으로 다양한 종류의 장미를 구경할 수 있다. 장미 화원 뒤쪽 건물로 올라가면 서쪽으로 가깝게는 콥손 호텔(구 에쿼토리얼 호텔)과 라주 힐 딸기 농장, 멀리는 브린창산까지 한눈에 들어온다. 로즈 센터 앞에는 반용궁(蟠龍宮)이라는 작은 중국 사원이 자리한다.

주소 Rose Centre, Kea Farm 교통 키 팜 시장에서 도보 10분 시간 08:30~18:00 요금 성인 RM6, 어린이 RM4 전화 014-246-7822

라주 힐 딸기 농장 Raaju's Hill Strawberry Farm

딸기 농장 체험과 딸기 디저트 맛보기

카메론 하일랜즈에서 인기 있는 딸기 농장 중 하나로 콥손 호텔 건너편에 위치한다. 딸기 농장 입구에서 언덕길을 조금 오르면 딸기 카페와 매점이 나오고 그 앞으로 딸기 비닐하우스가 보인다. 일정 요금을 내면 딸기 비닐하우스에 들어가 딸기 따는 체험을 할 수 있고 딸기 매장에서 딸기를 사 먹거나 딸기 카페에서 딸기 음료를 맛볼 수도 있다. 참고로 4~6월이 가장 맛있는 딸기철이고, 그 외 기간에는 딸기의 당도가 약한지 매장에 크림, 꿀, 잼 등에 찍어 먹을 수 있게 준비해 놓았다. 카메론 하일랜즈에는 라주 힐 딸기 농장 외에도 빅 레드 딸기 농장(Big Red Strawberry Farm), 콕 림 딸기 농장(Kok Lim Strawberry Farm), 에스 코너 센트럴 마켓 농장(S' Corner Central Market) 등이 있다.

주소 Raaju's Hill Strawberry Farm, Brinchang 교통 타나 라타에서 택시, 시내버스, 오토바이 이용 / 키 팜 시장에서 도보 5분 시간 08:30~18:00 요금 입장료 무료 / 딸기 따기 체험 1박스 RM15 내외 / 딸기 1팩(약 100g) RM5, 딸기 1팩 + 크림·꿀·잼·마멀레이드 중에서 1병 RM8~10 전화 019-575-3867

브린창산 Brinchang Mountain

카메론 하일랜즈에서 두 번째로 높은 산

키 팜 지역 서쪽에 위치한 브린창산은 카메론 하일랜즈에서 제일 높은 이라우산(Irau, 2090m)에 이어 두 번째로 높은 해발 2,032m에 달한다. 브린창산 북쪽에는 보 티 농장이 자리하고 있다. 브린창산은 연중 습기를 머금은 안개에 싸여 있어 이끼로 덮인 모시 포레스트(Mossy Forest, 선태림)가 발달했다. 브린창산 정상에는 TV & 이동 통신 전파 탑과 전망 탑, 짧은 거리의 모시 포레스트 트레일(Mossy Forest Trail)이 있다. 전망 탑에 오르면 카메론 하일랜즈의 열대 우림을 조망할 수 있고, 트레일을 걸으며 이끼와 고산 식물들을 관찰할 수도 있다.

주소 Brinchang Mountain, Kea Farm, Brinchang 교통 타나 라타에서 시내버스 이용, 나비 농장(브린창산 입구) 하차, 브린창산 입구에서 도보 1시간 30분~2시간 또는 택시 / 브린창산 + 보 티 농장 투어 이용

모시 포레스트 Mossy Forest

물기 머금은 안개가 머무는 곳

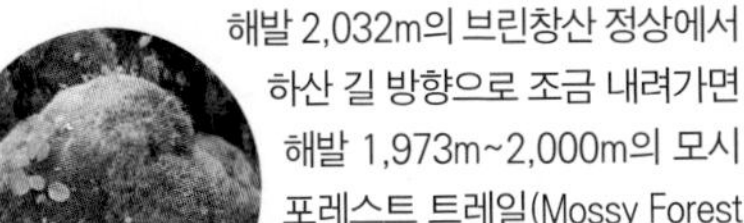

해발 2,032m의 브린창산 정상에서 하산 길 방향으로 조금 내려가면 해발 1,973m~2,000m의 모시 포레스트 트레일(Mossy Forest Trail)이 나온다. 모시 포레스트는 우리말로 '선태림'이라고 하며 열대 산지의 강수량이 많고 습도가 높은 지역에 발달하는, 이끼로 뒤덮인 숲을 가리킨다. 모시 포레스트 트레일에서는 나무 데크로 된 산책로를 걸으며 고목이나 바위에 붙어 습기를 먹고 자라는 이끼를 가까운 곳에서 관찰할 수 있다. 안개에 덮여 보일 듯 말 듯한, 기묘하게 생긴 고목들도 눈길을 사로잡는다. 투어 프로그램에 참가하면 가이드가 숲 속에서 희귀한 난이나 생강 맛 열매를 찾아 보여 주기도 한다. 단, 트레일을 걷는 도중에는 절대로 울타리를 넘어 샛길로 가지 말 것! 태국의 실크 왕 짐 톰슨처럼 숲 속에서 실종될 수도 있다.

주소 Brinchang Mountain, Kea Farm, Brinchang 정상 부근 교통 브린창산 정상에서 하산 길 방향, 도보 15분

브린창산 트레킹

브린창산 트레킹은 해발 5,282피트(1,610m)의 키 팜 지역 나비 농장 건너편 브린창산 입구에서 출발한다. 임도를 걸어 보 티 농장 방향으로 걷다가 보 티 농장과 브린창산 갈림길에서 브린창산 쪽으로 향한다. 이제 구불구불한 산길을 돌아 브린창산으로 오르면 된다.

임도를 따라 오르긴 하나 표지판이 잘 보이지 않으므로 주의해야 한다. 오전 중에는 보 티 + 브린창산 투어 미니밴이나 지프가 임도를 따라 정상까지 오르므로 차가 다니는 방향을 따라가면 쉽다. 브린창산 일대는 날씨가 흐리고 안개비가 자주 내리므로 우비를 착용하고 충분한 간식과 음료를 준비한다. 트레킹은 가급적 오전에 시작하는 것이 좋고 오후 늦은 시간에는 오르지 않는 편이 좋다.

카메론 하일랜즈에는 브린창산 외에도 이라우산, 자사르산(Jasar, 1704m), 베렘분산(Berembun, 1840m) 등으로 가는 다양한 트레킹 코스가 있는데 간혹 표지판이 부실한 곳이 있으니 현지 여행사에 문의하여 안전한 코스로 가는 것이 좋다.

트레킹 구간 브린창산 입구(나비 농원 앞)~(임도)~보 티 농장 갈림길~(임도)~모시 포레스트~(임도)~브린창산 정상, 약 3km, 약 2시간 소요

카메론 하일랜즈 정글에서 실종된 실크왕 짐 톰슨

인기 있는 고원 휴양지 카메론 하일랜즈가 세계적으로 이름을 알리게 된 계기는 1967년에 일어난 미스테리한 사건 때문이었다. 1950~1960년대 태국의 실크왕이라 불리던 미국인 실업가 짐 톰슨이 바로 이곳의 정글에서 실종된 것이다.

짐 톰슨은 미국 정보 장교 출신으로, 태국의 실크에 매료되어 자신의 이름을 걸고 생산과 품질 향상에 힘을 쓴 결과 오늘날 태국을 대표하는 실크 제품을 탄생시킨 인물이다. 그는 1967년 3월 방콕에서 카메론 하일랜즈로 휴가를 왔는데, 3월 27일 일요일 오후 정글로 산책을 나갔고 그 뒤로 다시는 돌아오지 않았다. 워낙 유명한 인물이었기 때문에 그가 실종된 후, 많은 인력이 그를 찾기 위해 정글을 헤맸으나 그의 시체조차 찾지 못했다.

짐 톰슨 매장

정글이 위험한 것은 일단 정글 속으로 들어가면 숲이 우거져 있어 동서남북 방위를 구분하지 못하게 된다는 점과 비교적 평탄한 숲이 계속되어 특별한 이정표가 없다는 점이다. 숲 속 어디서나 보이는 고산이 있다면 그것을 보고 방향을 잡아 나올 수 있으나 어디를 보아도 숲밖에 보이지 않으니 정처 없이 숲을 헤매게 되는 것이다.

요즘은 카메론 하일랜즈 정글에도 사방으로 도로가 뚫리고 티 플랜테이션, 플라워 플랜테이션, 딸기 농장 등으로 개발된 곳이 많으며 웬만한 곳은 핸드폰 통화가 가능해 위험이 많이 줄어들었다. 말레이 원주민인 오랑 아슬리도 핸드폰을 사용할 정도이다. 그러나 가이드 없이 정글로 들어가는 것은 위험을 자초하는 것이니 주의가 필요하다.

짐 톰슨이 실종된 정글

보 티 농장 Boh Tea Plantation

넓은 차밭과 차 가공 공장 견학

브린창 키 팜 지역 서쪽에 위치한 차 농장으로 말레이시아 최대의 차 생산지이다. 보 티는 타나 라타 남쪽 링렛과 브린창 사이에 3개의 티 플랜테이션을 가지고 있는데 메인 티 플랜테이션은 링렛의 하브(Habu) 지역에 있다. 브린창 북쪽 숭가이 팔라스(Sungai Palas)의 자매 티 플랜테이션이다. 보 티 농장에는 영국 식민지 시절부터 가동된 차 가공 공장, 쇼핑 갤러리, 카페 등이 있다. 차 가공 공장에서는 수확된 찻잎을 찌고 말리고 갈고 체로 걸러서 홍차를 만드는 과정을 볼 수 있고, 쇼핑 갤러리에서는 보 티의 티 플랜테이션 현황 소개를 보고 보 티에서 생산된 홍차, 녹차, 향차 등을 구입할 수 있다. 밖으로 돌출된 테라스가 있는 카페에서는 드넓은 차 농장을 바라보며 홍차나 녹차, 디저트를 맛볼 수 있어 즐겁다. 보 티 농장 한쪽에는 인도와 인도 주변 국가에서 일하러 온 인도계 노동자를 위한 집단 숙소와 힌

두 사원이 있어 눈길을 끈다.

주소 Boh Tea Plantation, Brinchang 교통 타나 라타에서 시내버스 이용, 나비 농장(브린창산 입구) 하차. 브린창산 입구에서 브린창산·보 티 방향, 도보 1시간 또는 택시 / 브린창산 + 보 티 농장 투어 이용 시간 농장 08:30~16:30(월요일 휴무), 차 가공 공장 08:30~16:45(15분 간격, 자유 견학) 요금 입장료 무료 / 보 티 홍차(티백 25개) RM3.9, 보 티 녹차(분말 300g 1캔) RM16.7 전화 05-493-1324

에펭구 꿀벌 농장 Ee Feng Gu Bee Farm

카메론 하일랜즈 고원에서 채취한 꿀 맛보기

키 팜 지역 북쪽 그린 카우(Green Cow) 지역에 위치한 꿀벌 농장이다. 안으로 들어가면 벌꿀, 벌꿀 부산물, 벌꿀 캐릭터 상품 등을 판매하는 상점이 나오고, 아래층에는 간단한 음료와 음식을 내는 카페가 있으며, 아래층 밖에 벌꿀 화원이 보인다. 벌꿀 화원에는 연못과 화초, 꿀벌 캐릭터 조형물로 꾸며져 있고 한쪽에 여러 개의 벌통이 놓여 있다. 꿀벌 농장 건물 내에 꿀벌의 생태를 설명하는 게시물과 벌통, 꿀 채취기 등 양봉 장비들이 전시되어 있어 꿀벌의 생태와 양봉에 대해 이해할 수 있는 기회가 된다. 이곳에서 생산되는 벌꿀과 벌꿀 부산물로는 꿀벌 화분(Bee Pollen), 순수 야생 꿀(Pure Wild Honey), 로열 젤리(Royal Jelly), 프로폴리스(Brazilia Green Propolis) 등이 있다. 카메론 하일랜즈에는 에펭구 벌꿀 농장 외에도 카메론 트링캅(Cameron Tringkap) 벌꿀 농장, 꿀벌 농장(Bee Farm, Habu in Ringlet) 등이 있다.

주소 75, Batu 43, Green Cow, Kea Farm, Brinchang 교통 타나 라타에서 택시, 시내버스, 오토바이 이용 / 키 팜 시장에서 도보 15분 시간 08:00~19:00 요금 입장료 무료 / 허니 스틱 RM1, 순수 야생 꿀(400g) RM22, 천연 순정 꿀 RM45(1kg), 프리미엄 꿀(350g) RM35 전화 05-496-1951

로즈 밸리 Rose Valley

다양한 장미와 장미 기념품 구경하기

그린 카우 지역의 에펭구 꿀벌 농장 북동쪽에 위치한 장미 화원으로 길가 가건물로 되어 있어 그냥 지나치기 쉽다. 카메론 하일랜즈에 조성된 농원과 화원들은 명칭만 거창할 뿐 실제는 가건물을 지어 사용하는 경우가 많으니 참고하자. 로즈 밸리 입구를 지나면 장미 캐릭터 상품을 판매하는 매장이 있고 매장을 지난 곳에 장미 화원이 있다. 장미 화원에서는 흑장미, 가시 없는 장미 등 450여 종의 다양한 장미를 선보인다. 아울러 백합, 거베라(Gerbera), 동백꽃 등도 볼 수 있다. 카메론 하일랜즈의 선선한 기후가 꽃을 재배하기에 최적의 조건을 제공하고 있어 장미 화원에서 만발한 꽃들의 향연을 감상하기 좋다.

주소 148 Tringkap, Cameron Highlands 교통 타나 라타에서 택시, 시내버스, 오토바이 이용 시간 09:30~18:00 요금 성인 RM6, 어린이 RM3 전화 012-505-2883

나비 농장 Butterfly Farm

나비, 도마뱀, 타란툴라가 있는 곤충 & 파충류 박물관

브린창 키 팜 지역에서 보 티 농장으로 넘어가는 입구에 위치한 나비 농장이다. 나비 농장 안, 그물망이 설치된 온실에서 나비를 기르고 있는데 나비들이 활발히 날아다니지는 않는다. 나비 온실을 나오면 도마뱀이나 뱀 등의 파충류, 전갈, 딱정벌레, 타란툴라 거미 같은 곤충류를 전시하는 곳이 나온다. 전체적으로는 나비류와 파충류, 곤충류 등의 종합 전시장이라고 할 수 있다. 카메론 하일랜즈에 서식하는 희귀 나비를 본다는 데 의미를 두자.

주소 Butterfly Farm, Kea Farm, Brinchang 교통 타나 라타에서 택시, 시내버스, 오토바이 이용 / 키 팜 시장에서 도보 10분 시간 08:30~18:00 요금 성인 RM7, 어린이 RM4 전화 05-496-1364

카메론 하일랜즈의 투어 프로그램

카메론 하일랜즈에서 보 티 농장이나 나비 농원, 장미 화원 등을 둘러보는 것도 좋지만 열대 우림 속을 걷는 트레킹을 빼놓을 수 없다. 정글 속을 걸으며 세계에서 가장 큰 꽃인 라플레시아를 만나고 폭포에서 수영을 할 수도 있다. 말레이 원주민 오랑 아슬리를 만나서는 대롱으로 독침을 쏘는 체험을 해 본다. 이 모든 것을 가장 편리하게 즐길 수 있는 방법은 바로 여행사에서 진행하는 투어 프로그램이다. 교통편이 불편하고 표지판 등이 잘 갖춰져 있지 않아서 개별적으로 가기 힘들기 때문이다. 투어 프로그램은 시간별로 오전, 오후, 전일로 나뉘고, 행선지별로 트레킹 + 라플레시아 + 오랑 아슬리 투어, 농장 투어, 트레킹+농장 투어 등 다양하니 취향에 따라 선택할 수 있다. 여러 여행사에서 투어 프로그램을 운영하나 대개 비슷하니 행선지, 요금 등을 비교해 선택하자.

※ C. S. Travel & Tour 기준

투어	내용	출발 시간 / 소요 시간	요금(RM)
컨트리 사이드 투어 Country Side Tour	로즈 센터-딸기 농장-나비 농장-보 티 농장-꿀벌 농장-시장-삼포 사원	08:45, 13:45 / 반일	성인 25 어린이 20
애그로 딜라이트 투어 Agro Delight Tour	칵투스 포인트-라벤더 가든-딸기 농장-화원-마드리 농원-야시장	14:30 / 반일	성인 60 어린이 50
모시 포레스트 디스커버리 Mossy Forest Discovery	브린창산-모시 포레스트-정글 트레킹-보 티 농장-나비 농장	08:45, 13:45 / 반일	성인 50 어린이 40
하일랜즈 일출 디스커버리 Highland's Sunrise Discovery	일출-조식-브린창산-모시 포레스트-보 티 농장	06:00 / 반일	성인 65 어린이 55
하일랜즈 전일 디스커버리 Highland's Fullday Discovery	브린창산-모시 포레스트-보 티 농장-나비 농장-점심-로즈 밸리-타임 터널-딸기 농장-시장-삼포 사원	08:45 / 전일	성인 80 어린이 70
어메이징 라플레시아 디스커버리 Amazing Rafflesia Discovery	라플레시아-보 티 농장-정글 트레킹-폭포-오랑 아슬리 마을-나비 농장-딸기 농장	08:45 / 전일	성인 80 어린이 70

※ 투어 신청 : C.S. Tavel : No. 47, Main Road, Tanah Rata, 05-491-1200
TJ Nur Travel & Tours : No. 68A, Persiaran Camellia 3, Bandar Baru Juta Villa, Tanah Rata, 05-491-4108
Cameron Holiday Tours : 3-A-1, prima Villa, Tanah Rata, 019-422-9559
Kang Tours & Travel : No. 38, Jalan Besar, Tanah Rata, 05-491-5828

Restaurant & Café

타나 라타의 인도 레스토랑에서 탄두리 치킨과 바나나잎 식사, 오키드 푸드 코너에서 스팀보트, 키팜 시장의 노점에서 딸기와 주전부리를 맛보고, 보 티 농장 카페에서 갓 생산된 홍차를 마시면서 카메론 하일랜즈에서의 식도락 여행을 즐겨 보자.

카메론 밸리 티 하우스 Cameron Valley Tea House

쿠알라 룸푸르에서 카메론 하일랜즈로 오는 길가 언덕에서 녹색 카펫처럼 펼쳐진 카메론 밸리 차 농장을 바라볼 수 있다. 농장 언덕에는 카메론 밸리 티 하우스가 있어 농장을 조망하는 전망대 역할을 하며, 농장에서 생산된 차를 구입하거나 맛볼 수 있다. 메뉴 중에는 과일이나 허브를 첨가한 가향 홍차도 있다.

주소 Cameron Valley Tea House, Batu 34, Jalan Besar, Cameron Highlands 교통 타나 라타에서 택시, 오토바이 이용 시간 09:00~18:00 메뉴 허브 차 RM6, 라즈베리 도넛 RM4.5, 홍차(티백, 25개) RM6.1

오키드 푸드 코너 Orchid Food Corner

타나 라타 서쪽, 의류·잡화 등을 판매하는 아틸리아 스퀘어에 있는 식당으로 주로 말레이 사람들이 이용하는 곳이다. 아틸리아 스퀘어 옆 공터에서는 주말 시장이 열리기도 한다. 오키드 푸드 코너 앞에는 마치 우리나라 시장통에서 해물탕 재료를 랩으로 싸 놓듯 스팀보트를 큰 그릇에 담아 놓았다. 스팀보트는 중국식 샤브샤브인 훠궈를 말하는데 한때 카메론 하일랜즈의 유명 먹거리로 알려진 적이 있다. 카메론 하일랜즈의 다른 식당에 비해 이 식당에서 내는 스팀보트가 가격 대비 양과 질이 제일 낫다. 물론 가설 식당이라 분위기는 산만할 수 있다.

주소 Orchid Food Corner, Atillia Square, Tanah Rata 교통 타나 라타 중심 상가에서 서쪽, 아틸리아 스퀘어 방향, 도보 5분 시간 06:00~24:00 메뉴 스팀보트 1세트 RM40, 나시 고렝 RM4.5, 똠얌 RM6

암스테르담 카페 Amsterdam Cafe

인도 레스토랑이 많은 타나 라타 중심가에 있는 브런치 카페이다. 메뉴는 아메리칸 브렉퍼스트, 파스타, 버거, 피시 앤 칩스 등이다. 아침에 커피 한 잔 하며 아메리칸 브렉퍼스트나 샌드위치를 맛보아도 좋다.

주소 38, Tanah Rata, 39000 Tanah Rata 교통 타나 라타 중심 상가에서 바로 시간 08:30~16:30 메뉴 아메리칸 브렉퍼스트, 파스타, 버거, 피시 앤 칩스 전화 011-1335-5122

붕가 수리아 Bunga Suria

타나 라타 서쪽의 수리아 아파트먼트 & 호텔 건물 아래에 위치한 식당으로, 남인도 요리를 주로 하고 말레이 요리와 양식도 선보인다. 개별 요리보다 세트 메뉴인 콤보 A~C를 주문하는 것이 좋은데 채식주의자와 비채식주의자를 위한 콤보 세트로 나뉜다. 비채식주의자를 위한 콤보 B는 쌀밥, 커리, 요거트, 치킨, 티 등으로 구성된다. 식후에는 인도 요거트 음료인 라시나 아이스크림을 맛보아도 좋다. 인도 요리, 말레이 요리, 양식 등 메뉴가 워낙 많아 메뉴를 보는 데 한참 시간이 걸린다.

주소 66A, Persiaran Camellia 3, Tanah Rata 교통 타나 라타 중심 상가에서 서쪽, 도보 5분 시간 07:00~23:00 메뉴 커리 치킨 RM5, 치킨 무르타박 RM7, 콤보 A~C RM9~15 내외 전화 05-491-3666

키 팜 시장 간식 노점

브린창 북쪽의 콥손 호텔에 못 미친 삼거리에 키 팜 시장이 있다. 카메론 하일랜즈에서 가장 재래 시장 느낌이 나는 키 팜 시장에는 의류, 신발 등을 파는 상점은 별로 보이지 않고 과일, 채소 상점이 많다. 과일 중에서도 카메론 하일랜즈의 주산물인 딸기가 많이 보인다. 또한 삶은 고구마와 옥수수, 꼬치, 닭튀김, 어묵 등 간식 노점도 있어 한두 개씩 사 먹다 보면 배가 부르다. 간식 노점부터 한 곳씩 들른 뒤, 디저트로 딸기를 맛보자.

주소 Kea Farm, Brinchang 교통 타나 라타에서 택시, 시내버스, 오토바이 이용 시간 10:00~18:00

쿠마르 Kumar Restoran

타나 라타 동쪽, 버스 터미널 방향에 위치한 정통 남인도 요리 식당으로, 식당 앞에는 난과 탄두리 치킨을 굽는 둥근 화덕이 있고 옆에서는 연신 밀가루 반죽을 펴서 난, 토사이, 무르타박 등을 만든다. 카메론 하일랜즈의 인도 식당 중 가장 인도 식당다운 곳이다. 단품을 주문하기보다 바나나잎 콤비네이션 세트(Banana Leaf Combination Set)나 탄두리 치킨 세트(Tanduri Chicken Set)를 시키는 것이 좋고 양이 부족하다면 로티나 난, 탄두리 치킨 등을 추가 주문한다. 식후에는 유산균 음료 라시나 디저트를 맛보는 것도 좋다.

주소 26, Main Rd., Tanah Rata 교통 타나 라타 중심 상가에서 동쪽, 버스 터미널 방향, 도보 5분 시간 08:00~22:00 메뉴 치킨 무르타박 RM7, 바나나잎 세트(탄두리 치킨) RM15, 탄두리 치킨 세트(난) RM9

라주 힐 딸기 농장 카페 Raaju's Hill Strawberry Farm Cafe

브린창 북쪽의 키 팜 부근에 위치한 라주 힐 딸기 농장을 둘러보고 나가는 길에 카페에 들러 보자. 딸기 농장답게 딸기 주스, 딸기 아이스크림, 딸기 치즈 케이크 등 온통 딸기가 들어간 메뉴를 판매한다. 카페 옆 딸기 매장에서 팩에 들어 있는 싱싱한 딸기를 꿀에 찍어 먹어도 좋다.

주소 Raaju's Hill Strawberry Farm, Brinchang 교통 타나 라타에서 택시, 시내버스, 오토바이 이용 / 키 팜 시장에서 도보 5분 시간 08:30~18:00 메뉴 딸기 주스 RM7 전화 019-575-3867

라당 티 숭가이 팔라스 LADANG TEH SUNGAI PALAS

브린창 키 팜 지역 서쪽에 위치한 보 티 플랜테이션 내에는 드넓은 차밭과 차 가공 공장, 쇼핑 갤러리, 카페가 자리한다. 카페에는 밖으로 돌출된 테라스가 있어 넓은 차밭을 조망하기 좋고 이곳에서 생산된 홍차나 녹차를 맛볼 수 있다. 홍차에 초콜릿 롤, 커스터드 바 같은 베이커리를 곁들여 먹어도 좋다.

주소 Boh Tea Plantation, Brinchang 교통 타나 라타에서 시내버스 이용, 나비 농장(브린창산 입구) 하차. 브린창산 입구에서 브린창산·보 티 방향, 도보 1시간 또는 택시 이용 / 브린창산 + 보 티 농장 투어 이용 시간 08:30~16:30(월요일 휴무) 메뉴 홍차 RM2.7, 초콜릿 롤 RM4.8(세금 6% 추가) 전화 05-496-2096

콥손 호텔 레스토랑 Copthorne Hotel Restaurants

브린창 키 팜 지역에 위치한 콥손 호텔 내에 레스토랑 커피 숍(Coffee Shop)과 중식당 밀레니엄 가든(Millennium Garden)이 있다. 커피 숍은 이름과 달리 말레이 요리, 아시아 요리, 인터내셔널 요리를 내는 레스토랑이고 밀레니엄 가든은 중국 광둥과 선전 요리를 내는 중국 레스토랑이다. 카메론 하일랜즈 지역에서 근사한 레스토랑을 찾는다면 들러 볼 만하고 저녁 시간이라면 크리켓 라운지(Cricket Lounge)에서 칵테일을 마셔도 좋다.

주소 Copthorne Hotel, Kea farm, Brinchang 교통 타나 라타에서 택시, 시내버스, 오토바이 이용 / 키 팜 시장에서 도보 15분 시간 커피 숍 06:30~23:30, 밀레니엄 가든 06:30~22:30 메뉴 중국 요리, 말레이 요리, 인터내셔널 요리 전화 05-496-1777 홈페이지 www.millenniumhotels.com/copthornecameron

Hotel & Resort

중가 모텔과 호텔, 저가 호스텔과 게스트 하우스는 타나 라타 중심 상가 주변에 모여 있고 고급 호텔과 리조트는 타나 라타 중심 상가에서 떨어져 있거나 브린창, 키 팜 시장 주변에 위치한다. 중가 모텔과 호텔은 브린창 주유소 부근에서도 찾을 수 있다.

카메론 하일랜즈 리조트 Cameron Highlands Resort

고급 리조트

타나 라타 서쪽 언덕에 위치한 리조트로 말레이시아 리조트 & 호텔 체인 YTL에 속하는 곳이다. 리조트 건물은 진한 갈색 지붕에 흰 테라스 문이 있는 영국 튜더 양식으로 클래식한 분위기를 자아낸다. 리조트는 56개의 럭셔리한 객실과 레스토랑 다이닝 룸, 일식당 곤베이, 짐 톰슨 티 룸, 스파 빌리지, 18홀의 골프장 등을 갖추고 있다. 짐 톰슨 티 룸에서 애프터눈 티를 맛보거나, 카메론 하일랜즈 일대에서 가장 시설과 서비스가 좋은 스파 빌리지에서 스파를 즐기는 것도 좋을 것이다.

주소 Cameron Highlands Resort, By The Golf Course, Tanah Rata 교통 타나 라타 버스 터미널에서 택시 이용 요금 딜럭스 룸 RM450 / 스파_타이 마사지(50분) RM200, 스파 패키지 RM400~600 전화 05-491-1100 홈페이지 www.cameronhighlandsresort.com

헤리티지 호텔 Heritage Hotel

고급 호텔

타나 라타 서쪽 언덕에 위치하고 있는 호텔로 영국 튜더 양식으로 지어졌고 238개의 럭셔리한 룸을 갖고 있다. 주요 호텔 시설로는 커피숍 레인포레스트(Rainforest), 중식당 자스민 가든(Jasmine Garden), 빈티지 라운지 바(Vintage Lounge Bar), 헤리티지 그릴 & 바비큐(Heritage Grill & BBQ) 등이 있다. 가족 여행이나 연인과의 여행이라면 게스트 하우스나 중저가 호텔 보다는 고급 호텔을 이용해도 좋을 것이다.

주소 Jalan Gereja, Tanah Rata 교통 타나 라타 중심 상가에서 서쪽, 잘란 제레자(Jalan Gereja)에 위치, 도보 15분 요금 슈피리어 룸 RM406 전화 05-491-3888 홈페이지 www.heritage.com.my

스타 리젠시 호텔 Star Regency Hotel

고급 호텔

브린창 북쪽에 위치한 호텔로 168개의 아파트형 룸을 보유하고 있다. 주요 호텔 시설로는 중식당 켐파카(Cempaka), 양식당 메라티 커피 하우스(Melati Coffee House) 등이 있다. 브린창 시내에 있어 브린창 시내와 야시장을 둘러보기 좋고 브린창 북쪽의 키 팜, 나비 농원, 보 티 농장 등으로 가기도 편리하다.

주소 39 Main Road, Brinchang 교통 브린창 주유소에서 도보 10분 요금 스위트 1(2 베드 룸) RM368 전화 03-8873-3710 홈페이지 www.star-regency.net

콥손 호텔 Copthorne Hotel

고급 호텔

브린창 키 팜 지역의 에쿼토리얼 호텔(Equatorial Hotel)이 밀레니엄 호텔 & 리조트 체인으로 바뀌면서 콥손 호텔이 되었다. 해발 1,628m 높이에 있는 고산 호텔이어서 345개 객실에서 바라보는 카메론 하일랜즈의 열대 우림 풍경이 멋지고 인근 보 티 농장, 라주 딸기 농장, 나비 농장 등을 둘러보기 편리하다. 호텔 시설로는 실내 수영장과 레스토랑인 커피숍, 밀레니엄 가든 등이 있다.

주소 Copthorne Hotel, Kea farm, Brinchang 교통 타나 라타에서 택시, 시내버스, 오토바이 이용 / 키 팜 시장에서 도보 15분 / 쿠알라 룸푸르에서 콥손 호텔로 바로 올 경우, 카메론 하일랜즈를 거쳐 이포 또는 페낭행 버스 이용, 호텔 앞 하차 요금 슈피리어 룸 RM223 전화 05-496-1777 홈페이지 www.millenniumhotels.com/copthornecameron

저매트 호텔 Zermatt Hotel

중저가 호텔

타나 라타 메인 도로가에 있는 중저가 호텔로 시설은 좀 낡았어도 카메론 하일랜즈 여행을 하기에 적당한 위치에 있다. 근처 여행사에서 현지 투어를 신청하기 좋고 다른 지역으로 이동하는 버스를 타기도 편리하다.

주소 38, Jalan Besar, Tanah Rata 교통 타나 라타 메인 도로 중간 방향, 도보 3분 요금 디럭스 더블/트윈 RM102, 패밀리룸 RM127.5 전화 05-491-5646

파더스 게스트 하우스 & 제라드 플레이스 Father's Guest House & Gerard's Place

게스트 하우스

한때 카메론 하일랜즈에서 유명했던 게스트 하우스로 근년에 3층 건물로 신축하여 시설이 깨끗한 편이다. 도미토리와 싱글 룸, 더블 룸 등 다양한 룸을 갖추고 있어 이용에 불편이 없고 여느 게스트 하우스처럼 자체 카메론 하일랜즈 투어도 실시한다. 같은 주인이 운영하는 제라드 플레이스는 타나 라타 서쪽, 헤리티지 부근에 위치한 게스트 하우스로 접근성이 조금 떨어진다.

주소 No 4, Jalan Mentigi, Tanah Rata 교통 **파더스_**타나 라타 서쪽, 도보 10분 **제라드_**타나 라타에서 헤리티지 호텔 방향, 잘란 제레자(Jalan Jereja)에 위치, 도보 15분 요금 **파더스_**도미토리 RM20, 싱글/트윈 룸(공용 욕실) RM60/70, 더블 룸(개별 욕실) RM90~100 **제라드_**트윈/더블 룸(공용 욕실) RM80, 더블 룸(개별 욕실) RM110 전화 파더스 016-566-1111, 제라드 012-588-5454 홈페이지 fathersguesthouse.net

에잇 멘티기 게스트 하우스 Eight Mentigi Guest House

타나 라타 서쪽 게스트 하우스 밀집 지역 내에 있는 게스트 하우스로 단층 건물로 되어 있다. 숙박객이 많을 때는 화장실 이용이 조금 불편하나 그 외에는 하룻밤 보내기에 불편함이 없다.

주소 8A, Jalan Mentigi, Tanah Rata 교통 버스 터미널에서 도보 10분 요금 도미토리 RM20 내외, 싱글/더블 룸(공동 욕실) RM70 내외 전화 05-491-5988 홈페이지 www.eightmentigi.com

KRS 파인 KRS Pines

타나 라타 서쪽의 잘란 멘티기에는 여러 게스트 하우스가 모여 있다. 그중에 처음 보이는 게스트 하우스가 골든 로지이고 그 위쪽에 KRS 파인 게스트 하우스, 에잇 멘티기 게스트 하우스, 빈티지 게스트 하우스이다. 이들 게스트 하우스는 시설이 비슷하므로 선택하는 데 많은 시간을 들이지 말자. KRS 파인 인근에는 힐뷰 인, 하일랜더 가든 게스트 하우스도 있으니 참고하자.

주소 7 Jalan Mentigi, Tanah Rata 교통 버스 터미널에서 도보 10분 요금 도미토리 RM15~25, 트윈 룸(공용 욕실) RM35~50, 트윈/더블 룸(개별 욕실) RM60~90 전화 05-491-2777

Taman Negara
타만 네가라

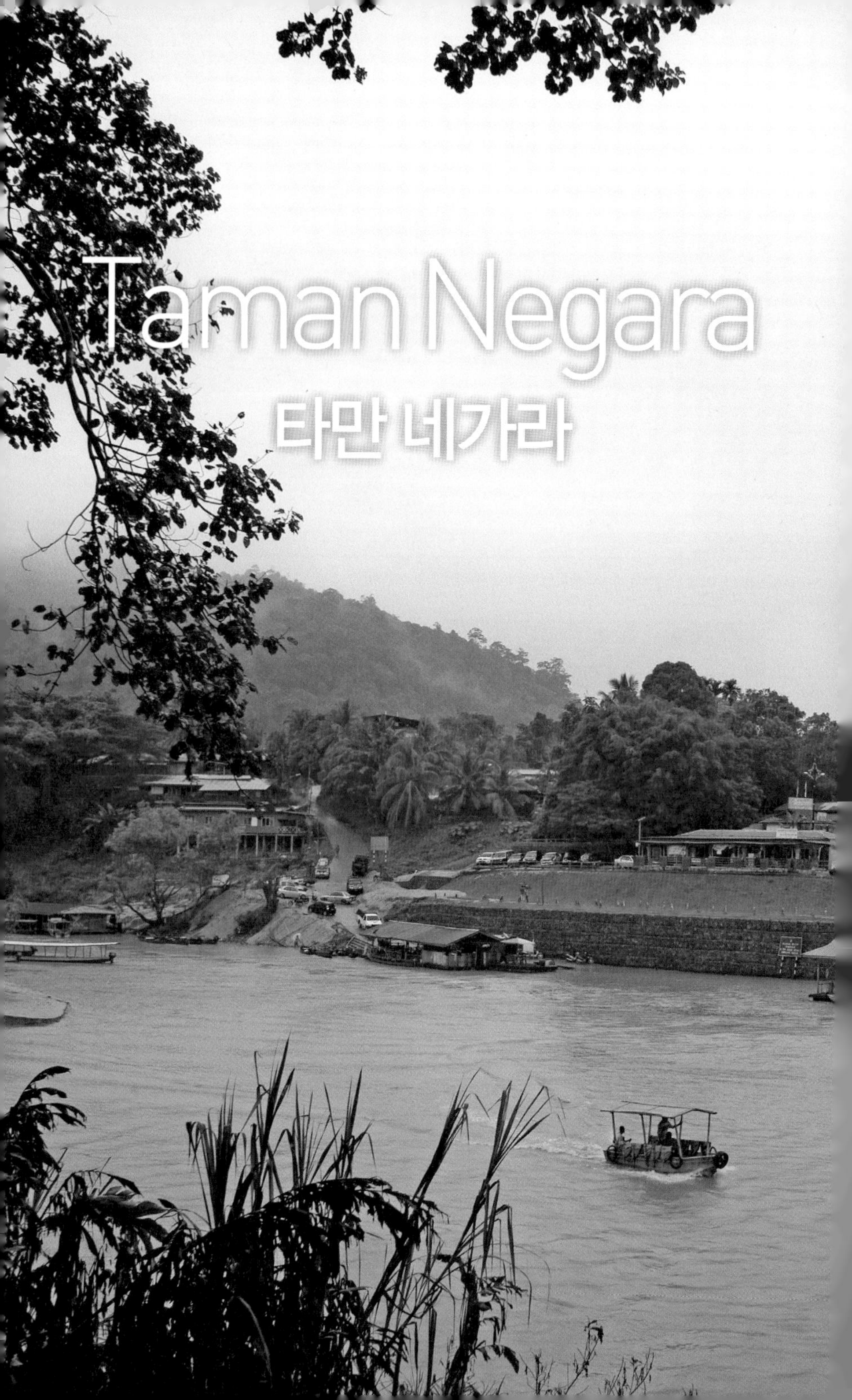

생명력 가득한 원시 정글을 온몸으로 만나다

쿠알라 룸푸르 북동쪽 내륙에 위치한 타만 네가라 국립 공원은 남북으로 템벨링강이 흐르고 말레이반도에서 가장 높은 해발 2,187m의 타한산이 있으며 4,343km²에 이르는 방대한 넓이의 열대 우림(Tropical Rain Forest)을 자랑한다. 열대 우림은 적도 인근에 위치한, 상록 활엽수가 무성한 정글을 말한다. 연중 풍부한 비와 따뜻한 날씨는 온갖 수목이 자라는 데 최적의 조건을 제공하고 있고 정글 속에는 코끼리, 긴팔원숭이, 물소, 구름표범 등 다양한 생물이 살고 있다. 타만 네가라를 잘 즐기는 방법은 뭐니 뭐니 해도 변화무쌍한 날씨 속에 습기를 머금은 울창한 열대 우림을 걷는 것이다. 열대 우림 속에서 수백 년 된 고목을 만나고 이름 모를 꽃과 곤충을 관찰하다 보면 어느 새 자연의 신비를 실감하게 되고 자연과 하나 됨을 느끼게 된다.

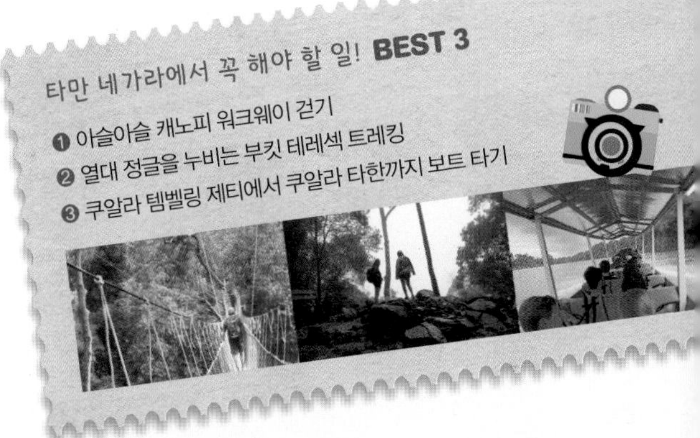

타만 네가라에서 꼭 해야 할 일! **BEST 3**

1. 아슬아슬 캐노피 워크웨이 걷기
2. 열대 정글을 누비는 부킷 테레섹 트레킹
3. 쿠알라 템벨링 제티에서 쿠알라 타한까지 보트 타기

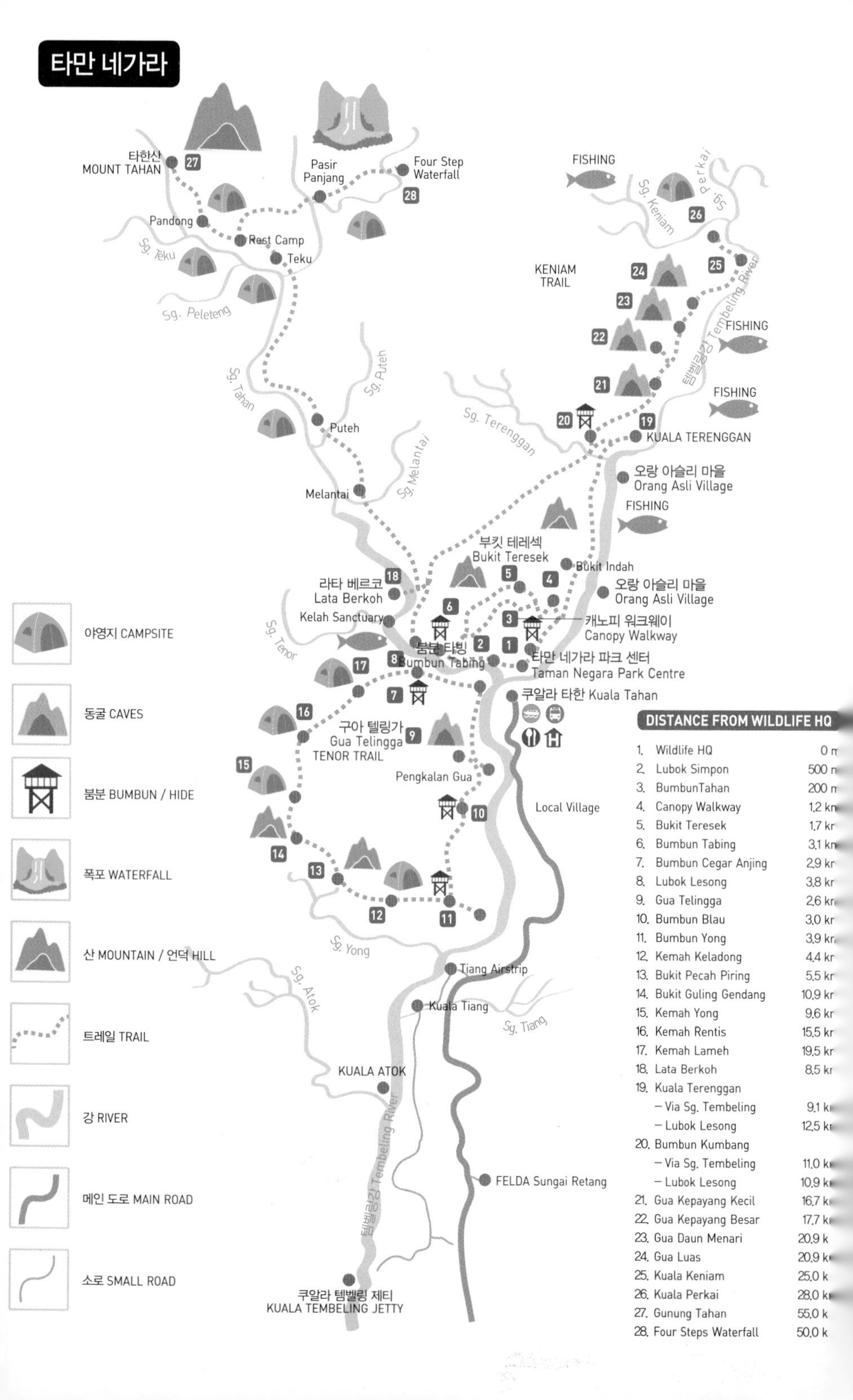
타만 네가라
타한산
MOUNT TAHAN
27
Pasir
Panjang
Four Step
Waterfall
28
Pandong
Rest Camp
Teku
Sg. Teku
Sg. Peleteng
Sg. Tahan
Sg. Puteh
Puteh
Sg. Melantai
Melantai
FISHING
Sg. Keniam
Sg. Perkai
26
25
KENIAM
TRAIL
24
23
22
21
템벨링강 Tembeling River
20
19
KUALA TERENGGAN
Sg. Terenggan
오랑 아슬리 마을
Orang Asli Village
부킷 테레섹
Bukit Teresek
Bukit Indah
라타 베르코
Lata Berkoh
18
Kelah Sanctuary
Sg. Tenor
캐노피 워크웨이
Canopy Walkway
붐분 타빙
Bumbun Tabing
타만 네가라 파크 센터
Taman Negara Park Centre
쿠알라 타한 Kuala Tahan
구아 텔링가
Gua Telingga
TENOR TRAIL
Pengkalan Gua
Local Village
Sg. Yong
Tiang Airstrip
Kuala Tiang
Sg. Tiang
Sg. Atok
KUALA ATOK
FELDA Sungai Retang
쿠알라 템벨링 제티
KUALA TEMBELING JETTY
야영지 CAMPSITE
동굴 CAVES
붐분 BUMBUN / HIDE
폭포 WATERFALL
산 MOUNTAIN / 언덕 HILL
트레일 TRAIL
강 RIVER
메인 도로 MAIN ROAD
소로 SMALL ROAD
DISTANCE FROM WILDLIFE HQ
1. Wildlife HQ 0 m
2. Lubok Simpon 500 m
3. BumbunTahan 200 m
4. Canopy Walkway 1.2 k
5. Bukit Teresek 1.7 k
6. Bumbun Tabing 3.1 k
7. Bumbun Cegar Anjing 2.9 k
8. Lubok Lesong 3.8 k
9. Gua Telingga 2.6 k
10. Bumbun Blau 3.0 k
11. Bumbun Yong 3.9 k
12. Kemah Keladong 4.4 k
13. Bukit Pecah Piring 5.5 k
14. Bukit Guling Gendang 10.9 k
15. Kemah Yong 9.6 k
16. Kemah Rentis 15.5 k
17. Kemah Lameh 19.5 k
18. Lata Berkoh 8.5 k
19. Kuala Terenggan
– Via Sg. Tembeling 9.1 k
– Lubok Lesong 12.5 k
20. Bumbun Kumbang
– Via Sg. Tembeling 11.0 k
– Lubok Lesong 10.9 k
21. Gua Kepayang Kecil 16.7 k
22. Gua Kepayang Besar 17.7 k
23. Gua Daun Menari 20.9 k
24. Gua Luas 20.9 k
25. Kuala Keniam 25.0 k
26. Kuala Perkai 28.0 k
27. Gunung Tahan 55.0 k
28. Four Steps Waterfall 50.0 k

타만 네가라로 이동하기

쿠알라 룸푸르에서 가기

쿠알라 룸푸르에서 제란툿까지

여행사 미니밴

쿠알라 룸푸르에서 타만 네가라(쿠알라 타한)로 가려면, 우선 버스나 기차를 타고 제란툿(Jerantut)까지 가서 보트나 로컬 버스로 갈아타야 한다. 첫 단계인 제란툿까지의 이동 방법은 기차보다 버스를 주로 이용하는데, 제란툿행 버스는 3가지가 있다. 첫째, LRT 티티왕사(Titiwangsa) 역 옆에 있는 프켈리링(Pekeliling) 버스 터미널에서 시외버스를 탄다. 둘째, 차이나타운의 만다린 퍼시픽 호텔에서 NKS 여행사의 미니밴을 탄다. 셋째, KL 모노레일 라자 출란(Raja Chulan) 역 옆에 있는 크라운 플라자 무티아라 호텔에서 제란툿의 NKS 여행사까지 가는 버스를 탄다. 두 번째와 세 번째 방법은 제란툿에서 선착장까지 이동하고 보트에 탑승하는 것까지 여행사에서 연결해 주기 때문에 편리하다.

기차로는 KL 센트럴에서 출발하는 기차를 타고 제란툿에 도착할 수 있다. 하지만 실제는 기차 시간이 적당하지 않아 여행하기 불편하다.

	운행 구간	시간 / 요금
버스	프켈리링 버스 터미널 → 제란툿 버스 터미널	SE Express 09:30, 10:45, 12:00, 15:30, 17:30 / 약 3시간 소요 / RM19 내외
	만다린 퍼시픽 호텔 → 제란툿 NKS 여행사	미니밴 08:30 / 약 3시간 소요 / RM40(제란툿의 보트 환승 포함 시 RM80)
	크라운 플라자 무티아라 호텔 → 제란툿 NKS 여행사	쿠알라 템벨링행 버스(예약 필수) 08:30 / 약 3시간 소요 / RM40(제란툿의 보트 환승 포함 시 RM80)
기차	KL 센트럴 → 제란툿	KL센트럴 20:30 / 약 5시간 50분 소요 / 2등석 RM22 내외

제란툿에서 타만 네가라(쿠알라 타한)까지

제란툿에서 타만 네가라까지는 보트나 버스로 이동할 수 있다. 보트를 이용하려면 먼저 제란툿의 NKS 여행사 버스로 쿠알라 템벨링(Kuala Tembeling) 제티로 이동하여 보트를 타고 쿠알라 타한으로 간다. 버스편으로 가려면, 제란툿 버스 터미널에서 1일 4회 운행하는 로컬 버스를 이용하여 쿠알라 타한으로 직행하면 된다.

타만 네가라(쿠알라 타한)에 들어가려면 국립 공원 입장료 RM1, 카메라 요금 RM5를 내야 하는데, 쿠알라 템벨링 제티에서 보트를 타고 갈 경우에는 제란툿의 NKS 여행사(국립 공원 대행)에 내거나 쿠알라 템벨링 제티에 직접 내면 되고, 제란툿에서 로컬 버스를 타고 쿠알라 타한으로 가는 경우에는 쿠알라 타한에 도착해서 내면 된다.

	운행 구간	시간 / 요금
보트	제란툿 NKS 여행사 → 쿠알라 템벨링 제티(선착장)	여행사 버스 08:30, 13:30 / 약 20분 소요 / 요금 RM10 (※ 택시 이용 시 RM20)
	쿠알라 템벨링 제티 → 쿠알라 타한(타만 네가라)	보트 08:30, 14:00(금 14:30) / 3시간 소요 / RM55(버스+보트)
버스	제란툿 → 쿠알라 타한(타만 네가라)	여행사 버스 07:00, 08:30, 18:00 / 약 2시간 소요 / RM25
		로컬 버스 1일 4회

* 현지 사정에 따라 버스, 보트 시간이 변경될 수 있음

쿠알라 타한 버스 터미널

쿠알라 템벨링 제티-쿠알라 타한 보트

타만 네가라로 갈 때 처음부터 끝까지 육로로 갈 수도 있지만, 그보다는 제란툿의 쿠알라 템벨링 제티(선착장)에서 보트로 갈아타고 쿠알라 타한(타만 네가라)에 가는 것을 추천한다. 폭이 좁고 길이가 긴 보트는 뒤쪽에 커다란 모터를 달아 물보라를 일으키며 달린다. 보트로 구불구불한 템벨링강을 거슬러 올라가며 강가의 열대 우림, 강가로 나온 물소, 강에서 물고기를 잡은 사람들을 볼 수 있다. 템벨링강은 수심이 깊은 곳과 낮은 곳, 여울, 상류에서 떠내려온 침목 등 다양한 모습을 보여 준다. 타만 네가라로 갈 때 보트를 이용한다면, 쿠알라 타한에서 따로 래피드 슈팅(보트)나 리버 사파리 등을 하지 않아도 충분하다.

주소 Tembeling River, Kuala Tahan 교통 제란툿에서 쿠알라 템벨링 제티(선착장)로 이동, 쿠알라 템벨링 제티에서 쿠알라 타한(타만 네가라)행 보트 이용 시간 쿠알라 템벨링 제티→쿠알라 타한 08:30, 14:00 / 3시간 소요 요금 RM55(버스+보트) / 쿠알라 템벨링 제티행 제란툿 여행사 버스 RM10, 국립 공원 입장료 RM1, 카메라 RM5 전화 제란툿 NKS 여행사 09-266-4488 홈페이지 www.taman-negara-nks.com

다른 지역으로 이동하기

말레이반도의 페낭(Penang), 쿠알라 베슷(Kuala Besut), 카메론 하일랜즈(타나 라타) 등에서 여행사 미니밴을 이용해서 타만 네가라(쿠알라 타한)로 직행할 수 있다. 또는 버스로 제란툿까지 이동한 뒤 로컬 버스나 보트로 갈아타고 쿠알라 타한으로 갈 수도 있다. 보트를 이용할 경우에는 제란툿에 도착한 후 쿠알라 템벨링 제티로 이동하여 보트를 타고 템벨링강을 거슬러 올라간다.

반대로 쿠알라 타한에서 제란툿, 쿠알라 템벨링, 페낭, 쿠알라 베슷, 카메론 하일랜즈 등으로 가는 미니밴 또는 보트+미니밴도 운행된다. 참고로, 쿠알라 베슷은 프렌티안섬(Perentian)으로 가는 선착장이 있는 곳이다.

타만 네가라의 교통수단

도강 보트 선착장

타만 네가라의 중심인 쿠알라 타한 마을은 도보로 다닐 수 있고, 강 건너의 타만 네가라 국립 공원에 갈 때는 도강 보트(Boat Crossing)를 타고 건넌다. 타만 네가라 국립 공원 내의 캐노피 워크웨이나 짧은 트레킹 코스는 걸어서 다닐 수 있다. 쿠알라 타한 북쪽의 캐노피 워크웨이(Canopy Walkway), 누사 캠프(Nusa Camp), 쿠알라 트렝간(Kuala Trenggan), 남쪽의 구아 텔링가/파크 로지, 붐분 용(Bumbun Yong) 등은 하루 몇 차례씩 있는 보트를 타고 갈 수 있다. 도강 보트 선착장은 패밀리 수상 레스토랑 옆에 있고, 누사 캠프나 구아 텔링가 등으로 가는 장거리 보트는 완스 레스토랑 옆의 누사 캠프(누사 홀리데이 빌리지) 전용 제티 등을 이용한다.

타만 네가라 1박 2일

타만 네가라에서 가이드 없이 개별적으로 갈 수 있는 곳은 캐노피 워크웨이와 부킷 테레섹 정도이고, 나머지는 투어를 이용해야 한다. 첫날에는 캐노피 워크웨이를 걸어 본 뒤 부킷 테레섹으로 오른다. 저녁에는 지프차를 타고 나이트 사파리 투어를 즐긴다. 다음 날에는 낮 시간에 강을 따라가는 투어를 하고 밤 시간에 나이트 사파리 투어를 한다.

1일

캐노피 워크웨이 걷기

도보
1시간

부킷 테레섹 트레킹

도보+보트
2시간

쿠알라타한에 돌아와서
잠깐 휴식

투어 버스
20분

나이트 사파리 투어

2일

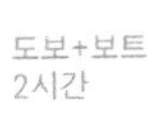

래피드 슈팅
또는 라타베르코 투어

투어 보트

쿠알라타한에 돌아와서
잠깐 휴식

투어 보트

나이트 정글 워크 투어

제란툿 Jerantut

타만 네가라의 관문 도시

쿠알라 룸푸르 북동쪽 내륙에 위치한 도시로, 타만 네가라(쿠알라 타한)로 들어가는 관문 역할을 한다. 제란툿으로 가는 교통편은 다양하다. 쿠알라 룸푸르의 프켈리링 버스 터미널에 제란툿으로 가는 시외버스가 있고, 페낭, 카메론 하일랜즈 등에서는 제란툿까지 여행사 미니밴이 운영된다. 또한 말레이 반도 북동쪽 코타 바루의 와카 바하루와 남쪽 JB 센트럴에서 출발하는 기차도 제란툿 역에 도착한다.

제란툿에서 타만 네가라로 들어갈 때는 제란툿의 버스 터미널에서 여행사 버스나 로컬 버스를 이용할 수도 있고, 쿠알라 템벨링 제티(선착장)로 이동해 보트를 타고 쿠알라 타한으로 갈 수도 있다.

제란툿에는 슈퍼마켓과 상가 등이 몇 군데 있어 쿠알라 타한으로 들어가기 전에 생필품을 준비하기에 좋다. 무엇보다 중요한 것은 쿠알라 타한에는 은행이나 현금 인출기(ATM)가 없으므로 제란툿에서 현금을 준비해야 한다는 점이다. 쿠알라 타한으로 가기 직전, 한가롭게 시골 마을을 거닐며 동네 식당에서 식사를 하는 정도로 제란툿을 즐기면 된다.

주소 Jerantut, Pahang 교통 쿠알라 룸푸르 LRT 티티왕사 역 옆 프켈리링 버스 터미널에서 제란툿행 시외버스 이용하여 제란툿 하차 / 쿠알라 룸푸르 차이나타운의 만다린 퍼시픽 호텔 또는 KL 모노레일 라자 출란 역 옆의 크라운 플라자 무티아라 호텔에서 타만 네가라행 미니밴 이용하여 제란툿 하차

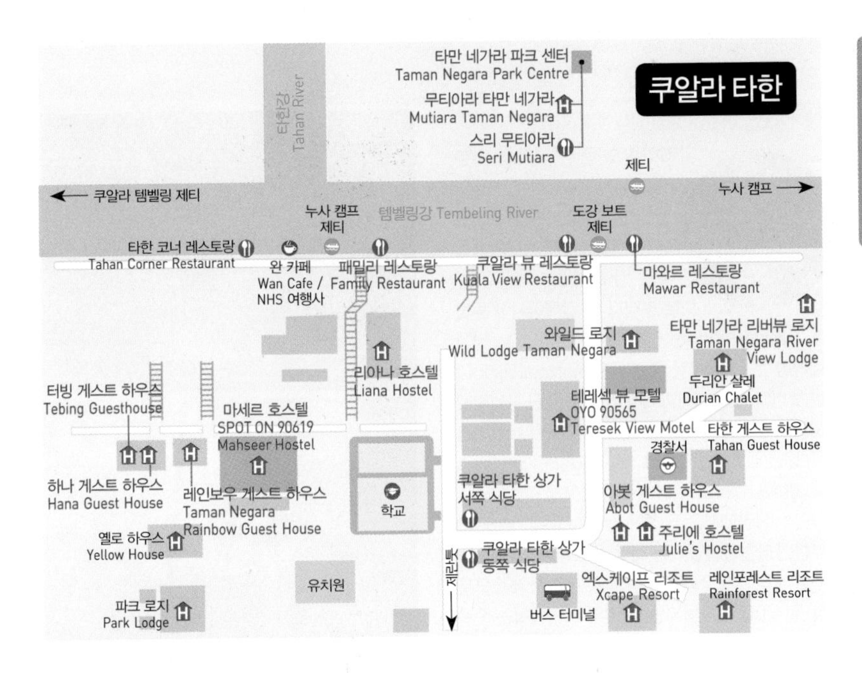

쿠알라 타한 Kuala Tahan

타만 네가라 여행의 중심

쿠알라 룸푸르 북동쪽 내륙에 위치한 타만 네가라 국립 공원의 중심이 되는 마을로, 학교와 게스트 하우스, 리조트, 여행사, 식당, 식품점 등이 있다. 쿠알라 타한 서쪽에는 템벨링강(Sungai Tembeling)이 흐르고 강 건너에 타만 네가라 국립 공원이 자리한다. 타만 네가라를 찾는 여행자들은 쿠알라 타한의 리조트나 게스트 하우스에 묵으면서 도강 보트를 이용하여 타만 네가라 국립 공원을 둘러보게 된다. 또한 이곳 여행사의 투어 프로그램을 이용하여 나이트 사파리나 래피드 슈팅 같은 투어를 즐기기도 한다. 쿠알라 타한에서 하루 1~2회 출발하는 장거리 보트를 이용하면 북쪽의 누사 캠프(Nusa Camp), 쿠알라 트렝간(Kuala Trenggan), 훌루 템벨링(Hulu Tembeling), 남쪽의 티앙 아이르스트립(Tiang Airstrip) 등으로 갈 수 있다.

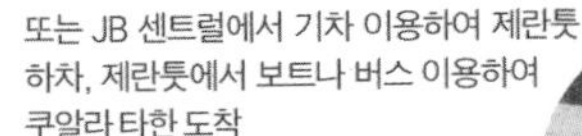

주소 Kuala Tahan, Pahang 교통 쿠알라 룸푸르, 페낭, 카메론 하일랜즈 등에서 버스 이용하여 제란툿 하차, 보트나 버스 이용하여 쿠알라 타한 도착 / 코타 바루의 와카 바하루 또는 JB 센트럴에서 기차 이용하여 제란툿 하차, 제란툿에서 보트나 버스 이용하여 쿠알라 타한 도착

타만 네가라 Taman Negara

말레이반도 중부의 청정 열대 우림 지역

말레이반도 중부 내륙의 파항(Pahang) 주에 위치한 국립 공원이다. 1930년대에 국립 공원으로 지정되었으며 처음에는 '킹 조지 5세 국립 공원'으로 불리다가, 말레이시아 독립 후 '타만 네가라'라는 명칭으로 변경되었다. '타만 네가라'는 그 자체가 국립 공원(National Park)이란 뜻이다. 말레이시아에서 가장 큰 국립 공원이자 세계에서 가장 오래된 열대 우림인 타만 네가라는 1939년에 보호 구역으로 선포되었다. 타만 네가라의 넓이는 4,343km²로 서울시 면적의 7배나 되고, 타만 네가라에서 가장 높은 산이자 말레이반도 최고봉인 타한산의 높이는 해발 2,187m에 이른다.

쿠알라 타한 북쪽과 북서쪽의 광대한 지역이 모두 타만 네가라에 속하지만, 쿠알라 타한에서는 주로 템벨링강 서쪽 지역을 타만 네가라라고 부른다. 쿠알라 타한을 기점으로 북쪽에는 누사 캠프, 쿠알라 트렝간, 훌루 템벨링, 남쪽에는 티앙 아이르스트립 등이 있는데 각 지역에는 리조트나 게스트 하우스 역할을 하는 캠프, 방갈로 등이 있다. 템벨링강 서쪽에도 트렝간, 타한, 테누르강 같은 여러 지류가 있고 그곳에도 캠프가 있다.

쿠알라 타한에서 강 건너 타만 네가라로 넘어가면 국립 공원 사무소와 부티아라 타만 네가라 리조트, 매점 등 자리한다. 개별 트레킹으로 둘러볼 수 있는 곳은 쿠알라 타한과 가까운 캐노피 워크웨이, 부킷 테레섹(Bukit Teresek), 구아 텔링가(Gua Telingga) 등 2~3km의 트레킹 코스 정도이고, 그 이상은 투어를 이용하는 것이 좋다. 그 밖에 정글 투어, 보트 투어, 말레이시아 원주민인 오랑 아슬리 마을 투어 등이 인기가 있다. 트레킹에 알맞은 시기는 2~9월 건기이며, 7~8월이 최고의 성수기이다.

주소 Taman Negara, Pahang 교통 쿠알라 타한 제티(선착장)에서 보트 이용하여 타만 네가라 제티 하선 요금 국립 공원 입장료 RM1, 카메라(1개당) RM5, 붐분(야생 동물 관측소) RM5, 낚시 면허 RM10, 캐노피 워크웨이 성인 RM5, 어린이 RM3

타만 네가라 파크 센터
Taman Negara Park Centre

국립 공원의 여행 정보를 얻을 수 있는 곳

공원 관리 사무소로 타만 네가라 안내, 국립 공원 요금 징수 등의 업무를 한다. 파크 센터 내에서는 타만 네가라의 생태 비디오 상영, 생태 사진 전시 등이 진행되어 타만 네가라에 대한 이해를 돕는다. 파크 센터 옆에 매점이 있어 트레킹에 앞서 물, 간식 등을 구입할 수 있다. 만일 제란툿의 NKS 여행사에서 이미 국립 공원 입장료, 카메라 요금 등을 지불했다면 영수증을 챙겨서 가자.

주소 Taman Negara Park Centre, Taman Negara 교통 쿠알라 타한 제티(선착장)에서 강 건너 바로 시간 비디오 상영_매일 09:30, 15:00, 17:00 / 전시_토~목 08:05~19:00, 20:00~22:00, 금 08:05~12:00, 15:00~17:00, 20:00~22:00

캐노피 워크웨이
Canopy Walkway

흔들흔들 구름다리 걷기

타만 네가라 파크 센터 북동쪽에 위치한 구름다리로, 키가 큰 고목 사이를 연결한 것이다. 높이는 40m, 전체 길이는 530m로 세계에서 가장 긴 구름다리이다. 파크 센터에서 캐노피 워크웨이까지는 나무 데크로 산책로가 놓여 편안하게 걸을 수 있다. 주말이나 성수기에는 캐노피 워크웨이를 찾는 사람이 많으므로 아침 일찍 가는 것이 좋다.

주소 Canopy Walkway, Taman Negara 교통 타만 네가라 파크 센터에서 도보 30분 / 쿠알라 타한에서 캐노피 워크웨이행 보트 이용(쿠알라 타한 → 캐노피 10:00, 12:00, 14:00 / 캐노피 → 쿠알라 타한 10:15, 12:15, 14:15 / RM10) 시간 토~목 09:30~15:30, 금 09:00~12:00 요금 성인 RM5, 어린이 RM3

Tip 트레킹 구간 : 타만 네가라 파크센터~캐노피 워크웨이, 1.2km, 30분

부킷 테레섹 Bukit Teresek

야산을 오르는 트레킹 코스

타만 네가라 파크 센터 북쪽에 위치한 야산으로 높이는 해발 344m이다. 부킷 테레섹에서 '부킷(Bukit)'은 언덕, 야산을 뜻한다. 파크 센터에서 시계 반대 방향으로 캐노피 워크웨이를 거쳐 갈 수도 있고, 파크 센터에서 시계 방향으로 루북 심폰(Lubuk Simpon), 제눗 무다(Jenut Muda)를 거쳐 갈 수도 있고, 아니면 루북 심폰을 지나 타빙 붐분(쉼터) 못 미쳐 나오는 길로 가도 된다. 캐노피 워크웨이까지는 나무 데크 산책로이고 타빙 붐분까지도 일부 나무 데크가 놓여 편안하게 걸을 수 있으나, 산책로에서 부킷 트레섹으로 오르는 길은 일부만 나무 데크가 있고 나머지는 흙길이어서 질척일 수 있다. 곳곳에 표지판이 있고 길이 나 있으므로 올라갔다가 내려오는 데 어려움이 없으나, 간혹 표지판이 불분명한 곳에서 샛길로 빠지지 않도록 주의한다.

주소 Bukit Teresek, Taman Negara 교통 타만 네가라 파크 센터에서 시계 반대 방향으로 캐노피 워크웨이 거쳐 부킷 테레섹 방향, 도보 3시간. 또는 시계 방향도 가능.

Tip 트레킹 구간 : ❶ 파크 센터~캐노피 워크웨이~부킷 테레섹, 약 2.5km, 3시간 소요 ❷ 파크 센터~루북 심폰~제눗 무다~부킷 테레섹, 약 2.5km, 3시간 소요 ❸ 파크 센터~(루북 심폰)~타빙 붐분 못 미친 산책로~부킷 테레섹, 약 2.8km, 3시간 소요

라타 베르코

Lata Berkoh

한적하고 맑은 강가

타만 네가라 파크 센터에서 북쪽으로 8.5km 떨어진 타한 강가로, 바위 지대에 작은 폭포와 여울이 있어 물놀이하기 좋다. 바위 지대여서 이곳을 흐르는 강물이 비교적 맑다. 파크 센터에서 타빙 붐분과 루북 레송을 거쳐 라타 베르코까지 트레킹(중급)을 가거나 쿠알라 타한에서 투어로 가도 좋다.

주소 Lata Berkoh, Taman Negara 교통 쿠알라 타한에서 보트로 30분(09:30, 14:30 / 보트당 RM200) / 타만 네가라 파크 센터에서 도보 4시간

트레킹 구간 : 파크 센터~(루북 심폰)~타빙 붐분~루복 레송~라타 베르코, 8.5km, 4시간

붐분

Bumbun

숲 속 은신처에서 야생 동물 관찰하기

타만 네가라에서 트레킹을 하다 보면 전망 좋은 곳에 오두막으로 된 야생 동물 관측소가 보인다. 말레이어로는 '붐분', 영어로는 '하이드(Hide)'라고 하는데, 평소에는 문이 잠겨 있으나 갑자기 비가 올 때 오두막 아래에서 비를 피할 수 있으므로 피난처 역할도 한다. 이용 신청은 파크 센터에서 하며, 망원경이나 줌이 되는 카메라를 준비하면 야생 동물을 관측하는 데 도움이 된다. 야간에 관측소를 이용할 때는 랜턴을 준비하고 가급적 파크 센터에서 가까운 곳을 이용한다. 먼 곳까지 나가 야생 동물을 관측하고자 할 때는 가이드가 있는 투어를 이용하자.

요금 RM5

구아 텔링가 Gua Telingga

진귀한 박쥐가 사는 동굴까지 트레킹하기

쿠알라 타한에서 가장 가까운 동굴로, 쿠알라 타한에서 강 건너편 남쪽에 위치해 있다. 구아 텔링가는 '귀 동굴(Ear Cave)'이라는 뜻으로, 내부가 사람 귀를 닮았다고 하여 붙여진 이름이다. 구아 텔링가는 동굴이라기보다 바위가 무너져 내린 틈이라고 할 만큼 넓거나 크지 않다. 동굴 속에는 잎코박쥐(Roundleaf Bat), 검정과일박쥐(Dusky Fruit Bat), 거인 두꺼비(Giant Toad), 검은 줄무늬 개구리(Black-Striped Frog), 윕 거미(Whip-Spider), 동굴 귀뚜라미(Cave cricket), 긴 다리 지네(Long-Legged Centipedes), 바퀴벌레(Cockroaches), 줄꼬리뱀(Cave racer snake) 등의 생물이 산다. 최근 안전 문제와 동굴 생태 보호 때문에 동굴이 폐쇄되기는 했지만 트레킹 삼아서 동굴 앞까지 다녀오

기에 좋다.

주소 Gua Telingga, Taman Negara 교통 쿠알라 타한에서 강 건너서 도보 3시간 / 쿠알라 타한에서 구아 텔링가/파크 로지행 보트로 약 15분(쿠알라 타한 → 구아 텔링가 08:30, 10:00, 14:15, 17:30 / 구아 텔링가 → 쿠알라 타한 08:45, 14:50, 15:00, 18:15 / RM10)

트레킹 구간 : 파크 센터 부근~구아 텔링가, 2.6km, 3시간

트레킹할 때 주의 사항

타만 네가라의 정글은 날씨가 수시로 변하고 흙길이 진창이 되어 있을 때가 많으니 우비, 우산, 트레킹화 등을 준비하는 것이 좋고, 숲길에는 산거머리, 전갈 등이 있으므로 가급적 긴 바지, 긴팔 티셔츠를 입도록 한다. 산거머리에 물렸을 때는 작은 자 같은 것으로 가볍게 긁어내듯 떼어 내고 상처를 깨끗한 휴지로 잘 닦는다. 소독약이 있으면 소독약을 바른다.

오랑 아슬리 마을 Orang Asli Village

열대 우림 속 진짜 원주민을 만난다

말레이시아 원주민을 오랑 아슬리라고 하는데 그들 스스로는 '바텍(Batek)'이라 부른다. 원래 정글을 옮겨 다니는 유목민이었으나 근년에는 한곳에 정착하는 경향을 보인다. 오랑 아슬리 마을에서는 땅에서 띄워 집을 지은 오두막, 무속, 공예품, 나뭇가지를 비벼 불 피우기, 대롱 화살(Blowpipe)로 독침 쏘기 등을 볼 수 있다. 쿠알라 타한에서 보트 또는 투어를 이용해 오랑 아슬리 마을을 방문할 수 있다.

주소 Orang Asli Village, Taman Negara 교통 쿠알라 타한에서 보트 또는 투어 이용 / 쿠알라 타한에서 도보 2시간 시간 10:00~18:00 / 투어 10:00, 15:00 요금 투어 RM45

타만 네가라의 투어 프로그램

타만 네가라를 가장 잘 즐기는 방법은 자연 그대로의 열대 우림 속으로 들어가는 것이다. 파크 센터에서 가까운 곳은 개별적으로 다녀올 수 있으나, 거리가 멀거나 보트를 이용해야 하는 곳은 여행사의 투어를 이용하는 것이 좋다. 이들 투어에 참가할 때는 가이드의 안내를 잘 따르고 안전에 유의한다.

투어	내용	출발 시간 / 소요 시간	요금(RM)
캐노피 워크웨이 + 테레섹 트레킹	캐노피 워크웨이 체험과 테레섹산 트레킹 (※ 캐노피 요금 포함)	09:30 / 3시간	35
1일 트레킹	정글 14.5km 트레킹 (※ 점심, 물 제공)	09:30 / 6~7시간	150
나이트 정글 워크	밤 시간에 정글 생태 탐방 (※ 랜턴 준비)	20:30 / 3시간	25~30
1박 2일 이너 정글 (케파양 동굴)	16.6km, 케파양 동굴 포함 트레킹 (※ 식사, 물, 캠프 제공)	09:30 / 1박 2일	230
1박 2일 이너 정글 (쿰방 붐분)	16.6km, 쿰방 붐분 포함 트레킹 (※ 식사, 물, 캠프 제공)	09:30 / 1박 2일	230
2박 3일 이너 정글 (케파양 + 쿰방)	18.6km, 케파양 동굴 + 쿰방 붐분 트레킹 (※ 식사, 캠프, 캐노피, 오랑 아슬리 제공)	09:30 / 2박 3일	320
래피트 슈팅	트렝간강을 달리며 강에서 수영도 즐김	10:00, 15:00 / 1시간	40
라타 베르코 투어	타한강 가의 폭포, 여울에서 물놀이	09:30, 14:30 / 2~3시간	50
리버 래프팅	강에서 래프팅을 즐김	10:00, 15:00 / 2~3시간	150
나이트 리버 사파리	밤 시간에 강가 생태 탐방 (※ 랜턴 준비)	20:30 / 2시간	45
나이트 사파리	사륜구동 지프차를 타고 야간 생태 탐방	20:00 / 2시간	40
오랑 아슬리 마을	말레이시아 원주민 마을 방문, 불 피우기, 대롱 독침 쏘기 등	10:00, 15:00 / 2시간	45

※ 투어신청 : NKS Hotel & Travel 09-266-4499, Tahan Makmur Travel & Tours 019-976-5897

Restaurant & Café

쿠알라 타한 템벨링강 가의 수상 레스토랑은 허름해 보여도 어둠이 내리면 조명이 켜져 꽤 로맨틱한 분위기를 자아낸다. 메뉴와 맛은 기대에 못 미치지만 로맨틱이라는 양념을 넣으면 그런대로 먹을 만하다. 진짜 흡족한 메뉴와 맛을 원한다면 강 건너 리조트의 스리 무티아라 레스토랑을 추천한다.

패밀리 레스토랑 Family Restaurant

쿠알라 타한의 템벨링강 가에는 완스 수상 레스토랑(Wan's Floating Restaurant), 누사 캠프행 제티(선착장) 겸 누사 레스토랑(Nusa Restaurant), 패밀리 레스토랑(Family Restaurant), 리아나 레스토랑(Liana Restaurant), 도강 보트 제티 겸 마와르 레스토랑(Mawar Restaurant), 쿠알라 뷰 레스토랑(Kuala View Restaurant) 등이 있다. 그중 패밀리 레스토랑은 중간에 위치해 있으며, 말레이 요리, 태국 요리, 음료 등을 제공한다.

주소 Family Restaurant, Kuala Tahan 교통 쿠알라 타한 중심에서 강가 방향, 도보 3분 시간 10:00~22:00 메뉴 말레이 요리, 태국 요리, 양식, 음료 등 RM10 내외 전화 010-577-7743

마와르 레스토랑 Mawar Restaurant

쿠알라 타한에서 타만 네가라 국립 공원으로 건너가는 도강 보트(Boat Crossing) 제티 겸 레스토랑으로 메뉴는 인도 채식, 말레이 요리, 태국의 똠양 등을 낸다. 2~9월 건기 때에는 수상 레스토랑이 강 바닥에 놓여 있으나 가끔 비가 와서 강의 수위가 급격히 올라가면 강물 위로 뜨는 경우가 있다. 따라서 비가 내릴 때에는 수상 레스토랑 이용 시 주의가 필요하다.

주소 Mawar Restaurant, Kuala Tahan 교통 쿠알라 타한 중심에서 강가 방향, 도보 3분 시간 08:00~22:00 메뉴 말레이 요리, 태국 요리, 양식, 음료 등 RM10 내외

쿠알라 뷰 레스토랑

Kuala View Restaurant

템벨링강 가에 위치한 수상 레스토랑이다. 메뉴는 팬케이크부터 볶음면, 볶음밥, 똠양 스프 등으로 양식, 말레이식, 태국식까지 넘나든다. 공통점은 간단히 먹을 수 있는 음식이라는 것! 흘러가는 강을 보며 식사나 맥주 한잔하기 좋은 곳이다.

주소 Kuala View Restaurant, Kuala Tahan 교통 쿠알라 타한 중심에서 강가 방향, 도보 3분 시간 09:00~21:30 메뉴 팬케이크, 볶음면, 볶음밥, 똠양 스프

쿠알라 타한 상가 서쪽 식당

쿠알라 타한 초등학교 앞에 양쪽으로 상점, 식당, 여행사 등이 있는 상가가 형성되어 있는데 그중 서쪽의 첫 번째 식당이다. 메뉴는 닭고기 볶음밥, 볶음국수, 닭고기 덮밥, 런치/디너 세트, 버거 등으로, 상가 거리에서 가장 메뉴가 많고 다양한 식당이다. 커피나 음료, 아이스크림도 판매한다.

주소 쿠알라 타한 상가, Kuala Tahan 교통 쿠알라 타한 중심에서 초등학교 방향, 도보 3분 시간 10:00~21:00 메뉴 닭고기 볶음밥 RM6.5, 볶음국수 RM5, 런치/디너 세트 RM16/17

쿠알라 타한 상가 동쪽 식당

쿠알라 타한 서쪽 식당의 건너편에 있는 식당으로 상가 거리에서 손님이 제일 많은 곳이다. 메뉴는 덮밥인 나시 르막, 비프 버거, 비프 로티, 램 촙 등으로 말레이 요리, 양식, 인도 요리를 낸다. 가설 식당이어서 부실해 보이지만 주문을 하면 오픈형 주방에서 뚝딱뚝딱 요리를 해 낸다.

주소 쿠알라 타한 상가, Kuala Tahan 교통 쿠알라 타한 중심에서 초등학교 방향, 도보 3분 시간 10:00~21:00 메뉴 나시 르막 RM2.5~6, 비프 버거 RM3, 램 촙(양고기) RM13

스리 무티아라 Seri Mutiara

쿠알라 타한에서 가장 근사한 레스토랑으로 무티아라 타만 네가라 리조트에서 운영한다. 템벨링강 가에 위치해 운치가 있고, 쾌적한 실내와 정갈한 음식, 서비스 등은 이 지역의 다른 식당과 비교할 수 없다. 메뉴로는 나시 고렝(볶음밥), 나시 르막(덮밥), 중국 요리, 피자 등이 먹을 만하고 여유가 있다면 조식, 중식, 석식 뷔페 중 한 가지를 맛보아도 좋다. 물론 리조트에서 운영하는 레스토랑이라 가격은 조금 비싸나 그만큼 맛으로 양으로 보답을 한다.

주소 Mutiara Taman Negara Reosrt 내 교통 쿠알라 타한에서 강 건너 바로 메뉴 나시 르막 RM24, 마르게리타 피자 RM30, 조식/중식/석식 뷔페 RM60/80/100(세금+서비스 차지 16% 추가) 전화 09-266-3500 홈페이지 www.mutiaratamannegara.com/dining

Hotel & Resort

쿠알라 타한의 숙소 중에서 가장 좋은 곳은 고급 리조트인 무티아라 타만 네가라이고 나머지는 중저가 호텔과 게스트 하우스이다. 고급 리조트에 머물 수 없다면 에어컨이 없고 나무로 지어져 삐걱거리는 게스트 하우스에서 하룻밤을 지내 보는 것도 색다른 추억이 된다.

제란툿

다룰 막무르 호텔 Darul Makmur Hotel

타만 네가라로 가는 길에 꼭 들러야 하는 곳이 바로 제란툿이다. 대개는 제란툿에 도착하자마자 곧장 타만 네가라로 가지만, 일정이 맞지 않을 때는 억지로 가는 것보다 제란툿에서 하룻밤 묵고 여유 있게 떠나는 것이 좋은데, 이때 찾기 좋은 곳이 다룰 막무르 호텔이다. 주위에 식당과 슈퍼마켓이 있어 이용에 불편함이 없다.

주소 Lot. 35, Jalan Besar, Bandar Lama, Jerantut 교통 제란툿 버스 터미널에서 NKS 여행사 방향 또는 NKS 여행사에서 버스 터미널 방향, 도보 5분 요금 더블 룸 RM160 전화 09-266-2552

쿠알라 타한

무티아라 타만 네가라 Mutiara Taman Negara

고급 리조트

쿠알라 타한에서 가장 럭셔리한 리조트로 독채인 방갈로(Bangalow), 샬레(Chalet)뿐만 아니라 호스텔에 있을 법한 도미토리, 캠핑을 위한 야영지까지 다양한 숙소를 갖추고 있다. 가족이나 연인끼리의 여행이라면 샬레를 이용하는 것도 좋고, 개별 여행자라면 조식이 포함된 도미토리에 묵는 것도 괜찮다. 리조트에서 캐노피 워크웨이, 부킷 테레섹 등으로 트레킹을 가기도 편하다.

주소 Mutiara Taman Negara, Kuala Tahan 교통 쿠알라 타한에서 강 건너 바로 요금 주중 샬레 RM360, 방갈로(방 2) RM920, 도미토리 RM75(조식 포함) 전화 017-684-4286 홈페이지 www.mutiaratamannegara.com

엑스케이프 리조트 Xcape Resort

중저가 리조트

우드랜드 리조트에서 엑스케이프 리조트로 상호를 변경하였다. 무티아라 타만 네가라 리조트를 제외하면 쿠알라 타한에서 고급에 속하는 숙소이다. 호텔 내 주요 시설로는 수영장, 당구장, 인터넷 카페, 가라오케, 바 등이 있다. 일행이 2명 이상이라면 다른 게스트 하우스나 샬레의 더블 룸을 이용하기보다 이곳의 스탠더드 룸을 이용하는 것이 좋다. 쿠알라 타한 시내와 조금 떨어져 한적하며 시설이 좋고 무엇보다 조식이 제공된다(호스텔 방은 제외).

주소 Woodland Resort, Kuala Tahan 교통 쿠알라 타한 메인 도로에서 버스 터미널 방향, 도보 10분, 버스 터미널 뒤쪽 요금 스탠더드 룸 RM108, 딜럭스 샬레 RM160 전화 09-266-1111 홈페이지 www.xcapetamannegara.com

누사 홀리데이 빌리지 Nusa Holiday Village

쿠알라 타한 북동쪽 누사 캠프에 위치한 리조트로, 샬레인 말레이 하우스, 독채인 패밀리 코티지, 도미토리 등을 갖추고 있고 리조트 내 식당에서 조식, 중식, 석식 세트 메뉴가 제공된다. 누사 캠프 주변에는 이 리조트 이외에 별다른 상점이나 식당, 숙소 등이 없으므로 한가하게 시간을 보낼 수 있어 좋다. 근처를 돌아볼 사람은 리조트에서 운영하는 나이트 사파리, 오랑 아슬리 투어에 참가하면 된다. 단, 누사 캠프에 이렇다 할 숙소가 없으니 누사 캠프로 올 때 반드시 숙소를 예약하고 올 것!

주소 Nusa Holiday Village , Kuala Tahan 교통 쿠알라 타한에서 누사 캠프행 보트 이용(쿠알라 타한 → 누사 캠프 09:30, 10:15, 12:30, 15:05, 16:45, 18:20 / 누사 캠프 → 쿠알라 타한 08:15, 09:45, 11:15, 13:30, 15:45, 17:15 / 누사 홀리데이 게스트 RM5, 비 게스트 RM15) 요금 말레이 하우스 가든뷰/리버뷰 RM150/170, 패밀리 코티지 RM170, 도미토리 RM20, 조식/중식/석식/바비큐 세트 RM12/17/20/30 전화 09-266-2369 홈페이지 web1.tamannegara-nusaholiday.com.my

중저가
호텔

테레섹 뷰 모텔 OYO 90565 Teresek View Motel

근년에 저가 호텔 체인이 된 모텔로, 객실은 딜럭스 퀸, 딜럭스 트윈 등이 있다. 모텔이라는 명칭답게 가건물이 아닌 2층 콘크리트 건물로 되어 있다. 쿠알라 타한 메인 도로에서 버스 터미널 방향으로 가면 모텔 표지판과 건물이 보인다. 쿠알라 타한의 템벨링강에서 북쪽 강가로 바로 올라오는 길도 있다.

주소 Teresek View Motel, Kuala Tahan 교통 쿠알라 타한 메인 도로에서 버스 터미널 방향, 버스 터미널 전에서 좌회전, 도보 5분 요금 딜럭스 퀸 RM98, 딜럭스 트윈 RM85 전화 03-8873-3710

게스트
하우스

리아나 호스텔 Liana Hostel

쿠알라 타한의 템벨링강 가에 위치한 게스트 하우스로 리버뷰 객실에서 흘러가는 강물을 바라보기 좋다. 쿠알라 타한에 많은 비가 내리면 리아나 호스텔 바로 옆까지 강의 수위가 올라온다. 가건물이라서 시설을 많이 따지는 사람에게는 맞지 않을 수도 있다.

주소 Kampung Kuala Tahan, Jerantut 교통 쿠알라 타한 중심에서 강가 방향, 도보 3분 요금 도미토리(선풍기) RM20, 도미토리(에어컨) RM28, 더블 룸 RM90 내외 전화 09-266-7288

타만 네가라 리버뷰 로지

고급 호텔

Taman Negara River View Lodge

템벨링강 선착장 동쪽의 고급 호텔이다. 강가에 있어 객실에서 템벨링강과 강 건너 국립공원을 조망하기 좋다. 객실은 크고 안락하나 이렇다 할 장식이나 시설은 없다. 침대와 욕실이 잘 준비된 정도!

주소 Taman Negara River View Lodge, Kuala Tahan 교통 쿠알라 타한 중심에서 로지 방향, 도보 3분 요금 더블 룸 RM149, 트리플 룸 RM169 전화 017-967-8174

레인보우 게스트 하우스

Taman Negara Rainbow Guest House

마세르 호스텔 옆에 위치한 게스트 하우스로 더블 룸을 몇 개 보유하고 있는데 규모가 크지 않아 조용히 쉬고 싶은 사람에게 적합하다. 쿠알라 타한 마을이나 템벨링강 건너 타만 네가라 국립 공원으로 가기에도 불편함이 없다.

주소 Rainbow Guest House, Kuala Tahan 교통 쿠알라 타한 중심에서 마세르 호스텔 지나 도보 3분 요금 더블 룸 RM90 전화 09-267-3519

마세르 호스텔 SPOT ON 90619 Mahseer Hostel

근년에 저가 호텔 체인으로 변모한 곳으로 도미토리, 더블 룸 등을 운영하는데 다른 곳에 비해 규모가 큰 편이다. 쿠알라 타한 마을, 템벨링강 건너 타만 네가라 국립 공원으로 가기도 편리하다. 주말이나 성수기에는 일찍 예약이 차는 경우가 많으니 이용하고자 하는 사람은 예약을 서둘러야 한다.

주소 Mahseer Chalet, Kuala Tahan 교통 선착장에서 도보 3분 요금 도미토리 RM28, 더블 룸 RM100 내외 전화 03-8873-3710

하나 게스트 하우스 Hana Guest House

게스트 하우스

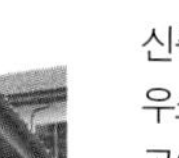

신축 건물이어서 객실과 욕실이 깔끔한 게스트 하우스다. 에어컨을 켜서 시원하게 잘 수 있어 좋은 곳이다. 쿠알라 타한 중심이나 강가로 가기도 적당하다.

주소 Hana Guest House, Kuala Tahan 교통 쿠알라 타한 중심에서 하나 게스트 하우스 방향, 도보 3분 요금 스탠더드 퀸 룸 RM96, 트리플 룸 RM128 전화 019-954-6718

아봇 게스트 하우스 Abot Guest House

게스트 하우스

테레섹 뷰 모텔이 있는 거리에 몇몇 게스트 하우스가 모여 있는데 아봇 게스트 하우스도 그중 하나이다. 객실은 더블 룸, 트리플 룸, 쿼드러플 룸 등을 운영한다. 쿠알라 타한 버스 터미널이나 템벨링강 가로 나가기 편리한 위치에 있다.

주소 Abot Guest House, Kuala Tahan 교통 테레섹 뷰 모텔에서 바로 요금 더블 룸 RM80 내외 전화 017-916-9616

터빙 게스트 하우스 Tebing Guesthouse

레인보우 게스트 하우스 아래쪽에 있는 게스트 하우스로 다른 게스트 하우스에 비해 시설이 좋은 곳이다. 건물 깔끔하고 객실 내부도 넓어 지내기 좋다. 쿠알라 타한 중심에서 약간 서쪽에 치우쳐 밤에도 조용한 편이다.

주소 Jln Sg Deli, Kuala Tahan 교통 선착장에서 도보 3분 요금 스탠더드 킹 RM126, 딜럭스 더블 RM148, 2베드 룸 RM258 전화 013-584-3476

주리에 호스텔

게스트 하우스

Julie's Hostel

테레섹 뷰 모텔이 있는 거리에 위치한 게스트 하우스로, 긴 단층 건물로 되어 있고 내부는 여러 개의 룸으로 나뉜다. 녹색과 적갈색 등으로 콘크리트 건물 외벽을 칠해, 멀리서도 눈에 띄고 시설이 비교적 깔끔한 편이다.

주소 Julie's Hostel, Kuala Tahan 교통 테레섹 뷰 모텔에서 바로 요금 더블 룸 RM70 내외 전화 09-266-5600

와일드 로지

게스트 하우스

Wild Lodge Taman Negara

템벨링강 가에 있어 객실에서 템벨링강을 조망하기 좋은 곳이다. 강 건너 국립공원으로 트레킹을 가기 편하고 쿠알라 타한 중심과도 가깝다.

주소 Wild Lodge, Kuala Tahan 교통 쿠알라 타한 중심에서 강가 방향, 도보 3분 요금 도미토리 RM28, 더블 룸 RM90 내외 전화 016-989-3588

Ipoh
이포

동굴 사원과 맛있는 포멜로가 있는 곳

쿠알라 룸푸르 북서쪽에 위치한 이포는 페락(Perak) 주의 주도로, 옛날부터 주석 산지로 알려져 있으며 말레이시아 제3의 도시이기도 하다. 이포는 도시를 남북으로 가로지르는 킨타 강을 기준으로 서쪽을 구시가지, 동쪽을 신시가지로 나눌 수 있다. 구시가지에는 19세기 말부터 20세기 초까지 지어진 영국 식민지풍 건물들이 많이 남아 있고, 신시가지에는 주로 시장과 호텔 등의 상업 시설이 있다. 이포 시외에는 동굴 사원인 페락통, 삼포통, 케록통 등이 있고 조금 더 떨어진 근교에는 템푸룽 동굴, 켈리스 캐슬 등이 있어 피크닉 삼아 돌아보기 좋다. 시간이 된다면 테마파크 로스트 월드에서 어트랙션을 즐기고 워터 파크에서 물놀이를 하며 온천에서 여행의 피로를 풀 수도 있다. 물론 이포 특산품인 포멜로, 닭찜의 일종인 솔티드 치킨, 이포가 원조인 화이트 커피 등을 맛보는 일도 이포 여행에서 빼놓을 수 없는 또 하나의 즐거움이다.

이포에서 꼭 해야 할 일! **BEST 3**

1. 웅장한 옛 건물이 가득한 구시가지 산책
2. 페락통, 삼포통 등의 동굴 사원 탐방
3. 이포 3대 명물인 화이트 커피, 솔티드 치킨, 포멜로 맛보기

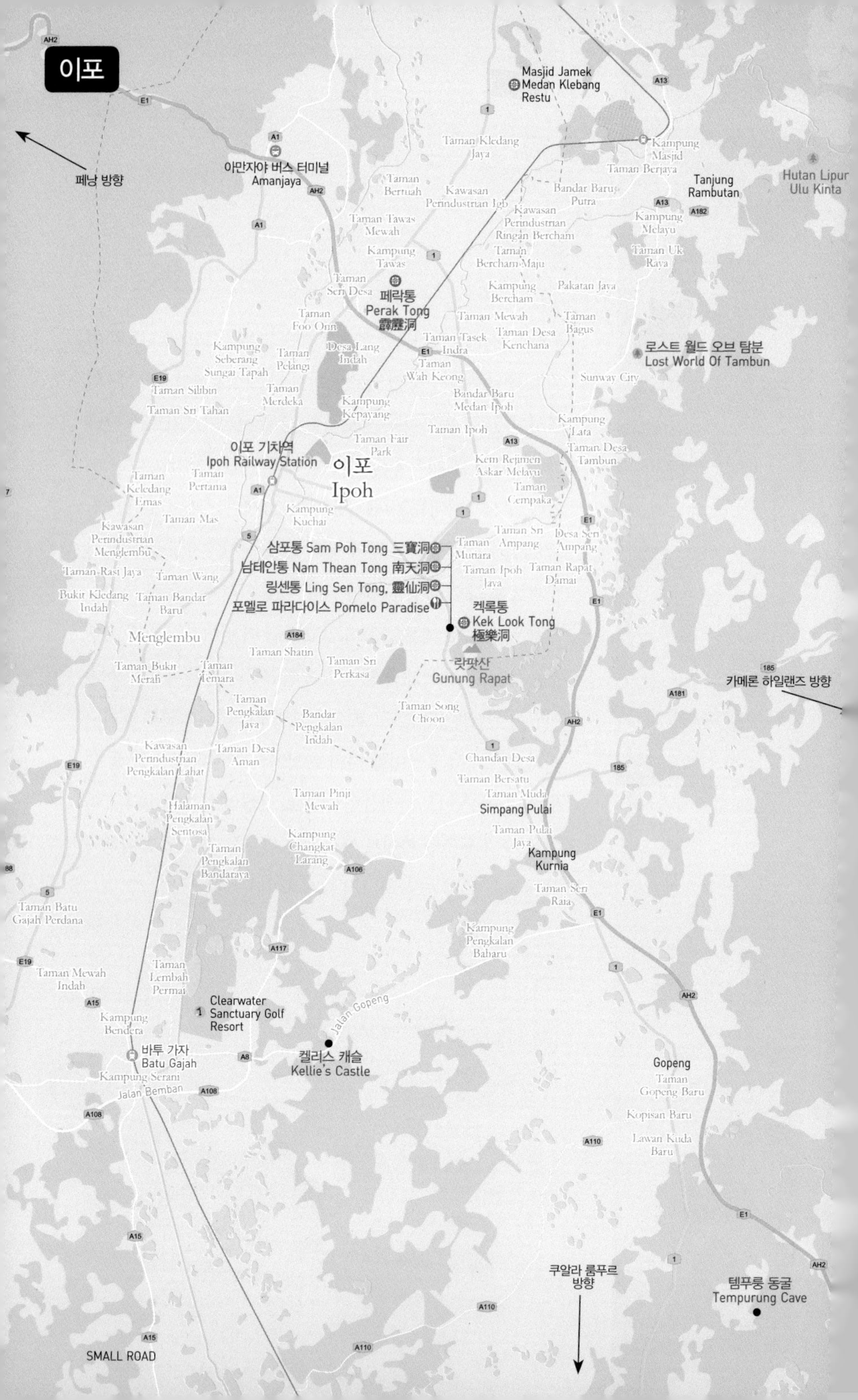

이포
페낭 방향
아만자야 버스 터미널
Amanjaya
Masjid Jamek
Medan Klebang
Restu
Kampung
Masjid
Taman Berjaya
Tanjung
Rambutan
Hutan Lipur
Ulu Kinta
Taman Kledang
Jaya
Taman
Bertuah
Kawasan
Perindustrian Igb
Bandar Baru
Putra
Kawasan
Perindustrian
Ringan Bercham
Kampung
Melayu
Taman Tawas
Mewah
Kampung
Tawas
Taman
Bercham Maju
Taman Uk
Raya
Taman
Seri Desa
페락통
Perak Tong
霹靂洞
Kampung
Bercham
Pakatan Jaya
Taman
Foo Onn
Taman Mewah
Taman
Bagus
Kampung
Seberang
Sungai Tapah
Taman
Pelangi
Desa Lang
Indah
Taman Tasek
Indra
Taman Desa
Kenchana
로스트 월드 오브 탐분
Lost World Of Tambun
Taman
Wah Keong
Sunway City
Taman Silibin
Taman
Merdeka
Kampung
Kepayang
Bandar Baru
Medan Ipoh
Taman Sri Tahan
Taman Ipoh
Kampung
Lata
이포 기차역
Ipoh Railway Station
Taman Fair
Park
Taman Desa
Tambun
이포
Ipoh
Kem Rejimen
Askar Melayu
Taman
Keledang
Emas
Taman
Pertama
Taman
Cempaka
Kampung
Kuchai
Kawasan
Perindustrian
Menglembu
Taman Mas
Taman Sri
Ampang
Desa Seri
Ampang
삼포통 Sam Poh Tong 三寶洞
Taman
Muhibbah
남테안통 Nam Thean Tong 南天洞
Taman Rasi Jaya
Taman Wang
Taman Ipoh
Jaya
Taman Rapat
Damai
링센통 Ling Sen Tong, 靈仙洞
Bukit Kledang
Indah
Taman Bandar
Baru
포멜로 파라다이스 Pomelo Paradise
켁록통
Kek Look Tong
極樂洞
Menglembu
Taman Shatin
Taman Sri
Perkasa
랏팟산
Gunung Rapat
Taman Bukit
Merah
Taman
Temara
카메론 하일랜즈 방향
Taman
Pengkalan
Jaya
Bandar
Pengkalan
Indah
Taman Song
Choon
Kawasan
Perindustrian
Pengkalan Lahat
Taman Desa
Aman
Chandan Desa
Taman Bersatu
Taman Muda
Simpang Pulai
Taman Pinji
Mewah
Halaman
Pengkalan
Sentosa
Kampung
Changkat
Larang
Taman Pulai
Jaya
Kampung
Kurnia
Taman
Pengkalan
Bandaraya
Taman Seri
Raia
Taman Batu
Gajah Perdana
Kampung
Pengkalan
Baharu
Taman Mewah
Indah
Taman
Lembah
Permai
Clearwater
Sanctuary Golf
Resort
Jalan Gopeng
Kampung
Bendera
바투 가자
Batu Gajah
켈리스 캐슬
Kellie's Castle
Kampung Serani
Jalan Bemban
Gopeng
Taman
Gopeng Baru
Kopisan Baru
Lawan Kuda
Baru
쿠알라 룸푸르
방향
템푸룽 동굴
Tempurung Cave
SMALL ROAD

이포로 이동하기

아만자야 버스 터미널

셸 주유소 옆 정류장

쿠알라 룸푸르에서 가기

버스

쿠알라 룸푸르 차이나타운 부근의 푸두 센트럴(버스 터미널)에서 이포행 버스를 이용하면 이포의 아만자야(Amanjaya) 버스 터미널에 도착한다. 이포행 버스편이 많은 회사는 트랜스내셔널(Transnational), 케이피비(KPB), 크세투안(Kesatuan), 스리 마주(Sri Maju) 등이다. 이포의 아만자야 버스 터미널은 메인 버스 터미널로 이포 시내에서 북쪽으로 조금 떨어진 곳에 있다. 버스가 이포에 들어서면 아만자야 버스 터미널 종점까지 가지 말고 메단 키드 버스 터미널(시내버스 터미널) 못 미쳐 셸(Shell) 주유소 옆 정류장에서 하차하는 것이 편리하다. 이곳에서 호텔까지는 택시(RM8 내외, 흥정 필요)를 이용하거나 메단 키드 버스 터미널(도보 5분)까지 걸어가서 시내버스를 이용하면 된다. 이포에서 쿠알라 룸푸르로 갈 때에도 아만자야 버스 터미널까지 가기보다 캄다르(Kamdar) 쇼핑센터 남쪽의 스리 마주 터미널을 이용하는 게 편리하다.

기차

KL 센트럴 또는 쿠알라 룸푸르 역에서 이포행 기차를 이용하면 된다. 이포행 기차편에는 골드와 실버 라인이 있는 이티에스 트레인(ETS Train), 노스 루트(North Route)가 있다. 이포 기차역에서 시내로 갈 때는 도보 5분 거리의 메단 키드 버스 터미널에서 시내버스를 이용하면 된다.

구분	운행 구간	운행 시간 / 운행 간격 / 소요 시간	요금(RM)
버스	푸두 센트럴 → 이포(아만자야)	07:30~22:30 / 1시간 간격 / 3시간 소요	17.5
	이포 → 푸두 센트럴	05:00~21:30 / 수시로	
	푸두 센트럴 → 이포(스리 마주)	09:15~11:00 / 수시로 / 3시간 소요	19.3
	이포(스리 마주) → 푸두 센트럴	07:15~18:00 / 1일 10회	
	KLIA → 이포(아만자야)	02:00~20:30 / 1일 6회 / 3시간 소요	42
	이포 → KLIA	01:00~23:30 / 1일 9회	
	KLIA2 → 이포(아만자야)	01:00~23:00 / 1일 11회/ 3시간 소요	42
	이포 → KLIA2	01:00~23:30 / 1일 9회	
기차	쿠알라 룸푸르 역, KL 센트럴 → 이포 역	06:00~21:00 / 1일 12회 / 2시간 30분 소요	14 (2등석)
	이포 역 → 쿠알라 룸푸르 역, KL 센트럴	05:00~다음날 02:49 / 1일 12회	

※ 운수 회사별로 운행 여부, 운행 시간, 간격이 다를 수 있음.

다른 도시에서 가기

이포 북쪽에 있는 페낭의 숭가이 니봉(Sungai Nibong) 버스 터미널과 남쪽에 있는 카메론 하일랜즈의 타나 라타(Tanah Rata) 버스 터미널에서 각각 이포의 아만자야(Amanjaya) 버스 터미널까지 버스가 운행된다. 아만자야 버스 터미널은 이포의 메인 버스 터미널이지만 이포 시내에서 북쪽으로 조금 떨어진 곳에 있다. 따라서 카메론 하일랜즈에서 이포행 버스를 탔다면, 아만자야 터미널까지 가지 말고 메단 키드 버스 터미널 못 미쳐 셸(Shell) 주유소 옆 정류장에서 하차하는 것이 시내에서 가깝다.

이포에서 다른 지역으로 갈 때에도 아만자야 버스 터미널까지 가는 것보다는, 시내에서 가까운 캄다르 남쪽 잘란 벤다하라(Jalan Bendahara)와 잘란 씨 엠 유스프(Jalan C. M. Yusuff) 사이의 스리 마주(Sri Maju) 버스 터미널에서 쿠알라 룸푸르, 페낭, 카메론 하일랜즈행 버스를 이용하는 것이 편리하다. 스리 마주 버스 터미널을 출발한 버스는 아만자야 버스 터미널를 경유해서 행선지로 향한다. 단, 원하는 행선지의 버스가 스리 마주 버스 터미널에서 출발하는 것이 맞는지는 미리 확인해 두자.

스리 마주 버스 터미널

이포의 교통수단

메단 키드 버스 터미널

이포 시내는 영국 식민지 시절 건물들이 많이 남아 있는 서쪽의 구시가지와 시장, 호텔 등이 있는 동쪽의 신시가지로 나뉜다. 구시가지의 중심은 메단 키드(Medan Kidd) 버스 터미널이고, 신시가지의 중심은 쇼핑센터인 캄다르(Kamdar)이다. 캄다르와 메단 키드 사이를 오갈 때는 시내버스를 이용하거나 잘란 술탄 이스칸다르(Jalan Sultan Iskandar)를 이용해 도보로 오갈 수 있다. 메단 키드 옆의 이포 기차역에서 캄다르까지 약 1.4km 정도이니 주요 관광지를 도보로 구경할 수 있다. 메단 키드 버스 터미널에서 캄다르까지의 택시 요금은 RM8 내외(흥정)이고, 택시를 대절하면 1시간에 RM20 내외(흥정)이다.

이포 시외 지역으로 나갈 때는 메단 키드 버스 터미널에서 해당 지역행 버스를 이용하면 된다. 이포 북동쪽의 페락통(Perak Tong)은 쿠알라 캉사르(Kuala Kangsar)행 버스를 타면 되고, 이포 남동쪽의 삼포통(Sam Poh Tong) 사원은 66번 버스를 타며, 삼포통 남동쪽의 템푸룽 동굴(Gua Tempurung)은 고펭(Gopeng)행 버스로 고펭에 간 뒤 택시를 대절한다.

이포 여행 안내

이포 투어리즘 인포메이션
05-241-2959

Best Tour

이포 1박 2일 코스

이포 여행은 시외와 시내 관광을 잘 섞어서 동선을 짜는 게 좋다. 첫날 오전에 시외의 동굴 사원 페락통을 구경하고 시내로 돌아와서, 구시가지의 아름다운 식민지풍 건물들과 다룰 리주안 박물관, 인도 모스크, 신시가지 등을 도보로 둘러본다. 둘째 날은 시외로 나가서 거대한 석회암 동굴인 템푸룽 동굴과 동굴 사원 삼포통을 둘러본다.

1일

메단 키드 버스 터미널

버스 15분

페락통

버스 15분

이포 기차역

도보 5분

타운 홀

도보 10분

다룰 리주안 박물관

도보 10분

세인트 마이클 고등학교

도보 3분

인도 모스크

2일

메단 키드 버스 터미널

버스+택시 1시간 20분

템푸룽 동굴

택시+버스 1시간

삼포통

이포 시내
Sgpm Metal Recycling Sdn Bhd
Asrama Aderson Ipoh
Anderson
Hospital Ipoh
Hospital Raja Permaisuri Bainun
Atm – Agrobank Greentown Mall
ZAWARA ipoh
Accademia Language Services
Taska Montessori Sri Klebang(Swasta)
Contana Consultancy Sdn. Bhd.
Taj Vision Sdn. Bhd.
Majlis Bandaraya Ipoh
이포 스페셜 리스트 병원
Impiana Hotel Ipoh
Bahagian Penguatkuasa Dewan Bandaraya Ipoh
Perbadanan Pembangunan
Gameverse
Sekolah Menengah Jenis Kebangsaan Sam Tet
타워 리젠시 호텔 & 아파트먼트
Tower Regency Hotel & Apartments
GreenTown 폴리클리닉
True Jesus Church
이포 센트럴 Ipoh Central Restaurant
쉬언 호텔 The Syuen Hotel
오버시 Overseas 海外天大酒店
이포 다운타운 호텔 Ipoh Downtown Hotel
상하이 호텔 Shanghai Hotel 上海酒店
YMCA 이포
Taman Dr. Seenivasagam
창킹 딤섬 Chang Keong Dim Sum 張強
엑셀시오 호텔 Excelsior Hotel
포산 Foh San 富山茶樓
로크우이키 Kedai Maknan Loke Wooi Kee 樂會居茶室
제르방 마람 Gerbang Malam
로우웡 Lou Wong 老黃
완리시앙 Wan li Xiang 万里香
Gereja Elin
Kinta Medical Centre
Institut Keris
StudyExcel Sdn. Bhd.
Ritz Kowloon Hotel
Le Beauty And Hair Salon Academy
주말 벼룩시장
캄다르 Kamdar
파이 호텔 Pi Hotel
르 메트로텔 호텔 Le Metrotel Hotel
아얌 가람 원켕림 Ayam Garam Aun Kheng Lim
스리 마주 버스 터미널
Million Hairstyling Academy (M) Sdn. Bhd.
Fame Salon & Academy
Kinta River
Kinta Riverfront Hotel & Suites
익풍 콤플렉스 Yik Foong Complex
팡리마 킨타 모스크
Pejabat Orng Besar Jajahan Kinta
Pejabat Risda Ipoh
다룰 리주안 박물관 Darul Ridzuan Museum
인도 모스크 Indian Mosque
홍콩 상하이 은행 Hongkong Shanghai Bank
플랜 비 Plan b
스리 아난다 바완 Sri Ananda Bahwan
리틀 인디아 Litte India
Pejabat Tanah & Galian
Jabatan Perhutanan
Kompleks Kerajaan
세인트 마이클 고등학교 St. Michael High School
파당 Padang
디지 원스톱 버짓 호텔 DG One Stop Budget Hotel
Wesley Church Kindergaften
Tadika Chung San
Perak Institute Of Electronics
로열 이포 클럽
이포 고등 재판소 Ipoh High Courts
타운 홀 Town Hall
전쟁 기념비
주립 모스크 State Mosque
이포 역 Ipoh
메단 키드 버스 터미널 Medan Kidd
Pusat Memandu Sepakat Pk Sdn Bhd
Sekolah Jenis Kebangsaan (Tamil) Chettiars Ipoh
Stor Jabatan
Kolej Anjung
Our Lady of Lourdes
Sekolah Tinggi Methodist Persendirian
올드타운 화이트 커피 Old Town White Coffee 南香茶餐室
버치 기념 시계탑 Birch Memorial Clock Tower
Sekolah Menengah Seri Puteri
Jalan Hospital
Jalan Greentown
Jalan Dato Seri Ahmad Said
Jalan Sultan Abdul Jalil
Jalan Raja Dihilir
Jalan Raja Dr. Nazrin Shah
Jalan Lim Bo Seng
Jalan Horley
Jalan Raja Musa Aziz
Jalan Dato Onn Jaafar
Jalan Sultan Idris Shah
Jalan Laxamana
Jalan Sultan Iskandar
Jalan Masjid
Jalan Church
Jalan Lim Seng Chew
Jalan Bendahara
Jalan Datoh
Jalan Kompleks Islam
Jalan Sultan Yusuff
A1
5

이포 시내 Ipoh

이포 시내는 크게 영국 식민지 시절의 옛 건물이 남아 있는 구시가지와 상업 시설이 있는 신시가지로 나뉜다. 구시가지 여행은 메단 키드 버스 터미널 또는 이포 역에서 시작하여 고색창연한 옛 건물을 둘러보는 것이고, 신시가지 여행은 소박한 재래시장과 퇴락한 쇼핑센터, 매일 밤 열리는 야시장을 둘러보는 것으로 진행된다. 구시가지와 신시가지는 산책 삼아 걸으며 돌아보기 좋지만 도중에 힘이 들면 시내 버스나 택시를 이용해도 좋다.

Access 메단 키드 버스터미널에서 도보 또는 시내버스, 택시 이용
Best Course 이포 기차역 → 주립 모스크 → 타운 홀 → 다룰 리주안 박물관 → 세인트 마이클 고등학교 → 인도 모스크 → 버치 기념 시계탑 → 리틀 인디아 → 제르방 마람

이포 기차역 Ipoh Railway Station

무어 양식과 브리티시 라지 양식의 웅장한 건물

이포 시내 서쪽의 구시가지에 위치한 기차역으로 영국 식민지 시절인 1914년에 건축하기 시작해 1917년 완공됐다. 쿠알라 룸푸르 역을 설계한 영국의 건축가 허브복(A. B. Hubbock)이 건물 중앙과 양끝에 돔과 몇 개의 작은 첨탑이 있는 무어 양식과 브리티시 라지(British Raj) 양식을 적용해 건축했다. 1935년부터 기차역으로 사용되기 시작했고 북쪽으로 버터워스, 남쪽으로 KL 센트럴과 연결된다. 역 내에는 한때 마제스틱 호텔(Majestic Hotel)이 있었으나 현재는 운영되지 않으며, 역 앞에는 광장이 있다. 역 앞에 제1, 2차 세계 대전 희생자를 추모하는 기념비가 세워져 있기도 하다.

주소 Ipoh Railway Station, Jalan Panglima Bukit Gantang Wahab, Ipoh 교통 메단 키드 버스 터미널에서 도보 5분 시간 00:00~24:00 전화 03-2267-1200 홈페이지 www.ktmb.com.my

주립 모스크 State Mosque

갈색 돔과 첨탑이 있는 주립 모스크

이포 기차역 건너편에 위치한 주립 모스크로, 말레이어 명칭은 '마스지드 네가라 페락(Masjid Negara Perak)'이라고 한다. 모스크의 지붕에는 여러 개의 갈색 돔과 한 개의 첨탑이 있고, 직사각형 건물의 외벽은 마치 성벽 모양을 닮았다. 이슬람 예배 시간이 아니면 안에 들어갈 수 있는데 노출이 심한 옷차림은 피하도록 한다.

주소 5, Jalan Panglima Bukit Gantang Wahab, Ipoh 교통 메단 키드 버스 터미널에서 도보 5분 시간 05:00~22:00 요금 무료

타운 홀 Town Hall

독특한 3개의 현관을 가진 식민지풍 건물

이포 기차역 건너편에 위치한 영국 식민지풍 건물로 1917년 허브복(A. B. Hubbock)이 설계하였다. 정면과 양 측면에 현관이 있는 독특한 건물로 이포의 행정부 건물로 쓰인다. 1945년 이곳에서 말레이 국민당 창당 기념식이 열렸고 1948년부터 몇 년간 지역 경찰 본부로 사용되기도 했다.

주소 1, Jalan Panglima Bukit Gantang Wahab, Ipoh 교통 이포 기차역에서 바로 시간 10:00~18:00 요금 무료

이포 고등 재판소 Ipoh High Courts

아치가 있는 회랑과 원기둥 등 로마 양식 적용

타운 홀 옆에 위치한 영국 식민지풍 건물로 1945년 영국 건축가 허브복(A. B. Hubbock)이 설계하였다. 로마 양식을 적용해 1층에는 아치가 있는 회랑, 2층에는 원기둥이 있는 회랑을 둔 것이 눈에 띈다. 현재 이포 지역의 고등 재판소로 이용되고 있어 내부로 들어가 볼 수는 없다.

주소 1, Jalan Panglima Bukit Gantang Wahab, Ipoh 교통 이포 기차역에서 바로 시간 10:00~18:00 전화 05-255-8435

다룰 리주안 박물관 Darul Ridzuan Museum

이포의 역사와 문화를 알 수 있는 곳

1926년 부유한 주석 광산업자 푸충킷(Foo Choong Kit)이 자택으로 사용하기 위해 영국 식민지풍의 2층 건물을 세웠다. 1950년 푸충킷은 페락 주 정부에 건물을 넘겼고, 그 후 노동부의 행정 사무소로 사용되다가 1992년부터는 박물관으로 이용된다. 박물관 내에서 페락 주의 역사, 페락 주에 대한 안내, 페락 주민의 생활사, 광산 생활사 등에 관한 자료를 관람할 수 있다.

주소 Darul Ridzuan Museum, Jalan Panglima Bukit Gantang, Ipoh 교통 이포 고등 재판소에서 삼거리 지나 도보 8분 시간 화~목/토~일 09:30~17:00, 금 09:30~12:15, 14:45~17:00, 월요일 휴관 요금 무료 전화 05-253-1437, 05-241-0048

세인트 마이클 고등학교 St. Michael High School

중세 수도원 느낌이 나는 웅장한 건물

1912년 세워진 영국 식민지풍 건물로 한때 영국군과 일본군의 주둔지였으나 현재는 세인트 마이클 협회 산하의 고등학교로 쓰인다. 당장 해리 포터가 뛰어 나올 듯한 멋진 학교 건물이 인상적이며, 넓은 운동장과 예배를 위한 채플도 갖추고 있다. 관광객이 학교 내로 들어갈 수는 없지만 밖에서도 건물 전경을 볼 수 있다.

주소 St. Michael High School, Jalan S. P. Seenivasagam, Ipoh 교통 이포 고등 재판소에서 박물관 방향, 삼거리에서 우회전, 도보 8분 시간 09:00~18:00 요금 무료 전화 05-254-0418 홈페이지 stmichaelipoh.edu.my

파당 Padang

각종 행사와 운동 경기가 열리는 잔디 운동장

세인트 마이클 고등학교 건너편에 위치한 넓은 잔디 운동장으로, 오후 시간이면 트랙에서 조깅을 하거나 운동장에서 축구를 하는 모습을 볼 수 있다. 운동장 가장자리에는 간이 관람석이 있어 운동장에서 축구하는 모습을 구경하기 좋다. 이색적인 영국 식민지풍 건물들로 둘러싸인 운동장에서 말레이계, 인도계, 중국계 등 다양한 사람들이 뛰는 모습은 독특한 느낌을 준다. 이포 시내의 옛 건물들을 둘러보다가 잠시 쉬기 좋은 곳이다.

주소 Jalan S. P. Seenivasagam & Jalan Sultan Yusuff
교통 세인트 마이클 고등학교에서 바로

인도 모스크 Indian Mosque

칫야 인디안과 무굴 양식이 적용된 모스크

1908년 인도 남부 타밀계인 세이크 아담(Sheikh Adam)이 세운 인디안 무슬림 모스크로, 이포에 사는 인도 사람 중 이슬람을 믿는 사람을 위한 곳이다. 모스크 건축 당시 인도에서 장인들을 데려와 완성하였다고 한다. 인도 모스크 옆에 잔디 광장이 있어 '타운 파당 모스크(Town Padang Mosque)'로 불리기도 했다. 모스크의 톱니 모양이 있는 아치는 칫야 인디언(Chitya Indian) 또는 무굴(Moghul) 양식을 따른 것이다. 지붕 가장자리는 성벽 모양으로 장식을 했고 지붕에는 두 개의 첨탑을 세웠다. 이슬람 예배 시간이 아니면 모스크 안에 들어가 볼 수 있다.

주소 Indian Mosque, Jalan S. P. Seenivasagam, Ipoh 교통 세인트 마이클 고등학교에서 바로 시간 10:00~18:00 요금 무료

홍콩 상하이 은행 Hongkong Shanghai Bank

네오 르네상스 양식의 웅장한 건물

1931년 세워진 영국 식민지풍 건물로 네오 르네상스(Neo-Renaissance) 양식으로 설계되었으며, 현재는 홍콩 상하이 은행이 사용한다. 건물 외관은 1층에 커다란 아치가 있는 회랑, 2~3층에 원기둥 장식, 지붕에 작은 원형 전망대로 꾸며 놓았다.

주소 Hongkong Shanghai Bank, Jalan Sultan Yusuff, Ipoh 교통 세인트 마이클 고등학교에서 파당 지나 도보 5분 시간 09:30~16:00

버치 기념 시계탑 Birch Memorial Clock Tower

페락 주에 거주했던 버치 일가를 기념한 비

1909년 세워진 종탑 겸 시계탑으로, 이포가 있는 페락 주에 처음 거주했던 영국인 버치(Birch) 일가를 기념하기 위해 세워졌다. 버치는 1874년 퍼락 주 술탄의 고문으로 영국의 보호령을 설치했으나 1875년 말레이 민족주의자에 의해 암살되었다. 종탑 네 귀퉁이에 영국 행정의 미덕을 대표하는 조각상이 세워져 있는데, 검과 방패를 든 여인은 왕권(Royalty), 검과 저울을 든 여인은 정의(Justice), 무기가 없는 여인은 인내(Patience), 창을 든 여인은 불굴의 용기(Fortitude)를 나타낸다. 조각상 아래쪽의 네 면에는 세계사에서 유명한 44명의 인물을 그려 놓았다.

주소 Birch Monument, Jalan Dewan, Ipoh 교통 홍콩 상하이 은행에서 도보 5분 / 주립 모스크에서 도보 10분

리틀 인디아 Litte India

인도 제품 상점과 인도 레스토랑이 한곳에

이포 구시가지와 신시가지를 가로지르는 잘란 술탄 이스칸다르(Jalan Sultan Iskandar) 남쪽, 잘란 반다르 티마(Jalan Bandar Timah) 부근에 위치한 인도계 밀집 지역이다. 거리에는 인도 전통 복장인 사리의 옷감을 파는 상점과 커리, 향신료, 종교용품 등 인도계 상품을 판매하는 슈퍼마켓, 인도 레스토랑 등을 볼 수 있다. 이곳에서는 디파발리(Deepavali), 타이푸삼(Thaipusam) 같은 인도 축제가 열리기도 한다. 이포 구시가지의 영국 식민지 건물들을 둘러본 뒤, 이곳 인도 레스토랑에 들러 탄두리 치킨이나 바나나잎 식사 등을 맛보면 좋다.

주소 Jalan Bandar Timah 교통 주립 모스크에서 남쪽 잘란 반다르 티마(Jalan Bandar Timah) 방향, 도보 5분

익풍 콤플렉스 Yik Foong Complex

옛날 동대문 쇼핑센터 느낌의 쇼핑센터

이포 시내 동쪽 신시가지의 캄다르에서 두 블록 위쪽에 있는 쇼핑센터로 의류, 신발, IT 제품 등을 판매하는 상점이 빼곡하게 자리 잡고 있다. 명품 브랜드나 유명 브랜드는 없지만 소소하게 시장에서 볼 듯한 로컬 브랜드 상점을 둘러보기 좋고 각종 전자 제품을 판매하는 상점에도 눈길이 간다. 전자제품 가격이 너무 싸거나 정식 대리점이 아닌 곳에서 파는 물건은 모조품일 수 있으니 주의!

주소 Yik Foong Complex, Jalan Maxamana, Ipoh 교통 캄다르에서 슈퍼 킨타(시장) 지나 도보 5분 시간 10:30~21:00

이포의 즐길 거리

이포는 한가롭지만 자칫 심심할 수 있는 도시다. 여행 중에 시간이 남는다면 구시가지에 있는 레스토랑 겸 바 '플랜 비'에서 맥주 한잔을 즐겨 보자. 아니면 신시가지의 호텔 밀집 지역 내 엑셀시어 호텔과 쉬어 호텔 사이에 있는 잘란 술탄 압둘 잘릴(Jalan Sultan Abul Jalil), 또는 엑셀시어 호텔과 쉬어 호텔 중간쯤에서 타워 리젠시 호텔 방향으로 꺾어 들어가는 페르시아란 그린힐(Persiaran Greenhill) 거리의 마사지 숍에서 마사지를 받아 보는 것도 괜찮다. 길가 마사지 숍이라도 가볍게 타이 마사지나 발마사지 정도 받는 것은 별문제가 없다.

캄다르 Kamdar

주로 의류, 직물 등을 파는 쇼핑 체인

이포 신시가지의 랜드마크가 되는 백화점으로, 말레이시아 각지에 여러 지점이 있는 체인점이다. 주로 층별로 여성 의류, 남성 의류, 어린이 의류, 직물 등 패션 상품을 판매한다. 명품 브랜드나 유명 브랜드 없이 로컬 브랜드 위주이나 시장 상품에 비해 품질은 좋은 편이고 가격이 조금 더 비싸다. 여행 중 필요한 의류가 있으면 이곳에서 구입하기 좋다. 패션에 관심이 있다면 직물 코너에서 한국에서 보기 힘든 직물이 있는지 살펴보자.

주소 Kamtar, Jalan Raja Musa Aziz, Ipoh 교통 메단 키드 버스 터미널에서 슈퍼 킨타행 91, 94, 113, 114, 116번, 또는 캄다르행 91번 시내버스 이용 시간 10:00~19:00 전화 05-253-3472 홈페이지 www.kamdar.com.my

게르방 마람 Gerbang Malam

매일 문을 여는 야시장

이포 시내 동쪽 캄다르 인근의 잘란 다토 타윌 아자르(Jalan Dato Tahwil Azar) 거리에서는 2003년부터 밤마다 130개의 노점이 문을 여는 야시장이 열린다. 야시장에는 의류, 신발, 액세서리 등을 볼 수 있고 음료나 먹거리를 파는 노점도 보인다. 야시장이 열리는 잘란 다토 타윌 아자르 거리의 식당에서 이포의 명물인 솔티드 치킨(Salted Chicken)을 맛보아도 좋다. '임콕카이(Yim Kok Kai)'라고도 부르는 솔티드 치킨은 닭찜의 일종이다.

일요일에는 슈퍼 킨타에서 한 블록 북쪽의 잘란 호레이(Jalan Horley) 거리에서 골동품, 잡동사니를 판매하는 선데이 마켓(07:00~13:00)이 열리니 가 볼 만하다.

주소 Jalan Dato Tahwil Azar, Ipoh 교통 캄다르에서 도보 3분 시간 18:00~01:00

이포 시외 Ipoh Suburbs

이포 시외에는 이포 북쪽의 페락통과 남동쪽의 삼포통, 켁락통, 조금 멀리 떨어진 템푸룽 동굴, 켈리스 캐슬 등이 있다. 석회암 동굴 사원인 페락통과 삼포통, 켁락통에서는 동굴 안에 모셔진 불상, 불교용품 등을 둘러보고, 이 동굴 사원들보다 훨씬 큰 규모의 석회암 동굴인 템푸룽 동굴에서는 기암괴석으로 이루어진 석회암 동굴을 감상하며 동굴 트레킹을 해 보고, 켈리스 캐슬에서는 식민지풍으로 지어진 대저택을 둘러본다. 템푸룽 동굴과 켈리스 캐슬은 이포 시내에서 떨어져 있고 대중교통이 없어 오가기 불편하나, 일단 가 보면 그 불편함이 상쇄될 정도로 볼거리가 있다.

Access 페락통·삼포통_메단 키드 버스 터미널에서 버스 이용 / 템푸룽 동굴·켈리스 캐슬_메단 키드 버스 터미널에서 버스 이용, 고펭에 도착하여 택시 대절
Best Course 템푸룽 동굴 → 켈리스 캐슬 → 삼포통

페락통 Perak Tong 霹靂洞

석회 동굴 안의 불교 사원

이포 시내 북쪽의 해발 122m 타섹산(Gunung Tasek)에 위치한 사원이다. 1926년 말레이시아에 주석 광산 붐이 일었을 때 말레이사아로 넘어온 중국 광둥 출신의 총센이(Chong Sen Yee)가 이 동굴을 발견하고 사원을 세웠다. 동굴 앞에 3층의 사원 건물이 있고 동굴 안으로 들어가면 12.8m의 좌불이 모셔져 있다. 동굴 안에는 크고 작은 불상이 놓여 있고 벽에는 불화가 그려져 있어 신비한 느낌을 준다. 동굴을 지나 산 반대쪽 산비탈을 통해 산 위로 오르는 계단이 연결되는데 이곳에는 야생 원숭이들이 서식하고 있으므로 소지품 보관에 유의해야 한다. 타섹산 정상에 오르면 몇몇 정자가 있고 그곳에서 이포 전경을 내려다볼 수 있다. 동쪽을 보면 가깝게는 공장 단지, 멀리는 중국 계림을 연상케 하는 석회암 산들을 볼 수 있고, 서쪽으로는 교외의 주택가와 야산이 한눈에 들어온다. 페락통 경내에는 중국의 국부 쑨원(孫文)을 기리는 중산 문화관이 있으나 크게 볼거리는 없다.

주소 Perak Tong, Jalan Kuala Kangsar, Ipoh 교통 메단 키드 버스 터미널에서 쿠알라 캉사르(Kuala Kangsar)행 버스 이용, 15분 소요(요금 RM1 내외, 운전기사에게 페락통 간다고 얘기해야 함) / 이포 시내에서 택시 이용(요금 RM20 내외) ※ 페락통에서 돌아올 때는 이포 방향, 렌터카 주차장 앞이 버스 정류장이며, 이포행 아무 버스나 승차해도 메단 키드 버스 터미널로 감 시간 08:00~17:00 요금 입장료 무료, 점치기 RM30

로스트 월드 오브 탐분 Lost World Of Tambun

이포 최고의 테마파크

이포 시내 북동쪽에 위치한 테마파크로 쿠알라룸푸르의 테마파크 선웨이 라군과 같은 회사에서 운영한다. 테마파크 내에는 어뮤즈먼트 파크(Amusement Park), 워터파크(Water Park), 호랑이 계곡(Tiger Valley), 동물원(Petting Zoo), 주석 계곡(Tin Valley), 온천 & 스파(Hot Springs & Spa), 루페스 어드벤처(Lupe's Adventure) 등의 섹션이 있다. 체험 시설로는 쇠줄을 타고 사선으로 내려가는 집라인(Zipline), 줄 타고 수직으로 내려오는 립 오브 페이스(Leap of Faith) 등이 있다. 테마파크 옆에는 로스트 월드 호텔이 있어 하룻밤 머물기 좋다.

주소 No. 1, Persiaran Lagun Sunway 1, Sunway City Ipoh, Ipoh 교통 이포 시내에서 택시 이용(요금 RM30 내외) / 메단 키드 버스 터미널에서 메단 고펭(Medan Gopeng)행 버스 이용, 메단 고펭에서 로스트 월드 오브 탐분행 버스(1일 6회) 이용 시간 월·수~금 11:00~23:00, 화 18:00~23:00, 토~일 10:00~23:00 요금 입장권-성인 RM127, 어린이 RM120 / 온천+나이트 타임 입장료 RM85 전화 05-542-8888 홈페이지 www.sunwaylostworldoftambun.com

삼포통 Sam Poh Tong 三寶洞

이포에서 가장 오래된 석회 동굴 사원

1912년 라팟산(Gunung Rapat)에 세워진 사원으로 이포의 석회암 동굴 사원 중 가장 오래된 것이다. 버스에서 내려 삼포통으로 가는 길에는 남테안통(Nam Thean Tong, 南天洞), 링센통(Ling Sen Tong, 靈仙洞) 같은 동굴 사원이 있어 삼포통으로 착각하기 쉬운데, 삼포통은 이들 사원을 지나서 안쪽에 있다. 삼포통 옆에는 두좀 뉴 트레저(Dudjom New Treasure)라는 티벳계 불교 센터가 있으나 삼포통과 관계가 없다. 동굴 앞 삼문을 지나 동굴 안으로 들어가면 크고 작은 불전이 여러 개 있다. 동굴 안쪽에는 산 안쪽으로 통하는 통로가 보이는데 통로에서 불어오는 바람이 에어컨 바람처럼 시원하다. 통로를 지나면 산 안쪽의 넓은 공간이 나타나고 5층짜리 사원 건물과 수많은 자라가 노니는 연못이 나온다. 석회암 산으로 둘러싸인 공간이 신비한 느낌을 주며, 사방의 산으로 그늘져 밖보다 기온이 낮다. 삼포통 앞에는 연못과 산, 정자 등을 분재처럼 축소해 놓은 중국 정원이 있어 둘러볼 만하다.

주소 Jalan Gunung Rapat, Jalan Raja Dr. Narin Shah, Ipoh 교통 메단 키드 버스 터미널에서 66, 73번 버스 이용, 20분 소요(요금 RM1.5, 운전기사에게 삼포통 간다고 얘기해야 함) / 이포 시내에서 택시 이용(요금 RM15 내외) 시간 09:00~16:00 요금 무료 전화 05-255-2772

남테안통

Nam Thean Tong 南天洞

라팟산 입구에 있는 동굴 사원

라팟산(Rapat) 입구에 위치한 사원으로, 삼문을 들어서면 사원 건물이 나오고 사원 건물 안에 태상노군, 현천상제, 옥황상제 등 5인을 모신 상청궁이 마련되어 있다. 삼포통에 비해 동굴의 길이가 짧아 동굴 사원이라고 하기 민망한 느낌이다. 상청궁 옆 계단을 통해 동굴 앞 사원 건물 3층으로 올라갈 수 있고 그곳에서 남테안통의 삼문과 앞마당을 내려다볼 수 있다.

주소 Jalan Gunung Rapat, Jalan Raja Dr. Narin Shah, Ipoh 교통 메단 키드 버스 터미널에서 66, 73번 버스 이용, 삼포통 하차. 20분 소요(요금 RM1.5, 운전기사에서 삼포통 간다고 얘기해야 함) / 이포 시내에서 택시 RM15 내외 시간 08:00~16:45 요금 무료

링센통

Ling Sen Tong, 靈仙洞

야생 원숭이가 돌아다니는 석회 동굴 사원

라팟산(Rapat) 입구, 남테안통에 이어 두 번째로 위치한 사원으로 삼포통처럼 끝 글자를 '~통'이라고 부르지만 입구의 한자는 '영선암(靈仙岩)'으로 적어 놓았다. 삼문을 들어서면 용, 도깨비, 관운장 등의 조각이 보이고 사원 안에 작은 불전이 모셔져 있다. 남테안통과 같이 동굴이 깊지 않아 동굴 사원 같지 않은 동굴 사원이다. 사원 내에 야생 원숭이들이 돌아다니므로 음식물을 꺼내지 않고 원숭이가 소지품을 채가지 않도록 주의한다.

주소 Jalan Gunung Rapat, Jalan Raja Dr. Narin Shah, Ipoh 교통 남테안통에서 바로 시간 09:00~16:00 요금 무료

켁록통 Kek Look Tong 極樂洞

옛 철광산에 조성된 사원

삼포통이 위치한 라팟산 너머 서쪽에 위치한 사원으로 동굴과 연못, 정원 등 12ac의 넓은 부지를 갖고 있다. 동굴은 1960년대에 철광산으로 이용되었고 사원은 1982년 세워졌다. 이 때문에 켁록통은 라팟산 일대의 동굴 사원 중 동굴의 크기와 길이가 가장 크고 길다. 동굴 입구에 사원 건물이 없고 동굴 안으로 들어가면 불전이 마련되어 있다. 석회암 동굴에서 흔히 볼 수 있는 종유석과 석순도 볼 수 있는데 인근 동굴 사원에 비하면 보존 상태가 좋다. 삼포통을 구경한 뒤, 이포 방향 삼거리에서 켁록통 방향으로 약 1km 걸어가면 되는데 사람이 다니는 인도가 없는 경우가 있으니 오가는 차량에 주의하자.

주소 Persiaran Pinggir Rapat 5, Jalan Raja Musa Mahadi, Ipoh 교통 이포 시내에서 택시 이용(요금 RM20 내외) / 삼포통에서 도보 30분 시간 08:00~16:30 요금 무료 전화 05-312-81129 홈페이지 www.keklooktong.org

템푸룽 동굴 Tempurung Cave

이포 시내에서 떨어져 있는 거대 석회 동굴

이포 시내에서 남쪽으로 25km 떨어진 해발 497m의 템푸룽산(Tempurung)에 있는 석회암 동굴이다. 동굴은 말레이어로 '구아(Gua)'라고 하므로 템푸룽 동굴은 '구아 템푸룽'이 된다. 템푸룽 동굴의 생성 연대는 4백만 년 전으로, 길이는 1.9km, 높이는 최고 120m, 지하로 흐르는 템푸룽강의 길이는 1.6km이다. 1887년 처음 템푸룽 동굴의 존재가 알려졌고 제2차 세계 대전 중에는 일본군의 침략을 피하기 위한 피난처 역할을 했다. 한때 공산주의자들의 은신처였고 주석 채굴이 이루어지기도 했다. 훗날 동굴 조사가 완료되고 동굴 관람로가 완성되면서 1997년 일반인을 대상으로 개장하였다.

동굴 관람 프로그램은 길이에 따른 자유 관람인 '골든 플로스톤'과 '톱 오브 더 월드', 동굴 관람과 지하의 강을 걷는 '톱 오브 더 월드 & 숏 리버 어드벤처'와 '그랜드 투어', 밤에 동굴을 탐험하는 '나이트 카빙' 등으로 나뉜다. 매표소에서 원하는 프로그램을 신청하면 해당 스티커를 붙여 준다. 생각보다 작은 동굴 입구를 통해 동굴 안으로 들어가면 먼저 높고 넓은 동굴의 규모에 압도되고, 석회암 동굴에서 일반적으로 볼 수 있는 종유석, 석순, 용암이 쓸고 간 흔적들조차 매우 커서 여느 석회암 동굴과 달리 보인다. 안쪽으로 들어갈수록 동굴이 커졌다 작아졌다를 반복하다가 동굴의 끝에 다다른다. 투어 중 지하 강이 포함된 코스는 동굴 안을 걸은 뒤 지하로 흐르는 강을 걸어 밖으로 나오는 것으로 스릴이 넘친다. 동굴 앞 호숫가에는 쇠줄을 타고 날아가는 집라인(Zipline)이 설치되어 있어, 동굴에서 못 다한 모험을 이어 갈 수도 있다.

주소 Gua Tempurung, Gopeng, Perak Darul Ridzuan 교통 메단 키드 버스 터미널에서 고펭(Gopeng)행 버스 이용, 고펭 종점 하차, 약 1시간 소요(요금 RM3.4). 고펭에서 택시 왕복 대절(약 20분 소요, 1시간 대기, 요금 RM30) 시간 09:00~16:00 전화 014-220-4142

★ 동굴 투어 & 코스

구분	상태 / 난이도	구간	운영 시간 / 소요 시간	요금(RM)
Golden Flowstone	Dry / 하	입구-플랫폼 3(1.2km)	09:00~16:00 / 40분	성인 6 어린이 2.5
Top of The World	Dry / 중	입구-플랫폼 5(1.9km)	09:00~15:00 / 1시간 45분	성인 9 어린이 4.5
Top of The World & Short River Adventure	Dry & Wet / 중	입구-플랫폼 5-지하 강	09:00~12:00 / 2시간 30분	성인 11 어린이 6
Grand Tour	Wet / 상	입구-플랫폼 5-지하 강	09:00~11:00 / 3시간 30분	성인 22 어린이 11
Night Caving (석식 & 가이드 포함)	Dry / 중	입구-플랫폼 5(1.9km)	20:00~22:00	60

켈리스 캐슬 Kellie's Castle

식민지풍의 웅장한 대저택

이포 시내 남쪽 부타 가자(Buta Gajah)와 고펭(Gopeng) 사이에 위치한 고택으로 1909년 윌리엄 켈리 스미스(Wiliam Kellie Smith)가 그의 아내인 아그네스(Agnes)를 위해 세웠다. 켈리스 캐슬의 디자인은 아그라 인디아의 무굴 성과 비슷하다. 건물 한쪽에 사각의 윙(Wing) 건물이 있고 다른 한쪽에 육각의 윙 건물이 있어 불균형한 느낌을 준다. 건물 내에는 14개의 방이 있고 건물 지하에 인근 힌두 사원과 연결되는 500m의 지하 통로가 있다. 템푸룽 동굴을 둘러보기 위해 고펭에서 택시를 대절할 때 켈리스 캐슬을 함께 보면 좋다. 고펭에서 템푸룽 동굴이나 켈리스 캐슬 중 한 곳만 간다면 2시간 RM30 정도로 택시를 대절하면 되고, 두 곳 모두 간다면 추가 1시간에 RM10~20 정도 더 내면 된다.

주소 Kellie's Castle, Jalan Gopeng, Ipoh 교통 메단 키드 버스 터미널에서 고펭행 버스 이용, 고펭에 도착하여 택시 대절(2시간 RM30 내외, 흥정 필요) / 부타 가자(Buta Gajah)에서 택시 대절 시간 09:30~17:15 요금 무료 전화 05-365-3381

이포의 투어 프로그램

간편한 투어를 통해 이포를 둘러볼 수 있는데 삼포통, 켁록통, 페락통 등 3개의 동굴 사원을 둘러보는 '3개 동굴 투어(3 Cave Tour)', 이포의 영국 식민지풍 건물을 둘러보는 '이포 시티 하이라이트(Ipoh City Highlight)와 디스커버리 이포(Discovery Ipoh)', 이포 시외의 문화유산을 둘러보는 '헤리티지 익스플로러(Heritage Explorer)' 등의 투어 프로그램이 있다. '3개 동굴 투어'는 상하이 호텔과 시내 여행사에 문의하고, '이포 시티 하이라이트'와 '헤리티지 익스플로러'는 이포 다운타운 호텔과 이포 오버랜드 투어 & 트래블(Ipoh Overland Tours & Travel)로 문의한다. 이들 투어는 가이드가 설명을 해 주므로 이포의 관광지와 문화유산에 대한 이해를 높일 수 있다.

투어	내용	출발 시간 / 소요 시간	요금 (RM)
3개 동굴 투어(상하이 호텔)	삼포통, 켁록통, 페락통	08:00, 14:00 / 3시간	30
이포 시티 하이라이트(다운타운 호텔)	페락통, 이포 기차역, 마스지드 페락(이슬람 사원), 이포 로열 클럽, 이포 고등 재판소, 세인트 마이클 고등학교, 관광 시정 빌딩, 토산품 상점, 리틀 인디아, 팡리마 거리(식민지풍 거리)	오전 / 3시간	98
디스커버리 이포(다운타운 호텔)	페락통, 이포 기차역, 마스지드 페락(이슬람 사원), 이포 로열 클럽, 이포 고등 재판소, 세인트 마이클 고등학교, 관광 시정 빌딩, 버치 기념 시계탑, 토산품 상점, 리틀 인디아, 팡리마 거리(식민지풍 거리), 켈리스 캐슬, 인도 사원, 포멜로 거리	오전 / 4시간	138
헤리티지 익스플로러(다운타운 호텔)	마탕 맹그로브 숲, 차콜 공장, 이스칸다리아 궁전, 케난간 궁전, 우부디아 모스크, 말레이시아 첫 번째 기차역, 마탕 박물관, 토산품 상점	오전 / 6시간	188

※ 문의 : Ipoh Downtown Hotel 또는 Ipoh Overland Tours & Travel 05-253-2766
Shanghai Hotel 05-241-2070

Restaurant & Café

이포의 먹거리는 생각보다 다양하다. 구시가지에서는 젊은 주인이 운영하는 멋진 레스토랑이나 카페에서 파스타나 버거를 즐길 수 있고 리틀 인디아의 탄두리 치킨, 신시가지의 솔티드 치킨과 딤섬, 재래시장인 슈퍼 킨타 푸드코트의 말레이 요리 등 선택의 폭이 넓어서 취향대로 먹을 수 있다.

이포 시내

플랜 비 Plan b

이포 구시가지에는 사용하지 않는 옛 건물들이 많이 있고, 리모델링을 거치거나 주위 경관을 해치지 않는 선에서 재건축한 몇몇 카페와 레스토랑이 있다. 플랜 비는 최소한의 재건축으로 럭셔리한 공간을 만들어 냈다. 세련된 바와 간결한 레스토랑은 구시가지와 신시가지를 통틀어 가장 근사한 공간이 아닐까 한다.

주소 75, Jalan Panglima, Ipoh 교통 이포 구시가지 주립 모스크에서 잘란 술탄 유스프(Jalan Sultan Yusuff) 방향, 잘란 술탄 유스프에서 좌회전, 잘란 팡리마(Jalan Panglima) 방향, 도보 15분 시간 10:00~22:00 메뉴 빅 브렉퍼스트 RM29, 오리고기와 오렌지 샐러드 RM23, 에그 베네딕트 RM16 전화 05-249-8286

스리 아난다 바완 Sri Ananda Bahwan

구시가지의 리틀 인디아 내에 위치한 인도 레스토랑으로 한쪽에는 로티, 무르타박 등을 만드는 오픈 주방이 있고, 다른 한쪽에는 손님을 위한 테이블이 있다. 메뉴는 로티, 무르타박, 커리, 바나나잎 식사, 탄두리 치킨 등 100가지가 넘는다. 메뉴를 고르기 어렵다면 런치 스페셜과 디너 스페셜 중에서 하나를 주문하고, 요구르트 음료인 라시, 또는 우유를 넣은 홍차인 차이를 추가한다.

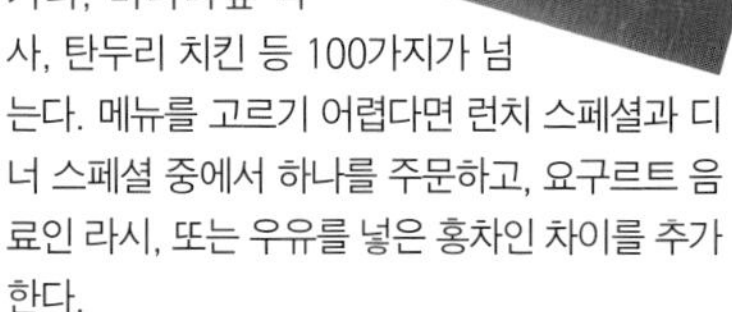

주소 No. 7, Persiaran Bijih Timah, Ipoh 교통 이포 구시가지 주립 모스크에서 잘란 이스칸다르(Jalan Iskandar) 이용, 킨타강 방향, 잘란 비지 티 마(Jalan Bijeh Timah)에서 우회전, 스피 아만다 바완 방향,도보 15분 시간 07:00~23:30 메뉴 치킨 만주린, 피쉬 삼볼, 탄두리 세트 등 RM20 내외 전화 05-253-9798

이포의 3대 맛

포멜로 Pomelo

이포에 왔다는 것을 알 수 있는 풍경 중의 하나가 가게마다 주렁주렁 매달려 있는 포멜로이다. 포멜로는 말레이시아 곳곳에서 재배되지만 이포의 포멜로가 가장 맛있다고 정평이 나 있다. 포멜로는 녹색의 열대 과일로 둥근 모양에 크기는 20~30cm 정도이고 두꺼운 껍질을 벗기면 귤과 같이 반투명 막에 싸인 과육이 보인다. 과육이 흰 것은 단맛이 나고 붉은 것은 달고 시큼한 맛이 난다. 한 통을 사면 2~3명이 나눠 먹기 충분하고, 혼자라면 과일 가게에서 과육만 소량 포장된 것을 구입하는 것이 좋다. 삼포통 사원 입구에 위치한 전문 상가인 포멜로 파라다이스(Pomelo Paradise), 재래시장인 슈퍼 킨타 내의 과일 상점, 슈퍼 킨타에서 캄다르 가는 길의 포멜로 상점 등에서 구입할 수 있으며, 포멜로 1통의 가격은 RM12~15 정도이다.

솔티드 치킨 Salted Chicken

솔티드 치킨은 다른 말로 '임콕카이(Yim Kok Kai)'라고도 부른다. 2~2.5kg의 닭을 잘 씻어 후추, 소금 등을 섞은 물로 염장한 다음, 배 속에 후추, 대추, 안젤리카(Angelica, 당귀), 아니스(Anise), 커민(Cumin), 생강 같은 재료 등을 넣고 밀랍 칠이 된 종이에 싼다. 이를 거친 소금이 담긴 큰 솥에 넣고 소금을 덮어 1시간 정도 구우면 소금과 약재 성분이 배인 솔티드 치킨이 완성된다. 솔티드 치킨은 따뜻할 때 손으로 찢어 먹어야 제맛이지만 차가울 때도 색다른 맛이 난다. 재료로 들어가는 안젤리카는 사람 몸에 좋은데 특히 임산부에게 더욱 좋다고 한다. 이포 신시가지 잘란 다툭 온 자스파르(Jalan Datuk Onn Jaasfar) 거리의 아얌 가람 원켕림(Ayam Garam Aun Kheng Lim, 05-254-2998)이 솔티드 치킨으로 유명하고 다른 상점에서도 취급한다.

화이트 커피 White Coffee

화이트 커피라는 명칭은 19세기 이포의 주석 광산 붐이 일던 시절에 중국에서 일꾼으로 들어온 중국 이민자에 의해 이포 커피가 중국어로 '怡保白咖啡'라고 소개된 데에서 기인한다. 중간의 '白(흴 백)'은 사실 희다는 뜻이 아니라 로스팅할 때 팜 오일 마가린 외에는 다른 것을 넣지 않았다는 뜻인데, 이를 영어로 직역하는 바람에 'white'가 되었다. 실제 말레이시아에서 '코피 오(Kopi-O)'라 불리는 블랙커피는 설탕, 마가린, 밀과 함께 로스팅하는 것에 비해, 화이트 커피는 원두를 팜 오일 마가린과 함께 로스팅한다. 원두와 팜 오일 마가린 외에는 다른 성분이 없어 커피 고유의 담백하고 씁쓸한 맛이 난다. 리틀 인디아 부근의 잘란 비제 티마(Jalan Bijeh Timah)에 위치한 올드타운 화이트 커피(南香茶餐室)가 유명하며 같은 거리에 다른 화이트 커피 상점과 찻집들도 있다. 재미있는 것은 저마다 오리지널 화이트 커피를 주장한다는 것으로 상점마다 다양한 상표의 화이트 커피를 볼 수 있다.

올드타운 화이트 커피 Old Town White Coffee 南香茶餐室

이포 고등 재판소 뒤쪽에 있는 커피숍으로 건물 외관은 흰색의 식민지풍 건물인데 내부는 모던한 느낌의 인테리어를 자랑한다. 대표 메뉴인 화이트 커피는 원두를 팜유 마가린으로 로스팅하고 커피에 연유를 넣은 것이다. 이포가 올드타운 화이트 커피의 발상지이니 이포에 왔다면 화이트 커피 한 잔을 빼놓을 수 없다.

주소 3, Jalan Tun Sambanthan, Ipoh 교통 이포 고등 재판소 뒤, 바로 시간 09:00~22:00 메뉴 올드타운 화이트 커피, 마일로(코코아) RM2 내외 전화 05-254-6359 홈페이지 www.oldtown.com.my

로크우이키 Kedai Maknan Loke Wooi Kee 樂會居茶室

신시가지 동쪽에 위치한 전형적인 차찬텡(茶餐廳)으로 음료와 간단한 요리를 내는 곳이다. 주요 메뉴로는 닭 국수(Chicken Kueh Tiow), 하이난 치킨, 와플, 음료 등이 있다. 보통 닭 국수나 쌀국수에 커피를 주문하는데 국수의 양이 적어 곱빼기(大)를 시키는 것이 좋다. 요리만 주문하면 마실 물을 주지 않으므로 음료로 커피나 차를 시키게 되는데 음식을 먹는 동시에 커피를 마시는 것이 조금 낯설다.

주소 28, Jalan Mustapha Al-bakri, Taman Jubilee, Ipoh 교통 이포 신시가지 캄다르에서 동쪽으로 한 블록 뒤, 잘란 다토 타윌 아자르(Jalan Dato Tahwil Azar) 방향, 도보 3분 시간 08:00~14:00(토·일 ~15:00) 메뉴 닭·새우 국수 소/대 RM4/5, 하이난 치킨 RM3.3~4.3, 와플, 음료

아얌 가람 원켕림 Ayam Garam Aun Kheng Lim 宴瓊林鹽焗鷄

아얌 가람 원켕림은 이포의 솔티드 치킨(Salted Chicken) 선구자로 1987년부터 솔티드 치킨을 만들었다. 그전에는 음료와 국수, 덮밥 등을 파는 중국 식당인 차찬텡(茶餐廳)이었는데, 3대 사장인 임밍테가 솔티드 치킨 제조법을 개발해 메뉴화시키면서 솔티드 치킨 전문점으로 변모하였다. 솔티드 치킨은 염장한 닭의 배 속에 건강에 좋은 안젤리카(Angelica, 당귀)를 넣고 종이로 잘 싼 뒤, 소금 솥에서 구워 낸 것이다. 다 구워진 닭은 삶은 것과 구운 것의 중간쯤 되는 식감으로, 기름기가 빠져 담백하며 배 속의 재료 성분이 배어나 독특한 맛을 낸다. 주말이나 명절에는 줄 서서 솔티드 치킨을 사 간다.

주소 24, Jalan Theatre, Ipoh 교통 이포 신시가지 캄다르에서 도보 3분 시간 09:00~18:00 메뉴 솔티드 치킨(1마리) RM21 전화 05-254-2998 홈페이지 aunkhenglimayamgaram.com

로우웡 Lou Wong 老黃

야시장이 열리는 잘란 다토 타윌 아자르(Jalan Dato Tahwil Azar)에 위치한 식당으로 하이난 치킨(Hainan Chicken)을 주 메뉴로 한다. 하이난 치킨은 중국 하이난 지방의 닭 요리로, 육즙이 살아 있게 잘 삶은 것이다. 하이난 치킨은 한 마리, 반 마리, 1/4마리 단위로 주문할 수 있고, 하이난 치킨 라이스는 치킨에 흰밥이 곁들여 나온다. 보통은 하이난 치킨에 숙주나물과 흰색의 쌀국수를 주문한다.

주소 49, Jalan Yau Tet Shin, Ipoh 교통 이포 신시가지 캄다르에서 한 블록 동쪽, 잘란 다토 타윌 아자르(Jalan Dato Tahwil Azar)에서 우회전, 도보 10분 시간 10:30~21:00 메뉴 하이난 치킨 RM23, 숙주나물(Bean Sprouts) RM4, 쌀국수(Kway Teow) RM1.5 내외 전화 05-254-4199

완리시앙 Wan li Xiang 万里香

30여 년의 전통을 자랑하는 솔티드 치킨 전문점으로 여느 솔티드 치킨점과 달리 오리인 솔티드 덕도 취급한다. 솔티드 치킨에는 안젤리카(Angelica, 당귀)를 넣은 오리지널 안젤리카 치킨, 인삼을 넣은 인삼 솔티드 치킨, 8가지 약재를 넣은 솔티드 치킨 등으로 다양하다.

주소 47, Jalan Yau Tet Shin Taman Jubilee, Ipoh 교통 로우웡에서 바로 시간 11:00~22:00 메뉴 솔티드 치킨 RM17, 솔티드 덕 RM28, 진생(인삼) 치킨 RM18 전화 016-591-9374 홈페이지 wanlixiang.com.my

이포 센트럴 Ipoh Central Restaurant

잘란 라자 에크람(Jalan Raja Ekram) 거리에 위치한 차찬텡으로 화이트 커피 같은 음료부터 로티 바카르(Roti Bakar) 같은 인도 요리, 미 마삭(Mi Masak) 같은 국수, 닭 요리인 하이난 아얌 나시(Hainan Ayam Nasi)까지 다양한 메뉴를 낸다.

주소 Jalan Raja Ekram, Ipoh 교통 이포 신시가지 캄다르에서 잘란 라자 무사 아지즈(Jalan Raja Musa Aziz) 이용, 북동쪽 방향, 우회전 후 잘란 라자 에크람(Jalan Raja Ekram)에서 좌회전, 도보 15분 시간 06:00~15:00, 토요일 휴무 메뉴 화이트 커피, 로티 바카르, 미 마삭, 하이난 아얌 나시 RM5~10 내외

포산 Foh San 富山茶樓

이포에서 유명한 딤섬 레스토랑으로 1971년 개업했고 연일 사람들로 붐빈다. 찾는 사람이 많아 개별 여행자가 이용하기에는 불편한 점이 있는데 이럴 때는 식사 시간을 피해 가는 것도 한 가지 방법이다. 직원이 딤섬 수레를 끌고 다니는데 찜통의 딤섬을 보고 원하는 것을 선택한다. 메뉴판을 보고 주문해도 되는데 그 종류가 매우 많아서 뭘 주문해야 할지 난감할 정도이다. 딤섬 이름이 '포(包)'로 끝나면 만두 또는 찐빵, '반(飯)'으로 끝나면 밥, '분(粉)'으로 끝나면 국수 또는 전병이다.

주소 51, Jalan Leong Sin Nam, Ipoh 교통 이포 신시가지 캄다르에서 잘란 라자 무사 아지즈(Jalan Raja Musa Aziz) 이용, 북동쪽 방향, 우회전 후 잘란 라자 에크람(Jalan Raja Ekram)에서 좌회전, 도보 10분 시간 07:00~14:40, 화요일 휴무 메뉴 딤섬 RM2~5 내외 전화 05-254-0308 홈페이지 www.fohsan.com.my

오버시 Oversea 海外天大酒店

신시가지의 엑셀시오 호텔 건너편에 위치한 중식 레스토랑 체인으로 이포 신시가지 잘란 다토, 임비, 페탈링 자야 등에 분점이 있다. 메뉴는 주방장 특선, 북경 오리, 갈비살 등의 고기류, 딤섬, 해산물, 채식 음식 등으로 나뉜다. 단체나 여러 명이 와서 떠들썩하게 먹는 분위기여서 개별 메뉴보다 여러 명이 세트 메뉴를 선택하는 것이 좋다.

주소 57, 59, 61, 63 Jalan Seenivasagam, Ipoh 교통 이포 신시가지 캄다르에서 잘란 라자 무사 아지즈(Jalan Raja Musa Aziz) 이용, 북동쪽 방향, 우회전 후 잘란 라자 에크람(Jalan Raja Ekram)에서 좌회전, 엑셀시오 호텔 방향, 도보 15분 시간 11:30~15:00, 17:30~23:00 메뉴 주방장 특선, 고기류, 딤섬, 해산물 요리 등 세트 메뉴 RM800~ 전화 05-253-8005 홈페이지 www.oversea.com.my

창쿵 딤섬 Chang Keong Dim Sum 張强

신시가지 잘란 술탄 이드리스 샤(Jalan Sultan Idris Shah) 북쪽의 호텔 지역 내에 딤섬, 차찬텡, 해산물 레스토랑 등이 자리하고 있다. 그중에서 창쿵 딤섬은 부담 없이 딤섬을 즐기기 좋은 곳이다. 1인당 딤섬 2~3개에 차를 주문하면 적당하고, 양이 적으면 딤섬을 추가하면 된다.

주소 34, Jalan Raja Ekram(Cowan Street), Ipoh 교통 이포 신시가지 캄다르에서 잘란 라자 무사 아지즈(Jalan Raja Musa Aziz) 이용, 북동쪽 방향, 우회전 후 잘란 라자 에크람(Jalan Raja Ekram)에서 좌회전, 도보 15분 시간 05:00~14:00 메뉴 만두(大包) RM5, 하가우(蝦餃) RM3.5, 찐빵(蓮蓉包) RM1.3 전화 012-467-7841

포멜로 파라다이스 Pomelo Paradise

이포 시내 남쪽의 삼포통 입구에 있는 포멜로 전문 상가로 10곳의 포멜로 상점이 모여 있다. 각 상점에는 볼링공만 한 포멜로를 노끈에 묶어 주렁주렁 매달아 놓았다. 포멜로는 과육이 흰 것이 달고 붉은 것이 시큼한 맛을 내니 포멜로를 구입할 때 원하는 맛으로 달라고 하자.

주소 Jalan Raja Dr. Narin Shah, Ipoh 교통 메단 키드 버스 터미널에서 66, 73번 버스 이용, 삼포통 하차, 20분 소요(요금 RM1.5, 운전기사에서 삼포통 간다고 얘기해야 함) / 이포 시내에서 택시 RM15 내외 시간 05-241-1323 메뉴 포멜로 1통 RM12~15 정도

Hotel & Resort

이포의 중저가 호텔은 구시가지와 신시가지에 골고루 분포하고 있고 고급 호텔은 신시가지의 동쪽, 호텔 밀집 지역에 위치한다. 이포에서 숙소를 정할 때 구시가지보다 상업 시설이 많은 신시가지 지역에서 구한다면 조금 더 편리하게 지낼 수 있다.

이포 시내

쉬언 호텔 The Syuen Hotel

고급 호텔

신시가지 호텔 밀집 지역 내에서 가장 크고 럭셔리한 호텔로 슈피리어 룸에서 펜트하우스까지 다양한 룸을 보유하고 있다. 호텔 내에 중식당 실버 보트, 말레이 요리와 중식, 인터내셔널 요리를 내는 가든 뷰, 칵테일 한잔하기 좋은 이머전시 바, 스파 등이 있어 이용하기 편리하다.

주소 88, Jalan Sultan Abdul Jalil, Ipoh 교통 이포 신시가지 캄다르에서 잘란 라자 무사 아지즈(Jalan Raja Musa Aziz) 이용, 북동쪽 방향, 우회전 후 잘란 라자 에크람(Jalan Raja Ekram)에서 좌회전, 도보 15분 요금 슈피리어 룸 RM300 전화 05-253-8889 홈페이지 www.syuenhotel.com.my

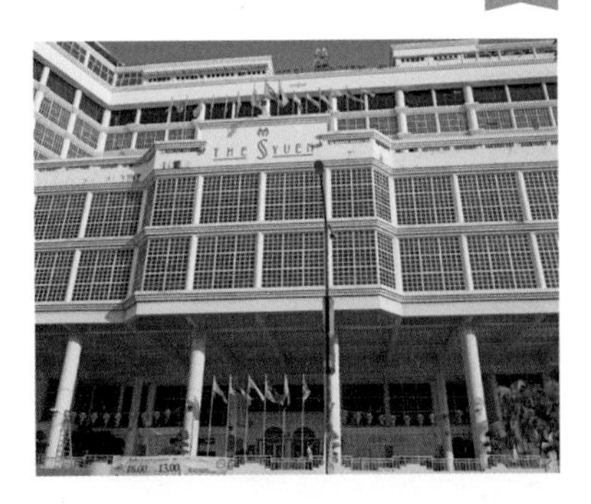

타워 리젠시 호텔&아파트먼트 Tower Regency Hotel & Apartments

신시가지 호텔 밀집 지역의 북쪽에 위치한 호텔로 단기 투숙을 위한 호텔과 장기 투숙을 위한 아파트로 나뉜다. 호텔 내에는 딜럭스 룸에서 스위트 룸까지 다양한 객실과 수영장, 호텔 레스토랑 등을 갖추고 있어 이용에 불편함이 없다. 인근에 조금 저렴한 리갈 로지(Regal lodge, 05-242-5555) 호텔을 찾아도 좋다.

주소 6~8, Jalan Dato Seri Ahmad Said, Greentown, Ipoh 교통 이포 신시가지 캄다르에서 잘란 라자 무사 아지즈(Jalan Raja Musa Aziz) 이용, 북동쪽 방향, 우회전 후 잘란 라자 에크람(Jalan Raja Ekram)에서 좌회전, 도보 15분 요금 딜럭스 룸 RM198~ 전화 05-208-6888 홈페이지 www.towerregency.com.my

엑셀시오 호텔 Excelsior Hotel

고급 호텔

신시가지 호텔 밀집 지역 내 위치한 호텔로 200여 개의 룸을 보유하고 있다. 호텔 내 둘랑 커피숍(Dulang Coffee Shop)에서 인터내셔널 뷔페 디너(화~금, 19:00~22:00, RM28)와 바비큐 뷔페 디너(금~일, 19:00~22:00, RM35)를 운영하고 있다. 호텔 주위에는 오버시 레스토랑, 마사지 숍 등이 있어 이용하기 편리하다.

주소 43, Jalan Sultan Abdul Jalil, Ipoh 교통 이포 신시가지 캄다르에서 잘란 라자 무사 아지즈(Jalan Raja Musa Aziz) 이용, 북동쪽 방향, 우회전 후 잘란 라자 에크람(Jalan Raja Ekram)에서 좌회전, 도보 10분 요금 스탠더드 룸 RM190 내외 전화 05-253-6666 홈페이지 www.hotelexcelsior.com.my

디지 원스톱 버짓 호텔 DG One Stop Budget Hotel

중저가 호텔

구시가지 버치 기념비(Birch Monument) 동쪽에 위치한 중저가 호텔로 깔끔한 객실을 자랑한다. 구시가지 중심에 있어 주립 모스크, 이포 기차역, 홍콩 상하이 은행 등의 볼거리를 둘러보기 좋다.

주소 126, Jalan Sultan Yussuf, Ipoh 교통 이포 구시가지 주립 모스크에서 잘란 술탄 유스프(Jalan Sultan Yusuff) 방향, 잘란 술탄 유스프에서 좌회전, 도보 10분 요금 스탠더드 룸, 스탠더드 트윈 RM90 내외 전화 05-211-1351

파이 호텔 Pi Hotel

중저가 호텔

신시가지 북쪽의 잘란 호레이(Jalan Horley)에 있는 중저가 호텔 체인으로 80개의 더블 룸과 40개의 트윈 룸을 보유하고 있다. 깔끔한 호텔 룸 외에는 다른 시설이 없지만 인근 캄다르로 가기 편해 불편한 점은 없다. 일요일에는 호텔이 있는 잘란 호레이에서 벼룩시장이 열리므로 둘러볼 만하다. 주말이나 여행 성수기에는 조기 마감될 수 있으니 미리 예약을 하는 것이 좋다.

주소 No. 2, The Host, Jalan Veerasamy, Ipoh 교통 이포 신시가지에서 한 블록 북쪽, 잘란 호레이(Jalan Horley) 방향, 도보 10분 요금 더블 룸 RM99 전화 05-255-2922 홈페이지 hotelpi.com.my

르 메트로텔 호텔 Le Metrotel Hotel

이포 신시가지의 잘란 다토 타윌 아자르(Jalan Dato Tahwil Azar) 거리에 위치한 부티크 호텔로 깔끔한 객실을 자랑한다. 1층에는 요한 베이커리 카페(Yohan Bakeri Cafe)가 있고 인근에 야시장, 캄다르, 솔티드 치킨 식당, 슈퍼 킨타 시장 등으로 가기도 좋다.

주소 26, Jalan Theatre, Taman Jubilee, Ipoh 교통 이포 신시가지 캄다르에서 한 블록 동쪽 잘란 다토 타윌 아자르(Jalan Dato Tahwil Azar) 이용, 도보 5분 요금 스탠다드 더블 룸 RM240 전화 05-249-1990 홈페이지 www.lemetrotel.com.my

상하이 호텔 Shanghai Hotel 上海酒店

이포 신시가지 캄다르 동쪽에 위치한 상하이 호텔 주변은 저가 호텔 밀집 지역으로, 호텔 사이트를 이용하면 공식 가격보다 더 저렴한 가격에 이용할 수 있다. 저가 호텔이라서 시설은 침대, TV, 욕실 등 기본적인 것만 갖춰져 있으나 하룻밤 보내기에 나쁘지 않다. 연일 더운 날씨여서 에어컨 룸만 고집할 수 있는데, 저녁이면 기온이 떨어지므로 저렴한 선풍기 룸을 택해도 무방하다. 호텔 주위에 또 다른 저가 호텔인 머룬 호텔(Merloon Hotel), 로빈 호텔(Robin Hotel), 뉴 캐스피안 호텔(New Caspian Hotel) 등이 있다.

주소 85, Jalan Mustapa Al-bakri, Taman Jubilee, Ipoh 교통 이포 신시가지 캄다르에서 잘란 무스타파 알바크리(Jalan Mustapa Al-bakri) 이용, 동쪽으로 도보 10분 요금 선풍기 룸 RM80, 에어컨 룸 RM100 내외 전화 05-241-2070

이포 다운타운 호텔 Ipoh Downtown Hotel

이포 신시가지 북동쪽에 있는 중가 호텔로 객실과 레스토랑 외 별다른 시설은 없지만 조용히 지내기는 좋은 곳이다. 여행자가 2명 이상이면 저가 호텔을 찾기보다 조식이 포함된 이포 다운타운 호텔을 이용하는 것이 훨씬 나을 수 있다.

주소 Jalan Sultan Idris Shah, Ipoh 교통 이포 신시가지 캄다르에서 잘란 라자 무사 아지즈(Jalan Raja Musa Aziz) 이용, 북동쪽 방향, 호텔 방향으로 우회전, 도보 5분 요금 스탠더드 룸 RM108 전화 05-255-6766 홈페이지 www.ipohdowntownhotel.com

Penang
페낭

동양의 진주, 세계 문화유산의 도시

한때 동서 바닷길 교역의 중심으로 동양의 진주라 불린 페낭. 페낭 조지 타운에는 식민지풍 건물과 중국풍 건물이 잘 보존되어 2008년 유네스코에 의해 도시 전체가 세계 문화유산으로 등재되기도 했다. 페낭 힐에 올라 조지 타운과 페낭 일대를 한눈에 내려다보고 페낭 힐 중턱에 있는 켁록시 사원의 거대한 육각탑과 관음상 앞에서 기원을 올려 보자. 조지 타운 서쪽의 바투 페링기 해변은 끝없는 백사장을 자랑하고 트로피컬 스파이스 가든, 열대 과일 농장 같은 곳에서는 열대 우림을 느껴 볼 수도 있다. 한적한 바닷가를 원한다면 조지 타운 서쪽 끝의 페낭 국립 공원으로 트레킹을 떠나도 좋다. 그곳에서 나만의 파라다이스를 상상해 보면 어떨까. 페낭은 말레이, 중국, 인도, 서양 음식의 영향을 받아 말레이시아의 음식 수도로도 불리니 음식 노점이 늘어선 거니 드라이브에서 입맛에 맞는 음식을 찾아보는 것도 즐거울 것이다.

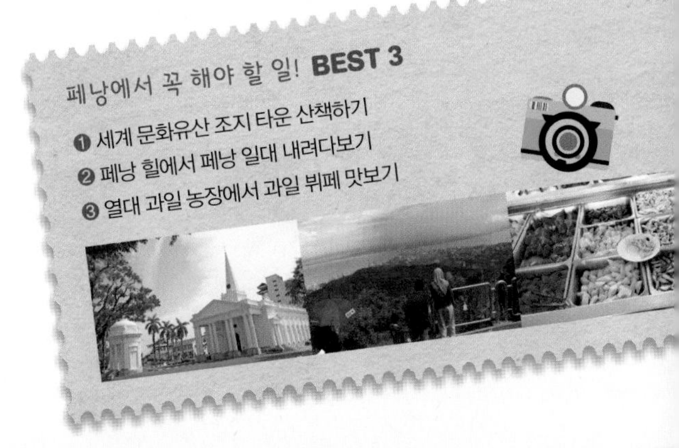

페낭에서 꼭 해야 할 일! **BEST 3**

❶ 세계 문화유산 조지 타운 산책하기
❷ 페낭 힐에서 페낭 일대 내려다보기
❸ 열대 과일 농장에서 과일 뷔페 맛보기

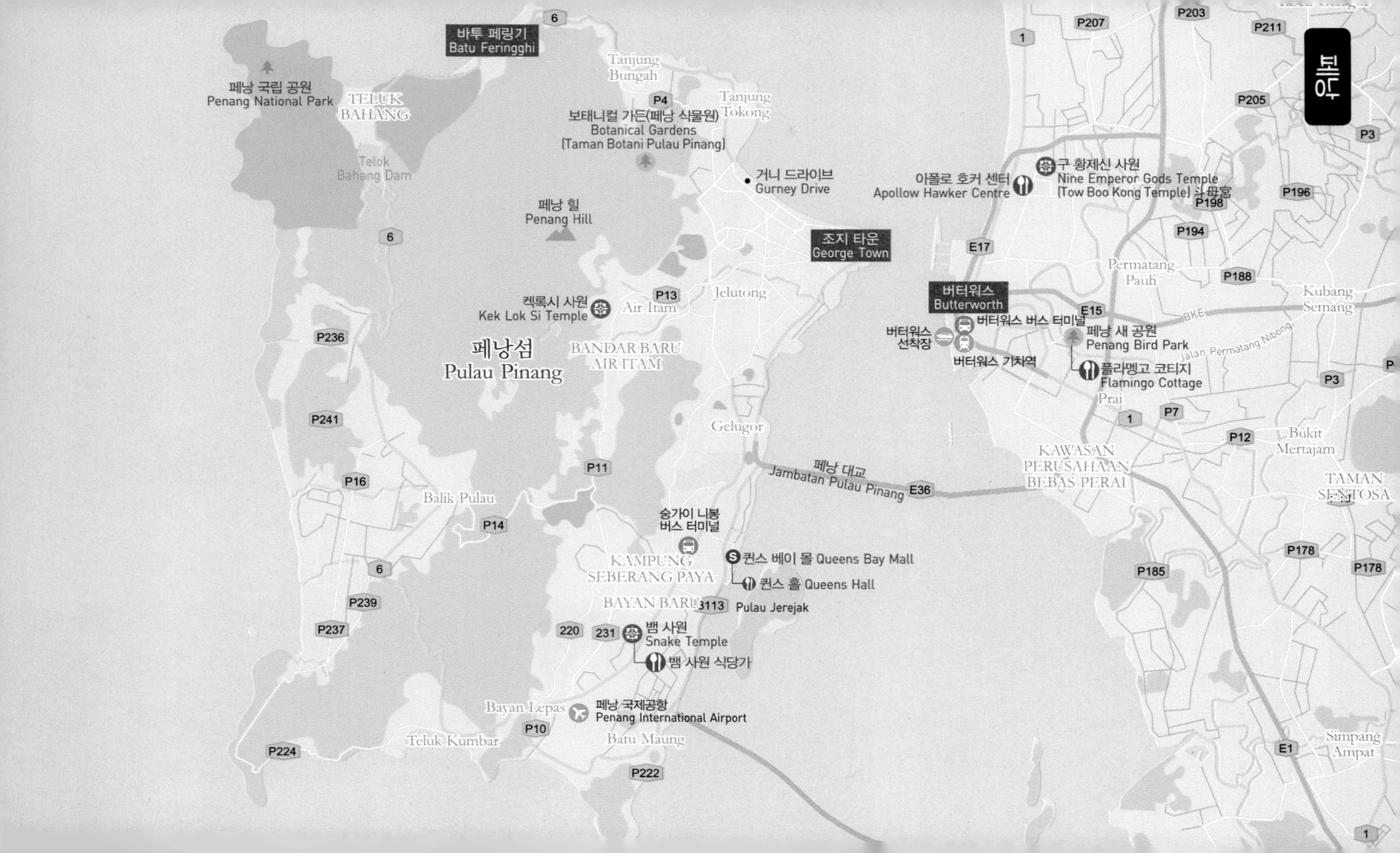

페낭
바투 페링기
Batu Feringghi
페낭 국립 공원
Penang National Park
TELUK BAHANG
Telok Bahang Dam
Tanjung Bungah
Tanjung Tokong
보태니컬 가든(페낭 식물원)
Botanical Gardens
(Taman Botani Pulau Pinang)
거니 드라이브
Gurney Drive
페낭 힐
Penang Hill
조지 타운
George Town
켁록시 사원
Kek Lok Si Temple
Air Itam
Jelutong
페낭섬
Pulau Pinang
BANDAR BARU AIR ITAM
Gelugor
Balik Pulau
페낭 대교
Jambatan Pulau Pinang
숭가이 니봉
버스 터미널
KAMPUNG SEBERANG PAYA
BAYAN BARU
퀸스 베이 몰 Queens Bay Mall
퀸스 홀 Queens Hall
Pulau Jerejak
뱀 사원
Snake Temple
뱀 사원 식당가
Bayan Lepas
페낭 국제공항
Penang International Airport
Batu Maung
Teluk Kumbar
구 황제신 사원
Nine Emperor Gods Temple
(Tow Boo Kong Temple) 斗母宮
아폴로 호커 센터
Apollow Hawker Centre
버터워스
Butterworth
버터워스 버스 터미널
버터워스
선착장
버터워스 기차역
페낭 새 공원
Penang Bird Park
플라멩고 코티지
Flamingo Cottage
Jalan Permatang Nibong
Permatang Pauh
Kubang Semang
BKE
Prai
Bukit Mertajam
KAWASAN PERUSAHAAN BEBAS PERAI
TAMAN SENTOSA
Simpang Ampat

페낭으로 이동하기

쿠알라 룸푸르에서 가기

버스

버스는 푸두 센트럴(버스 터미널)에서 페낭 숭가이 니봉 버스 터미널까지 버스를 이용한다. 운행 편수가 많은 회사는 크사투안(Kesatuan), 시티익스프레스, 케이피비(KPB) 등이고 버스가 좋은 회사는 나이스, 플러스 라이너(Plus Liner), KKKL 익스프레스(KKKL Express) 등인데 운행 편수가 적고 버스 좌석이 3줄인 VIP 버스인 경우 요금이 조금 더 비싸다. 푸두 센트럴에서 버터워스로 가는 버스를 이용할 수도 있는데 운행 편수가 많은 회사는 시티 익스프레스, 케이피비(KPB), 스리 마주 익스프레스(Sri Maju Express) 등이다. 페낭에 도착한 뒤, 페낭의 숭가이 니봉 버스 터미널 플랫홈 1번쪽 시내버스 홈에서 콤타르(조지 타운)행 버스를 이용하거나 버터워스 페리 터미널에서 페낭 페리 터미널(Pangkalan Raja Tun Uda, 조지 타운)행 페리를 이용하면 된다.
페낭의 버스 터미널은 숭가이 니봉과 버터워스 2곳이나 조지 타운의 콤타르 버스 터미널(주로 시내버스 운행)에서도 쿠알라 룸푸르, 카메론 하일랜즈 등으로 가는 버스가 운행하니 참고하자!

기차

기차는 KL 센트럴이나 쿠알라 룸푸르 역에서 버터워스행 기차를 이용하여 버터워스 기차역에 도착한 뒤, 버터워스 기차역 옆 버터워스 페리 터미널에서 페낭 페리 터미널(조지 타운)행 페리를 이용하면 된다.

항공

KLIA 공항에서 말레이시아 항공, KLIA2 공항에서 에어 아시아를 이용하여 페낭 공항에 도착한 뒤, 102번 콤타르(조지 타운)/바투 페링기행 버스나 401E번 조지 타운 내 웰드 키 버스 터미널(버터워스행 페리 터미널 앞)행 버스를 이용하면 된다. (콤타르, 웰드 키행 버스는 번호가 변동될 수 있으니 현장 확인해야 한다.)

말레이시아 항공 www.malaysiaairlines.com
에어 아시아 www.airasia.com

구분	운행 구간	운행 시간 / 운행 간격 / 소요 시간	요금(RM)
버스	푸두 센트럴 → 페낭 숭가이 니봉	06:30~01:00 / 수시로 / 직행 5, 경유 7시간	35
	페낭 숭가이 니봉 → 푸두 센트럴	07:00~00:30 / 수시로 / 직행 5, 경유 7시간	35
	푸두 센트럴 → 버터워스	06:30~23:59 / 수시로 / 직행 5, 경유 7시간	31
	버터워스 → 푸두 센트럴	08:00~01:45 / 수시로 / 직행 5, 경유 7시간	31
	페낭 콤타르 → 푸두 센트럴	07:00~00:30 / 수시로 / 직행 5, 경유 7시간	35
기차	KL 센트럴 또는 쿠알라 룸푸르 역 → 버터워스	15:50, 21:30 / 6시간 소요	2등석 26
	버터워스 → KL 센트럴 또는 쿠알라 룸푸르 역	08:00, 22:00 / 6시간 소요	2등석 26
항공	쿠알라 룸푸르 KLIA 공항 ↔ 페낭 공항	말레이시아 항공 1일 15~22편 / 약 50분 소요	약 110
	쿠알라 룸푸르 KLIA2 공항 ↔ 페낭 공항	에어 아시아 1일 9편 / 약 50분 소요	약 48

➋ 다른 지역에서 가기

버스

말레이시아 각지에서 페낭으로 가는 버스가 운행되며, 페낭 숭가이 니봉 버스 터미널과 버터워스 버스 터미널, 그리고 조지 타운의 콤타르 버스 터미널(주로 시내버스 정류장으로 쓰임)에서 쿠알라 룸푸르와 카메론 하일랜즈, 이포 등으로 가는 버스편이 있다. 여기에 조지 타운 내 여행사에서 각지로 연결하는 미니밴도 운행하니 필요한 경우 이용할 수 있다.

기차 & 항공편

이포-버터워스 간 기차가 하루 2번 운행되며 3시간 소요된다. 페낭과 가까운 랑카위로는 1일 3편의 항공기가 운행하며 30분 소요된다.

페리

가까운 랑카위로 갈 때는 페리를 이용하는 것도 좋은 방법이다. 랑카위-페낭 간 페리는 시계탑 부근의 스웨테남 페리 터미널(Jeti Swettenham)에서 하루 2차례 운행되며 2시간 45분 소요된다. 버터워스-페낭 간 페리 터미널(페리 터미널 앞 버스정류장 있음)과 다른 곳이니 주의한다. 랑카위와 페낭 간 페리는 주말이나 여행 성수기에는 조기 마감되므로 예매가 필요하고 조기 마감되었을 경우 당일 아침 페리 터미널 매표소(여행사)에서 취소표를 기다릴 수 있다.

랑카위 페리 www.langkawi-ferry.com

페낭의 교통수단

페낭 조지 타운 내에서는 걸어서 다니거나 자전거를 대여하여 다니면 된다. 조지 타운 시외는 콤타르 버스 터미널이나 웰드 키(Weld Quay) 버스 터미널(버터워스행 페리 터미널 앞)에서 페낭 시외로 가는 버스를 이용할 수 있다. 단, 페낭의 버스 이용 시 거스름돈을 주지 않으므로 잔돈을 준비하자.

센트럴 에이리어 트랜짓(Central Area Transit, CAT) 무료 버스가 조지 타운 일대를 30분 간격으로 운행하지만 시간이 한정돼 있는 여행자가 언제 올지 모르는 버스를 기다리며 이용하기에 적당하지 않고 이곳 사정을 잘 아는 주민들이 주로 애용한다. 웬만한 곳은 무료 버스를 기다릴 시간에 걸어갈 수 있다. 조지 타운 내에서는 관광 삼륜 자전거인 트라이쇼(Trishaw)를 이용할 수도 있다.

페낭 시외로 갈 때 오토바이를 대여하면 편하게 가고 싶은 곳을 갈 수 있으나 페낭의 도로가 굴곡이 많으므로 과속하지 않도록 하고 교통 법규를 잘 지킨다. 페낭 시외 여행 시 여행자가 2인 이상이면 택시(04-263-1322)를 이용하는 것도 좋은데 보통 미터를 이용하지 않으므로 흥정하여 가격을 정한 뒤 탑승한다. 탑승 후에는 행선지를 변경하지 않는 게 좋은데 일단 출발한 후 행선지 변경은 한 번 더 탑승하는 것으로 여겨질 수 있다.

관광객을 위한 시티 투어 버스

홉온홉오프 버스(Hop-On-Hop-Off Bus)

페낭의 주요 관광지를 자유롭게 타고 내릴 수 있는 2층 버스다. 페낭 주요 관광지를 도는 사이트싱(Sightseeing) 투어와 야경을 보는 선셋(Sunset) 투어로 운영된다.

운행 시간 사이트싱 투어 10:00~13:30, 14:00~17:30 / 선셋 투어 18:30~22:00 요금 사이트싱 투어 RM115, 선셋 투어 RM170 전화 011-1230-5358 홈페이지 www.myhoponhopoff.com

Notice 2024년 3월 현재, 운영이 일시 중지되었다.

페낭 여행 안내

투어리스트 인포메이션 센터
04-263-1166
페낭 헤리티지 센터
04-261-6606
투어리즘 말레이시아(Tourism Malaysia)
04-261-0058

Best Tour

페낭 1박 2일 코스

페낭 여행 첫째 날은 조지 타운 일대의 시에드 알라타스 맨션, 중국 사당인 얍 콩시, 쿠 콩시, 이슬람과 힌두 사원인 카피탄 켈링 모스크, 마하 마리암만 사원, 페낭 박물관, 콘월리스 요새, 둘째 날은 조지 타운 외곽의 켁록시 사원, 페낭 힐, 트로피컬 스파이스 가든, 나비 농장, 열대 과일 농장 등을 둘러본다.

1일

2일

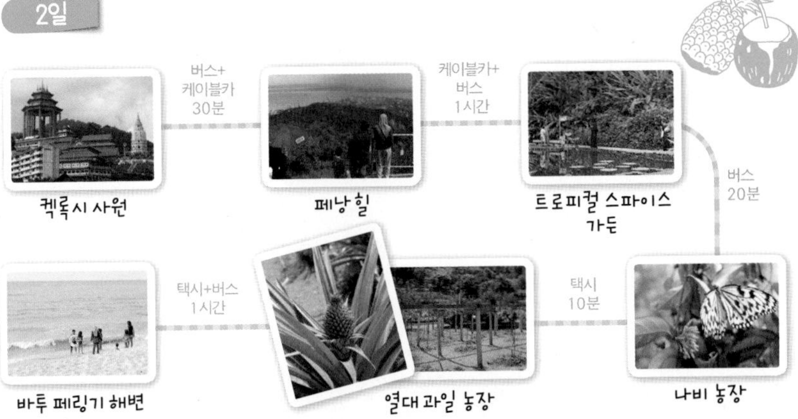

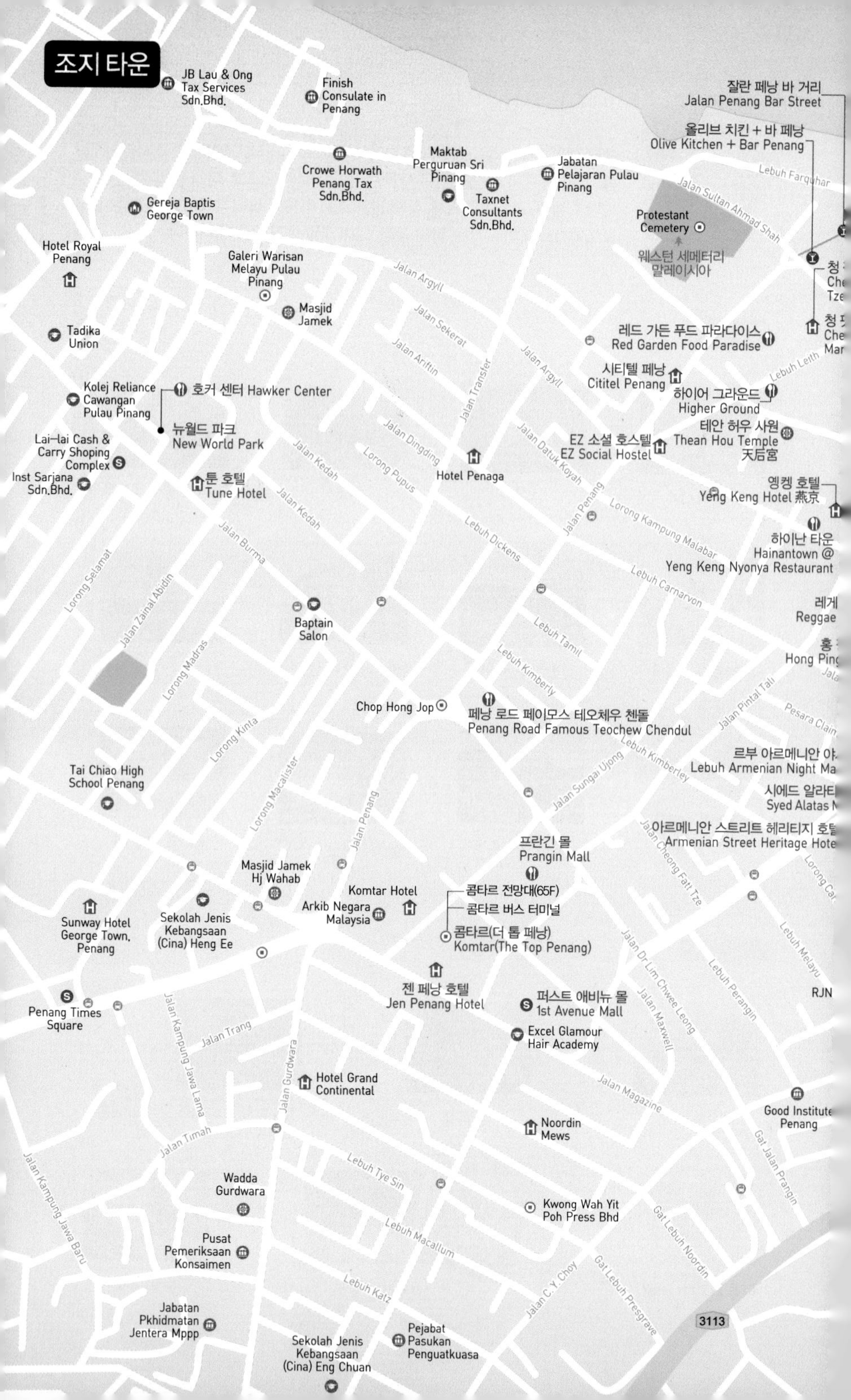
조지 타운
JB Lau & Ong Tax Services Sdn.Bhd.
Finish Consulate in Penang
잘란 페낭 바 거리
Jalan Penang Bar Street
올리브 치킨 + 바 페낭
Olive Kitchen + Bar Penang
Crowe Horwath Penang Tax Sdn.Bhd.
Maktab Perguruan Sri Pinang
Jabatan Pelajaran Pulau Pinang
Lebuh Farquhar
Taxnet Consultants Sdn.Bhd.
Jalan Sultan Ahmad Shah
Protestant Cemetery
웨스턴 세메터리 말레이시아
Gereja Baptis George Town
Hotel Royal Penang
Galeri Warisan Melayu Pulau Pinang
Jalan Argyll
Masjid Jamek
Jalan Sekerat
Tadika Union
레드 가든 푸드 파라다이스
Red Garden Food Paradise
Jalan Ariffin
Jalan Transfer
Jalan Argyll
시티텔 페낭
Cititel Penang
Lebuh Leith
Kolej Reliance Cawangan Pulau Pinang
호커 센터 Hawker Center
하이어 그라운드
Higher Ground
뉴월드 파크
New World Park
Lai-lai Cash & Carry Shoping Complex
Jalan Dingding
테안 허우 사원
Thean Hou Temple 天后宮
EZ 소셜 호스텔
EZ Social Hostel
Inst Sarjana Sdn.Bhd.
Jalan Kedah
Lorong Pupus
Hotel Penaga
Jalan Datuk Koyah
튠 호텔
Tune Hotel
옝켕 호텔
Yeng Keng Hotel 燕京
Jalan Kedah
Jalan Penang
Lorong Kampung Malabar
Jalan Burma
Lebuh Dickens
하이난 타운
Hainantown @ Yeng Keng Nyonya Restaurant
Lorong Selamat
Jalan Zainal Abidin
Baptain Salon
Lebuh Carnarvon
레게
Reggae
Lebuh Tamil
Lorong Madras
Lebuh Kimberly
Hong Ping
Jalan Pintal Tali
Chop Hong Jop
페낭 로드 페이모스 테오체우 첸돌
Penang Road Famous Teochew Chendul
Pesara Clain
Lorong Kinta
Lebuh Kimberley
르부 아르메니안 야
Lebuh Armenian Night Ma
Jalan Sungai Ujong
Tai Chiao High School Penang
Lorong Macalister
Jalan Penang
시에드 알라타
Syed Alatas
아르메니안 스트리트 헤리티지 호텔
Armenian Street Heritage Hote
Jalan Cheong Fatt Tze
프란긴 몰
Prangin Mall
Masjid Jamek Hj Wahab
Komtar Hotel
콤타르 전망대(65F)
콤타르 버스 터미널
Sunway Hotel George Town, Penang
Sekolah Jenis Kebangsaan (Cina) Heng Ee
Arkib Negara Malaysia
콤타르(더 톱 페낭)
Komtar(The Top Penang)
Lebuh Melayu
Jalan Dr Lim Chwee Leong
젠 페낭 호텔
Jen Penang Hotel
Penang Times Square
퍼스트 애비뉴 몰
1st Avenue Mall
RJN
Lebuh Perangin
Jalan Maxwell
Jalan Kampung Jawa Lama
Jalan Trang
Excel Glamour Hair Academy
Jalan Gurdwara
Hotel Grand Continental
Jalan Magazine
Good Institute Penang
Noordin Mews
Jalan Timah
Gat Jalan Prangin
Jalan Kampung Jawa Baru
Wadda Gurdwara
Lebuh Tye Sin
Kwong Wah Yit Poh Press Bhd
Gat Lebuh Noordin
Lebuh Macallum
Pusat Pemeriksaan Konsaimen
Jalan C. Y. Choy
Lebuh Katz
Gat Lebuh Presgrave
3113
Jabatan Pkhidmatan Jentera Mppp
Sekolah Jenis Kebangsaan (Cina) Eng Chuan
Pejabat Pasukan Penguatkuasa

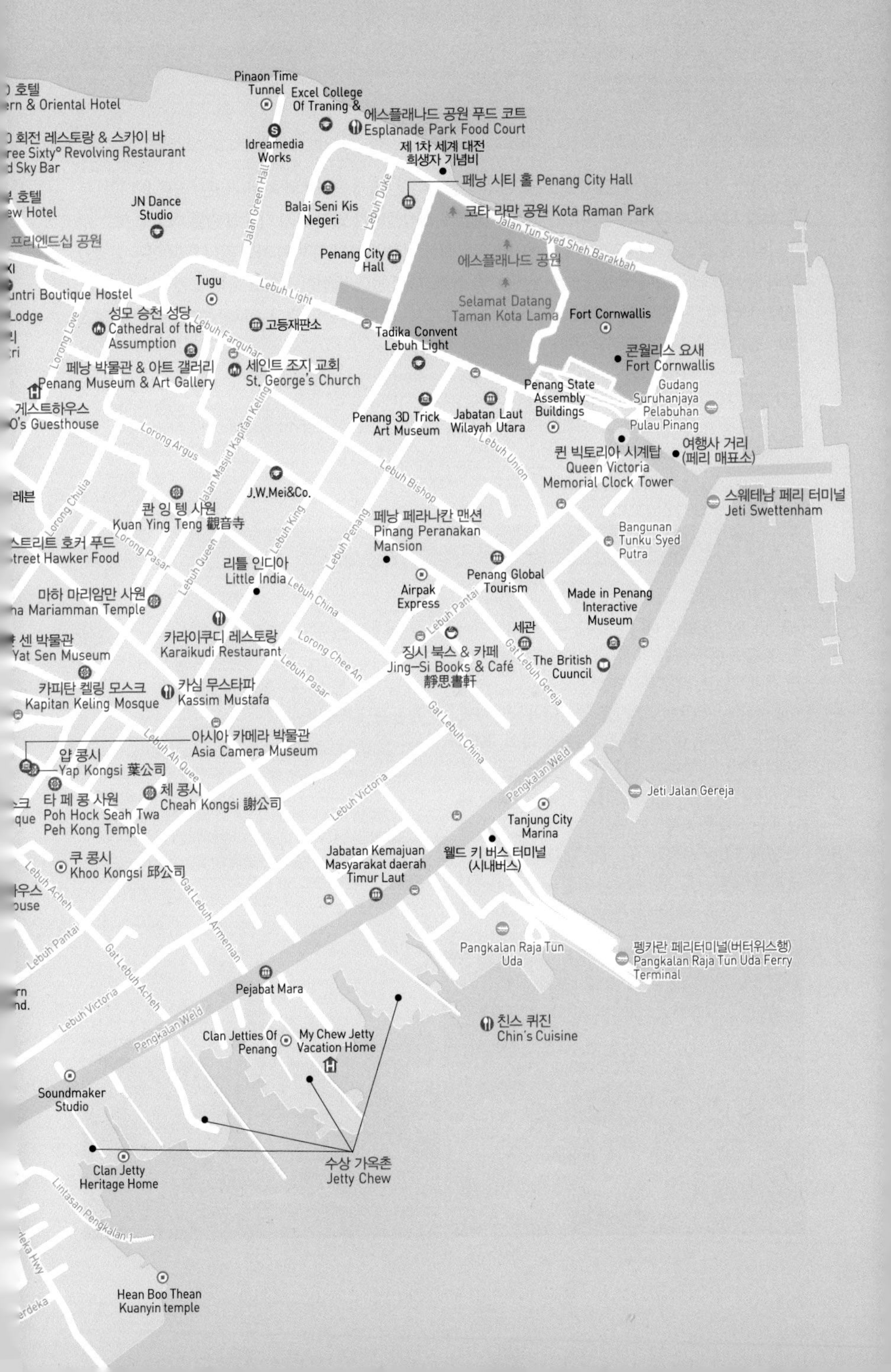

Pinaon Time Tunnel
Excel College Of Traning
에스플래나드 공원 푸드 코트
Esplanade Park Food Court
Idreamedia Works
제 1차 세계 대전 희생자 기념비
페낭 시티 홀 Penang City Hall
코타 라만 공원 Kota Raman Park
Balai Seni Kis Negeri
JN Dance Studio
Jalan Green Hall
Lebuh Duke
Jalan Tun Syed Sheh Barakbah
Penang City Hall
에스플래나드 공원
Selamat Datang Taman Kota Lama
Fort Cornwallis
Tugu
Lebuh Light
고등재판소
Tadika Convent Lebuh Light
성모 승천 성당
Cathedral of the Assumption
Lebuh Farquhar
Lorong Love
페낭 박물관 & 아트 갤러리
Penang Museum & Art Gallery
세인트 조지 교회
St. George's Church
콘월리스 요새
Fort Cornwallis
Penang State Assembly Buildings
Gudang Suruhanjaya Pelabuhan Pulau Pinang
게스트하우스
Penang 3D Trick Art Museum
Jabatan Laut Wilayah Utara
Lorong Argus
Lebuh Union
퀸 빅토리아 시계탑
Queen Victoria Memorial Clock Tower
여행사 거리 (페리 매표소)
Jalan Masjid Kapitan Keling
J.W.Mei&Co.
Lebuh Bishop
스웨테남 페리 터미널
Jeti Swettenham
Lorong Chulia
관 잉 텡 사원
Kuan Ying Teng 觀音寺
페낭 페라나칸 맨션
Pinang Peranakan Mansion
Lebuh King
Lebuh Penang
Bangunan Tunku Syed Putra
Lorong Pasar
Lebuh Queen
리틀 인디아
Little India
Airpak Express
Penang Global Tourism
Lebuh China
Made in Penang Interactive Museum
Lebuh Pantai
카라이쿠디 레스토랑
Karaikudi Restaurant
세관
Lorong Chee An
징시 북스 & 카페
Jing-Si Books & Café 靜思書軒
Gat Lebuh Gereja
The British Cuuncil
Lebuh Pasar
카피탄 켈링 모스크
Kapitan Keling Mosque
카심 무스타파
Kassim Mustafa
Gat Lebuh China
아시아 카메라 박물관
Asia Camera Museum
Lebuh Ah Quee
얍 콩시
Yap Kongsi 葉公司
Pengkalan Weld
체 콩시
Cheah Kongsi 謝公司
타 페 콩 사원
Poh Hock Seah Twa Peh Kong Temple
Lebuh Victoria
Jeti Jalan Gereja
Tanjung City Marina
쿠 콩시
Khoo Kongsi 邱公司
Jabatan Kemajuan Masyarakat daerah Timur Laut
웰드 키 버스 터미널 (시내버스)
Lebuh Acheh
Gat Lebuh Armenian
Lebuh Pantai
Gat Lebuh Acheh
Pangkalan Raja Tun Uda
펭카란 페리터미널(버터워스행)
Pangkalan Raja Tun Uda Ferry Terminal
Pejabat Mara
Lebuh Victoria
Pengkalan Weld
친스 퀴진
Chin's Cuisine
Clan Jetties Of Penang
My Chew Jetty Vacation Home
Soundmaker Studio
Clan Jetty Heritage Home
수상 가옥촌
Jetty Chew
Lintasan Pengkalan 1
Hean Boo Thean Kuanyin temple

조지 타운 Gorge Town

페낭하면 조지 타운을 떠올릴 정도로 페낭의 중심지이다. 크게 콤타르와 차이나타운, 리틀 인디아, 동쪽 해변 지역으로 나뉜다. 콤타르는 버스 터미널과 쇼핑센터가 있어 조지 타운의 관문 역할을 하고 차이나타운은 옛날 중국 남부에서 건너온 5대 가문의 모임장인 콩시, 콴인텡 사원 등이 있어 이주 중국인들의 중심이 되고 있다. 리틀 인디아는 인도계 상점, 사원 등이 밀집한 곳이고 동쪽 해변 지역은 교회, 성당, 시티 홀, 콘월리스 요새 등 영국 식민지 시절에 세워진 건물들이 많다. 이 때문에 2008년 유네스코는 조지 타운을 세계 문화유산으로 지정하기도 했다.

Access 콤타르에서 도보 또는 버스 이용

Best Course 시에드 알라타스 맨션 → 쑨얏센 박물관 → 얍 콩시 → 쿠 콩시 → 카피탄 켈링 모스크 → 마하 마리암만 사원 → 페낭 페라나칸 맨션 → 콴인텡 사원 → 세인트 조지 교회 → 페낭 박물관 → 콘월리스 요새 → 퀸 빅토리아 시계탑 → 콤타르 전망대

콤타르(더 톱 페낭) Komtar(The Top Penang)

페낭 어디서나 보이는 여행의 기점

페낭의 랜드마크 중 하나로 조지타운 서쪽에 위치한 68층의 원통형 빌딩이다. 1988년 세워졌고 최근 전체적으로 리모델링되었다. 더 톱 페낭(The Top penang)이라는 이름으로 전망대와 테마파크 등이 운영된다. 65층(실내)과 68층(야외, 레인보우 스카이워크)에는 전망대인 윈도 오브 더 톱(Window of the Top)이 자리해, 동쪽으로 페낭 해협과 버터워스, 서쪽으로 페낭섬과 페낭 힐, 남쪽으로 현대건설이 시공했다는 페낭 대교의 모습이 한눈에 들어온다. 참고로 페낭의 행정 구역은 페낭섬과 버터워스를 포함한다. 전망대 외에도 신기한 공룡 세계를 볼 수 있는 쥐라기 리서치 센터, 7D 영상을 관람할 수 있는 7D 디스커버리 모션 씨어터, 테크 돔 페낭 등 15개의 테마 시설, 식당가가 있어 하루를 보내기 좋다.

주소 Jalan Magazine & Jalan Penang, George Town, Pulau Pinang 교통 차이나타운 르부 출리아(Lebuh Chulia)에서 도보 15분 / 르부 출리아에서 11, 101, 201, 202, 203번 버스 이용, 콤타르 하차 시간 레인보우 스카이워크&전망대 10:00~22:00, 어트랙션 10:00~19:00 요금 레인보우 스카이워크&전망대 RM68, 3 어트랙션 패스 RM75 전화 04-262 3800 홈페이지 thetop.com.my

프란긴 몰
Prangin Mall

페낭 최고의 쇼핑센터 중 하나

콤타르 동쪽에 위치한 건물로 명품 브랜드나 유명 브랜드 없이 보이어(Voir), 빈치(Vincci), PDI 같은 로컬 브랜드, 팍슨 백화점, 자이언트 슈퍼마켓 등을 갖추고 있다. 레스토랑으로는 푸드코트인 프란긴 릴랙스 코너, 시크릿 레시피, 스시 킹, 웡콕 키친, 친 노아이 카페 등이 있으니 취향에 따라 메뉴를 선택해 보자. 1층에는 콤타르에서 출발하는 시외버스의 사무실이 있다. 카메론 하일랜즈나 쿠알라 룸푸르 행 버스를 예매할 수 있으나 숭가이 니봉이나 버터워스 버스 터미널에 비해 버스편이 많지 않다.

주소 Prangin Mall, Jalan Dr Lim Chwee Leong, Pulau Pinang 교통 콤타르 옆 시간 10:00~22:00 전화 04-262-2233 홈페이지 www.prangin-mall.com

퍼스트 애비뉴 몰
1st Avenue Mall

프란긴 몰과 연결된 페낭 최고의 쇼핑센터

콤타르 남동쪽에 위치한 쇼핑센터로 명품 브랜드 없이 H&M, 에스프리(ESPRIT) 같은 유명 브랜드, 찰스 앤 키스, 브랜드 아웃렛 같은 로컬 브랜드, 팍슨(PARKSON) 백화점, 에이온 빅(AEON BIG) 슈퍼마켓 등이 있다. 4층에 푸드코트 매직 키친(MAGIC KITCHEN), 각층에 스시 킹, 올드 타운 화이트 커피, 케니 로저스 치킨 같은 레스토랑이 있다.

주소 Jalan Magazine, George Town, Pulau Pinang 교통 콤타르 옆 시간 10:00~22:00 전화 04-261-1121 홈페이지 www.1st-avenue-mall.com.my

뉴 월드 파크 New World Park

간단한 쇼핑과 먹거리가 있는 곳!

조지 타운의 차이나타운 서쪽에 위치한 휴식 단지로 광장을 중심으로 간단한 화장품, 약을 구입할 수 있는 가디언, 신발과 구두를 취급하는 슈 포인트, 스포츠 웨어를 취급하는 울티메이트 스포츠 같은 상점과 코카 스팀보트, 올드타운 화이트 커피, 여러 레스토랑과 커피숍, 호커 센터라 불리는 푸드코트까지 다양한 업소가 입점해 있다. 전문 쇼핑단지라기보다 가볍게 산책 나와 상점을 둘러보고 레스토랑이나 호커 센터에서 식사를 즐기기 좋은 곳이다. 뉴 월드 파크 광장에서는 때때로 문화 행사가 열리기도 한다.

주소 Jalan Burma, George Town, Pulau Pinang 교통 차이나타운 또는 콤타르에서 U101, U103, U104번 버스 이용, 뉴 월드 파크 하차 / 차이나타운의 르부 출리아에서 잘란 페낭(Jalan Penang) 방향, 잘란 페낭에서 콤타르 방향으로 가다가 잘란 부르마(Jalan Burma) 이용, 도보 20

분 시간 10:00~22:00 전화 04-226-1199 홈페이지 www.newworldpark.com.my

쑨얏센 박물관 Sun Yat Sen Museum

중국의 국부, 손중산을 기념하는 곳!

쑨얏센은 중국의 국부로 불리는 손중산(孫中山)으로 손문(孫文)이라고도 한다. 그는 청나라를 폐하고 공화제를 선포하며 중국 혁명을 선도했고 정치적으로 삼민주의를 내세웠다. 이곳은 그가 1909년~1911년까지 머물렀던 곳이다. 박물관에는 그가 활동하던 시기의 생활용품, 사진과 자료 등을 전시하고 있다.

주소 120, Lebuh Armenian, George Town, Pulau Pinang 교통 차이나타운 르부 출리아(Lebuh Chulia)에서 조지 타운 세계 문화유산 사무소 방향, 도보 10분 시간 09:00~17:00 요금 RM5 전화 016-442-8785 홈페이지 www.sunyatsenpenang.com

시에드 알라타스 맨션 Syed Alatas Mansion

식민지풍의 아름다운 저택

시에드 알라타스 맨션(Syed Alatas Mansion)으로 알려진 아름다운 저택이다. 이곳은 강력한 아체의 후추 상인이던 시에드 알라타스 (Syed Mohammed Al-Attas)의 거주지였다. 그는 네덜란드에 대항한 아체의 방어자였고 아체인들의 저항을 지원했다. 그에게는 두 명의 부인이 있었는데 첫 번째는 말레이계, 두 번째는 쿠콩시의 일원인 중국계였다. 1867년 페낭 폭동 시 화이트 플래그 소사이어티에 대항한 쿠콩시가 포함된 레드 플래그 소사이어티의 리더이기도 했다.

주소 128, Lebuh Armenian, George Town, Pulau Pinang 교통 차이나타운 르부 출리아(Lebuh Chulia)에서 조지 타운 세계 문화유산 사무소 방향, 도보 10분

르부 아르메니안 야시장
Lebuh Armenian Night Market

오후부터 열리는 잡동사니 시장

시에드 알라타스 맨션 앞 공터에서 매일 오후 4시경부터 잡동사니를 판매하는 노점이 펼쳐진다. 이곳에서 판매되는 물건은 중고 의류, 신발, 핸드폰, 핸드폰 액세서리, 골동품 등이다. 야시장이지만 조명이 없어 늦게까지 하지 않는다.

주소 Lebuh Armenian, George Town, Pulau Pinang 교통 시에드 알라타스 맨션 앞 시간 16:00~19:00

말레이 센트럴 모스크 Malay Central Mosque Lebuh Acheh

이집트 양식의 첨탑이 있는 모스크

1808년 아체(Acheh)에서 온 부유한 아랍 무역상 후세인(Syed Sheriff Tengku Syed Hussain Aidid)이 세운 모스크이다. 모스크의 첨탑(Minaret)이 대부분 무어 양식이지만 이곳은 이집트 양식을 띠고 있다. 첨탑은 비스듬한 육각 기둥이 올라가며 작은 테라스가 있고 그 위에 육각 기둥과 원형 기둥, 원형 지붕으로 이어진다.

주소 Jalan Lebuh Acheh, Pulau Pinang 교통 차이나타운 르부 출리아(Lebuh Chulia)에서 도보 10분 / 시에드 알라타스 맨션에서 도보 3분 시간 09:00~18:00 요금 무료 전화 04-432-5231

얍 콩시 Yap Kongsi 葉公司

중국에서 이주한 얍 씨를 위한 사당

1924년 반힌리 은행의 설립자 얍 초에(Yap Chor Ee)의 기증으로 세워진 얍 콩시는 추차이콩(Choo Chay Keong, 慈濟宮) 사원과 사원 옆의 녹색 식민지풍 건물인 얍씨 사당(Yab Temple, 葉氏宗祠)으로 이루어져 있다. 추차이콩 사원은 얍 가문이 모시는 도교의 신 혜택존왕(惠澤尊王, Hoay Che Chun Wang)을 모시고 있으며, 정교하게 조각된 용무늬 돌 기둥, 용무늬 용마루 장식, 내부에 황동 향로와 화려하게 장식된 제단 등이 눈에 띈다. 얍씨 사당에는 얍씨 조상의 위패를 모신 제단과 한자로 된 액자를 볼 수 있다. 콩시(Kongsi, 公司)는 주로 가문이나 지역 사람들의 모임 장소, 협회, 회관 등이라는 의미로 화교들의 회관이라고 보면 된다.

주소 71, Lebuh Armenian, George Town, Pulau Pinang 교통 시에드 알라타스 맨션에서 도보 3분 시간 09:00~17:00 요금 무료

타페콩 사원 Poh Hock Seah Twa Peh Kong Temple 宝福社 大伯公

타페콩을 모시는 도교 사원

1890년에 세워진 얍 콩시 길 건너에 위치한 도교 사원이다. 주신으로 타페콩(大伯公, 대백공)을 모시고 기타 신으로 뇌부호법 24천군(雷部护法 二十四天君)을 모신다. 사원의 구조는 이중 돌계단이 없는 2층 건물로 체 콩시와 비슷하다. 본 건물에는 '건덕당(建德堂)'이라는 현판, 그 위에 '복덕정신묘(福德正神廟)'이라는 작은 간판도 보인다.

주소 No 57, Jalan Armenian, George Town, Pulau Pinang 교통 얍 콩시에서 바로 시간 08:00~17:00 요금 무료

쿠 콩시 Khoo Kongsi 邱公司

중국에서 이주한 쿠씨를 위한 사당

중국 복건성에서 건너온 쿠(邱)씨 가문의 사당으로 19세기 말 지어졌으나 소실되어 1906년 재건, 1960년대 개수되었다. 원래는 정면의 이중 돌계단을 통해 2층으로 올라가야 하지만 현재는 정면 이중 돌계단은 출입 금지 상태라서 옆쪽으로 올라가야 한다. 돌계단 위에 현관 성격의 지붕이 있고 그 뒤로 본당이 자리하고 있다. 회랑의 지붕과 본당의 지붕 용마루와 처마는 화려한 장식으로 꾸며져 있다. 본당 현판에는 '용산당(龍山堂, 롱산통)'이라 적혀 있는데 이 때문인지 쿠 콩시 입구에 '용산당 쿠 콩시(龍山堂 邱公司)'라는 현판이 걸려 있다. 용산당 내부는 온통 금빛으로 치장이 되어 있는데 특히 조상을 모신 제단은 화려함의 극치를 달린다. 제단에 위패 대신 조상을 상징하는 작은 조각상들을 모셔놓은 것도 이채롭다. 용산당 옆에 쿠 가문의 역사, 골동품 등을 보여 주는 전시관이 있고 쿠 콩시 앞에 광장이 있으며 주위에 쿠 가문의 사무실, 건물들이 자리한다. 르부 캐논의 쿠 콩시 입구로 들어가면 매표소가 있고 매표소를 지나면 광장과 쿠 콩시가 나온다.

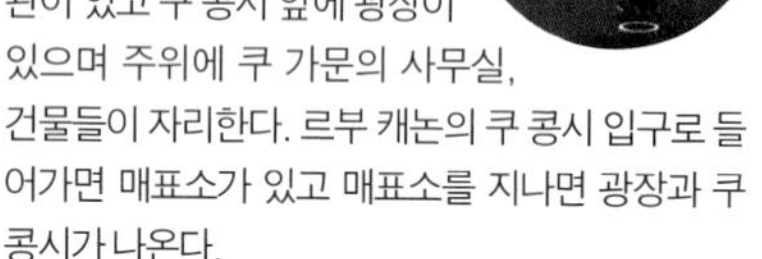

주소 18, Cannon Square, George Town, Pulau Pinang 교통 시에드 알라타스 맨션에서 얍 콩시를 지나 르부 캐논(Lebuh Canon) 이용, 도보 3분 시간 09:00~17:00 요금 성인 RM15, 어린이 RM1 전화 04-261-4609 홈페이지 www.khookongsi.com.my

체 콩시 Cheah Kongsi 謝公司

중국에서 이주한 체씨를 위한 사당

체 콩시가 조직된 것은 1820년 이전으로 거슬러 올라가는데 체 가문은 중국 복건성에서 온 5대 가문들인 쿠(Khoo), 웨(Yeoh), 림(Lim), 탄(Tan) 중 하나이다. 체 콩시 건물이 세워진 것은 1858년이다. 체 콩시의 구조는 쿠 콩시와 비슷하다. 2층 건물로 본 건물 앞에 현관 건물이 있으나 쿠 콩시와는 달리 이중 돌계단은 보이지 않는다. 따라서 현관 건물은 현관이 아닌 테라스 정도로 보면 된다. 테라스 건물과 본 건물 지붕의 용마루와 처마를 잘 꾸며 놓았으나 쿠 콩시에 비하면 미약한 편이다. 본 건물에 세 텍 통(Seh Tek Tong, 世德堂)이라는 현판이 걸려 있어 정식 명칭은 세텍통 체 콩시이다. 내부에는 조상을 모시는 제단이 있다. 전체적으로 쿠 콩시에 비해 차분한 느낌을 준다. 근처에 림씨를 위한 림 콩시(Lim Kongsi 林公司)가 자리하고 있다.

주소 8, Gat Lebuh Armenian, George Town, Pulau Pinang 교통 얍 콩시에서 르부 아르메니안(Lebuh Armenian) 이용, 도보 3분 시간 10:00~16:00, 일요일 휴무 요금 무료 전화 04-262-0006, 04-261-3837 홈페이지 cheahkongsi.com.my

카피탄 켈링 모스크 Kapitan Keling Mosque

무굴 양식의 큰 돔과 작은 돔, 첨탑이 있는 모스크

1801년 부유한 인도계 이슬람 신자 가우다 모후덴이 세운 모스크로 카피탄 클링이란 명칭은 그의 이름에서 따온 것이다. 건물 중앙에 큰 돔과 양 옆으로 작은 돔이 있고 아치형 출구, 첨탑이 있는 무굴 양식으로 지어졌다. 내부 예배실에는 이슬람 특유의 넓은 공간이 있을 뿐 특별한 것이 없으니 외관만 보는 것으로도 충분하다.

주소 Jalan Kapitan Keling, George Town, Pulau Pinang 교통 조지 타운에서 도보 10분 시간 05:00~22:00 요금 무료 전화 04-261-4215

콴잉텡 사원 Kuan Ying Teng 觀音寺

온종일 향 연기가 끊이지 않는 사원

중국 광동와 복건 지역에서 온 사람들이 세운 사원이다. 1800년대 세워진 것으로 추정되며 페낭에서 가장 오래되었다. 지붕의 용마루, 건물 기둥 등에 화려한 장식이 되어 있다. 이곳에서는 중국 남부, 동남아 등 바다와 접해 살아가야 하는 중국인과 화교들이 많이 믿는 자비의 신인 관음보살을 모시고 있다. 연일 참배하는 사람들로 붐비고 사방에서 피우는 향불로 인해 연기가 자욱하다. 말레이어에서 관음의 표기는 발음대로 알파벳을 쓰기 때문에 '콴잉(Kuan Ying)', '콴인(Kuan Yin)', '관인(Guan Yin)' 등으로 다른 경우가 있다.

주소 Lebuh Pitt, Jalan Masjid Kapitan Keling, George Town, Pulau Pinang 교통 조지 타운 르부 출리아(Lebuh Chulia)에서 잘란 마스지드 카피탄 클링(Jalan Masjid Kapitan Keling) 이용, 도보 10분 시간 08:00~18:00 요금 무료 전화 04-226-2645

세인트 조지 교회 St. George's Church

동남아시아에서 가장 오래된 성공회 교회

1817년 동인도 회사가 세운 건물로 동남아시아에서 가장 오래된 성공회 교회(Anglican Church)이자 페낭에서 가장 오래된 건물 중 하나이다. 육군 엔지니어였던 로버트 스미스 선장이 그리스 양식에 따라 설계를 했다. 건물 전면에 삼각형 지붕과 원형 기둥이 있는 현관이 있고 건물 중간에 십자가가 있는 날카로운 첨탑을 세웠다. 교회 내부에는 양쪽에 원형 기둥이 늘어서 있고 앞쪽에 십자가가 있는 제단이 있을 뿐 특별한 장식은 볼 수 없다. 교회 앞 원형 기념물은 프란시스 라이트 선장을 기리기 위한 것이고 교회 주위로 넓은 잔디 정원이 있어 쾌적해 보인다.

주소 1, Lebuh Farquhar, George Town, Pulau Pinang 교통 조지 타운 르부 출리아(Lebuh Chulia)에서 잘란 마스지드 카피탄 클링(Jalan Masjid Kapitan Keling) 이용, 콴잉텡 지나 도보 15분 시간 월~목·토 10:00~12:00, 일 08:30~12:30, 금요일 휴무 요금 무료 전화 04-226-0708

페낭 박물관 & 아트 갤러리 Penang Museum & Art Gallery

페낭의 역사와 문화를 엿볼 수 있는 곳

1896년~1906년에 세워진 식민지풍 건물로 한동안 학교로 사용되다가 1927년 박물관으로 개관하였다. 박물관 내부는 페낭의 역사와 문화에 관련된 전시와 타자기, 주판 등의 옛날 생활용품 전시가 주를 이룬다. 박물관 마당에는 예전 페낭 힐을 오르내리던 케이블카가 전시되어 있다.

주소 Lebuh Farquhar, George Town, Pulau Pinang 교통 조지 타운 르부 출리아(Lebuh Chulia)에서 잘란 마스지드 카피탄 클링(Jalan Masjid Kapitan Keling) 이용, 세인트 조지 교회 방향, 도보 15분 시간 09:00~17:00(금요일 휴관) 요금 RM1 전화 04-226-1439 홈페이지 www.penangmuseum.gov.my

성모 승천 성당 Cathedral of the Assumption

페낭에서 가장 오래된 성당

1786년 프란시스 라이트 선장이 세운 성당으로 페낭에서 가장 오래된 교회다. 말레이시아 북쪽 지역에서 첫 번째 가톨릭 성당이고 영국인에 의해 말레이시아에 세워진 최초의 교회이기도 하다. 고딕 양식으로 건축되었고 정면에 현관 건물이 비쭉 나와 있고 양옆에 종탑이 있는 구조다. 내부에는 십자가가 놓인 제단과 오래된 파이프 오르간을 볼 수 있다.

주소 Jalan Love Lane, George Town, Pulau Pinang 교통 조지 타운의 르브 출리아에서 로롱 러브(Lorong Love, 러브 레인) 이용, 도보 10분 시간 09:00~18:00 요금 무료 전화 04-261 0088

아시아 카메라 박물관 Asia Camera Museum

클래식 카메라와 사진 작품을 볼 수 있는 곳

2014년 문을 연 카메라 박물관으로 독일, 스웨덴, 미국, 일본 등의 희귀 카메라를 수집, 전시한다. 다크룸 전시장에서는 19세기 초 사진 문화, 카메라 리페어 워크숍 전시장에서는 카메라 수리 과정, 카메라 콜렉션 전시장에서는 1천여 개의 희귀 카메라를 볼 수 있다.

주소 1st Floor, 71, Lbh Armenian, Georgetown 교통 조지 타운, 르부 아르메니아의 거리 압 콩시에서 바로 시간 10:00~18:00 요금 무료 전화 011-1859-9878 홈페이지 www.asiacameramuseum.com

테안허우 사원 Thean Hou Temple 天后宮

바다의 신을 모시는 사원

1866년경 중국 하이난(海南) 지역 사람들이 세운 사찰로 바다의 신 마조(媽祖) 또는 천후(天后, 테안허우)를 섬긴다. 마조 또는 천후는 주로 바다와 접해 살아가는 중국 남부, 동남아 등에서 많이 모시는 여신이다. 테안허우 사원 옆에는 하이난 사람들의 모임 장소인 하이난 콩시(Hainan Kongsi, 海南會館)가 있는데 1895년 세워졌다.

주소 93, Jalan Muntri, George Town, Pulau Pinang 교통 조지 타운의 르부 출리아에서 로롱 러브(Lorong Love, 러브 레인) 이용, 로롱 러브에서 잘란 문트리(Jalan Muntri) 이용, 도보 5분 시간 09:00~18:00 요금 무료 전화 04-262-0202

리틀 인디아 Little India

흥겨운 인도 음악을 들을 수 있는 곳

조지 타운 중심부 동쪽에 위치한 인도계 밀집 지역으로 잘란 마스지드 카피탄 클링 동쪽을 말한다. 인도 직물 상점, 인도 레스토랑, 인도 레코드점, 힌두 사원 등이 모여 있다. 매년 1월 말 타이푸삼 축제, 10월 디파발리 축제 등 힌두 축제가 열리는 동안에는 리틀 인디아 일대가 각지에서 모인 인도 사람들로 북새통을 이룬다. 출출하다면 인도 레스토랑에서 로티나 탄두리 치킨을 맛보자.

주소 Lebuh Chulia~Lebuh Gereja, Lebuh Queen~Lebuh Penang 교통 조지 타운에서 중심부, 리틀 인디아 방향, 도보 5분

마하 마리암만 사원

Maha Mariamman Temple

페낭 힌두 사원에서 가장 오래된 곳

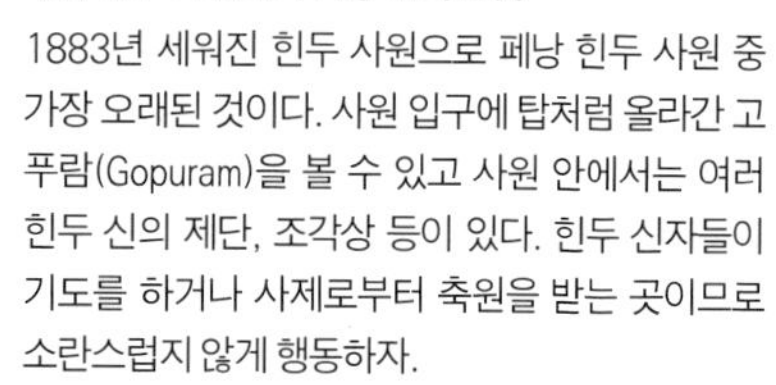

1883년 세워진 힌두 사원으로 페낭 힌두 사원 중 가장 오래된 것이다. 사원 입구에 탑처럼 올라간 고푸람(Gopuram)을 볼 수 있고 사원 안에서는 여러 힌두 신의 제단, 조각상 등이 있다. 힌두 신자들이 기도를 하거나 사제로부터 축원을 받는 곳이므로 소란스럽지 않게 행동하자.

주소 Lebuh Queen, George Town, Pulau Pinang 교통 조지 타운에서 르부 출리아(Lebuh Chulia) 이용, 리틀 인디아 방향, 도보 10분 시간 06:00~21:00 요금 무료 전화 04-263-8916

청팟체 맨션 Cheong Fatt Tze Mansion

헤리티지 호텔로 쓰이는 청색의 중국풍 건물

조지 타운 북쪽에 위치한 중국 저택으로 19세기 후반에 세워졌다. 건물이 파란색으로 칠해져 있어 블루 맨션(Blue Mansion)이라고도 한다. 청팟체 맨션의 본 건물 앞쪽에는 아치로 연결되는 회랑이 있고 중국 가옥 특유의 구조(전면 3칸, 폭 3칸의 3X3)를 하고 있으며 중간에 중정이 있다. 현재는 고택 호텔과 레스토랑으로 운영 중이며, 데일리 투어 또는 셀프 가이드 오디오 투어에 참여해 고택 내부를 둘러볼 수 있다.

주소 4, Lebuh Leith, George Town, Pulau Pinang 교통 조지 타운 르부 출리아에서 서쪽, 르부 레이스(Lebuh Leith) 이용, 도보 15분 시간 데일리 투어 11:00, 14:00(45분 소요) / 셀프 가이드 오디오 투어 11:00~18:00 요금 데일리 투어/셀프 가이드 오디오 투어 각 RM25 전화 04-262-0006 홈페이지 www.cheongfatttzemansion.com

페낭 페라나칸 맨션 Pinang Peranakan Mansion

중국과 말레이가 혼합된 독특한 문화

조지 타운 리틀 인디아 동쪽에 위치한 연녹색의 식민지풍 2층 건물로 부유한 페라나칸의 저택이었다. 외관은 서양풍이지만 전면 3칸 옆면 3칸의 건물로 중간에 중정이 있는 구조이다. 중국에서 이주한 사람과 말레이 현지인의 결혼으로 생긴 후손을 뜻하는 페라나칸은 동서양의 중계 무역으로 막대한 부를 쌓았었다. 페낭 페라나칸 맨션 건물 내부에는 1,000여 점의 골동품과 수집품들이 있어 당시의 부유했던 생활상을 엿볼 수 있다.

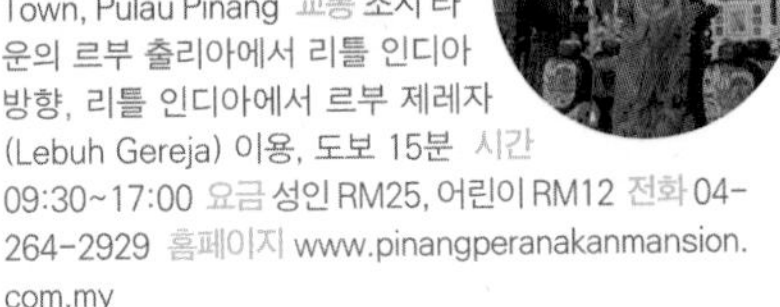

주소 29, Lebuh Gereja, George Town, Pulau Pinang 교통 조지 타운의 르부 출리아에서 리틀 인디아 방향, 리틀 인디아에서 르부 제레자(Lebuh Gereja) 이용, 도보 15분 시간 09:30~17:00 요금 성인 RM25, 어린이 RM12 전화 04-264-2929 홈페이지 www.pinangperanakanmansion.com.my

코타 라만 공원 Kota Raman Park

페낭 시민들의 나들이 장소

조지 타운 동쪽 타운 홀과 콘월리스 요새 사이에 위치한 공원으로 해변 공원인 에스플래나드 공원(Esplanade Park)을 포함한다. 주변의 식민지풍 건물을 둘러보기 좋고 오후에는 파당이라 부르는 넓은 잔디밭에서 축구를 하는 모습도 볼 수 있다. 해변 공원에서는 한가롭게 시원한 바람을 맞으며 바다 건너 버터워스 쪽을 바라보며 망중한을 즐기는 사람도 많다. 페낭 시티 홀 위쪽에 푸드코트가 있어 간단한 식사를 하기도 좋다.

주소 Lebuh Light, George Town, Pulau Pinang 교통 조지 타운 르부 출리아에서 잘란 마스지드 카피탄 클링(Jalan Masjid Kapitan Keling) 이용, 북동쪽으로 도보 15분

페낭 시티 홀

Penang City Hall

잔디 운동장인 파당 옆 식민지풍의 웅장한 건물

조지 타운 동쪽 코타 라만 공원 가에 있는 건물로 1903년 페낭 시 건물로 세워졌고 옆에는 타운 홀 건물이 있다. 시티 홀은 중앙에 돌출된 현관이 있는 2층 건물로 에드워디안 바로크(Edwardian Baroque) 양식이 적용되었다. 페낭 시티 홀 옆에는 제1차 세계 대전에서 희생된 사람들을 기리는 제1차 세계 대전 희생자 기념비도 볼 수 있다.

주소 Jalan Tun Syed Sheh Barakbah, George Town, Pulau Pinang 교통 코타 라만 공원에서 바로 전화 04-263-8818

콘월리스 요새 Fort Cornwallis

프란시스 라이트 선장이 처음 상륙한 곳

1786년 영국의 프란시스 라이트 선장이 처음 상륙했던 장소에 세워진 요새로 1810년대 현재와 같은 붉은 벽돌로 요새를 쌓았다. 콘월리스라는 이름은 당시 동인도 회사의 제독 이름이다. 요새를 세운 목적은 무역의 주요 항구 중 하나인 페낭을 노리는 해적을 막는 것이었다. 높게 쌓은 성벽에는 여러 대의 대포가 놓여 있고 요새 안에는 사무실, 예배당, 신호소, 감옥 등의 건물이 남아 있다.

주소 Padang Kota Rama, George Town, Pulau Pinang 교통 조지 타운의 르부 출리아에서 잘란 마스지드 카피탄 클링(Jalan Masjid Kapitan Keling) 이용, 북동쪽 코타 라만 공원 방향, 도보 15분 시간 08:00~23:00 요금 성인 RM20, 어린이 RM10 전화 016-411-0000

퀸 빅토리아 시계탑 Queen Victoria Memorial Clock Tower

빅토리아 여왕 통치 60주년 기념탑

조지 타운 동쪽 콘월리스 요새 옆에 위치한 시계탑으로, 1897년 지역의 자산가인 체아 첸 억(Cheah Chen Eok)이 빅토리아 여왕 통치 60주년을 뜻하는 다이아몬드 주빌리(Diamond Jubilee)를 축하하기 위해 세웠다. 시계탑의 높이인 60ft(18.3m)는 여왕의 60년 통치를 상징한다. 시계탑은 하단의 6각 기둥으로 시작해, 테라스와 창문이 있는 사각 기둥, 시계가 있는 사각 기둥, 마지막으로 무어 양식의 돔이 있는 정자 모양으로 변화를 주며 만들어졌다. 현재 제 2차 세계 대전 당시 인근에 폭탄이 떨어져 시계탑이 한쪽으로 기울어졌는데 이 상태를 유지하고 있다. 시계탑 옆에는 랑카위행 페리 티켓을 살 수 있는 여행사들이 있고 가까운 곳에 랑카위행 페리 터미널이 있다.

주소 Jalan Tun Syed Sheh Barakbah, George Town, Pulau Pinang 교통 콘월리스 요새 옆

수상 가옥촌 Jetty Chew

바닷가에 조성된 각 성씨의 선착장 마을

웰드 키 버스 터미널 아래로 제티 림(Jetty Lim, 林), 제티 춰(Jettty Chew, 周), 제티 신(Jetty Sin, 陳), 제티 리(Jetty Lee, 李), 제티 녜시(Jetty Nyesh, 揚) 등 5개 가문의 부두 겸 수상 가옥촌이 늘어서 있다. 그중에서 제티 춰의 수상 가옥촌이 가장 크다. 바다를 접해 살아가는 가정집, 상점, 사원 등을 볼 수 있는데 실제 사람이 살고 있는 마을이므로 방해가 되지 않도록 하고 늦은 시간 혼자 가지 않도록 한다.

주소 59A, Chew Jetty, Weld Quay, George Town, Pulau Pinang 교통 얍 콩시에서 갓 르부 아르메니안(Gat Lebuh Armenian) 이용, 제티 춰 방향, 도보 10분 시간 09:00~18:00 요금 무료

조지 타운 시외 George Town Outskirts

조지 타운 북서쪽 거니 드라이브, 서쪽 보태니컬 가든, 페낭 힐, 켁록시 사원 등이 조지 타운 시외에 해당한다고 할 수 있다. 거니 드라이브에는 호커 센터(푸드코트)인 거니 드라이브, 쇼핑센터 플라자 거니, 태국 사원인 왓 차야망카라람, 버마 사원 등이 있어 쇼핑과 식사를 하기 좋다. 페낭 힐 자락에 자리 잡은 보태니컬 가든은 말레이시아의 열대 우림을 체험하기 좋고 페낭 힐에서는 조지 타운과 페낭 앞바다를 조망할 수 있다. 켁록시 사원은 말레이시아 최대의 불교 사원으로 육각 7층 탑과 관음상이 인상적이다.

Access 콤타르 또는 조지 타운에서 거니 드라이브, 보태니컬 가든, 페낭 힐, 켁록시 사원행 버스 이용 또는 택시 이용
Best Course 켁록시 사원 → 페낭 힐 → 왓 차야망카라람 → 버마 사원 → 플라자 거니 → 거니 드라이브

거니 드라이브 Gurney Drive

노점 호커 센터가 모여 있는 해변 지역

조지 타운 북서쪽 해변 지역을 거니 드라이브라고 하는데 해안 도로가에 같은 이름의 꽤 큰 노점 식당가가 형성되어 있다. 해변 지역에는 플라자 거니, 거니 파라곤 같은 대형 쇼핑센터, 특급 호텔 등이 있어 쇼핑도 하고 식사도 할 수 있다. 해안 도로 옆 바닷가는 뻘이라 출입이 불가능하지만 바닷가 뚝방에 앉아 시원한 바닷바람을 쐬거나 석양을 감상하기에 최적의 장소다.

주소 Persiaran Gurney, George Town, Pulau Pinang
교통 콤타르 또는 조지 타운에서 10, 103, 304번 버스 이용, 거니 플라자 하차 또는 택시 이용

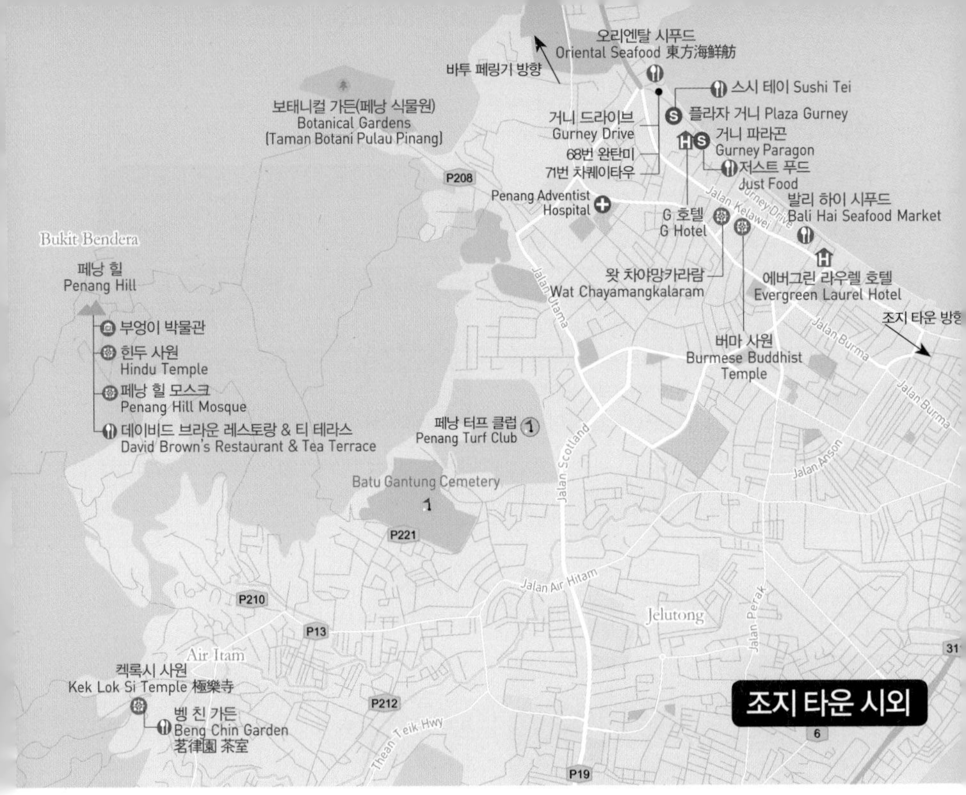

플라자 거니 Plaza Gurney

거니 드라이브 최고의 쇼핑센터

프리미엄 라이프 스타일을 테마로 하는 쇼핑센터로 조지 타운 북서쪽 거니 드라이브 해변에 있다. 고가의 명품 브랜드는 없고 에스프리, 망고, 톱숍 같은 유명 브랜드, F.O.S, 파디니 컨셉 스토어 같은 로컬 브랜드, 팍슨 백화점 등을 갖추고 있다. B/F층의 푸드코트와 식당가, 각층의 스시 테이, 올드타운 화이트 커피 등 식사와 차를 즐길 수 있는 곳도 있다.

주소 170-06-01, Plaza Gurney, Persiaran Gurney, George Town 교통 거니 드라이브에서 도보 3분 시간 10:00~22:00 전화 04-222-8222 홈페이지 gurneyplaza.com.my

거니 파라곤 Gurney Paragon

쇼핑센터 광장의 바와 레스토랑이 인상적!

거니 파라곤 레지던스, 훈자 오피스 타워, 거니 파라곤 몰 등 복합 건물로 되어 있다. 지상층인 L1 앞 광장에 있는 레스토랑 모간필드, 브루셀 비어 카페 같은 레스토랑 겸 바 등이 사람들의 발길을 끈다. 야외 좌석에서 식사를 하거나 시원한 맥주를 즐기기 좋고 밤이면 광장 가운데에서 조명과 함께 분수가 솟는다. H&M, 세포라 같은 유명 브랜드와 파디니 컨셉 스토어, 찰스 앤 키스 등 중저가 상점들이 대부분을 차지한다.

주소 Gurney Paragon, Persiaran Gurney, George Town 교통 거니 드라이브에서 플라자 거니, G 호텔 지나 도보 5분 시간 10:00~22:00 전화 04-228-8266 홈페이지 www.gurneyparagon.com

왓 차야망카라람 Wat Chayamangkalaram

말레이시아에서 보기 힘든 태국 사원

거니 드라이브 중간, 내륙에 위치한 태국계 불교 사원으로 1845년 빅토리아 여왕이 부지를 제공했다. 본당 앞에는 태국의 사원에서 흔히 볼 수 있는 나가(뱀)와 신상 조각이 있고, 내부에는 1958년 조성된 길이 33m의 와불이 모셔져 있다. 보통 와불은 석가모니의 열반 모습을 나타낸다. 본당 뒤쪽으로는 커다란 원뿔형 불탑인 쁘랑이 세워져 있기도 하다.

주소 24 Lorong Burma, George Town 교통 콤타르 또는 조지 타운에서 10, 101, 102, 104, 304번 버스 이용, 로롱 부르마(Lorong Burma) 왓 차야망카라람 하차, 도보 3분 / 거니 파라곤에서 페르시아란 거니(Persiaran Gurney) 이용, 남동쪽 방향, 로롱 브르마에서 우회전, 도보 20분 시간 06:00~17:30 요금 무료 전화 04-226-8503, 016-410-5115

버마 사원 Burmese Buddhist Temple

태국 불교 사원과 또 다른 버마 사원

1805년 세워진 버마 불교 사원으로 계율을 중시하는 상부좌 불교를 따른다. 불당에는 입불상이 모셔져 있는데 불상의 오른손은 손바닥을 펴 올리고 왼손은 손바닥을 펴 내린 자세를 하고 있다. 불당 주위에는 크고 작은 불탑이 있고 불당 뒤로 부처님의 행차를 모사한 부조도 볼 수 있다. 특이한 것은 버마의 상부좌 불교가 인도 남부 스리랑카에서 유래되어서인지 사원 내에 인도계 사람들이 많이 보인다는 점이며, 일부 신도들은 승려에게 축복을 받기도 한다.

주소 24 Lorong Burma, George Town 교통 왓 차야망카라람에서 길 건너, 바로 시간 09:00~17:00 요금 무료 전화 04-226-9575

보태니컬 가든(페낭 식물원) Botanical Gardens(Taman Botani Pulau Pinang)

페낭 힐 서쪽의 다양한 식물을 감상하다

1884년 페낭 힐 서쪽 사면의 옛 채석장 부지를 식물원으로 조성하였다. 식물원 내 작은 폭포가 있어 워터폴 가든(Watefall Gardens)이라 불리기도 한다. 식물원에는 캐논 볼 나무(Canon Ball Tree), 셍쾅 나무(Sengkuang Tree) 등 다양한 식물군뿐만 아니라 동물과 조류 등도 살고 있어 열대 우림을 체험하기 좋다. 간혹 식물원 내를 어슬렁거리는 원숭이도 볼 수 있는데 원숭이에게 먹이를 주지 말고 원숭이가 소지품을 가져가지 못하도록 유의한다. 보태니컬 가든 입구부터 호티컬처 센터(Horticulture Centre), 펀 하우스(Fern House), 트로피컬 레인포레스트 정글 트랙(Tropical Rainforest Jungle Track), 오키드아리움(Orchidarium), 페르다나 플랜트 하우스(Perdana Plant House), 칵투스 하우스(Cactus House) 순으로 살펴보면 된다. 식물원은 한적한 곳에 있으므로 가급적 일행과 함께 방문하고 늦은 시간 동안 머물지 않는다.

주소 Jalan Kebun Bunga, Bukit Bendera, George Town 교통 콤타르 또는 조지 타운에서 10번 버스 이용, 보태니컬 가든 하차, 도보 3분 또는 택시 이용 시간 05:00~20:00 요금 무료 전화 04-227-0428 홈페이지 www.botanikapenang.org.my

페낭 힐 Penang Hill

페낭 힐 전체를 조망할 수 있는 곳

조지 타운 서쪽에 위치하고 높이는 해발 692m이다. 산 아래서 정상까지 걸어서 약 2시간, 케이블카(푸니쿨라)로 약 10분 소요된다. 정상 동쪽으로 조지 타운 시내와 바다 건너 버터워스, 북쪽으로 바투 페링기, 거니 드라이브, 남쪽으로 페낭 대교가 한눈에 들어온다. 정상에는 부엉이 박물관, 페낭 힐 모스크, 힌두 사원 등이 있다.

주소 Jalan Stesen Bukit bendera, Ayer Itam, George Town 교통 콤타르 또는 조지 타운에서 204번 버스 이용, 페낭 힐(케이블카) 하차 또는 택시 이용 시간 케이블카_06:30~22:00(토~일 ~23:00), 15~30분 간격, 약 10분 소요 요금 케이블카 왕복-노말/패스트 레인 RM30/80 전화 케이블카 04-828-8850 홈페이지 www.penanghill.gov.my

힌두 사원
Hindu Temple

페낭 힐에서 페낭 시내를 내려다보는 사원

페낭 힐 정상에 위치한 힌두 사원으로 규모는 크지 않으나 건물 입구에 탑처럼 올린 고푸람, 사원 내부의 여러 신을 모신 제단, 황동 기둥 모양의 링가, 힌두 신을 묘사한 조각물 등이 볼만하다.

주소 Penang Hill, George Town 교통 페낭 힐행 케이블카 이용, 정상(Upper Station)에서 하차, 도보 3분 시간 09:00~18:00 요금 무료

페낭 힐 모스크
Penang Hill Mosque

기도하는 고요한 공간

힌두 사원 옆 이슬람 사원은 중앙에 커다란 돔, 양쪽에 첨탑 겸 작은 돔이 있는 모양을 하고 있다. 이슬람에서는 신을 형상화한 조형물을 만들지 않으므로 사원 내부에는 넓은 기도 공간이 있을 뿐 특별한 볼거리는 없다.

주소 Penang Hill, George Town 교통 페낭 힐행 케이블카 이용, 정상(Upper Station)에서 하차, 도보 3분 시간 09:00~18:00 요금 무료

Travel Tip

페낭 힐 트레킹

페낭 힐의 서쪽과 동쪽을 걷는 페낭 힐 트레킹은 가이드가 인솔하는 투어로 진행된다. 가이드 네이처 워크(GUIDED NATURE WALK)는 페낭 힐 서쪽 일대를, 가이드 저니 스루 더 포레스트(GUIDED JOURNEY THROUGH THE FOREST)는 페낭 힐 동쪽 정글을 걷는 것이다. 체력에 자신이 없다면 전자를, 체력에 자신이 있고 말레이시아 정글을 체험하고 싶다면 후자를 선택한다. 신청은 전화나 이메일로 할 수 있다.

주소 Penang Hill, George Town 전화 04-828-8880 홈페이지 penanghill.gov.my 이메일 janani@penanghill.gov.my

구분	장소	거리(km)	출발 시간	소요 시간	요금(RM)
GUIDED NATURE WALK	West Side Penang Hill (10인 이하 시, 취소)	3.8	08:00, 15:45	약 2시간	월~금 15 토~일 25
GUIDED JOURNEY THROUGH THE FOREST	East Side Penang Hill (15인 이하 시, 취소)	10.2	08:30	약 4.5 시간	월~금 40 토~일 50

켁록시 사원 Kek Lok Si Temple 極樂寺

말레이시아에서 가장 큰 불교 사찰

1890년 세워진 말레이시아에서 가장 큰 불교 사찰이다. 왼쪽에 관음상, 오른쪽에 육각 7층 불탑, 중앙에 여러 불전이 자리한다. 관음상은 36.5m 높이의 청동 입상으로 누각 안에 세워져 있고 육각의 7층 불탑은 30m 높이로 중국식을 기반으로 태국, 버마식이 추가되었다. 이들 관음상과 육각 7층 불탑은 켁 록 시 사원의 상징이다. 사찰 입구의 산악 기차를 닮은 경사 리프트를 이용하면 계단을 오르는 수고를 덜 수 있다. 사찰 내에는 자라를 기르는 자라 연못이 있고 불전 앞에서는 조지 타운을 조망할 수 있다. 켁 록 시 사원과 페낭 힐을 연결해 둘러보자.

주소 No. 1, Tokong Kek Lok Si, George Town 교통 콤타르 또는 조지 타운에서 201~203번 버스 / 페낭 힐에서 204번 버스 이용 시간 08:30~17:30 요금 입장료 무료, 경사 리프트(편도) RM2, 육각 7층 불탑 RM2 전화 04-828-3317 홈페이지 kekloksitemple.com

바투 페링기 Batu Ferringhi

페낭 북쪽에 위치한 바투 페링기는 페낭에서 가장 유명한 휴양지로 해변을 따라 고급 리조트와 호텔이 늘어서 있다. 수 킬로에 달하는 바투 페링기 해변에서 물놀이를 하거나 제트 스키, 패러세일링 같은 수상 스포츠를 즐기거나 해변에 누워 일광욕을 즐겨도 좋다. 페낭 제일의 해변에 왔으니 골든 타이 시푸드 빌리지에서 칠리 크랩 볶음, 새우 버터 구이 등 해산물을 맛보고 인근 호텔의 스파에 들러 마사지나 스파를 받아 보자. 스파가 끝나면 바투 페링기의 야시장을 구경하고 저녁에는 하드 록 카페에서 칵테일을 마시고 밴드의 공연을 즐기며 하루를 마감해 보자.

Access 콤타르에서 101, 102번 버스 이용, 약 40분 소요, 요금 RM2.7 / 택시 이용, RM40 내외
Best Course 바투 페링기 해변 → 수상 스포츠 → 골든 타이 시푸드 빌리지 → 바투 페링기 야시장 → 하드 록 카페

바투 페링기 해변 Batu Ferringhi Beach

석양을 감상하기 좋은 해변

바투 페링기의 메인 도로인 잘란 바투 페링기에서 조금 들어가면 바투 페링기 해변이 나온다. 길이는 약 2.5km, 폭은 약 50~80m이다. 바투 페링기 해변은 페낭에서 가장 유명한 해변이자 휴양지라 페낭 시민뿐만 아니라 다른 나라에서 여행 온 관광객도 많이 보인다. 파도가 있는 편이지만 안전 펜스가 있는 구역에서만 물놀이를 하면 안전하다. 해변 중간에 제트 스키, 패러세일링 같은 수상 스포츠를 즐길 수 있는 곳이 있다. 탈의장과 샤워장 같은 부대시설은 미미한 편이어서 숙소로 돌아가 씻어야 한다는 점이 아쉽다.

주소 Batu Ferringhi Beach, Jalan Batu Ferringhi, Pulau Pinang 교통 바투 페링기에서 해변 방향, 도보 3분

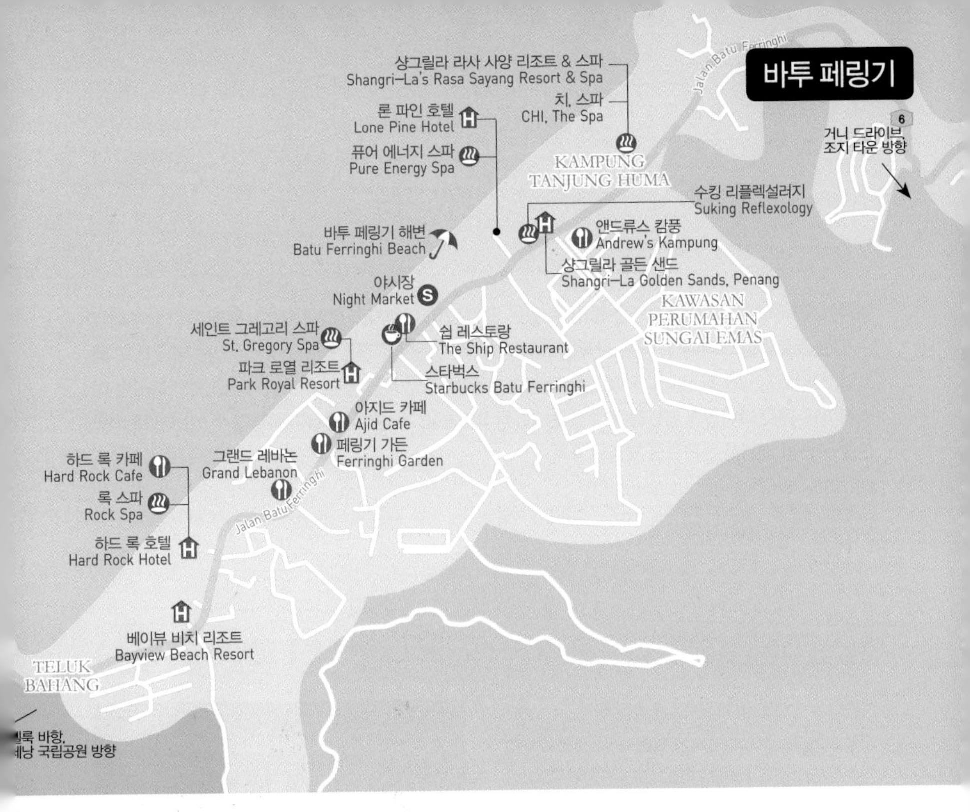

야시장 Night Market

말레이 공예품과 길거리 간식이 있는 곳

바투 페링기의 파크 로열 리조트에서 샹그릴라 골든 샌드 사이 길가에 밤이면 노점이 늘어서 야시장을 형성한다. 야시장에서는 동남아 휴양지에서 흔히 볼 수 있는 슬리퍼, 티셔츠, 가방, 인형, 기념품 노점 등을 둘러볼 수 있다. 지인을 위한 기념품을 구입해도 좋다.

주소 Batu Ferringhi, Pulau Pinang 교통 콤타르에서 101, 102번 버스 이용, 골드 샌드 리조트 또는 바투 페링기 하차 시간 17:00~24:00

바투 페링기에서의 해양 스포츠

바투 페링기 해변 중간, 수상 스포츠 간판이 있는 곳에 수상 스포츠를 진행하는 사람이 있다. 바나나 보트는 정원이 4~6명, 바이퍼는 정원이 4~5명으로 인원이 적을 경우 추가 요금이 있을 수 있다. 반드시 구명조끼를 착용하고 위험한 장난을 치지 않도록 한다. 낙하산에 매달려 가는 패러세일링의 경우 간혹 보트 운전자가 급회전을 하거나 다른 패러세일링을 스쳐가는 등 재미를 위한 행동을 하는 경우가 있는데 사전에 자제를 시키는 것도 좋다.

구분	인원 / 시간 / 횟수	요금(RM)
바나나 보트	2(라운드)	25
바이퍼	2(라운드)	50
제트 스키	2인 30분	200
패러세일링	1인 / 2인	80 / 150

※ H K M Water Sport 기준

페낭섬 북서쪽
Penang Island North-West

페낭섬 북서쪽에는 페낭의 자연을 즐길 수 있는 곳이 많아 여행자의 발길을 끈다. 열대 우림을 체험할 수 있는 트로피컬 스파이스 가든, 한적한 스파이스 해변, 동남아 전통 직물을 볼 수 있는 페낭 바틱 팩토리, 오염되지 않은 페낭 바다와 숲길을 체험할 수 있는 페낭 국립 공원, 어드벤처 체험 테마파크인 이스케이프, 온갖 나비들의 향연을 볼 수 있는 페낭 나비 농장, 계곡에서 물장구를 즐길 수 있는 텔룩 바항 산림 공원 등 페낭을 온몸으로 체험해 보자.

Access 콤타르에서 101, 102번 버스 이용
Best Course 트로피컬 스파이스 가든 → 스파이스 해변 → 페낭 국립 공원 / 에스케이프 → 열대 과일 농장 → 텔룩 바항 산림 공원 → 페낭 나비 농장

트로피컬 스파이스 가든 Tropical Spice Garden

아름다운 식물원에서 나만의 화보 찍기

바투 페링기 서쪽에 위치한 열대 우림 식물원으로 향신료(Spice)를 테마로 하고 500여 종의 열대 식물이 식재되어 있다. 식물원 입구 사무실에 생강, 계피, 레몬 같은 향신료 샘플이 놓여 있어 열대 우림의 독특한 향신료 체험이 가능하다. 식물원을 둘러볼 때에는 향신료가 심어진 오른쪽 사면의 스파이스 트레일(Spice Trail), 넓적한 모양의 잎이 있는 식물, 양치류, 독특한 향의 생강나무 등이 있는 중간 부분의 오나멘탈 트레일(Ornamental Trail), 야생 난, 고무나무, 야자나무 등이 있는 왼쪽 사면의 정글 트레일(Jungle Trail) 등을 따라 가면 좀 더 쉽게 열대 우림의 식물을 이해하는 데 도움이 된다. 식물원에서는 매달 향신료를 이용한 쿠킹 클래스를 열기도 하니 관심 있는 사람은 홈페이지에서 일정 확인해서 참가 신청을 해 보자.

주소 Lone Crag Villa, Lot 595 Mukim 2, Jalan Teluk Bahang, Teluk Bahang 교통 콤타르에서 101, 102번 버스 이용, 트로피컬 스파이스 가든 하차 시간 월~목 09:00~16:30, 토~일 09:00~18:00 / 가이드 투어 09:00, 11:00, 13:30 요금 입장료 RM28, 가이드 투어 RM48 전화 04-881-1797 홈페이지 www.tropicalspicegarden.com

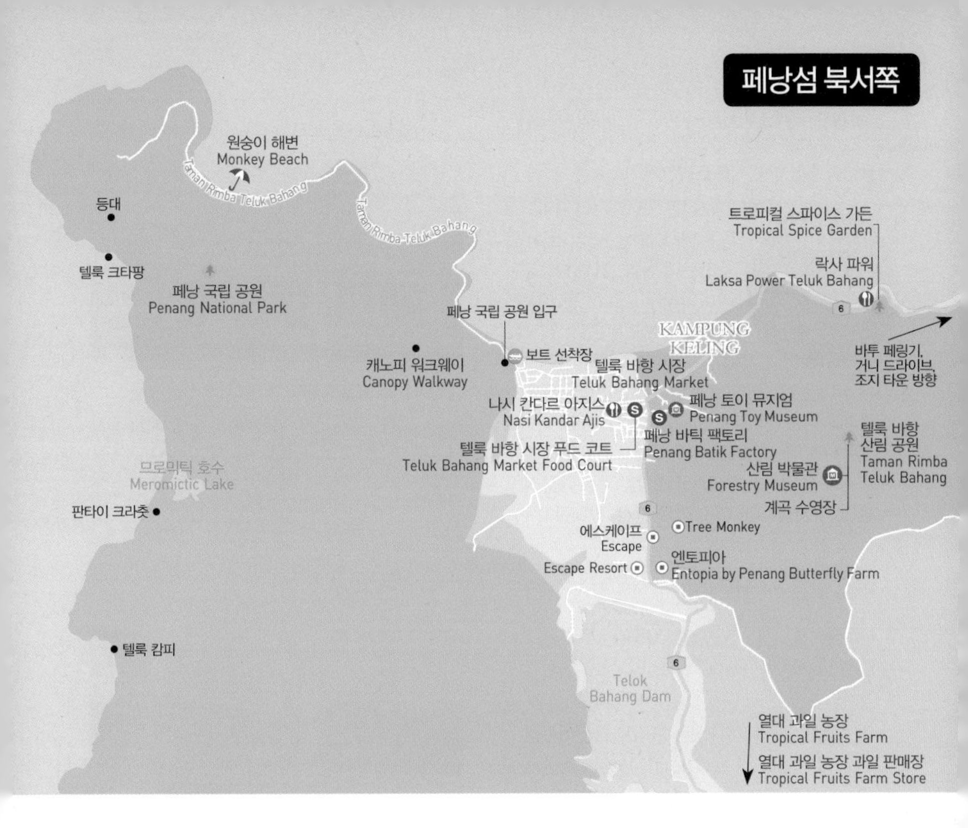

텔룩 바항 시장 Teluk Bahang Market

열대 과일과 채소, 푸드코트가 있는 시장

텔룩 바항(Teluk Bahang)은 페낭섬 북동쪽에 위치한 마을로 마을 입구에 텔룩 바항 시장이 보인다. 시장은 오전 중에만 문을 여는데 주로 열대 과일, 채소, 생선, 고기 등을 취급한다. 푸드코트가 있어 간단한 식사를 할 수 있으나 오후가 되기 전 문을 닫는다.

주소 Jalan Teluk Bahang, Teluk Bahang 교통 콤타르에서 101, 102번 버스 이용, 텔룩 바항 하차 시간 06:00~12:00

페낭 바틱 팩토리 Penang Batik Factory

동남아 특산 바틱 제품 쇼핑하기

바틱(Batic)은 인도네시아 자바어로 '점을 찍다' 또는 '납염(蠟染)'을 뜻하는데 문양, 염색 방법뿐만 아니라 납염으로 만든 제품까지 바틱이라고 부른다. 11~12세기 인도에서 동남아시아로 전파된 바틱은 밑그림에 왁스를 바르고 염색한 뒤 왁스를 제거하는 방식으로 염색을 하는 것이다. 바틱을 제작하는 데 시간과 노력이 많이 드는 까닭에 수제품은 조금 비싸고 수제품을 모방한 공장 생산 제품은 조금 저렴하다. 이곳 바틱 전시, 판매장에서는

다양한 바틱 제품을 만날 수 있다.

주소 Jalan Teluk Bahang, Teluk Bahang 교통 콤타르에서 101, 102번 버스 이용, 텔룩 바항 하차, 텔룩 바항 시장 건너편 시간 09:00~17:00 요금 바틱 가방 RM30, 스카프 RM150 내외 홈페이지 penangbatik.com.my

페낭 토이 뮤지엄 Penang Toy Museum

아이들이 좋아하는 밀랍 인형 박물관

텔룩 바항의 페낭 바틱 팩토리 뒤쪽에 위치한 박물관으로 영화 속 인물을 묘사한 왁스 박물관, 토이 박물관, 헤리티지 가든, 그리고 끈끈이주걱 같은 육식 식물을 볼 수 있는 카니보러우스 식물원(Carnivorous Plant Garden) 등으로 되어 있다. 페낭 바틱 팩토리 가는 길에 잠시 방문해 보자.

주소 MK2, Teluk Bahang 페낭 바틱 팩토리 뒤 교통 콤타르에서 101, 102번 버스 이용, 텔룩 바항 하차 시간 09:00~18:00 요금 성인 RM15, 어린이 RM10 전화 012-460-2096 홈페이지 www.penangtoymuseum.com

에스케이프 Escape

말레이판 해병대 캠프

텔룩 바항 남쪽에 위치한 체험 테마파크이다. 출렁 다리와 캐노피 워크웨이가 있는 몽키 비즈니스(Monkey Business), 좁은 동굴을 탐험하는 메이즈(A Maze), 타잔 로프(Tarzan's Rope)가 있고 그 옆으로 아탄 립(Atan's Leap), 슬라이드인 튜비 레이서(Tubby Racer)가 자리한다. 이들 기구들을 보면 주로 열대 우림 자연 속에서 놀던 것을 익스트림 스포츠로 변모시켰다는 것을 알 수 있다. 개인 이용자뿐 아니라 극기 훈련 또는 팀 파워 훈련의 일환으로 온 단체 이용자도 많다. 테마파크 이용 시 기구를 오르고 내리는 일이 많으므로 운동화는 필수다.

주소 828, Jalan Teluk Bahang, Teluk Bahang 교통 콤타르에서 102번 버스 이용, 에스케이프 하차 시간 10:00~18:00, 월요일 휴무 요금 성인 RM147, 어린이 RM97 전화 04-881-1106 홈페이지 escape.my

페낭 국립 공원 Penang National Park

아는 여행자만 방문하는 열대 우림 속 파라다이스

페낭섬 북서쪽에 위치한 국립 공원으로 열대 우림과 해변, 야생 동물을 볼 수 있는 곳이다. 공원 입구에서 행선지와 인적 사항을 기재한 뒤 무료 입장한다. 캐노피 워크, 원숭이 해변, 등대, 거북이가 서식하는 케라춧(Kerachut) 해변 등의 볼거리가 있다. 공원 입구에서 원숭이 해변이나 케라춧 해변까지 보트로 간 뒤, 돌아올 때는 트레킹을 해도 좋다. 공원 각 지점까지는 안내판이나 길이 잘되어 있어 길을 잃을 염려가 적으나 늦은 시간까지 머물지 않도록 한다. 간혹 말레이시아 학생들이 자연 학습이나 캠핑으로 단체 방문을 하기도 하지만 대부분은 개별 방문자들뿐이므로 원숭이 해변이나 케라춧 해변에서 한적한 시간을 보내기 좋다.

주소 Pejabat Taman Negara P. Pinang, Jalan Hassan Abbas, Pulau Pinang 교통 콤타르에서 101번 버스 이용, 페낭 국립 공원(종점) 하차 시간 08:00~17:00 요금 입장료 무료, 보트(입구-원숭이 해변) RM50, 페낭섬 국립 공원 일주 RM100(인원 10인 이상, 인원 적으면 요금이 오를 수 있음) 전화 04-881-3530

캐노피 워크웨이
Canopy Walkway

아슬아슬 구름다리 건너기

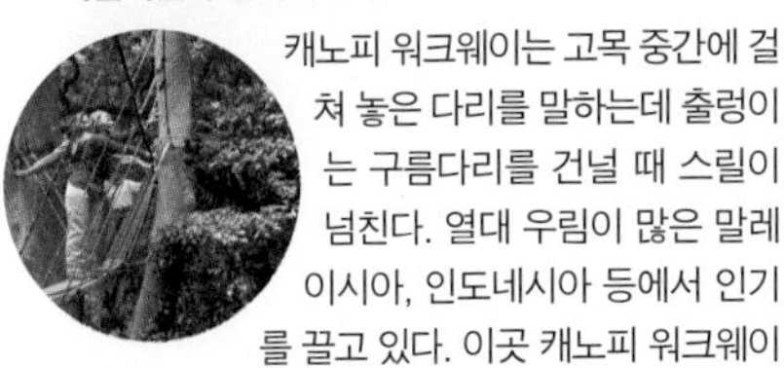

캐노피 워크웨이는 고목 중간에 걸쳐 놓은 다리를 말하는데 출렁이는 구름다리를 건널 때 스릴이 넘친다. 열대 우림이 많은 말레이시아, 인도네시아 등에서 인기를 끌고 있다. 이곳 캐노피 워크웨이는 높이 15m, 길이 250m로 높은 곳에서 열대 우림을 내려다볼 수 있다.

주소 페낭 국립 공원 입구에서 북서쪽 교통 공원 입구에서 도보 20분 시간 10:00~16:00 요금 성인 RM3, 어린이 RM3(공원 입구 매표소에서 지불)

원숭이 해변
Monkey Beach

야생 원숭이가 노니는 한적한 해변

페낭 국립 공원 입구에서 서쪽에 위치한 해변으로 이곳에 게를 먹는 원숭이들이 있다고 알려져 있다. 원숭이는 잡식성이니 게를 먹지 못할 것은 없으나 실제로 확인해야 믿을 수 있을 듯하다. 원숭이는 공원 입구부터 볼 수 있는데 열매뿐만 아니라 해변에 떠밀려 온 먹거리를 주워 먹는다. 원숭이 해변은 한적하므로 물놀이를 하거나 일광욕을 즐기기 좋으나 안전 요원이 없으므로 항상 조심한다.

주소 페낭 국립 공원 입구에서 서쪽 교통 공원 입구에서 도보 1시간 15분 / 공원 입구에서 보트 이용, 15분 소요, RM50 내외(흥정, 10인 이하 시 오를 수 있음)

엔토피아 Entopia by Penang Butterfly Farm

실제 날아다니는 나비가 인상적인 농장

에스케이프 옆에 위치한 나비 농장으로 옐로우 버드윙(Yellow Birdwing), 클리퍼(The Clipper), 피콕 판시(Peacock Pansy), 커먼 몰몬(Common Mormon) 등 120종 3,000~4,000 마리의 나비를 볼 수 있다. 다른 나비 농장에서는 이름만 나비 농장이지 실제로 날아다니는 나비를 거의 볼 수 없었는데 이곳은 나비들이 굉장히 많다. 나비 농장 이외에도 세계 각국의 나비 표본과 도마뱀, 전갈 등도 볼 수 있어 생태 박물관 역할을 하는 듯하다. 나비 농장으로는 세계 최고가 아닐까 싶다.

주소 Jalan Teluk Bahang, Teluk Bahang 교통 콤타르에서 102번 버스 이용, 에스케이프 또는 페낭 나비 공원 하차 시간 09:00~17:00, 수요일 휴무 요금 성인 RM75, 어린이 RM55 전화 04-888-8111 홈페이지 www.entopia.com

텔룩 바항 산림 공원 Taman Rimba Teluk Bahang

열대 우림 속 산책

페낭섬 서쪽에 위치한 산림 공원으로 넓이는 32ha(0.32km^2)이고 공원 남쪽에 텔룩 댐이 있다. 공원 내에는 산책로, 허브 화원, 산림 박물관, 계곡 등이 있어 페낭 사람들의 휴식처가 되고 있다. 한가롭게 공원 내 산책로를 걸어도 좋고 간단한 간식거리를 준비해서 계곡에서 식사를 해도 좋다. 트레킹을 좋아한다면 여러 트레킹 코스 중 자신의 체력에 맞는 코스를 선택해 열대 우림을 걸어도 즐겁다. 단, 깊은 산속에 들어가지 말고 늦은 시간까지 머물지 않도록 한다.

주소 Muzium Perhutanan, Hutan Lipur Teluk Bahang, Taman Rimba, Teluk Bahang 교통 콤타르에서 102번 버스 이용, 에스케이프 또는 페낭 나비 공원 하차, 도보 5분 시간 08:00~18:00 요금 무료 전화 04-885-1280

산림 박물관
Forestry Museum

열대 우림의 생태가 궁금하다면

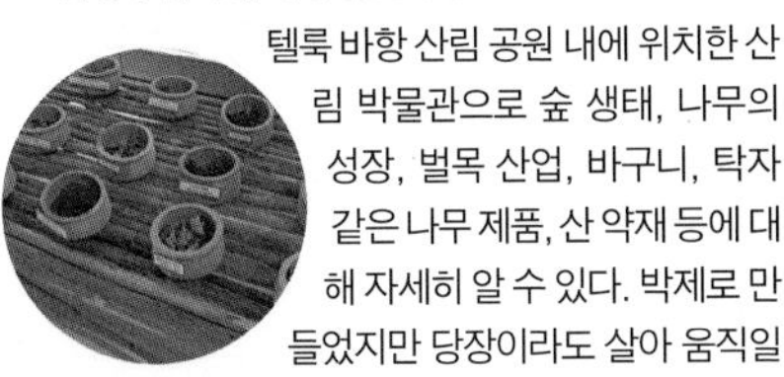

텔룩 바항 산림 공원 내에 위치한 산림 박물관으로 숲 생태, 나무의 성장, 벌목 산업, 바구니, 탁자 같은 나무 제품, 산 약재 등에 대해 자세히 알 수 있다. 박제로 만들었지만 당장이라도 살아 움직일 것 같 은 동물들이 인상적이고 우리의 한약재와 비슷한 약재가 있어 관심이 간다.

주소 텔룩 바항 삼림 공원 내 교통 텔룩 바항 삼림 공원에서 도보 3분 시간 토~목 09:00~16:30, 금요일 휴관 요금 성인 RM1, 어린이 RM0.5

계곡 수영장

호텔 수영장 부럽지 않은 천연 수영장

자연 계곡을 댐처럼 막아 놓아 야외 수영장처럼 이용한다. 에메랄드 색을 띠는 계곡물은 차가운 편이지만 무더운 말레이시아에서 냉수탕을 만난 듯 당장이라도 수영복을 입고 뛰어 들고 싶어진다. 이곳에 는 대체로 이슬람 신자가 많은데 신체 노출을 꺼리는 문화 때문인지 수영복 대신 옷을 입고 물놀이를 즐긴다. 물놀이를 해서 조금 춥다면 잘 달구어진 바위에 누워 일광욕을 즐겨도 좋다.

주소 텔룩 바항 삼림 공원 내 교통 텔룩 바항 삼림 공원에서 도보 3분

열대 과일 농장 Tropical Fruits Farm

농장 투어 이용 시 과일 뷔페가 공짜

텔룩 바항 산림 공원 남쪽으로 산길을 구불구불 올라가면 열대 과일 농장이 나온다. 무료로 입장할 수 있는 열대 과일 농장 판매장에서 망고, 잭 프루트, 파파야, 파인애플 등 다양한 과일을 둘러보고 맛볼 수도 있다. 추천하는 것은 농장 투어 겸 열대 과일 시식으로 일정 인원이 모이면 미니밴을 타고 농장으로 올라가 열대 과일에 대해 설명을 들을 수 있다. 투어가 끝나면 열대 과일 1접시와 열대 과일 주스를 시식할 수 있다.이후에는 농장 판매장으로 옮겨 꿀, 로열 젤리, 기념품 등을 둘러보고 기념 판매장으로 이동한다. 열대 과일을 종류별로 충분히 맛볼 수 있으니 페낭 여행 시 가 볼 만하다.

주소 Batu 18, Jalan Teluk Bahang, Teluk Bahang 교통 텔룩 바항에서 501번 버스 이용 / 바투 페링기에서 택시 이용, 35분 소요 시간 09:00~17:00 요금 농장 투어+열대 과일 시식 RM58, 농장 투어 RM44 전화 012-497-1931

페낭섬 남쪽 & 버터워스

Penang Island South & Butterworth

페낭섬 남쪽과 바다 건너 버터워스도 방문해 보자. 페낭섬 남쪽에는 쇼핑센터인 퀸스베이 몰, 뱀 사원, 버터워스에는 페낭 새 공원, 구 황제신 사원이 있다. 먼저 뱀 사원에 들러 사원 내에서 기르는 뱀을 살펴보고 사원 옆 뱀 농장에서 비단뱀, 코브라 등 다양한 뱀을 직접 볼 수 있다. 이어 퀸스 베이 몰에서 쇼핑을 하고 식사를 한 뒤 버터워스로 넘어가 페낭 새 공원에 들른다. 코뿔새 혼빌, 앵무새, 타조 등을 둘러보고 구 황제신 사원에 들러 천부와 천모의 자식들인 구 황제를 살펴보는 코스를 추천한다.

Access 콤타르 또는 버터워스 버스 터미널에서 버스 이용

Best Course 뱀 사원 → 퀸스베이 몰 → 페낭 새 공원 → 구 황제신 사원 → 버터워스 페리 터미널 → (페낭 대교) → 페낭 페리 터미널

페낭 대교 Jambatan Pulau Pinang

당시 아시아 최대의 대교

1985년 완공한 현대건설이 시공한 대교로 페낭섬과 말레이반도의 세베랑 페라이(Seberang Perai)를 연결한다. 대교의 총 길이는 13.5km, 해상 구간 약 8.5km로 당시에는 아시아 최대, 세계에서 3번째로 긴 다리였다. 다리 중간 두 개의 기둥에 각기 삼각형 모양의 쇠줄을 달아 만든 현수교이다. 보트(연락선)를 타고 페낭의 조지 타운에서 버터워스 건너갈 때나 페낭 힐에 오르면 페낭 대교가 잘 보인다. 말레이반도에서 페낭 숭가이 니봉 버스 터미널에 도착할 때 페낭 대교를 지난다.

주소 Jambatan Pulau Pinang, Pulau Pinang

퀸스 베이 몰 Queens Bay Mall

페낭 남부의 최대 쇼핑센터

2006년 문을 연 페낭에서 가장 큰 쇼핑센터로 북쪽(North), 중앙(Central), 남쪽(South) 존으로 나뉜다. 명품 브랜드는 없지만 에스프리, 톱숍, 유니클로, 포에버 21, G2000, F.O.S 등 유명 브랜드뿐 아니라 에이온(AEON) 백화점 등이 입점해 있다. 3F의 푸드코트 퀸스 홀(Queens Hall)이나 각 층에 있는 레스토랑에서 식사도 가능하다.

주소 Lot 1F-78, Queensbay Mall, 100 Persiaran Bayan Indah, Bayan Lepas 교통 콤타르에서 304, 306, 307, 308, 309, 401E번 버스 이용 시간 10:30~22:30 전화 04-619-8989 홈페이지 queensbaymallmalaysia.com

뱀 사원 Snake Temple 福兴宫

뱀을 기르는 사원

페낭섬 남쪽에 위치한 사원으로 원래 명칭은 푸싱공(福兴宫)이다. 1850년 병과 상처를 치료하는 능력을 가진 칭수이주스(清水祖師)를 기리기 위해 세워졌다. 후원에는 나무가 심어져 있는데 나무 주위로 시멘트 담장을 둘렀다. 나무를 자세히 보면 뱀이 똬리를 틀고 있는 것이 보인다. 독이 없는 뱀과 함께 기념 촬영을 할 수도 있다.

주소 Jalan Tokong Ular, Jalan Sultan Azlan Shah, Bayan Lepas 교통 콤타르에서 102, 305, 306, 401, 401E번 버스 이용 시간 09:00~17:30 요금 입장료 무료, 뱀 기념 촬영 RM5 내외 전화 04-643-7273

뱀과 기념사진~

뱀 농장

Snake Farm

뱀과 기념 촬영을 하고 싶다면

뱀 사원 옆에 위치한 뱀 농장에서 비단뱀인 파이톤(Python), 알비노 코브라, 킹 코브라, 도마뱀 등을 볼 수 있다. 살아 움직이는 뱀뿐만 아니라 뱀 표본도 있다. 예상 외로 말레이시아 사람들은 뱀을 좋아하여 뱀 농장도 많고, 뱀과 함께 기념 촬영하는 이벤트를 심심치 않게 볼 수 있다. 페낭 힐에도 뱀과 함께 기념 촬영할 수 있는 곳이 있다.

주소 Jalan Tokong Ular, Jalan Sultan Azlan Shah, Bayan Lepas 교통 뱀 사원에서 바로 시간 09:30~18:00 / 뱀 쇼 토·공휴일 15:30 요금 성인 RM5, 어린이 RM3

페낭 새 공원 Penang Bird Park

열대 우림에서 서식하는 코뿔새, 앵무새 감상

버터워스 페리 터미널 동쪽에 위치한 새 공원으로 말레이시아에서 서식하는 140여 종의 새와 더불어 세계 각지에서 서식하는 300여 종의 새를 볼 수 있는 곳이다. 코뿔새인 혼빌, 앵무새, 백조, 꿩, 타조 등 다양한 새를 볼 수 있고 새와 함께 기념 촬영을 할 수도 있다. 열대에서 자라는 조류는 색이 진하고 큰 것이 특징이다.

주소 Taman Burung Seberang Jaya, Jalan Todak, Seberang Jaya, Perai 교통 버터워스 버스 터미널에서 T703번 버스 이용 / 버터워스 버스 터미널에서 택시 이용, RM10 내외 시간 09:00~18:00 요금 성인 RM48, 카메라 RM1 전화 04-399-1899

구 황제신 사원 Nine Emperor Gods Temple(Tow Boo Kong Temple) 斗母宫

화려한 사원 장식이 인상적인 곳

버터워스 북쪽에 위치한 사찰로 원래 이름은 '토우부콩(斗母宮)'이나 사원에서 모시는 신 때문에 '구 황제신 사원(Nine Emperor Gods Temple, 九皇大帝)'이라 불린다. 구 황제신은 아버지 황제신인 저우유 더우푸위안준(斗父周御國王天尊)과 어머니 황제신인 더우무위안준(斗母元君)의 아들들이다. 더우무위안준은 생명과 죽음을 기록하는 일을 한다. 매년 음력 9월 9일에 구 황제신 축제를 열어, 구 황제신을 맞이하고 축제 기간인 9일 동안 채식을 해야 한다. 1971년 세워진 이 사원은 2000년까지 재단장되어 버터워스에서 큰 사원 중 하나다. 유려한 지붕 장식과 화려한 재단 장식, 여러 신상 등이 볼만하다.

주소 Jalan Raja Uda, Butterworth, Pulau Pinang 교통 버터워스 버스 터미널에서 601, 603, 608번 버스 이용, 구 황제신 사원 인근 하차, 도보 15분 / 버터워스 버스 터미널에서 택시 이용 시간 09:00~22:00 요금 무료

Restaurant & Café

말레이시아 음식의 수도로 불리는 페낭에서는 말레이와 중국 요리의 조화가 돋보이는 차이나 하우스의 뇨냐 요리, 리틀 인디아 카라이쿠디 레스토랑의 인도 요리, 풍부한 해산물을 맛볼 수 있는 오리엔탈 시푸드의 해산물 요리 등이 유명하며, 여러 요리를 한곳에서 맛볼 수 있는 거니 드라이브의 노점 요리도 놓칠 수 없다.

조지 타운

페낭 로드 페이모스 테오체우 첸돌 Penang Road Famous Teochew Chendul

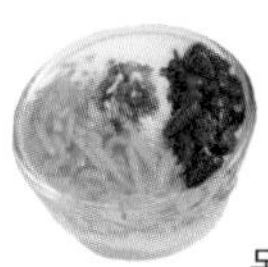

콤타르 북쪽에 위치한 첸돌(Chendul) 노점이다. 첸돌은 차가운 코코넛 밀크에 쌀가루로 만든 연녹색 젤리, 콩 등이 들어간 동남아식 빙수. 첸돌 외에 아이스 카캉(Ice Kacang)도 있는데, '콩 얼음'이란 뜻의 건식 빙수이다.

주소 27-29, Lebuh Keng Kwee, George Town 교통 콤타르에서 북쪽, 도보 5분 메뉴 오리지널 첸돌 RM8.9, 아이스 카캉 RM8.9 시간 10:00~17:00 전화 04-262-6002 홈페이지 chendul.my

호커 센터 Hawker Center

뉴 월드 파크 내 위치한 푸드코트로 디저트, 음료 등을 판매하는 10여 곳의 가게들이 모여 있다. 새우, 숙주 볶음인 차퀘티아우(Char Kuey Teow), 완탕 국수인 완툰미(Wan Thun Mee), 피자, 딤섬, 스시, 락사, 나시 르막 등을 맛볼 수 있다. 2인이 3가지 정도 음식을 주문해도 부담이 없을 정도로 가격도 합리적이다.

주소 102, Jalan Burma, George Town 교통 뉴 월드 파크 내 메뉴 차퀘티아우, 완툰미, 피자, 딤섬, 스시, 락사, 나시 르막 RM10 내외 시간 10:00~22:00 전화 04-226-1199 홈페이지 www.newworldpark.com.my

하이어 그라운드

Higher Ground

청팟체 맨션 부근에 있는 카페이다. 옛 창고를 현대식으로 리모델링한 건물에서 커피부터 파스타, 버거까지 다양한 음식을 낸다. 카페 건물만 보면 성수동에 봄직한 모습인데 커피와 음식 모두 맛있다는 평이다.

주소 19-19A, Lebuh Leith, George Town, 10200 George Town, Pulau Pinang 교통 조지 타운 르부 출리아에서 서쪽 청팟체 맨션 방향, 도보 10분 시간 09:00~00:30 메뉴 카페라테, 파스타, 피시앤칩스, 버거 전화 04-228-0340

출리아 스트리트 호커 푸드

Chulia Street Hawker Food

조지 타운의 차이나타운 중심이라 할 수 있는 르부 출리아 홍핑 호텔(Hongping Hotel)부터 세븐일레븐 편의점 사이 거리에 매일 밤 음식을 파는 포장마차들이 자리한다. 이곳에서 가장 흔한 음식은 쌀국수다. 간간히 덮밥이나 꼬치구이인 사테를 파는 노점도 보인다. 매일 밤, 국수 삶은 수증기와 손님들의 왁자지껄 떠드는 소리가 어우러져 밤이 지나는지도 모른다.

주소 Lebuh Chulia, George Town, Pulau Pinang 교통 조지 타운에서 르부 출리아의 홍핑 호텔 세븐일레븐 편의점 방향, 도보 10분 시간 17:00~23:00 메뉴 쌀국수, 나시 르막, 사테(꼬치) RM5 내외

차이나 하우스 China House

폭은 좁고 길이가 긴 숍 하우스(Shop House) 건물에 커피 숍, 베이커리, 레스토랑, 바, 아트 스페이스(전시장) 등까지 입점해 있는 곳이다. 커피숍 코피 씨(Kopi C Espresso)에서는 커피, 음료뿐만 아니라 양식의 조식, 중식, 석식이 제공되며 베이커리에서는 맛있는 빵과 케이크, BTB 레스토랑에서는 양식과 일식, 바에서는 칵테일과 맥주, 와인 셀러에서는 와인까지 다양하게 즐길 수 있다. 오래된 건물의 벽, 테이블, 의자 등을 살려 전체적으로 클래식한 느낌을 준다. 가격은 조금 비싼 편이다.

주소 153, Beach St, Georgetown 교통 조지 타운 압콩시에서 르부 아르메니안(Lebuh Armenian) 이용, 남동쪽 방향, 르부 판타이(Lebuh Pantai)에서 좌회전 / 르부 출리아에서 남동쪽 방향, 르부 판타이에서 우회전, 도보 10분 시간 09:00~01:00 메뉴 조식~석식(퓨전 양식, 말레이식) RM14~46, 일식 벤토 RM32, 베이커리 1조각 RM10 내외 전화 04-263-7299 홈페이지 www.chinahouse.com.my

하이난 타운

Hainantown @Yeng Keng Nyonya Restaurant

르부 출리아 거리의 옝켕 호텔 내에 위치한 뇨냐(Nyonya)와 하이난(海南) 요리점이다. 뇨냐는 말레이 요리와 중국 요리가 합쳐진 퓨전 요리이고 하이난 요리는 중국 남부 하이난 지방의 요리를 말한다. 뇨냐 요리 중에는 매콤한 국물에 면발을 넣고 끓인 뇨냐 락사(Nyonya Laksa), 뇨냐식 닭고기 커리인 카리 카피탄(Kari Kapitan), 하이난 요리 중에는 하이난 치킨 라이스를 추천한다.

주소 366, Lbh Chulia, George Town 교통 출리아 스트리트 호커 푸드(노점가)에서 서쪽, 도보 3분 시간 11:30~15:00, 18:00~22:00 메뉴 뇨냐 락사, 카리 카피탄, 하이난 치킨 라이스 전화 04-263-3177

카심 무스타파 Kassim Mustafa

조지 타운의 리틀 인디아 내에 위치한 대형 식당으로 밥 위에 여러 반찬을 올려 주는 덮밥 종류인 나시 달차(Nasi Dalcha)와 비슷한 음식을 파는 곳이다. 여러 반찬을 자율 배식으로 밥 위에 놓는 덮밥의 일종인 나시 칸다르(Nasi Kandar)가 유명하다. 서민을 대상으로 하는 식당이라 어떤 음식을 선택해도 가격이 부담 없는 곳이다.

주소 No. 12, Lebuh Chulia, George Town, Pulau Pinang 교통 조지 타운의 르부 출리아에서 리틀 인디아 방향 시간 24시간 메뉴 나시 달차, 나시 칸다르, 나시 고렝(볶음밥) 등 RM3.5~10 내외 전화 04-263-4592

카라이쿠디 레스토랑 Karaikudi Restaurant

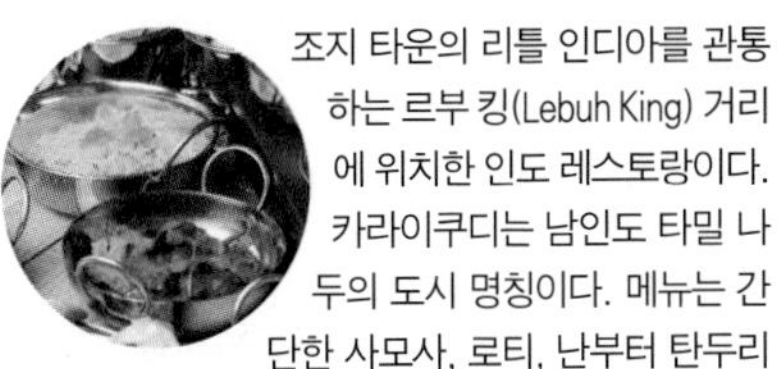

조지 타운의 리틀 인디아를 관통하는 르부 킹(Lebuh King) 거리에 위치한 인도 레스토랑이다. 카라이쿠디는 남인도 타밀 나두의 도시 명칭이다. 메뉴는 간단한 사모사, 로티, 난부터 탄두리 치킨, 케밥, 바나나잎 식사까지 다양한 인도 요리를 선보인다. 요리와 함께 요구르트 음료인 라시나 우유를 넣은 홍차인 차이를 마셔도 좋다.

주소 No.20, Lebuh Pasar, George Town, Pulau Pinang 교통 조지 타운의 르부 출리아에서 리틀 인디아 방향, 리틀 인디아의 르부 파사르(Lebuh Pasar) 이용, 도보 10분 시간 11:00~23:00 메뉴 사모사, 탄두리 치킨, 케밥, 로티, 난 등 전화 04-263-1345 홈페이지 karaikudi.com.my

징시 북스 & 카페 Jing-Si Books & Café 靜思書軒

1991년 아시아의 노벨상이라 불리는 막사이사이상을 수상한 대만의 증엄(證嚴) 스님이 만든 자선 단체에서 운영하는 북 카페다. 증엄 스님의 책은 한국에서도 번역돼 출간된 적이 있다. 북 카페에서는 증엄 스님 관련 도서와 불교, 선에 대한 도서 등을 구입할 수 있다. 북 카페는 넓고 쾌적해, 더운 날씨로 지친 심신을 잠시나마 쉴 수 있어 좋다.

주소 31, Beach St, Georgetown 교통 출리아 스트리트 호커 푸드(노점가)에서 남동쪽으로 가다가 비치 스트리트에서 좌회전, 도보 11분 시간 09:00~18:00 메뉴 차, 커피

친스 퀴진 Chin's Cuisine

랑카위행 페리 터미널(Jeti Swettenham)과 버터워스행 페리 터미널(Pangkalan Raja Tun Uda Ferry Terminal) 사이의 제티 잘란 제레자(Jeti jalan Gereja)에 위치한 고급 중식 레스토랑이다. 사방이 바다로 둘러싸여 시원한 풍경을 자아낸다. 부두는 실제로 사용하지는 않고 친스 퀴진만 운영하고 있다. 친스 퀴진은 말레이시안 태틀러(Malaysian Tatler)라는 잡지에서 말레이시아 베스트 레스토랑(Malaysia's Best Restaurant 2011) 으로 선정하기도 한 곳이다.

주소 5, Pengkalan Weld, George Town 교통 조지 타운의 르부 출리아 이용, 남동쪽 방향, 펑카란 웰드(Pengkalan Weld)에서 제티 잘란 제레자(Jalan Gereja) 방향, 도보 15분 시간 18:00~24:00 메뉴 중식 전화 04-261-2611

에스플래나드 공원 푸드코트 Esplanade Park Food Court

조지 타운 동쪽 해변 공원인 에스플래나드 공원에 있는 푸드코트로 10여 곳의 식당, 디저트 숍 등이 있다. 바다를 바라보며 식사를 할 수 있는 점이 가장 좋다. 간단히 음료나 디저트를 맛보면서 여유를 즐겨 보자.

주소 Jalan Tun Syed Shed Barakbah, George Town, Pulau Pinang 교통 조지 타운의 르부 출리아에서 잘란 마스지드 카피탄 클링(Jalan Masjid Kapitan Keling) 이용, 북동쪽으로 도보 15분 시간 11:00~20:00, 일요일 휴무 메뉴 나시 고렝(볶음밥), 나시 르막(덮밥), 고렝 우당(새우볶음) RM5~6 내외

조지 타운 시외

오리엔탈 시푸드

Oriental Seafood 東方海鮮舫

거니 드라이브 북쪽 원형 교차로 근처에 있는 유명한 해산물 레스토랑이다. 중식 스타일로 조리되는 해산물 요리는 군침을 돌게 한다. 3~4명의 일행이 5~6가지의 요리를 주문하여 푸짐하게 식사를 즐겨 보자. 바닷가에 있어 운치도 있다.

주소 42 Gurney Drive, George Town, Pulau Pinang 교통 콤타르 또는 조지 타운에서 10, 103, 304번 버스 이용, 거니 플라자 하차 또는 택시 이용 시간 11:30~23:00, 일요일 휴무 메뉴 해산물 요리, 중식 전화 04-890-4500

스시 테이 Sushi Tei

거니 드라이브의 쇼핑센터 플라자 거니 2층에 위치한 일식 레스토랑으로 동남아에 여러 분점을 가진 체인점이다. 쇼핑센터 내 여러 레스토랑 중에서도 인기가 있는 곳이다. 메뉴는 스시 롤, 사사미, 데리야키 치킨, 돈가스 등 매우 많다.

주소 2F, 170-06-01, Plaza Gurney, Persiaran Gurney, George Town 교통 거니 드라이브에서 도보 3분 시간 11:00~22:00 메뉴 스시 롤, 사시미, 데리야키 치킨, 돈가스 등 전화 04-226-1486 홈페이지 www.sushitei.com

거니 드라이브 노점 식당가 Gurney Drive

거니 드라이브는 북쪽 원형 교차로에서 쇼핑센터 플라자 거니 사이에 위치한다. 이곳 노점 식당들은 가운데 테이블을 중심으로 양쪽으로 늘어서 있고 식당마다 고유의 번호가 있다. 번호 옆에는 보통 그 식당의 대표 메뉴를 표시한다. 거니 드라이브의 대표 메뉴는 완탄미(완탕면, 85번)나 호켄미(복건면), 락사(11번) 같은 면 요리, 새우와 숙주, 국수에 계란을 넣고 볶는 차퀘티아우(Char Koay Teow, 71번), 수이코우(물만두, 68번), 빙수에 열대 과일을 올려 먹는 아이스 카창 등이 있다. 손님이 많은 집이 맛있는 집이니 일단 줄서서 맛을 보자.

주소 Gurney Drive, Persiaran Gurney, George Town, Pulau Pinang 교통 콤타르 또는 조지 타운에서 10, 103, 304번 버스 이용, 거니 플라자 하차 또는 택시 이용 시간 17:00~24:00 메뉴 완탄미 RM5, 락사 RM2.5, 차퀘티아우 RM5, 삼발 소통 RM6, 수이코우 RM5, 아이스 카창 RM1.5

저스트 푸드 Just Food

거니 파라곤 L5층에 위치한 푸드코트로 말레이식 뿐 아니라 중식, 일식, 한식 등 다양한 메뉴를 맛볼 수 있다. 일반 레스토랑에서 선뜻 메뉴를 결정하지 못할 때 푸드코트를 찾으면 부담 없는 가격으로 여러 음식을 맛볼 수 있어 좋다. 오픈형 주방이라 믿을 수 있고 음식의 질도 가격 대비 좋은 편이다. 분위기 있는 레스토랑을 원한다면 거니 파라곤 광장의 레스토랑을 찾아도 좋다.

주소 Gurney Paragon, Persiaran Gurney, George Town 교통 거니 드라이브에서 플라자 거니, G 호텔 지나 도보 5분 시간 10:00~22:00 전화 04-228-8266 홈페이지 www.gurneyparagon.com

발리 하이 시푸드 Bali Hai Seafood Market

거니 드라이브 중간에 위치한 해산물 레스토랑으로 로브스터, 게 등이 들어 있는 수족관에서 원하는 해산물을 선택할 수 있다. 수족관 위에 그림과 이름이 붙어 있어 실물과 확인해 볼 수도 있다. 페낭에서 잡힌 게튀김, 오징어볶음, 생선조림 등을 주문하는 것이 가격 대비 맛과 양에서 만족할 수 있다. 로브스터는 100g당 가격이 적혀 있는데 두꺼운 껍질 때문에 무게는 많이 나가지만 실제 먹을 수 있는 건 얼마 안 되는 경우가 많다.

주소 90 Gurney Drive, Persiaran Gurney, George Town 교통 거니 드라이브 남쪽, 거니 플라자 지나 도보 10분 시간 08:00~15:00, 17:00~24:00 메뉴 로브스터(100g) RM28, 스노우 크랩(100g) RM28, 굴(1개) RM8(세금+서비스 차지 16% 추가) 전화 04-228-1272 홈페이지 balihaiseafood.com

벵 친 가든 Beng Chin Garden 茗律園茶室

켁록시 사원 버스 정류장 부근에 있는 차찬텡(茶餐廳)으로 간단한 식사와 음료 등을 판매한다. 조지 타운의 관광객 위주의 식당과 달리 동네 사람을 대상으로 하는 식당이므로 페낭 서민들의 보통 식사를 할 수 있는 곳이다.

주소 617 H, Jln Balik Pulau, Pekan Ayer Itam 교통 콤타르 또는 조지 타운에서 201~203번 버스 / 페낭 힐에서 204번 버스 이용, 켁록시 하차 메뉴 나시 고렝(볶음밥), 나시 르막(덮밥), 나시 칸다르 등 RM10 내외

데이비드 브라운 레스토랑 & 티 테라스 David Brown's Restaurant & Tea Terrace

페낭 힐 정상 부근에 위치한 영국풍 저택을 레스토랑 겸 티 테라스로 이용하고 있다. 저택 앞에는 넓은 영국 정원이 있고 내부에는 오래된 테이블과 의자를 놓아 매우 고풍스러운 분위기가 난다. 페낭 힐에서 근사한 식사를 하고 싶다면 찾아 보자.

주소 Strawberry Hill, Penang Hill, Air Itam, Pulau Pinang 교통 콤타르 또는 조지 타운에서 204번 버스 이용, 페낭 힐(케이블카) 하차 또는 택시 이용 시간 12:00~21:00 메뉴 샐러드, 스테이크, 파스타 전화 4-828-8337 홈페이지 www.penanghillco.com.my

바투 페링기

앤드류스 캄풍 Andrew's Kampung

바투 페링기의 샹그릴라 골든 샌드 앞에 위치한 말레이 레스토랑이다. 메뉴는 생선, 새우, 치킨, 소고기 요리를 말레이식으로 낸다. 다른 메뉴 중에는 인도, 중국식 음식도 보여 동남아 음식을 내는 곳이라고 보면 된다. 요리를 시켜 놓고 맥주 한잔 하거나 식사로 볶음밥을 주문해도 좋다.

주소 2F, Eden Parade, Jalan Sungai Emas 교통 콤타르에서 101, 102번 버스 이용, 샹그릴라 골든 샌드 하차, 바로 시간 12:30~15:00, 18:00~21:00. 화요일 휴무 메뉴 생선, 치킨, 새우, 소고기 요리, 맥주 전화 04-881-1688

그랜드 레바논 Grand Lebanon

주얼 오브 더 노스 부근에 위치한 중동 음식 전문점으로 쌀에 생선, 고기 등을 넣고 찌거나 익힌 요리인 비리야니(Biryani), 닭고기나 양고기에 커리 같은 향신료를 넣고 볶은 마살라가 주 메뉴다. 이외에도 닭튀김과 다양한 케밥 등이 있고 과일 주스, 올드타운 화이트 커피, 터키 커피 등 음료의 종류도 다양하다. 중동 요리가 입에 맞지 않는 사람은 피자나 파스타를 주문하면 된다.

주소 110-1A & 1B, Jalan Batu Ferringhi 교통 콤타르에서 101, 102번 버스 이용, 샹그릴라 골든 샌드 또는 바투 페링기 하차, 파크 로열 리조트에서 하드 록 호텔 방향 시간 12:00~23:00 메뉴 립 아이 스테이크 RM50, 시시 케밥 RM26, 샐러드 RM12(서비스 차지 10% 추가) 전화 04-881-3228 홈페이지 www.lebanonrestaurant.com.my

쉽 레스토랑 The Ship Restaurant

파크 로열 리조트 부근에 위치한 레스토랑으로 범선 모양을 하고 있어 쉽게 찾을 수 있다. 종업원들이 선원 복장을 하고 서비스도 이색적이다. 시푸드, 중식, 양식, 샐러드 등으로 메뉴도 다양하다. 쿠알라 룸푸르의 잘란 이스마일, 부킷 빈탕 등에도 분점이 있다.

주소 69 B, Jalan Batu Ferringhi 교통 콤타르에서 101, 102번 버스 이용, 샹그릴라 골든 샌드 또는 바투 페링기 하차, 론 파인 호텔에서 파크 로열 리조트 방향 시간 12:00~23:00(토 ~01:00) 메뉴 돈가스 RM40, 블랙 페퍼 스테이크 RM70 내외 전화 04-881-2142 홈페이지 www.theship.com.my

스타벅스 Starbucks Batu Ferringhi

옛 골든 타이 시푸드 빌리지 옆에 생긴 스타벅스이다. 바다가 보이는 야외 좌석에서 마시는 시원한 아이스 카페 아메리카노 한 잔이 더위를 날려 보내는 듯하다. 저녁 무렵 이곳에서 시간을 보내며 바다로 지는 석양을 감상해도 좋다.

주소 69, Jalan Batu Ferringhi, Ayer Itam, Pulau Pinang 교통 콤타르에서 101, 102번 버스 이용, 샹그릴라 골든 샌드 또는 바투 페링기 하차 시간 일~수 07:00~01:00, 목 07:00~24:00, 금~토 24시간 메뉴 아이스 그린티 라테 RM18, 헤이즐럿 초콜릿 케이크 RM19.58, 아이스 카페 아메리카노 RM10.49 전화 04-881-2020

페링기 가든 Ferringhi Garden

파크 로열 리조트 부근에 위치한 레스토랑으로 시푸드, 양식 등을 선보인다. 레스토랑 건물은 3칸을 이용하는데 각 칸마다 인테리어가 다르다. 식물들을 주렁주렁 매달아 놓아 다소 어수선한 느낌을 주기도 한다. 요리는 전체적으로 깔끔하다. 맛있는 요리에 하우스 와인 한 잔하며 시간을 보내기 좋은 곳이다.

주소 34A~C, Jalan Batu Ferringhi, Pulau Pinang 교통 콤타르에서 101, 102번 버스 이용, 샹그릴라 골든 샌드 또는 바투 페링기 하차, 파크 로열 리조트에서 하드 록 호텔 방향 시간 17:00~22:30 메뉴 오리엔탈 치킨 촙 RM32.8, 램(양고기) 촙 RM36.8, 시푸드 카르보나라 RM26.8 전화 04-881-1196

아지드 카페 Ajid Cafe

파크 로열 리조트 부근에 있는 식당으로 음료와 간단한 음식을 내는 차찬텡(茶餐厅) 분위기가 난다. 그럼에도 메뉴는 다양해서 똠양꿍, 샐러드, 볶음밥, 국수, 새우, 오징어, 소고기 볶음, 닭고기 볶음 등을 낸다. 요리의 가격이 저렴해 2인이 3~4가지 요리를 주문해도 부담 없다.

주소 Jalan Batu Ferringhi, Pulau Pinang 교통 콤타르에서 101, 102번 버스 이용, 샹그릴라 골든 샌드 또는 바투 페링기 하차. 파크 로열 리조트에서 하드 록 호텔 방향 시간 일~화·목~금 10:00~20:00, 수·토 09:00~20:00 메뉴 똠양꿍 RM4.5~6, 볶음밥 RM4.5~5, 새우(Prawn) RM6 전화 013-592-1628

하드 록 카페 Hard Rock Cafe

하드 록 호텔 현관 옆에 위치한 카페로 카페 앞에 팝의 황제 마이클 잭슨의 동상이 놓여 있다. 카페 내부는 유명 뮤지션의 복장, 기타, 음반 등으로 꾸며 놓아 하드 록을 좋아하는 사람이라면 보는 재미도 있을 것이다. 공연은 밤 8시경부터 시작하여 10시~11시경 절정을 맞는다. 간혹 유명 뮤지션이 공연을 할 때에는 입장료를 받는 경우가 있다. 이곳에서 저녁 식사를 해도 좋고 맥주나 칵테일만 즐겨도 좋다. 카페 내부에는 하드 록 카페 기념품을 판매하는 록샵 카페(Rock Shop Cafe)도 있다. 하드 록 카페 식사 손님에 한해, 바투 페링기 야시장-하드록 카페 간 무료 셔틀버스(18:30~23:00, 30분 간격)를 운행하니 이용해 보자.

주소 Batu Ferringhi Beach, Pulau Pinang 교통 콤타르에서 101, 102번 버스 이용, 하드 록 호텔 또는 바투 페링기 하차 시간 일~목 12:00~23:00, 금~토 12:00~01:00 요금 호가든 1/2파인트 RM28, 뉴욕 스트립 스테이크 RM88, 피시 앤 칩스 RM30 전화 04-886-8050 홈페이지 www.hardrockcafe.com/location/penang

페낭섬 북서쪽

락사 파워 Laksa Power Teluk Bahang

트로피컬 스파이스 가든 길 건너에 몇몇 간이 식당이 있는데 그 중 한 곳이다. 이곳 대표 메뉴인 락사(Laksa)는 향신료와 코코넛 밀크를 넣은 신맛 나는 스프이다. 여기에 고명, 국수 등을 넣는 것에 따라 명칭이 달라진다. 간단히 '똠양'이라고 생각하면 될 듯!

주소 Lone Crag Villa, Lot 595 Mukim 2, Jalan Teluk Bahang, Teluk Bahang 교통 콤타르에서 101, 102번 버스 이용, 트로피컬 스파이스 가든 하차 메뉴 나시 아얌(닭고기 덮밥), 락사, 치킨 라이스, 볶음밥

텔룩 바항 시장 푸드 코트 Teluk Bahang Market Food Court

페낭섬 북서쪽 텔룩 바항 마을 시장 내에 위치한 푸드코트로 10여 곳의 식당이 운영을 하고 있다. 메뉴는 나시 고렝(볶음밥), 나시 르막(덮밥), 미 커리(커리 국수), 로티 카나이(Roti Canai), 커피, 음료 등이다. 텔룩 바항 시장이 오전에만 열기 때문에 푸드코트도 오전 중에만 영업을 한다.

주소 Jalan Teluk Bahang, Teluk Bahang 교통 콤타르에서 101, 102번 버스 이용, 텔룩 바항 하차 시간 08:00~12:00 메뉴 나시 고렝(볶음밥), 나시 르막(덮밥) 등

나시 칸다르 아지스 Nasi Kandar Ajis

텔룩 바항 시장 근처에 위치한 나시 칸다르(Nasi Kandar) 식당이다. 나시 칸다르는 접시 밥과 커리, 반찬을 한데 놓고 먹는 음식으로 저렴한 가격에 푸짐하게 먹을 수 있다. 단, 반찬 개수에 따라 가격이 달라질 수 있는데 그래도 싸다.

주소 Jalan Teluk Bahang, Teluk Bahang 교통 콤콤타르에서 101, 102번 버스 이용, 텔룩 바항 하차 메뉴 나시 칸다르(덮밥)

열대 과일 농장 과일 판매장

열대 과일 시식이 포함된 농장 투어를 하는 것이 가장 좋고 아니면 판매장에서 열대 과일을 구매해 맛보아도 좋다. 열대 과일 가격은 시내보다 저렴하니 원하는 열대 과일을 골라 보자.

주소 Batu 18, Jalan Teluk Bahang, Teluk Bahang 교통 텔룩 바항에서 501번 버스 이용 / 바투 페링기에서 택시 이용, 35분 소요, RM45 내외 시간 09:00~17:00 메뉴 열대 과일 구매, 농장 투어+열대 과일 시식 RM58 전화 012-497-1931

페낭섬 남쪽 & 버터워스

퀸스 홀 Queens Hall

퀸스베이 몰 3F에 위치한 푸드코트로 말레이식, 중식, 양식, 일식 등 다양한 메뉴를 한자리에서 맛볼 수 있다. 푸드코트 각 식당 앞에는 음식 사진과 함께 메뉴 이름이 적혀 있으므로 주문하기 편리하다. 푸드코트 테이블을 둘러보고 사람들이 가장 많이 먹는 음식을 주문하는 것도 방법이다. 푸드코트의 번잡함이 싫다면 각 층에 있는 레스토랑을 이용하면 된다.

주소 3F, Queensbay Mall, 100 Persiaran Bayan Indah, Bayan Lepas 교통 콤타르에서 304, 306, 307, 308, 309, 401E번 버스 이용 시간 10:30~22:30 메뉴 말레이식, 중식, 일식, 양식 등 전화 04-646-8888 홈페이지 queensbaymallmalaysia.com

뱀 사원 식당가

뱀 사원 앞에 엥육 98 코피티암(Eng Yeok 98 Kopitiam), 겔라히 카페(Gelaihh Cafe), 세라이 카페(Serai Cafe) 같은 식당들이 모여 있다. 간판은 코피티암(커피숍) 또는 카페지만, 커피나 음료뿐만 아니라 덮밥인 나시 르막, 볶음밥인 나시 고렝, 중국 푸젠 지방 국수인 호키엔미, 커리 등을 다양한 음식을 낸다.

주소 Jalan Tokong Ular, Jalan Sultan Azlan Shah, Bayan Lepas 교통 콤타르에서 102, 305, 306, 401, 401E 버스 이용, 뱀 사원 하차 시간 10:00~18:00 메뉴 나시 르막, 나시 고렝, 호키엔미, 커리, 커피

플라멩고 코티지 Flamingo Cottage

페낭 새 공원 내에 위치한 식당으로 한적한 분위기에서 간단한 식사를 하기 좋다. 메뉴는 커리 국수인 커리 미, 볶음밥인 캄풍 프라이드 라이스, 피시 앤 칩스, 치킨 샌드위치 등이 있다. 페낭 새 공원 주위에 이렇다 할 식당이 없으므로 이곳에서 간단히 식사를 해도 좋다.

주소 Taman Burung Seberang Jaya, Jalan Todak, Seberang Jaya, Perai 교통 버터워스 버스 터미널에서 T703번 버스 이용 / 버터워스 버스 터미널에서 택시 이용, RM10 내외 시간 09:00~18:00 메뉴 커리 미 RM6.9, 캄풍 프라이드 라이스 RM5.9, 피시 앤 칩스 RM10.9 전화 04-399-1899

아폴로 호커 센터 Apollow Hawker Centre

구 황제신 사원 남쪽에 위치한 호커 센터(Hawker Centre)로 새우와 숙주, 계란, 넓적 국수 등을 볶은 차퀘티아우(炒粿條), 국수 요리인 락사, 말레이시아 빙수인 아이스 카창 등을 맛볼 수 있다. 호커 센터는 페낭 보통 사람들을 만날 수 있어 좋고 가벼운 식사를 하거나 시원한 빙수를 맛보아도 괜찮다.

주소 Jalan Raja Uda, Butterworth, Pulau Pinang 교통 버터워스 버스 터미널에서 604번 버스 이용, 아폴로 인근 하차 / 구 황제신 사원에서 도보 10분 시간 05:00~24:00 메뉴 차퀘티아우 RM2.8~3.6, 락사(국수) 소/대 RM3/3.5, 아이스 카창(빙수) RM2.2

Bar & Club

페낭의 나이트라이프를 책임질 클럽 중 레드 가든 푸드 파라다이스는 현지인과 어울릴 수 있는 노천 극장 스타일이고 밴드의 공연이 있는 곳도 있다. 클럽 취향이 아니라면 잘란 페낭 바 거리의 바에서 시원한 맥주 한잔을 해도 좋고 게스트 하우스 거리의 작은 바에서 시간을 보내도 괜찮다.

조지 타운

잘란 페낭 바 거리 Jalan Penang Bar Street

조지 타운 북쪽에 위치한 이스턴 & 오리엔탈 호텔(E&O Hotel) 건너편 잘란 페낭 거리는 여러 바와 클럽이 모여 있는 곳이다. 이 거리에는 비치 바(The Beach Bar), 어퍼 페낭 로드(Upper Penang Road UPR), 올리브 치킨+바 페낭(Olive Kitchen + Bar Penang), 돈 웨스턴 & 그릴 카페(Don Western & Grill Cafe) 등이 있어 맥주 한잔 하기 좋다. 여름이라면 야외 좌석에서 기분을 내도 괜찮다.

주소 Jalan Penang, George Town, Pulau Pinang 교통 조지 타운의 르부 출리아에서 서쪽 방향. 잘란 페낭(Jalan Penang)에서 이스턴 & 오리엔탈 호텔 방향, 도보 15분 시간 15:00~24:00 메뉴 맥주, 칵테일 RM15~30 내외

올리브 치킨 + 바 페낭 Olive Kitchen + Bar Penang

잘란 페낭 거리에 위치한 레스토랑 겸 바이다. 메뉴는 로스트 치킨, 파스타, 케밥, 피자 등으로 다양하고 한쪽에 여러 주류가 마련되어 있는 바(Bar)가 있어 술꾼들의 관심을 끈다. 낮 시간 식사하기 적당하고 밤 시간 야외 테이블에서 맥주 한잔하기도 즐겁다.

주소 3J, Jln Penang, George Town 교통 이스턴 & 오리엔탈 호텔에서 잘란 페낭 골목, 바로 시간 11:00~23:30 메뉴 로스트 치킨, 파스타, 케밥, 피자, 맥주 전화 011-2627-9517 홈페이지 www.theolivetreegroup.com

360 회전 레스토랑 & 스카이 바

Three Sixty° Revolving Restaurant and Sky Bar

조지 타운 북쪽에 위치한 베이뷰 호텔에 페낭에서 보기 드문 루프 바 겸 레스토랑이 있다. 페낭 앞바다, 페낭 시내, 페낭 힐 등을 조망하기 좋고 해질 무렵 석양을 감상하기에도 좋은 장소이다.

주소 25-A, Lebuh Farquhar, George Town, Pulau Pinang 교통 조지 타운의 르부 출리아에서 서쪽 방향, 르부 레이스(Lebuh Leith) 이용, 북동쪽 베이뷰 호텔 방향, 도보 15분 메뉴 맥주, 칵테일, 스낵 등 전화 04-261-3540 홈페이지 www.bayviewhotels.com/georgetown

레게 클럽 Reggae Club

1993년 문을 연 레게 클럽은 레게 음악을 좋아하는 사람들을 끌어들이는 곳이다. 클럽은 크지 않으나 야외에 놓인 좌석에 앉아 레게를 들으며 맥주 마시기 좋다. 오후 5~9시는 '레이디스 아워(Ladies Hours)'라 하여 입장하는 모든 여성에게 하우스 드링크 한 잔을 무료로 제공한다.

주소 Lebuh Chulia, George Town, Pulau Pinang 교통 조지 타운의 르부 출리아(Lebuh Chulia) 세븐일레븐 편의점에서 도보 10분 시간 17:00~03:00 메뉴 맥주, 칵테일 등 전화 012-485-8333

레드 가든 푸드 파라다이스 Red Garden Food Paradise

조지 타운 북쪽에 위치한 호커 센터(Hawker Center) 겸 라이브 공연장이다. 한쪽에 무대가 있고 그 앞에 테이블이 놓여 있는데 주변에 말레이식, 중식, 태국 요리, 음료 등을 파는 식당들이 둘러싸고 있다. 밤 8시 정도부터 라이브 공연이 시작되는데 밴드의 연주에 맞춰 말레이 전통 가요, 유행가 등을 노래한다. 우리의 나이트클럽과 분위기는 비슷하지만 춤이 아니라 공연을 즐긴다는 것이 다른 점. 일행이 서너 명이면 한 테이블을 차지하고 착석할 수 있지만 그렇지 않다면 다른 사람들과 합석을 해야 할 수도 있다. 그러나 굳이 착석하지 않고 서서 공연을 봐도 좋다. 페낭에서 가장 신나고 재미있는 곳이기 때문에 페낭에 들렀다면 꼭 한 번 찾기 바란다.

주소 No. 20, Leith Street, George Town, Pulau Pinang 교통 조지 타운의 르부 출리아에서 서쪽, 르부 레이스(Lebuh Leith) 방향, 르부 레이스에서 레드 가든 방향, 도보 10분 시간 17:30~24:00 메뉴 말레이식, 중식, 태국 요리, 맥주, 음료 등 전화 019-665-1318 홈페이지 www.redgarden-food.com

Spa & Massage

페낭의 스파와 마사지는 페낭에서도 휴양 전문 지역인 바투 페링기 지역에 몰려 있다. 대중 마사지는 골든 타이 마사지를 이용하고 고급 스파나 마사지는 리조트 또는 호텔 부설의 치 스파, 퓨어 에너지 스파, 세인트 그레고리 스파, 록 스파 등을 추천한다.

바투 페링기

치, 스파 CHI, The Spa

바투 페링기 초입 샹그릴라 라사 사양 리조트 & 스파의 라사 윙에 위치한 고급 스파로 치(CHI)는 몸의 정기를 뜻하는 기(氣)를 말한다. 치, 스파에는 럭셔리하고 동양적으로 꾸며진 11개의 스파 룸과 요가 공간을 갖추고 있다. 스파 메뉴는 아시안 웰니스 마사지, 얼굴 마사지, 보디 테라피, 보디 랩, 스파 패키지 등으로 구분된다. 최상의 스파 서비스를 원한다면 치, 스파를 찾아 보자. 잘 훈련된 마사지사들이 항시 대기하고 있다.

주소 Shangri-La's Rasa Sayang Resort & Spa Rasa Wing, Batu Ferringhi 교통 콤타르에서 101, 102번 버스 이용, 바투 페링기 또는 샹그릴라 리조트 하차 시간 10:00~22:00 요금 아시안 블런드(마사지) 1시간 RM270, 이그조틱 디룩스 스크럽 45분 RM250, 디톡시파잉 알개 랩 1시간 15분 RM320 전화 04-888-8763 홈페이지 www.shangri-la.com/penang/rasasayangresort

퓨어 에너지 스파 Pure Energy Spa

론 파인 호텔 내에 위치한 스파로 치, 스파에 비해 소박한 외관을 자랑하지만 서비스는 가격 대비 나쁘지 않다. 가볍게 발 마사지를 받거나 여행의 피로가 쌓였다면 스파 패키지를 이용해 보자. 스파 룸 이외에 야외 수영장의 비치 배드에서 마사지사를 초빙해 마사지를 받을 수도 있다.

주소 Lone Pine Hotel, 97 Batu Ferringhi, Pulau Pinang 교통 콤타르에서 101, 102번 버스 이용, 골드 샌드 리조트 또는 바투 페링기 하차 시간 11:00~20:00 요금 발 마사지 45분 RM110, 발리니즈 테라피 1시간 RM145 전화 04-886-8511 홈페이지 www.lonepinehotel.com

수킹 리플렉설러지 Suking Reflexology

샹그릴라 골든 샌드 인근 마사지 숍으로 작은 물고기가 각질을 떼어 주는 피스 스파, 발 마사지, 전신 마사지 등을 받기 좋은 곳이다. 이곳 외에 바투 페링기 길가에는 몇몇 마사지 업소가 있으나 이들 업소에서는 스파보다는 간단한 발 마사지나 전신 마사지 정도만 받는 것이 좋다.

주소 18, Jalan Batu Ferringhi 교통 콤타르에서 101, 102번 버스 이용, 샹그릴라 골든 샌드 하차, 마사지 숍 방향 시간 11:00~24:00 메뉴 발 마사지 30분 RM60, 전신 마사지 1시간 RM130 내외 전화 011-2438-3625

세인트 그레고리 스파 St. Gregory Spa

바투 페링기 중심인 파크 로열 리조트에 위치한 고급 스파로 하퍼스 바자르(Harper's Bazaar) 잡지에 의해 최고 전통 처치(마사지) 상(Best Traditional Treatment award)과 최고의 럭셔리 리조트 스파(Best Luxury Resort Spa)로 선정되기도 했다. 트레디셔널 가든 마사지, 아유베다 익스피리언스, 말레이시안 로컬 스파 익스피리언스 등이 있다. 심신을 편안하게 해 주는 마사지와 스파는 여행의 피로를 풀기에 제격이고 리조트를 여행한다면 한 번쯤은 이용해 볼만하다.

주소 Park Royal Resort, Batu Ferringhi Beach, Pulau Pinang 교통 콤타르에서 101, 102번 버스 이용, 바투 페링기 하차 시간 10:00~19:00 요금 제트 레그 스파 RM180, 아로마틱 보디 블리스 마사지 RM220 전화 04-886-2299 홈페이지 www.panpacific.com

록 스파 Rock Spa

하드 록 호텔 내에 있는 스파로 얼굴 마사지, 미용, 패키지, 어린이 마사지 등 다양한 서비스를 제공한다. 스파 이용은 예약제로 이루어지므로 편안한 시간을 택해 예약하면 된다. 여성이라면 마사지 외 가볍게 얼굴 마사지나 미용 프로그램을 이용해도 기분 전환이 될 수 있다. 참고로 마사지나 스파는 식사를 하고 2시간 정도 지난 후가 좋다.

주소 Hard Rock Hotel, Batu Ferringhi Beach, Pulau Pinang 교통 콤타르에서 101, 102번 버스 이용, 하드록 호텔 또는 바투 페링기 하차 시간 11:00~19:00 요금 하드 록 마사지 1시간 RM170, 핫 록 1시간 30분 RM280, 에센셜 아로마 테라피 1시간 RM180 전화 04-886-8071 홈페이지 www.hardrockhotels.com/penang/rock-spa.aspx

Hotel & Resort

페낭의 숙소는 크게 조지 타운의 게스트 하우스, 바투 페링기의 리조트와 호텔로 나눌 수 있다. 볼거리 위주의 여행이라면 조지 타운의 게스트 하우스나 중가 호텔, 휴양 위주의 여행이라면 바투 페링기 해변의 고급 리조트나 호텔을 이용하는 것이 좋다. 조지 타운에는 게스트 하우스 외에도 콤타르 부근 고급 호텔이 있고 거니 드라이브에도 다른 고급 호텔이 있으니 참고하자.

조지 타운

E&O 호텔 Eastern & Oriental Hotel

고급 호텔

조지 타운 북쪽 바닷가에 있는 호텔로 1885년 순백의 콜로니얼 양식으로 세워졌고 현재 헤리티지 윙으로 불린다. 헤리티지 윙 옆에 2013년 현대적인 건물로 빅토리아 아넥스가 추가되었다. 클래식한 분위기를 좋아한다면 옛 모습을 간직한 헤리티지 윙, 시원한 전망을 원한다면 빅토리아 아넥스의 숙소를 선택하자. 호텔 내 레스토랑 1885에서 영국 정통의 애프터눈 티(14:00~17:00)를 맛보거나 뷔페 레스토랑 사키즈(SARKIES)에서 식사를 해도 즐겁다.

주소 10, Lebuh Farquhar, George Town, Pulau Pinang 교통 조지 타운의 르부 출리아에서 서쪽 방향, 르부 페낭(Lebuh Penang) 이용, 북동쪽으로 도보 15분 요금 빅토리아 아넥스 스튜디오 스위트 RM610 전화 04-222-2000 홈페이지 www.eohotels.com

베이뷰 호텔 Bayview Hotel

고급 호텔

조지 타운 북쪽에 위치한 호텔로 스탠더드 룸에서 스위트까지 333개의 룸을 보유하고 있다. 씨뷰(Sea View) 객실에서 페낭 앞바다를 조망하기 좋고 조지 타운이나 차이나타운으로 나가기도 편리하다. 호텔 내 레스토랑 코피 티암(Kopi Tiam), 루프 바 겸 레스토랑 360 회전 레스토랑 & 스카이 바(Three Sixty° Revolving Restaurant and Sky Bar), 일식 레스토랑 와카(Waka) 등을 이용할 수 있다.

주소 25-A, Lebuh Farquhar, George Town, Pulau Pinang 교통 조지 타운의 르부 출리아에서 서쪽 방향, 르부 레이스(Lebuh Leith) 이용, 북동쪽으로 도보 15분 시간 16:00~01:00 메뉴 양식, 맥주, 칵테일 전화 04-263-3161 홈페이지 bhgp.bayviewhotels.com

청팟체 맨션 호텔

고급 호텔

Cheong Fatt Tze Mansion Hotel

19세기 후반 세워진 중국풍 2층 고택으로 건물 전체가 파란색이라 블루 하우스라고 부른다. 현재 부티크 호텔로 이용되어 중국풍 고택을 체험하고 싶은 사람에게 인기를 끌고 있다. 룸은 테마별로 한(Han), 리앙(Liang), 저우(Zhou), 진(Jin), 탕(Tang)으로 나뉘고 총 18개의 룸을 선보인다.

주소 4, Lebuh Leith, George Town, Pulau Pinang 교통 조지 타운의 르부 출리아에서 서쪽, 르부 레이스(Lebuh Leith) 이용, 도보 15분 시간 09:00~18:00 요금 고택 룸 RM650~880 전화 04-262-0006 홈페이지 www.cheongfatttzemansion.com

시티텔 페낭

Cititel Penang

어디서나 눈에 띄는 슬림한 16층 호텔 건물 때문에 조지 타운 북쪽의 랜드마크 역할을 하는 호텔이다. 스탠더드 룸에서 스위트까지 451개 객실을 보유하고 있고 가격도 비싸지 않아 단체 손님도 자주 찾는다. 호텔 내 뷔페 요리를 선보이는 메인 스트리트 카페(MAIN STREET CAFÉ), 정갈한 일식을 내는 일식 레스토랑 기리시마(KIRISHIMA), 중식 레스토랑 중화(ZHONGHUA) 등을 이용하기도 좋다.

주소 66 Jalan Penang, George Town, Pulau Pinang 교통 조지 타운의 르부 출리아에서 서쪽, 잘란 페낭(Jalan Penang) 이용, 도보 15분 요금 스탠더드 룸 RM190 전화 04-370-1188 홈페이지 www.cititelpenang.com

젠 페낭 호텔 Jen Penang Hotel

고급 호텔

조지 타운의 콤타르 남쪽에 있는 호텔로 딜럭스 룸에서 스위트까지 443개의 룸을 보유하고 있다. 세계적인 호텔 체인 샹그릴라 호텔 계열이어서 시설과 서비스를 믿을 만하다. 부대시설로는 야외 수영장과 젠 레스토랑 등이 있다.

주소 Jalan Magazine, George Town, Pulau Pinang 교통 조지 타운에서 콤타르 방향, 콤타르에서 젠 페낭 호텔 방향, 도보 15분 요금 딜럭스 룸 RM340 전화 04-262-2622 홈페이지 www.shangri-la.com/en/hotels/jen/penang/georgetown

옝켕 호텔 Yeng Keng Hotel 燕京

1800년대 지어진 중국풍 저택으로 리모델링을 거쳐 현재 20개의 객실을 갖춘 호텔로 이용하고 있다. 옛 중국 저택의 분위기가 남아 있어 고택 체험을 하고 싶은 사람에게 추천한다.

주소 362 Lebuh Chulia, George Town, Pulau Pinang 교통 조지 타운의 르부 출리아에서 세븐일레븐 편의점 방향, 편의점 지나 서쪽, 호텔 방향. 도보 5분 요금 맨션 더블 슈피리어 룸 RM369 전화 04-262-2177 홈페이지 www.yengkenghotel.com

튠 호텔 Tune Hotel

에어 아시아 계열의 중저가 호텔로 조지 타운 서쪽 뉴월드 플라자 부근에 있다. 싱글 룸에서 더블 룸, 쿼드 룸 등 248개를 보유하고 있는데 객실에 따라 창문이 없는 객실도 있다. 객실에는 침대, 욕실, 안전 금고 등 기본 시설만 갖추고 있으나 이용에 불편은 없다. 일행이 2인 이상이라면 게스트 하우스 더블 룸보다는 프라이버시가 보장되는 튠 호텔 더블 룸을 고려해 보자.

주소 Section 15, 100, Jalan Burma, George Town, Pulau Pinang 교통 차이나타운 또는 콤타르에서 U101, U103, U104번 버스 이용, 뉴 월드 파크 하차 / 차이나타운의 르부 출리아에서 잘란 페낭(Jalan Penang), 잘란 페낭에서 콤타르 방향으로 가다가 잘란 부르마(Jalan Burma) 이용, 뉴 월드 파크 방향, 도보 20분 요금 창문 없는 더블 룸 RM45 전화 04-227-5807 홈페이지 www.tunehotels.com

아르메니안 스트리트 헤리티지 호텔 Armenian Street Heritage Hotel

조지 타운의 세계유산 센터 부근에 위치한 호텔로 흰색의 5층 건물에 92개의 객실을 보유하고 있다. 중저가 호텔인 튠 호텔에서 운영해서인지 객실은 침대, 욕실 등 기본 시설에 충실하나 이용에 불편은 없다. 튠 호텔에 비해서는 조금 고급스런 느낌이 난다. 호텔에서 시에드 알라타스 맨션, 얍 콩시, 쿠 콩시 등으로 가기 편리하다.

주소 139, Lebuh Carnarvon, George Town, Pulau Pinang 교통 조지 타운의 르부 출리아에서 르부 카나본(Lebuh Carnarvon) 이용, 도보 10분 요금 더블 룸 RM155 전화 04-262-3888 홈페이지 www.armenianstheritagehotel.com

홍핑 호텔 Hong Ping Hotel

1967년 문을 연 호텔로 조지 타운 내 차이나타운 중심에 위치한다. 스탠더드 룸에서 딜럭스 룸까지 58개를 보유하고 있다. 호텔에서 리틀 인디아, 콤타르 등으로 가기 편하고 저녁이면 호텔 주변에 노점 음식점 거리가 형성된다.

주소 273b, Lebuh Chulia, George Town, Pulau Pinang 교통 조지 타운의 르부 출리아에서 세븐일레븐 편의점 방향, 도보 10분 요금 스탠더드 룸 RM75.4 전화 04-262-5243 홈페이지 www.hotelhongping.com.my

EZ 소셜 호스텔 EZ Social Hostel

출리아 스트리트 호커 푸드에서 북서쪽에 있는 호스텔이다. 시끌벅적한 호커 센터 노점가에서 약간 벗어나 있어 주위가 조용한 편! 3층 건물에 남녀 혼성 도미토리, 남성·여성 도리토리를 운영한다.

주소 458, Lbh Chulia, George Town 교통 출리아 스트리트 호커 푸드에서 북서쪽 끝, 도보 5분 요금 도미토리 RM60 전화 016-253-5006 홈페이지 ga.cloudbeds.com

80's 게스트하우스 The 80's Guesthouse

출리아 스트리트 호커 푸드에서 북동쪽 러브 레인에 위치한 호스텔이다. 객실은 남녀 혼성·남성·여성 도미토리, 더블 룸을 운영한다. 동행이 있다면 당연히 도미토리보다 더블 룸을 선택하는 것이 가성비가 높다. 이곳 외에도 출리아, 러브 레인, 문트리 거리에 여러 호스텔과 저가 호텔이 있으므로 참고하자.

주소 46, Love Ln, Georgetown 교통 출리아 스트리트 호커 푸드에서 북동쪽 러브 레인 방향, 도보 2분 요금 도미토리 RM50~75, 더블 룸 RM105 전화 04-263-8806 홈페이지 www.the80sguesthouse.com

스타 로지 Star Lodge

조지 타운 잘란 문트리의 료칸 건너편에 있는 게스트 하우스로 시설은 낡았지만 하룻밤 지내지 못할 정도는 아니다. 조지 타운의 차이나타운 중심에 있어 인근 리틀 인디아, 쿠 콩시, 콤타르로 가기도 편리하다. 잘란 문트리에 게스트 하우스나 저가 호텔이 여럿 있으나 주말이나 여행 성수기에는 조기 마감되는 경우가 있으니 미리 예약을 하자.

주소 39, Jalan Muntri, George Town, Pulau Pinang 교통 조지 타운의 르부 출리아에서 로롱 러브(Lorong Love) 이용, 로롱 러브에서 좌회전, 잘란 문트리(Jalan Muntri) 이용, 도보 5분 요금 싱글 RM89, 더블 RM110~159, 트리플 룸 RM146 전화 04-262-6378

료칸 Ryokan Muntri Boutique Hostel

조지 타운 르부 출리아에서 한 블록 위쪽에 위치한 게스트 하우스로 대부분의 게스트 하우스처럼 숍 하우스 형태라 길이가 매우 긴 것이 특징이다. 내부는 현대적으로 리모델링을 하여 도미토리, 더블 룸, 욕실, 1층 간이 바까지 상당히 깔끔하고 쾌적하다. 조식으로 제공하는 식빵, 잼, 계란 프라이, 소시지, 바나나 등도 괜찮은 편이다.

주소 Jalan Muntri, George Town, Pulau Pinang 교통 조지 타운의 르부 출리아에서 로롱 러브(Lorong Love) 이용, 로롱 러브에서 좌회전, 잘란 문트리(Jalan Muntri) 이용, 도보 5분 요금 도미토리 RM50, 더블 룸 RM110 내외 전화 04-250-0287 홈페이지 www.myryokan.com

게스트 인 문트리 Guest Inn Muntri

게스트 하우스

최근에 신설된 게스트 하우스로 시설이 깨끗하고 쾌적하다. 조식을 제공하므로 아침 먹을 식당을 찾아다닐 필요가 없어 좋다. 여행 시 게스트 하우스를 선택할 때 조식 여부는 중요한 기준 중의 하나이다. 때때로 게스트 하우스 시설보다 조식 여부가 게스트 하우스 선택의 기준이 되기도 한다.

주소 Jalan Muntri, George Town, Pulau Pinang 교통 조지 타운의 르부 출리아에서 로롱 러브(Lorong Love) 이용, 로롱 러브에서 좌회전, 잘란 문트리(Jalan Muntri) 이용, 도보 5분 요금 도미토리 RM50, 싱글룸(공동욕실) RM100, 트윈 룸(공동욕실) RM110 내외 전화 04-263-3228 홈페이지 www.guestinn.com.my

조지 타운 시외

G 호텔 G Hotel

고급 호텔

거니 드라이브의 플라자 거니 옆에 위치한 호텔로 스탠더드 룸에서 스위트 룸까지 31개의 객실을 갖추고 있다. 부대시설로는 L3층의 야외 수영장, L3층의 다나이 스파(DANAI SPA), 조식부터 석식까지 뷔페가 제공되는 레스토랑 지 카페(G CAFE), 미켈란젤로 레스토랑(MICHELANGELO'S RESTAURANT & BAR), 일식당 미라쿠(MIRAKU) 등이 있다. 호텔은 전체적으로 모던한 느낌이 들고 객실은 깔끔하여 이용하기 좋다. 거니 드라이브 바닷가에 위치하고 있어 휴양지의 리조트 느낌도 난다.

주소 168A, Persiaran Gurney, George Town 교통 콤타르 또는 조지 타운에서 10, 103, 304번 버스 이용, 거니 플라자 하차 또는 택시 이용 요금 슈피리어 룸 RM564 전화 04-238-0000 홈페이지 www.ghotel.com.my

에버그린 라우렐 호텔 Evergreen Laurel Hotel

거니 드라이브 남쪽에 위치한 호텔로 슈피리어 룸에서 스위트 룸까지 다양한 객실을 갖추고 있고 바다를 향한 객실에서 페낭 앞바다를 조망하기 좋다. 호텔 내에 중식당 에버가든(Evergarden), 인터내셔널 메뉴를 내는 레스토랑 겸 카페 로렐(Cafe Laurel) 등이 있어 이용하기 편리하다. 조지 타운의 게스트 하우스나 저가 호텔보다 조금 나은 호텔을 찾는다면 이곳을 선택해도 좋다.

주소 Persiaran Gurney, George Town, Pulau Pinang 교통 콤타르 또는 조지 타운에서 10, 103, 304번 버스 이용, 에버그린 라우렐 호텔 부근 하차 또는 택시 이용 요금 슈피리어 룸 RM240 전화 04-226-9988 홈페이지 www.evergreenlaurelhotelpenang.com

샹그릴라 라사 사양 리조트 & 스파 Shangri-La's Rasa Sayang Resort & Spa

바투 페링기 초입(동쪽)에 위치한 고급 리조트로, 가든 윙과 라사 윙으로 나뉘는데 라사 윙쪽이 조금 더 낫다. 딜럭스 룸에서 스위트 룸 등 총 304개의 객실을 보유하고 있다. 부대시설로는 파 3, 9홀 골프장, 야외 수영장, 치(Chi) 스파, 양식당 페링기 그릴(Feringgi Grill), 레스토랑 스파이스 마켓 카페(Spice Market Cafe), 페링기 바(Feringgi Bar) 등이 있다. 리조트-조지 타운 간 무료 셔틀버스를 운행한다.

주소 Batu Ferringhi, Pulau Pinang 교통 콤타르에서 101, 102번 버스 이용, 바투 페링기 또는 샹그릴라 리조트 하차 요금 가든 윙 시뷰 프리미어 룸 RM1,010 전화 04-888-8888 홈페이지 www.shangri-la.com/penang/rasasayangresort

샹그릴라 골든 샌드 Shangri-La Golden Sands, Penang

세계적인 리조트 체인인 샹그릴라에서 운영하여 시설과 서비스 모두 만족스럽다. 슈피리어 룸에서 스위트 룸까지 387개의 객실을 보유하고 있다. 부대시설로는 샹그릴라 리조트와 공유하는 골프장, 야외 수영장, 아이들을 위한 키즈 클럽, 인터내셔널 메뉴가 제공되는 가든 카페(Garden Cafe), 스테이크와 시푸드를 맛볼 수 있는 시지스 바 & 그릴(Sigi's Bar & Grill) 등이 있다. 리조트-조지 타운 트레이더스 호텔 간 무료 셔틀버스를 운행한다.

주소 Batu Feringgi Beach, Pulau Pinang 교통 콤타르에서 101, 102번 버스 이용, 골드 샌드 리조트 또는 바투 페링기 하차 요금 슈피리어 힐뷰 룸 RM640 전화 04-886-1911 홈페이지 www.shangri-la.com/penang/goldensandsresort

파크 로열 리조트 Park Royal Resort

스탠다드 룸에서 스위트 룸까지 다양한 객실을 보유하고 있다. 주요 시설로는 야외 수영장, 스파 세인트 그레고리(St. Gregory), 레스토랑 타마린드 브래서리(Tamarind Brasserie)과 엉클 잭(Uncle Zack by the Beach), 선셋 바(Sunset Bar) 등이 있다. 성인과 어린이, 유아를 위한 수영장이 구분되어 있고 안전 요원이 배치되어 있다.

주소 Batu Ferringhi Beach, Pulau Pinang 교통 콤타르에서 101, 102번 버스 이용, 바투 페링기 하차 요금 스탠다드 룸 RM340 전화 04-886-2288 홈페이지 www.panpacific.com

베이뷰 비치 리조트 Bayview Beach Resort

고급 리조트

하드 록 호텔 옆에 위치한 리조트로 스탠더드 룸에서 스위트 룸까지 360개의 객실을 보유하고 있다. 리조트 주요 시설로는 야외 수영장, 농구장, 운동장, 말레이 요리와 양식을 내는 라 베란다 커피 하우스(La Veranda Coffee House), 광동 요리와 스팀보트(샤브샤브)를 선보이는 마르코 폴로 유로 오리엔탈(Marco Polo Euro Oriental Restaurant) 등이 있다. 농구장, 운동장 등 체육 시설이 있어 행사를 하는 단체 손님이 많은 편이다.

주소 Batu Ferringhi Beach, Pulau Pinang 교통 콤타르에서 101, 102번 버스 이용, 베이뷰 비치 리조트 또는 바투 페링기 하차 요금 슈피리어 룸 RM532 전화 04-886-1111 홈페이지 bbr.bayviewhotels.com

론 파인 호텔 Lone Pine Hotel

고급 호텔

샹그릴라 골든 샌드 옆에 위치한 럭셔리 부티크 호텔로 조지 타운의 E&O 호텔 계열이다. 딜럭스 룸과 프리미어 룸 등 90개 객실을 보유하고 있는데 대형 리조트에 비하면 객실의 수가 적어 한적한 시간을 보내기 좋다. 부대시설로는 야외 수영장, 스파, 조식 뷔페를 제공하는 레스토랑 방갈로(Bungalow), 일식당 마츠(Matsu) 등이 있다. 고급 리조트에 비해 객실 가격이 절반 정도이므로 알뜰한 여행자라면 이용해 보자. 휴양지 리조트나 호텔을 고르는 요소가 객실, 조식 뷔페, 야외 수영장, 해변의 유무 정도라면 굳이 고급 리조트만 고집할 필요는 없다. 호텔-조지 타운 간 무료 셔틀버스를 운행한다.

주소 97 Batu Ferringhi, Pulau Pinang 교통 콤타르에서 101, 102번 버스 이용, 골드 샌드 리조트 또는 바투 페링기 하차 요금 딜럭스 룸 RM450 전화 04-886-8686 홈페이지 www.lonepinehotel.com

하드 록 호텔 Hard Rock Hotel

고급 호텔

바투 페링기 끄트머리(서쪽)에 위치한 호텔로 하드 록을 테마로 한 하드 록 호텔에서 운영하며 객실은 250개이다. 부대시설로는 야외 수영장, 호텔 보다 유명한 하드록 카페, 록 스파(Rock Spa), 키즈 클럽, 인터내셔널 메뉴를 내는 레스토랑 스타즈 디너(Starz Diner), 피저리아(Pizzeria) 등이 있다. 로비에 비틀스를 테마로 한 그림을 붙여 놓는 등 분위기는 굉장히 캐주얼하다. 야외 수영장에서는 물놀이를 하기 좋고 야외 수영장에서 조금 더 나가면 바투 페링기 해변이 나온다. 매일 밤 8시 30분부터 시작되는 로비 라운지 쇼를 보고 하드 록 카페에 들러 라이브 공연도 즐겨 보자.

주소 Batu Ferringhi Beach, Pulau Pinang 교통 콤타르에서 101, 102번 버스 이용, 하드록 호텔 또는 바투 페링기 하차 요금 딜럭스 시뷰 룸 RM750 전화 04-881-1711 홈페이지 www.hardrockhotels.com/penang

Langkawi
랑카위

파란 하늘과 시원한 바람이 있는 휴양 천국

랑카위는 고대 말레이시아어로 '적갈색 독수리'라는 뜻을 가지고 있다. 실제 랑카위의 킬림 지오포레스트 공원에 가면 하늘을 나는 적갈색 독수리들을 볼 수 있고 쿠아 제티(선착장) 옆에는 거대한 독수리 상이 세워져 있다.

말레이반도 북서쪽 끝에 위치한 랑카위는 천혜의 자연 휴양지이고 섬 전체가 면세 지역이어서 쇼핑하기도 좋다. 드넓은 판타이 체낭과 판타이 텡아 해변에서 물놀이를 하거나 일광욕을 즐길 수 있고, 랑카위 케이블카를 이용하여 산정에서 랑카위섬 일대를 한눈에 내려다볼 수 있다. 섬을 시계 방향으로 돌면 랑카위 케이블카가 있는 오리엔탈 빌리지를 지나 랑카위 악어 모험 랜드, 탄중 루 해변, 두리안 폭포, 페르다나 갤러리, 새 공원을 거쳐 쿠아 타운에 당도할 수 있다.

랑카위에서 빼놓지 말아야 할 것은 킬림 지오포레스트 공원의 갯벌과 섬, 해변, 동굴, 맹그로브 숲을 볼 수 있는 맹그로브 투어이다. 오직 태양이 내리쬐는 한적한 랑카위에서 잠시 일상을 잊고 자연을 만끽하며 나만의 힐링 타임을 보내 보자.

랑카위에서 꼭 해야 할 일! **BEST 3**

❶ 판타이 체낭, 판타이 텡아 해변에서 해양 스포츠 즐기기
❷ 오리엔탈 빌리지에서 케이블카 타고 전망 즐기기
❸ 바다와 습지, 섬을 넘나드는 킬림 지오포레스트 공원 투어

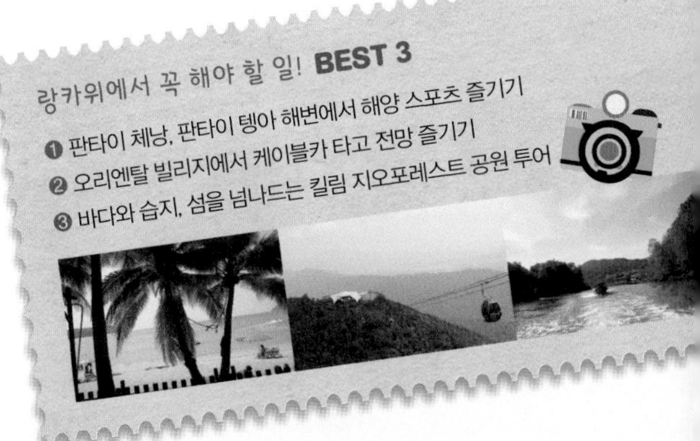

랑카위

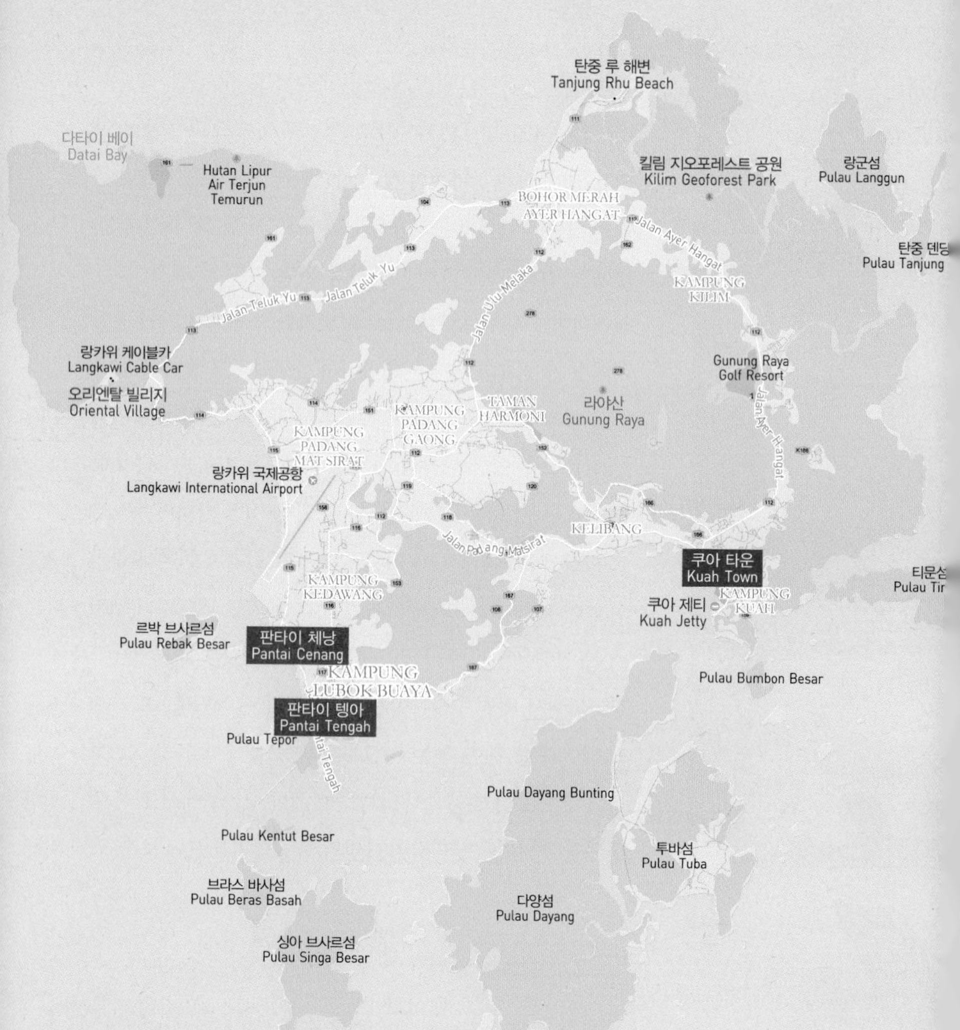

탄중 루 해변
Tanjung Rhu Beach
다타이 베이
Datai Bay
Hutan Lipur Air Terjun Temurun
킬림 지오포레스트 공원
Kilim Geoforest Park
랑군섬
Pulau Langgun
BOHOR MERAH
AYER HANGAT
Jalan Ayer Hangat
탄중 뎬딩
Pulau Tanjung
Jalan Teluk Yu
KAMPUNG KILIM
Jalan Ulu Melaka
랑카위 케이블카
Langkawi Cable Car
오리엔탈 빌리지
Oriental Village
Gunung Raya Golf Resort
라야산
Gunung Raya
TAMAN HARMONI
KAMPUNG PADANG GAONG
KAMPUNG PADANG MAT SIRAT
Jalan Ayer Hangat
랑카위 국제공항
Langkawi International Airport
KELIBANG
Jalan Padang Matsirat
쿠아 타운
Kuah Town
티문섬
Pulau Tir
KAMPUNG KEDAWANG
쿠아 제티
Kuah Jetty
KAMPUNG KUAH
르박 브사르섬
Pulau Rebak Besar
판타이 체낭
Pantai Cenang
KAMPUNG LUBOK BUAYA
Pulau Bumbon Besar
판타이 텡아
Pantai Tengah
Pulau Tepor
Pulau Dayang Bunting
Pulau Kentut Besar
투바섬
Pulau Tuba
브라스 바사섬
Pulau Beras Basah
다양섬
Pulau Dayang
싱아 브사르섬
Pulau Singa Besar

랑카위로 이동하기

쿠알라 룸푸르에서 가기

페리

랑카위로 가는 페리는 퀸 빅토리아 시계탑 부근 페낭 페리 터미널(Jeti Swettenham)에서 08:15(파야섬 경유), 08:30, 1일 2회 운항하고 있으며, 약 2시간 45분 소요되고 요금은 RM60 내외이다. 조지 타운 내 여행사에서 티켓을 구입할 경우 조금 비쌀 수 있고, 페리 터미널 부근 여행사에서 구입하면 조금 더 싸다. 랑카위 페리 터미널 도착 후, 쿠아 타운 · 판타이 체낭 · 판타이 텡아까지 택시를 이용한다. 택시는 택시 카운터에서 행선지를 말하고 요금을 지불하면 쿠폰을 주면서 대기하던 택시를 배정해 준다. 택시 카운터가 아닌 택시 호객꾼을 따라가면 바가지를 쓰니 주의하자. 참고로 시내버스는 없다.

랑카위 국제공항

항공

항공은 쿠알라 룸푸르와 페낭에서 랑카위를 연결하고 소요 시간은 30분~55분 정도이다. 페낭 공항에서 랑카위 공항까지는 1일 약 3편 운항하며, 약 30분 소요되고 요금은 RM94 내외이다. 페낭에서는 항공편보다 페리를 이용해 랑카위로 향하는 사람이 많다.

구분	운행 구간	운행 시간	소요 시간	요금(RM)
페리	페낭 페리 터미널(Jeti Swettenham) → 랑카위 페리 터미널	08:15(파야섬 경유), 08:30	2시간 45분 소요	60
	랑카위 페리 터미널 → 페낭 페리 터미널	14:30(파야섬 경유), 17:15	2시간 45분 소요	60
항공	쿠알라 룸푸르 국제공항(KLIA) → 랑카위 공항	말레이 항공 1일 6편	55분 소요	140
	쿠알라 룸푸르 국제공항2(KLIA2) → 랑카위 공항	에어 아시아 1일 10편	55분 소요	122
	페낭 공항 ↔ 랑카위 공항	1일 약 3편	약 30분 소요	94

페낭 페리 04-264-2088, 016-419-5008
에어 아시아(KLIA2) www.airasia.com
말레이시아 항공(KLIA) www.malaysiaairlines.com
페낭 온라인 www.penang-online.com(프로모션 사이트)

다른 지역에서 가기

페리

쿠알라 페를리스(Kuala Perlis), 쿠알라 크다(Kuala Kedah), 태국 사툰(Satun)에서 랑카위행 페리를 이용하여 쿠아 제티(선탁장)에 도착할 수 있다. 태국 꼬리페섬(Koh Lipe)에서 랑카위행 페리를 이용하면 텔라가(Telaga) 페리 터미널에 도착한다. 텔라카 페리 터미널은 랑카위 국제공항 서쪽에 있다.

항공

페낭 공항, 쿠알라 룸푸르 KLIA & KLIA2, 수방 공항 등에서 랑카위행 항공기를 이용하면 된다. 참고로 한국에서 랑카위행 직항 항공편은 없어 쿠알라 룸푸르를 경유해, 로컬 항공편으로 갈아타야 하는 번거로움이 있다. 간혹 패키지 여행 상품으로 랑카위행 직항이 들어가는 경우가 있다.

랑카위의 교통수단

택시

랑카위에는 시내버스가 없으므로 택시나 렌터카, 렌트 오토바이를 이용해야 한다. 랑카위 페리 터미널(제티), 랑카위 공항 또는 판타이 체낭, 유명 리조트 등에 택시 카운터가 있으므로 반드시 택시 카운터에서 행선지를 말하고 요금을 지불한 뒤 쿠폰(영수증)을 받고 배정된 택시를 이용한다. 랑카위 페리 터미널이나 랑카위 공항에서는 택시 카운터가 아닌 택시 호객꾼이 극성을 부리므로 따라가서 바가지를 쓰지 않도록 주의한다. 택시 이용 시 경로를 바꾸면 추가 요금이 발생하니 한 번에 한 경로만 이용한다. 택시 카운터가 없는 곳에서 택시를 이용할 경우, 운전기사와 요금을 흥정한 뒤 이용한다. 택시를 4시간 대절할 경우, 약 RM100~160이고 1시간 추가 시 RM25 정도를 지불하면 된다.

택시 카운터

렌터카

주로 랑카위 페리 터미널(제티)과 랑카위 공항에서 이용할 수 있는데 국제 운전면허증이 있어야 하고 렌트 비용은 차종에 따라 1일 RM50~150 내외로, 소형차의 경우 3박 4일에 RM200 정도다. 차량 대여 전에 보험, 차량 상태, 주유 상태 등을 확인한다. 렌터카 기름은 주유소에서 넣는데 우선 주유소 사무실에서 몇 리터 넣을지 말하고 계산한 뒤 영수증을 받고, 차량으로 돌아와 주유구를 열고 주유를 시작하면 된다. 기름 값은 1리터에 약 RM2~3. 주유소는 주로 쿠아 타운과 판타이 체낭 부근에 있고 랑카위섬 전체적으로는 드물게 있으니 참고! 말레이시아의 운전 방향은 왼쪽이고, 교차로 대신 원형 교차로가 있는 경우가 있다. 운전 중 교통 법규를 지키고 과속, 음주 운전을 하지 않는다. 간혹 쿠아 타운에서 판타이 체낭으로 넘어가는 길에 검문을 하기도 한다.

오토바이

오토바이는 주로 판타이 체낭과 판타이 텡아에서 빌릴 수 있고 요금은 오토바이 종류에 따라 1일에 RM35~100이다. 오토바이 대여 시, 여권 또는 보증금을 맡긴다. 오토바이는 수동과 오토매틱(스쿠터)이 있고 운전이 서툰 사람은 오토매틱을 대여하는 것이 좋다. 오토바이 대여 시 국제 운전면허증을 요구하지 않지만 간혹 경찰 검문 시 국제 운전면허증을 요구하는 경우가 있으니 준비해 두자. 원래 국제 원동기(오토바이) 면허가 있어야 하지만 국제 운전면허증이라도 제출하면 도움이 된다. 스쿠터 대여 시 기름통이 작으므로 주유소를 만나면 미리 조금씩이라도 기름을 채우고 다니자. 스쿠터 여행 중 기름이 떨어지면 당황하지 말고 동네 상점에서 병 휘발유가 있는지 알아본다. 오토바이 운행 역시 교통 법규를 지키고 과속, 음주 운전을 하지 않는다.

오토바이

자전거

주로 판타이 체낭, 판타이 텡아에서 대여할 수 있고 1일 요금은 RM20~30이다. 가능하면 헬멧도 대여해 착용하고 교통 법규를 지키고 과속하지 않으며 사고 나지 않도록 주의한다.

투어리스트 인포메이션 센터
04-966-7789, 04-966-0494
말레이시아 투어리즘 프로모션 보드(MTPB)
04-966-7798

랑카위 2박 3일 코스

랑카위섬을 하루에 본다는 것은 아쉬운 일이다. 적어도 2박 3일 정도 꼬박 다녀야 랑카위를 한 바퀴 돌 수 있다. 첫째 날은 새 공원, 페르다나 갤러리가 있는 동쪽 지역, 둘째 날은 오리엔탈 빌리지, 마친창산 전망대, 랑카위 악어 모험 랜드이 있는 서쪽 지역, 셋째 날은 맹그로브 숲과 박쥐 동굴 등을 볼 수 있는 킬림 지오포레스트 공원 투어를 하고 마수리 묘, 농업 기술 공원 등을 둘러본다.

1일

쿠아타운

렌터카 · 택시 30분

새 공원

렌터카 · 택시 10분

페르다나 갤러리

렌터카 · 택시 15분

두리안 폭포

렌터카 · 택시 15분

탄중 루 해변

렌터카 · 택시 1시간

독수리 광장

2일

오리엔탈 빌리지

케이블카 · 15분

마친창산 전망대

렌터카 · 택시 +도보 30분

세븐 웰스 폭포

렌터카 · 택시 30분

랑카위 악어 모험랜드

렌터카 · 택시 30분

텔라가 항구 공원

렌터카 · 택시 30분

판타이 체낭 해변

3일

킬림 지오포레스트 공원 투어

렌터카 · 택시 30분

마수리 묘

렌터카 · 택시 15분

농업 기술 공원

렌터카 · 택시 30분

잘란판닥 마야 쇼핑 거리

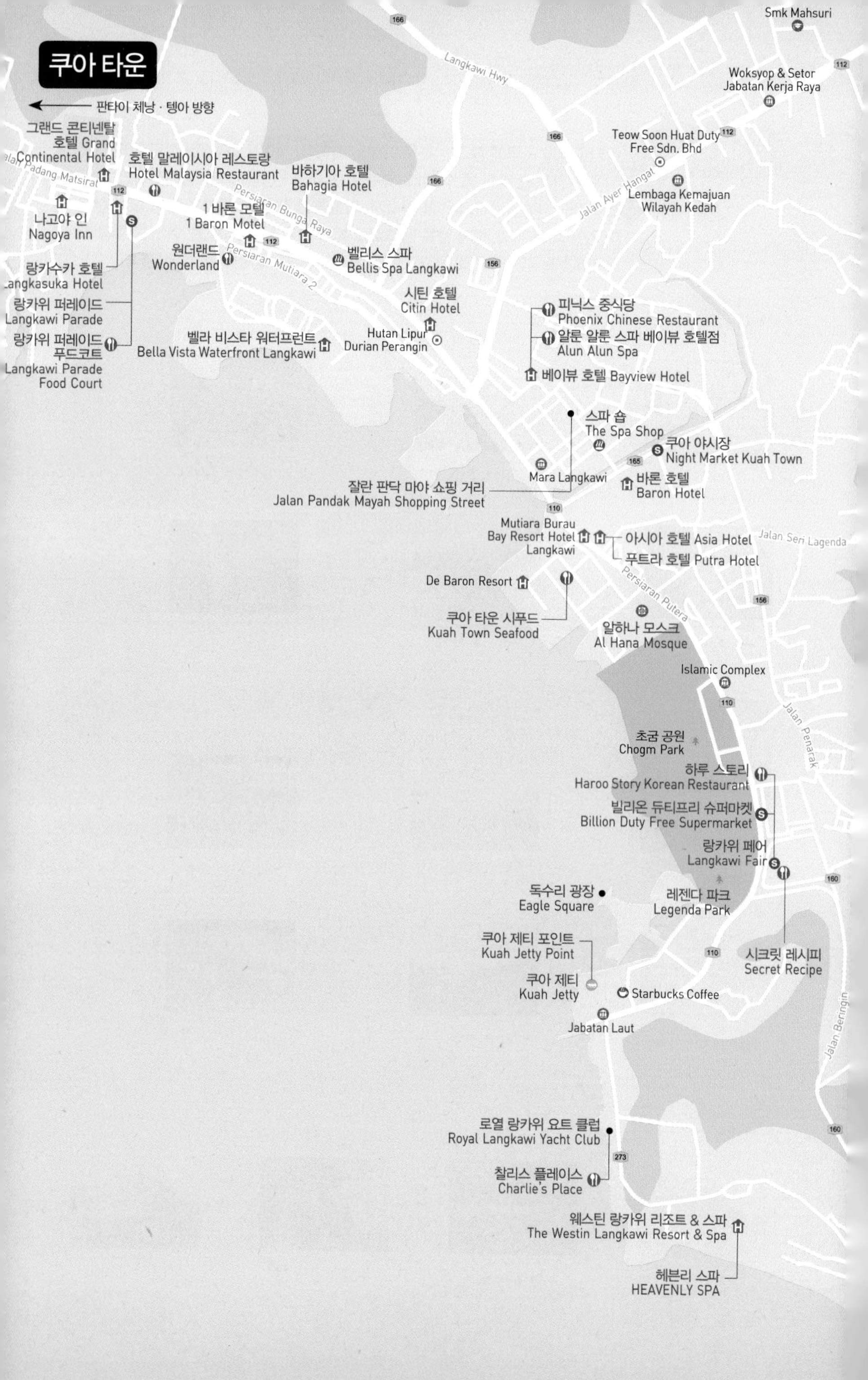

쿠아 타운
판타이 체낭 · 텡아 방향
그랜드 콘티넨탈 호텔 Grand Continental Hotel
호텔 말레이시아 레스토랑 Hotel Malaysia Restaurant
바하기아 호텔 Bahagia Hotel
나고야 인 Nagoya Inn
1 바론 모텔 1 Baron Motel
원더랜드 Wonderland
벨리스 스파 Bellis Spa Langkawi
랑카수카 호텔 Langkasuka Hotel
랑카위 퍼레이드 Langkawi Parade
랑카위 퍼레이드 푸드코트 Langkawi Parade Food Court
벨라 비스타 워터프런트 Bella Vista Waterfront Langkawi
시틴 호텔 Citin Hotel
Hutan Lipur Durian Perangin
피닉스 중식당 Phoenix Chinese Restaurant
알룬 알룬 스파 베이뷰 호텔점 Alun Alun Spa
베이뷰 호텔 Bayview Hotel
스파 숍 The Spa Shop
쿠아 야시장 Night Market Kuah Town
Mara Langkawi
바론 호텔 Baron Hotel
잘란 판닥 마야 쇼핑 거리 Jalan Pandak Mayah Shopping Street
Mutiara Burau Bay Resort Hotel Langkawi
아시아 호텔 Asia Hotel
푸트라 호텔 Putra Hotel
De Baron Resort
쿠아 타운 시푸드 Kuah Town Seafood
알하나 모스크 Al Hana Mosque
Islamic Complex
초굼 공원 Chogm Park
하루 스토리 Haroo Story Korean Restaurant
빌리온 듀티프리 슈퍼마켓 Billion Duty Free Supermarket
랑카위 페어 Langkawi Fair
독수리 광장 Eagle Square
레젠다 파크 Legenda Park
쿠아 제티 포인트 Kuah Jetty Point
쿠아 제티 Kuah Jetty
Starbucks Coffee
시크릿 레시피 Secret Recipe
Jabatan Laut
로열 랑카위 요트 클럽 Royal Langkawi Yacht Club
찰리스 플레이스 Charlie's Place
웨스틴 랑카위 리조트 & 스파 The Westin Langkawi Resort & Spa
헤븐리 스파 HEAVENLY SPA
Smk Mahsuri
Woksyop & Setor Jabatan Kerja Raya
Teow Soon Huat Duty Free Sdn. Bhd
Lembaga Kemajuan Wilayah Kedah
Langkawi Hwy
Jalan Ayer Hangat
Persiaran Bunga Raya
Persiaran Mutiara 2
Jalan Padang Matsirat
Jalan Seri Lagenda
Persiaran Putera
Jalan Penarak
Jalan Beringin
166
112
156
165
110
160
273

쿠아 타운 Kuah Town

랑카위섬 남동쪽에 위치한 쿠아 타운은 랑카위섬의 관문이다. 제티(선착장)가 있는 면세점 쿠아 제티 포인트, 랑카위의 상징 거대 독수리 상을 볼 수 있는 독수리 광장, 랑카위 전설이 서린 레젠다 파크, 랑카위에서 가장 큰 이슬람 사원 알하나 모스크, 여러 면세점과 식당 등이 있는 잘란 판닥 마야 쇼핑 거리, 랑카위에서 가장 큰 쇼핑센터 랑카위 퍼레이드까지 천천히 둘러보기 좋다. 해 질 무렵 독수리 광장에서는 바다로 지는 석양을 감상할 수도 있다.

Access 판타이 체낭 또는 판타이 텡아에서 택시 또는 렌터카, 렌트 오토바이 이용

Best Course 쿠아 제티 포인트 → 독수리 광장 → 레젠다 파크 → 알하나 모스크 → 잘란 판닥 마야 쇼핑 거리 → 야시장 → 랑카위 퍼레이드

쿠아 제티 Kuah Jetty

랑카위를 드나드는 관문

랑카위섬의 관문 중 하나로 페낭, 쿠알라 펠리스, 쿠알라 크다, 태국 싸툰 등에서 페리를 이용해 랑카위 쿠아 제티(페리 터미널)에 도착할 수 있다. 쿠아 제티 내에는 각지로 가는 선착장, 태국으로 오가는 사람을 위한 입출국 시설 등이 있다. 매표소, 택시 카운터는 쿠아 제티와 연결된 쇼핑 및 휴게 시설인 쿠아 제티 포인트 밖에 있다. 매표는 각 여행사별로 하고, 여행사 호객꾼과 택시 호객꾼들이 있어 혼란스러울 수 있으니 주의하자.

주소 Jeti Kuah, Kuah, Langkawi 교통 판타이 체낭 또는 판타이 텡아에서 택시나 렌터카, 렌트 오토바이 이용 / 독수리 광장에서 도보 5분 시간 06:00~22:00 동선 쿠아 제티 선착장 → 입출국 시설 → 쿠아 제티 포인트 면세점 · 식당 → 건물 밖 여행사 사무실 → 택시 카운터 전화 페낭행 04-966-3779, 쿠알라 펠리스 & 크다행 04-966-1125 홈페이지 langkawi-ferry.com

쿠아 제티 포인트 Kuah Jetty Point

랑카위에 처음 왔다면 통신용 심카드 구입

쿠아 제티(페리 터미널)와 연결된 쇼핑센터 겸 휴게 시설로 면세점(Duty Free Shop)과 식당, 통신사 부스, 여행사 사무실, 택시 카운터 등을 갖추고 있다. 랑카위섬에 도착해 스마트폰으로 인터넷이나 통화를 하기 위한 유심 카드를 구입하려면 통신 회사 상점을 찾으면 되고, 랑카위섬 출국 시 술이나 담배, 시계, 카메라, 초콜릿, 기념품 등을 구입하려면 면세점에 들러 보자. 쿠아 제티 포인트 밖의 여행사 사무실에서는 페낭, 쿠알라 페르리스, 쿠알라 크다, 태국 싸툰 등으로 가는 티켓을 구입할 수 있는데 판타이 체낭과 텡아의 여행사에서도 구입할 수 있으니 참고하자. 택시 카운터에서는 랑카위 각지로 가는 택시를 이용할 수 있다. 행선지를 말하고 요금을 지불한 뒤 배정된 택시에 타면 된다. 택시 호객꾼을 주의한다.

주소 Lot 15, Komplekz Perniagaan Kelibang, Kuah 교통 쿠아 제티에서 바로 / 독수리 광장에서 도보 5분 시간 면세점 08:00~18:30, 쇼핑가 14:00~23:00 전화 04-966-5309, 04-966-7560 홈페이지 jettypoint.com

랑카위 면세 안내

랑카위는 섬 전체가 면세 지역으로 지정되어 면세 할인을 받을 수 있다. 그러나 막상 랑카위에서 머물다 보면 매번 면세점에서 상품을 구입하는 것이 아니어서 무덤덤해진다. 주요 면세점은 쿠아 제티 포인트 면세점, 쿠아 타운의 코코 밸리(Coco Valley), 판타이 체낭의 코코 밸리, 존(The Zon) 등이 있다. 면세점에서는 말레이시아 다른 지역에 비해 주류와 담배 등이 저렴하게 느껴지지만 외부로 가지고 나갈 경우, 랑카위에서 48시간 이상 체류한 사람에게 주류 1리터 1병, 담배 1보루만 허용된다. 참고로 말레이시아 정부의 세금은 6%로, 면세라면 6% 할인되는 셈이다.

로열 랑카위 요트 클럽 Royal Langkawi Yacht Club

요트 선착장 너머로 지는 석양이 아름다워!

쿠아 제티 포인트 남쪽에 위치한 요트 클럽으로, 1996년 문을 열었다. 요트 클럽 안에는 역대 회장 사진, 요트를 즐기는 사진들이 전시되어 있고 바다 쪽으로는 크고 작은 요트가 정박해 있는 선착장, 바다 건너에는 다양섬(Pulau Dayang)과 투바섬(Pulau Tuba)이 보인다. 해 질 무렵 요트 클럽에서 멋있는 석양을 감상하거나 요트 클럽 옆에 있는 찰리스 플레이스(Charlie's Place)라는 레스토랑 겸 바에 들러도 좋다.

주소 Royal Langkawi Yacht Club, Jalan Dato Syed Omar, Kuah 교통 쿠아 제티 포인트에서 남쪽으로 도보 3분 시간 10:00~18:00 요금 무료 전화 04-966-4078 홈페이지 langkawiyachtclub.com

Travel Tip

랑카위 요트 여행

열대 지방의 섬이나 해변 여행의 절정은 요트를 타고 바다를 가르고, 작은 섬에 들러 물놀이나 일광욕을 하고, 맛있는 뷔페를 맛보는 요트 여행이 될 것이다. 로열 랑카위 요트 클럽 선착장에서 출발하는 요트 유람 투어가 있어 열대 랑카위의 바다와 해변을 진하게 즐길 수 있다. 연인이라면 연인을 위한 선셋 디너 크루즈를 선택해도 좋고, 단체 여행이라면 요트를 전세 내어 마음 내키는 대로 바다를 항해해 보아도 좋다.

주소 Royal Langkawi Yacht Club, Jalan Dato Syed Omar, Kuah 교통 쿠아 제티 포인트에서 남쪽 요트 클럽 방향, 도보 3분 전화 04-966-4864, 013-407 3166 홈페이지 www.bluewaterstarsailing.com

구분	내용	시간	요금(RM)
럭셔리 인 파라다이스 (A day of Luxury in the Paradise)	비치 드롭(Beach Drop), 수영(Swimmng), 카약 타기(Kayaking), 낚시(Fishing), 음식과 음료(Food + Beverage)	14:30~19:30	450
로맨틱 세일 어웨이 (6 Hours Romantic Sail-Away)	연인을 위한 선셋 디너 크루즈 (Sunset Dinner Cruise For Couple)	14:00~20:00	720
세일링 요트(SAILING YACHTS)	세일(돛) 요트 대여	풀 데이 / 모닝, 선셋	2,750~ / 1,950~
모터 요트(MOTOR YACHTS)	모터 요트 대여	풀 데이 / 모닝, 선셋	6,250~ / 4,750~

※ 세일링 · 모터 요트 대여 – 식비 별도(식비 1인 RM200~400)

독수리 광장 Eagle Square

랑카위의 상징, 독수리 상이 있는 광장

쿠아 제티 북쪽에 위치한 공원으로, 바닷가에 커다란 독수리 조각상이 세워져 있다. 랑카위의 상징인 독수리는 고대 말레이시아어로 '헬랑(Helang)'이라 부르고, 독수리의 적갈색을 '카위(Kawi)'라고 했다. 헬랑과 카위가 합쳐져 헬랑카위가 되고 훗날 랑카위라는 지명이 되었다. 독수리는 랑카위 북쪽 킬림 지오포레스트 파크(Kilim Geoforest Park)에서 볼 수 있다.

독수리 광장은 관광객뿐만 아니라 현지 주민들에게도 좋은 나들이 장소이자 휴식처로 이용되고 있다. 저녁에는 독수리 상에 조명이 들어와 환상적인 모습을 연출한다.

주소 Eagle Square, Kuah 교통 쿠아 제티 포인트에서 도보 5분 시간 24시간 요금 무료

레젠다 파크 Legenda Park

다양한 전설 관련 조각상이 있는 공원

독수리 광장 옆에 위치한 공원으로, 1996년 가든 뮤지엄(Garden Museum)으로 문을 열었다. 50ha의 부지에 랑카위의 영웅, 신화 속 새, 도깨비, 공주 등 17개의 다양한 조각상이 세워져 있다. 독수리 광장과 연결하여 둘러보면 좋고, 레젠다 파크에서 북쪽으로 이어진 공원은 초굼 공원(Chogm Park)이다.

주소 Jalan Persiaran Putram, Kuah 교통 독수리 광장에서 도보 3분 / 쿠아 제티 포인트에서 도보 5분 시간 08:00~19:00 요금 무료 전화 04-966-6851

알하나 모스크 Al Hana Mosque

랑카위에서 가장 큰 모스크

1959년 세워진 이슬람 사원으로, 랑카위에서 가장 큰 규모를 자랑하며 1993년 리모델링되었다. 건물 전면에 첨탑과 돔이 있는 현관이 있고 건물 중앙에 커다란 금색 돔, 건물 외곽으로 첨탑과 작은 돔이 있는 모양을 하고 있다.

주소 Jalan Persiaran Putra, Kuah 교통 랑카위 페어에서 도보 5분 / 쿠아 제티 포인트에서 택시 3분 시간 09:00~18:00

랑카위 페어 Langkawi Fair

랑카위 대표 쇼핑센터 중 하나

쿠아 제티 포인트에서 쿠아 타운 방향으로 나서면 보이는 쇼핑센터로, 명품 브랜드 없이 리바이스 같은 일부 유명 브랜드, 브랜드 아웃렛 같은 로컬 브랜드 상점 등이 입주해 있다. 면세 쇼핑에서 빼놓을 수 없는 주류(Wine & Liquor House)와 담배를 취급하는 상점이 꽤 있는 것도 랑카위 쇼핑센터만의 특징! 하루 스토리(Haroo Story)나 파파 리치(Pappa Rich) 같은 레스토랑에서 간단히 식사를 즐겨도 괜찮다. 쇼핑센터 건너편에는 레젠다 파크과 초굼 공원이 있으니 산책 삼아 가 보아도 좋다.

주소 Lot FF8, Langkawi Fair Shopping Mall, Jalan Persiaran Putra, Kuah 교통 레젠다 파크에서 도보 5분 / 쿠아 제티 포인트에서 도보 10분 시간 10:00~22:00 전화 04-969-8100

잘란 판닥 마야 쇼핑 거리 Jalan Pandak Mayah Shopping Street

여러 면세점이 있는 면세점 거리

야시장 인근의 잘란 판닥 마야 6 거리 일대에 제노 면세점(Zeno Duty Free), 코코 밸리(Coco Valley), 하지 이스마일 그룹(Haji Ismail Group), 파사라야 원스톱(Pasaraya Onestop) 등 크고 작은 면세점이 여럿 있어 쇼핑에 관심이 있는 사람들을 불러 모은다. 이들 면세점에서 가장 인기 있는 것은 주류, 담배, 초콜릿 등이고 그 밖에 의류, 잡화, 구두, 핸드백, 화장품 등도 볼 수 있다.

잘란 판닥 마야 6 거리에는 면세점 외 레스토랑과 카페 등도 자리하고 있어 식사를 하거나 커피를 마시기도 좋다. 매주 수요일과 토요일, 쇼핑 거리 동쪽 바론 호텔 쪽 광장에서 야시장이 열리기도 하니 찾아가 보자.

주소 Jalan Pandak Mayah 6, Kuah 교통 알하나 모스크에서 잘란 페르시아란(Jalan Persiaran) 이용하여 북서쪽으로 도보 5분 시간 10:00~22:00 전화 하지 04-969-2701, 코코 04-969-8318

쿠아 야시장 Night Market Kuah Town

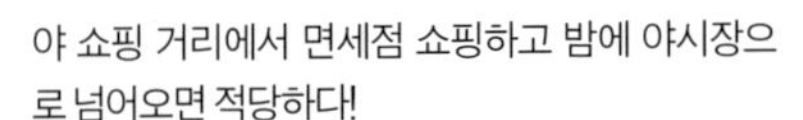

의류, 신발, 먹거리가 있는 야시장

매주 수요일과 토요일, 랑카위 바론 호텔 인근 하천가 공터에서 열리는 야시장이다. 오후 4시부터 천막을 설치하고 장사를 시작하는데 저녁 시간이 되어야 사람들로 북적인다. 취급 품목은 의류, 신발, 선글라스, 기념품 등이고 음료와 간단한 음식을 파는 노점도 있다. 낮에 야시장에서 북쪽 잘란 판닥 마야 쇼핑 거리에서 면세점 쇼핑하고 밤에 야시장으로 넘어오면 적당하다!

주소 Lencongan Putra 3, Kuah 교통 알하나 모스크에서 잘란 페르시아란(Jalan Persiaran Putera) 이용, 북쪽으로 간 뒤 우회전, 5분 시간 수·토 16:00~22:00

빌리온 듀티프리 슈퍼마켓 Billion Duty Free Supermarket

옛날 동네 상가를 연상시키는 쇼핑센터

랑카위 페어 쇼핑센터 내에 있는 슈퍼마켓으로 규모가 커서 대형 할인 매장이라고 불러도 손색이 없다. 과일, 음료, 과자, 식품 등 다양한 상품이 있어 쇼핑하기 편리하다. 관광객에게는 보흐(Boh) 티, 화이트 커피, 미고렝 라면, 카야잼 등 인기!

주소 Persiaran Putra, Kuah 교통 랑카위 페어 쇼핑센터 내, 바로 시간 09:00~22:00 전화 04-966-3535 홈페이지 bmcsb.com

랑카위 퍼레이드 Langkawi Parade

로컬 브랜드 위주의 쇼핑센터

랑카위에서 가장 큰 쇼핑센터로, 명품 브랜드 없이 일부 유명 브랜드, PDI 컨셉 스토어, 빈치(Vincci) 같은 로컬 브랜드 상점, B/F층의 티아우쑨홧(Teow Soon Huat) 슈퍼마켓, L3층의 티아우쑨홧 백화점(면세점) 등이 입주해 있다. PDI 컨셉 스토어에서 말레이시아 유행 패션을 살펴보고 빈치(Vincci)에서 마음에 드는 구두를 신어 보자. 쇼핑 후에는 시즐링에서 두툼한 스테이크를 썰어도 좋다.

주소 A14-15, Batu 3/4 Pakok Asam, Kuah 교통 플라자 랑카위에서 잘란 파당 맛시랏(Jalan Padang Matsirat) 이용, 북서쪽으로 도보 5분 시간 10:00~22:00 전화 04-966-5017 홈페이지 www.langkawi-parade.com

랑카위 동부 Langkawi East

쿠아 타운 위쪽이자 랑카위섬 동부에 속하는 지역으로, 새와 동물, 파충류 등을 볼 수 있는 새 공원, 마하티르 전 수상이 받는 선물과 개인 소장품을 전시하는 페르다나 갤러리, 맹그로브 숲과 섬 일대를 둘러볼 수 있는 킬림 지오포레스트 공원, 시원한 폭포수가 상쾌한 두리안 폭포, 랑카위섬 북쪽 외딴 해변인 탄중 루 해변, 랑카위 공예품을 만나는 랑카위 크래프트 콤플렉스 등 볼거리가 많다. 지역이 넓으므로 취향에 따라 몇 군데만 선택해 둘러보는 것이 효과적이다.

Access 렌터카 또는 렌트 오토바이로 쿠아 타운에서 잘란 아이르 항갓(Jalan Ayer Hangat) 이용하여 새 공원 방향 / 판타이 체낭에서 랑카위섬 중앙의 잘란 울루 믈라카(Jalan Ulu Melaka) 이용하여 잘란 아이르 항갓에서 우회전한 뒤 새 공원 방향

Best Course 킬림 지오포레스트 공원 → 새 공원 → 페르다나 갤러리 → 두리안 폭포 → 탄중 루 해변 → 랑카위 크래프트 콤플렉스

새 공원 Langkawi Wildlife Park & Bird Paradise

코뿔새, 앵무새 보고 뱀과 함께 기념 촬영

랑카위섬 북동쪽에 위치한 새 공원으로, 새뿐만 아니라 사슴, 악어, 원숭이, 토끼 같은 동물도 있어 야생 공원을 겸한다. 새 중에 말레이시아를 상징하는 코뿔새, 혼빌을 볼 수 있는데 부리가 크고 원색의 깃털을 가진 새이다. 열대 우림에 사는 앵무새도 크기가 크고 깃털 색이 진한 특징을 가지고 있다. 공원 내의 일부 새와 동물들에게 먹이를 주거나 뱀과 함께 기념촬영을 해도 즐겁다.

주소 Lot 1485, Jalan Ayer Hangat, Kampung Belanga Pecah 교통 렌터카 또는 렌트오토바이로 쿠아 타운에서 잘란 아이르 항갓(Jalan Ayer Hangat) 이용, 30분 / 판타이 체낭에서 랑카위섬 중앙의 잘란 울루 믈라카(Jalan Ulu Melaka) 이용, 잘란 아이르 항갓에서 우회전, 새 공원 방향 시간 08:30~17:30 요금 성인 RM39, 어린이 RM22 전화 04-966-5855 홈페이지 www.langkawiwildlifepark.com

페르다나 갤러리 Galeria Perdana

전직 총리가 국내외로부터 받은 선물을 전시하는 곳

랑카위는 마하티르 전 총리의 고향으로, 그가 수상으로 재직 시 국내외로부터 받는 선물과 개인 소장품 2,500여 점을 전시한다. 커다란 물고기 조각, 공예품, 이국적인 그릇, 초상화 등 볼거리가 많고 기하학적인 무늬가 있는 천장도 인상적이다. 갤러리 옆 마당에는 커다란 범선을 세워 두기도 했다.

주소 Jalan Ayer Hangat, Kilim 교통 렌터카 또는 렌트 오토바이로 쿠아 타운에서 잘란 아이르 항갓(Jalan Ayer Hangat) 이용, 새 공원 방향으로 40분 / 판타이 체낭에서 랑카위섬 중앙의 잘란 울루 믈라카(Jalan Ulu Melaka) 이용, 잘란 아이르 항갓에서 우회전하여 새 공원 방향 시간 08:30~17:30 요금 성인 RM10, 어린이 RM5, 카메라 RM2 전화 04-959-1498

킬림 지오포레스트 공원 Kilim Geoforest Park

습지, 동굴, 바다를 볼 수 있는 공원

랑카위 북동쪽 습지와 석회암 지대, 섬 등으로 이루어진 공원이다. 킬림 지오포레스트 공원 사무실에서 맹그로브 투어를 신청하면 선착장에서 쪽배를 타고 박쥐 동굴, 물고기 농장, 독수리 서식지, 맹그로브 숲, 악어 굴, 안다만 바다 등을 지나 선착장으로 돌아온다. 판타이 체낭, 판타이 텡아, 쿠아 타운 등에서 투어를 이용하거나 현지에서 투어를 신청해도 된다. 점심은 물고기 농장에서 먹는다.

주소 Jetty Kilim, Jalan Ayer Hangat 교통 렌터카 또는 렌트 오토바이로 쿠아 타운에서 잘란 아이르 항갓(Jalan Ayer Hangat) 이용, 새 공원 지나 1시간 / 판타이 체낭에서 랑카위섬 중앙 잘란 울루 믈라카(Jalan Ulu Melaka) 이용, 잘란 아이르 항갓에서 우회전 / 킬림 맹그로브 투어 이용 시간 08:30~17:00 요금 보트 투어(1척) 2시간 RM350, 3시간 RM450, 투어 1인당 RM120 내외 전화 04-959-2323 홈페이지 공원 kilimgeoforestpark.com, 투어 langkawiholidaypackage.weebly.com

랑카위섬 맹그로브 투어

Langkawi Mangrove Tour

맹그로브(Mangrove)는 열대와 아열대의 바닷가에 서식하는 목본 식물로, 뻘에 여러 갈래의 뿌리를 내리고 성장하면서 해수면을 보존하고, 뻘 생태계의 보금자리 역할을 한다. 랑카위섬의 맹그로브 투어는 섬 북동쪽 킬림 지오포레스트 공원에서 시작된다. 공원 제티(선착장)에서 보트를 타고 박쥐 동굴, 물고기 농장, 독수리 서식지, 맹그로브 숲, 악어 굴, 안다만 바다 등을 지나 선착장으로 돌아오는 투어다. 투어 외에 개인적으로 공원 제티에 도착해 보트를 대여할 수도 있으나 제티까지 오는 교통편이 없어 투어를 이용하는 것이 낫다. 투어는 랑카위의 판타이 체낭, 판타이 텡아, 쿠아 타운 등의 여행사에서 신청할 수 있는데 여행사 상품이 거의 비슷하니 가까운 곳에서 신청하면 된다.

코스 출발(09:00) → 킬림 지오포레스트 공원 제티 → 박쥐 동굴 → 물고기 농장 → 독수리 서식지 → 맹그로브 숲 → 악어 굴 → 안다만 바다 요금 보트 투어(1척) 2시간 RM350, 3시간 RM450, 1인당 RM120 내외

킬림 제티 Kilim Jetty

킬림 지오포레스트 공원 맹그로브 투어를 접수하고 투어 보트가 출발하는 곳이다. 제티(선착장) 앞에는 레스토랑, 상점 등이 있어 간단한 음료를 사먹거나 필요한 물품을 구입할 수 있다.

박쥐 동굴 Bat Cave

킬림 지오포레스트 공원 선착장에서 보트를 타고 뒤쪽으로 조금만 가면 나오는 석회암 동굴로, 천장에 많은 박쥐가 매달려 있는 것을 볼 수 있다. 석회암 동굴 끝에는 맹그로브 숲에서 서식하는 야생 원숭이들이 있으니 소지품 주의!

요금 성인 RM1, 어린이 RM0.5(투어 신청 시 투어 요금에 포함)

물고기 농장 Fish Farm

보트를 타고 습지의 물길을 벗어나 내해에 이르면 가두리 양식장 형태의 물고기 농장이 나타난다. 가두리 안에는 투구 물고기(Stingray), 자이언트 그루퍼(Giant Grouper, 농어), 시베스(Sea Bass, 농성어), 트리말리(Trivaly), 맹그로브 게, 새우, 바닷장어 등을 기르고 있다. 농장에 관광객이 오면 농장 직원이 물고기에게 먹이를 주는 것을 보여 주는데, 평소에는 물고기를 굶기는지 약간의 먹이에도 펄쩍펄쩍 뛰어오른다.

악어 굴 Crocodile Cave

물고기 농장에서 보트로 가면 섬의 앞쪽과 뒤쪽이 동굴처럼 뚫린 곳이 나온다. 아마 동굴의 모양 때문에 악어 굴이라 불리지 않았을까 상상해 본다. 이곳에 있는 바지선에서 추가 요금을 내고 카약을 빌려 동굴 안에서 바깥으로 가 볼 수 있다. 이곳에서는 수상 시장처럼 카약을 타고 장사를 다니는 아줌마도 보인다.

요금 RM50 내외(투어 신청 시 카약 포함으로 신청하거나 현장에서 신청할 수 있음)

맹그로브 숲 Mangrove Forest

맹그로브는 바다 습지에 사는 나무로, 여러 갈래의 뿌리를 뻘에 묻고 자란다. 맹그로브 숲이 있어 바닷가 토양이 보존되고 물고기의 산란장이 되며 물뱀이나 맹그로브 게, 원숭이들의 서식지가 되기도 한다.

독수리 서식지 Eagle Habitat

악어 굴에서 보트를 타고 가면 맹그로브 숲이 있는 내해가 나오고 이곳에 독수리들이 산다. 멀리 맹그로브 나무에서 쉬는 독수리와 원을 그리며 하늘을 나는 독수리들이 보인다. 독수리는 랑카위의 상징이기도 하다.

안다만 바다 Andaman Sea

독수리 서식지에서 보트로 나가면 다른 물고기 농장이 나오고 이곳에서 식사를 한다. 식사 후 쪽배로 내해를 벗어나 외해로 나가면 안다만 바다이다. 안다만 바다는 태국과 말레이시아와 안다만 제도 사이의 바다를 말한다. 안다만 바다 서쪽에는 인도, 방글라데시 접경의 벵골만 바다가 있고, 그 아래에 인도양이 있다. 쪽배로 한동안 바다를 달리며 섬과 해변을 둘러본다.

해변 Beach

작은 섬의 해변에 잠시 보트를 대고 하선하여 물놀이를 하거나 산책을 한다. 해변은 길이 100여 미터 정도로 작은데 평소에 사람이 올 일이 없어 천혜의 자연환경을 자랑한다. 해변에서 어느 정도 시간을 보낸 뒤 쪽배로 킬림 지오 포레스트 공원 선착장으로 귀환한다.

두리안 폭포 Durian Perangin Waterfall

호쾌하게 떨어지는 폭포수

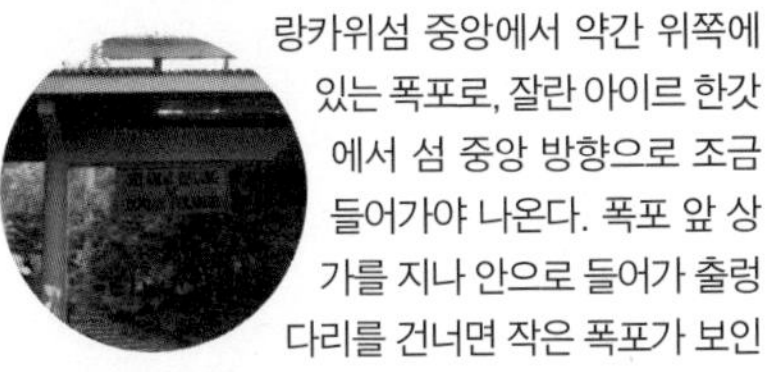

랑카위섬 중앙에서 약간 위쪽에 있는 폭포로, 잘란 아이르 한갓에서 섬 중앙 방향으로 조금 들어가야 나온다. 폭포 앞 상가를 지나 안으로 들어가 출렁다리를 건너면 작은 폭포가 보인다. 작은 폭포를 지나 조금 더 올라가야 두리안 폭포가 나타난다. 높이 약 10m인 두리안 폭포는 폭포수가 시원하게 떨어지고 폭포 아래에는 수심이 깊지 않은 물웅덩이가 있어 어른 아이 할 것 없이 뛰어 노는 야외 수영장 역할을 한다. 근처에 못생기고 독특한 냄새가 나지만 열대 과일의 왕이라 불리는 두리안 나무가 많아 두리안 폭포라 이름 지어졌다고 한다. 오후 6시 무렵이면 상가 상인들이 퇴근하니 늦게까지 머물지 말자.

주소 Durian Perangin Waterfall, Jalan Ayer Hangat 교통 렌터카 또는 렌트 오토바이로 쿠아 타운에서 잘란 아이르 항갓(Jalan Ayer Hangat) 이용하여 새 공원을 지나 폭포 방향 / 판타이 체낭에서 랑카위섬 중앙의 잘란 울루 믈라카(Jalan Ulu Melaka) 이용, 잘란 아이르 항갓에서 우회전하여 폭포 방향 시간 09:00~18:00 요금 무료

아이르 항갓 빌리지 Air Hangat Village

민속 마을 속 온천과 스파를 둘러본다

예부터 온천이란 의미로 텔라가 아이르 항갓(Telaga Air Hangat)이라 불렸다. 현재 관광지로 개발되어 갤러리, 온천, 스파, 민속 공연장 등을 갖추고 있다. 민속 공연장에서는 낮 동안 전통쇼, 킥복싱, 뱀쇼 등을 공연하고 저녁에는 디너쇼가 있는데 주로 단체 손님들이 이용한다. 공원처럼 꾸며져 있으므로 온천수를 보고 한 바퀴 돌아 나오면 된다.

주소 Air Hangat Village, 16 Jalan Ayer Hangat 교통 렌터카 또는 렌트 오토바이로 쿠아 타운에서 잘란 아이르 항갓(Jalan Ayer Hangat) 이용, 새 공원 지나 아이르 항갓 빌리지 방향 / 판타이 체낭에서 랑카위섬 중앙의 잘란 울루 믈라카(Jalan Ulu Melaka) 이용, 잘란 아이르 항갓에서 우회전하여 아이르 항갓 빌리지 방향 시간 09:00~17:30 요금 무료 전화 011-1950-6460

탄중 루 맹그로브 제티 Tanjung Rhu Mangrove Jetty

킬림 지오포레스트 공원 투어 출발

탄중 루 해변 인근에 있는 제티(선착장)로 이곳에서도 킬림 지오포레스트 공원으로 가는 맹그로브 투어를 진행한다. 투어는 박쥐 동굴, 물고기 농장, 독수리 서식지, 맹그로브 숲, 악어 굴, 안다만 바다 등으로 킬림 제티의 투어와 비슷하다.

주소 Tanjung Rhu Jetty, Jalan Tanjung Rhu 교통 렌터카 또는 렌트 오토바이로 쿠아 타운에서 잘란 아이르 항갓(Jalan Ayer Hangat) 이용, 아이르 항갓 빌리지 지나 원형 교차로에서 북쪽 탄중 루 해변 방향 / 판타이 체낭에서 랑카위섬 중앙 잘란 울루 믈라카 이용, 원형 교차로에서 북쪽 탄중 루 해변 방향 시간 09:00~18:00 요금 맹그로브 투어 보트(1척) 1/2/3/4시간 RM250/350/450/500 전화 019-462-2956

탄중 루 해변 Tanjung Rhu Beach

안다만 바다와 접한 해변

랑카위섬 북쪽에 위치한 해변으로, 쿠아 타운이나 판타이 체낭에서 잘란 아이르 항갓 도로를 지나다가 원형 교차로에서 북쪽 탄중 루 해변 방향 끝까지 가면 포시즌 리조트 옆에 해변이 나온다. 타원형 해변의 길이는 약 1km 남짓 되고 상당 부분은 리조트에 속해 들어갈 수 없으나 나머지 부분도 꽤 길고 사람이 없어 이용에 불편은 없다. 해변에서 물놀이를 하거나 일광욕을 즐기기 좋으나 안전 요원이 없으므로 바다 깊이는 들어가지 않도록 주의한다. 해변의 고운 모래에 누워 안다만 바다를 조망해도 좋다.

주소 Tanjung Rhu Beach, Mukim Ayer Hangat 교통 렌터카 또는 렌트 오토바이로 쿠아 타운에서 잘란 아이르 항갓(Jalan Ayer Hangat) 이용, 아이르 항갓 빌리지 지나 원형 교차로에서 북쪽 / 판타이 체낭에서 랑카위섬 중앙의 잘란 울루 믈라카(Jalan Ulu Melaka) 이용, 원형 교차로에서 북쪽 시간 09:00~18:00 요금 무료

랑카위 크래프트 콤플렉스 Langkawi Craft Complex

말레이 공예품 보고 쇼핑도 하고!

랑카위섬 북쪽, 원형 교차로 서쪽에 있는 공예품 전시·판매장으로 동남아 전통 직물인 바틱, 바구니, 조각품, 주석잔 등을 둘러보고 구입할 수 있다. 랑카위에서 가장 큰 공예품 매장이면서 말레이시아 정부에서 관리하여 품질을 믿을 수 있으므로 필요한 물건이 있으면 구입해도 좋다.

주소 Craft Complex, Jalan Teluk Yu 교통 렌터카 또는 렌트 오토바이로 쿠아 타운에서 잘란 아이르 항갓(Jalan Ayer Hangat) 이용, 아이르 항갓 빌리지 지나서 / 판타이 체낭에서 랑카위섬 중앙의 잘란 울루 믈라카(Jalan Ulu Melaka) 이용, 원형 교차로에서 좌회전 시간 10:00~18:00 요금 무료 전화 04-959-1917 홈페이지 www.kraftangan.gov.my

파야섬 Payar Island

스노클링을 할 수 있는 호핑 투어 명소

랑카위에서 남동쪽으로 30km 떨어진 섬으로, 파야섬 해상 공원으로 지정되어 있으며 인근에 카카섬(Kaca)과 렘부섬(Lembu)이 있다. 말레이시아어로 섬은 '풀라우(Pulau)'라고 한다. 파야섬은 물이 맑고 산호초가 잘 보존되어 있어 스노클링이나 스쿠버 다이빙을 하려는 단체 손님들로 북적인다. 스노클링을 하며 물고기에게 먹이를 주는 풍경은 열대 지역 섬 관광에서 빼놓지 않고 등장하는 장면이기도 하다. 파야섬에서는 보통 단체 손님만 받으므로 개인으로 가기보다 랑카위나 페낭에서 투어를 이용하는 것이 좋다.

주소 Pulau Payar 교통 페낭에서 페리(08:15, 약 2시간 소요) 이용 / 랑카위에서 페리(14:30, 1시간 소요, 편도 RM60) 이용 요금 파야섬 투어 RM250(랑카위 출발, 스노클링+식사 포함)

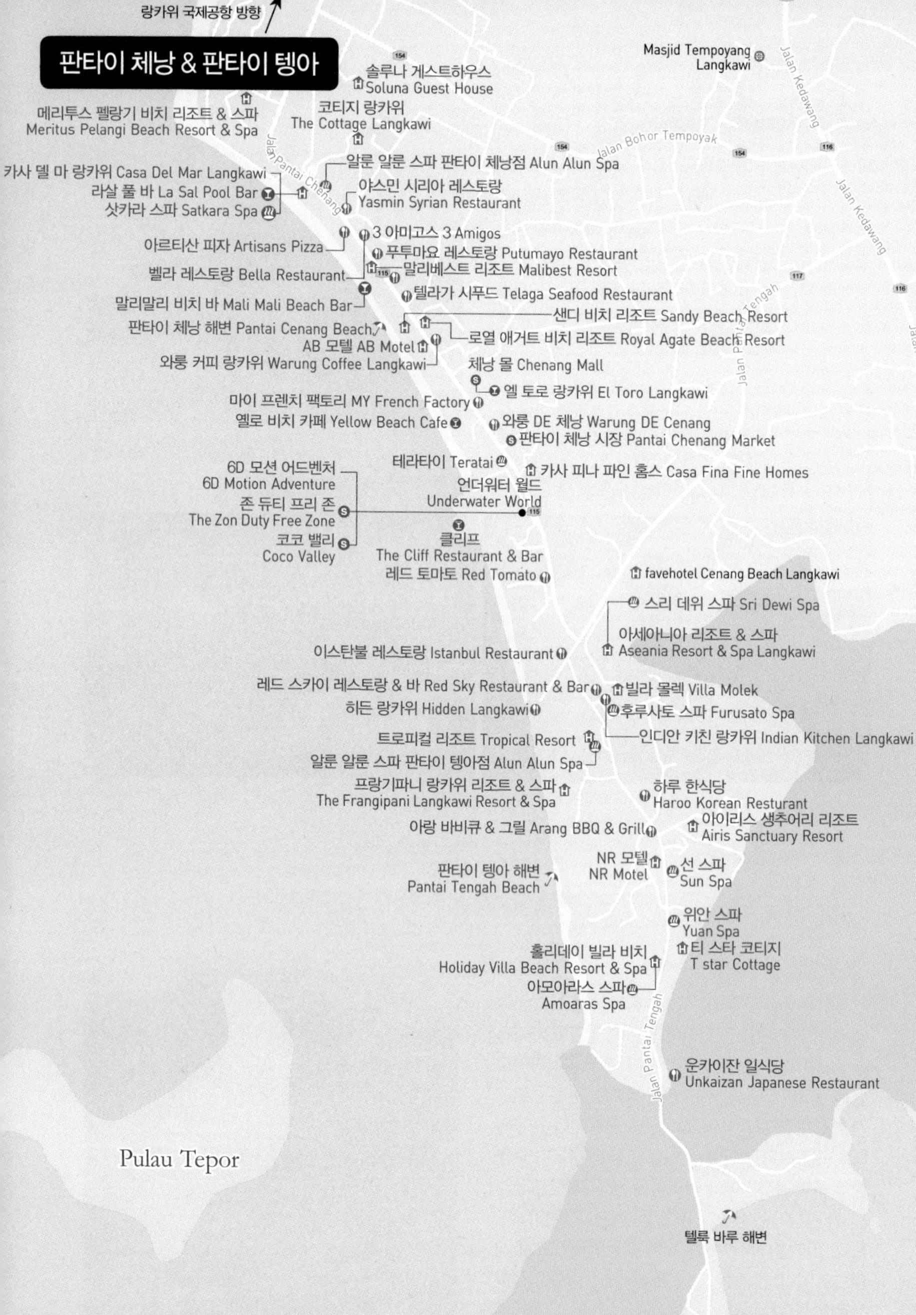
판타이 체낭 & 판타이 텡아
랑카위 국제공항 방향
솔루나 게스트하우스
Soluna Guest House
메리투스 펠랑기 비치 리조트 & 스파
Meritus Pelangi Beach Resort & Spa
코티지 랑카위
The Cottage Langkawi
Masjid Tempoyang Langkawi
Jalan Bohor Tempoyak
Jalan Kedawang
Jalan Pantai Chenang
카사 델 마 랑카위 Casa Del Mar Langkawi
라살 풀 바 La Sal Pool Bar
삿카라 스파 Satkara Spa
알룬 알룬 스파 판타이 체낭점 Alun Alun Spa
야스민 시리아 레스토랑
Yasmin Syrian Restaurant
아르티산 피자 Artisans Pizza
3 아미고스 3 Amigos
푸투마요 레스토랑 Putumayo Restaurant
벨라 레스토랑 Bella Restaurant
말리베스트 리조트 Malibest Resort
말리말리 비치 바 Mali Mali Beach Bar
텔라가 시푸드 Telaga Seafood Restaurant
샌디 비치 리조트 Sandy Beach Resort
판타이 체낭 해변 Pantai Cenang Beach
로열 애거트 비치 리조트 Royal Agate Beach Resort
AB 모텔 AB Motel
Jalan Pantai Tengah
와룽 커피 랑카위 Warung Coffee Langkawi
체낭 몰 Chenang Mall
엘 토로 랑카위 El Toro Langkawi
마이 프렌치 팩토리 MY French Factory
옐로 비치 카페 Yellow Beach Cafe
와룽 DE 체낭 Warung DE Cenang
판타이 체낭 시장 Pantai Chenang Market
테라타이 Teratai
카사 피나 파인 홈스 Casa Fina Fine Homes
6D 모션 어드벤처
6D Motion Adventure
언더워터 월드
Underwater World
존 듀티 프리 존
The Zon Duty Free Zone
코코 밸리
Coco Valley
클리프
The Cliff Restaurant & Bar
레드 토마토 Red Tomato
favehotel Cenang Beach Langkawi
스리 데위 스파 Sri Dewi Spa
아세아니아 리조트 & 스파
Aseania Resort & Spa Langkawi
이스탄불 레스토랑 Istanbul Restaurant
레드 스카이 레스토랑 & 바 Red Sky Restaurant & Bar
빌라 몰렉 Villa Molek
히든 랑카위 Hidden Langkawi
후루사토 스파 Furusato Spa
트로피컬 리조트 Tropical Resort
인디안 키친 랑카위 Indian Kitchen Langkawi
알룬 알룬 스파 판타이 텡아점 Alun Alun Spa
프랑기파니 랑카위 리조트 & 스파
The Frangipani Langkawi Resort & Spa
하루 한식당
Haroo Korean Resturant
아랑 바비큐 & 그릴 Arang BBQ & Grill
아이리스 생추어리 리조트
Airis Sanctuary Resort
NR 모텔
NR Motel
선 스파
Sun Spa
판타이 텡아 해변
Pantai Tengah Beach
위안 스파
Yuan Spa
티 스타 코티지
T star Cottage
홀리데이 빌라 비치
Holiday Villa Beach Resort & Spa
아모아라스 스파
Amoaras Spa
운카이잔 일식당
Unkaizan Japanese Restaurant
Pulau Tepor
텔룩 바루 해변
Eagle Rock Cafe
리조트 월드 랑카위
Resorts World Langkawi
Rampant Sailing

판타이 체낭 & 판타이 텡아

Pantai Chenang & Pantai Tangah

판타이 체낭과 판타이 텡아는 랑카위의 여행자 거리라 할 만큼 많은 여행자가 찾는 곳이다. 그중 판타이 체낭은 판타이 텡아에 비해 쇼핑센터, 레스토랑, 마사지 숍 등 편의 시설이 많아 사람들로 북적인다. 판타이 체낭 해변에서는 바나나 보트, 제트 스키 같은 수상 스포츠를 즐길 수 있고 판타이 텡아 해변은 판타이 체낭 해변에 비해 한가로운 시간을 보내기 좋다. 어느 해변이든 바다 쪽으로 떨어지는 석양은 잊지 못할 추억이 되기에 충분하다.

Access 쿠아 제티 포인트 또는 랑카위 공항에서 택시 이용
Best Course 판타이 텡아 해변 → 체낭 몰 → 판타이 체낭 시장 → 언더워터 월드 → 존 듀티 프리 존 · 코코 밸리 → 판타이 체낭 해변

판타이 체낭 해변 Pantai Cenang Beach

제트 스키, 바나나 보트 같은 해양 스포츠를 즐기다

랑카위섬 남서쪽에 위치한 해변으로, 길이 약 2km, 너비는 약 50m 정도이다. 해변 북쪽으로 레박 베사르섬(Rebak Besar)과 작은 섬, 남쪽으로 에포르섬(Epor)이 보인다. 해변에서는 물놀이를 하거나 일광욕을 즐길 수 있는데 물놀이를 하는 사람이 많지는 않고 해변에서 일광욕을 하는 사람이 많다. 바다에서는 바나나 보트, 제트 스키 등 해양 스포츠를 즐길 수도 있다.

주소 Pantai Cenang Beach, Pantai Cenang 교통 판타이 체낭에서 해변 방향

언더워터 월드 Underwater World

신비한 바다 생물을 볼 수 있는 아쿠아리움

판타이 체낭 중간에 위치한 아쿠아리움으로, 말레이시아에서 가장 크다. 아쿠아리움에는 아프리칸 펭귄, 록호프 펭귄, 물개, 상어, 가오리 등 4천여 마리의 바다 동물을 기른다. 열대 우림관에서는 플라밍고, 앵무새, 원숭이, 민물관에서는 동갈치, 메기 등을 볼 수 있다. 바다 동물에게 먹이를 주는 피딩 시간에 맞춰 방문하면 먹이를 먹으려고 모여 드는 펭귄이나 물개, 물고기 등을 가까이에서 관찰할 수 있다.

주소 Jalan Pantai Chenang, Zon Pantai Cenang, Mukim Kedawang 교통 체낭 몰에서 도보 5분 시간 10:00~18:00 / 먹이 주기_아프리칸 펭귄 11:00, 14:45, 록호프 펭귄 11:15, 15:00, 물개 14:30, 터널 탱크 15:30 요금 성인 RM50 전화 04-955-6100

6D 모션 어드벤처
6D Motion Adventure

3D보다 입체적인 6D 영화 관람

입체 영화 하면 3D 영화를 생각하기 쉬운데 이곳은 6D 영화를 상영하는 곳이다. 스크린에 공룡이 나타나고 로켓이 나는 장면 등이 실감나게 느껴진다. 영화 장면에 맞춰 의자가 움직이거나 물이 뿜어져 나오기도 하고 연기가 나거나 바람이 불기도 한다. 언더워터 월드 옆에 있다.

주소 Jalan Pantai Chenang, Zon Pantai Cenang 교통 언더워터 월드 옆 시간 10:30~22:30 요금 성인 RM18, 어린이 RM15 전화 04-955-3117 홈페이지 www.greenvillagelangkawi.com/6d

존 듀티 프리 존
The Zon Duty Free Zone

초콜릿, 주류, 향수 등 면세점 쇼핑 즐기기

언더워터 월드 옆에 있는 쇼핑센터 겸 면세점으로 초콜릿, 주류, 향수, 의류, 스카프, 여행 가방, 커피 등 다양한 상품이 판매된다. 존 듀티 프리 존 옆 면세점 코코 밸리와 함께 판타이 체낭과 텡아에서 가장 큰 잡화점이다.

주소 Jalan Pantai Chenang, Zon Pantai Cenang 교통 언더워터 월드 옆 시간 월~목 10:00~19:00, 금~일 10:00~21:00 전화 04-641-3200 홈페이지 www.zon.com.my

코코 밸리
Coco Valley

존 쇼핑과 라이벌 관계인 대형 면세점

언더워터 월드 옆에 있는 쇼핑센터 겸 면세점으로, 쿠아 타운에도 분점이 있다. 먼저 면세점의 상징처럼 여겨지는 초콜릿, 주류, 향수 등에 눈길이 가고 커피나 차를 좋아하는 사람이라면 올드타운 화이트 커피나 차를 구입하는 것도 좋다.

주소 Jalan Pantai Chenang, Zon Pantai Cenang 교통 언더워터 월드 옆 시간 월~목·일 10:00~19:00, 금~토 10:00~21:00

체낭 몰 Chenang Mall

판타이 체낭에서 가장 큰 쇼핑센터

판타이 체낭 중간에 위치한 쇼핑센터로 광장에 바(Bar), 지상층에 패션 숍인 팩토리 아웃렛, 1F에 올드타운 화이트 커피, 일식당 와카바(Wakaba), 스파 아마라(Amara), 스파용품 판매점 어스 트리(Earth Tree) 등이 자리한다. 판타이 체낭에서 큰 편에 속하는 쇼핑센터이나 쿠아 타운의 랑카위 퍼레이드에 비할 바는 못 된다.

주소 Jalan Pantai, Pantai Cenang 교통 언더워터 월드에서 도보 5분 시간 11:00~23:00 전화 04-953-1188

판타이 체낭 시장 Pantai Chenang Market

판타이 체낭 유일의 재래시장

언더워터 월드와 체낭 몰 사이에 있는 재래시장으로 원색의 비치웨어, 수영복, 반바지, 슬리퍼, 마그네틱 기념품 등을 판매한다. 시장 안쪽에도 상점이 있으나 취급 품목은 메인 도로가의 상점과 비슷하다. 마그네틱 기념품에는 랑카위의 상징인 독수리 그림이 많다.

주소 Pantai Chenang Market, Jalan Pantai, Pantai Cenang 교통 언더워터 월드 또는 체낭 몰에서 도보 5분 시간 11:00~23:00

판타이 텡아 해변 Pantai Tengah Beach

해 질 무렵 해변에서 석양 감상

판타이 텡아 북쪽 삼거리에서 판타이 텡아 남쪽 홀리데이 빌라 비치 리조트에 이르는 해변으로, 길이는 약 1km, 너비는 약 50m이다. 해변 남쪽으로 에포르섬(Epor)과 작은 섬들이 보인다. 판타이 텡아 해변의 주 출입로는 삼거리 부근과 홀리데이 빌라 비치 부근이고, 판타이 체낭 해변보다 사람이 더 없어 한산하며 이곳 역시 석양을 감상하기 좋다. 해변에는 이렇다 할 안전 요원이 없으므로 바다 깊은 곳으로 가지 않도록 주의한다. 수상 스포츠를 즐기려면 홀리데이 빌라 비치 쪽은 없고 삼거리 쪽 판타이 텡아 해변으로 가야 한다.

주소 Pantai Tengah Beach, Jalan Pantai Tengah 교통 판타이 텡아에서 해변 방향으로 도보 5분

판타이 텡아 해변의 수상 스포츠 & 제트 스키 투어

판타이 텡아 해변에서 수상 스포츠를 즐길 수 있는 곳은 판타이 체낭과 만나는 삼거리 부근 해변이다. 여러 명이라면 바나나보트를, 몇 명되지 않는다면 제트 스키나 패러세일링 등을 즐겨 보자. 판타이 텡아 해변에서는 제트 스키로 랑카위 해안을 둘러보는 제트 스키 투어를 진행하기도 한다. 수상 스포츠나 제트 스키 투어를 이용할 때는 구명조끼를 착용하고 안전에 유의한다.

구분	시간 / 회 / 내용	요금(RM)
바나나보트	1회	25 (5명 이상)
패러세일링	1회	120
패러글라이딩	10분	300
수상 스키	15분	120
웨이크보드	15분	120
제트 스키	30분	180
요트 대여	오전, 오후, 전일	5,000 내외
이글 패키지(Eagle Package)	4시간 / Eagle Watching, Beras Basah Island 등	650
튜바 패키지(Tuba Package)	4시간 / Eagle Watching, Beras Basah Island, Tuba Island 등	750
디스커버리 패키지 (Discovery Package)	6시간 / Eagle Watching, Beras Basah Island, Tuba Island, Andaman Sea 등	1,500

※ Lang Eagle Water Sports 012-446-1066, Tropical Charters(요트) 012-588-327

랑카위 서부 Langkawi West

판타이 체낭과 판타이 텡아 근교는 랑카위 서부라고 할 수 있다. 이곳에는 텔라가 항구 공원, 오리엔탈 빌리지, 세븐 웰스 폭포, 랑카위 악어 모험 랜드, 파사르 텡코락 해변, 테무룬 폭포 등의 볼거리가 있다. 오리엔탈 빌리지에서는 마친창산으로 오르는 케이블카인 스카이 캡을 이용할 수 있는데 마친창산 정상에서는 랑카위 서부 일대가 한눈에 들어온다. 랑카위 서부에서 조용한 곳을 찾는다면 파사르 텡코락 해변이나 테무룬 폭포 등으로 갈 수 있으나 인적이 드문 곳이므로 안전에 유의한다.

Access 판타이 체낭 · 텡아에서 렌터카나 오토바이 또는 택시 이용
Best Course 오리엔탈 빌리지 → 마친창산(스카이 캡) → 세븐 웰스 폭포 → 랑카위 악어 모험 랜드 → 텔라가 항구 공원

텔라가 항구 공원 Telaga Harbor Park

정박된 요트를 배경으로 기념 촬영!

텔라가 페리 터미널 건너편에 요트가 정박된 항구가 있고, 항구에 여러 레스토랑이 있어 식사를 하거나 산책하기 좋다. 정박 중인 크고 작은 요트를 배경으로 기념 촬영을 하거나 텔라가 항구 공원 조금 지난 곳의 해변에서 석양을 감상해도 괜찮다.

주소 Telaga Harbor Park, Langkawi 교통 판타이 체낭 · 텡아에서 렌터카나 오토바이 이용하여 랑카위 국제공항 지나 텔라가 항구 공원 방향, 또는 택시 이용

오리엔탈 빌리지 Oriental Village

유럽풍으로 꾸며진 마을에서 기념 촬영!

마친창산(Machinchang) 남동쪽 기슭에 케이블카인 스카이 캡(Sky Cab) 역, 육감 체험장인 6D 시네모션(6D Cinemotion), 3D 미술관인 3D 아트 인 파라다이스(3D Art in Paradise Langkawi), 오감 체험장인 스카이 렉스(Sky Rex), 소규모 동물원인 마친창 펫랜드(Machinchang PetLand Langkawi), 식당, 기념품점 등이 있는 곳이다. 이런저런 체험장에 눈 돌리지 말고 마친창산에 오를 수 있는 스카이 캡 역으로 바로 가자.

주소 Oriental Village, Telaga Harbour Park 교통 판타이 체낭 · 텡아에서 렌터카나 오토바이 이용하여 텔라가 항구 공원 지나 오리엔탈 빌리지 방향, 또는 택시 이용 시간 08:30~18:00 전화 04-959-1855 홈페이지 panoramalangkawi.com/oriental-village

마친창산 전망대

Machinchang MT Observatory

랑카위 전경이 한눈에 들어오는 전망대

해발 708m의 마친창산 남동쪽 아래에서 전망대까지 케이블카인 스카이 캡(Sky Cab)을 타고 경사 42도로 700m 이상을 올라간다. 케이블카가 올라가는 동안 발밑으로 열대 우림이 펼쳐지고 케이블카 창밖으로는 멀리 텔라가 항구 공원, 랑카위 앞바다가 한눈에 들어온다. 중간 경유지에서 도착해, 스카이 브리지까지 걷거나 새로 생긴 소형 모노레일 스카이글라이드(SkyGlide)을 이용할 수 있다. 정상에 다다르면 남북으로 2개의 전망대, 구름다리인 스카이 브리지가 나타난다.

주소 Langkawi Cable Car Terminal, Oriental Village 시간 스카이 캡 09:30~18:00 요금 스카이 캡 왕복 RM82.5, 스카이글라이드 RM16 전화 04-959-4225

스카이 브리지

Sky Bridge

007 영화에 등장할 듯한 기묘한 구름다리

마친창산 정상의 스카이 캡(Sky Cab) 정류장 옆 계곡에 있는 현수교로, 2004년 완공하였다. 현수교는 S자 모양으로 생겼고 중간에 높이 80m의 첨탑이 있다. 다리의 길이는 125m로, 세계에서 가장 긴 굴곡 있는 현수교이다. 티켓은 산 정상의 스카이 캡 정류장에서 구입하면 된다.

주소 Sky Bridge, Machncang Mt. 요금 RM6

6D 시네모션
6D Cinemotion

4D를 넘어 6D의 세계로!

아시아 최초 6D 체험장으로 4D를 넘어 6D라는 환상의 세계로 인도한다. 입체 안경을 끼고 체험장 안으로 들어가 특수 제작된 의자에 착석하면 화면에 현란한 3D 화면이 펼쳐지고 이어 화면에 따라 의자가 제멋대로 움직인다. 체험장에 바람이 불고 비눗방울이 날리기도 한다. 근처에는 4D 체험장인 스카이 렉스(Sky Rex)도 있다.

주소 SkyCab, Oriental Village 교통 오리엔탈 빌리지 스카이 캡 역에서 바로 시간 09:00~19:00, 쇼 15분 요금 RM16

세븐 웰스 폭포
Seven Wells Waterfall

폭포 물웅덩이에서 반신욕

마친창산 남동쪽에 있는 폭포로, 케이블카인 스카이 캡을 타고 올라가는 중간에 산 중턱의 커다란 바위 지대처럼 보이는 곳이 세븐 웰스 폭포이다. 요정들의 집이었다는 세븐 웰스 폭포는 급한 경사로를 따라 올라가면 나오는데 넓은 바위 지대에 설악산 십이선녀탕을 연상케 하는 여러 개의 움푹 파인 물웅덩이가 있다. 이들 물웅덩이는 여행 온 서양인들의 물놀이 장소로 애용된다. 폭포 근처에 간이 탈의실이 있으니 물놀이 준비를 해 와도 좋다. 폭포에서 마친창산, 폭포 아래 열대 우림을 보는 조망도 좋은 편이다.

주소 Air Terjun Telaga Tujuh, Telaga Harbour Park 교통 오리엔탈 빌리지 초입에서 도보 40분 시간 08:30~19:30 요금 입장료 무료 / 오토바이 주차 RM1 전화 012-570-0104

세븐 웰스 폭포 하단

시원한 폭포 웅덩이에서 물놀이하기

세븐 웰스 폭포 입구에서 가까운 곳에 세븐 웰스 폭포 하단이 있다. 이곳은 절벽을 이루어 폭포를 형성하고 있으나 물줄기는 바위를 적시는 정도이다. 사람들은 폭포 구경보다는 폭포 하단의 작은 물웅덩이나 웅덩이 아래쪽의 큰 물웅덩이에서 물놀이를 한다. 수영복을 착용하고 가서 말레이시아 아이들과 물장난을 치며 놀아 보자.

주소 Air Terjun Telaga Tujuh, Telaga Harbour Park 교통 세븐 웰스 폭포 입구에서 세븐 웰스 폭포 방향으로 조금 올라간 뒤 좌회전, 세븐 웰스 폭포 하단 방향으로 도보 5분

랑카위 악어 모험 랜드 Crocodile Adventureland Langkawi

사육사 앞에서 순한 양이 되는 악어 쇼 관람

랑카위 서쪽 다타이 베이 방향에 위치한 악어 테마파크로 3,000여 마리의 악어를 사육하고 있다. 평소에는 잠자는 듯 움직이지 않는 악어가 먹이를 보고는 민첩하게 움직이는 모습이 섬뜩하다. 악어 쇼는 각 구역마다 수시로 열리는데 사육사가 악어 콧등 간질이기, 악어 입에 머리 넣기 등을 선보인다.

주소 Crocodile Adventureland Langkawi, Jalan Datai 교통 판타이 체낭 · 텡아에서 렌터카나 오토바이 이용, 텔라가 항구 공원 지나 랑카위 악어 모험 랜드 방향, 또는 택시 이용 시간 09:30~18:00 요금 어드벤처 콤보 RM48~ 전화 04-950-2061

테무룬 폭포 Air Terjun Temurun

숲길 지나 폭포까지 트레킹하기

랑카위 악어 모험 랜드에서 다타이 베이 방향에 있는 폭포로, 숲길을 20여분 올라가면 커다란 바위 절벽에서 흘러내리는 폭포를 볼 수 있다. 폭포 밑 물웅덩이에서 물놀이를 하거나 쉬기 좋으나 한적하므로 일행과 함께 가는 것이 좋고 늦은 시간까지 머물지 않도록 한다.

주소 Hutan Lipur Air Terjun Temurun 교통 판타이 체낭 · 텡아에서 렌터카나 오토바이 이용, 랑카위 악어 모험 랜드 지나 다타이 베이, 테무룬 폭포 방향, 또는 택시 이용 시간 07:00~19:00 요금 무료

마수리 묘 Makam Mahsuri

기구했던 마수리 여인의 일생

지금으로부터 약 200년 전, 마수리라는 여인이 랑카위섬의 왕자와 결혼했으나 부정을 저질렀다는 의심을 받자 자결했다고 한다. 마수리 묘는 마수리 묘 입구 왼쪽에 있는 민속 음악을 연주하는 곳(여성 밴드), 오른쪽에 마수리의 이야기를 전하는 박물관, 앞쪽 중앙의 둥근 원 안에 있는 마수리의 묘, 그리고 마수리의 집과 마수리의 우물 등이 있는 전통 마을인 크다 빌리지 등으로 이루어져 있다. 마수리 묘 뒤쪽에도 전통 음악을 연주하는 팀(남성 밴드)이 있다. 전통 음악은 6음계로 두드리는 사론(Saron), 우리의 징 비슷한 아공(Agong)과 공(Gong), 장구 비슷한 겐당(Gendang), 7개의 솥 비슷한 쿠린탄간(Kulintangan) 등으로 연주된다.

주소 Lot FF8, Jalan Persiaran Putra 교통 판타이 체낭 · 텡아에서 렌터카나 오토바이 이용, 117번 → 116번 → 112번 → 119번 → 120번 도로 이용, 랑카위섬 중앙의 마수리 묘 방향, 또는 택시 이용(약 20분 소요) 시간 08:00~18:30 요금 성인 RM12, 어린이 RM7

농업 기술 공원 Agro Technology Park/Taman Agroteknologi

투어를 신청하면 미니 과일 뷔페가 무료

랑카위섬 중앙에 있는 농업 기술 공원으로, 주로 열대 과일을 재배·연구하는 곳이다. 입구를 지나면 트럭을 개조한 견학 차량에 올라 가이드의 안내에 따라 시계 반대 방향으로 공원을 둘러본다. 입구 오른쪽으로 망고스틴, 잭 프루트, 포멜로, 망고, 구아바, 람부탄, 스타 프루트, 드래곤 프루트, 두리안 등이 있고, 오른쪽으로는 파인애플, 허브 정원 등이 있다. 도중에 휴게소에 내려 이곳에서 재배되는 여러 열대 과일을 맛볼 수 있고 견학 차량이 출구 쪽에 도착한 뒤에는 자유 탐방을 할 수 있다. 공원 내 캠프장에서 캠핑을 하거나 가이드 정글 트레킹도 추천한다.

주소 Jalan Padang Gaong, Lubuk Semilang, Kedah Darul Aman 교통 마수리 묘에서 렌터카나 오토바이로 동쪽 방향으로 가다가 좌회전하여 샛길 이용, 152번 도로에서 좌회전하여 농업 기술 공원 방향 시간 08:30~16:30(목 ~15:00), 금요일 휴무 요금 입장료 RM20, 농장 투어 RM20, 가이드 정글 트레킹 RM20, 텐트 대여 RM40 전화 04-953-2550, 04-955-3855 홈페이지 tatml.mardi.gov.my

Restaurant & Café

랑카위에 여러 레스토랑이 있으나 쿠아 타운의 호텔 말레이시아 레스토랑에서 인도 요리, 판타이 체낭의 텔라가 시푸드에서 해산물 요리, 판타이 텡아의 운카이잔에서 덴푸라와 우동, 텔라가 항구 공원의 마레 블루 이탈리안 레스토랑에서 피자와 파스타를 맛보기를 추천한다.

쿠아 타운

찰리스 플레이스 Charlie's Place

로열 랑카위 요트 클럽 건물 아래쪽에 있는 레스토랑 겸 바로, 바다 쪽으로 툭 튀어 나온 데크(Deck) 형식으로 되어 있어 바다를 조망하기 좋다. 요트가 서양 사람들에게 익숙한 해양 스포츠여서인지 요트 클럽에 속한 찰리스 플레이스에는 온통 서양 사람들로 북적인다. 서양인들이 바에서 맥주나 칵테일잔을 들고 수다를 떠는 모습은 말레이시아에서 보기 드문 광경이다. 메뉴는 샐러드, 스테이크 같은 양식 위주이고 맥주, 칵테일, 와인 같은 주류도 있다. 연인이라면 해 질 무렵 바닷가 자리에서 프러포즈를 해도 낭만적일 듯하다.

주소 Royal Langkawi Yacht Club, Jalan Dato Syed Omar, Kuah 교통 쿠아 제티 포인트에서 남쪽 요트 클럽 방향, 도보 3분 시간 07:00~22:00 메뉴 샐러드, 스테이크, 스파게티 등 전화 04-961-1396 홈페이지 langkawiyachtclub.com

하루 스토리 Haroo Story Korean Restaurant

랑카위 페어 쇼핑몰 내에 있는 한국 음식점이다. 메뉴는 김치찌개, 군만두, 뚝배기 불고기, 짜장면, 볶음밥, 떡볶이 등 식사에서 분식까지 다양하다. 랑카위 여행 중에 한국 맛이 그립다면 들러 보자.

주소 Langkawi Fair Shopping Mall, 21, Persiaran Putera Kuah 교통 레젠다 파크에서 도보 5분 / 쿠아 제티 포인트에서 도보 10분 시간 11:30~21:00 메뉴 김치찌개 RM40, 군만두 RM30, 뚝배기 불고기 RM45 전화 012-514-0049

쿠아 타운 시푸드 Kuah Town Seafood

쿠아 타운에서 해산물 요리로 유명한 레스토랑이다. 현지에서 잡은 생선으로 튀기고 찌고 굽는 요리가 다 맛있으며, 특히 살이 통통하게 오른 새우 요리를 놓치지 말자. 요리를 맛본 뒤 마무리는 볶음밥으로!

주소 33 persiaran dayang Kuah 교통 랑카위 페어에서 북쪽으로 택시 5분 시간 11:30~15:00, 17:30~22:30 메뉴 생선튀김·찜·구이, 새우볶음, 닭구이 등 전화 012-472-2420

시크릿 레시피 Secret Recipe

랑카위 페어 입구 옆에 있는 레스토랑으로 말레이시아식은 물론 파스타, 피자도 낸다. 쇼핑센터 내에 있어 실내가 넓고 쾌적하며, 음식도 일정 수준 이상이어서 즐겁다. 식후라면 커피나 음료를 마시며 시간을 보내도 좋다.

주소 GF 6B, Langkawi Fair Shopping Mall, Persiaran Putera 교통 랑카위 페어 내, 바로 시간 10:30~22:00 메뉴 볶음밥과 면, 치킨, 파스타, 피자 RM20 내외

피닉스 중식당 Phoenix Chinese Restaurant

베이뷰 호텔 지상층에 위치한 중식당으로, 조식으로 뷔페를 내고 중식과 석식으로 중국 요리와 스팀보트 뷔페를 낸다. 스팀보트 뷔페는 매콤하고 담백한 두 가지 육수에 조개, 오징어, 소시지, 어묵, 채소 등을 데쳐 먹는 것으로, 육수와 어우러진 재료의 맛을 느낄 수 있다. 여러 재료를 어느 정도 맛본 후 쫄면, 넓적한 면, 당면 등 다양한 면 중에서 한두 가지를 골라 익혀 먹고, 망고 푸딩, 수박, 멜론 같은 디저트로 마무리한다. 석식이 시작하는 저녁 6시에 입장하면 손님이 많지 않아 여유롭게 식사를 즐길 수 있다.

주소 Jalan Pandak Mayah 1, Pusat Bandar Kuah 교통 야시장에서 도보 1분 / 랑카위 퍼레이드에서 도보 5분 시간 조식 06:30~10:30, 중식 11:30~14:30, 석식 18:00~23:00 메뉴 중식 RM20 내외, 스팀보트 RM35 (세금+서비스 차지 16% 추가) 전화 04-966-1818

원더랜드 Wonderland

야시장에서 메인 도로인 잘란 파당 맛시랏(Jalan Padang matsirat)으로 나와, 벨라 비스타 워터프런트 방향으로 한 블록 들어간 곳에 있다. 시푸드 전문 레스토랑으로 중국식으로 조리된 로브스터, 게, 새우 요리 등이 먹을 만하다. 단, 시푸드 식당에서는 100g당 가격이 어느 정도인지 잘 따져 보고 주문하자. 로브스터나 대게 같은 것은 생각보다 많은 요금이 나올 수 있다.

주소 Pusat Dagangan Kelana Mas, Kuah 교통 야시장에서 벨라 비스타 워터프런트 방향, 메인 도로에서 한 블록 아래, 도보 5분 시간 18:00~22:30 메뉴 로브스터, 게, 새우, 생선 등 전화 012-467-4515

호텔 말레이시아 레스토랑
Hotel Malaysia Restaurant

랑카위 퍼레이드 건너편에 위치한 인도 레스토랑으로 남·북 인도 요리를 낸다. 인도 레스토랑에서 단품을 주문하기보다 바나나잎 식사 같은 세트 요리를 시키면 다양한 인도 요리를 한 번에 맛볼 수 있어 좋다. 음료로는 우유 넣은 홍차인 차이, 유산균 음료 라시 등을 주문해 보자.

주소 No. 66, Pokok Asam, Kuah 교통 야시장에서 랑카위 퍼레이드 방향, 도보 5분 / 쿠아 제티 포인트에서 택시로 5분 메뉴 바나나잎 식사(비채식) RM12, 바나나잎 식사(채식) RM8, 토사이 마살라 RM3.5, 로티 차나이 RM1 전화 017-559-9350

랑카위 퍼레이드 푸드코트
Langkawi Parade Food Court

랑카위에서 가장 큰 쇼핑센터인 랑카위 퍼레이드 3F에 위치한 푸드코트로, 말레이식, 중식, 양식 등을 맛볼 수 있어 좋다. 랑카위 퍼레이드 쇼핑을 마치고 들르면 좋고 한 사람이 한 가지 요리를 주문하기보다 2~3명이 3~4가지의 요리를 주문해 여러 음식을 맛보는 것이 낫다.

주소 3F, Langkawi Parade, A14-15, Batu 3/4 Pakok Asam, Kuah 교통 플라자 랑카위에서 잘란 파당 맛시랏(Jalan Padang Matsirat) 이용, 북서쪽 랑카위 퍼레이드 방향, 도보 5분 시간 10:00~21:30 메뉴 말레이식, 중식, 양식 등 RM10 내외 전화 04-966-5017 홈페이지 www.langkawi-parade.com

랑카위 동부

시푸드 아니스 Sea Food Anis

랑카위섬 북쪽 탄중 루 해변에 있는 레스토랑으로 말레이식과 태국식 요리를 낸다. 주위에 기념품이나 튜브를 파는 상점이 있을 뿐 다른 식당이 없으므로 탄중 루 해변에 놀러 왔다면 이용해야만 하는 식당이다. 간단히 볶음밥이나 똠양, 나시 르막(덮밥) 정도 맛보면 좋고 시원한 음료를 마시며 시간을 보내도 괜찮다.

주소 Tanjung Rhu Beach, Mukim Ayer Hangat 교통 렌터카 또는 렌트 오토바이로 쿠아 타운에서 잘란 아이르 항갓(Jalan Ayer Hangat) 이용, 아이르 항갓 빌리지 지나 원형 교차로에서 북쪽 탄중 루 해변 방향 / 판타이 체낭에서 랑카위섬 중앙의 잘란 울루 믈라카(Jalan Ulu Melaka) 이용, 원형 교차로에서 북쪽 탄중 루 해변 방향 시간 10:00~19:00, 화요일 휴무 메뉴 말레이 요리, 태국 요리, 음료 전화 017-593-9031

판타이 체낭

야스민 시리아 레스토랑 Yasmin Syrian Restaurant

판타이 체낭에서 카사 델 마 호텔 방향에 있는 시리아 레스토랑이다. 간단히 중동 요리를 내는 레스토랑으로 생각하면 될 듯. 메뉴는 후무스(병아리콩 요리), 팔라펠(병아리콩 완자), 무타벨(가지 속살 디핑 소스), 피타(넓적빵), 치킨과 양구이 등이 있다. 이색적인 맛을 찾는다면 방문해 볼 만하다.

주소 Pantai Cenang Kampung Lubok Buaya 교통 언더워터 월드에서 카사 델 마 호텔 방향, 도보 10분 시간 12:00~24:00 메뉴 후무스(병아리콩 요리), 팔라펠(병아리콩 완자), 무타벨(가지 속살 디핑 소스), 피타(넓적빵) 전화 011-2148-0461

3 아미고스 3 Amigos

판타이 체낭의 말리베스트 리조트 부근에 있는 멕시코 레스토랑으로, 나초와 샐러드의 조화를 맛볼 수 있는 나초 피에스타, 안심과 닭 가슴살, 새우, 채소를 볶아 토르티야(옥수수 전병)로 싸먹는 파히타스(Fajitas), 닭고기와 쇠고기를 토르티야에 넣고 채소와 치즈를 얹은 타코(Taco) 등 군침이 도는 메뉴가 많다.

주소 Lot 1225, Pantai Chenang, Mukim kedawang 교통 언더워터 월드에서 카사 델 마 호텔 방향, 도보 5분 시간 10:00~20:00 메뉴 타코스(Tacos) RM25, 파히타스(Fajitas) RM59, 치즈 파스타 RM22

벨라 레스토랑 Bella Restaurant

판타이 체낭에서 카사 델 마 호텔 방향에 있는 말레이시아 레스토랑이다. 메뉴는 나시 아얌(닭고기 덮밥), 나시 고렝(볶음밥), 미 고렝(볶음면), 모이 섭(닭고기 죽) 등으로 가격 저렴하고 양 많은 가성비 요리이다.

주소 Jalan Pantai Chenang, Kampung Lubok Buaya 교통 언더워터 월드에서 카사 델 마 호텔 방향, 도보 5분 시간 07:15~15:15, 화요일 휴무 메뉴 나시 아얌(닭고기 덮밥), 나시 고렝(볶음밥), 미 고렝(볶음면), 모이 섭(닭고기 죽)

푸투마요 레스토랑 Putumayo Restaurant

말리베스트 리조트 부근에 있으며, 진갈색의 가건물이지만 비교적 세련된 인테리어를 자랑한다. 전체적인 메뉴 콘셉트는 오리엔탈 시푸드와 바비큐 크루진이다. 두툼한 스테이크가 먹음직스럽고 여기에 버터 새우구이를 더하면 이보다 좋을 수 없다. 물론 시원한 맥주 한잔 빠지면 섭섭!

주소 Lot 1584, Pantai Chenang, Mukim kedawang 교통 언더워터 월드에서 카사 델 마 호텔 방향, 도보 5분 시간 11:00~23:30 메뉴 블랙 페퍼 스테이크 RM40, 새우 요리 RM28, 샐러드 RM12(서비스 차지 10% 추가) 전화 14:00~23:00

와룽 커피 랑카위 Warung Coffee Langkawi

체낭 몰 인근에 위치한 커피점 겸 간이 식당이다. 밥 메뉴는 나시 르막(Nasi Lemak)인데 코코넛 밀크를 넣어 지은 밥과 반찬을 한 접시에 놓고 먹는 음식이다. 밥이 아니면 브렉퍼스트나 토스트, 에그 메뉴를 맛보아도 좋다. 커피도 한 잔 곁들이는 것은 물론이다!

주소 Hadapan AB Motel, Jalan Pantai Chenang 교통 언더워터 월드에서 체낭 몰 방향, 도보 5분 시간 07:30~24:00 메뉴 커피, 토스트, 나시 르막(밥과 반찬), 블랙퍼스트

텔라가 시푸드 Telaga Seafood Restaurant

판타이 체낭에서 알려진 해산물 레스토랑이다. 보통 생선, 로브스터, 게 중에서 한 가지 요리를 시키고 볶음밥 정도 주문하면 적당하다. 단, 생선, 로브스터, 게의 조리는 우리 입맛에 맞기 어려운 면이 있으니 주위에 어떻게 조리했는지 보고 똑같이 해 달라고 하자.

주소 Telaga Seafood Restaurant, Jalan Pantai Chenang 교통 언더워터 월드에서 카사 델 마 호텔 방향, 도보 5분 시간 16:00~24:00 메뉴 생선, 로브스터, 게, 새우 요리 전화 013-350-8171

와룽 DE 체낭 Warung DE Cenang

판타이 체낭 거리에 있는 말레이시아 레스토랑이다. 전형적인 길가 식당으로 일반인과 관광객이 섞여 왁자지껄하다. 메뉴는 나시 고렝, 나시 캄푸르, 나시 르막 등이고 국 비슷한 것을 주문하려면 똠양을 시켜 보자. 단, 너무 완벽한 서비스는 바라지 말자.

주소 16, Jalan Pantai Chenang 교통 언더워터 월드에서 체낭 몰 방향, 도보 5분 시간 15:00~23:00, 화요일 휴무 메뉴 나시 고렝(볶음밥), 나시 캄푸르(덮밥), 나시 르막(밥과 반찬) 전화 017-456-2905

마이 프렌치 팩토리 MY French Factory

체낭 몰 옆에 있는 디저트 숍으로 크레페와 와플을 전문으로 한다. 크레페와 와플에는 초콜릿, 누텔라, 캐러멜, 바나나, 코코넛, 피넛 같은 토핑을 올려 먹을 수도 있다. 토핑을 여러 가지 올릴수록 가격이 올라가고 점점 식사 같은 간식이 된다.

주소 Jalan Pantai Cenang-G/F of the Langgura Baron Resort 교통 언더워터 월드에서 체낭 몰 방향, 도보 5분 시간 11:00~23:00(금 휴무) 메뉴 크레페, 와플 RM15~23 내외 전화 04-955-5196

아르티산 피자 Artisans Pizza

판타이 체낭 북쪽에 위치한 피자집이다. 메뉴는 피자, 파스타, 버거, 샐러드 등이 있는데 무난하게 먹기에는 피자나 파스타가 낫다. 햄버거나 샐러드는 토핑이나 소스가 입에 맞지 않을 수도 있다.

주소 Lot 1230, Pantai Cenang 교통 언더워터 월드에서 체낭 몰 방향, 도보 14분 시간 14:00~24:00, 목요일 휴무 메뉴 피자, 파스타, 버거, 샐러드 전화 04-955-1232

레드 토마토 Red Tomato

언더워터 월드에서 판타이 텡아 방향에 있는 레스토랑으로 이곳 야외 좌석은 여러 나무와 화분으로 아늑하게 꾸며 놓았다. 메뉴는 샐러드에서 피자, 파스타까지 이탈리안 요리 위주다. 화덕에서 구운 피자와 알맞게 삶은 파스타가 맛있다.

주소 Jalan Pantai Chenang, Pantai Cenang 교통 언더워터 월드 지나 판타이 텡아 방향, 도보 5분 시간 09:00~22:30 메뉴 카르보나라 RM24.5, 샌드위치 RM11.5, 마르게리타 피자 RM20(서비스 차지 10% 추가) 전화 012-513-6046 홈페이지 www.redtomatolangkawi.com

판타이 텡아

이스탄불 레스토랑 Istanbul Restaurant

판타이 텡아 북쪽 삼거리 부근에 있는 터키 레스토랑으로 케밥, 피자, 샐러드, 커피 등을 낸다. 여행하며 말레이시아 요리, 동남아 요리를 어느 정도 먹어 보았다면 매콤한 케밥에 진한 커피 한 잔이 입맛을 돋울 수 있을 것이다.

주소 Jalan Pantai Tengah, Pantai Tengah 교통 선 카페에서 삼거리 방향, 도보 8분 시간 12:00~익일 04:30 메뉴 케밥, 피자, 샐러드, 커피 전화 012-748-5736

히든 랑카위 Hidden Langkawi

파크 로열 랑카위 리조트 아래쪽에 자리한 서양식 레스토랑이다. 메뉴는 피시 앤 칩스, 버거, 파스타, 샐러드, 피자 등으로 부담 없이 먹을 수 있는 것들이다. 저녁에는 판타이 텡아 바다가 보이는 야외 테이블에서 맥주 한잔을 해도 즐겁다.

주소 2461, Jalan Pantai Tengah 교통 판타이 텡아 해변 북쪽, 파크 로열 랑카위 리조트 아래, 바로 시간 12:00~24:00 메뉴 피시 앤 칩스, 버거, 파스타, 샐러드, 피자 전화 012-557-0570

인디안 키친 랑카위 Indian Kitchen Langkawi

판타이 텡아 해변 북쪽에 위치한 인도 레스토랑이다. 어쩌면 로컬 음식보다 호불호가 없는 것이 인도 음식일 수 있다. 커리와 탄두리 치킨, 난, 볶음밥인 비르야니, 밥과 커리, 반찬이 쟁반에 나오는 탈리 세트까지 하나같이 먹음직스럽다.

주소 No. 5, Jalan Teluk Baru, 15, Jalan Pantai Tengah 교통 판타이 텡아 해변 북쪽, 파크 로열 랑카위 리조트 아래, 바로 시간 12:00~22:30 메뉴 커리, 탄두리 치킨, 난, 탈리 세트(밥과 커리, 반찬), 비르야니(볶음밥) 전화 012-316-5010

레드 스카이 레스토랑 & 바 Red Sky Restaurant & Bar

판타이 체낭에서 판타이 텡아로 넘어왔을 따름인데 말레이 레스토랑보다 양식 레스토랑이 많은 느낌이다. 이곳 역시 피자, 파스타, 버거 등을 내는 양식 레스토랑 겸 바이다. 그 때문인지 서양인 손님이 많은 편! 한밤에 시원한 맥주를 마시기도 좋은 곳이다. 때때로 라이브 공연이 열리기도 한다.

주소 Red Sky @ Villa Molek Jalan Teluk Baru, Jalan Pantai Tengah 교통 인디안 키친 랑카위 바로 옆 시간 16:00~24:00, 화요일 휴무 메뉴 피자, 파스타, 버거, 샐러드, 맥주 전화 04-952-3641

하루 한식당 Haroo Korean Resturant

예전 판타이 체낭에 있는 한국 식당이 판타이 텡아로 옮겼다. 메뉴는 김치찌개, 된장찌개, 불고기 등이 있으며 이국 땅에서 한국의 맛을 즐길 수 있어 즐겁다. 한국 식당이라고 해도 물은 공짜가 아니니 음료를 주문해 마셔야 한다.

주소 Lot 31, Jalan Pantai Tengah, Jl. Teluk Baru 교통 판타이 텡아 중간, 바로 시간 12:00~21:45 메뉴 김치찌개, 된장찌개, 불고기, 잡채 전화 012-514-0049

아랑 바비큐 & 그릴 Arang BBQ & Grill

판타이 텡아 중간에 위치한 중동 레스토랑이다. 메뉴는 꼬치인 사테, 병아리 콩 요리인 후무스, 병아리 콩 완자인 팔라펠, 버거, 닭/양구이 등으로 다양하다. 조금 색다르지만, 먹어보면 먹을만한 중동 요리를 체험해 보자.

주소 Jl. Teluk Baru, Langkawi 교통 하루 한식당 옆 시간 12:00~23:00 메뉴 사테(꼬치), 후무스(병아리콩 요리), 팔라펠(병아리콩 완자), 버거 전화 04-952-3111

운카이잔 일식당 Unkaizan Japanese Restaurant

판타이 텡아 남쪽 언덕에 있는 일식당으로, 정통 일식 요리를 낸다. 일식당 한쪽에는 수족관이 있어 신선한 생선과 새우 등을 직접 볼 수 있다. 메뉴는 스시, 사시미(생선회), 장어구이, 덴푸라(튀김), 우동, 살로인 스테이크 세트 등 다양하여 입맛에 따라 골라 먹는 재미가 있다.

주소 Lot 395, Jalan Telok Baru, Pantai Tengah 교통 선 카페에서 남쪽, 운카이잔 일식당 방향, 도보 5분 시간 18:00~22:30, 화~수요일 휴무 메뉴 스시, 사시미, 장어구이, 덴푸라, 우동, 세트 메뉴 등 전화 04-955-4118 홈페이지 www.unkaizan.com

랑카위 서부

로프 페르다나 콰이 The Loaf Perdana Quay

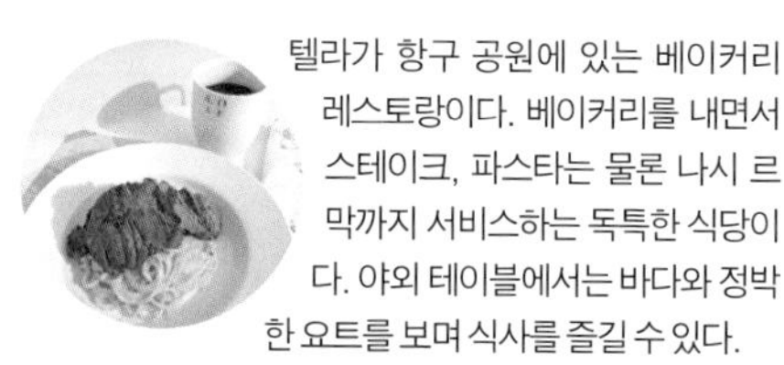

텔라가 항구 공원에 있는 베이커리 레스토랑이다. 베이커리를 내면서 스테이크, 파스타는 물론 나시 르막까지 서비스하는 독특한 식당이다. 야외 테이블에서는 바다와 정박한 요트를 보며 식사를 즐길 수 있다.

주소 C9, Perdana Quay, Telaga Harbour Park, Jalan Pantai Kok 교통 판타이 체낭 · 텡아에서 렌터카나 오토바이 이용, 랑카위 국제공항을 지나 텔라가 항구 공원 방향 또는 택시 이용 시간 09:00~18:00 메뉴 베이커리, 스테이크, 파스타, 나시 르막 전화 04-950-2101 홈페이지 www.theloaf.asia

마레 블루 이탈리안 레스토랑 Mare Blu Italian Restaurant

텔라가 항구 공원 요트 정박지에 중국풍 시푸드에서부터 이탈리아식, 소련식(USSR) 메뉴를 내는 식당가가 있어 시원한 바람이 부는 야외 좌석에서 원하는 요리를 맛볼 수 있다. 그 중 마레 블루 레스토랑은 연일 사람들로 북적이는 인기 레스토랑 중 하나이다. 정통 이탈리아의 라비올리 파스타나 설로인 스테이크, 마르게리타 피자 등을 주문하고 하우스 와인도 한 잔하면 더 바랄게 없다.

주소 Telaga Harbour Park, Pantai Kok 교통 판타이 체낭 · 텡아에서 렌터카나 오토바이 이용, 랑카위 국제공항 지나 텔라가 항구 공원 방향 또는 택시 이용 시간 11:00~23:00 메뉴 라비올리 파스타 RM42, 설로인 스테이크 RM42, 마르게리타 피자 RM40(서비스 차지 10% 추가) 전화 04-959-3830

마리나 피자 라운지 Marina Pizza Lounge

텔라가 항구 공원에 위치한 피자 레스토랑이다. 실내가 넓어 쾌적하고 창으로 보이는 바다가 사원해 보인다. 식사로 화덕 피자를 먹거나 저녁 때 맥주 한잔 하기 좋은 곳이다.

주소 Langkawi Eco Marine Park Telaga Harbour Park 교통 텔라가 항구 공원에서 바로 시간 10:30~20:00, 수요일 휴무 메뉴 피자, 프렌치 프라이, 맥주 전화 017-321-3739

저먼 푸드 코너 German Food Corner

오리엔탈 빌리지에 생뚱맞게 독일 레스토랑이 영업을 하고 있다. 가장 독일다운 요리는 슈니첼로, 독일식 돈가스라고 보면 된다. 그 외에도 스테이크, 파스타, 소세지 등의 메뉴가 있다. 메뉴 중에는 프렌치 프라이와 함께 나오는 것이 많다.

주소 Oriental Village, Telaga Harbour Park 교통 판타이 체낭·텡아에서 렌터카나 오토바이 이용, 텔라가 항구 공원 지나 오리엔탈 빌리지 방향, 또는 택시 이용 시간 10:00~18:00 메뉴 커피, 스테이크, 스파게티, 슈니첼(돈가스) 전화 017-380-2657

마르하바 랑카위

Restaurant Marhaba Langkawi

오리엔탈 빌리지 내 시푸드&중동 레스토랑이다. 생선찜이 없고 생선구이만 있는 것을 보니 동아시아쪽 레스토랑은 아닌 모양이다. 해산물을 주로 구이로 낸다. 중동식 해산물 요리가 생소하면 닭이나 양구이, 스파게티 같은 범용적인 요리를 주문해 보자.

주소 Oriental Village, Telaga Harbour Park 교통 오리엔탈 빌리지 내 시간 09:00~20:15 메뉴 닭/양구이, 해산물 요리, 스파게티 전화 018-919-8780

악어 모험 랜드 카페

Crocodile Adventure Land Cafe

랑카위 서쪽 다타이 베이 가는 길에 위치한 악어 모험 랜드에 있는 레스토랑이다. 이곳에서는 볶음밥, 나시 르막(덮밥), 볶음국수, 치킨 버거 등 간단히 먹을 수 있는 음식을 선보인다. 근처에 식당이 없으므로 식사 때라면 식사를 하고 둘러보자.

주소 Langkawi Crocodile Farm, Jalan Datai 교통 판타이 체낭·텡아에서 렌터카나 오토바이 이용, 텔라가 항구 공원 지나 악어 모험 랜드 방향, 또는 택시 이용 시간 09:30~18:00 / 악어 쇼 수시로 메뉴 볶음밥, 나시 르막(밥과 반찬), 볶음국수 등 전화 04-950-2061

Bar & Club

랑카위에서 나이트라이프를 즐기기 좋은 곳은 판타이 체낭 해변으로, 바와 클럽이 모여 있다. 고급 업소로는 카사 델 마 호텔의 라살 칵테일 바와 클리프, 대중 업소로는 해변의 옐로우 비치 카페, 엘 토로 랑카위 등이 있어 즐거운 시간을 보내기 좋다.

판타이 체낭

라살 풀 바 La Sal Pool Bar

카사 델 마 호텔 야외 수영장 옆에 있는 칵테일 바로, 실내가 아닌 노천 바이다. 바다에서 불어오는 시원한 바람을 맞으며 칵테일 한 잔 놓고 친구 또는 연인과 즐거운 대화를 나누기 좋다. 이곳에서 자랑하는 칵테일은 벨리니(CDM Bellini), 모히토(Apple & Cinnamon Mojito), 마티니(Tom Yam Martini) 등이 있다.

주소 Jalan Pantai Cenang, Pantai Cenang Mukim Kedawang 교통 언더워터 월드에서 카사 델 마 방향으로 도보 10분 시간 07:00~11:00, 12:00~23:00 메뉴 벨리니, 모히토, 마티니 등 전화 04-955-2388 홈페이지 www.casadelmar-langkawi.com

말리말리 비치 바 Mali Mali Beach Bar

해변에서 푹신한 의자에 앉아 석양을 바라보며 시원한 맥주 한잔을 할 수 있는 곳이다. 비치 바이므로 음식의 맛은 크게 기대하지 말 것. 이곳에서 식사보다는 간단히 술 한잔하는 것을 추천한다.

주소 Jalan Pantai Chenang, Pantai Cenang 교통 라살 풀바 남쪽, 도보 2분 시간 24시간 메뉴 맥주, 칵테일, 스낵 등 전화 013-980-9378

옐로 비치 카페 Yellow Beach Cafe

판타이 체낭 중간 체낭 몰 건너편에 있는 카페로 저녁 시간에 문을 연다. 해변에 있어 시원한 맥주를 들고 모래사장에 앉거나 누워도 상관없다. 저녁마다 열리는 밴드의 공연을 즐기며 랑카위의 밤을 보내기 좋은 곳이다.

주소 Jalan Pantai Chenang, Pantai Cenang 교통 체낭 몰 건너편 바닷가. 언더워터 월드에서 도보 5분 시간 17:00~01:00 메뉴 맥주, 칵테일, 스낵 등 전화 012-459-3190 홈페이지 www.yellowbeachcafe.com

클리프 The Cliff Restaurant & Bar

언더워터 월드 뒤쪽에 바닷가 만처럼 나온 곳에 레스토랑 겸 바가 있다. 레스토랑에서는 퓨전 말레이식과 양식 요리를 맛볼 수 있고 바다 쪽 데크의 디리프(D'Reef) 존에서는 맥주나 칵테일을 마시기 좋다. 저녁 무렵 바다 쪽으로 떨어지는 석양을 감상하는 데 최적의 장소이기도 하다.

주소 Lot 63 & 40, Jalan Pantai Chenang 교통 언더워터 월드 뒤쪽 바닷가 시간 12:30~22:00 메뉴 퓨전 말레이 요리, 양식, 음료, 맥주, 칵테일 등 전화 04-953-3228 홈페이지 theclifflangkawi.com

엘 토로 랑카위 El Toro Langkawi

체낭 몰 내에 위치한 멕시칸 레스토랑이다. 흥겨운 멕시코 분위기 속에 매콤한 멕시칸 요리를 맛보기 좋은 곳! 때때로 라이브 공연이 열리기도 한다. 멕시칸 요리는 식사로도 좋지만, 맥주 안주로도 제격이다.

주소 Cenang Mall, FF4, Lot 2605, Jalan Pantai Cenang Pantai Cenang 교통 체낭 몰 내 시간 12:30~익일 02:00 메뉴 타코스, 퀘사디아, 부리토, 음료, 맥주, 칵테일 등 전화 012-345-8770 홈페이지 www.eltoro.my

Spa & Massage

대중 스파로는 쿠아 타운에 알룬 알룬 스파 베이뷰 호텔점, 판타이 체낭에 더 스파, 후루사토 스파 판타이 체낭점, 판타이 텡아에 스리 데위 스파, 아이르 스파 등이 있고, 고급 스파로는 리조트 내의 타라스 스파, 다타이 스파 등이 있어 가격, 서비스에 따라 선택하기 좋다.

쿠아 타운

헤븐리 스파 HEAVENLY SPA

웨스틴 랑카위 리조트 & 스파 내에 있는 고급 스파로, 웨스틴에서 운영한다. 스파 카테고리에는 배스(Bath), 뷰티, 보디 트리트먼트, 마사지, 스킨케어, 스파 패키지 등이 있다. 고급 스파에서 발 마사지나 전신 마사지를 받는 것보다 보디 트리트먼트, 스키 케어, 스파 패키지 등 고급 서비스를 받는 것이 고급 스파를 잘 이용하는 방법이다. 여느 스파와 달리 요가 룸이 있어 요가로 심신을 달련할 수도 있다.

주소 The Westin Langkawi Resort & Spa, Jalan Dato Syed Omar, Kuah 교통 쿠아 제티 포인트에서 도보 15분 또는 택시 이용 시간 09:00~12:00 요금 프레나탈 마사지(45분) RM280, 루루 보디 글로(1시간) RM330, 스파 패키지 드림(2시간 50분) RM700 전화 04-960-8861 홈페이지 www.westinlangkawi.com/spafacilities-heavenlyspa

스파 숍 The Spa Shop

잘란 판닥 마야 5 거리에 있는 스파용품 판매점으로, 스파에 쓰이는 오일, 비누, 샴푸뿐만 아니라 스카프, 가방 등도 취급한다. 오일은 라벤더, 베르가모트, 마조람, 캐모마일 등 종류가 다양하고, 다양한 성분의 비누가 비치되어 있다. 태국의 나라야 가방을 연상케 하는 가방은 색색의 천으로 되어 있는데 꽤 고급스럽게 보인다.

주소 No. 52, Jalan Pandak Mayah 5, Pusat Bandar Kuah 교통 잘란 판탁 마야 5(Jalan Pandak Mayah 5) 거리에서 바로 시간 10:00~21:00, 금요일 휴무 전화 04-966-8078

알룬 알룬 스파 베이뷰 호텔점 Alun Alun Spa

베이뷰 호텔 L3층에 위치한 스파로 랑카위 판타이 체낭, 판타이 텡아 등에도 분점이 있다. 은은한 분위기의 스파 룸이 깔끔하고 마사지사의 서비스 수준이 높아 손님들의 만족도가 크다. 리조트 스파 같은 럭셔리한 분위기를 따지지 않는다면 이곳에서 비교적 저렴한 가격에 고급 스파 패키지를 서비스 받아도 좋을 것이다.

주소 L3, Bayview Hotel, Jalan Pandak Mayah 1, Pusat Bandar Kuah 교통 쿠아 제티 포인트에서 택시 이용 / 랑카위 퍼레이드에서 도보 5분 시간 12:00~23:00 요금 사운드 블리스 마사지(1시간) RM180, 허벌 오일 마사지(1시간) RM150, 풋 릴렉싱(45분) RM88 전화 04-966-9366 홈페이지 www.alunalunspa.com

벨리스 스파 Bellis Spa Langkawi

잘란 판닥 마야 쇼핑 거리에서 랑카위 퍼레이드 가는 길에 위치한 스파로, 말레이 전통 마사지, 발 마사지, 스파 등의 메뉴가 있다. 깔끔하게 꾸며진 스파 룸은 마사지나 스파를 받기에 좋고 마사지사의 서비스도 나쁘지 않은 편이다.

주소 No 41, Langkawi Mall, Jalan Kelibang, Mukim Kuah 교통 잘란 판닥 마야 쇼핑 거리에서 랑카위 퍼레이드 방향으로 도보 5분 시간 11:00~23:00 요금 말레이 전통 마사지(1시간) RM98, 발 마사지(1시간) RM55, 스파 패키지(2시간) RM138~148 전화 04-966-0089

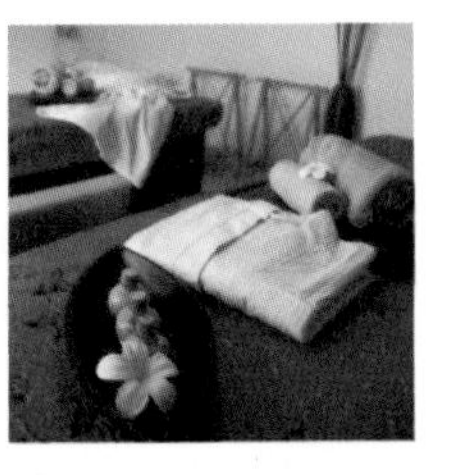

랑카위 동부

지오 스파 The Geo Spa

포시즌 리조트 내에 있는 고급 스파로, 노리시먼트 트리트먼트(Nourishment Treatments), 워터 트리트먼트, 라이트 트리트먼트, 에어 트리트먼트, 요가, 살롱 서비스 등의 카테고리가 있다. 각 카테고리 내에는 보디 마사지, 오일 마사지, 보디 스크랩 등의 세부 메뉴가 있는데 설명은 다소 어렵게 적어 놓았다. 럭셔리하고 깔끔한 스파 룸에서 수준 높은 마사지사의 서비스를 받을 수 있다.

주소 Four Seasons Resort, Jalan Tanjung Rhu, Tanjung Rhu 교통 포시즌 리조트 프런트에서 도보나 골프 카트 이용 시간 10:00~21:00 요금 지오 크리스탈 풋 릴렉스(1시간) RM380, 머스컬 비고 & 바이탈리티(2시간) RM900, 우룻 멜라위(1시간) RM380 전화 04-950-8888 홈페이지 www.fourseasons.com/langkawi

삿카라 스파 Satkara Spa

카사 델 마 호텔 내에 있는 고급 스파로, 편안하고 럭셔리한 스파 룸에서 마사지와 스파로 심신의 안정을 가져다준다. 스파 메뉴는 발 마사지, 전신 마사지, 페이셜 트리트먼트, 보디 트리트먼트, 스파 패키지 등으로 되어 있다. 스파 운영 시간은 10:00~15:00와 15:00~19:00로 나뉘는데 전자의 시간대에 조금 더 저렴하다.

주소 Jalan Pantai Cenang, Pantai Cenang Mukim Kedawang 교통 언더워터 월드에서 카사 델 마 방향으로 도보 10분 시간 10:00~19:00 메뉴 마사지(1시간) RM120, 아로마 퓨어 페이셜(1시간) RM139, 보디 랩(1시간 30분) RM238 전화 04-955-2388 홈페이지 www.casadelmar-langkawi.com

알룬 알룬 스파 판타이 체낭점 Alun Alun Spa

쿠아 타운의 베이뷰 호텔과 판타이 체낭에 분점을 둔 스파로, 랑카위 스파 중 중급 스파에 속한다. 마사지와 스파 메뉴도 다양하고 서비스를 하는 마사지사의 수준도 높은 편이다. 랑카위에서 후루사토 스파와함께 괜찮은 중급 스파로 꼽힌다.

주소 Lot 48, Jalan Pantai Cenang, Mukim Kedawang 교통 언더워터 월드에서 카사 델 마 방향으로 도보 10분 시간 월~목 12:00~22:00, 금~일 12:00~23:00 메뉴 사운드 블리스 마사지(1시간) RM180, 허벌 오일 마사지(1시간) RM150, 풋 릴렉싱(45분) RM88 전화 04-953-3838 메뉴 www.alunalunspa.com

테라타이 Teratai

판타이 체낭에서 체낭 몰 방향에 있는 마사지 숍으로 오후에 시작해 늦은 밤까지 영업을 한다. 이곳에서도 역시 가볍게 발 마사지나 전신 마사지를 받는 것이 좋다. 오일 마사지의 경우 탈의하는 번거로움이 있으니 건식 마사지가 편할 수 있다.

주소 Jalan Pantai Cenang, Pantai Cenang 교통 언더워터 월드에서 체낭 몰 방향으로 도보 5분 시간 14:00~23:00 메뉴 발 마사지(30분) RM38, 전신 마사지(1시간) RM90 전화 017-546-8263

판타이 텡아

스리 데위 스파 Sri Dewi Spa

판타이 텡아 북쪽 아세아니아(Aseania) 리조트 내에 있는 스파로, 깔끔한 스파 룸과 수준 있는 서비스를 제공하는 곳이다. 스파 메뉴는 전신 마사지인 스리 말레이 트래디셔널, 보디 스크랩인 스리 보디 폴리시, 허벌 마사지인 스리 허벌 볼, 우유 목욕과 마사지인 밀크 배스 & 마사지 등이 있다.

주소 Jalan Pantai Tengah, Pantai Tengah 교통 선 카페에서 판타이 체낭 방향으로 도보 5분 시간 11:00~23:00 요금 스리 말레이 트레디셔널(1시간) RM130, 스리 보디 폴리시(1시간) RM95, 스리 허벌 볼(30분) RM60 전화 012-633-2232 홈페이지 www.aseanialangkawiresort.com

후루사토 스파 Furusato Spa

판타이 텡아의 선 카페, 툴시 가든 레스토랑이 있는 상가에 자리한 스파다. 이곳은 실내가 편안하게 꾸며져 있어 이용하기 좋다. 전신 마사지나 아로마테라피보다는 여러 가지 서비스를 한 번에 받을 수 있는 스파 패키지를 이용하는 것도 괜찮다.

주소 Sunmall, Jalan Teluk Baru, Pantai Tengah 교통 삼거리 또는 홀리데이 빌라 비치에서 선 카페 방향으로 도보 5분 시간 13:00~22:00 요금 말레이 전통 마사지(1시간) RM130, 아로마테라피(1시간) RM130, 보디 스크랩 & 랩(1시간) RM100 전화 04-955-6968

알룬 알룬 스파 판타이 텡아점 Alun Alun Spa

판타이 텡아의 트로피컬 리조트 앞 상가에 위치한 중급 스파로, 판타이 체낭, 쿠아 타운의 베이뷰 호텔에 분점이 있다. 전신 마사지, 아로마테라피, 스파 패키지 등 어느 서비스를 받아도 만족도가 높다. 후루사토 스파와 함께 믿을 만한 스파 체인이다.

주소 Tropical Resort, Jalan Teluk Baru, Mukim Kedawang 교통 선 카페에서 트로피컬 리조트 방향으로 도보 5분 시간 12:00~23:00 요금 발 마사지(30분) RM55, 사운드 블리스 마사지(1시간) RM180, 란나 패키지(2시간) RM280 전화 04-955-5570 홈페이지 www.alunalunspa.com

선 스파 Sun Spa

판타이 텡아의 트로피컬 리조트 남쪽에 있는 스파로, 말레이 전통 목조 가옥 형태로 되어 있다. 스파 메뉴는 아로마 오일 마사지, 보디 스크랩 & 랩, 선번 페이셜, 스파 패키지 등으로 구성된다. 열대 지역 여행 시 얼굴이나 팔뚝이 햇볕에 타기 쉬우므로 선번 페이셜 같은 서비스로 관리하는 것도 좋다.

주소 Jalan Pantai Tengah, Pantai Tengah 교통 삼거리 또는 홀리데이 빌라 비치에서 도보 5분 시간 13:00~22:00 요금 아로마 오일 마사지(1시간) RM108, 보디 스크랩 & 랩(1시간) RM108, 선번 페이셜(1시간) RM128 전화 017-419-9676

아모아라스 스파 Amoaras Spa

판타이 텡아 남쪽, 홀리데이 빌라 리조트 내에 있는 스파로, 시설이 럭셔리하고 깔끔하다. 스파는 여행으로 인한 육체의 피로를 줄여 줄 뿐 아니라 정신적 안정을 가져다주기도 하므로 여행 중에 한 번쯤 스파 서비스를 받는 것이 좋다.

주소 Lot 1698, Pantai Tengah, Mukim Kedawang 교통 선 카페에서 홀리데이 빌라 리조트 방향으로 도보 8분 시간 10:00~22:00 요금 아모아라스 릴렉세이션 마사지(1시간 30분) RM168, 발 마사지(1시간) RM88, 보디 스크랩(1시간) RM106 전화 04-952-9999 홈페이지 www.holidayvillahotellangkawi.com

위안 스파 Yuan Spa

판타이 텡아 중간에 위치한 스파로 선 스파와 가깝다. 여러 마사지 룸은 리조트 룸처럼 깔끔하여 마사지 받기 좋다. 여성 여행객에게 남자 마사지사가 배정된 경우, 원하지 않으면 바꿔 달라고 하면 된다.

주소 MK, Jalan Pantai Tengah 교통 선 스파에서 남쪽으로 도보 3분 시간 12:30~21:30 요금 발 마사지, 전신 마사지, 핫스톤 마사지, 페이셜 전화 04-955-2828

더 스파 The Spa

텔라가 항구 공원 내 더 다나 랑카위 리조트에서 운영하는 스파이다. 리조트 스파답게 마사지 룸은 고급스럽고 편안한 느낌을 준다. 마사지사 역시 유니폼을 갖춰 입고 깔끔하게 서비스를 해준다.

주소 The Danna Langkawi, Pantai Kok, Langkawi 교통 판타이 체낭·텡아에서 렌터카나 오토바이 이용, 텔라가 항구 공원 지나 더 다나 리조트 방향, 또는 택시 이용 시간 09:00~23:00 요금 발 마사지, 전신 마사지, 핫스톤 마사지, 스파 패키지 전화 04-959-3288 홈페이지 www.thedanna.com

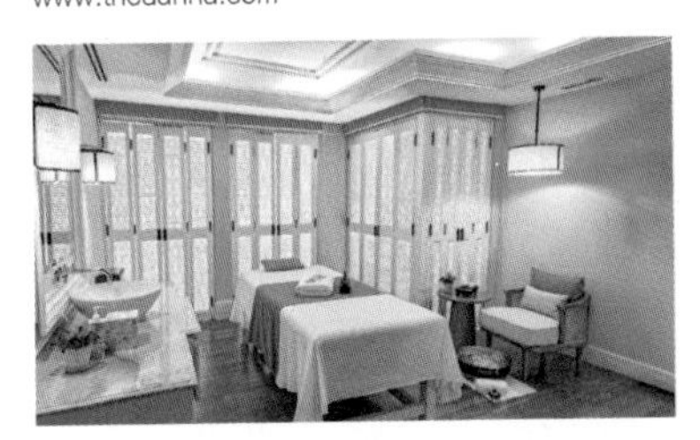

타라스 스파 Taaras Spa

랑카위 미친창산 남쪽, 버자야 랑카위 리조트 내에 있는 고급 스파로, 마사지, 보디 스크랩, 보디 랩, 페이셜, 핸드 & 풋, 시그니처 패키지(스파) 등의 스파 카테고리를 갖고 있다. 실내의 럭셔리하고 깔끔한 스파 룸이나 실외의 비치 베드 등 원하는 곳에서 마사지를 받을 수 있어 좋다.

주소 Berjaya Langkawi Resort, Karung Berkunci, Burau Bay 교통 판타이 체낭·텡아에서 렌터카나 오토바이 이용, 텔라가 항구 공원 지나 버자야 랑카위 리조트 방향, 또는 택시 이용 시간 10:00~18:00 요금 마사지·보디 스크랩 & 랩·스파 패키지 등 RM100~ 전화 04-959-1888(내선 2) 홈페이지 www.thetaaras.com

리츠 칼튼 스파 The Ritz-Carlton Spa

랑카위 공항을 지나 텔라가 하버로 가는 산비탈에 자리한 리츠 칼튼은 전형적인 고립형 호텔(리조트)이다. 이곳 스파는 산을 내려가 바닷가에 있어 은밀한 분위기를 자아낸다.

주소 PT 313 Jalan Pantai Kok, Teluk Nibung Langkawi 교통 판타이 체낭·텡아에서 렌터카나 오토바이 이용, 텔라가 하버 방향, 또는 택시 이용 시간 11:00~20:00 요금 마사지, 바디 트리트먼트, 페이셜, 뷰티 등 전화 04-952-4888 홈페이지 www.ritzcarlton.com/en/hotels/lgkrz-the-ritz-carlton-langkawi

다타이 스파 The Datai Spa

랑카위 서쪽 다타이 베이의 다타이 리조트 내에 있는 고급 스파로, 스파 패키지인 렘붓 마사지, 말레이 보디 스크랩, 서브틀 에너지 페이셜 등의 스파 메뉴를 제공한다. 가격은 비싸지만 수준 높은 스파 서비스를 받을 수 있어 좋다. 고급 스파일수록 스파 메뉴가 어려우니 충분히 상담하고 이용하자.

주소 Jalan Datai, Teluk Datai, Langkawi 교통 판타이 체낭·텡아에서 렌터카나 오토바이 이용, 랑카위 악어 모험 랜드 지나 다타이 베이, 다타이 호텔 & 리조트 방향, 또는 택시 이용 시간 10:00~19:00 요금 렘붓 마사지(1시간) RM350, 말레이 보디 스크랩(45분) RM270, 서브틀 에너지 페이셜(1시간 30분) RM540 전화 04-950-0500 홈페이지 www.thedatai.com

Hotel & Resort

시내인 쿠아 타운에는 고급 리조트나 호텔부터 중저가 호텔까지 다양한 숙소가 있다. 해변인 판타이 텡아와 판타이 체낭에도 숙소가 몰려 있는데, 고급 리조트나 고급 호텔뿐만 아니라 중저가 숙소도 많아 선택의 폭이 넓은 편이다. 공항에서 가까운 서부에는 한적하게 시간을 보낼 수 있는 고급 리조트가 많이 들어서 있다.

쿠아 타운

웨스틴 랑카위 리조트 & 스파 The Westin Langkawi Resort & Spa

쿠아 제티 포인트 남쪽에 위치한 고급 리조트로, 세계적인 리조트 & 호텔 체인 웨스틴에서 운영한다. 리조트는 작은 만에 고립되어 외부인의 출입이 어려우므로 한적한 시간을 보내기 좋다. 객실은 슈피리어 룸에서 스위트, 빌라까지 다양하고 바다가 보이는 야외 수영장에서는 물놀이를 하거나 일광욕을 즐겨도 괜찮다. 호텔 내 헤븐리 스파(HEAVENLY SPA), 레스토랑 안중 다마이(Anjung Damai), 플로트(Float), 시즈널 테이스트(Seasonal Tastes), 스플래시(Splash), 타이드(Tide) 등이 있어 이용하기 편리하다.

주소 Jalan Dato Syed Omar, Kuah 교통 쿠아 제티 포인트에서 도보 15분 또는 택시 이용 요금 슈피리어 룸 RM670 전화 04-960-8888 홈페이지 www.marriott.com/hotels/lgkwi-the-westin-langkawi-resort-and-spa

벨라 비스타 워터프런트 Bella Vista Waterfront Langkawi

야시장과 랑카위 퍼레이드 사의 바닷가에 위치한 리조트로, 고성을 닮은 외관으로 눈길을 끈다. 객실은 딜럭스 룸에서 스위트 룸까지 228개를 보유하고 있고 시뷰 룸의 경우 바다로 떨어지는 석양을 감상하기 좋다. 호텔 내 야외 수영장에서 물놀이를 하거나 일광욕을 즐겨도 괜찮다. 인근 야시장이나 랑카위 퍼레이드로 가기에도 편리하다.

주소 Persiaran Mutiara Dagangan Kelana Mas, Kuah 교통 야시장 또는 랑카위 퍼레이드에서 도보 5분 요금 딜럭스 룸 RM159 전화 04-966-2800

베이뷰 호텔 Bayview Hotel

고급 호텔

쿠아 타운의 랑카위 퍼레이드와 알하나 모스크 사이에 위치한 호텔로, 슈피리어 룸부터 스위트 룸까지 282개의 룸을 보유하고 있다. 호텔 주요 시설로는 야외 수영장, 알룬 알룬 스파, 말레이 메뉴와 인터내셔널 메뉴를 두루 맛볼 수 있는 레스토랑 플라밍고(Flamingo), 중식당 피닉스(Phoenix), 칵테일 한잔하기 좋은 우드페커 라운지(Woodpecker Lounge) 등이 있다. 호텔 인근 야시장, 여러 면세점이 있는 잘란 판닥 마야 거리, 쇼핑센터 랑카위 퍼레이드 등으로 가기도 편리하다.

주소 Jalan Pandak Mayah 1, Pusat Bandar Kuah 교통 쿠아 제티 포인트에서 택시 이용 / 랑카위 퍼레이드에서 도보 5분 요금 슈피리어 시뷰 룸 RM360 전화 04-966-1818 홈페이지 bhl.bayviewhotels.com

바하기아 호텔 Bahagia Hotel

고급 호텔

랑카위 퍼레이드와 베이뷰 호텔 사이에 위치한 호텔로, 메인 도로에서 한 블록 안쪽에 있어 조용하고 스탠더드 룸에서 스위트 룸까지 168개의 객실을 보유하고 있다. 호텔 내에는 조식부터 석식까지 제공하는 레스토랑 바하기아 커피하우스(Bahagia Coffee House)가 있고, 호텔 인근에는 레스토랑 완타이 랑카위(Wan Thai Langkawi), 파키스탄과 인도 요리를 내는 레스토랑 오아시스(Oasis) 등이 있어 이용에 불편이 없다.

주소 78, Persiaran Bunga Raya, Kuah 교통 쿠아 제티 포인트에서 택시 이용 / 랑카위 퍼레이드에서 도보 3분 요금 스탠더드 룸 RM390 전화 04-969-8899 홈페이지 www.hotel-bahagia.com

랑카수카 호텔 Langkasuka Hotel

고급 호텔

랑카위의 대표적인 쇼핑센터 랑카위 퍼레이드 옆에 있어 찾기 편하다. 객실은 슈피리어 룸에서 스위트 룸까지 168개를 보유하고 있고 시뷰 룸의 경우 바다 쪽으로 넘어가는 석양을 볼 수 있어 좋다. 호텔 내 랑카수카 커피하우스(Langkasuka Coffeehouse)에서 조식으로 뷔페, 중식과 석식으로 말레이 메뉴, 인터내셔널 메뉴를 선보이고 있어 입맛에 따라 메뉴를 선택할 수 있다. 호텔 옆 랑카위 퍼레이드에 영화관, 슈퍼마켓, 백화점 등이 있어 이용하기 편리하다.

주소 14 Jalan Pandak Mayah 4, Kuah 교통 쿠아 제티 포인트에서 택시 이용 / 야시장에서 랑카위 퍼레이드 방향으로 도보 5분 요금 슈피리어 룸 RM240 전화 04-966-6828 홈페이지 www.hotellangkasuka.com

그랜드 콘티넨탈 호텔 Grand Continental Hotel

고급 호텔

랑카위 퍼레이드 옆에 위치한 호텔로, 슈피리어 룸에서 스위트 룸까지 193개의 객실을 보유하고 있다. 호텔 주요 시설로는 야외 수영장, 레스토랑인 스리 다양 커피하우스(The Sri Dayang Coffee House) 등이 있어 이용에 불편함이 없다. 지상층에 중국풍의 마사지 숍이 있으니 이용해도 좋으나 기술이 뛰어난 태국 마사지를 생각했다면 조금 실망할 수도 있다.

주소 Lot 398, MK. Kuah, Keilbang, 07000 Kuah 교통 쿠아 제티 포인트에서 택시 이용 / 야시장에서 랑카위 퍼레이드 방향으로 도보 5분 요금 슈피리어 룸 RM136 전화 04-966-0333 홈페이지 www.grandconlangkawi.com

아시아 호텔 Asia Hotel

알하나 모스크에서 랑카위 퍼레이드 방향에 위치한 호텔로, 슈피리어 룸에서 패밀리 룸까지 다양한 객실을 보유하고 있다. 객실은 침대, 욕실, TV 등 기본 시설에 충실하다. 인근 알하나 모스크, 잘란 판닥 마야 쇼핑 거리, 야시장 등으로 가기도 편리하다.

주소 3 & 4, Jalan Persiaran Putra, Kuah 교통 알하나 모스크에서 도보 3분 요금 슈피리어 룸 RM98 전화 04-969-2288

푸트라 호텔 Putra Hotel

중저가 호텔

알하나 모스크에서 랑카위 퍼레이드로 가는 길가에는 중저가의 호텔이 여럿 있어 여행자의 발길을 이끈다. 그중 푸트라 호텔은 길가에 있어 찾기 쉽다. 침대, 욕실 등 기본 시설에 충실한 객실을 보유하고 있어 하룻밤 보내기에 충분하다.

주소 Jalan Persiaran Putra, Kuah 교통 알하나 모스크에서 도보 3분 요금 스탠더드 룸 RM55 전화 04-966-3564

1바론 모텔 1 Baron Motel

아시아 호텔 인근에 위치한 호텔로, 13개의 객실을 보유하고 있다. 객실은 침대, TV, 욕실 등 기본 시설에 충실하다. 인근 알하나 모스크, 잘란 판닥 마야 쇼핑 거리, 야시장 등으로 가기 편리하다.

주소 No.64,Bandar Baru Baron(U/F), Kuah 교통 알하나 모스크에서 도보 3분 요금 더블 룸 RM68 전화 04-969-2560

바론 호텔 Baron Hotel

호텔 외관에 말레이시아 국기를 그려 넣어 멀리서도 찾기 쉽다. 객실은 침대, TV, 욕실 등 기본 시설에 충실하여 이용하는 데 불편이 없다. 호텔 건너편 잘란 판닥 마야 쇼핑 거리의 면세점이나 레스토랑, 카페로 가기 편리하다.

주소 2, Jalan Lencongan Putra 3, Mukim Kuah 교통 알하나 모스크에서 페르시아란 푸트라(Persiaran Putra) 이용하여 북서쪽 방향, 렌콘간 푸트라 3(Lencongan Putra 3) 도로에서 우회전해 도보 5분 요금 스탠더드 룸 RM100 전화 04-966-2000 홈페이지 www.barongrouphotels.com

시틴 호텔 Citin Hotel

중저가 호텔

잘란 판닥 마야 쇼핑 거리에서 랑카위 퍼레이드 방향 길가에 위치한 호텔로, 46개의 깔끔한 객실을 자랑한다. 호텔 내 스파에서 마사지를 받으며 여행의 피로를 풀거나 인근 야시장, 잘란 판닥 마야 쇼핑 거리, 랑카위 퍼레이드 등으로 가기에도 편리하다.

주소 3, Jalan Pekan, Kuah 교통 잘란 판닥 마야 쇼핑 거리에서 랑카위 퍼레이드 방향으로 도보 5분 요금 슈피리어 룸 RM100 전화 04-961-1121 홈페이지 www.citinlangkawi.com

나고야 인 Nagoya Inn

중저가 호텔

그랜드 콘티넨탈 호텔 뒤쪽 골목 안에 있는 호텔로, 최근에 리모델링하여 깔끔한 부티크 호텔 느낌이 난다. 객실은 스탠더드 룸에서 패밀리 룸까지 74개를 보유하고 있고 침대, TV, 욕실 등 기본 시설에 충실하다. 호텔 주위에 여러 식당이 있어 식사하기 좋고 마사지 숍에서는 여행의 피로를 풀 수 있다.

주소 40 Jalan Padang Matsirat 교통 랑카위 퍼레이드에서 그랜드 콘티넨탈 호텔 지나 좌회전하여 도보 3분 요금 스탠더드 룸 RM138 전화 04-967-0888 홈페이지 www.langkawinagoyainnhotel.com

랑카위 동부

포시즌 리조트 Four Seasons Resort

고급 리조트

랑카위섬 북쪽 탄중 루 해변에 있는 리조트로, 세계적인 리조트 체인인 포시즌에서 운영한다. 객실은 높은 빌딩이 아닌 저층 빌라 형태를 하고 있어 외딴 휴양지에 온 느낌이 난다. 객실을 나와 바다 쪽으로 조금만 나가면 탄중 루 해변이어서 물놀이를 하거나 일광욕을 즐기기 좋다. 리조트 손님 외에는 해변 출입을 막고 있어 드넓은 해변에 사람이 별로 없다. 리조트 주요 시설로는 지오 스파, 레스토랑 세라이(SERAI), 말레이 레스토랑 이칸-이칸(Ikan-Ikan), 스테이크를 맛볼 수 있는 레스토랑 케라파 그릴(KELAPA GRILL) 등이 있다.

주소 Jalan Tanjung Rhu, Tanjung Rhu 교통 렌터카 또는 오토바이로 쿠아 타운에서 잘란 아이르 항갓(Jalan Ayer Hanggat) 이용, 아이르 항갓 빌리지 지나 원형 교차로에서 북쪽 탄중 루 해변 방향 / 판타이 체낭에서 랑카위섬 중앙의 잘란 울루 믈라카(Jalan Ulu Melaka) 이용, 원형 교차로에서 북쪽 탄중 루 해변 방향 요금 믈라레우카 파빌리온 RM1,728 전화 04-950-8888 홈페이지 www.fourseasons.com/langkawi

판타이 체낭

메리투스 펠랑기 비치 리조트 & 스파 Meritus Pelangi Beach Resort & Spa

고급 리조트

판타이 체낭 북쪽에 위치한 리조트로, 35ac의 부지에 객실은 일반 객실에서 스위트 룸까지 352개를 보유하고 있다. 리조트 주요 시설로는 야외 수영장, 스파, 스파이스 마켓(Spice Market), CBA 등이 있어 이용하기 좋다. 야외 수영장에서 물놀이를 하거나 일광욕을 해도 좋고 판타이 체낭 시내로 가기도 편하다.

주소 Pantai Cenang, Langkawi 교통 언더워터 월드에서 도보 10분 요금 레이크 프런트 룸 RM1,000 전화 04-952-8888 홈페이지 www.pelangiresort.com

카사 델 마 랑카위 Casa Del Mar Langkawi

판타이 체낭 북쪽에 있는 부티크 호텔로, 유럽풍 주황색 지붕이 있는 건물이다. 객실은 일반 객실 없이 딜럭스 스위트에서 스튜디오 스위트까지 넓은 객실 위주로 고풍스럽고 럭셔리하게 꾸며져 있다. 바닷가와 가까운 야외 수영장에서 물놀이를 하거나 일광욕을 하기 좋고 저녁이면 바다로 떨어지는 석양을 감상할 수 있다. 호텔 내 레스토랑 라 살 다이닝(La Sal Dining)에서 스테이크를 맛보거나 칵테일 바에서 시원한 맥주를 마셔도 좋다.

주소 Jalan Pantai Cenang, Pantai Cenang Mukim Kedawang 교통 언더워터 월드에서 도보 10분 요금 카사 시뷰 스튜디오 스위트 RM1,143 전화 04-955-2388 홈페이지 www.casadelmar-langkawi.com

로열 애거트 비치 리조트

Royal Agate Beach Resort

판타이 체낭의 중심인 체낭 몰 인근에 위치한 중저가 호텔이다. 객실에서 바라보는 판타이 체낭 바다가 시원하게 느껴진다. 객실은 생각보다 넓고 깔끔하며 호텔 수영장도 관리가 잘 되어 이용할 만하다.

주소 1659, Jalan Pantai Chenang 교통 체낭 몰 북쪽, 도보 4분 요금 딜럭스 킹 RM189, 딜럭스 패밀리 RM164 전화 04-955-6666 홈페이지 royalagatelangkawi.com

말리베스트 리조트

Malibest Resort

쿠아 타운에 있는 바론(Baron) 호텔 계열 숙소로, 빌라형 숙소와 나무 위에 지어진 트리 하우스를 갖추고 있다. 해변과 가까워 물놀이하러 가기 좋고 리조트 내에 레스토랑이 있어 이용하기 편리하다.

주소 Pantai Cenang, Mukim Kedawang 교통 언더워터 월드에서 카사 델 마 호텔 방향으로 도보 5분 요금 스탠더드 브릭 룸 RM140, 슈퍼 딜럭스 시뷰 RM190 전화 04-955-8222, 04-955-8202 홈페이지 www.malibestresort.com

샌디 비치 리조트 Sandy Beach Resort

판타이 체낭의 체낭 몰 부근에 있는 중급 리조트로, 해변과 접한 방갈로나 샬레, 또는 조금 떨어진 일반 객실을 이용하기 좋다. 해변과 접한 방갈로나 샬레를 이용한다면 해변으로 바로 나갈 수 있어 좋으나 저녁에는 바다의 습한 기운이 많이 느껴지는 단점이 있다.

주소 Jalan Pantai Cenang, Pantai Cenang 교통 언더워터 월드에서 카사 델 마 호텔 방향으로 도보 5분 요금 일반 객실 RM110, 방갈로 RM170, 샬레 RM160 전화 04-955-1308 홈페이지 sandybeachresort.maktiranahotel.com

코티지 랑카위 The Cottage Langkawi

판타이 체낭의 카사 델 마 호텔 부근의 길가에 있는 저가 숙소이다. 숙소는 여느 휴양지에서 볼 수 있는 방갈로로 되어 있다. 저가 숙소의 경우 간혹 방문이나 창문이 제대로 안 잠기는 경우가 있으므로 소지품 보관에 유의한다.

주소 Jalan Pantai Cenang, Kampung Pantai Cenang 교통 언더워터 월드에서 카사 델 마 호텔 방향으로 도보 5분 요금 선풍기 룸 RM45, 에어컨 룸 RM60 내외 전화 017-500-0262

AB 모텔 AB Motel

판타이 체낭 중간에 위치한 중가 숙소로, 메인 도로를 두고 비치 사이드와 로드 사이드 양편에 숙소가 있다. 해변에서 머무는 시간이 많다면 비치 사이드, 외부로 돌아다니는 시간이 많다면 로드 사이드 숙소로 정하는 것이 좋다.

주소 Jalan Pantai Chenang, Pantai Chenang 교통 언더워터 월드에서 텔라가 시푸드 방향으로 도보 5분 요금 비치 사이드 RM150~180, 로드 사이드 룸 RM80~100 전화 04-955-1300 홈페이지 abmotel.weebly.com

카사 피나 파인 홈스 Casa Fina Fine Homes

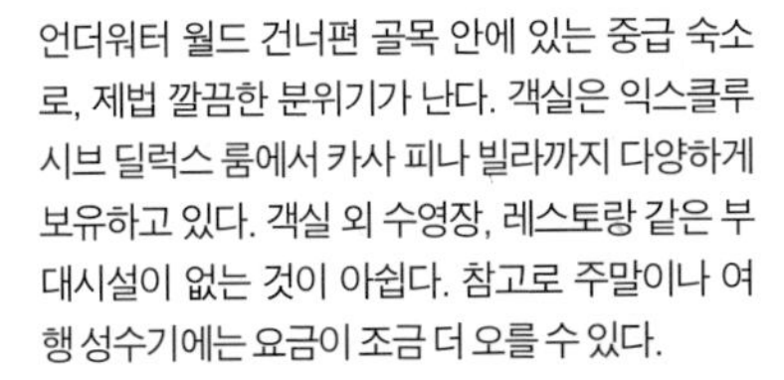

언더워터 월드 건너편 골목 안에 있는 중급 숙소로, 제법 깔끔한 분위기가 난다. 객실은 익스클루시브 딜럭스 룸에서 카사 피나 빌라까지 다양하게 보유하고 있다. 객실 외 수영장, 레스토랑 같은 부대시설이 없는 것이 아쉽다. 참고로 주말이나 여행 성수기에는 요금이 조금 더 오를 수 있다.

주소 Lot 53, Pantai Cenang 교통 언더워터 월드에서 길 건너 골목 안 요금 익스클루시브 딜럭스 룸 RM168 전화 04-953-3555 홈페이지 www.casafina.my

솔루나 게스트하우스 Soluna Guest House

게스트하우스

판타이 체낭 북쪽, 메리투스 펠링기 비치 리조트 부근에 있는 게스트하우스이다. 현지 가옥을 게스트하우스로 이용하고 있는데 객실에 침대뿐이어도 지내는데 크게 불편한 점은 없다. 게스트하우스 주변에 식당도 있고 해변도 걸어갈 수 있어 배낭여행객에는 딱이다.

주소 Lot 1560,Lorong Tok Ariffin 교통 메리투스 펠링기 비치 리조트에서 동쪽으로 도보 3분 요금 도미토리, 더블/트윈 룸 전화 04-952-3668 홈페이지 www.solunaguesthouse.com

판타이 텡아

아세아니아 리조트 & 스파 Aseania Resort & Spa Langkawi

고급 리조트

판타이 체낭과 판타이 텡아 사이의 삼거리 부근에 있는 리조트로, 슈피리어 룸에서 슈퍼 딜럭스 룸까지 다양한 객실을 보유하고 있다. 리조트 부대시설로는 리조트 안쪽의 야외 수영장, 사리 데위(Sari Dewi) 스파, 레스토랑 라구나(Laguna) 등이 있어 이용하기 좋다. 판타이 체낭과 판타이 텡아 중간에 있어 양쪽으로 가기도 편리하다.

주소 Jalan Pantai Tengah, Pantai Tengah 교통 선 카페에서 판타이 체낭 방향으로 도보 5분 요금 슈피리어 룸 RM368 전화 04-955-2020 홈페이지 www.aseanialangkawiresort.com

프랑기파니 랑카위 리조트 & 스파 The Frangipani Langkawi Resort & Spa

고급 리조트

판타이 텡아 북쪽 해변에 있는 리조트로, 딜럭스 룸과 독채 형태의 빌라로 나뉜다. 리조트 야외 수영장에서 쉬거나 해변으로 나가도 좋으나 판타이 체낭보다 사람이 없어 한산하다.

주소 Jalan Pantai Tengah, Pantai Tengah 교통 선 카페에서 판타이 체낭 방향으로 도보 5분 요금 딜럭스 룸 RM522 전화 04-952-0000 홈페이지 frangipanilangkawi.com

빌라 몰렉 Villa Molek

고급 리조트

판타이 텡아 북쪽에 있는 리조트로, 빌라 형태의 2층 건물로 되어 있고 객실은 고급스럽게 꾸며져 있다. 리조트 내 야외 수영장이 있어 물놀이하거나 일광욕을 즐기기 좋고 리조트 앞에 레스토랑 로스테리아, 라와, 스파 숍인 스타 아니스 리플렉설로지 등이 있어 이용하기 편리하다.

주소 Lot 2863, Jalan Teluk Baru, Pantai Tengah 교통 선 카페 북쪽으로 도보 5분 요금 빌라 RM680 전화 04-955-2995 홈페이지 www.villamolek.com

리조트 월드 랑카위

고급 리조트

Resorts World Langkawi

판타이 텡아 남쪽 바다로 돌출된 지역에 위치한 리조트로, 딜럭스 룸에서 스위트 룸까지 다양한 객실을 보유하고 있다. 리조트 주요 시설로는 타만 사리 로열 헤리티지(Taman Sari Royal Heritage) 스파, 레스토랑 시걸 커피하우스(Seagull Coffee house), 제스트(Zest) 등이 있다. 외부와 고립된 만 지역에 있어 외부의 방해를 받지 않고 지낼 수 있어 좋으나 외부 사람이 리조트 내 스파나 레스토랑을 이용하기는 불편한 점이 있다.

주소 138, Jalan Teluk Baru, Pantai Tengah 교통 판타이 텡아에서 남쪽으로 도보 10분 요금 딜럭스 시뷰 룸 RM340 전화 04-955-5111 홈페이지 www.rwlangkawi.com

홀리데이 빌라 비치

고급 리조트

Holiday Villa Beach Resort & Spa

판타이 텡아 남쪽에 위치한 리조트로, 슈피리어 룸에서 스위트 룸까지 다양한 객실을 보유하고 있다. 리조트 주요 시설로는 야외 수영장, 스파, 레스토랑 라젠다(Lagenda) 등이 있어 이용하기 좋다. 리조트 내에는 야자수가 있어 이국적인 풍경을 자아내고 야외 수영장에서 물놀이나 일광욕을 하는 모습은 이곳이 휴양지임을 보여 준다. 고급 리조트에 머문다면 리조트 내의 부대시설을 최대한 이용하는 것이 휴가를 알차게 보내는 한 방법이다.

주소 Lot 1698, Jalan Pantai Tengah, Pantai Tengah 교통 선 카페에서 도보 5분 요금 슈피리어 룸 RM500 전화 04-952-9999 홈페이지 www.holidayvillahotellangkawi.com

트로피컬 리조트 Tropical Resort

판타이 텡아 북쪽에 위치한 중저가 리조트로, 단출한 객실에 침대, 욕실, TV 등 기본 시설을 갖추고 있다. 해변과 가까워 해변으로 나가기 좋고 리조트 앞 공예품점 가야 미나미, 알룬 알룬 스파, 선 카페, 툴시 가든 레스토랑 등으로 가기 편리하다.

주소 Jalan Pantai Tengah, Pantai Tengah 교통 선 카페에서 북쪽 트로피컬 리조트 방향으로 도보 5분 요금 객실 RM173 전화 04-955-4075 홈페이지 www.tropicalresortlangkawi.com

아이리스 생추어리 리조트 Airis Sanctuary Resort

판타이 텡아 중간에 위치한 리조트로, 메인 도로에서 로드사이드 쪽으로 조금 들어간 곳에 리조트가 보인다. 연못 주위로 방갈로 비슷한 객실이 늘어서 있는데 객실이 다소 작다고 느껴지나 이용에 불편함은 없다.

주소 Lot 1534, Pantai Cenang 교통 선 카페에서 도보 5분 요금 스탠더드 트윈 RM103, 딜럭스 더블 룸 RM155 전화 04-955-3666

티 스타 코티지 T star Cottage

판타이 텡아 남쪽 홀리데이 빌라 부근에 있는 숙소로, 선풍기 룸과 에어컨 룸으로 나뉜다. 친구나 연인끼리 여행한다면 게스트하우스보다 이곳을 이용하는 것이 가격 대비 더 낫다. 단, 판타이 체낭으로 나가려면 조금 걸어야 하니 참고하자.

주소 Jalan Pantai Tengah, Mukim Kedawang 교통 선 카페에서 홀리데이 빌라 비치 방향으로 도보 5분 요금 선풍기 룸 RM60~95, 에어컨 룸 RM115~125 전화 012-423-2010 홈페이지 tstarcottage.com

NR 모텔 NR Motel

게스트
하우스

판타이 텡아 중간에 자리한 저가 호텔이다. 외관은 3층 연립주택처럼 생겼는데 각 층마다 테라스가 있어 바다 조망하기 좋다. 마당에는 수영장도 있어 물놀이를 즐기거나 비치 의자에 앉아 시간을 보내도 즐겁다.

주소 54, Jl. Teluk Baru 교통 판타이 텡아 중간, 선 스파에서 바로 요금 트윈 RM110, 퀸 룸 RM118

랑카위 서부

센추리 랑카수카 리조트 랑카위 Century Langkasuka Resort Langkawi

랑카위 국제공항 옆에 위치한 리조트다. 모던한 객실은 편안한 잠자리를 보장해 주고 야외 수영장에서 물놀이를 하거나 일광욕을 즐기기 좋으며 한적한 해변을 산책해도 괜찮다.

주소 Kuala Muda, Mukim Padang Matsirat 교통 판타이 체낭 · 텡아에서 렌터카나 오토바이 이용 요금 더블룸 RM273 전화 04-952-7000

버자야 랑카위 리조트 Berjaya Langkawi Resort

마친창산 남쪽에 위치한 리조트로, 말레이시아 호텔 & 리조트 체인 버자야에서 운영한다. 리조트 객실은 마친창산 기슭의 레인포레스트 샬레과 마친창산 아래 해변의 수상 가옥을 닮은 시뷰 샬레으로 나뉜다. 주요 시설로는 스파, 야외 수영장, 타이 레스토랑 판(Panh), 오리엔탈 펄(Orienatal Pearl), 일식당 미주미(Mizumi), 레스토랑 비치(Beach) 등이 있어 이용하기 좋다. 인근 오리엔탈 빌리지, 텔라가 항구 공원으로 가기도 편리하다.

주소 Karung Berkunci, Burau Bay, Langkawi 교통 판타이 체낭 · 텡아에서 렌터카나 오토바이 이용, 텔라가 항구 공원 지나 버자야 랑카위 리조트 방향, 또는 택시 이용 요금 레인포레스트 샬레 RM680, 시뷰 샬레 RM780 전화 04-959-1888 홈페이지 berjayahotel.com/langkawi

빌라 후탄 다타이 Villa Hutan Datai

랑카위 북쪽 다타이 해변에 위치한 고급 리조트이다. 숲속 수영장을 중심으로 독채 빌라가 산재해 있어 하나의 작은 마을 느낌이 난다. 다른 이에게 방해받지 않고 지내고 싶은 사람에게 꼭 맞는 리조트라고 할 수 있다. 리조트 앞은 다타이 해변으로 주변에 민가가 없어 프라이빗 해변에 가깝다.

주소 Road 5, Jln Teluk Datai 교통 판타이 체낭·텡아에서 렌터카나 오토바이 이용, 랑카위 악어 모험 랜드 지나 다타이 베이 방향, 또는 택시 이용 요금 딜럭스 빌라 RM1,578, 이그제규티브 빌라 RM1,817 전화 04-959-1088 홈페이지 www.villahutandatai.com

다타이 랑카위 The Datai Langkawi

다타이 베이 제일 안쪽에 있는 고립 리조트로, 투숙객 외에는 사람이 없어 해변, 야외 수영장, 레스토랑 등이 비교적 한산하다. 주요 시설로는 다타이 스파, 레스토랑 굴라이 하우스(The Gulai House), 파빌리온(The Pavilion), 다이닝 룸(The Dining Room) 등이 있다. 이곳에 묵는다면 굳이 판타이 체낭이나 쿠아 타운 등으로 나갈 것이 아니라 리조트 내의 시설과 액티비티 프로그램을 적극 이용하는 것이 좋다.

주소 Jalan Datai, Teluk Datai, Langkawi 교통 판타이 체낭 · 텡아에서 렌터카나 오토바이 이용, 랑카위 악어 모험 랜드 지나 다타이 베이 방향, 또는 택시 이용 요금 딜럭스 룸 RM1,619 전화 04-950-0500 홈페이지 www.thedatai.com

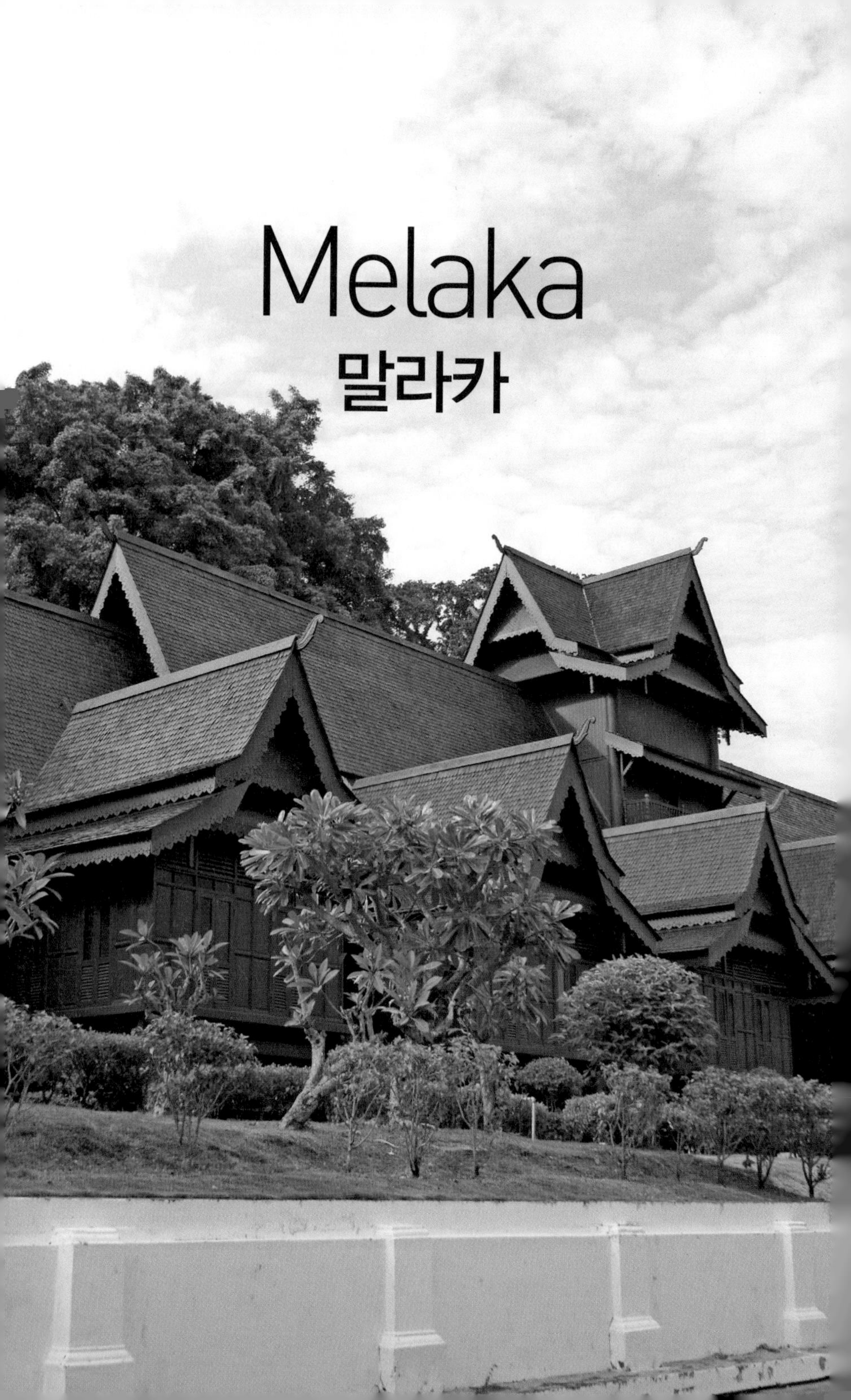

Melaka
말라카

바다 실크 로드의 주요 경유지였던 도시

말레이반도 중남부의 말라카는 오랫동안 한적한 어촌이었으나, 14세기 인근 수마트라섬에서 온 파라메스바라가 이슬람 왕국을 세운 후, 인도양과 남중국해를 잇는 지리적 이점 덕분에 해상 실크 로드의 거점 도시로 성장하였다. 1511년 포르투갈이 말라카를 정복하여 아시아 최초의 유럽 식민지로 삼고 향신료 무역을 독점했으며 기독교 전파를 위한 기지로 만들었다. 이 무렵 명나라의 정화가 이끄는 함대도 말라카를 방문하였는데, 이때부터 중국인들이 말라카로 이주해 살기 시작했으며 현지인과 결혼하여 중국과 말레이 문화가 섞인 페라나칸 문화를 만들었다. 이후 1641년에는 네덜란드, 1824년에는 영국이 차례로 말라카를 정복해 식민지로 삼았다. 이런 역사적 배경 때문에 말라카에는 서양 식민지풍 건물과 중국풍의 건물들이 잘 보존되어 있어 2008년 유네스코에 의해 세계 문화유산으로 지정되었다. 말라카 여행에서 동양과 서양이 공존하고 중국과 말레이가 섞여 독특한 문화를 자랑하는 말라카만의 매력을 찾아보자. 참고로 말라카는 'Malacca' 또는 'Melaka'의 2가지 표기가 통용된다.

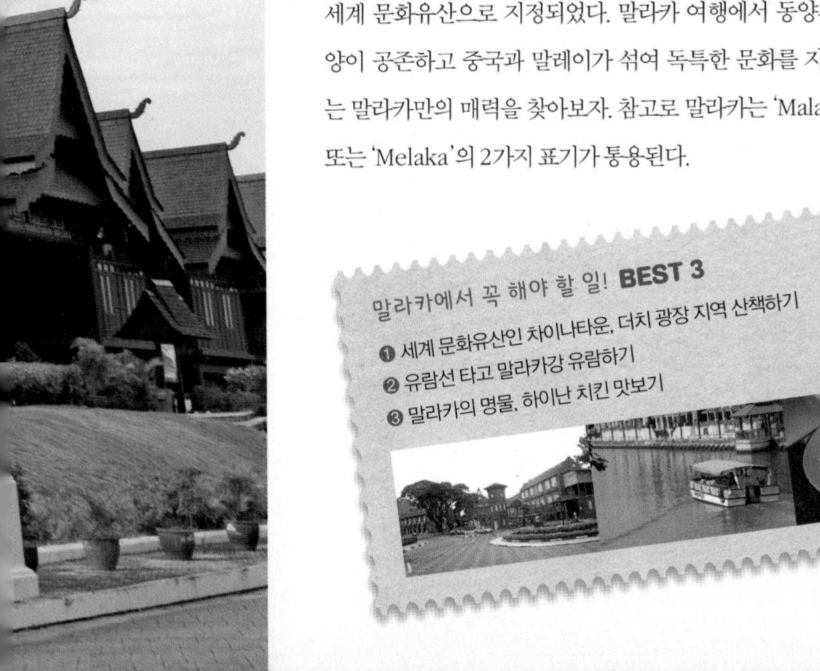

말라카에서 꼭 해야 할 일! **BEST 3**

❶ 세계 문화유산인 차이나타운, 더치 광장 지역 산책하기
❷ 유람선 타고 말라카강 유람하기
❸ 말라카의 명물, 하이난 치킨 맛보기

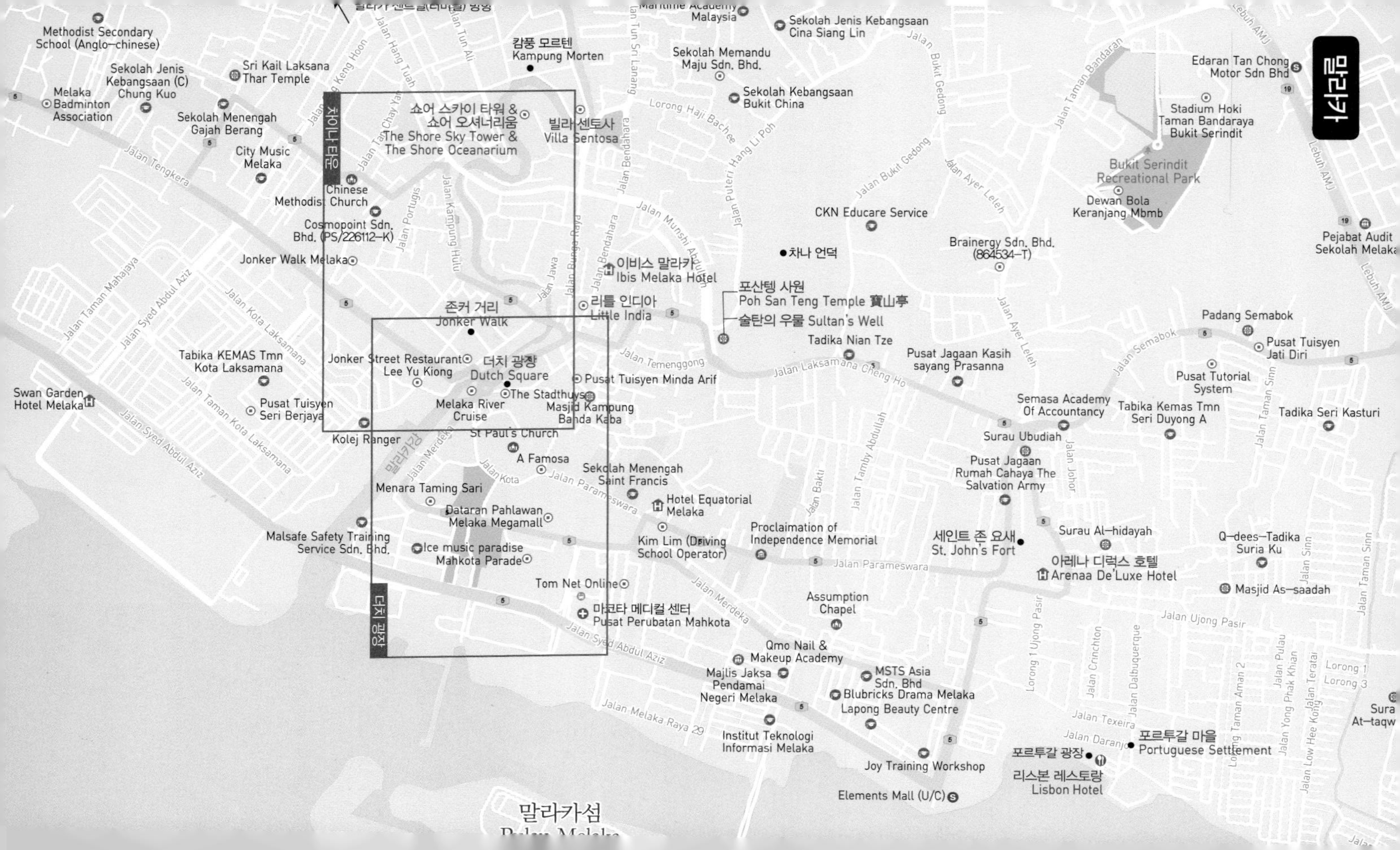
말라카
차이나 타운
더치 광장
Methodist Secondary School (Anglo-chinese)
Sekolah Jenis Kebangsaan (C) Chung Kuo
Melaka Badminton Association
Sri Kail Laksana Thar Temple
Sekolah Menengah Gajah Berang
City Music Melaka
캄풍 모르텐 Kampung Morten
쇼어 스카이 타워 & 쇼어 오셔너리움 The Shore Sky Tower & The Shore Oceanarium
빌라 센토사 Villa Sentosa
Chinese Church
Methodist Church
Cosmopoint Sdn. Bhd. (PS/226112-K)
Jonker Walk Melaka
존커 거리 Jonker Walk
Jonker Street Restaurant
Lee Yu Kiong
더치 광장 Dutch Square
The Stadthuys
Melaka River Cruise
Masjid Kampung Banda Kaba
St Paul's Church
A Famosa
Menara Taming Sari
Dataran Pahlawan Melaka Megamall
Ice music paradise Mahkota Parade
Malsafe Safety Training Service Sdn. Bhd.
Kolej Ranger
Tabika KEMAS Tmn Kota Laksamana
Pusat Tuisyen Seri Berjaya
Swan Garden Hotel Melaka
Tom Net Online
마코타 메디컬 센터 Pusat Perubatan Mahkota
Sekolah Menengah Saint Francis
Hotel Equatorial Melaka
Kim Lim (Driving School Operator)
Proclaimation of Independence Memorial
Assumption Chapel
Qmo Nail & Makeup Academy
Majlis Jaksa Pendamai Negeri Melaka
Institut Teknologi Informasi Melaka
MSTS Asia Sdn. Bhd
Blubricks Drama Melaka
Lapong Beauty Centre
Joy Training Workshop
Elements Mall (U/C)
말라카섬
이비스 말라카 Ibis Melaka Hotel
리틀 인디아 Little India
Pusat Tuisyen Minda Arif
포산텡 사원 Poh San Teng Temple 寶山亭
술탄의 우물 Sultan's Well
차나 언덕
Tadika Nian Tze
Pusat Jagaan Kasih sayang Prasanna
CKN Educare Service
Brainergy Sdn. Bhd. (864534-T)
Maritime Academy Malaysia
Sekolah Jenis Kebangsaan Cina Siang Lin
Sekolah Memandu Maju Sdn. Bhd.
Sekolah Kebangsaan Bukit China
Edaran Tan Chong Motor Sdn Bhd
Stadium Hoki Taman Bandaraya Bukit Serindit
Bukit Serindit Recreational Park
Dewan Bola Keranjang Mbmb
Pejabat Audit Sekolah Melaka
Padang Semabok
Pusat Tuisyen Jati Diri
Pusat Tutorial System
Tadika Seri Kasturi
Tabika Kemas Tmn Seri Duyong A
Semasa Academy Of Accountancy
Surau Ubudiah
Pusat Jagaan Rumah Cahaya The Salvation Army
세인트 존 요새 St. John's Fort
Surau Al-hidayah
아레나 디럭스 호텔 Arenaa De'Luxe Hotel
Q-dees-Tadika Suria Ku
Masjid As-saadah
포르투갈 마을 Portuguese Settlement
포르투갈 광장
리스본 레스토랑 Lisbon Hotel
Sura At-taqw
Jalan Tengkera
Jalan Hang Tuah
Jalan Kota Laksamana
Jalan Taman Kota Laksamana
Jalan Syed Abdul Aziz
Jalan Taman Mahajaya
Jalan Merdeka
Jalan Parameswara
Jalan Laksamana Cheng Ho
Jalan Temenggong
Jalan Bendahara
Jalan Munshi Abdullah
Jalan Puteri Hang Li Poh
Lorong Haji Bachee
Jalan Bukit Gedong
Jalan Ayer Leleh
Jalan Taman Bandaran
Lebuh AMJ
Jalan Semabok
Jalan Johor
Jalan Tamby Abdullah
Jalan Bakti
Jalan Ujong Pasir
Lorong 1 Ujong Pasir
Jalan Melaka Raya 29
Jalan Taman Sinn
Jalan Sinn
Jalan Texeira
Jalan Daranjo
Jalan Crinchton
Jalan Dalbuquerque
Jalan Kota
Jalan Jawa
Jalan Bunga Raya
Jalan Kampung Hulu
Jalan Portugis
Jalan Tan Chay Yan
Jalan Tun Ali
Jalan Tun Sri Lanang
Jalan Keng Hoon

말라카로 이동하기

쿠알라 룸푸르에서 가기

말라카 센트럴

말라카 시내에는 기차역이 없어서 시외버스를 이용해야 한다. 쿠알라 룸푸르 남부의 반다르 타식 셀라탄(Bandar Tasik Selatan) 역 인근에 있는 TBS(Terminal Bersepadu Selatan)에서 말라카행 버스가 운행된다. 버스는 매일 07:00~23:00 사이에 수시로 운행되며, 소요 시간은 약 2시간, 요금은 RM13.6이다. 말라카행 버스편이 많은 회사는 트랜스내셔널 익스프레스(Transnational Express), 메트로버스(MetroBus), KKKL 익스프레스(KKKL Express) 등이고 회사별, 버스 종류별(우등/일반)로 요금이 조금씩 다를 수 있다.

쿠알라 룸푸르의 KLIA 공항에서도 말라카행 버스가 운행된다. 운행 시간은 07:30~01:00, 운행 횟수는 1일 약 11회, 소요 시간은 약 2시간, 요금은 RM21.9이다.
쿠알라 룸푸르에서 출발한 버스는 말라카 시내에서 조금 떨어진 말라카 센트럴(버스 터미널)에 도착한다. 여기서 시내로 들어가려면 말라카 센트럴 내 시내버스 터미널에서 17번 버스(RM1.3)를 이용하여 더치 광장에서 내리면 된다.

다른 지역에서 가기

쿠알라 룸푸르 이외에 말라카행 교통편이 많은 도시는 남쪽의 조호르 바루이다. 조호르 바루의 라르킨(Larkin) 버스 터미널에서 말라카행 버스가 운행되는데, 매일 07:30~21:00 사이에 수시로 운행되며 요금은 RM19이다. 운행 편수가 많은 회사는 KKKL 익스프레스(KKKL Express), 시티 익스프레스(City Express), 델리마(Delima) 등이 있다. 조호르 바루 시내에서 라르킨 버스 터미널까지는 66, 333, 666, 777번 코즈웨이 라인 버스를 이용한다.

말라카의 교통수단

말라카 센트럴(버스 터미널)에서 말라카 시내인 더치 광장까지 갈 때는 17번 버스(RM1.3)를 이용하거나, 말라카 센트럴 내 택시 카운터에서 더치 광장까지의 요금(RM20 내외)을 치르고 영수증을 받은 뒤 택시를 이용할 수도 있다. 말라카 시내 중심부는 도보나 자전거로 돌아보기 충분하고 재미 삼아 삼륜 자전거인 트라이쇼(Trishaw)를 타 보아도 좋다. 트라이쇼 요금은 짧은 거리 RM15, 1시간 RM40 내외이며, 승차 전에 요금 흥정이 필수이다.

말라카 여행 안내

투어리스트 인포메이션 센터
06-281-4803
투어리즘 말레이시아
06-283-6220

트라이쇼

말라카 1박 2일 코스

말라카는 크게 식민지풍 건물이 즐비한 더치 광장 지역과 중국풍 건물이 즐비한 차이나타운 지역으로 나눌 수 있다. 첫째 날은 스타더이스, 그리스도 교회, 파모사 요새 등이 있는 더치 광장 지역을 둘러보고, 둘째 날은 바바 뇨냐 전통 박물관, 존커 거리, 청훈텡 사원 등이 있는 차이나타운 지역을 둘러본다.

1일

2일

더치 광장 Dutch Square

1511년 말라카는 포르투갈에 점령당했고 이후 네덜란드와 영국이 차례로 말라카를 지배했다. 이들 서구 열강들이 자리 잡은 곳이 더치 광장과 세인트 폴 언덕 인근으로 총독 관저인 스타더이스, 말라카 술탄 왕궁, 파모사 요새, 독립 선언 기념관 등의 옛 건물이 남아 있다. 말라카강 가에서 말라카 리버 크루즈나 말라카 덕 투어 등을 이용해 말라카 시내를 돌아볼 수도 있고 타밍 사리 타워 아래쪽의 다타란 팔라완 메가몰, 마코타 퍼레이드 쇼핑센터에서 쇼핑을 즐기는 것도 좋다.

Access 말라카 센트럴에서 17번 버스 이용, 더치 광장 하차 / 말라카 시내에서 도보

Best Course 더치 광장 → 스타더이스 → 그리스도 교회 → 말레이시아 유스 박물관 → 세인트 프란시스 자비에르 교회 → 세인트 폴 교회 → 말라카 술탄 왕궁 → 파모사 요새 → 말레이시아 건축 박물관 → 말라카 리버 크루즈 → 해양 박물관 → 타밍 사리 타워 → 팔라완 워크 야시장

더치 광장 Dutch Square

말라카 여행의 중심

말라카 시내의 중심이 되는 곳으로 17~18세기 네덜란드 식민지 시대에 세워진 네덜란드 총독 공관인 스타더이스, 그리스도 교회, 시계탑, 분수 등이 있는 광장이다. 더치 광장을 중심으로 남쪽에는 네덜란드 식민지풍 건물, 북쪽에는 중국풍의 건물이 자리한다.

주소 Dutch Square, Jalan Gereja, Melaka 교통 말라카 센트럴에서 17번 버스 이용, 더치 광장 하차 / 말라카 시내에서 도보

더치 광장
Jalan Tukang Besi
Lorong Hang Jebat
Sungai Melaka
Ayer Keroh Recreational Forest
The Sterling Malacca
Veni
Jalan Laksamana
더치 광장 Dutch Square
빅토리아 여왕 분수 Queen Victoria Fountain
시계탑 Red Clock Tower
첸돌 잠 베사르 Cendol Jam Besar
세인트 프란시스 자비에르 교회 St. Francis Xavier's Church
Hard Rock Cafe Melaka
존커레드 헤리티지 호텔 JonkeRED Heritage Hotel
Jalan Banda Kaba
Lorong Hang Jebat
말레이시아 유스 박물관 Malaysia Youth Museum
말라카 아트 갤러리 Melaka Art Gallery
그리스도 교회 Christ Church
Melaka River Cruise
여행 안내소
스타더이스 The Stadthuy's
말라카 술탄국 물레방아 Melaka Sultanate Watermill
Masjid
스타더이스 카페 Stadthuys Cafe
Dutch Graveyard
Jalan Banda
Jalan Kota
키사이드 호텔 Quayside Hotel
Malacca River
Muzium Pemerintahan Demokrasi
양 디-페르투아 네게리 말라카 박물관 Yang di-Pertua Negeri Melaka Museum
말라카 술탄 왕궁 박물관 Melaka Sultanate Palace Museum
말라카 리버 크루즈 Melaka River Cruise
말레이시아 건축 박물관 Malaysia Architecture Museum
세인트 폴 교회 St. Paul's Church
말레이시아 왕립 관세청 박물관 Museum of Royal Malaysian Customs Department
해양 박물관 Maritime Museum (Flor de La Mar)
Tadika Christchurch
Muzium Umno
파모사 요새 A Famosa
독립 선언 기념관 Proclamation of Independence Memorial
인민 박물관 People's Museum
말레이 & 이슬람 세계 박물관 The Malay & Islamic World Museum
Jalan Kota
해양 박물관 전시장 Maritime Museum Exhibition Hall
말레이시아 왕립 해군 박물관 Museum of Royal Malaysian Marine(TLDM)
메르데카 공원 Taman Merdeka
Jalan Taman
말라카 우표 박물관 Melaka Stamp Museum
블랙 캐년 레스토랑 Restoran Black Canyon
조니스 레스토랑 Johnny's Restaurant Dataran P
타밍 사리 타워 Menara Taming Sari
루브나 스파 & 리플렉설러지 Lubna Spa & Reflexology
말라카 덕 투어 Melaka Duck Tours
Kem Pengakap Bukit Katil
다타란 팔라완 메가몰 Dataran Pahlawan Melaka Megamall
아삼 페다스 마코타 Asam Pedas Mahkota
Jalan Pm 2
Mcdonald's Dataran Pahlaw
AMT 버짓 호텔 AMT Budget Hotel
라벤더 게스트 하우스 Lavender Guesthouse
GSC Dataran Pahlawan (Golden Screen Cinemas)
Jalan Pm 3
Jalan Merdeka
Taman Rekreasi
Jalan Pm 4
Mozath Couture
나데제 @ 플라자 마코타 Nadeje @ Plaza Mahkota
슬레리아 푸드코트 Seleria Food Court
익스플로러 호텔 The Explorer Hotel
하텐 호텔 Hatten Hotel
팔라완 워크 야시장 Pahlawan Walk Night Market
Jalan Pm 5
토니 로마스 Tony Roma's
Venus Boutique Hotel
Dreamz Hotel
Wonderland
마코타 퍼레이드 Mahkota Parade
Tropicana Grand Ballroom & Banquet
Jalan Syed Abdul Aziz
senQ Mahkota Parade Melaka
Jalan Pm 15
팔라완 스트리트 푸드코트 The Pahlawan Street Food Court
마코타 메디컬 센터 말레이시아
Jalan Syed Abdul Aziz
홀리데이 인 호텔 Holiday Inn Melaka

시계탑

Red Clock Tower

식민지풍의 고풍스러운 시계탑

더치 광장에 있는 시계탑으로 1886년 중국계 거상 탄벵스위(Tan Beng Swee)가 세워, 탄벵스위 시계탑이라고도 한다. 시계탑은 적갈색이고 1층 각 면에는 아치가 있는 문 1개, 2층 각 면에 아치가 있는 창문 2개, 3층 각 면에는 탑에 비해 작아 보이는 시계가 있으며 지붕에 주황색 기와가 올려져 있다.

주소 Dutch Square, Jalan Gereja, Melaka 교통 더치 광장 내

빅토리아 여왕 분수

Queen Victoria Fountain

시원한 물줄기가 솟는 분수대

1901년 '다이아몬드 주빌리(Diamond Jubilee)'라 불리는 빅토리아 여왕의 즉위 60주년을 기념하여 세워진 분수이다. 분수 중앙의 1단에 4개의 작은 수조, 2단 3면에 빅토리아 여왕의 부조, 3단 기둥 아래 영국 왕실 문장, 기둥 위 4면에 여신의 얼굴로 장식되어 있고 기둥 주위의 4곳에서 기둥 쪽으로 물을 쏘는 구조이다. 시계탑과 함께 더치 광장의 상징 중 하나이다.

주소 Dutch Square, Jalan Gereja, Melaka 교통 더치 광장 내

스타더이스 The Stadthuy's

말라카의 역사와 민족, 문화 등을 엿볼 수 있는 곳!

1650년 세워진 네덜란드 총독 공관으로 동남아시아에서 가장 오래된 네덜란드 양식의 건물이다. 현재는 역사와 민속 박물관으로 사용되고 뒤쪽에 작은 문학·교육 박물관이 있다.

주소 The Stadthuys, Jalan Gereja, Melaka 교통 더치 광장에서 바로 시간 09:00~17:30, 월요일 휴관 요금 성인 RM20, 어린이 RM10(역사&민족·문학·교육·민주 정부&양 디-페르투아 네게리 말라카 박물관, 쳉호 갤러리 통합 티켓)

그리스도 교회 Christ Church

네덜란드 벽돌로 만든 개신교 교회

1753년 개신교인 프로테스탄트 교회로 세워졌는데 당시 네덜란드에서 가져온 벽돌을 사용했다. 교회 정면에는 3개의 아치형 문이 있고 지붕은 돔 모양을 하고 있으며 지붕 중앙에 작은 종탑을 두었다. 교회 내부에는 제단 뒤쪽에 〈최후의 만찬〉 벽화가 있을 뿐 이렇다 할 장식이 없다. 현재 교회 전면에서 볼 수 있는 'Christ Church Melaka 1753'은 영국 식민지 시대에 쓰인 것이라고 한다.

주소 Christ Church Melaka, Jalan Gereja, Melaka 교통 더치 광장에서 바로 시간 월~토 09:00~16:30, 일 08:30~13:00 요금 무료 전화 06-284-8804

말레이시아 유스 박물관 Malaysia Youth Museum

말레이시아의 발전상을 볼 수 있는 곳

더치 광장의 그리스도 교회 옆에 있는 박물관으로 말레이어 명칭은 뮤지엄 벨리아 말레이시아(Muzium Belia Malaysia)이다. 1931년 아치형 회랑이 있는 2층 건물로 세워졌고, 현재 지상층에 말레이시아의 역사와 발전상을 보여 주는 말레이시아 유스 박물관으로 이용된다.

주소 Muzium Belia Malaysia, 430 Jalan Laksamana, Melaka 교통 더치 광장에서 바로 시간 09:00~17:30, 월요일 휴관 요금 무료 전화 06-284-1934

말라카 아트 갤러리
Melaka Art Gallery

말레이시아 작가들의 작품은 어떨까

말레이시아 유스 박물관 1F에 있는 미술관으로 말레이시아 작가들의 회화 작품을 보여 주는 아트 갤러리로 이용된다. 이슬람과 불교가 공존하고 말레이인과 중국인, 인도인 등 여러 인종이 모여 사는 곳답게 이들 작품에서는 독특한 소재와 구도, 색채를 볼 수 있다.

주소 Muzium Belia Malaysia, 430 Jalan Laksamana, Melaka 교통 더치 광장에서 바로 시간 09:00~17:00, 월요일 휴관 요금 무료 전화 06-282-7353

Travel Tip

프란시스 자비에르와 일본인 부시 야지로

프란시스 자비에르(하비에르)는 나바라 왕국(스페인 바스크) 출신으로 가톨릭 선교사이자 로마 가톨릭 교회 소속인 예수회 공동 창설자이다. 파리 대학교와 성 바르브 학교 학생 시절 이냐시오 데 로욜라를 알게 된 후, 예수회 창립 일원이 되었다. 그후 인도 고아에서 선교 활동을 했고 말라카에서는 죄를 짓고 해외로 추방당한 일본인 부시 야지로를 만났다. 그는 야지로로부터 일본(당시 전국시대) 이야기를 듣고 야지로와 야지로의 동생, 야지로의 부하에게 전도한다. 1549년 자비에르는 야지로와 함께 일본 최남단 사쓰마국과 오스미국에 도착해 선교하니, 이것이 일본 최초의 가톨릭 전파이다. 또한 그곳의 다이묘인 시마즈 다카히사에게 신무기 화승총 2자루를 선물하니 이것은 일본에 화승총이 퍼지게 된 시초가 되었다. 화승총은 분열된 일본을 통일했고 통일된 일본은 화승총을 앞세워 조선을 침략하게 된다(임진왜란).

세인트 프란시스 자비에르 교회 St. Francis Xavier's Church

예수교 선교사 자비에르를 기리는 교회

1849년 세워진 가톨릭 교회로 중국, 일본, 말라카 등 동아시아에 가톨릭을 전파한 예수교 선교사 자비에르(하비에르)를 기리기 위한 곳이다. 교회는 고딕 양식으로 양쪽에 종탑이 있고 중앙에 커다란 별 모양의 창과 아치형 문이 있는 구조를 하고 있다. 교회 앞에는 왼팔을 들고 있는 자비에르와 성경책을 들고 있는 일본인 야지로의 조각상이 자리한다.

주소 Gereja St Francis Xavier, Jalan Laksamana, Melaka 교통 더치 광장에서 잘란 락사마나(Jalan Laksamana) 이용, 도보 3분 시간 화~일 09:00~17:00, 월요일 휴무 요금 무료 전화 06-282-4770

세인트 폴 교회 St. Paul's Church

파괴되어 벽체만 남은 가톨릭 교회

1521년 포르투갈 점령기에 말라카 중심인 세인트 폴 언덕에 세워진 가톨릭 교회이다. 이후 가톨릭을 적대시하던 네덜란드와 영국의 공격으로 대부분 파괴되어 벽체만 남아있다. 교회 내부에는 여러 석판을 세워 놓아 당시 포르투갈, 네덜란드, 영국 등으로 말라카의 지배층이 바뀌던 시대를 상상하게 한다. 한때 이곳에 프란시스 자비에르 선교사의 시신이 안치되었으나 현재는 그의 동상만 말라카 시내를 내려다보고 있다.

주소 Gereja St Paul, Jalan Kota, Melaka 교통 더치 광장에서 시계 반대 방향으로 돌아, 잘란 코타(Jalan Kota) 이용, 왼쪽 언덕 방향. 도보 7분 시간 24시간 요금 무료

말라카 술탄 왕궁 박물관 Melaka Sultanate Palace Museum

복원된 말라카 술탄의 거주지

세인트 폴 언덕의 동쪽에 있는 말라카 술탄 왕궁 박물관은 이슬람의 지도자를 뜻하는 술탄의 거주지로, 현재의 건물은 1985년 복원된 것이다. 궁전은 진갈색의 목재를 이용해 만들었는데 가로는 길고 세로는 짧으며 지붕의 경사가 급한 것이 특징이다. 정면 중앙에 삼각형 지붕이 있는 현관이 있고 좌우에 3개씩 비슷한 모양의 발코니가 있다. 내부에는 옛 술탄의 모습과 생활용품 등이 전시되어 있다.

주소 Muzium Kebudayaan/Istana Kesultanan Melaka, Jalan Kota, Melaka 교통 더치 광장에서 시계 반대 방향으로 돌아, 잘란 코타(Jalan Kota) 이용, 도보 10분 / 더치 광장에서 시계 방향으로 돌아, 잘란 제라자(Jalan Gereja) → 잘란 창쿤청(Jalan Chan Koon Cheng) → 잘란 코타 이용, 도보 10분 시간 09:00~17:00, 월요일 휴관 요금 성인 RM20, 어린이 RM10 전화 06-282-6526

양 디-페르투아 네게리 말라카 박물관 Yang di-Pertua Negeri Melaka Museum

말라카 주지사가 쓰던 가구, 생활용품 전시

세인트 폴 언덕에 있는 박물관으로, 네덜란드 식민지 시대에 네덜란드 총독의 거주지 겸 사무실로 지어졌다. 1996년까지 주지사 공관으로 사용되다가 2002년 박물관으로 개관하였다. 현재 식민지 시대의 총독 거주지 및 사무실에 관한 자료와 말레이시아 독립 이후 여러 주지사의 거실 및 식당 등에서 쓰던 생활용품 등을 전시한다.

주소 Muzium Yang Dipertua Negeri(seri Melaka), Bandar Hilir 교통 세인트 폴 교회에서 바로 시간 09:00~17:30, 월요일 휴관 요금 성인 RM20, 어린이 RM10(스타더이스 티켓으로 입장 가능) 전화 06-284-1934

파모사 요새 A Famosa

적을 겨눈 대포가 남아 있는 요새

1511년 말라카를 지배하던 포르투갈 군이 세운 요새이다. 한때는 요새가 세인트 폴 언덕 전체를 둘러싸고 있었으나 네덜란드 군의 공격으로 대부분 파괴되었고, 현재는 언덕 남쪽에 일부 관문과 대포 등이 남아 있다.

주소 Porta de Santiago, Jalan Kota, Melaka 교통 더치 광장에서 시계 반대 방향으로 돌아, 잘란 코타(Jalan Kota) 이용, 도보 10분 / 더치 광장에서 시계 방향으로 돌아, 잘란 제라자(Jalan Gereja) → 잘란 창쿤청(Jalan Chan Koon Cheng) → 잘란 코타 이용, 도보 10분 시간 24시간 요금 무료 전화 06-231-4343

독립 선언 기념관 Proclamation of Independence Memorial

처음으로 말레이시아 독립 약속을 알린 곳

파모사 요새 아래에 있는 기념관으로 원래는 1912년 영국인이 말라카 클럽 건물로 세운 것이다. 1956년 말레이시아 독립 협상단이 영국에서 말레이시아 독립 약속을 얻어 낸 뒤, 귀국하여 이곳에서 처음으로 국민에게 보고한 곳이어서 말레이시아 사람들에게는 의미가 깊은 곳이다. 건물 중앙에 돌출된 현관이 있고 좌우에 돔이 있는 등 유럽 양식과 이슬람 양식이 혼합된 모양을 하고 있다. 내부에는 말레이시아 독립 과정에 관해 전시한다.

주소 Proclamation of Independence Memorial, Jalan Parameswara 교통 더치 광장에서 시계 반대 방향으로 돌아, 잘란 코타(Jalan Kota) 이용, 도보 10분 / 더치 광장에서 시계 방향으로 돌아, 잘란 제라자(Jalan Geraja) → 잘란 찬쿤청(Jalan Chan Koon Cheng) → 잘란 코타 이용, 도보 10분 시간 09:00~17:00, 월요일 휴관 요금 무료

말레이 & 이슬람 세계 박물관 The Malay & Islamic World Museum

무슬림의 생활상을 볼 수 있는 곳

더치 광장에서 볼 때 세인트 폴 언덕 너머에 있는 박물관으로, 말레이시아와 세계의 이슬람 국가 현황, 무슬림의 생활상 등을 보여 준다. 중동에서 시작된 이슬람 종교가 세계로 전파되면서 그들의 이슬람 문화, 유목 문화 등이 전해진 것을 알 수 있어 흥미를 자아낸다. 전시 품목은 의복, 장신구, 생활용품, 악기 등이다.

주소 The Malay & Islamic World Museum, Jalan Kota 교통 더치 광장에서 시계 반대 방향으로 돌아, 잘란 코타(Jalan Kota) 이용, 도보 10분 / 더치 광장에서 시계 방향으로 돌아, 잘란 제라자(Jalan Gereja) → 잘란 창쿤청(Jalan Chan Koon Cheng) → 잘란 코타 이용, 도보 10분 시간 09:00~17:00 요금 성인 RM10, 어린이 RM5

말라카 우표 박물관 Melaka Stamp Museum

말레이시아 우표, 우정용품 관람

세인트 폴 언덕 너머에 위치한 박물관으로 말레시아의 우표, 우편 서비스의 역사를 테마로 한다. 포르투갈, 네덜란드, 영국 등 식민지 시대부터 시작된 우정(郵政)의 역사와 역대 발행된 우표, 옛 우체부의 복장, 옛 우체통 등 다양한 우편 관련 전시물들이 있다. 우표 기념품 판매점에서는 말레이시아 우표와 엽서 등을 구입할 수 있다.

주소 Melaka Stamp Museum, Jalan Kota 교통 더치 광장에서 시계 반대 방향으로 돌아, 잘란 코타(Jalan Kota) 이용, 도보 5분 시간 09:00~17:30 요금 성인 RM5, 어린이 RM3 전화 06-282-6526

꼭 가보아야 할 말라카 박물관

말라카에 크고 작은 박물관이 많은데 그중에서 꼭 가 보아야 할 박물관은 어떤 곳이 있을까? 먼저 말카라의 상징 중 하나인 스타더이스 내에 있는 역사 & 민속 박물관(History & Ethnography Museum)과 문학 박물관(Melaka Literature Museum), 술탄의 생활상을 볼 수 있는 말라카 술탄 왕궁 박물관(Melaka Sultanate Palace Museum), 주지사의 생활용품을 볼 수 있는 양 디-페르투아 네게리 말라카 박물관(Yang di-Pertua Negeri Melaka Museum), 건축에 관심 있다면 말레이시아 건축 박물관(Malaysia Architecture Museum), 말라카 해양 역사를 알 수 있는 해양 박물관(Maritime Museum) 등을 꼽을 수 있다. 그 밖의 박물관들은 외관만 보아도 충분하다.

인민 박물관 People's Museum

다양한 말레이시아 사람들을 만날 수 있는 곳

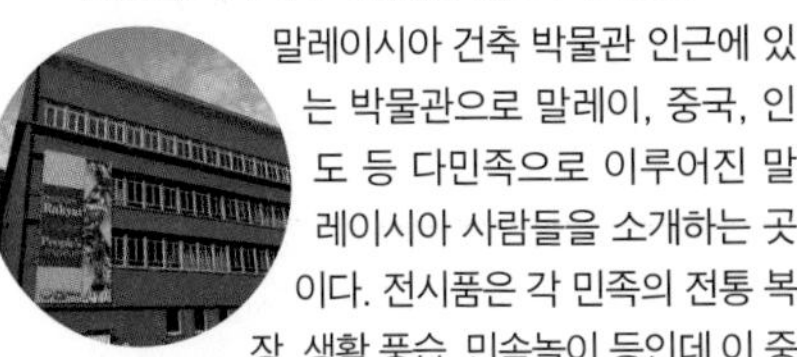

말레이시아 건축 박물관 인근에 있는 박물관으로 말레이, 중국, 인도 등 다민족으로 이루어진 말레이시아 사람들을 소개하는 곳이다. 전시품은 각 민족의 전통 복장, 생활 풍습, 민속놀이 등인데 이 중에는 굴렁쇠, 팽이, 연, 제기 등이 있어 흥미를 자아낸다. 박물관 입구 오른쪽에 있는 운석 갤러리에서는 기묘하게 생긴 운석과 나사 우주복 등을 관람할 수 있다. 민속 박물관 옆에는 말라카 움노 박물관(Muzium Umno Melaka)이 있는데, 1935년 세워졌고 말라카 역사와 문화를 주제로 한 박물관이다.

주소 People's Museum, Jalan Kota 교통 더치 광장에서 시계 반대 방향으로 돌아, 잘란 코타(Jalan Kota) 이용, 도보 5분 시간 09:00~17:00, 월요일 휴관 요금 성인 RM10, 어린이 RM5(라양라양·케칸티칸 박물관/유라시아·탄 스리 아지즈 타파·다툭 위라 보르한 Md. 야만 갤러리 통합 티켓) 전화 06-333-3333

말레이시아 건축 박물관 Malaysia Architecture Museum

말레이시아의 다양한 건축물 관람

메르데카 공원과 알디(Aldy) 호텔 건너편에 있는 박물관으로 말레시아에서 유명한 건축물의 구조를 설명하고 축소 모형을 보여 준다. 축소 모형 외 아름다운 꽃문양이 새겨진 문짝, 도마뱀이 새겨진 대문 등 옛 건축물의 일부도 전시된다. 박물관 앞 운행되지 않는 기차가 있는 메르데카 공원을 가로지르면 타밍 사리 타워가 나온다.

주소 Malaysia Architecture Museum, Jalan Kota 교통 더치 광장에서 시계 반대 방향으로 돌아, 잘란 코타 이용, 박물관 방향. 도보 5분 시간 09:00~17:00 요금 성인 RM5 어린이 RM2

말라카 리버 크루즈 Melaka River Cruise

말라카를 가로지르는 말라카강을 돌아보는 유람선으로 키사이드(Quayside) 호텔 부근에 매표소와 선착장인 제티 무아라(Jetty Muara)가 있다. 제티 무아라를 출발한 유람선은 위쪽으로 올라가 더치 광장과 차이나타운을 잇는 다리를 통과하여 왼쪽으로 차이나타운의 옛 건물, 오른쪽으로 식민지 시대의 옛 건물을 돌아보며 제티 타만 렘파(Jetty Taman Rempah)까지 간 뒤 되돌아온다.

주소 Melaka River Cruise, Jalan Laksamana, Melaka 교통 더치 광장에서 잘란 메르데카(Jalan Merdeka) 이용, 말라카 술탄국 물레방아(Melaka Sultanate Watermill) 지나 도보 5분 시간 09:00~23:00 요금 성인 RM30, 어린이 RM25 전화 06-281-4322 홈페이지 www.melakarivercruise.my

말레이시아 왕립 관세청 박물관 Museum of Royal Malaysian Customs Department

1890년대 세관 창고 박물관

박물관 건물은 1890년대 초 식민지 시대 건설되었는데 중국, 인도, 인도네시아, 태국, 필리핀에서 수입한 도자기, 쌀, 밀가루, 설탕, 향신료 등의 상품을 보관하는 세관 창고로 사용되었다. 현재 마약 복용 도구, 폭죽, 총기류 등 압수 물품을 전시한다.

주소 Jln Merdeka, Banda Hilir, Melaka 교통 더치 광장에서 잘란 메르데카(Jalan Merdeka) 이용, 키사이드 호텔 방향, 도보 5분 시간 09:30~17:00, 월요일 휴관 요금 무료

해양 박물관 Maritime Museum(Flor de La Mar)

실물 크기의 범선 박물관

말라카강 가에 있는 박물관으로 실물 크기의 범선 모양을 하고 있다. 이 범선은 '플로라 드 라 마르(Flora de la Mar)'라는 포르투갈 범선으로 말라카 왕국에서 보물을 약탈해 도주하다가 바다에 침몰되었다고 한다. 내부에는 당시의 약탈 과정, 범선 모형, 대포, 중국과 포르투갈 등의 화폐 등이 전시되어 있다.

주소 Maritime Museum, Jalan Quayside, Melaka 교통 더치 광장에서 잘란 메르데카(Jalan Merdeka) 이용, 도보 5분 시간 09:00~17:00, 월요일 휴관 요금 성인 RM20, 어린이 RM10(해양 박물관(플로르 드 라 마르), 해양 박물관(전시장), 말레이시아 왕립 해군 박물관 통합 티켓) 전화 06-282-6526

해양 박물관 전시장
Maritime Museum Exhibition Hall

세계의 범선 속에서 거북선 찾기

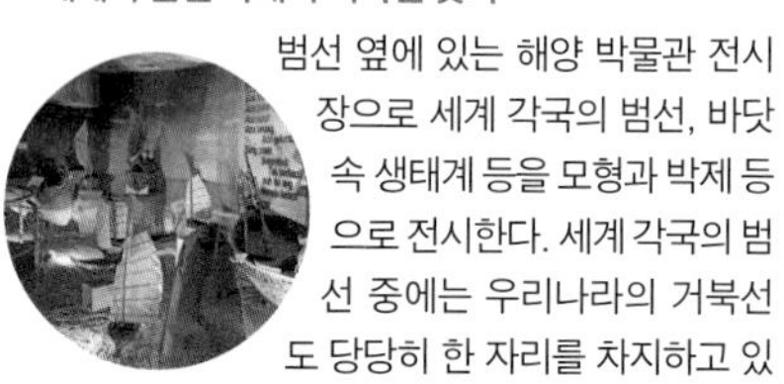

범선 옆에 있는 해양 박물관 전시장으로 세계 각국의 범선, 바닷속 생태계 등을 모형과 박제 등으로 전시한다. 세계 각국의 범선 중에는 우리나라의 거북선도 당당히 한 자리를 차지하고 있어 눈길을 끈다. 바닷속 생태계 코너에서는 말라카 근해에 서식하는 물고기의 종류와 생태 등에 대해 소개하고 있다.

주소 Maritime Museum 옆, Jalan Quayside, Melaka 교통 범선 옆 시간 09:00~17:00, 월요일 휴관

말레이시아 왕립 해군 박물관

Museum of Royal Malaysian Marine(TLDM)

말레이시아 해군의 헬기, 군함 전시

범선 건너편에 있는 박물관으로 해군을 주제로 한 전시가 열린다. 내부에는 여러 해군 복장, 군함 종류 설명, 해군 헬기, 기관포, 대포, 어뢰, 레이더 등을 전시하고, 건물 밖에는 구축함, 대포 등을 전시하고 있다.

주소 Royal Malaysian Navy Museum, Jalan Merdeka 교통 범선 건너편 시간 09:00~17:00, 월요일 휴관

타밍 사리 타워 Menara Taming Sari

전망대에서 감상하는 말라카 전경

해군 박물관 인근에 있는 수직 전망대로 높이는 110m이며, 360도 회전 전망이 가능하다. 원형 전망 데크에 66명이 탑승할 수 있고 지상에서 정상까지 7분 만에 도달한다. 정상에서는 말라카 시내와 세인트 폴 언덕은 물론이고, 멀리 말라카 앞바다까지 한눈에 들어온다. 주말이나 여행 성수기에는 전망대를 이용하려는 줄이 기니 아침 일찍 가는 게 좋다. 3D 영상을 감상하는 미니 라이더 3D, 범퍼카, 전기차 등도 이용해 보자.

주소 Menara Taming Sari, Jalan Merdeka 교통 더치 광장에서 해군 박물관 지나 도보 10분 시간 10:00~23:00 요금 전망대_성인 RM23, 어린이 RM15 / 미니 라이더 3D_RM5 / 범퍼카_RM10 / 전기차_RM20 전화 06-288-1100 홈페이지 menaratamingsari.com

말라카 덕 투어 Melaka Duck Tours

오리 모양의 수륙 양용 차량을 타고 말라카 시내를 돌아보는 투어이다. 운행 코스는 타밍 사리 타워 옆 길가의 덕 투어 정류장을 출발하여 말라카 시내를 가로질러 달리다가, 바다로 들어가 말라카 앞 작은 섬에 상륙한 뒤, 다시 바다로 들어가 말라카강 하류에서 되돌아오는 것이다. 말라카의 육지와 바다를 동시에 둘러볼 수 있어 좋다. 주말이나 여행 성수기에는 이용하려는 사람이 많으므로 가급적 예약을 하거나 오전 중에 이용하자.

주소 Melaka Duck Tours, Jalan Merdeka 교통 타밍 사리 타워에서 바로 시간 09:30~18:30, 약 1시간 간격(정원 33명) 요금 성인 RM48, 어린이 RM30 전화 016-662-7999

다타란 팔라완 메가몰 Dataran Pahlawan Melaka Megamall

말라카 대표 쇼핑센터 중 하나

더치 광장 남쪽에 있는 쇼핑센터로 고가의 명품 브랜드는 없고 에스프리, 망고, 자라 같은 유명 브랜드나 브랜드 아웃렛, 보이어(VOIR), G2000 같은 로컬 브랜드 상점 등을 갖추고 있다. 파모사 요새 쪽에 북쪽 출입구가 있고 타밍 사리 타워 부근에 정문이 있어 편리하다. 각 층에 여러 레스토랑이 있어 식사하기도 좋다.

주소 Dataran Pahlawan Melaka Megamall, Jalan Merdeka, Melaka 교통 더치 광장에서 잘란 메르데카(Jalan Merdeka) 이용, 해군 박물관 지나 도보 10분 시간 10:00~22:00 전화 06-281-2898 홈페이지 www.dataranpahlawan.com

마코타 퍼레이드 Mahkota Parade

로컬 브랜드 위주의 쇼핑센터

다타란 팔라완 메가몰 건너편에 있는 쇼핑센터로 명품 브랜드는 없고 자라 같은 유명 브랜드나 보이어(Voir), 바타(Bata) 같은 로컬 브랜드 상점, 팍슨 백화점 등을 갖추고 있다. 다타란 팔라완 메가몰과 마코타 퍼레이드는 말라카 시내에서 제일 가까운 쇼핑센터이므로 필요한 물건이 있으면 이곳에서 구입해 보자. 2F에는 볼링장과 복합 영화관이 있어 볼링이나 영화를 즐기기도 좋다.

주소 Mahkota Parade, Jalan Merdeka 교통 다타란 팔라완 메가몰에서 길 건너, 바로 시간 10:00~22:00 전화 06-282-6151 홈페이지 www.mahkotaparade.com.my

팔라완 워크 야시장 Pahlawan Walk Night Market

없는 것 빼고 다 있는 야시장 여행

마코타 퍼레이드 건너편에 있는 야시장으로, 메인 도로인 잘란 메르데카(Jalan Merdeka)에서 홀리데이 인 호텔 방향으로 가는 도로에 금~일요일 밤 야시장이 열린다. 취급 품목은 핸드폰 액세서리, SD 메모리, 티셔츠, 모자, 신발 등이고, 케이크, 와플, 피자, 음료, 과일 등의 먹거리도 판다. 유명 상표의 티셔츠, 유명 핸드폰 등이 생각보다 싸다면 모조품일 수 있으니 주의하자.

주소 Jalan Merdeka, Bandar Hilir 교통 다타란 팔라완 메가몰에서 길 건너 바로 시간 금~일 18:00~24:00, 월~목 휴무 전화 016-200-4944

차이나타운 Chinatown

차이나타운은 중국에서 이주해 온 중국인들이 사는 지역이다. 이주 중국인과 말레이인의 혼혈인 페라나칸의 역사와 문화를 알 수 있는 바바 뇨냐 전통 박물관, 차이나타운의 중심이자 주말 야시장이 열리는 존커 거리, 힌두 사원인 스리 포야타 비나야가 무르티 사원, 이슬람 사원인 캄풍 클링 모스크와 캄풍 훌루 모스크, 중국 사원인 쳉훈텡 사원까지 다양한 볼거리가 있다. 차이나타운 곳곳에서 판매하는 와플, 꼬치, 락사, 새우볶음, 빙수 등을 맛보는 것도 즐겁다.

Access 더치 광장에서 도보 이용
Best Course 바바 뇨냐 전통 박물관 → 스리 포야타 비나야가 무르티 사원 → 캄풍 클링 모스크 → 쳉훈텡 사원 → 존커 갤러리 → 캄풍 훌루 모스크 → 존커 거리

바바 뇨냐 전통 박물관 Baba & Nyonya Heritage Museum

중국과 말레이풍이 섞인 페라나칸 문화

19세기 후반 말라카 부호이자 페라나칸이었던 찬 쳉슈(Chan Cheng Siew)의 저택을 박물관으로 개조하였다. '페라나칸(Peranakan)'은 보통 말레이시아로 이주한 중국인과 말레이시아인이 결혼해 낳은 후손을 말하는데, 그중 아들을 '바바(Baba)', 딸을 '뇨냐(Nyonya)'라고 하는 데서 박물관의 이름을 따왔다. 바바 뇨냐 전통 박물관은 과거 중국과 말레이 문화가 섞여 만들어진 복장, 장신구, 신발 등 독특한 페라나칸 문화를 소개한다. 박물관 관람은 영어, 중국어, 일어 등의 가이드 투어로만 진행된다.

주소 Jalan Tun Tan Cheng Lock, Melaka 교통 더치 광장에서 다리 건너 좌회전 후, 잘란 툰 탄 청록(Jalan Tun Tan Cheng Lock) 이용, 도보 5분 시간 10:00~17:00, 월요일 휴관 요금 성인 RM18, 어린이 RM13, 가이드 투어 RM25 전화 06-283-1273 홈페이지 babanyonyamuseum.com

차이나타운
Sri Pengkalan Binaan Sdn Bhd
Chinese Methodist Church
SJK (C) Yok Bin
홀마크 레저 호텔 Hallmark Leisure Hotel
RIVERBANK MUSIC CAFE
BEST WESTERN Wana Riverside Hotel
Jalan Munshi Abdullah
Stesen Ba Ekspres Mel
Best Agro Goods Industry Sdn. Bhd
Cosmopoint
LW Nyonya Pineapple Tarts House
Lorong Masjid
Jr Lincks College
Malacca River
Cosmopoint International College of Technology
Sjk(C) Pay Teck
링고스 포이어 게스트 하우스 Ringos Foyer Guest House
캄풍 훌루 모스크 Kampung Hulu Mosque
Pusat Tuisyen Jernih
Jalan Pasar Ba
Jalan Masjid
Jalan Kampung Hulu
Jalan Baru
Jalan Kubu
Jalan Portugis
존커 부티크 호텔 Jonker Boutique Hotel
블랑 부티크 호텔 The Blanc Boutique Hotel
존커 갤러리 Jonker Gallery
광푸궁 Kwang Fu Kung 廣福宮
존커 야시장 노점 식당 Jonker's Street Night Market
시앙린시 사원 Xiang Lin Si Temple 香林寺
Oriental Riverside Residence Guest House
청훈텡 사원 Cheng Hoon Teng Temple 青云亭
해산가의 레스토랑 & 카페
엑소더스 Exodus
아이리시 하프 The Irish Harp
일레븐 비스트로 Eleven Bistro
파 이스트 카페 Far East Cafe
뱀부 소르바나 스파 Bamboo Sorvana Spa
코칙 Kocik Heritage Nyonya Restaurant
Hang Jebat Mausoleum
Jalan Tukang Emas
Jalan Hang Lekiu
로우용모 Low Yong Moh Reataurant 榮茂茶室
잼버거 해리티지 말라카 Hotel Zamburger Heritage Melaka
River Or Residen
Alliance Bar @ Taman De Cheng Perda
지오그래퍼 카페 Geographer Cafe
캄풍 클링 모스크 Kampung Kling Mosque
바바 하우스 호텔 The Baba House Hotel
Restoran Nancy's Kitchen
Exodus Lounge Melaka (Formerly Known As Krabau Rock Cafe)
스리 포야타 비나야가 무르티 사원 Srii(Arulmiku) Poyyatha Vinayaga Moorthy Temple
Hang Jebat Mausoleum
푸리 호텔 Puri Hotel
푸리 스파 Puri Spa
바바 뇨냐 전통 박물관 Baba & Nyonya Heritage Museum
Jalan Hang Jebat
Jalan Hang Kasturi
Jalan Tukang Besi
라양 라양 게스트 하우스 Layang Layang Guest
보이지 게스트 하우스 Voyage Guest Ho
Kota Lodge
코트 야드 앳 히렌 호텔 Court yard @ Heeren Hotel
월드 풋 리플렉설러지 The World Foot Reflexology
존커 거리 Jonker Walk 雞場街
Muzium Budaya Cheng Ho
오랑우탄 하우스 The Orangutan
화모사 레스토랑 Famosa Chicken Rice Ball
존커 갤러리 Jonker Gallery
Sama-Sama Guesthouse
산슈궁 San Shu Gong 三叔公
라오 퀴안 아이스 카페 Lao Qian Ice Cafe
Gingerflower Boutique Hotel
호에키 Hoe Kee Chicken Rice
하드 록 카페 Hard Rock Cafe
Jalan Laksamana 5
Jalan Laksamana 2
Jalan Laksamana 1
Lorong Kota Laksamana
Donald & Lily Nyonya Restaurant
Jalan Laksamana 1
더치 광장 Dutch Squar
Melaka River Cruise
Muzium Sejarah Dan Ethnografi
Galeri Laksamana Cheng Ho
Jonker Street Hawker Centre
Casa Blanca Guest House
Malacca River
Quayside Hotel
Aldy Hotel Melaka

존커 거리 Jonker Walk 雞場街

말라카 차이나타운의 중심 거리

차이나타운의 중심이 되는 거리로 식민지 시대에 지어진 중국풍 숍 하우스(Shop House)들이 밀집되어 있다. 숍 하우스는 폭이 좁고 길이가 긴 2층 집을 말하는데 보통 지상층을 상가로 쓰고 1F를 거주지로 썼다. 존커 거리의 원래 거리 이름은 잘란 항제밧(Jalan Hang Jebat)이다. 존커 거리 서쪽에는 바바 뇨냐 전통 박물관이 있는 잘란 툰 탄 청록(Tun Tan Cheng Lock), 동쪽에는 쳉훈텡 사원과 힌두 사원이 있는 잘란 투캉 에마스(Jalan Tukang Emas)가 있다.

주소 Jalan Hang Jebat, Melaka 교통 더치 광장에서 다리 건너 바로

존커 거리 야시장 Jonker's Street Night Market

북적이는 주말 야시장 여행

매주 금~일요일 저녁 6시부터 밤 12시까지 존커 거리에서 야시장이 열린다. 더치 광장 쪽부터 의류, 신발, 장신구, 기념품, 잡동사니 등을 파는 노점이 늘어서 있고 간간이 간식과 음료를 파는 노점이 보인다. 존커 거리 북쪽 끝에는 볶음밥, 새우 볶음, 꼬치, 오징어 볶음, 국수 등을 파는 먹거리 노점이 모여 있다. 야시장이 열리는 주말이 되면 말라카 시민들이 모두 존커 거리로 나오기라도 한 것처럼 거리에 발 디딜 틈이 없으므로 소지품 보관에 유의한다.

주소 Jalan Hang Jebat, Melaka 교통 더치 광장에서 다리 건너 바로 시간 금~일 18:00~24:00, 월~목 휴무

스리 포야타 비나야가 무르티 사원 Sri(Arulmiku) Poyyatha Vinayaga Moorthy Temple

말레이시아에서 가장 오래된 힌두 사원

'하모니 거리'라고도 불리는 잘란 투캉 에마스(Jalan Tukang Emas) 중간에 위치한 힌두 사원으로, 1781년 세워진 말레이시아에서 가장 오래된 사원 중 하나이다. 사원에서는 복과 재물을 부른다는 코끼리 모양의 신인 가네샤(Ganesha), 다른 이름으로 비나야가(Vinayaga)를 모신다. 사원 안에는 기도를 하는 신자들과 축복을 내리는 사제들을 볼 수 있다.

주소 5~11, Jalan Tukang Emas 교통 더치 광장에서 가리 건너 우회전, 잘란 투캉 에마스(Jalan Tukang Emas) 이용, 도보 5분 시간 07:00~21:00 요금 무료 전화 06-281-0693

캄풍 클링 모스크 Kampung Kling Mosque

수마트라 양식의 모스크

1748년 인도계 무슬림 상인이 처음 세웠고 1872년 수마트라 건축 양식으로 재건축하였다. 모스크 이름의 '캄풍(Kampung)'은 마을을 뜻하고, '클링(Kling)'은 인도계 무슬림을 뜻한다. 모스크는 녹색의 2단 사각 지붕이 있는 예배당과 예배당 옆 사각의 첨탑, 손 씻는 연못 등으로 되어 있다. 이슬람 예배당에는 기도하는 넓은 공간이 있을 뿐 특별한 장식이 없으므로 이슬람 신자가 아니라면 예배당에 들어가지 않는 것이 좋다.

주소 17, Jalan Tukang Emas, Melaka 교통 스리 포야타 비나야가 무르티 사원에서 바로 시간 09:00~18:00 요금 무료 전화 06-282-6526

쳉훈텡 사원 Cheng Hoon Teng Temple 靑云亭

명나라 정화 장군을 기리는 사원

15세기 초 명나라 함대를 이끌고 말라카를 방문한 정화(鄭和) 장군을 기리기 위해 세운 사원이다. 1646년 명나라에서 자재를 들여와 완공하였는데 화려한 용마루 장식, 문짝 장식 등이 볼 만하고 마당에는 범선 돛대를 상징하는 기둥 2개가 세워져 있다.

주소 25, Jalan Tokong 5, Melaka 교통 스리 포야타 비나야가 무르티 사원에서 바로 시간 07:00~18:00 요금 무료 전화 06-282-9343 홈페이지 www.chenghoonteng.org.my

시앙린시 사원
Xiang Lin Si Temple 香林寺

1F에서 차이나타운 풍경을 볼 수 있는 곳

쳉훈텡 사원 건너편에 있는 사원으로 오래된 사원은 아니다. 지상층에 대웅보전, 미타불전 등이 있고 1F로 올라가면 쳉훈텡 사원과 차이나타운 일대가 한눈에 들어온다. 쳉훈텡 사원 가는 길에 잠깐 들러볼 만하다.

주소 Jalan Tokong, Kampung Dua, Melaka 교통 쳉훈텡 사원에서 길 건너 바로 시간 09:00~18:00

산슈궁 San Shu Gong 三叔公

말라카 최대의 기념품 상점

더치 광장에서 차이나타운 방향, 다리 건너 바로 보이는 적갈색 4층 건물로 로컬 푸드 판매점 겸 라오 퀴안 아이스 카페(Lao Qian Ice Cafe)가 자리한다. 판매 품목은 중국 과자인 월병, 초콜릿, 육포, 차, 커피, 꿀 등으로 다양하다. 카페에서는 말레이시아 빙수인 첸돌을 맛볼 수 있는데 열대 과일의 왕이라는 두리안을 넣은 두리안 첸돌을 맛보아도 좋다. 길가 지상층의 매장은 손님들로 매우 북적이니 소지품 보관에 유의한다.

주소 33, Lorong Hang Jebat 교통 더치 광장에서 바로 시간 월~목 10:00~18:00, 금~일 10:00~22:00 전화 06-282-8381

캄풍 훌루 모스크 Kampung Hulu Mosque

말라카에서 가장 오래된 모스크

1728년 수마트라 양식으로 세워진 모스크로 말라카에서 가장 오래된 모스크이다. 모스크는 주황색 2중 지붕이 있는 사각형 예배당과 육각 모양의 첨탑, 손 씻는 수조 등으로 되어 있고 실내에는 기도를 위한 넓은 공간이 마련되어 있다. 토요일 정오에는 무료 급식이 행해지기도 하니 근처를 지난다면 닭고기 도시락을 맛보아도 좋다.

주소 Jalan Kampung Hulu, Melaka 교통 잘란 토콩(Jalan Tokong)의 존커 갤러리에서 잘란 포르투기스(Jalan Portugis) 이용, 잘란 마스지드(Jalan Masjid)에서 우회전, 도보 5분 시간 24시간 요금 무료 전화 06-232-5716

존커 갤러리 Jonker Gallery

말라카 대표 기념품 상점

존커 거리 초입에 있는 패션 및 공예품점으로 의류, 신발, 모자, 가방, 공예품, 기념품 등을 판매한다. 이곳은 말라카에서 비교적 상품의 질이 좋고 잘 정리된 매장이라서 상품을 고르기 좋다. 존커 갤러리는 산슈궁과 함께 말라카 쇼핑의 핵심이라고 할 수 있다.

주소 21A, Jalan Hang Jebat 교통 더치 광장에서 존커 거리 방향, 도보 2분 시간 월~목 10:00~19:00, 금~일 10:00~22:00 전화 06-286-9840

말라카 시외 Melaka Suburbs

말라카 시외는 더치 광장 쪽과 차이나타운 쪽으로 나눌 수 있다. 더치 광장 쪽은 말라카에 정착한 중국인들이 묻힌 부킷 씨나, 15세기 명나라 사절이 말라카에 방문한 것을 기념하여 세운 포산텡 사원, 당시 말라카의 수원 역할을 한 술탄의 우물, 포르투갈과 네덜란드인들이 세운 세인트 존 요새, 말라카에 정착한 포르투갈 사람들이 사는 포르투갈 마을 등이 자리한다. 차이나타운 쪽은 말레이 사람들의 거주지를 볼 수 있는 빌라 센토사, 쇼어 스카이 타워 & 오셔너리움 등이 있다. 이들 볼거리는 말라카 시내에서 조금 떨어져 있으나 말라카 역사의 한 장면을 이루는 곳이어서 둘러볼 만하다.

Access 더치 광장에서 택시 또는 자전거, 렌트 오토바이 이용
Best Course 포산텡 사원 → 술탄의 우물 → 세인트 존 요새 → 포르투갈 마을 → 쇼어 스카이 타워 & 오셔너리움

포산텡 사원 Poh San Teng Temple 寶山亭

명나라 이후에 이주한 중국인들의 사원

말라카 동쪽 치나 언덕(Bukit Cina)에 있는 사원으로 네덜란드 지배하인 1795년 중국인 커뮤니티의 수장인 추아수청(Chua Su Cheong)이 1409~1411년 명나라의 사절 파견을 기념하기 위해 세웠다. 말라카의 중국인들은 명나라 사절 방문 이후 정착한 후손인 셈이다. 사원의 주신은 후데정션(Fu De Zheng Shen, 福德正神) 또는 투아펙콩(Tua Pek Kong, 大伯公)이다. 치나 언덕에는 중국인들의 묘지가 조성되어 있어 성묘를 위해 찾는 사람이 많다.

주소 Poh San Teng Temple, Jalan Puteri Hang Li Poh, Bukit Cina 교통 세인트 프란시스 자비에르 교회에서 동쪽 방향으로 가다가 우회전, 잘란 테멩공(Jalan Temenggong) 이용, 도보 10분 / 더치 광장에서 택시 이용 시간 09:00~18:00 요금 무료

술탄의 우물
Sultan's Well

말라카 왕조의 왕녀가 만든 우물

포산텡 사원 옆에 있는 우물로 1459년 말라카 왕조의 왕녀가 만들었다고 하며 훗날 네덜란드 사람들이 보수하였다. 우물을 만든 왕녀는 술탄과 결혼한 명나라 여인이라고 전해진다. 포르투갈 지배 시기에는 말라카의 주된 식수원으로 쓰였고 가뭄에도 마르지 않았다.

주소 Poh San Teng Temple, Jalan Puteri Hang Li Poh, Bukit Cina 교통 포산텡 사원 옆 시간 09:00~18:00 요금 무료

세인트 존 요새 St. John's Fort

말라카 남쪽을 방어하기 위한 요새

포산텡 사원에서 동쪽으로 간 뒤 사거리에서 우회전하여 언덕길로 오르면 세인트 존 요새가 나타난다. 포르투갈 양식과 네덜란드 양식으로 세워진 요새는 흰색으로 칠해져 있고 사방에 대포가 설치되어 있다. 원래는 이곳에 포르투갈 사람이 세운 교회가 있었으나, 18세기 중후반 네덜란드인이 당시 영국 해군과 말레이 사람들의 공격을 막기 위해 요새를 쌓았다. 요새에서 말라카 시내와 말라카 앞바다를 한눈에 내려다볼 수 있고 숲을 산책하기도 좋다.

주소 Kubu St John, Jalan Ujong Pasir, Melaka 교통 포산텡 사원에서 잘란 락사마나 청호(Jalan Laksamana Cheng Ho) 이용, 동쪽으로 간 뒤, 사거리에서 우회전. 도보 10분 / 더치 광장에서 택시 이용 시간 24시간 요금 무료 전화 06-288-3599

포르투갈 마을 Portuguese Settlement

한때 말라카를 점령했던 포르투갈인의 거주지

말라카 동쪽 바닷가에 있는 마을로 포르투갈 후손들이 살고 있다. 현재 마을 내에는 포르투갈 후손의 주택과 포르투갈 레스토랑이 있는 포르투갈 광장, 교회 등이 있고 매년 6월 하순에 산 페트로 축제가 열린다. 크리스마스 무렵에는 주택마다 크리스마스트리, 산타와 루돌프, 네온사인 등으로 장식한 것을 볼 수 있다.

주소 Portuguese Settlement, Perkampungan Portugis, Melaka 교통 세인트 존 요새에서 잘란 부킷센주앙(Jalan Bukit Senjuang) 이용, 사거리에서 우회전 후 잘란 달부쿼에르쿼에(Jalan Dalbuquerque) 이용, 도보 10분

리틀 인디아 Little India

말라카 속의 작은 인도

프란시스 자베에르 교회 동쪽에 위치한 인도 거리이다. 보통 프란시스 자비에르 교회에서 발길을 돌려 옛 서양 건물이 있는 세인트 폴 교회 방향으로 유턴하기 마련인데 조금 더 가면 색다른 풍경이 펼쳐진다. 인도 전통 의상인 사리를 파는 상점, 인도 레스토랑에서 즐거운 시간을 보내기 좋다.

주소 Jalan Bendahara, Melaka 교통 더치 광장에서 동쪽, 프란시스 자비에르 교회 지나 도보 6분

빌라 센토사 Villa Sentosa

전통 말레이 목조 가옥을 볼 수 있는 곳

차이나타운 북쪽 말라카강 가에는 말레이 사람들의 거주지인 캄풍 모르텐(Kampung Morten)이 있다. 네덜란드 사람이나 영국 사람들이 살았던 더치 광장 쪽의 식민지풍 건물, 중국인이 사는 차이나타운의 중국풍 숍 하우스와 달리, 말레이 사람들이 사는 캄풍 모르텐의 건물은 삼각형 모양의 경사가 급한 지붕과 넓은 처마의 테라스가 있는 목조 주택이다. 그중에서도 빌라 센토사는 20세기 초에 지은 말레이 건물로 말레이 서민의 일상을 잘 보여 주고 있다.

주소 Villa Sentosa, 138, Jalan Kampung Morten, Melaka 교통 더치 광장에서 택시 또는 도보 17분 시간 토~목 09:00~17:00(13:00~14:00 점심 시간), 금요일 14:45~17:00 요금 무료 전화 019-632-6650

쇼어 스카이 타워 & 쇼어 오셔너리움 The Shore Sky Tower & The Shore Oceanarium

스릴 넘치는 전망대와 아쿠아리움

더치 광장 북쪽 말라카강 가에 쇼어 스카이 타워, 쇼어 오셔너리움, 쇼어 호텔, 쇼어 @말라카 리버 쇼핑몰 등이 단지를 이루고 있다. 그중에서 쇼어 타워는 43층 전망대로 스릴을 느끼고 싶은 사람은 유리 바닥의 스카이 데크를 걸어도 좋다. 쇼어 오셔너리움은 100여 종의 해양 생물을 볼 수 있는 아쿠아리움이다. 관람을 마친 후에는 쇼핑몰에서 쇼핑을 하거나 식사를 하기도 편리하다.

주소 193, Pinggiran @Sungai Melaka 교통 더치 광장에서 택시 이용 시간 타워 10:00~22:00, 오셔너리움 10:30~19:00(수요일 휴관) 요금 타워 RM25, 오셔너리움 RM40 전화 타워 06-288-3833, 오셔너리움 06-282-9966 홈페이지 타워 skytower.theshoremelaka.com, 오셔너리움 www.oceanariummelaka.com

Restaurant & Café

말라카에서 꼭 맛보아야 할 음식은 하이난 치킨과 뇨냐 요리, 첸돌이다. 하이난 치킨은 차이나타운의 호에키, 화모사 레스토랑, 뇨냐 요리는 차이나타운의 페라나칸 레스토랑, 말레이시아 빙수 첸돌은 더치 광장의 노점에서 맛보면 좋다. 여러 음식을 한 번에 맛보려면 슬레리아 푸드코트나 팔라완 스트리트 푸드코트가 좋고, 길거리 주전부리를 맛보려면 주말 존커 거리 야시장도 빠뜨릴 수 없다.

더치 광장

첸돌 잠 베사르 Cendol Jam Besar

더치 광장에서 말라카강 방향에 있는 디저트 노점으로 말레이시아 빙수인 첸돌(Cendol), 음료 등을 판매한다. 참고로, 첸돌은 코코넛 밀크와 흑설탕, 국수 모양의 젤리 등이 있는 빙수이고, 카창은 아이스크림, 젤리, 팥 등이 있는 빙수를 말한다.

주소 Jalan Laksamana, Melaka 교통 더치 광장에서 바로 시간 일~금 10:30~19:00, 토 10:30~23:00, 화요일 휴무 메뉴 체돌 비아사 RM1.7, 첸돌 카창 RM1.7, ABC RM2

스타더이스 카페 Stadthuys Cafe

스타더이스 건물 뒤쪽에 위치한 카페이다. 번잡한 스타더이스 앞과 달리 뒤쪽은 한적한 느낌이 든다. 스타더이스를 관람하고 커피를 마시거나 아침에 브런치 메뉴를 선택해도 좋다.

주소 Jln Kota, Banda Hilir 교통 스타더이스에서 바로 시간 09:00~17:00, 월요일 휴무 메뉴 슬라이스 치킨 & 치즈 크로아상, 쿠키 & 라테, 아메리카노 전화 016-478-8646

아삼 페다스 마코타 Asam Pedas Mahkota

타밍 사리 타워 남쪽으로 길 건너면 벌써 관광객이 거의 보이지 않는다. 길가에 여러 로컬 식당이 있는데 이곳은 아삼 페다스라는 시고 매콤한 맛을 내는 생선 스튜를 내는 식당이다. 아삼 페다스 외에 나시 고렝, 나시 르막 같은 말레이 음식도 맛볼 수 있다.

주소 NO 35, JALAN PM2, Plaza Mahkota 교통 더치 광장에서 잘란 메르데카(Jalan Merdeka) 이용, 해군 박물관 지나 도보 5분 시간 11:00~23:30, 화요일 휴무 메뉴 아삼 페다스(생선 스튜), 나시 고렝(볶음밥), 나시 르막(덮밥) 등

블랙 캐년 레스토랑 Restoran Black Canyon

다타란 팔라완 메가몰 U/G층에 있는 동남아식 차찬텡(茶餐廳)으로, 커피숍 같은 이름이지만 메뉴는 커피, 음료 외에 새우튀김, 돈가스, 볶음국수, 볶음밥 등 간단한 식사도 낸다. 이런 프랜차이즈 차찬텡은 음식이 깔끔하고 일정 수준의 맛을 내므로 부담 없이 선택하기 좋다.

주소 U/G, Dataran Pahlawan Melaka Megamall, Jalan Merdeka, Melaka 교통 더치 광장에서 잘란 메르데카(Jalan Merdeka) 이용, 해군 박물관 지나 도보 10분 시간 10:00~22:00 메뉴 커피, 음료, 샐러드, 새우 튀김, 돈가스, 볶음국수, 볶음밥 등 RM10~30 전화 010-225-1872 홈페이지 blackcanyon.com.my

조니스 레스토랑

Johnny's Restaurant Dataran Pahlawan

영문 메뉴판 없는 로컬 식당에 가서 헤메느니 쇼핑몰 내의 체인점을 찾아도 괜찮다. 조니스는 볶음밥, 똠얌(스프), 스팀보트(샤브샤브) 전문으로 양도 많고 가격도 저렴하고 바가지 쓸 일도 없다.

주소 Lot No. A-013, A-013A, A017A Dataran Pahlawan Melaka Megamall 교통 다타란 팔라완 말라카 메가몰 내 시간 10:20~22:30 메뉴 볶음밥, 똠얌, 스팀보트, 면 전화 010-564-6058 홈페이지 www.johnnyrestaurant.com

나데제 @ 플라자 마코타

Nadeje @ Plaza Mahkota

타밍 사리 남쪽에 여러 상가가 있는데 이를 플라자 마코타라고 한다. 플라자 마코타 한쪽의 길에서 팔라완 워크 야시장이 열리기도 한다. 나데제는 프랑스 제과점으로 플라자 마코타 상가 가운데 위치해 있다. 야외 테이블에서 커피에 마카롱, 케이크, 빵을 즐겨 보자.

주소 LotG 23 25 & 27, Jalan Pm 4, Plaza Mahkota 교통 다타란 팔라완 말라카 메가몰 길 건너, 도보 5분 시간 10:00~19:30 메뉴 마카롱, 케이크, 빵, 커피 전화 06-283-8750

슬레리아 푸드 코트 Seleria Food Court

마코타 퍼레이드 2F에 있는 푸드코트로 말레이 요리, 중식, 양식 등 다양한 메뉴를 한곳에서 맛볼 수 있어 좋다. 메뉴는 사진과 이름으로 붙어 있으므로 주문하는 데 불편이 적다. 주문하기 전 푸드코트를 둘러보며 어떤 음식을 많이 먹는지 살펴보는 것도 요령이다.

주소 2F Mahkota Parade, Jalan Merdeka, Melaka 교통 다타란 팔라완 메가몰에서 길 건너, 바로 시간 10:00~22:00 메뉴 뇨냐 믹스 라이스, 치킨 라이스, 스테이크, 나시 아얌 등 RM10 내외 전화 09:00~22:00 홈페이지 www.mahkotaparade.com.my

팔라완 스트리트 푸드 코트 The Pahlawan Street Food Court

타밍 사리 타워 남쪽, 플라자 마코타를 지나 홀리데이 인 호텔 옆에 자리한 야외 푸드코트이다. 존커 거리 야시장에 먹거리가 있지만 관광객 위주이고, 이곳은 현지인을 대상으로 한다. 때때로 라이브 밴드의 공연이 열리기도 한다.

주소 Jalan Syed Abdul Aziz 교통 타밍 사리 타워에서 남쪽, 플라자 마코타 지나, 도보 7분 시간 월~목 17:00~01:00, 금~일 17:00~02:00 메뉴 사테(꼬치), 나시 르막, 나시 고렝 전화 017-989-7178

토니 로마스 Tony Roma's

마코타 퍼레이드 내 위치한 스테이크 전문점이다. 두툼한 스테이크가 먹음직하고 램(양고기), 치킨 메뉴도 눈길이 간다. 사이드 메뉴로 구운 감자나 퀘사딜라 같은 것을 주문해도 즐겁다.

주소 Mahkota Parade Lot G04, G/F, Jln Merdeka 교통 마코타 퍼레이드 내 시간 12:00~21:00 메뉴 스테이크, 램(양고기), 치킨 전화 06-281-0962 홈페이지 tonyromas.com

차이나타운

하드 록 카페 Hard Rock Cafe

세계적으로 유명한 하드 록 테마의 카페로 매일 밤 밴드의 공연이 펼쳐진다. 더치 광장에서 차이나타운 방향, 다리 건너에 있어 찾기 쉽고 카페 옆으로 말라카강이 흘러 낭만적인 분위기를 연출한다. 카페에서 맛보는 바비큐 치킨, 램 샌드위치, 시저 샐러드 같은 음식도 맛이 있다.

주소 23, Lorong Hang Jebat, Melaka 교통 더치 광장에서 다리 건너, 바로 시간 12:00~24:00 메뉴 바비큐 치킨 RM32, 바비큐 비프 립 RM78, 램 샌드위치 RM33 전화 06-292-5188 홈페이지 www.hardrock.com/cafes/melaka

호에키 Hoe Kee Chicken Rice 和记鸡饭团

차이나타운 입구에 여러 하이난 치킨 식당이 자리한다. 이 곳 역시 하이난 치킨 맛집 중 하나! 하이난 치킨은 마늘, 채소 등을 넣고 푹 삶은 것으로 닭 냄새가 나지 않고 식감이 부드럽다. 치킨 라이스 볼은 닭 육수로 지은 밥을 작은 공 모양으로 만든 것. 보통 하이난 치킨과 치킨 라이스 볼을 함께 먹는다.

주소 468, Jalan Hang Jebat, Melaka 교통 더치 광장에서 다리 건너, 바로 시간 09:00~16:30 메뉴 하이난 치킨, 치킨 라이스 볼, 음료

화모사 레스토랑 Famosa Chicken Rice Ball 古城雞飯粒

존커 거리에 있는 레스토랑으로 하이난 치킨과 하이난 치킨 라이스가 유명하다. 마늘, 채소를 넣고 잘 삶은 하이난 치킨은 잡냄새가 없고 부드러워 먹기 좋고, 치킨 육수로 한 밥을 작은 공처럼 만든 치킨 라이스 볼도 먹을 만하다. 하이난 치킨 외에도 로스트 포크, 완톤 덤플링 스프(완탕면), 채소 볶음 같은 메뉴도 있다.

주소 21, Jalan Hang Jebat, Melaka 교통 더치 광장에서 다리 건너 존커 거리 방향, 도보 3분 시간 월~목 09:30~17:30, 금~일 09:30~19:30 메뉴 하이난 치킨 1마리 RM36, 1/2마리 RM18, 1/4마리(상/하) RM12/7, 치킨 라이스 볼 RM1 전화 06-286-0121

로우용모 Low Yong Moh Reataurant 榮茂茶室

1936년 개업했다는 유서 깊은 딤섬 식당으로 이른 아침 문을 열어 정오 무렵 문을 닫는다. 이른 아침 어디서 소식을 듣고 왔는지 관광객으로 북적이는 식당에는 앉을 자리가 없다. 보통 차와 딤섬을 함께 먹으므로 주문한 차를 마시고 있으면 종업원이 쟁반 또는 트레이에 여러 딤섬을 담아 손님에게 보여 주고 손님은 마음에 드는 딤섬을 고르면 된다(바쁘면 안 오는 경우도 있음). 딤섬은 한두 개만 주문해도 상관없으니 많이 시켜야 될 것 같은 부담을 갖지 말자.

주소 32, Jalan Tukang Emas, Melaka 교통 차이나타운 입구에서 하모니 거리(Harmony Street, Jalan Tukang Emas) 이용, 캄풍 클링 모스크 부근, 도보 10분 시간 06:00~11:30, 화~수 휴무 메뉴 딤섬 RM1~2.8, 차 RM1 전화 06-282-1235

지오그래퍼 카페 Geographer Cafe

존커 거리 중간에 있는 카페 겸 레스토랑으로 피시 앤 칩스 같은 서양 음식부터 나시 르막 같은 말레이 음식까지 다양하게 낸다. 이미 식사를 했다면 노천 좌석에 앉아 지나는 사람들을 바라보며 시원한 맥주나 모히토 한잔을 해도 즐겁다. 초록색 차양이 달린 노란색 2층 건물이라서 찾기 쉽다.

주소 Jalan Hang Jebat, Melaka 교통 차이나타운 입구(산슈궁)에서 존커 거리 이용, 도보 3분 시간 월~목 11:00~22:00, 금~토 11:00~24:00, 일 09:00~24:00 메뉴 모히토 RM28, 피시 앤 칩스 RM18.8, 파스타 RM10.8(세금+서비스 차지 16% 추가) 전화 06-281-6813 홈페이지 www.geographer.com.my

코칙 Kocik Herotage Nyonya Restaurant

페라나칸 음식인 뇨냐(nyonya) 요리를 내는 레스토랑이다. 옛 건물 한 칸을 쓰는 식당은 옛날 중국집 풍경을 보는 듯하다. 메뉴는 치킨, 프론(Prawns 새우), 피시, 스퀴드(Squids 오징어) 같은 카테고리로 나눠져 있고 요리마다 사진이 있어 주문하기 편리하다.

주소 100, Jalan Tun Tan Cheng Lock 교통 차이나타운 입구에서 잘란 툰탄청록(Jalan Tun Tan Cheng Lock) 이용, 도보 5분 시간 월~목 11:00~19:00, 금~일 11:00~21:00, 화요일 휴무 메뉴 치킨 부아 케루악, NGO 히앙롤, 오탁오탁 아얌 퐁테, 우당 르막 나나스, 비프 렌당 RM10~20 내외 전화 011-1171-4931

존커 야시장 노점 식당

매주 금~일 저녁에 열리는 존커 야시장은 볼거리, 살 거리도 많지만 존커 부티크 호텔 부근의 노점 식당가에서 여러 음식을 맛보는 것은 더욱 즐거운 일이다. 굴, 채소 볶음, 닭튀김, 조개볶음, 커리 피시볼(어묵), 문어 꼬치, 스시, 솔티드 치킨(임콕 카이), 음료 등 맛보아야 할 것들이 매우 많다.

주소 Jalan Hang Jebat & Jalan Jalan Tokong, Melaka 교통 차이나타운 입구에서 존커 거리(Jalan Hang Jebat) 이용, 존커 부티크 호텔 방향, 도보 10분 시간 금~일 18:00~24:00 요금 굴·채소볶음 RM12, 커리 피시볼 소/대 RM3/5, 문어 꼬치 RM2, 스시 RM2~12, 솔티드 치킨 RM30

해산가의 레스토랑 & 카페

존커 거리 중간의 지오그래퍼 카페에서 우회전하여 잘란 툰탄청록 거리에 이르는 거리를 해산가(海山街)라 한다. 이곳에는 초콜릿 숍인 호코(HOKO), 뇨냐 레스토랑 씨위 틴스(Siew Tin's Nyonya Kitchen), 말레이시아 디저트 숍 크리스티나 EE 파인애플 타르트 & 뇨냐 첸돌(Christina EE Pineapple Tarts & Nyonya Cendol), 포르투갈 레스토랑 일레븐 비스트로(Eleven Bistro), 레스토랑 겸 카페인 파 이스트 카페(Far East Cafe) 등이 있어 식사를 하거나 맥주 한잔하기 좋다.

주소 Jalan Hang Lekir, Melaka 교통 차이나타운 입구에서 존커 거리 이용, 지오그래퍼 카페에서 우회전, 도보 5분 시간 11:00~23:30 메뉴 뇨냐 요리, 양식, 음료, 칵테일 등

말라카 시외

리스본 레스토랑 De Lisbon Restaurant

말라카 동쪽 포르투갈 마을 내 포르투갈 광장에 있는 레스토랑으로 전통 포르투갈 시푸드를 낸다. 주 메뉴는 칠리 크랩(Chilli Crabs), 유라시안 데빌 커리(Eurasian Devil Curry) 등이 있다. 매일 밤 8시부터 밴드의 공연이 열리고 토요일에는 전통 포르투갈 민속춤이 공연되기도 한다.

주소 18, Medan Portuguese, Ujong Pasir, Melaka 교통 세인트 존 요새에서 잘란 부킷 센주앙(Jalan Bukit Senjuang) 이용, 사거리에서 우회전 후 잘란 달부쿼에르쿼에(Jalan Dalbuquerque) 이용, 포르투갈 마을 방향, 도보 10분 시간 13:00~23:00 메뉴 칠리 크랩 RM20, 유라시안 데빌 커리 RM10 전화 018-669-6286

Spa & Massage

말라카에서 저가 마사지는 존커 거리의 월드 풋 리플렉설러지와 뱀부 소르바나 스파, 중가 스파는 바바 뇨냐 전통 박물관 부근의 중소 호텔 내 바바 스파와 푸리 스파, 고급 스파는 마제스틱 호텔 내 스파 빌리지 등이 있으니, 예산이나 원하는 서비스에 따라 이용하면 된다.

더치 광장

루브나 스파 & 리플렉설러지 Lubna Spa & Reflexology

다타란 팔라완 메가몰에 자리한 마사지 숍이다. 대형 쇼핑몰에 있어 길가 마사지 숍에 비해 시설이 좋은 편이고 마사지사 실력도 조금 나아 보인다. 마사지 외에 이어 캔들링(귀 촛불), 부항 등도 흥미로워 보인다. 여행으로 근육이 뭉쳤다면 부항도 생각해 볼 만하다. 가성비를 생각하면 패키지 프로그램도 고려해 보자.

주소 Lot BN 26 G/F, Dataran pahlawan mega mall 교통 더치 광장에서 타밍 사리 타워 방향, 도보 9분 시간 10:00~22:00(토 ~23:00) 요금 발 마사지 RM45, 전신 마사지 RM65, 이어 캔들링 RM35, 부항 1개 RM8 전화 011-2182-8066 홈페이지 lubna-spa-reflexology.webador.co.uk

차이나타운

월드 풋 리플렉설러지 The World Foot Reflexology

차이나타운 존커 거리에서 가까운 곳에 있는 마사지 숍이다. 동남아 국가는 왠지 어디나 마사지를 잘할 것 같은데 사실은 마사지사에 따라 복불복이다. 큰 기대를 갖지 말고 발 마사지 정도 받으면 적당하다.

주소 19, Jalan Hang Kasturi 교통 존커 거리 첫 번째 사거리에서 좌회전, 도보 2분 시간 월~목 13:00~19:00, 금~일 13:00~23:00 요금 발 마사지, 전신 마사지 RM60 내외

뱀부 소르바나 스파 Bamboo Sorvana Spa 足林綜合保健中心

존커 거리 중간의 지오그래퍼 카페에서 바바 하우스 호텔 방향인 해산가 거리에 있는 스파로 안내문 일부에는 한국어로 '발 마사지', '전신 마사지'라고 적혀 있다. 주변에 카페나 바, 레스토랑이 많아 소란스러우나 실내에서 마사지를 받는 동안에는 느끼지 못하고 편안함으로 빠져든다.

주소 16, Jalan Hang Lekir 교통 차이나타운 입구에서 존커 거리 이용, 지오그래퍼 카페에서 우회전, 도보 5분 요금 발 마사지 30분 RM23, 발 마사지+어깨 마사지 1시간 RM48, 보디 마사지 1시간 RM60

푸리 스파 Puri Spa

푸리 호텔 내에 있는 스파로 고급 스파가 없는 차이나타운에서 중급 정도 되는 곳이다. 고풍스러운 분위기 속에 발 마사지, 전신 마사지, 디톡스 마사지 등 다양한 스파 메뉴를 체험해 볼 수 있다. 단, 호텔 내 스파라서 세금 6%에 서비스 차지 10%가 추가된다.

주소 Puri Hotel, 118, Jalan Tun Tan Cheng Lock, Melaka 교통 차이나타운 입구에서 잘란 툰탄청록(Jalan Tun Tan Cheng Lock) 이용, 도보 5분 요금 발 마사지 30분 RM55, 푸리푸리 시그니처(전신 마사지) 1시간 RM135 전화 012-397-3101 홈페이지 hotelpuri.com/puri-spa

스파 빌리지 Spa Village Melaka

마제스틱 호텔 내에 있는 고급 스파로 럭셔리한 마사지 룸이 인상적이고 마사지사의 서비스도 수준이 높다. 메뉴는 마사지부터 페이셜, 뷰티, 스파 서비스까지 다양한 프로그램이 있어 원하는 대로 고르기 좋다.

주소 188, Jalan Bunga Raya, The Majestic Malacca 교통 더치 스퀘어에서 마제스틱 호텔 방향. 택시 5분 요금 전신 마사지 RM235~, 스파 패키지 RM700~ 전화 06-289-8000 홈페이지 www.majesticmalacca.com

Hotel & Resort

말라카의 게스트 하우스는 주로 차이나타운 내에 몰려 있어 이용하기 편리하다. 차이나타운의 옛 건물을 개조한 부티크 호텔을 이용하고 싶다면 바바 하우스 호텔과 푸리 호텔, 고급 호텔을 찾는다면 카사 델 리조 호텔과 하텐 호텔, 홀리데이 인 호텔 등이 추천할 만하다.

더치 광장

홀리데이 인 호텔 Holiday Inn Melaka

팔라완 워크 야시장에서 골목을 따라가면 바닷가 쪽에 홀리데이 인이 나온다. 세계적인 호텔 체인 홀리데이 인에서 운영하므로 깔끔한 객실과 친절한 서비스를 기대해도 좋다. 호텔 주요 시설은 야외 수영장, 스파, 이탈리아 레스토랑 시로코(Sirocco), 뷔페 레스토랑 에센스 키친(es.sense kitchen) 등이 있다.

주소 Holiday Inn Melaka, Jalan Syed Ab. Aziz, Melaka 교통 타밍 사리 타워에서 플라자 마코타 지나, 도보 9분 요금 딜럭스 룸 RM305 전화 06-285-9000 홈페이지 www.ihg.com/holidayinn

하텐 호텔 Hatten Hotel

마코타 퍼레이드 옆 22층 건물로 하층에는 쇼핑가와 레스토랑이 있는 하텐 스퀘어, 중층에는 주차 타워, 상층에는 호텔이 자리한다. 호텔 객실에서 말라카 앞바다와 시내가 한눈에 들어온다. 인근 마코타 퍼레이드, 다타란 팔라완 메가몰, 타밍 사리 타워 등으로 가기 편리하다.

주소 Hatten Square, Jalan Merdeka, Bandar Hilir, Melaka 교통 더치 광장에서 해군 박물관 지나 마코타 퍼레이드 방향, 도보 10분 / 더치 광장에서 버스 이용, 마코타 퍼레이드 하차 요금 딜럭스 스위트 RM283 전화 06-286-9696 홈페이지 www.hattenhotel.com

존커레드 헤리티지 호텔 JonkeRED Heritage Hotel

더치 광장에서 가까운 곳에 있어 더치 지역과 차이나타운을 가기 편리한 곳이다. 객실은 딜럭스 퀸, 슈피리어 트윈 등을 갖추고 있다. 신설 호텔이라 전체적으로 깔끔하다.

주소 14 & 16, Jalan Laksamana, Banda Hilir, Melaka 교통 더치 광장에서 동쪽 바로 요금 딜럭스 퀸, 슈피리어 트윈 RM120 전화 06-282-2288

키사이드 호텔 Quayside Hotel

말라카강 가에 위치한 중저가 호텔로 슈피리어 룸에서 스위트 룸까지 다양한 객실을 보유하고 있다. 호텔 내에 할리아 잉크(Halia Inc.) 레스토랑 겸 커피 바가 있고 말라카 중심에 위치해 있어 인근의 레스토랑, 쇼핑센터로 가기도 편리하다.

주소 Quayside Hotel, Jalan Merdeka, Melaka 교통 더치 광장에서 잘란 메르데카(Jalan Merdeka) 방향, 도보 3분 요금 슈피리어 룸 RM178 전화 06-284-1001 홈페이지 www.quaysidehotel.com.my

라벤더 게스트 하우스

중저가 호텔

Lavender Guesthouse

타밍 사리 타워 남쪽, 플라자 마코타 단지 내에 있는 저가 호텔이다. 예전 저가 호텔이나 게스트 하우스에 비하면 내부가 쾌적해, 천지개벽이라고 할 만하다. 그 대신 가격은 조금 올랐지만, 감내할 수 있는 수준이다.

주소 1-20, 2-20,3-20, JALAN PM 3, PLAZA MAHKOTA 교통 타밍 사리 타워에서 남쪽 플라자 마코타 골목 안, 도보 2분 요금 더블 RM50, 스탠더드 퀸 RM60, 디럭스 퀸 RM65, 디럭스 패밀리 RM80 전화 06-281-1577

익스플로러 호텔 The Explorer Hotel

타밍 사리 타워에서 길 건너 마코타 페레이드 방향에 있는 저가 호텔이다. 객실은 침대와 TV, 욕실 등 기본 시설을 갖춘 정도이나 전체적으로 깔끔한 편이다. 인근 마코타 퍼레이드, 다타란 팔라완 메가몰 등으로 가기 편리하다.

주소 No 1, Jalan Plaza Merdeka, Plaza Merdeka, Melaka 교통 더치 광장에서 해군 박물관 지나 익스플로러 호텔 방향, 도보 5분 요금 스탠더드 룸 RM126 전화 06-288-2668

AMT 버짓 호텔 AMT Budget Hotel

타밍 사리 타워 길 건너, 플라자 마코타 단지 앞에 있어 접근성이 좋은 곳이다. 객실은 침대, TV뿐이지만, 깔끔해서 지내는 데 큰 어려움이 없다. 저가 호텔인 것을 감안하면 캐리어 던져 놓고 구경만 잘 다니면 된다.

주소 No 36-1, 36-2 36, 3, Jalan Pm 5, Plaza Mahkota 교통 타밍 사리 타워에서 길 건너편 요금 스탠더드 룸 RM84, 패밀리 룸 RM282 전화 011-5338-4440

차이나타운

카사 델 리오 Casa del Rio

고급 호텔

말라카 리버 크루즈 건너편에 위치한 부티크 호텔로 주변 경관을 해치지 않게 주황색 지붕과 아치형 회랑이 있는 4층 남짓한 건물로 지어졌다. 카사 델 리오는 스페인어로 '강변의 집'이란 뜻으로 호텔 옆에는 말라카강이 흐른다. 근처에서 가장 고급스럽고 낭만적인 호텔이어서 인기가 높다. 딜럭스 룸에서 로열 스위트 룸까지 66개의 객실을 보유하고 있고 부대시설로는 야외 수영장, 레스토랑 리버 그릴(The River Grill), 리버 카페(River Cafe), 바 리오(Bar Rio), 바 솔(Bar Sol) 등이 있다.

주소 88, Jalan Kota Laksamana, Melaka 교통 더치 광장에서 차이나타운 방향, 다리 건너 왼쪽, 도보 10분 요금 딜럭스 룸 RM690 전화 06-289-6888 홈페이지 www.casadelrio-melaka.com

잼버거 헤리티지 말라카 Hotel Zamburger Heritage Melaka

차이나타운 가운데 있는 저가 호텔이다. 차이나타운 건물은 대부분 폭이 좁고 길이가 긴 것이 특징이다. 좁은 입구를 들어가면 안쪽으로 한없이 객실이 이어진다.

주소 28, Jalan Tukang Emas, Melaka 교통 차이나타운 입구에서 우회전, 오랑우탄 하우스 골목 방향으로 직진, 도보 6분 요금 더블 룸 RM100, 패밀리 룸 RM250 내외 전화 06-286-6577

블랑 부티크 호텔 The Blanc Boutique Hotel

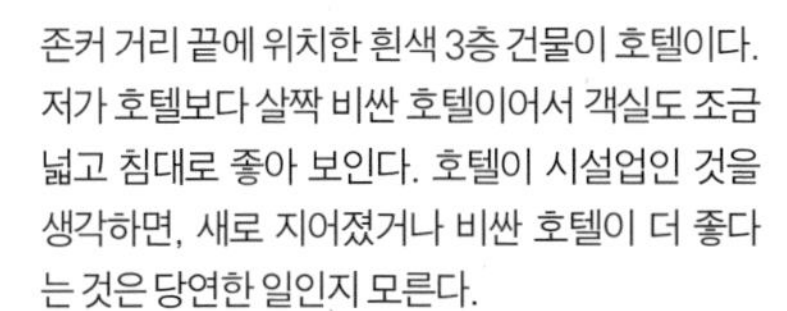

존커 거리 끝에 위치한 흰색 3층 건물이 호텔이다. 저가 호텔보다 살짝 비싼 호텔이어서 객실도 조금 넓고 침대로 좋아 보인다. 호텔이 시설업인 것을 생각하면, 새로 지어졌거나 비싼 호텔이 더 좋다는 것은 당연한 일인지 모른다.

주소 26-28, Jalan Kubu 교통 존커 거리 끝, 도보 8분 요금 스탠더드 트윈 RM178, 딜럭스 킹 RM198, 로열 프리플 룸 RM278 전화 06-286-6611

존커 부티크 호텔

Jonker Boutique Hotel

중저가 호텔

차이나타운의 존커 거리 끝에 있는 부티크 호텔로 화려하지 않지만 깔끔한 객실을 선보인다. 지상층에 아낙 뇨냐 레스토랑, 존커 카페 등이 있어 이용하기 편리하다. 금~토 저녁에는 호텔 앞에 야시장이 열리고 먹거리 노점 등이 늘어서므로 둘러보기 좋다.

주소 82-86 A&B, Jalan Tokong, Melaka 교통 차이나타운 입구에서 존커 거리 이용, 도보 5분 요금 슈피리어 룸 RM198 전화 06-282-5151 홈페이지 www.jonkerboutiquehotel.com

홀마크 레저 호텔

Hallmark Leisure Hotel

차이나타운 북쪽에 있는 중저가 호텔로 객실은 침대, TV, 욕실 등 기본 시설이 잘 되어 있다. 지상층에 홀마크 카페가 있고 인근 캄풍 훌루 모스크, 쳉 훈텡 사원, 존커 거리로 가기도 좋다.

주소 68 Jalan Portugis Off, Jalan Kubu, Melaka 교통 하모니 거리의 존커 갤러리에서 잘란 포르투기스(Jalan Portugis) 이용, 도보 3분 또는 더치 광장에서 도보 10분 요금 딜럭스 룸 RM108 전화 06-281-2888 홈페이지 www.hotelhallmark.com

코트 야드 앳 히렌 호텔 Court yard @ Heeren Hotel

중저가 호텔

차이나타운의 잘란 툰탄청록(Jalan Tun Tan Cheng Lock) 거리에 있는 헤리티지 호텔(Heritage Hotel)로 숍 하우스를 이용한다. 헤리티지 호텔이란 옛 건물의 모양을 살리면서 내부를 리모델링하여 운치과 편리함을 동시에 갖춘 호텔을 말한다.

주소 Jalan Tun Tan Cheng Lock, Melaka 교통 차이나타운 입구에서 잘란 툰탄청록(Jalan Tun Tan Cheng Lock) 이용, 도보 3분 요금 슈피리어 룸_일~목 RM200, 금~토 RM260 전화 06-281-0088 홈페이지 courtyardatheeren.com

푸리 호텔 Puri Hotel

중저가 호텔

차이나타운의 잘란 툰탄청록(Jalan Tun Tan Cheng Lock) 거리 중간에 있는 헤리티지 호텔로, 외관은 옛 건물 그대로이나 내부는 모던한 객실 분위기가 난다. 기왕 여행을 왔으니 일반 호텔보다는 옛 정취를 느낄 수 있는 헤리티지 호텔을 이용하는 것도 즐거운 추억이 될 것이다.

주소 118, Jalan Tun Tan Cheng Lock, Melaka 교통 차이나타운 입구에서 잘란 툰탄청록(Jalan Tun Tan Cheng Lock) 이용, 도보 5분 요금 스탠더드 트윈 RM240, 슈피리어 트윈 RM280 전화 06-282-5588 홈페이지 hotelpuri.com

바바 하우스 호텔

중저가 호텔

The Baba House Hotel

푸리 호텔 건너편에 있는 헤리티지 호텔로 연인이나 친구끼리 여행을 왔다면 일반 게스트 하우스가 아니라 이곳처럼 분위기 있는 곳을 이용해 보는 것도 좋을 것이다. 게스트 하우스에 비해 가격은 조금 비싸도 만족도는 훨씬 더 크다.

주소 125-127 Jalan Tan Cheng Lock, Melaka 교통 차이나타운 입구에서 잘란 툰탄청록(Jalan Tan Cheng Lock) 이용, 도보 5분 요금 트윈 RM230, 딜럭스 더블 RM306 전화 06-280-6888 홈페이지 www.babahouse.com.my

보이지 게스트 하우스

게스트 하우스

Voyage Guest House

차이나타운의 하모니 거리에 있는 게스트 하우스로 지상층에는 휴게실과 공동욕실, 1F에는 더블룸과 도미토리가 있다. 도미토리는 14인을 수용할 수 있으나 공간이 넓어 크게 불편하지는 않다.

주소 4, Jalan Tukang Besi 교통 더치 광장에서 차이나타운 방향, 다리 건너 우회전, 잘란 투캉 베시(Jalan Tukang Besi) 이용, 도보 3분 요금 도미토리 RM18, 더블 RM70, 트리플 RM60 전화 012-764-9931

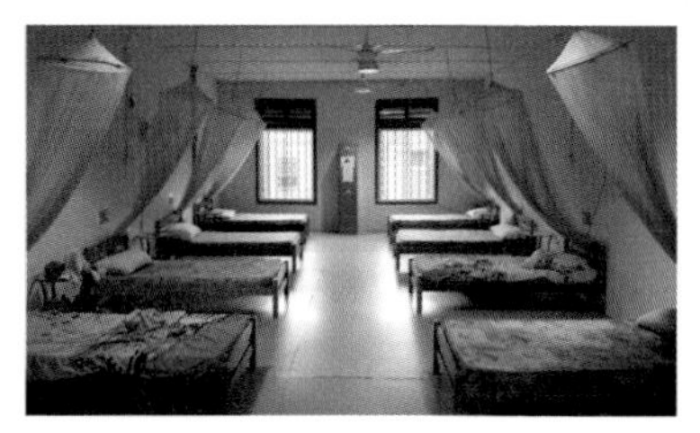

링고스 포이어 게스트 하우스

Ringo's Foyer Guest House

차이나타운 북쪽에 있는 게스트 하우스로 더치 광장에서 오려면 시간이 조금 걸리고, 차이나타운 북쪽 정류장을 이용하는 것이 조금 더 빨리 도착할 수 있다. 주변에 캄풍 훌루 모스크가 있고 쳉훈텡 사원, 존커 거리로 가기 편리하다.

주소 46-A Jalan Portugis, Melaka 교통 하모니 거리의 존커 갤러리에서 잘란 포르투기스(Jalan Portugis) 이용, 도보 3분 / 더치 광장에서 도보 10분 요금 싱글 룸 RM29, 더블 룸 RM46, 여성 전용 도미토리 RM15 전화 06-281-6393

라양 라양 게스트 하우스

Layang Layang Guest Hause

차이나타운 하모니 거리에 있는 게스트 하우스로 지상층은 상가, 1F는 거주지인 숍 하우스를 이용한다. 전체적으로 리모델링하여 외관만 숍 하우스이지 내부는 깔끔한 객실을 자랑한다. 하모니 거리에 있어 차이나타운을 돌아보기 좋고 더치 광장으로 가기도 편리하다.

주소 26 , Jalan Tukang Besi, Melaka 교통 보이지 게스트 하우스에서 도보 1분 요금 스탠더드 더블 RM80, 딜럭스 더블 RM135, 트리플 RM130 전화 012-764-9931

말라카 시외

이비스 말라카 Ibis Melaka Hotel

더치 광장에서 리틀 인디아 방향에 위치한 특급 호텔이다. 더운 나라 특급 호텔의 미덕은 넓은 수영장이다. 종일 여행한다고 돌아다닌 후 수영장에서 조금만 물놀이를 해도 근육 피로가 풀린다.

주소 249, Jalan Bendahara, Kampung Bukit China 교통 더치 광장에서 리틀 인디아 방향, 도보 8분 요금 스탠더드 트윈·퀸 RM194, 슈피리어 RM245 전화 06-222-8888 홈페이지 all.accor.com

아레나 디럭스 호텔 Arenaa De'Luxe Hotel

말라카 동쪽의 잘란 우종 거리(Jalan Ujong Pasir)에 있는 부티크 호텔로 슈피리어 룸에서 스위트 룸까지 다양한 객실을 보유하고 있다. 고풍스럽고 럭셔리하게 꾸며진 객실이 예쁘고 호텔 내 라운지 레스토랑에서 식사하기도 좋다.

주소 Arenaa De Luxe Hotel, Jalan Ujong Pasir, Melaka 교통 세인트 존 요새 또는 포르투갈 마을에서 도보 5분 / 더치 광장에서 택시 이용 요금 트윈 RM63, 더블 RM72, 패밀리 RM162 전화 06-288-3399 홈페이지 www.arenaahotels.com.my

Johor Bahru
조호르 바루

싱가포르로 가는 길목

말레이반도의 남단에 있는 작은 도시 조호르 바루는 19세기 후반 이 지역을 다스리던 조호르 술탄이 새로운 궁전을 세우면서 발전하기 시작했다. 비교적 늦은 시기에 발전이 시작되었기에 서양 문물이 가미된 이스타나 베사르 궁전, 아부 바카르 모스크 같은 아름다운 건축물이 세워질 수 있었다. 이들 건축물은 유럽의 궁전을 연상시키는 이국적이고 화려한 외관을 자랑한다. 또한 JB 센트럴을 중심으로 쇼핑센터인 시티 스퀘어, 힌두 사원인 아룰미구 사원, 100여 종의 동물과 만날 수있는 조호르 동물원, 시외의 테마파크인 레고랜드와 오스틴 하이츠 워터파크 등이 있어 즐거운 하루를 보내기 좋다. 특히 조호르 바루에서 다리 하나만 건너면 싱가포르가 있고 왕래가 매우 간편하므로, 조호르 바루에 왔다면 싱가포르 구경도 빼놓지 말자.

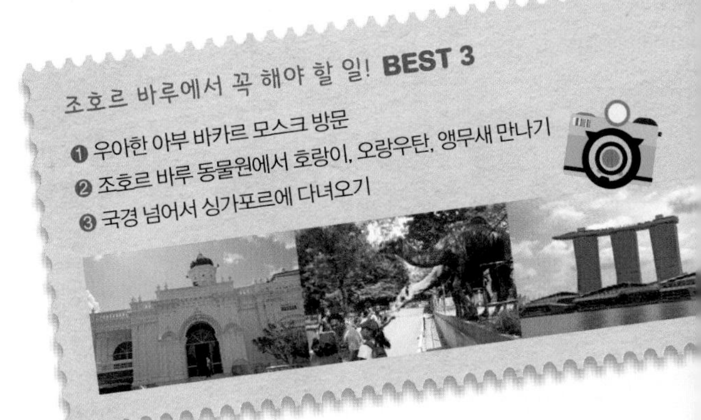

조호르 바루
Senai
조호르 프리미엄 아웃렛
Johor Premium Outlet
TAMAN SENAI JAYA
TAMAN AMAN
오스틴 하이츠 워터 & 어드벤처 파크
Austin Heights Water & Adventure Park
KAMPUNG MAJU JAYA
TAMAN BESTARI INDAH 1
TAMAN BUKIT TIRAM
TAMAN SERI JAYA
Ulu Tiram
TAMAN PELANGI INDAH
TAMAN PULAI EMAS
TAMAN TEKNOLOGI JOHOR
TAMAN PERINDUSTRIAN BERJAYA
TAMAN SETIA INDAH
TAMAN DESA TEBRAU
TAMAN TERATAI
Kangkar Pulai
Johor Bharu
TAMAN IMPIAN EMAS
TAMAN MOUNT AUSTIN
TAMAN EHSAN JAYA
SETIA TROPIKA
TAMAN UNIVERSITI
Skudai
TAMAN KEMPAS
TAMAN BUKIT MUTIARA
Pasir Gudang Hwy
TAMAN JOHOR JAYA
TAMAN BUKIT KEMPAS
KEMPAS PERMATANG
TAMAN PLENTONG UTAMA
TAMAN MOLEK
TAMAN UNGKU TUN AMINAH
TAMAN PERINDUSTRIAN SRI PLENTONG
TAMAN SKUDAI BARU
TAMAN JOHOR
TAMAN SRI BAHAGIA
KAMPUNG MELAYU MAJIDEE
LIMA KEDAI
TAMAN TAMPOI INDAH
BANDAR BARU PERMAS JAYA
BANDAR BARU SERI ALAM
라르킨 센트럴(터미널)
TAMAN NUSA BESTARI 2
BANDAR BARU UDA
아라시 샤브샤브
Arashi Shabu-Shabu KSL City
Jalan Pantai
TAMAN MEGAH RIA
Tampoi
Larkin
TAMAN SELESA JAYA
KSL 시티 몰
KSL City Mall
BUKIT INDAH
TAMAN PERLING
JB 센트럴 출입국 사무소
토닥 레스토랑
Todak Restaurant
旗魚海番村
TAMAN PERMATA
BUKIT INDAH 2
JB 센트럴 역
BANDAR JOHOR BAHRU
시내
HORIZON HILLS
TAMAN NUSA PERINTIS
애드미럴티 로드 웨스트
셈바왕
SEMBAWANG
Gelang Patah
우드랜드 출입국 사무소
우드랜즈
WOODLANDS
KAMPUNG BAHARU
말레이시아
싱가포르
크렌지 웨이
Johor Strait
레고랜드
LEGOLAND
크렌지 저수지
Kranji Reservoir
KOTA ISKANDAR
EAST LEDANG
KAMPUNG TIRAM
지하철 크렌지 역
싱가포르 동물원
Singapore Zoo
조호르 바루 시내
Jalan Salleh
Tadika Cahaya Kamar
Tengku Ampuan Mariam College
JO 호텔
JO Hotel Johor Bahru
Pintu Masuk Kompleks Import Bangunan Sultan Iskandar
Kompleks Import Bangunan Sultan Iskandar Bukit Chagar Johor Bahru Johor Malaysia
Jalan Hassan Al-attas
Lorong 1
맨해튼 피시 마켓
The Manhatten Fish Market
토니 로마스
Tony Roma's
조호르 바루 기차역
시내버스 버스터미널, 택시 카운터
Jalan Lumba Kuda
S. World
Sekolah Pendidikan Kanak-kanak Spatik
Jalan Ismail
Jalan Mustaffa
Jalan Abdullah Ibrahim
Jalan Trus
콤타르 JBCC 쇼핑센터
Komtar JBCC
Exna Holdings Sdn. Bhd.
Jalan Dato Menteri
National Registration Department
Jalan Dato Dalam
수리아 시티 호텔
Suria City Hotel
Taman Didikan Kanak Holylight Church
시티 스퀘어
City Square
JB 센트럴 출입국 사무소
Darul Ukhuwah
Jalan Gertak Merah
Jalan Ayer Molek
치킨 라이스 숍
The Chicken Rice Shop Restaurant
시트러스 호텔
Citrus Hotel
JB 센트럴 역
JB 센트럴 호텔
JB Central Hotel
말레이 나이트 스트리트 푸드
Malay Night Street Food
갤러리아
Galleria Plaza Kotaraya
멜드럼 워크 스트리트 푸드
Meldrum Walk Street Foods
Jalan Sultan Ibrahim
Zaharah Botanic Gardens
Jalan Fatimah Sultanah
조호르 주청사
Jalan Duke
아부 바카르 모스크
Abu Bakar Mosque
조호르 동물원
Zoo Johor
아룰미구 사원
Arulmigu Sri Raja Mariamman Devasthanam Temple
Majlis Bandaraya Johor Bahru
Sultan Abu Bakar Monument
Jalan Belukar
이스타나 베사르
Istana Besar
Persiaran Tun Sri Lanang
트리플 케이
Triple K 牛肉面家
술탄 아부 베이커 박물관
Sultan Abu Bakar Museum
갤러리아 푸드코트
Gelleria Food Court
Johor Bahru – Woodlands

조호르 바루로 이동하기

쿠알라 룸푸르에서 가기

버스

쿠알라 룸푸르의 차이나타운 인근 푸두 센트럴(버스 터미널)과 반다르 타식 셀라탄(Bandar Tasik Selatan) 역 인근 TBS(Terminal Bersepadu Selatan)에서 조호르 바루의 라르킨(Larkin) 버스 터미널까지 수시로 버스가 운행된다. 푸두 센트럴에서는 07:30~24:00에 수시로 버스가 있고, 소요 시간은 약 5시간, 요금은 RM31.3이다. 운행 편수가 많은 회사로는 트랜스내셔널(Transnational), 코즈웨이 링크(Causeway Link) 등이 있다. TBS에서는 07:00~01:00에 수시로 버스가 있고, 소요 시간은 약 5시간, 요금은 RM31이다. 운행 횟수가 많은 회사로는 코즈웨이 링크(Causeway Link), KKKL 익스프레스(KKKL Express), 트랜스내셔널(Transnational) 등이 있다.

기차

KL 센트럴 또는 쿠알라 룸푸르 역에서 JB 센트럴(조호르 바루 역)까지 기차가 운행된다. 운행 시간은 08:30, 14:00, 22:30, 운행 횟수는 1일 3회, 소요 시간은 약 9시간, 요금은 2등석 RM25이다. JB 센트럴은 조호르 바루 시내에 있어 이용하기 편리하다.

항공기

쿠알라 룸푸르 국제공항(KLIA)에서 조호르 바루의 세나이(Senai) 공항까지 말레이 항공이 운행된다. 운행 편수는 1일 5편, 소요 시간은 50분, 요금은 RM100 내외이다. 또는 쿠알라 룸푸르 국제공항 2(KLIA2)에서 세나이 공항까지 에어 아시아 항공기를 이용할 수도 있는데, 운행 편수는 1일 3편, 소요 시간은 50분, 요금은 RM50 내외이다. 세나이 공항에 시내의 라르킨 버스 터미널까지는 셔틀버스(RM8) 또는 택시(RM50 내외)를 이용하면 되고 약 50분 소요된다.

다른 지역에서 가기

버스

다른 지역과 조호르 바루 간의 교통편은 말라카-조호르 바루, 싱가포르-조호르 바루 등이 있다. 말라카 센트럴에서 조호르 바루로 가는 버스는 07:30~20:00에 수시로 운행되며, 소요 시간은 약 3시간, 요금은 RM19이다. 운행 편수가 많은 회사로는 KKKL 익스프레스(KKKL Express), 707 익스프레스(707 Express), 델리마 익스프레스(Delima Express) 등이 있다.
싱가포르에서 올 때는 싱가포르 지하철(MRT) 크랜지(Kranji) 역 또는 우드랜드(Woodland) 역에서 170번 버스(S$2.5, 주로 싱가포르 사람이 이용), CW-1 코즈웨이 링크 버스(S$1.5, 주로 말레이시아 사람이 이용)를 이용하거나 부기스 역 부근 퀸즈 스트리트 버스 터미널에서 CW-1 코즈웨이 링크 버스 이용한다.
싱가포르에서 국경을 넘어서 오는 동선은 싱가포르에서 버스 탑승 → 싱가포르 국경(우드랜드) 하차 → 출국 수속 → 버스 탑승 → 싱가포르-말레이시아 국경 통과(다리) → 말레이시아 국경 하차 → 입국 수속 → 연결 통로 나오면 JB 센트럴이다.(혹은 입국 수속 후 다시 버스 탑승 → 라르킨 버스 터미널 하차한다.)

기차

싱가포르의 우드랜드 기차역에서 JB 센트럴(조호르 바루 기차역)로 가는 기차를 이용한다. 운행 시간은 08:30, 14:00, 23:30, 운행 간격은 1일 3편, 소요 시간은 5분, 요금은 S$2이다. 출입국 수속 순서는 버스편을 이용할 때와 비슷하다.

조호르 바루의 교통수단

JB 센트럴 시내버스 터미널

조호르 바루의 JB 센트럴을 중심으로 한 시내의 볼거리들은 도보로 충분히 둘러볼 수 있다. 조호르 바루 외곽은 시내버스나 택시를 이용해야 하는데, 택시 이용 시에는 가급적 택시 카운터를 찾아 택시 카운터에서 이용하는 것이 좋다. JB 센트럴의 지상층에 시내버스 터미널과 택시 카운터가 있다.

여행 안내

말레이시아 관광국(MTPB)
07-222-3590
조호르 바루 관광부 협의회
(Johor Bahru Tourism Department Council)
07-223-4935

Travel Tip

JB 센트럴

기차역과 출입국 사무소, 시내버스 터미널 등이 모여 있어 여행자들이 꼭 알아 두어야 할 장소이다. 건물은 JB 센트럴 출입국 사무소와 연결되어 있으며, 내부에 KL 센트럴(08:35, 14:05, 23:35)과 싱가포르 우드랜드(16:05, 06:18, 21:17)로 향하는 기차역이 있다. 지상층에는 조호르 바루 시외버스 터미널인 라르킨 버스 터미널과 레고랜드 등으로 가는 버스를 탈 수 있는 시내버스 터미널, 조호르 바루 시외로 가는 택시를 탈 수 있는 택시 카운터가 있으며, 상점, 레스토랑도 입점해 있는 복합 건물이다.

주소 Jalan Tun Abdul Razak, Johor Bahru 교통 KL 센트럴, 싱가포르에서 기차 이용 / 조호르 바루 시내에서 도보
홈페이지 기차역 www.ktmb.com.my

조호르 바루 1박 2일 코스

조호르 바루 시내만 관광한다면 하루 만에 다 돌아볼 수 있으나 외곽의 관광지도 들르려면 이틀이 필요하다. 첫날은 시내의 아룰미구 사원, 이스타나 베사르, 조호르 바루 동물원, 아부 바카르 모스크를 구경하고, 둘째 날은 시외의 레고랜드, 조호르 프리미엄 아웃렛, 토닥 레스토랑 등을 둘러본다.

1일

아룰미구 사원

도보 15분

이스타나베사르

도보 10분

조호르 바루 동물원

도보 1분

아부 바카르 모스크

도보 30분

시티 스퀘어

2일

레고랜드

버스 40분

조호르 프리미엄 아웃렛

시티 스퀘어 City Square

조호르 바루의 대표 쇼핑센터 중 하나

JB 센트럴 옆에 있는 쇼핑센터로 코튼 온, 에스프리(Esprit), 망고, H&M, 빈치(Vicci), 파디니 콘셉트 스토어 등의 패션 매장이 입점해 있다. 또한 쇼핑센터 속의 상점가 인터 시티(Inter City), 전자오락실인 액션 시티, 중식당 드래곤 아이(Dragon I), 일식당 스시 킹 아라시, 레스토랑 미고스, 난도스, 킴 개리(Kim Gary), 커피숍 올드타운 화이트 커피 등이 있다. 조호르 바루 시내의 대표적인 쇼핑센터로 이곳 사람들에게는 만남의 장소로 이용되기도 하며, 싱가포르에서 넘어온 사람들이 쇼핑을 하는 곳 중 하나이다.

주소 106 Jalan Wong Ah Fook, Johor Bahru 교통 조호르 바루 시내에서 JB 센트럴 방향, 도보 5분 시간 10:00~22:00 전화 07-226-3668 홈페이지 www.citysqjb.com

아룰미구 사원 Arulmigu Sri Raja Mariamman Devasthanam Temple

화려한 장식이 있는 고푸람이 인상적!

시티 스퀘어 서쪽에 있는 힌두 사원으로 화려한 장식이 있는 탑문인 고푸람(Gopuram)이 인상적이고 사원 내부에는 여러 신전과 코끼리 신 가네시(ganeshi) 상, 기둥을 닮은 남근상 링가(linga) 등을 볼 수 있다. 때때로 힌두 사제가 신자에서 축복을 내리는 모습도 목격된다.

주소 Jalan Ungku Puan Bandar Johor Bahru, Johor 교통 JB 센트럴에서 시티 스퀘어 통과 후, 잘란 웡 아 푹(Jalan Wong Ah Fook)에서 우회전, 잘란 시우친 (Jalan Siu Chin)에서 좌회전, 도보 5분 시간 09:00~18:00 요금 무료

갤러리아 Galleria Plaza Kotaraya

쇼핑도 하고 레스토랑에서 식사도 하고

아룰미구 사원과 조호르 주청사 사이에 있는 쇼핑 센터로 슈퍼마켓 카피탄(Kapitan), 구두 상점인 인스텝(In Step), 레드 모다니(Red Modani)와 레스토랑 케니 로저스 로스터, 시크릿 레시피, 푸드코트 등이 자리한다. 지상층과 1F 외 다른 층에는 종종 빈 상점이 보인다.

주소 Jalan Trus, Johor Bahru 교통 아룰미구 사원에서 도보 3분 시간 10:00~22:00 전화 07-224-7568 홈페이지 www.galleriakotaraya.com

이스타나 베사르 Istana Besar

아름다운 빅토리아 양식의 궁전

조호르 바루가 있는 지역을 조호르(Johor)라고 하는데, 이곳에는 16~18세기 조호르 왕국이 있었다. 이스타나 베사르는 1866년 조호르 왕국을 다스리던 술탄 아부 바카르가 빅토리아 양식으로 세운 왕궁으로 1938년까지 왕궁으로 사용되었다. 왕궁은 현재 박물관으로 사용되고 있으며, 왕궁을 둘러싼 53ha의 넓은 부지는 일본 정원, 난 정원, 다실 등이 있는 공원이 조성되어 조호르 바루 주민들의 휴식처가 되고 있다.

주소 Jalan Seri Belukar, Kebun Merah, Johor Bahru 교통 시티 스퀘어에서 힌두 사원 지나 도보 15분 시간 09:00~18:00 요금 무료

술탄 아부 베이커 박물관 Sultan Abu Bakar Museum

조호르 왕국에서 사용하던 가구, 생활용품 관람

이스타나 베사르의 왕궁 건물을 박물관으로 바꾼 것으로 주로 왕실에서 사용하던 가구, 식기, 생활용품, 미술품 등 2만 5천여 점을 소장하고 전시한다. 그중에서 술탄 알현실의 황금으로 된 황금 옥좌가 눈길을 끈다.

주소 Jalan Seri Belukar, Kebun Merah, Johor Bahru 교통 이스타나 베사르 내 시간 09:00~17:00, 매주 금요일 휴관 요금 RM7 전화 07-223-0555

조호르 동물원 Zoo Johor

동남아 최초의 동물원

1928년 개관하였으며, 말레이시아에서 가장 오래된 동물원이자 동남아 최초의 동물원이다. 사냥을 즐겼던 2대 조호르 술탄과는 달리 동물을 좋아했던 3대 조호르 술탄이 이 동물원을 세웠다고 한다. 현재 동물원에는 호랑이, 사자, 고릴라, 사슴, 원숭이, 새, 낙타 등 100여 종의 동물을 보유하고 있다. 여러 동물을 구경하는 것은 물론이고, 조랑말 타기, 로봇 강아지 타기, 보트 타기, 새 모이 주기 등도 즐길 수 있으며, 동물원 내 매점에서 꼬치, 튀김, 열대 과일 같은 간식을 맛보아도 즐겁다.

주소 Jalan Gertak Merah, Kebun Merah, Johor Bahru, 교통 이스타나 베사르에서 도보 5분(※ 이스타나 베사르 남단의 잘란 아부 바카르(Jalan Abu Bakar) 이용 시 인도가 좁으므로 주의할 것) / JB 센트럴에서 택시 이용 시간 09:00~16:00 요금 성인 RM2, 어린이 RM1 전화 07-223-0404

아부 바카르 모스크 Abu Bakar Mosque

색다른 빅토리아 양식의 모스크

조호르 바루 동물원 길 건너에 있는 모스크로, 금색의 돔이 있고 이슬람 또는 인도 양식으로 세워지는 보통 모스크와는 달리 1900년 빅토리아 양식으로 세워졌다. 옛 궁전인 이스타나 베사르보다 이 건물이 더 궁전처럼 보일 정도로 웅장하고 아름답다. 이곳의 돔도 예전에는 금색이었으나 조호르 술탄의 뜻에 따라 파란색으로 칠해졌다. 모스크 내에는 2,500명 이상을 수용하는 넓은 예배실(남성)이 마련되어 있고, 여성 예배실은 따로 있다.

주소 Jalan Abu Bakar, Mesjid Abu Bakar, Johor Bahru
교통 조호르 바루 동물원에서 길 건너 바로 / JB 센트럴에서 택시 이용 시간 05:00~21:15 요금 무료

KSL 시티 몰 KSL City Mall

로컬 브랜드 위주의 쇼핑센터

조호르 바루 북쪽에 있는 쇼핑센터로 대형 할인 매장인 테스코와 패션 콘셉트 스토어 F.O.S, 보디 글로브 등 주로 로컬 브랜드 상점을 갖추고 있다. 소상점이 많아 동대문 쇼핑몰 분위기가 난다. 레스토랑으로는 차 그릴 바(스테이크), 디 상하이 바(딤섬), 치킨 라이스 숍, 맨해튼 피시 마켓(서양식 시푸드, 파스타), 스시 킹(일식, 스시), 아지센 라멘(일식, 라멘), 미고스(멕시코 요리), 올드타운 화이트 커피, 푸드코트 페이시옹 등 다양한 편이다. 상가보다 식당가가 더 크고 잘 되어 있는 느낌이 든다.

주소 33, Jalan Seladang, Taman Abad, Johor Bahru 교통 JB 센트럴 시내버스 터미널에서 KSL 시티몰행 버스 또는 택시 이용 시간 10:00~22:00 전화 07-288-2888 홈페이지 www.kslcity.com.my

오스틴 하이츠 워터 & 어드벤처 파크 Austin Heights Water & Adventure Park

물놀이와 스릴을 함께 즐길 수 있는 레저타운

조호르바루 북쪽에 위치한 레저타운으로 크게 워터파크, 어드벤처 파크, 스포츠 & 레저 파크로 나뉜다. 먼저 워터파크는 대형 워터 슬라이드 풀과 유수풀, 중형 워터 슬라이드 풀, 파도 풀 등 3개의 구역이 있어 마음껏 물놀이를 즐기기 좋고 어드벤처 파크는 고공 외줄 건너기, 그물 건너기 등 51개 타입이 어우러진 7개 코스가 있어 아슬아슬 줄을 타다 보면 시간 가는 줄 모른다. 스포츠 & 레저 파크는 실내 빙상장인 스케이팅 링크, 카트장인 드리프트 카트, 트램폴린장인 점프 스트리트 등이 있어 취향에 따라 즐기기 좋다. 한 번에 모든 시설을 즐기기 어려우므로 계획을 짜서 몇몇 시설만 이용하는 것이 좋고 개별 입장권보다 콤보 입장권을 선택하는 것이 낫다.

주소 71, Jalan Austin Heights 8/1, Taman Mount Austin 교통 JB 센트럴 시내버스 터미널에서 BeXTRA6 버스(06:00~23:00, RM2.5) 이용, 오스틴 하이츠 워터파크 하차 시간 10:00~18:00, 화·수 휴무 요금 워터파크 RM80, 어드벤처 파크 RM80, 점프 스트리트 RM25, 스케이팅 링크 RM25, 드리프트 RM25, 워터+어드벤처 파크 RM150 전화 019-716-3183 홈페이지 www.funtime.my

레고랜드 LEGOLAND

동심으로 돌아가기 좋은 곳

조호르 바루 서쪽에 있는 레고랜드는 세계적인 조립 블록 장난감 회사인 레고에서 만든 것으로 테마파크와 워터 파크, 시라이프(아쿠아리움), 레고랜드 호텔로 이루어져 있다. 테마파크에는 레고 블록으로 만든 세계 각국의 유명 건축물을 볼 수 있는 미니 랜드, 레고 어트랙션이 있는 비기닝, 테크닉, 킹덤, 랜드 오브 어드벤처, 레고 시티 등이 있고 워터 파크에는 다양한 미끄럼틀과 워터 어트랙션이 있어 즐거운 시간을 보내기 좋다. 테마파크에는 이용할 수 있는 어트랙션이 많지만 이용하려는 사람도 많아 이용하려면 오랜 시간 기다려야 하므로 모든 어트랙션을 이용해 보려면 아침 개장 시간에 맞춰 입장하는 것이 좋다. 또한 테마파크(시라이프 포함)와 워터 파크를 동시에 이용하기보다 각각 하루씩 이용하는 것이 바람직하다.

주소 7, Jalan Legoland, Bandar Medini, Nusajaya, Johor 교통 JB 센트럴 시내버스 터미널에서 LM1 코즈웨이 링크 버스 이용(08:00, 09:30, 11:00, 12:30, 14:00, 15:30, 17:00, 18:30, 현지 사정에 따라 변동 가능 / RM4.5), 레고랜드 하차 시간 테마파크, 워터 파크, 시라이프 10:00~18:00(일부 ~19:00) 요금 테마파크 RM249, 워터 파크 RM179, 시라이프 RM99 전화 07-597-8888 홈페이지 www.legoland.com.my

조호르 프리미엄 아웃렛 Johor Premium Outlet

할인된 가격에 명품을 쇼핑할 수 있는 곳

조호르 바루 북서쪽에 있는 패션 아웃렛으로 버버리, 코치, 폴로, 랄프 로렌, 살바토레 페라가모, 아르마니, 에스프리 같은 유명 브랜드 매장이 입점해 있다. 때때로 추가 세일을 실시하므로 원하는 상품이 있었다면 뜻하지 않은 행운을 기대해도 좋다. 쇼핑 후에는 레스토랑 돔 카페, 앱솔루트 타이 등에서 식사를 즐겨도 괜찮다.

주소 Suite 2000, Jalan Premium Outlets, Kulai, Johor 교통 JB 센트럴 시내버스 터미널에서 조호르 프리미엄 아웃렛행 JP01번 버스 이용(09:00, 11:00, 13:30, 16:00, 18:30, 21:00 / RM4.5) 시간 10:00~22:00 전화 07-661-8888 홈페이지 www.premiumoutlets.com.my

Restaurant & Café

조호르 바루의 레스토랑은 크게 쇼핑센터 내 푸드코트나 식당가와 멜드럼 워크 스트리트 푸드로 나눌 수 있다. 쇼핑센터 내 푸드코트나 식당가의 레스토랑은 환경이 정돈되어 있고 주문하기 편리하며 멜드럼 워크 스트리트 푸드나 주변 식당은 조금 불편할 수 있어도 현지인과 어울리는 분위기여서 즐겁다.

치킨 라이스 숍 The Chicken Rice Shop Restaurant

조호루바루 시티 스퀘어에 있는 닭 요리 체인점이다. 메뉴는 닭고기 구이와 찜, 국수, 덮밥 등이 있는데 닭고기 또는 생선과 밥이 함께 나오는 세트 메뉴가 가성비가 높다. 조식 메뉴도 있으므로 아침에 들러도 괜찮다.

주소 J2-14 & J2-15, Jalan Wong Ah Fook 교통 JB 센트럴에서 시티스퀘어 방향, 바로 시간 10:00~22:00 메뉴 페낭 페이모스 치킨롤, 뇨냐 파이티, 페낭 로작, 하이난 커리 치킨

토니 로마스 Tony Roma's

시티 스퀘어 옆 콤타르 JBCC(KOMTAR JBCC) 쇼핑몰에 위치한 스테이크 하우스이다. 두툼한 스테이크가 먹음직스럽고 양갈비, 치킨 메뉴도 눈길이 간다. 가볍게 식사하려면 버거나 파스타를 선택해도 좋다.

주소 2nd, Komtar JBCC, Johor Bahru City Centre Lot 203 교통 콤타르 JBCC(KOMTAR JBCC) 쇼핑몰 내 시간 12:00~21:00 메뉴 스테이크, 양갈비, 치킨, 버거, 파스타 전화 07-220-0895 홈페이지 tonyromas.com

아라시 샤브샤브 Arashi Shabu-Shabu KSL City

KSL 시티 쇼핑센터 내에 있는 일식 샤브샤브점이다. 샤브샤브 세트로 주문하고 부족한 것은 추가로 선택해 먹을 수 있다. 육수는 맑은 탕, 미소 탕, 매운 탕 등에서 하나를 고르고 육수가 끓으면 재료를 데쳐 맛을 보자.

주소 Lot L1-01, Level 1, KSL City, 33, Jalan Seladang 교통 JB 센트럴 시내버스 터미널에서 KSL 시티 몰행 버스 또는 택시 이용 시간 10:00~22:00 메뉴 소고기, 닭고기, 해산물 샤브샤브

갤러리아 푸드코트 Gelleria Food Court

힌두 사원인 아룰미구 사원에서 위쪽으로 길 건너에 쇼핑센터 갤러리아가 있고 그 안에 푸드코트가 있다. 여느 푸드코트와 같이 말레이 요리, 중식, 양식 등 다양한 음식을 맛볼 수 있어 좋고 말레이시아 서민들을 만날 수 있어 좋은 곳이기도 하다. 길가 레스토랑을 이용하기 부담스럽다면 간편하게 맛볼 수 있는 쇼핑센터 내 푸드코트를 이용하는 것도 나쁘지 않다.

주소 Gelleria Plaza Kotaraya, Jalan Trus, Johor Bahru 교통 아룰미구 사원에서 도보 3분 시간 10:00~18:00 메뉴 말레이 요리, 중국 요리, 양식 등 전화 07-224-7568

말레이 나이트 스트리트 푸드 Malay Night Street Food

시티 스퀘어 인근 T-호텔과 위스마 바스타(Wisma Vasty) 쇼핑몰 사이 골목에 위치한 먹거리 노점이다. 포장마차 형태로 나시 고렝, 나시 르막, 운탄면, 바쿠테, 사테 등 다양한 말레이시아 음식을 낸다. 말레이시아 현지인이 찾는 곳으로 가격도 저렴하다.

주소 23, Jalan Meldrum, Bandar Johor Bahru 교통 JB 시티 스퀘어에서 바로 시간 17:00~24:00 메뉴 나시 고렝(볶음밥), 나시 르막, 운탄면, 바쿠테 등

맨해튼 피시 마켓 The Manhattan Fish Market

콤타르 JBCC(Komtar JBCC) 쇼핑센터 내에 있는 레스토랑으로 서양식 시푸드를 낸다. 서양식 시푸드라고 하지만 생선 필레(생선 살)나 새우 등을 이용한 파스타, 볶음밥 등 부담 없는 메뉴를 주로 하므로 가볍게 이용해 볼 수 있다.

주소 35B, Jalan Wong Ah Fook 교통 JB 센트럴에서 콤타르(Komtar JBCC) 방향, 도보 3분 시간 10:00~22:00 메뉴 스파이시 시푸드 올리오(파스타) RM21.9, 메디테라니안 베이크 피시 RM18.9, 페퍼 마요 새먼 버거 RM22.9(서비스 차지 10% 추가) 전화 07-295-5154

트리플 케이 Triple K 牛肉面家

잘란 탄히옥니(Jalan Tan Hiok Nee) 거리는 한자로 '진욱년 문화가(陳旭年文化街)'라고 하며, 오래된 건물에 상점과 레스토랑이 자리하고 있다. 이 거리의 레스토랑 트리플렉은 중식과 말레이 요리가 섞인 퓨전 메뉴를 낸다. 메뉴 중 바쿠테(Bakuteh, 肉骨茶)는 고기를 넣은 중국식 탕이 말레이풍으로 바뀐 것으로 고기에 갖은 약재를 넣고 푹 끓인 것이다. 우리의 한방 갈비탕과 비슷한 맛이 난다.

주소 Jalan Tan Hiok Nee, Johor Bahru 교통 갤러리아에서 잘란 투루스(Jalan Trus) 이용, 잘란 탄히옥니 방향, 도보 3분 시간 08:30~16:00, 월~화 휴무 메뉴 우육면 RM7~8, 바쿠테(갈비탕) RM5.5, 밥 RM1, 똠양 RM7~9

멜드럼 워크 스트리트 푸드 Meldrum Walk Street Foods

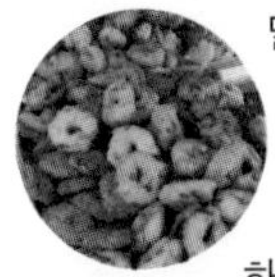

말레이 나이트 스트리트 푸드 남쪽, 길 건너 골목에 여러 먹거리 노점이 늘어서 영업을 한다. 메뉴는 말레이식, 중식, 인도식 등으로 다양하고 꼬치, 어묵, 튀김 같은 주전부리와 음료 등도 있다. 길바닥 테이블에서 먹는 것도 여행의 재미가 된다. 조금씩 여러 음식을 맛보는 것이 요령이고 주문은 말이 필요 없다. 맛있어 보이는 것을 손가락으로 가리킬 것!

주소 Jalan Siu Chin, Johor Bahru 교통 시티 스퀘어에서 잘란 시우 친 방향, 잘란 멜드럼(Jalan Meldrum)과 잘란 웡아폭(Jalan Wong Ah Fook) 사이, 도보 5분 시간 11:00~21:00 메뉴 말레이식, 중식, 주전부리, 음료 등

토닥 레스토랑 Todak Restaurant 旗魚海番村

조호르 바루에서 가장 유명한 시푸드 레스토랑으로 조호르 바루 동쪽 해안에 있다. 레스토랑 건너편의 섬이 싱가포르로, 무척 가깝게 느껴진다. 한쪽에는 생선, 바닷가재, 게 등을 담아 둔 수조가 있고 주방에서는 쉴 새 없이 음식이 나온다. 이런 시푸드 레스토랑에서는 최소 3~4명이 여러 음식을 시켜 놓고 왁자지껄 먹어야 제대로 맛이 난다. 기본으로 소스 없는 게튀김, 삶은 새우, 생선찜 정도 시키면 좋고 밥과 차는 따로 주문한다. 식사 전 심심풀이로 주는 땅콩, 손 닦는 물수건도 공짜가 아니니 참고! 바닷가에 위치해 있지만 해변이나 바닷가 산책로가 없어 주위를 둘러보기는 어렵다. 근처에 YX 레스토랑, TKK 레스토랑같이 시푸드 레스토랑이 몇 곳 더 있다. 식사 후에는 카운터에 택시를 불러 달라고 하여 숙소로 돌아가면 된다.

주소 1, Jln Dedaru 11, Kampung Teluk Jawa 교통 JB 센트럴에서 택시 이용, RM10 내외 시간 11:30~23:30 메뉴 펄 랍스터 RM22, 대하무침 RM24, 버터 크랩 2마리 RM20 전화 07-386-3696

Hotel & Resort

조호르 바루의 숙소는 JB 센트럴 동서 지역에 분포한다. 조호르 바루 남쪽에 싱가포르가 있기 때문에 고층 호텔이나 바닷가 호텔의 경우 객실 창문을 열면 싱가포르를 볼 수 있으나 싱가포르 중심가는 조호르 바루 쪽이 아닌 반대쪽에 있어 싱가포르 시내를 보긴 힘들다. 조호르 바루 같은 접경 지역의 숙소는 가급적 교통 요지인 JB 센트럴과 가까운 곳이 좋다.

그랜드 블루 웨이브 호텔 Grand Blue Wave Hotel

고급 호텔

JB 센트럴 출입국 사무소 동쪽에 있는 호텔로 객실은 깔끔하고 부대시설로 야외 수영장, 레스토랑 해피 베케이셔너즈(The Happy Vacationers) 등을 갖추고 있다. JB 센트럴 출입국 사무소와 가까워 싱가포르에서 넘어올 때 이용하기 좋고 조호르 바루 시내를 둘러보기도 편리하다.

주소 Jalan Bukit Meldrum, Tanjung Puteri, Johor Bahru 교통 JB 센트럴 출입국 사무소에서 동쪽 출구 이용, 도보 3분 요금 스튜디오 룸 RM232 전화 07-221-6666 홈페이지 www.gbwhotel.com.my

센트럴 조호르 바루 호텔 Sentral Johor Bahru Hotel

고급 호텔

JB 센트럴 출입구 사무소 동쪽에 위치한 호텔로 슈피리어 룸과 딜럭스 룸 등 138개의 객실을 보유하고 있다. 아담한 호텔 야외 수영장에서 물놀이를 하거나 일광욕을 즐기기 좋고 호텔 내 레스토랑에서 식사를 하기도 괜찮다. 객실에서 남쪽으로 보이는 섬이 싱가포르이다.

주소 Jalan Tenteram, Tanjung Puteri, Johor Bahru 교통 JB 센트럴 출입국 사무소에서 동쪽 출구 이용, 도보 5분 요금 슈피리어 룸 RM310 전화 07-222-7788 홈페이지 www.hotelsentraljb.com.my

JO 호텔 JO Hotel Johor Bahru

중저가 호텔

시티 스퀘어 북쪽에 자리한 중저가 호텔이다. 이곳은 객실이 깔끔해 지내기 무난하다. JB 센트럴 주위에는 JO 호텔 외에도 크고 작은 호텔이 밀집되어 있으므로, 호텔 사이트에서 사진을 보고 원하는 곳을 정하면 된다.

주소 15, Jalan Gereja, Bandar Johor Bahru 교통 시티 스퀘어에서 북쪽으로 도보 10분 요금 슈피리어 퀸 RM180 전화 012-788-1943 홈페이지 thejohotel.com

시트러스 호텔 Citrus Hotel

중저가 호텔

시티 스퀘어 옆에 있는 호텔로 조호르 바루 시내 중심에 있어 조호르 바루를 둘러보기 좋고 싱가포르로 가기도 편리하다. 인근 힌두 사원, 이스타나 베사르, 조호르 동물원, 아부 바카르 모스크 순으로 둘러보면 좋다. 객실은 침대, TV, 욕실 등 기본 시설에 충실한 편이고 호텔 내 시트러스 카페에서 간단한 식사를 할 수 있다.

주소 No.16, Jalan Station, Johor Bahru 교통 JB 센트럴에서 바로 요금 스탠더드 룸 RM112 전화 07-222-2888 홈페이지 www.citrushoteljb.com

JB 센트럴 호텔 JB Central Hotel

중저가 호텔

시티 스퀘어 남쪽에 있는 호텔로 침대, TV, 욕실 등 기본 시설에 충실하여 하룻밤 보내기에 불편함이 없다. 같은 건물 1F에는 푸드코트가 있어 이용하기 편리하고 인근 잘란 시우 친 거리의 노점 음식점을 둘러볼 수도 있다.

주소 Merlin Tower, Jalan Meldrum, Johor Bahru 교통 JB 센트럴에서 도보 3분 요금 스탠더드 룸 RM145 전화 07-222-2833 홈페이지 www.jbcentralhotel-johorbahru.com

수리아 시티 호텔 Suria City Hotel

중저가 호텔

조호르 바루 시내에서 가까운 호텔은 JB 센트럴 출입국 사무소를 중심으로 동쪽과 서쪽에 분포한다. 이 호텔은 그중 동쪽에 있고 잘 정리된 객실과 야외 수영장, 레스토랑 붕아 파디(Bunga Padi) 등의 편의시설이 있다.

주소 10, Jalan Bukit Meldrum, Tanjung Puteri, Johor Bahru 교통 JB 센트럴 출입국 사무소에서 동쪽 출구 이용, 도보 3분 요금 슈피리어 룸 RM138 전화 07-221-2826 홈페이지 www.suriaresorts.com

Kota Kinabalu
코타 키나발루

내 생애 최고의 휴가 여행지

동남아의 숨은 파라다이스 코타 키나발루(약칭 KK). 말레이 반도와 조금 떨어진 북보르네오 사바 주에 위치해 있어 말레이시아와는 다른 느낌으로 다가오는 곳이다. 코타 키나발루 시내는 재래시장인 센트럴 마켓, 건어물 시장, 공예품 시장인 필리피노 마켓, 필리피노 야시장 등 들러볼 곳이 많다. 코타 키나발루 앞바다에는 가야섬, 사피섬, 마누칸섬, 마무틱섬, 술룩섬 등이 점을 찍어 놓은 듯 자리하는데, 바다가 맑고 산호초가 잘 보존되어 있어 천혜의 스노클링 여행지로 꼽힌다. 북보르네오 증기 기차 여행에 참여하여 기적을 울리며 달리는 19세기의 증기 기차를 타고 시간 여행을 떠날 수도 있고, 동남아 최고봉인 키나발루산에서 트레킹을 즐기며 산 아래 펼쳐진 코타 키나발루의 풍경을 감상할 수도 있다. 포링 온천에서는 열대에서 온천을 즐기는 색다른 이열치열의 재미를 느낄 수 있다.

코타 키나발루

키나발루 공원
Taman Negara
Gunung Kinabal

키나발루산
Kinabalu Mountain

포링 온천
Poring Hot Spring

아데나 라플레시아 정원
Adenna Rafflesia Garden

프칸 나발루 전망대
Pekan Nabalu Observatory

Kundasang

Ranau

Tuaran

Tamparuli

샹그릴라 라사 리아 리조트
Shangri-La's Rasa Ria Resort

넥서스 리조트 & 스파
Nexus Resort & Spa

Sepanggar
Island

CFC 시티 푸드 코너
CFC City Food Corner

사바 주립 대학교
Malayasia Sabah University(UMS)

원 보르네오
One Borneo

가야섬
Gaya Island

툰 무스타파 타워
Tun Mustapha Tower

툰쿠 압둘 라만 공원
Tunku Abdul Raman Park

코타 키나발루 시티 이슬람 사원
Kota Kinabalu City Mosque

마누칸섬
Manukan Island

코타 키나발루 시내
Kota Kinabalu

마리 마리 문화 마을
Mari Mari Cultural Village

코타 키나발루 국제공항
Lapangan Terbang
Antarabangsa
Kota Kinabalu

Penampang

몬소피아드 문화 마을
Monsopiad Cultural Village

Putatan

록 카이 야생 동물 공원
Lok Kawi Wildlife Park

Kinarut

AH150
A4
22
A3
SA3
A2

코타 키나발루로 이동하기

우리나라에서 가기

항공편

인천 국제공항에서 코타 키나발루까지 직항으로 아시아나 항공, 대한 항공, 이스타 항공, 진 에어, 제주 항공, 에어 서울이 있으며, 경유편은 말레이시아 항공, 싱가포르 항공 등이 있다. 인천에서 코타 키나발루까지 약 5시간~5시간 30분 정도 소요된다. 인천 국제공항에서 코타 키나발루까지 경유편을 이용하면 쿠알라 룸푸르, 홍콩, 방콕 등을 거치므로 소요 시간이 늘어나고 가격은 조금 싸진다. 예를 들어, 인천에서 출발하는 코타 키나발루행 말레이시아 항공은 쿠알라 룸푸르를 거쳐 코타 키나발루로 향한다. 아시아나 항공, 대한 항공, 이스타 항공, 말레이시아 항공은 터미널 1, 에어 아시아는 터미널 2를 이용한다.

아시아나항공 1588-8000, flyasiana.com
대한항공 1588-2001, kr.koreanair.com
이스타항공 1544-0080, www.eastarjet.com
말레이시아항공 www.malaysiaairlines.com
에어 아시아 www.airasia.com
진 에어 www.jinair.com

공항에서 시내 가기

코타 키나발루 국제공항 터미널 1과 터미널 2에서 코타 키나발루 시내까지 공항버스가 오전 7시 30분~오후 7시 15분까지 운행되며 요금은 성인 RM5, 어린이 RM3이다. 공항버스가 운행되지 않는 시간에는 공항 내 택시 카운터에서 행선지를 말하고 영수증(쿠폰)을 받은 뒤 배정된 택시를 이용한다. 공항에서 시내까지의 택시 요금은 RM30 내외다.

쿠알라 룸푸르에서 가기

쿠알라 룸푸르 국제공항(KLIA, 1터미널)에서 말레이시아 항공, 바틱 에어 말레이시아가 코타 키나발루까지 운항한다. 소요 시간은 2시간 30분. 요금은 저가 항공인 바틱 에어 말레이시아가 말레이시아 항공보다 약 10만원 정도 저렴하다. 쿠알라 룸푸르에서 코타 키나발루로 갈 때는 다른 나라에 입국하듯이 출입국 사무소에 여권을 제시해야 한다. 코타 키나발루가 말레이 연방의 자치주이기 때문이다.

다른 지역에서 가기

코타 키나발루가 있는 사바(Sabah) 주의 산다칸(Sandakan)에서 버스를 이용하면 6시간 정도 소요된다(요금 RM35~40). 라부안섬(Pulau Labuan)에서 보트를 이용하면 3시간 30분 정도 소요된다(요금 RM31~41). 브루나이에서 보트를 이용하면 6시간 정도 소요된다(요금은 RM43). 라부안섬은 말레이시아 연방의 직할지이자 면세항으로 세금이 없거나 적어 페이퍼 컴퍼니(서류상 회사)의 천국으로 불리고, 브루나이는 독립 국가로 석유가 산출되어 부유한 나라로 알려져 있다.

코타 키나발루의 교통수단

코타 키나발루 시내를 순환하는 버스가 있긴 하지만, 버스를 기다릴 시간이면 걸어서 시내를 둘러보기에 충분하다. 또한 최근에는 호출 차량 서비스인 그랩(Grab)을 이용하기도 한다. 코타 키나발루 시외로 갈 때는 택시나 렌터카, 렌트 오토바이 등을 이용한다. 택시는 쇼핑센터, 택시 정류장 등의 택시 카운터에서 요금을 지불하고 영수증 받은 뒤, 배정된 택시를 이용하는 것이 좋다. 렌터카와 렌트 오토바이를 대여할 수 있는 곳은 공항과 시내의 위스마 메르데카 옆 위스마 수리아(Wisma Sabah) 건물 등이다. 위스마 수리아 건물에는 여러 여행사, 렌터카 회사가 있어 투어를 하거나 차량, 오토바이를 대여할 때 한 번쯤 방문하게 되는 곳이다. 렌터카와 렌트 오토바이를 이용할 때는 보험 여부, 말레이시아 좌측 운행, 교통 법규 준수, 과속 금지, 헬멧 착용(렌트 오토바이) 등의 사항을 염두에 둔다.

구분	요금	업체
택시	시내 RM15~20, 시외 RM30~	택시 카운터 이용
렌터카	소형차 RM90~150	키나발루 렌트 어 카 088-232-602 www.kinabalurac.com.my
렌트 오토바이	5시간 RM20, 1일 RM45 내외	GG Rent A Motorbikes 088-317-385 www.gogosabah.com

코타 키나발루 여행 안내

사바 주 관광국(STC)
088-212-121
말레이시아 관광국(MTPB)
088-248-698

렌터카 업체

오토바이 대여소

코타 키나발루 3박 4일 코스

적어도 3박 4일 정도 부지런히 다녀야 코타 키나발루를 제대로 둘러볼 수 있다. 코타 키나발루 시내에서의 관광과 쇼핑은 하루면 충분하다. 시외의 볼거리들은 다양한 투어를 이용하여 즐기고, 그 사이사이에 리조트나 해변에서의 휴식 시간을 갖도록 하자. 여행 일정 중 일요일이 끼었다면 잘란 가야에서 열리는 선데이 마켓에도 참여해 보자.

1일

수리아 사바

도보 5분

센트럴 마켓

도보 3분

건어물 시장

도보 1분

필리피노 마켓

도보 10분

센터 포인트 사바

도보 20분

앳킨슨 시계탑

택시 5분

시그널 힐 전망대

택시 10분

필리피노 야시장

2일

북보르네오
증기 기차 여행

택시+보트 30분

툰쿠 압둘 라만 공원
호핑 투어

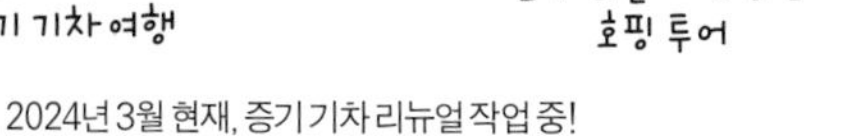

Tip 2024년 3월 현재, 증기 기차 리뉴얼 작업 중!
운행 중단 시, 코타 키나발루 시티 투어 또는 래프팅으로 대체하자.

3일

마리 마리
문화 마을 투어

투어 버스

클리아스강 반딧불 투어
또는 록 카위 야생 공원

4일

키나발루산 &
포링 온천 투어

택시 10분

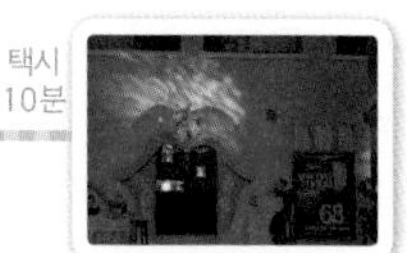
KK 워터프런트

코타 키나발루 시내

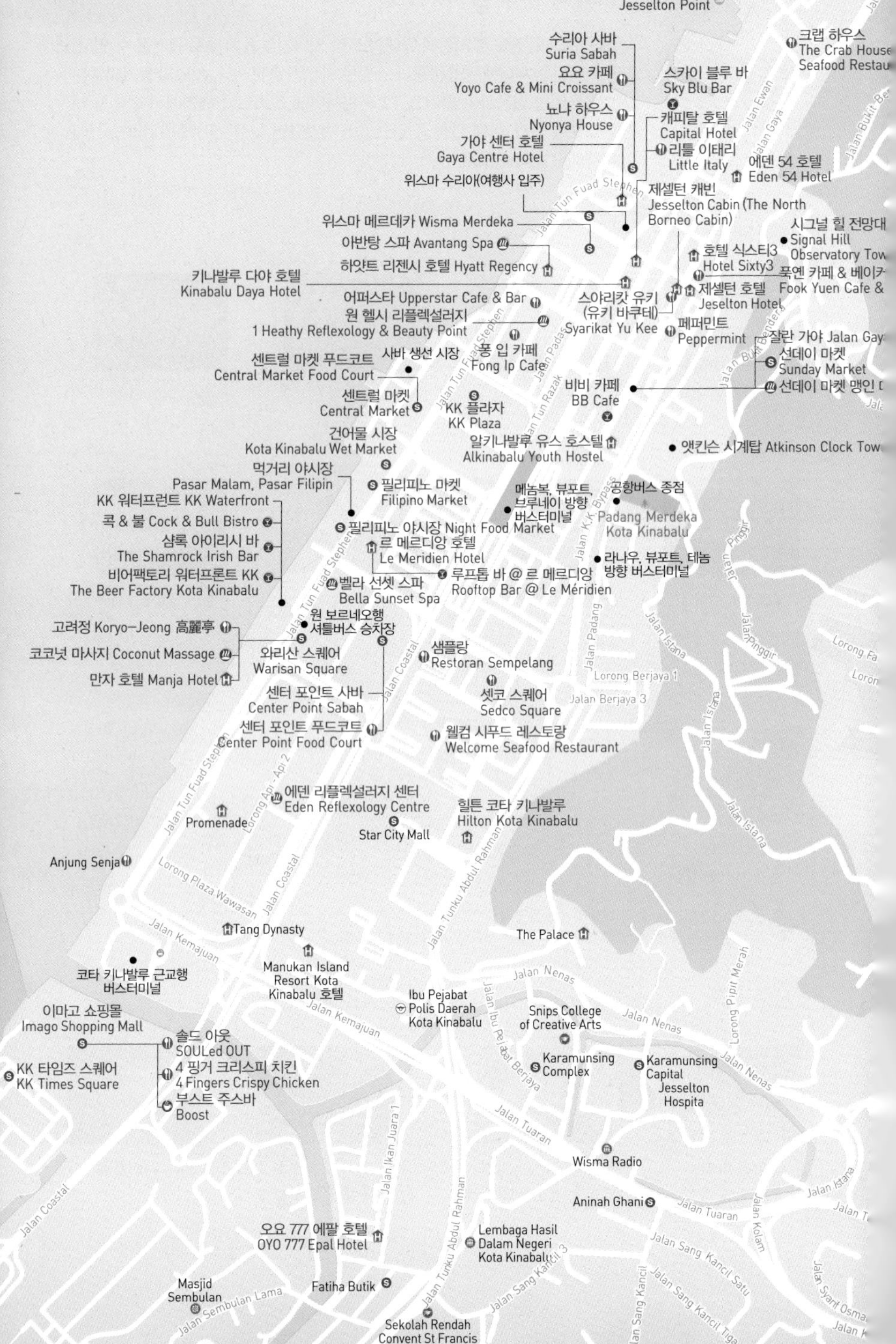

Kota Kinabalu Ferry Terminal
제셀턴 포인트
Jesselton Point
크랩 하우스
The Crab House
수리아 사바
Suria Sabah
요요 카페
Yoyo Cafe & Mini Croissant
스카이 블루 바
Sky Blu Bar
뇨냐 하우스
Nyonya House
캐피탈 호텔
Capital Hotel
가야 센터 호텔
Gaya Centre Hotel
리틀 이태리
Little Italy
에덴 54 호텔
Eden 54 Hotel
위스마 수리아(여행사 입주)
제셀턴 캐빈
Jesselton Cabin (The North Borneo Cabin)
위스마 메르데카 Wisma Merdeka
시그널 힐 전망대
Signal Hill
아반탕 스파 Avantang Spa
호텔 식스티3
Hotel Sixty3
하얏트 리젠시 호텔 Hyatt Regency
키나발루 다야 호텔
Kinabalu Daya Hotel
제셀턴 호텔
Jeselton Hotel
어퍼스타 Upperstar Cafe & Bar
스아리캇 유키
(유키 바쿠테)
Syarikat Yu Kee
원 헬시 리플렉설러지
1 Heathy Reflexology & Beauty Point
페퍼민트
Peppermint
사바 생선 시장
퐁 입 카페
Fong Ip Cafe
센트럴 마켓 푸드코트
Central Market Food Court
선데이 마켓
Sunday Market
비비 카페
BB Cafe
센트럴 마켓
Central Market
KK 플라자
KK Plaza
건어물 시장
Kota Kinabalu Wet Market
알키나발루 유스 호스텔
Alkinabalu Youth Hostel
앳킨슨 시계탑
먹거리 야시장
Pasar Malam, Pasar Filipin
필리피노 마켓
Filipino Market
메놈복, 뷰포트, 브루네이 방향 버스터미널
공항버스 종점
KK 워터프런트 KK Waterfront
Padang Merdeka Kota Kinabalu
콕 & 불 Cock & Bull Bistro
필리피노 야시장 Night Food Market
샴록 아이리시 바
The Shamrock Irish Bar
르 메르디앙 호텔
Le Meridien Hotel
라나우, 뷰포트, 테놈 방향 버스터미널
비어팩토리 워터프론트 KK
The Beer Factory Kota Kinabalu
루프톱 바 @ 르 메르디앙
Rooftop Bar @ Le Méridien
벨라 선셋 스파
Bella Sunset Spa
고려정 Koryo-Jeong 高麗亭
원 보르네오행 셔틀버스 승차장
코코넛 마사지 Coconut Massage
와리산 스퀘어
Warisan Square
샘플랑
Restoran Sempelang
만자 호텔 Manja Hotel
센터 포인트 사바
Center Point Sabah
섹코 스퀘어
Sedco Square
센터 포인트 푸드코트
Center Point Food Court
웰컴 시푸드 레스토랑
Welcome Seafood Restaurant
에덴 리플렉설러지 센터
Eden Reflexology Centre
힐튼 코타 키나발루
Hilton Kota Kinabalu
Promenade
Star City Mall
Anjung Senja
Tang Dynasty
The Palace
코타 키나발루 근교행 버스터미널
Manukan Island Resort Kota Kinabalu 호텔
Ibu Pejabat Polis Daerah Kota Kinabalu
이마고 쇼핑몰
Imago Shopping Mall
Snips College of Creative Arts
솔드 아웃
SOULed OUT
KK 타임즈 스퀘어
KK Times Square
4 핑거 크리스피 치킨
4 Fingers Crispy Chicken
Karamunsing Complex
Karamunsing Capital
Jesselton Hospita
부스트 주스바
Boost
Wisma Radio
Aninah Ghani
오요 777 에팔 호텔
OYO 777 Epal Hotel
Lembaga Hasil Dalam Negeri Kota Kinabalu
Masjid Sembulan
Fatiha Butik
Sekolah Rendah Convent St Francis
Jalan Tun Fuad Stephen
Jalan Gaya
Jalan Padang
Jalan Coastal
Jalan Kemajuan
Jalan Tunku Abdul Rahman
Jalan Istana
Jalan Nenas
Jalan Tuaran
Jalan Sembulan Lama
Lorong Plaza Wawasan
Lorong Berjaya 1
Jalan Berjaya 3
Lorong Pipit Merah
Jalan Sang Kancil Satu
Jalan Sang Kancil Tiga
Jalan Kolam

코타 키나발루 시내

Kota Kinabalu

코타 키나발루 시내는 산책을 하듯 걸어서 둘러볼 수 있다. 영국군이 최초로 상륙한 제셀턴 포인트에서 코타 키나발루 앞바다의 툰쿠 압둘 라만 공원을 조망해 보고 코타 키나발루 최고의 쇼핑센터 수리아 사바에서 쇼핑을 즐긴 뒤, 재래시장인 센트럴 마켓, 건어물 시장, 필리피노 마켓, 마치 동대문 쇼핑몰 같은 느낌의 센터 포인트 사바를 거쳐 앳킨슨 시계탑, 시그널 힐 전망대를 둘러본다. 저녁 시간에는 필리피노 야시장에서 로브스터, 생선, 전복 등을 맛보자.

Access 코타 키나발루 시내에서 도보 또는 택시 이용
Best Course 제셀턴 포인트 → 수리아 사바 → 센트럴 마켓 → 건어물 시장 → 필리피노 마켓 → 센터 포인트 사바 → 앳킨슨 시계탑 → 시그널 힐 전망대 → 필리피노 야시장

제셀턴 포인트 Jesselton Point

영국군이 최초로 상륙한 곳

코타 키나발루 시내 북쪽에 있는 항구로 예전에는 코타 키나발루 페리 터미널로 불렸다. 19세기 말 영국군이 보르네오섬의 천연 자원을 노리고 최초로 상륙한 곳이기도 하다. 라부안(Labuan)과 브루나이(Brunai), 해양 공원인 툰쿠 압둘 라만 공원(Tunku Abdul Rahman Park)의 가야섬으로 가는 보트가 출발한다. 툰쿠 압둘 라만 공원행 보트는 08:00~16:00에 약 20분 간격으로 운행한다. 20분 정도 소요되고 귀환 시간은 12:00~17:00이다. 선착장에서 보이는 가야섬, 사피섬, 마누칸섬 등의 전경도 멋지다.

주소 Jalan Lorong Satu, Kota Kinabalu, Sabah 교통 위스마 수리아에서 도보 5분 시간 라부안행 보트 08:00 / 브루나이행 보트 금·일 08:00(라부안 경유) / 툰쿠 압둘 라만 공원행 보트 08:00~16:00, 30분~1시간 간격, 약 20분 소요 요금 터미널 이용료(라부안, 브루나이행 보트 이용 시)_성인 RM7.2, 어린이 RM3.6 전화 088-231-081

수리아 사바 Suria Sabah

코타 키나발루 최고의 쇼핑센터

코타 키나발루 시내 북쪽에 있는 쇼핑센터로 현대적인 시설을 갖추고 있다. 망고, 에스프리, 코치 같은 유명 브랜드, 보이어 갤러리(Voir Gallery), 바타, 브랜드 아웃렛 같은 로컬 브랜드, 그리고 메트로 자야 백화점 등이 입점해 있다. 쇼핑하다가 배가 고프다면 치킨 라이스 숍, 요요 카페, 시크릿 레시피, 스시 테이, 어퍼스타 같은 레스토랑이나 3F의 푸드코트를 이용해 보자. 코타 키나발루에서 수리아 사바 정도의 현대적인 시설과 상품을 갖춘 곳은 코타 키나발루 북쪽의 원 보르네오 몰인데, 오가는 시간을 고려하면 원 보르네오까지 가는 것보다 수리아 사바에서 쇼핑하는 것이 합리적이다.

주소 Jalan Tun Fuad Stephen, Kota Kinabalu, Sabah 교통 위스마 수리아에서 도보 3분 시간 10:00~22:00 전화 088-487-087 홈페이지 www.suriasabah.com.my

위스마 메르데카 Wisma Merdeka

로컬 브랜드 위주의 쇼핑센터

코타 키나발루 북쪽에 있는 쇼핑센터로 의류, 액세서리, 신발, 전자 제품, 환전소 등 300여 개의 상점이 자리한다. 참고로 '위스마(Wisma)'는 말레이어로 복합 상가(빌딩)를 뜻한다. 유명 브랜드 없이 대부분 로컬 브랜드를 취급하고 있어 관광객보다는 말레이 사람들을 많이 만날 수 있는 곳이다. G/F의 요요 카페(Yoyo Cafe), 1F의 팍카록 푸드파크(Pak Ka Lok Food Park), 2F의 푸드코트, 코피티암(Kopitiam) 같은 디저트 숍이나 레스토랑에 들러도 좋다.

주소 Jalan Tun Razak, Kota Kinabalu, Sabah 교통 위스마 수리아에서 길 건너 시간 10:00~20:00 전화 088-232-761 홈페이지 www.wismamerdeka.com

KK 플라자 KK Plaza

슬리퍼, 모자 같은 여행 물품을 구입하기 좋은 곳

코타 키나발루의 센트럴 마켓 건너편에 있는 쇼핑 센터로 로컬 브랜드 상점과 세르바이(Servay) 하이퍼마켓 등이 입주해 있다. 여행 중 간편하게 입을 수 있는 티셔츠나 반바지, 슬리퍼, 모자 등을 구입할 때 방문하면 좋고 개구리 목각 인형이나 원주민 모양의 인형 같은 공예품도 볼 수 있다.

주소 Jalan Lapan Belas, Kota Kinabalu, Sabah 교통 위스마 메르데카에서 잘란 툰 라작(Jalan Tun Razak) 또는 잘란 툰 푸아드 스테펜(Jalan Tun Fuad Stephen) 이용, 도보 5분 시간 10:00~22:00 전화 세르바이 하이퍼마켓 088-269-050

센트럴 마켓 Central Market

열대 과일, 채소, 푸드코트가 있는 재래시장

코타 키나발루 북쪽에 있는 시장으로 건물 앞부분은 열대 과일, 채소, 곡물, 잡화 등을 파는 채소 시장이고, 뒷부분은 생선을 파는 어시장이다. 채소 시장에서 파는 열대 과일 중에는 먹기 좋게 손질한 것이 있으므로 간식으로 맛보기 좋고 채소 시장 위층에는 푸드코트가 있어 간단히 식사를 하기도 좋다. 바닷가 쪽의 어시장(KK Fish Market)에 들러 코타 키나발루 앞바다에서 잡힌 참치, 돔, 농어, 게, 조개 등 다양한 어류도 둘러보자.

주소 Jalan Tun Fuad Stephens, Kota Kinabalu, Sabah 교통 위스마 메르데카에서 잘란 툰 푸아드 스테펜(Jalan Tun Fuad Stephen) 이용, 도보 5분 시간 06:00~18:00

건어물 시장 Kota Kinabalu Wet Market

맥주 안주로 좋은 건어물을 구입해 보자

센트럴 마켓에서 필리피노 마켓 방향에 있는 건어물 시장에서는 말린 오징어, 생선 포, 새우, 전복, 멸치 등 다양한 말린 해산물을 볼 수 있다. 말린 오징어를 구입해서 마요네즈나 고추장에 찍어 먹으면 좋은 술안주가 된다.

주소 Jalan Tun Fuad Stephens, Kota Kinabalu, Sabah 교통 센트럴 마켓에서 도보 3분 시간 09:00~19:00

필리피노 마켓 Filipino Market

말레이 전통 공예품 쇼핑 명소

건어물 시장 옆에 있는 공예품 시장으로 열쇠고리부터 목걸이, 팔찌, 반지, 지갑, 스카프 등 다양한 제품을 판매한다. 공예품 종류는 이곳이 제일 많으니 야시장이나 선데이 마켓에서 원하는 제품을 구입하지 못했다면 꼭 방문해 보자.

주소 Jalan Tun Fuad Stephens, Kota Kinabalu, Sabah
교통 센트럴 마켓에서 도보 3분 시간 09:00~22:00

필리피노 야시장 Night Food Market

열대 과일과 채소, 생선을 취급하는 거리 시장

필리핀에서 이주한 사람들이 모여 시작한 시장이어서 필리피노 야시장이라 부르지만 현재는 말레이 사람, 인도계 이주자 등 다양한 사람들이 갖가지 음식들을 판매하고 있다. 채소, 열대 과일, 생선 등을 파는 채소 시장 & 어시장(Pasar Buah-Buahan Tempatan)과 먹거리 위주의 야시장으로 이루어져 있다. 채소 시장 & 어시장은 사람들로 왁자지껄해서 센트럴 마켓에 비해 조금 더 소매 시장에 가까워 보인다.

주소 Jalan Tun Fuad Stephens, Kota Kinabalu, Sabah
교통 센트럴 마켓에서 도보 5분 시간 17:30~23:00

먹거리 야시장 Pasar Malam, Pasar Filipin

사방에서 생선 굽는 연기가 자욱!

저녁 무렵이면 필리피노 야시장의 채소 시장 & 어시장 옆 공터에 하나둘씩 노점상이 모여 숯불에 불을 피우기 시작한다. 주위가 어두워지고 조명이 들어오면 사방에서 생선 굽는 연기가 피어오르고 고소한 생선 냄새가 진동한다. 노점 좌판에는 구운 오징어, 왕새우, 로브스터, 도미, 농어, 가재미 등 코타키나발루 앞바다에서 잡힌 생선이 가득하다. 구운 생선에 오징어, 새우 꼬치, 시원한 맥주 한잔이면 즐거운 밤을 보내기 충분하다.

주소 Jalan Tun Fuad Stephens, Kota Kinabalu, Sabah 교통 필리피노 야시장에서 바로 시간 월~금 18:00~22:00, 토~일 18:00~24:00

KK 워터프런트 KK Waterfront

시원한 바닷바람 맞으며 맥주 한잔

레스토랑 토스카나, 샴록 아이리시 바, 더 로프트 바, 비어팩토리 워터프론트 KK 등 레스토랑과 바가 늘어선 이곳에서는 시원한 바닷바람을 안주 삼아 술 한잔 기울일 수 있다. 바다 쪽으로 야외 좌석이 있어 낭만을 더하고 푸짐한 음식과 시원한 맥주는 여행의 피로를 말끔히 씻어 준다.

주소 Jalan Tun Fuad Stephen, Kota Kinabalu, Sabah 교통 와리산 스퀘어에서 길 건너, 도보 3분 시간 16:00~03:00

와리산 스퀘어 Warisan Square

기념품점, 커피숍, 마사지 숍 등이 있는 쇼핑센터

필리피노 야시장 인근에 있는 쇼핑센터로 화장품 매장인 사사(SaSa), 더 페이스 샵, 코코넛 마사지(Coconut Massage), 기념품 판매점, 빅 애플 도넛 & 커피, 한국 식당 고려정 등이 자리한다. 로브스터 킹, 피시 & 코, 뇨냐 하우스 등이 있는 식당가도 있다. 본격적인 쇼핑을 하기에는 매장 수가 많지 않은 편이나 마사지 숍이나 레스토랑 등을 이용하려고 찾는 관광객이 많다.

주소 Jalan Tun Fuad Stephens, Kota Kinabalu, Sabah 교통 필리피노 야시장에서 도보 3분 시간 10:00~22:00 전화 012-831-3360

센터 포인트 사바 Center Point Sabah

로컬 브랜드 위주의 쇼핑센터

코타 키나발루 시내 중간에 있는 쇼핑센터로 유명 브랜드 없이 바타, 프리미엄 아웃렛 스토어, 빈치 같은 로컬 브랜드 위주의 상점이 입주해 있다. 8F에는 볼링장과 복합 영화관이 있어 볼링이나 영화를 좋아하는 사람에게 추천하는 곳이다. 작은 상점들이 모여 있어 동대문 쇼핑몰을 연상케 한다. 쇼핑센터 내의 케니 로저스 로스터, 센터 포인트 슈퍼마켓, 요요 카페, 스시 킹 같은 레스토랑에서 식사를 즐겨도 좋다.

주소 1 Jalan Centre Point, Kota Kinabalu, Sabah 교통 와리산 스퀘어에서 도보 3분 시간 10:00~21:30 전화 088-246-900 홈페이지 www.centrepointsabah.com

KK 타임즈 스퀘어 KK Times Square

인기 바와 레스토랑이 있는 나이트라이프 명소

코타 키나발루 시내 남쪽에 있는 고급 복합 상업 단지로 호텔, 레스토랑, 바, 상점이 자리 잡고 있다. 입구에서 경비가 차량의 출입을 체크하며, 클럽이나 바에는 말레이시아 사람보다 외국인이 더 많다. 타임즈 스퀘어 파린다, 오로스 가스트로바 같은 바, 인도 식당인 아리바 마주, 말레이식을 내는 와룽 파당 자와 & 케이터링과 도조 난양 코피 하우스 등이 가 볼 만하다.

주소 Jalan Coastal, Kota Kinabalu, Sabah 교통 코타 키나발루 시내에서 택시 이용 시간 10:00~23:30

잘란 가야 Jalan Gaya

선데이 마켓이 열리는 거리

위스마 메르데카에서 두 블록 떨어진 잘란 가야 거리는 사바 주 관광 안내소에서 분수대까지를 말한다. 이 거리에는 크고 작은 호텔, 게스트 하우스, 레스토랑, 상점 등이 있어 관광객들을 이끈다. 일요일에는 선데이 마켓이 열리기도 한다.

주소 Jalan Gaya, Kota Kinabalu, Sabah 교통 위스마 메르데카에서 도보 3분

선데이 마켓
Sunday Market

공예품과 기념품 등을 판매하는 거리 시장

선데이 마켓이지만, 금요일부터 시장이 열리고 일요일에는 오전만 하는 경우가 있다. 주로 의류, 신발, 액세서리, 잡화, 기념품, 공예품, 채소, 열대 과일, 생선, 고기 등을 판매한다. 거리 시장에서 빼놓을 수 없는 먹거리 노점이 있어 군침을 흘리게 하고 길가의 노천 마사지 숍에서 마사지를 받을 수도 있다. 주민들이 만든 공예품이나 코타 키나발루에서 생산된 지역 커피, 간식으로 먹을 열대 과일 등을 구입해 보자. 선데이 마켓이 열리는 잘란 가야 거리는 매우 혼잡하니 소지품 보관에 유의한다.

주소 Jalan Gaya, Kota Kinabalu, Sabah 교통 위스마 메르데카에서 잘란 가야 방향, 도보 3분 시간 06:00~12:00

이마고 쇼핑몰 Imago Shopping Mall

새로 문을 연 고급 쇼핑센터

KK 타임 스퀘어 옆에 새로 문을 연 럭셔리 쇼핑센터이다. 그간 코타 키나발루 시내의 쇼핑센터는 낡은 감이 없지 않았는데 신설된 쇼핑몰은 고급스러움이 느껴진다. 입구에서 펼쳐지는 전통 공연이 관심을 끌고 안으로 들어가면 유명 브랜드 매장과 팍슨 백화점, 에버라이즈 슈퍼마켓 등이 있어 둘러보는 재미가 있다. 레스토랑도 많아 식사하기도 괜찮다.

주소 KK Times Square, Phase 2, Off Coastal Highway 교통 코타 키나발루 시내에서 택시 이용 시간 10:00~22:00 전화 088-275-888 홈페이지 www.imago.my

시그널 힐 전망대 Signal Hill Observatory Tower

코타 키나발루 시내를 조망할 수 있는 곳!

수리아 사바 쇼핑센터 또는 위스마 수리아에서 동쪽으로 보이는 언덕에 자리한 전망대에서 오르면 코타 키나발루 시내와 바다, 툰쿠 압둘 라만 공원이 한눈에 들어온다. 잘란 가야 남쪽 분수대 부근에서 시그널 힐 전망대로 오르는 길이 있으니 걸어 올라가도 되고 택시를 이용할 수 있다. 단, 전망대로 가는 사람이 많은 오후에는 정체가 심할 수 있기 때문에 차량 이용 시 주의한다.

주소 Jalan Bukit Bendera, Kota Kinabalu, Sabah 교통 잘란 가야(Jalan Gaya) 남쪽 분수대에서 도보 20~30분 또는 택시 이용 시간 09:00~23:00 요금 무료

앳킨슨 시계탑 Atkinson Clock Tower

앳킨슨을 추모하는 시계탑

영국이 북보르네오를 차지하고 있던 1903년 제셀턴 최초의 지역 책임자였던 프란시스 조지 앳킨슨을 추모하기 위해 세워졌다. 현재 코타 키나발루에서 가장 오래된 건축물 중의 하나이다. 사각형 탑 위에 시계가 달려 있고 주황색 지붕이 있으며 높이는 15.24m다.

주소 Jalan Lorong Dewan, Kota Kinabalu, Sabah 교통 잘란 가야(Jalan Gaya) 남쪽 분수대에서 도보 3분 시간 00:00~24:00 요금 무료

코타 키나발루 시외

Kota Kinabalu Suburbs

코타 키나발루 시외에는 시내에서 볼 수 없었던 다양한 볼거리가 있어 하루 정도 시간을 보낼 수 있다. 북보르네오 증기 기차를 탈 수 있는 기차역, 사바 박물관, 9층 육각탑이 있는 픽남통 사원, 우주선을 연상케 하는 사바 주립 모스크, 끝없이 길고 넓은 탄중 아루 해변, 사바 주 카다잔 족의 문화와 생활 모습을 볼 수 있는 몬소피아드 문화 마을, 오랑우탄과 호랑이를 만나는 록카위 야생 공원, 사바 주 5개 부족의 가옥과 전통 공연을 볼 수 있는 마리 마리 문화 마을 등이 있다.저녁에는 수트라 하버 리조트나 샹그릴라 탄중 아루 리조트의 레스토랑에서 석양을 보며 식사를 하는 것도 운치 있다.

Access 코타 키나발루 시내에서 택시 이용

Best Course ① 북보르네오 증기 기차 코스: 탄중 아루 기차역 → 북보르네오 증기 기차 → 사바 박물관 → 픽남통 사원 → 사바 주립 모스크 → 탄중 아루 해변 → 수트라 하버 리조트 레스토랑 (※2024년 3월 현재, 증기 기차 리뉴얼 작업 중! 운행 중단 시, 코타 키나발루 시티 투어나 래프팅으로 대체.) ② 마리 마리 문화 마을 코스: 마리 마리 문화 마을 → 코타 키나발루 시티 이슬람 사원 → 툰 무스타파 타워 → 원 보르네오 몰

사바 박물관 Sabah Museum

코타 키나발루의 공예품, 도자기 등 관람

1965년 잘란 가야(Jalan Gaya)에 처음 문을 열었고 1984년 현재의 자리에서 18ha의 부지에 재개관되었다. 전시관은 코타 키나발루 가옥의 특징인 길이가 긴 롱하우스 형태로 지어졌고, 내부에는 도자기, 직물, 생활용품, 공예품 등이 전시되어 있다. 전시관 주위로 클래식 자동차, 기차, 대형 바구니, 쪽배 등도 볼 수 있고, 조금 떨어진 곳에 열대 우림인 에코 가든, 전통 가옥을 재현한 헤리티지 빌리지, 과학 센터 & 아트 갤러리 등도 조성해 놓았다.

주소 Jalan Muzium, Kota Kinabalu, Sabah 교통 코타 키나발루 시내에서 택시 이용 시간 09:00~17:00 요금 RM15 전화 088-225-033 홈페이지 www.museum.sabah.gov.my

사바 주립 모스크 Sabah State Mosque

중앙에 커다란 돔이 있는 모스크

코타 키나발루 남쪽에 있는 주립 모스크로 시내에서 멀지 않으나 적당한 대중교통이 없어 택시를 이용해야 한다. 1977년 완공된 모스크는 건물 중앙에 커다란 돔이 있고 주위에 작은 금색 돔이 둘러싸고 있으며 첨탑은 건물에 비해 작고 낮은 편이다. 내부 예배당은 여느 모스크와 같이 넓은 기도하는 공간이 있을 뿐 특별한 장식은 보이지 않는다. 예배당은 연일 더운 말레이시아에서 가장 시원한 공간 중 하나여서 간혹 예배당에서 낮잠을 자는 사람도 보인다.

주소 Sambulan Roundabout, Kota Kinabalu City, Sabah 교통 코타 키나발루 시내에서 택시 이용 시간 04:00~23:00 요금 무료 전화 088-243-337

픽남통 사원 Peak Nam Tong Temple 碧南堂

9층탑이 있는 중국계 사원

사바 박물관 남동쪽에 있는 중국계 도교 사원으로 1970년 처음 세워졌고 1982년 중건되었다. 사원 내에는 화려하게 장식된 본당과 육각 9층탑이 있다. 본당에는 광택존왕(廣澤尊王)의 신상이 모셔져 있고 주위에 청수조사(淸水祖師), 관음보살(觀音菩薩)의 신상도 보인다.

주소 Jalan Lorong Bunga Bakawali 3, Kota Kinabalu, Sabah 교통 코타 키나발루 시내에서 택시 이용 시간 06:00~18:00 요금 무료

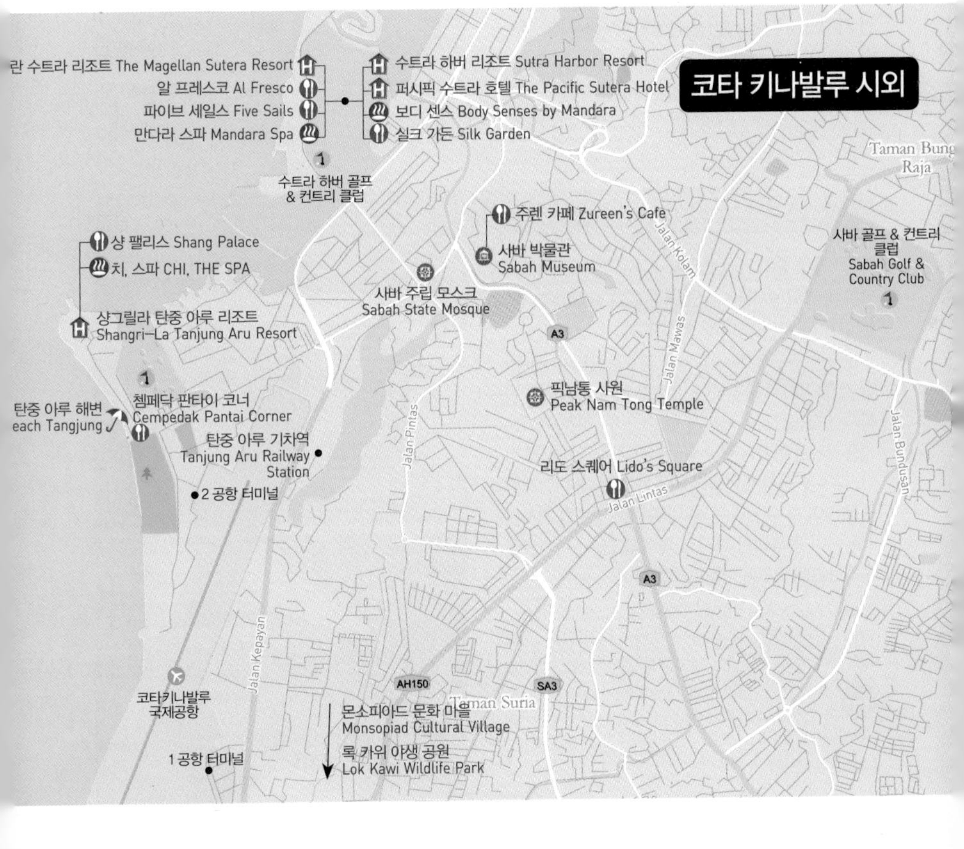

탄중 아루 해변 First Beach Tangjung Aru

바다로 지는 석양 감상하기 좋은 곳!

코타 키나발루 남서쪽에 위치한 공항 터미널 2 옆에 있는 타원형 해변으로 길이는 약 5km, 폭은 100m이다. 수심이 낮고 물결이 약해 물놀이하기 좋고 해변에서 일광욕을 즐기기에도 그만이다. 사람이 적어 한가롭게 하루를 보낼 수 있고 저녁 무렵 서쪽으로 지는 석양을 감상하기에 최적의 장소 중 하나이다.

주소 Tangjung Aru Beach, Kota Kinabalu City, Sabah 교통 코타 키나발루 시내에서 택시 이용(RM20~25) / 와리산 플라자 버스 정류장에서 16A번 버스 이용, 해변 부근 하차

탄중 아루 기차역 Tanjung Aru Railway Station

북보르네오 증기 기차 출발지

탄중 아루 역에서는 북보르네오 증기 기차(매주 수·토 10:00)뿐만 아니라 키나룻(Kinarut), 파파르(Papar), 뷰포트(Beaufort), 할로길랏(Halogilat)행 로컬 기차가 출발하며, 뷰포트에서 환승하여 종착지인 테놈(Tenom)까지 갈 수 있다. 로컬 기차는 선풍기가 돌아가는 옛날 비둘기호 기차를 연상케 한다. 대부분 현지 주민들이 이용하므로 사바 주 사람들을 많이 볼 수 있다. 탄중 아루 역에서 로컬 기차를 이용하여 종착역인 파파르 역까지 간 뒤 파파르를 둘러보고 돌아오는 일정도 추천한다.

주소 Tanjung Aru Railway Station, Kota Kinabalu, Sabah 교통 코타 키나발루 시내에서 택시 이용 전화 088-279-300 홈페이지 www.suteraharbour.com

Tip 로컬 기차 주요 정차역 : Tanjung Aru → Putatan → Kinarut → Kawang → Papar → Bongawan → Membakut → Beaufort(환승역) → Saliwangan → Halogilat → Rayoh → Pangi → Tenom

북보르네오 증기 기차 여행
North Borneo Railway Tour

1896년 제작된 증기 기차를 타고 북보르네오의 자연을 달리는 기차 여행으로, 직접 장작을 태워 물을 데운 뒤 발생되는 증기로 기차가 움직인다. 옛날 복장을 한 승무원들이 기차표를 검표하고 기차에 오르면 옛날식 선풍기와 작은 식탁이 있는 기차 내부와 마주하는데 굉장히 예스럽다. 금방이라도 추리 소설《오리엔트 특급 살인》의 주인공들이 튀어나올 것만 같은 분위기이다.

주소 North Borneo Railway Station, Tanjung Aru, Kota Kinabalu, Sabah 교통 리조트 내에서 투어 버스 이용 또는 외부에서 택시 이용, 탄중 아루 역 하차 시간 매주 수·토 10:00~13:40, 3시간 40분 소요 요금 RM358.5 신청 마젤란 수트라 리조트 로비의 북보르네오 증기 기차&요팅 예약 센터 전화 예약센터 088-308-500, 수트라 하버 리조트 한국 사무소 02-752-6262 정원 80명(1량당 16명, 총 5량) 코스 탄중 아루 역→키나룻 역(중국 사원, 재래시장 관광)→파파르 역(주변 관광)→탄중 아루 역

Notice 2024년 3월 현재, 증기 기차 리뉴얼 작업으로 운행이 중단되었다. 방문 전에 운영 재개 여부를 확인하자.

탄중 아루 역 Tangjung Aru Station

탄중 아루 역은 북보르네오 증기 기차와 로컬 기차의 출발역이다. 북보르네오 증기 기차는 통나무로 불을 지펴 물을 끓인 다음, 그 증기로 운행한다. 증기 기차는 탄중 아루 역에서 파파르 역까지, 로컬 기차는 탄중 아루 역에서 테놈 역까지 운행한다.

패스포트 수령 & 검표

탄중 아루 역에서 패스포트와 티켓을 받고 증기 기차에 탑승한다. 패스포트에는 각 역에 대한 설명이 적혀 있고 각 역에 도착할 때마다 승무원이 스탬프를 찍어 준다. 천장에 매달린 선풍기, 식탁이 있는 좌석 등 내부는 매우 클래식한 분위기를 자아낸다.

콘티넨탈 조식 Continental Breakfast

증기 기차가 출발하기 전 크루아상, 레몬 주스, 홍차가 있는 콘티넨탈 조식이 제공된다. 간단히 아침을 먹으며 증기 기차의 출발(10시)을 기다린다.

키나룻 역 Kinarut Station

달리는 기차의 차창 밖으로 보이는 현지 주민들의 집과 열대 우림을 구경하며 간다. 10시 40분에 키나룻 역에 도착하면 티엔남스 사원으로 가거나 키나룻 시장을 둘러본다.

티엔남스 사원
Tien Nam Shi Temple 鎭南寺

키나룻 역 서쪽에는 시장, 동쪽에는 티엔남스 사원이 있다. 용마루가 화려하게 장식된 티엔남스 사원은 대백공(大伯公)과 광택존왕(廣澤尊王)을 모시는 도교 사원이다. 사원 옆 작은 연못가에는 물고기 먹이(RM1)를 파는 꼬마들이 있는데 부끄러운지 적극적인 호객 행위는 하지 않는다. 호핑 투어 때 물고기 먹이로 좋으니 하나쯤 사도 좋다.

파파르 역 Papar Station

11시 45분 파파르 역에 도착한다. 기차는 혼자 유턴을 못하니 증기 기차의 기관차는 객차와 분리되어 회전 틀에 올라선다. 회전 틀이 돌며 기관차의 방향을 반대편으로 돌리면 기관차가 움직여 객차와 연결된다.

파파르 시장 Papar Market

파파르 시장에서는 의류, 잡화, 채소, 약재, 기념품, 커피 등을 판매하는데 한낮에는 관광객이 대부분이다. 시장에서 주전부리를 사 먹거나 사바 주에서 생산된 원두 커피(무게에 따라 RM2~7)를 기념품 삼아 구입하면 좋다. 현장에서 원두를 그라인딩해 준다.

티핀 런치 Tiffin Set Lunch

말레이 전통 도시락인 은색의 원형 스테인리스 찬합에 닭고기 사테(꼬치), 튀김 고등어(Mackerel), 오이(Cucumber)와 파인애플 샐러드, 새우(Prawn)와 채소 볶음, 닭고기 비르야니(Biryani) 볶음밥, 과일 등이 들어 있고 여기에 커피 또는 차를 곁들여진다. 여러 음식을 한 번에 맛보는 즐거움도 있어 추억에 남을 점심이 될 것이다.

몬소피아드 문화 마을 Monsopiad Cultural Village

조금은 쇠락한 원주민 마을

코타 키나발루 남쪽에 위치한 민속 마을로 1996년 사바 주 최대의 원주민 부족인 카다잔(Kadazan)의 위대한 전사이자 사냥꾼 몬소피아드의 이름을 따서 개원하였다. 문화 마을은 약 300년 전, 몬소피아드가 실제로 생활하던 곳에 세워졌고 현재 카다잔 두순 족의 자손이 운영하고 있다. 문화 마을 내에는 카다잔 족의 가옥, 해골을 모아 둔 스컬 하우스, 부엌, 신성한 돌, 민속 복장, 생활용품, 민속주 등을 볼 수 있다. 전체적으로 문화 마을은 쇠락한 느낌이 나고 민속 공연은 단체 손님이 있을 때 진행된다.

주소 Kampung Kuai Kadazan, Tanjung Aru, Penampang, Kota Kinabalu, Sabah 교통 코타 키나발루에서 투어 또는 택시 이용 시간 09:00~16:30 / 민속 공연 11:00, 14:00 요금 입장료 RM45 / 입장료+공연 RM90 내외 전화 011-1419-6488

록 카위 야생 공원 Lok Kawi Wildlife Park

오랑우탄, 호랑이 등을 볼 수 있는 곳

몬소피아드 문화 마을 부근에 있는 야생동물 보호소 겸 동물원으로 사바 주에서 운영한다. 동물원에는 오랑우탄, 호랑이, 코주부원숭이, 보르네오코끼리, 코뿔새인 혼빌, 말레이곰 등 100여 종의 동물을 보유하고 있다. 진귀한 동물들을 구경하며 동물원을 산책하거나, 동물 먹이 주는 시간에 맞춰 원하는 동물을 찾아가 보자. 동물원의 하이라이트인 동물쇼도 놓쳐서는 안 된다.

주소 63, Jalan Penampang-Papar Lama, Sabah Wildlife Department, Sabah 교통 코타 키나발루에서 투어 또는 택시 이용 시간 09:30~17:30(마지막 입장 16:30) / 트램 10:00, 11:15, 14:00, 15:15 / 코끼리 타기 10:00~11:00, 14:00~15:00 / 동물쇼 11:00, 15:15 요금 입장료_성인 RM20, 어린이 RM10 / 트램 RM2, 코끼리 타기 RM5 전화 088-765-793 홈페이지 www.lokkawiwildlifepark.com

동물 쇼 Animal Show

동물들이 보여 주는 진귀한 재주

동물 쇼는 앵무새의 비행으로 시작하는데 객석 뒤에서 앵무새가 날아와 무대 위에 있는 사육사의 팔뚝에 안착한다. 앵무새는 덧셈을 해서 정답 물고 오기, 총 맞은 척하기 등 재미있는 재주를 선보인다. 관객에게 뱀을 두르고 재미있는 콩트를 진행하는 코너도 있고, 줄타기 묘기를 하는 침팬지도 볼 수 있다. 동물원에서 개개의 동물을 구경하는 것도 즐겁지만 재미있는 동물 쇼를 놓친다면 아쉬운 일이 될 것이다.

주소 Lok Kawi Wildlife Park 내

코타 키나발루 시티 이슬람 사원 Kota Kinabalu City Mosque

건물 중앙에 옥빛 돔이 있는 모스크

리카스 해변에서 내륙 쪽으로 위치한 모스크이다. 건물 중앙에 커다란 옥빛 돔이 있고 건물 주위에 4개의 첨탑이 세워져 있으며 모스크 주위로 호수가 조성되어 있다. 옥빛 돔으로 인해 '블루 모스크(Blue Mosque)'라고도 하고 '코타 키나발루 시립 모스크'라고도 부른다. 옥빛 돔은 고려청자의 색과 모양을 연상케 한다. 모스크 내부에는 넓은 예배실이 있을 뿐 특별한 장식은 보이지 않는다.

주소 Jalan Kampung Likas, Kota Kinabalu, Sabah 교통 코타 키나바루 시내에서 택시 이용 시간 08:00~22:00 요금 무료 전화 08-820-5418

마리 마리 문화 마을 Mari Mari Cultural Village

여러 원주민의 삶을 볼 수 있는 곳

코타 키나발루 시내의 북쪽에 위치한 리카스에서 동쪽에 있는 민속촌으로 '마리(Mari)'는 부족어로 '온다'라는 뜻을 가지고 있다. 사바 주에는 약 32개 민족이 있는데 그중에서 두순(Dusun, 카다잔 두순), 룽구스(Rungus), 룬다예(Lundayeh), 바자우(Bajau), 무릇(Murut) 등 5개 민족의 집을 재현해 놓았다. 집 구경뿐만 아니라 나무를 마찰시켜 불 피우기, 민속주 만들기, 민속 음식 맛보기, 대롱 화살 쏘기 등의 체험도 하고 민속 공연도 관람할 수 있다.

문화 마을 방문은 보통 하루 2~3번 있는 민속 공연 시간에 맞춰, 왕복 교통+관람+민속 공연+식사가 포함된 투어를 이용한다.

주소 Mari Mari Cultural Village, Kota Kinabalu, Sabah 교통 코타 키나발루에서 투어 또는 택시 이용 시간 10:00, 14:00 요금 입장료 RM175(공연, 식사 포함), 투어 RM170~250(입장료+교통) 전화 013-881-4921 홈페이지 www.marimariculturalvillage.my

두순 하우스
Dusun House

카다잔 족의 목조 전통 가옥

사바 주에서 가장 큰 부족인 카다잔(Kadazan) 족 또는 카다잔 두순(Kadazan Dusun) 족의 집으로, 지면에서 조금 높이 올려 나무로 집을 지었다. 원룸 형태의 집에 한쪽에 침실, 다른 한쪽에 화덕이 있는 부엌과 항아리에 곡식을 담은 창고로 이루어져 있다. 가옥 구경 후에는 쌀로 만든 민속주인 타파이(Tapai)와 몬토쿠(Montoku), 대나무 요리를 맛볼 수 있다.

룽구스 롱하우스
Rungus Longhouse

길이가 긴 집에서 여러 가족이 함께 생활

사바 주의 대표 부족 중 하나인 룽구스 족은 길이가 긴 롱하우스에 사는 것으로 알려져 있다. 지면에서 조금 높은 곳에 나무로 집을 짓고 공간을 나눠 여러 가족이 함께 생활한다. 이곳에서는 양봉 작업과 대나무로 불 피우는 시범을 볼 수 있는데 대나무를 마찰해 불을 피우는 과정은 원주민이 하기에도 힘든 작업으로 보인다.

룬다예 하우스
Lundayeh House

전통 가옥 안에서 악어 머리뼈, 사슴뿔 관람

룬다예 족의 집으로 지면에서 조금 올려 나무로 지은 집 앞에 부족이 신성시한다는 악어 모양의 흙무덤이 보인다. 룬다예 하우스는 환기를 위해 나무 지붕을 들 수 있어서 부엌에서 조리를 하거나 더울 때 유용할 듯 보인다. 집 내부에는 사슴뿔, 악어 머리뼈, 말린 식물, 방패, 삿갓 등이 걸려 있어 사냥과 전쟁을 주로 하던 부족임을 짐작케 한다. 집 외부에서는 나무껍질로 밧줄, 조끼, 매트 등을 만드는 시범을 볼 수 있다.

바자우 하우스
Bajau House

보료가 있는 화려한 침실

바자우 족의 집으로 다른 집에 비해 지면에서 많이 올려 지었다. 내부에는 화려한 보료가 깔린 침실이 있는데 이는 이슬람의 영향을 받는 것으로 보인다. 전형적인 술탄의 천막 침실과 비슷하다. 부엌에는 쌀을 빻는 절구와 마늘, 생강 같은 식재료가 놓여 있다. 전통 과자인 잘라(Jala)와 전통 음료인 판단 주스(Pandan Juice)를 맛볼 수 있다.

무룻 하우스
Murut House

생각보다 쉬운 대롱 화살 체험

이곳 역시 지면에서 많이 올려 나무로 집을 지었다. 집 앞에서는 점술가와 전사의 간단한 환영식이 있고 무룻 전사가 대롱 화살 시범을 보여 준다. 대롱 화살은 의외로 가볍게 발사되어 정확하게 목표물에 명중한다. 집 내부에서는 대나무로 된 바닥의 탄력을 이용하는 점프하여 천장의 천을 잡는 시범을 보여 주는데 이것은 무룻 족의 놀이 중 하나라고 한다.

전통 공연

흥겨운 전통 대나무 춤 체험

전통 공연은 전통 음악 연주로 시작해 남자 전사와 마을 처녀의 전통 춤, 끝으로 대나무 춤으로 마무리된다. 전통 음악 연주에는 편종과 비슷한 악기, 대나무 악기, 북 등이 사용된다. 전통 공연이 끝나면 간단한 뷔페식 식사가 제공된다.

툰 무스타파 타워 Tun Mustapha Tower

유리 재질의 원통형 건물이 인상적

구(舊) 사바 주 청사 빌딩으로 은색 원통형 모양을 하고 있다. 이 빌딩은 1977년에 30층(122m) 높이로 만들어졌고 특이한 모양 때문에 멀리서도 눈에 띈다. 지진으로 인해 오른쪽으로 7도 기울어진 것으로도 유명하다. 부속 건물에는 툰 무스타파의 일생을 보여 주는 툰 무스타파 갤러리가 있다. 툰 무스타파는 사바 주 독립의 아버지, 사바 주 발전의 아버지로 불렸고 최초의 사바 주 지사, 사바 주의 제3대 주임 장관 등을 역임했다.

주소 Tun Mustapha Tower, Kota Kinabalu, Sabah 교통 코타 키나발루에서 택시 이용 시간 갤러리 08:00~17:00, 토~일 휴관 요금 갤러리 RM15 전화 갤러리 088-326-683

사바 주립 대학교 Malayasia Sabah University(UMS)

사바 주를 대표하는 대학교

1994년 설립된 사바 주립 대학교는 말레이시아의 9번째 공공 대학으로 인문 학부와 과학 학부 등을 두고 있다. 대학교 내 풍경은 여느 대학교와 다를 바 없고 핑크빛 모스크와 아쿠아리움 등이 볼만하다.

주소 Malayasia Sabah University, Kota Kinabalu, Sabah 교통 코타 키나발루 시내에서 택시 이용 시간 08:30~16:30, 토~일 휴무 전화 088-320-000 홈페이지 www.ums.edu.my/v5

아쿠아리움 & 해양 박물관
Aquarium & Marine Museum

대학 산하의 바다 생물 전시장

사바 주립 대학교 캠퍼스 북서쪽 해변에 있는 보르네오 해양 연구소 산하 아쿠아리움 & 해양 박물관이다. 이곳에서는 코타 키나발루가 있는 북보르네오의 다양한 바다 생물과 산호초 등을 볼 수 있다. 대형 아쿠아리움처럼 시설이 좋거나 바다 생물이 많은 것은 아니다. 대학교 입구에서는 거리가 상당해 조금 시간이 걸리니 차량을 이용하자.

주소 Universiti Malaysia Sabah, Borneo Marine Research Institute, Jalan UMS, Kota Kinabalu 교통 사바 주립 대학교 안에서 보르네오 마린 연구소 방향, 택시 또는 승용차 이용 시간 09:00~16:00, 월요일 휴관 요금 성인 RM20, 청소년 RM10 *카메라 RM10 전화 088-320-000(EXT.213305)

원 보르네오 One Borneo

호텔, 쇼핑센터, 레스토랑이 있는 복합 상업 단지

사바 주립 대학교 동쪽에 있는 복합 상업 단지로 쇼핑센터인 원 보르네오 몰, 코트 야드 호텔, 튠 호텔, 상점, 레스토랑 등이 모여 있다. 이곳에 숙소가 있으면 몰라도, 코타 키나발루 시내의 쇼핑센터를 두고 굳이 시간을 내서 올 필요는 없다. 코타 키나발루의 와리산 스퀘어와 원 보르네오를 연결하는 무료 셔틀버스가 운행되나 사람이 몰리는 아침과 저녁 시간에는 대기하는 시간이 길어질 수 있다.

주소 One Borneo, Jalan Sulaman, Kota Kinabalu, Sabah 교통 코타 키나발루의 와리산 스퀘어에서 무료 셔틀버스(09:30~16:30, 18:30~21:30, 1시간 간격 운행) 이용 또는 택시 이용

원 보르네오 몰
1Borneo Mall

원 보르네오의 대표 쇼핑센터

원 보르네오를 대표하는 쇼핑몰이다. 에스프리, 망고, 패션 콘셉트 스토어 F.O.S, G2000 등의 브랜드 매장과 일본계 잡화점 다이소, 슈퍼마켓 자이언트, 백화점 팍슨, 캄다르 등이 입점해 있다. 육포로 유명한 비첸향, 케니 로저스 로스터, 올드 타운 화이트 커피, 스시 킹, 치킨 라이스 숍, 일식당 워자마마 등도 있어서 쇼핑 후에 식사하기 편리하다.

주소 139, Jalan Sepangar, Kota Kinabalu 시간 10:00~22:00 전화 014-956-8946 홈페이지 1borneohypermall.com

툰쿠 압둘 라만 공원

Tunku Abdul Raman Park

툰쿠 압둘 라만 공원은 코타 키나발루 앞바다의 가야섬, 사피섬, 마누칸섬, 마무틱섬, 술룩섬 등으로 이루어져 있는데 섬 사이 바다를 포함한 총 면적이 4,929ha(49.3㎢)에 달한다. 섬에는 열대 우림이 우거져 있고 바다에는 산호초, 열대어가 자라고 있어 스노클링, 스쿠버 다이빙 명소이자 휴양지가 되고 있다. 가야섬은 가장 큰 섬으로 서쪽과 동쪽 해변에 고급 리조트가 자리하고 마누칸섬에도 작은 리조트가 있다. 여행객들의 발길이 잦은 섬은 사피섬, 마누칸섬, 마무틱섬 등으로 해변에서 물놀이를 하거나 해양 스포츠를 즐기기 좋다.

Access 제셀턴 포인트, 수트라 하버 리조트의 시퀘스트에서 보트 이용 또는 호핑 투어(섬 투어) 이용(툰쿠 압둘 라만 공원 입장료 성인 RM20, 청소년 RM15, 어린이 RM10)

Best Course 제셀턴 포인트, 시퀘스트 → 사피, 마누칸, 마무틱섬

툰쿠 압둘 라만 공원행 보트

툰쿠 압둘 라만 공원은 섬으로 이루어진 해상 공원이다. 제셀턴 포인트 또는 수트라 하버 리조트의 제티(선착장)에서 7~12인승 고속 보트를 이용해, 이들 섬으로 갈 수 있다. 공원 입장료는 성인 RM20, 청소년 RM15, 어린이 RM10이며, 여기에 왕복 보트비(제셀턴 포인트 이용료 RM7.2 포함)가 추가된다. 제셀턴 포인트와 수트라 하버 리조트 제티에 각 섬의 리조트 리셉션이 있어 체크인하고 보트 승선하며, 출발 전에 귀환 시간을 예약한다. 섬에서 스노클링을 즐길 사람은 제셀턴 포인트 또는 각 섬의 스쿠버 대여점에서 스노클링이나 구명조끼 등을 빌릴 수 있다. 대여료는 RM10 내외.

행선지	운항 시간 / 운항 간격 / 소요 시간	요금(RM)
제셀턴 포인트 → 마누칸, 사피, 마무틱, 가야섬 중 1곳	08:00~16:00 / 30분~1시간 간격 / 20분	35
제셀턴 포인트 → 마누칸, 사피, 마무틱, 가야섬 중 2곳		45
제셀턴 포인트 → 마누칸, 사피, 마무틱, 가야섬 중 3곳		55
제셀턴 포인트 → 마누칸, 사피, 마무틱, 가야섬 중 4곳		65
마누칸, 사피, 마무틱, 가야섬 → 제셀턴 포인트	12:00~16:00 / 1시간 간격 / 20분	35
제셀턴 포인트 → 가야나 마린 리조트 / 붕가 라야 리조트	12:00 / 12:30 / 15분	투숙객 무료
가야나 마린 리조트 / 붕가 라야 리조트 → 제셀턴 포인트	11:00 / 11:00 / 15분	투숙객 무료
수트라 하버 리조트 → 가야 아일랜드 리조트	08:00, 10:00, 12:00, 14:00, 16:00, 18:00 / 15분	140
가야 아일랜드 리조트 → 수트라 하버 리조트	09:00, 11:00, 13:00, 15:00, 17:00, 18:00 / 15분	140
수트라 하버 리조트 → 마누칸, 사피, 마무틱 중 1 / 2곳	08:30~15:30 / 1시간 간격 / 15분	50 / 65
마누칸, 사피, 마무틱 중 1 / 2곳 → 수트라 하버 리조트	10:00~17:00 / 1시간 간격 / 15분	50 / 65

※ 수트라 하버 리조트 제티_시 퀘스트 088-230-94

툰쿠 압둘 라만 공원

붕가 라야 아일랜드 리조트
Bunga Raya Island Resort
가야섬
Gaya Island
가야나 마린 리조트
Gayana Marine Resort
사피섬
Sapi Island
가야 아일랜드 리조트
Gaya Island Resort
제셀턴 포인트
Jesselton Point
코타키나발
Kota Kinab
Tunku Abdul
Rahman Park
Pusat Bandar Kota
Kinabalu
수리아 사바 Suria Sabah
코타 키나발루 시티 이슬람 사
Kota Kinabalu City Mosq
센터 포인트 사바
Center Point Sabah
마리 마리 문화 마
Mari Mari Cultural Villa
마누칸섬
Manukan Island
수트라 생추어리 로지
Sutera Sanctuary Lodge
Api-api Centre
수트라 하버 골프 &
컨트리 클럽
Sadong Jaya
Sunny Garden
Taman Beauty
Garden
Karamunsing
Complex
마무틱섬
Mamutik Island
수트라 하버 리조트
Sutra Harbor Resort
Taman Seri
Gaya
술룩섬
Suluk Island
Taman
Sempelang
Taman Seri Gaya

가야섬 Gaya Island

툰쿠 압둘 라만 공원에서 가장 큰 섬

툰쿠 압둘 라만 공원에서 제일 큰 섬으로 면적은 1,465ha(14.7km²), 해안의 길이는 26km다. 섬 내륙에는 울창한 열대 우림, 해변에는 맹그로브 숲이 있는 긴 백사장이 있어 천혜의 자연 휴양지로 알려져 있다. 가야섬 동쪽에 가야나 마린 리조트, 가야 아일랜드 리조트, 서북쪽에 붕가 라야 아일랜드 리조트가 자리하고 있다. 제셀턴 포인트와 수트라 하버 리조트 제티(선착장)에서 가야섬으로 들어갈 수 있는데, 리조트 투숙객 이외에는 이용하기 불편해 관광객이 많이 가는 섬은 아니다. 투어 프로그램 중에 가야섬 트레킹을 하는 프로그램이 있다.

주소 Gaya Island, Kota Kinabalu, Sabah 교통 제셀턴 포인트에서 보트(08:00~16:00, RM35) 이용 요금 툰쿠 압둘 라만 공원 입장료_성인 RM20, 청소년 RM15, 어린이 RM10

사피섬 Sapi Island

스노클링을 위해 최적화된 작은 섬

가야섬의 서쪽에 위치한 사피섬은 남동쪽과 남쪽에 해변이 있고 넓이는 25ac(0.1km^2)이다. 수심이 낮고 물이 맑으며 물속에 산호초, 열대어 등을 볼 수 있어 스노클링과 스쿠버 다이빙 장소로 인기를 끈다. 섬에 작은 매점이 있으나 음료, 간식, 돗자리, 스노클링 장비, 수건, 선크림 등의 기본적인 물건들은 챙겨 가는 것이 좋다.

주소 Sapi Island, Tunku Abdul Rahman Park, Kota Kinabalu 교통 제셀턴 포인트에서 보트(08:00~16:00, RM35) 이용 요금 툰쿠 압둘 라만 공원 입장료_성인 RM20, 청소년 RM15, 어린이 RM10

마누칸섬 Manukan Island

시 워킹, 제트 스키, 스노클링 하기 좋은 곳

가야섬 남서쪽에서 조금 떨어진 곳에 마누칸섬, 마무틱섬, 술룩섬이 모여 있다. 그중 가장 큰 마누칸섬은 초승달 모양을 하고 있고 남동쪽으로 해변이 펼쳐져 있다. 이곳 역시 수심이 낮고 물결이 낮아 물놀이를 하거나 바나나 보트, 제트 스키, 시 워킹, 패러세일링 등 해양 스포츠를 즐기는 사람이 많다. 섬 내에는 수트라 하버 리조트에서 운영하는 마누칸 아일랜드 리조트가 있다.

주소 Manukan Island, Tunku Abdul Rahman Park, Kota Kinabalu 교통 제셀턴 포인트에서 보트(08:00~16:00, RM35) 이용 요금 툰쿠 압둘 라만 공원 입장료_성인 RM20, 청소년 RM15, 어린이 RM10

마무틱섬 Mamutik Island

빵 조각으로 바닷속 물고기 부르기

마누칸섬 남쪽에 있는 작은 섬으로 섬의 동쪽에는 백사장이 형성되어 있다. 수심이 낮고 물이 맑으며 물결이 낮아 물놀이를 하거나 해변에서 일광욕을 즐기기 좋다. 선착장 주변 바다에는 작은 물고기들이 여행객들이 던져 주는 빵 조각을 받아 먹으려 몰려든다. 섬에는 간단한 음식과 해양 스포츠 장비를 대여해 주는 카페테리아, 스쿠버 업체인 보르네오 다이버 다이브 센터 등이 있다.

주소 Mamutik Island, Tunku Abdul Rahman Park, Kota Kinabalu 교통 제셀턴 포인트에서 보트(08:00~16:00, RM35) 이용 요금 툰쿠 압둘 라만 공원 입장료_성인 RM20, 청소년 RM15, 어린이 RM10

술룩섬 Suluk Island

자연 그대로를 느낄 수 있는 섬

마누칸섬 남쪽에 있는 작은 섬으로 섬의 동쪽에 백사장이 있다. 섬 내부에는 카페테리아나 기타 인공적인 시설이 없어 자연 그대로를 즐길 수 있다. 그러나 역설적으로 시설이 너무 없어 관광객이 잘 찾지 않는 곳이기도 하다.

주소 Suluk Island, Tunku Abdul Rahman Park, Kota Kinabalu 교통 제셀턴 포인트에서 보트 문의 요금 툰쿠 압둘 라만 공원 입장료-성인 RM20, 청소년 RM15, 어린이 RM10

Travel Tip

툰쿠 압둘 라만 공원에서의 해양 스포츠

가야섬의 경우 각 리조트에서 해양 스포츠를 운영하고 사피, 마누칸, 마무틱섬의 경우 리조트와 섬의 해양 스포츠 업체에서 운영한다. 해양 스포츠의 종류는 바나나 보트, 제트 스키, 시 워킹, 패러세일링 등이 있고 이용 시 왕복 보트+해양 스포츠의 패키지 상품을 이용하는 것이 편리하다. 스노클링이나 물놀이를 할 사람은 제셀턴 포인트 또는 수트라 하버 리조트의 시 퀘스트(Sea Quest), 각 섬의 장비 대여점에서 장비를 대여하면 된다. 스쿠버 다이빙 투어나 PADI 스쿠버 다이빙 라이선스 취득을 위한 교육 과정도 있으니 관심 있는 사람은 참고하자.

스노클링 장비 대여 마스크 & 스노클링 세트 RM10, 라이프 재킷 RM10, 핀(Fins, 오리발) 세트 RM10, 비치 매트 RM5

구분	시간	요금(RM)
바나나 보트 Banana Rides	10분(3명 이상)	40
플라이 피시 라이드 Fly Fish Rides	10분(2명 이상)	70
콩 보트 Kong Boat	10분(2명 이상)	70
오션 카약 Ocean Kayak	1시간	1인용 70, 2인용 100
시 워킹 Sea Walking	1회	250
제트 스키 Jet Ski	1시간	300
패러세일링 Parasailing	10분	1인 70, 2인 180
Full / Half Day Un-Guided Snorkeling	1일(4인 이상)	185
Full Day Guided Snorkeling (PADI Discover Snorkeling Experience)	1일(4인 이상)	225
Full Day Try-Dive / PADI Discover Scuba Diving Experience(DSD)	1일(2인 이상)	300
Full Day Diving Trip In Tunku Abdul Rahman Marine Park (2 Dives)	1일(2인 이상)	300
PADI Scuba Diver Course	2일 반	950
PADI Open Water Diver Course	2일 반	1,295
PADI Advanced Open Water Diver Course	2일 반	950

※ 수트라 하버 리조트의 시 퀘스트 가격 기준, 088-230-943

키나발루산 Kinabalu Mountain

해발 4,095m의 키나발루산은 2000년 말레이시아 최초의 세계 자연 유산으로 선정되었고 코타 키나발루의 상징 중 하나이다. 키나발루산은 사바 주 중앙에 자리하고 있는데 서쪽에는 코타 키나발루 시내, 동쪽에는 산다칸이 위치한다. 산속에는 열대 우림이 울창하고 원주민이 살고 있다. 키나발루산은 동남아시아에서 가장 높은 산이어서 여행객이나 등산가들이 한 번쯤 오르고 싶은 산이기도 하다. 산정에서 운해를 뚫고 만나는 일출은 잊지 못할 추억이 될 것이다.

Access 키나발루산 투어 또는 키나발루산+포링 온천 투어 이용

Best Course 키나발루산 방문자 센터 → 키나발루산 트레킹 → 아덴나 라플레시아 정원 → 포링 온천 → 프칸 나발루 전망대

프칸 나발루 전망대 Pekan Nabalu Observatory

키나발루산 조망의 최적지

키나발루산 남서쪽의 프칸 나발루라는 마을에는 키나발루산을 조망할 수 있는 전망대가 있다. 해발 4,095m의 키나발루산은 연중 구름과 안개에 휩싸여 있어 정상의 모습을 보기 힘드나 운이 좋으면 이곳에서 산 전체가 보이기도 한다.

주소 Pekan Nabalu, Kota Kinaballu, Sabah 교통 코타 키나발루에서 키나발루산 투어 또는 렌터카 이용

프칸 나발루 시장

Pekan Nabalu Market

시장에서 파는 파인애플 맛을 놓치지 말 것

프칸 나발루 마을에는 파인애플, 꿀, 땅콩, 채소 등을 파는 시장과 공예품을 파는 상가가 있어 들를 만하다. 시장에서 판매하는 파인애플은 당도가 높아 간식으로 먹기 좋다. 마을 입구에는 대형 파인애플 조형물이 세워져 있다. 공예품 상가에서는 대나무 모빌, 가방, 팔찌, 티셔츠, 액세서리 등을 판매한다.

주소 Pekan Nabalu, Kota Kinaballu, Sabah 교통 코타 키나발루에서 키나발루산 투어 또는 렌터카 이용 시간 10:00~18:00

아덴나 라플레시아 정원 Adenna Rafflesia Garden

세계에서 가장 큰 꽃 탐방

포링 온천 가기 전에 아덴나 라플레시아 정원이 있다. 라플레시아는 동남아시아의 보르네오, 말레이반도, 수마트라, 자바, 필리핀 등에 자생하는 식물로 식물 중에서 가장 큰 꽃을 가지고 있다. 말레이시아에서 자생하는 라플레시아는 자이언트 라플레시아(Rafflesia arnoldii)라고 한다. 꽃의 색깔은 주황색이고 최대 1m이나 보통 60cm 정도로 자란다. 원형의 꽃잎 안에 작은 원형 수술, 밖에 4~6개의 펼쳐진 꽃받침으로 구성된다. 꽃 이외에 잎, 줄기, 뿌리 등은 볼 수 없고 덩굴 식물에 기생하여 살아간다. 양배추처럼 생긴 원형 꽃봉오리에서 꽃을 피우는 데 1개월 정도 걸리고 개화한 꽃은 3~7일 만에 진다. 라플레시아는 보통 깊은 산속에서 자란다.

주소 5, Jalan Poring, Ranau, Sabah 교통 키나발루산 & 포링 온천 투어 이용 / 코타 키나발루 시내에서 차량 이용 시간 09:00~18:00 요금 RM30 전화 088-755-324

키나발루산 Kinabalu Mountain

트레킹 마니아라면 동남아 최고봉에 도전하자

키나발루산은 해발 4,095m로 동남아시아 최고봉이다. 산속에는 무화과나무, 산철쭉 등 다양한 식물들이 울창하고 산 중턱에는 원주민인 카다잔 족 또는 두손 카다잔 족이 산비탈을 경작하며 살아간다. 관광객들은 공원 관리 사무소 본부에서 출발해 근처 자연을 탐방하는 트레킹을 하거나 1박 2일에서 2박 3일의 일정으로 산을 오르기도 한다. 관리 사무소 본부에서 해발 3,353m의 라반 라타까지는 등산로가 잘 정비되어 있어 무리 없이 오를 수 있지만 그 이후에는 정상까지 황량한 돌길이 이어진다. 키나발루산 입구 관리 사무소 본부에서 입장료, 등산 허가비, 보험비 등을 징수한다. 키나발루산+포링 온천 투어로 왔을 때에는 관리 사무소 본부 위쪽의 공원 비지터 센터 내의 생태 전시장을 보고 간단히 숲길 트레킹을 하는 정도의 체험을 할 수 있다.

주소 Kota Kinabalu Mountain, Kota Kinabalu Park 교통 코타 키나발루 시내에서 투어 이용 / 코타 키나발루 시내에서 산다칸행 익스프레스 버스 이용(07:00, 08:00, 09:00, 10:00, 11:00, 12:30, 14:00, 18:00, 20:00) 요금 공원 입장료_성인 RM50, 어린이 RM25

키나발루산 트레킹

동남아 최고봉 키나발루산은 등산이나 트레킹을 좋아하는 사람이라면 한 번쯤 오르고 싶어 하는 곳이다. 쉬엄쉬엄 올라간다면 누구나 올라갈 수 있고 중간에 1박할 수 있는 곳도 있다. 새벽에 키나발루 정상에서 멀리 구름을 뚫고 솟는 일출이 굉장히 멋지기 때문에 기회가 된다면 도전해 보자.

키나발루산 등산은 보통 1박 2일 코스로 진행된다. 첫날 오전 7~8시 경 키나발루 공원 관리 사무소 본부에 도착해 입장료, 등정 허가비, 보험료, 가이드비 등을 지불하고 9시경 등산을 시작한다. 키나발루산은 반드시 가이드와 함께 등산을 해야 한다. 전날 관리 사무소 본부 아래 쿤다상 마을이나 본부 인근 힐 로지 등에서 숙박하고 다음날 관리 사무소 본부에서 가이드를 만나 같이 등산할 수 있다.

라반 라타 레스트하우스까지는 약 6시간 거리로 등산로가 잘 정비되어 있어 무리 없이 오를 수 있다. 라반 라타 레스트하우스 또는 인근 숙소에서 1박하고 둘째 날 오전 1~2시경 기상, 간단히 식사 후 2시 30분 경 정상으로 출발한다. 이곳에서 정상까지는 약 2시간 거리로, 준비한 랜턴을 켜고 오른다. 도중 경사가 급한 곳에서는 설치된 밧줄을 잡고 올라야 하는 경우도 있다.

4시 30분 경 정상에 올라 일출을 기다린다. 기온이 낮고 바람도 많이 불기 때문에 점퍼 또는 방한복, 우비 등을 준비한다. 정상에서 일출을 본 뒤 라반 라타 레스트하우스까지 하산한다. 7시 경 라반 라타 레스트하우스에 도착, 식사를 하고 9시경 관리 사무소 본부로 출발한다. 오후 1시경 관리 사무소 본부에 도착해 등정 증명서(RM1)를 교부받고 숙소로 돌아오는 것으로 일정을 마무리할 수 있다.

산행은 개인이 직접 숙소를 예약하고 직접 키나발루산 관리 사무소 본부까지 이동하여 진행할 수도 있으나 여행사의 투어 프로그램을 이용하는 것이 편리하다. 여행사는 코타 키나발루 시내의 위스마 사바 건물에 많이 입주해 있다.

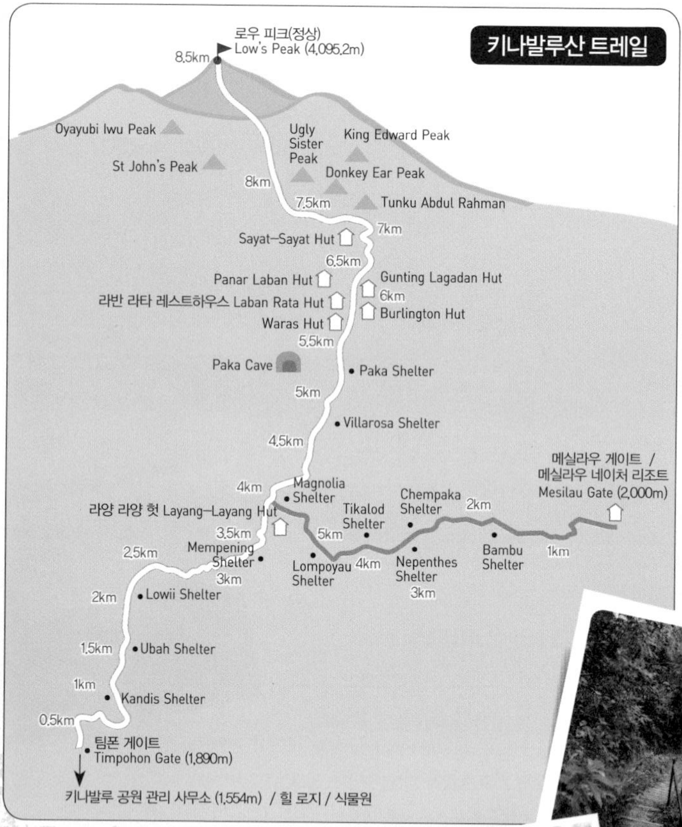

키나발루산 트레일

로우 피크(정상)
Low's Peak (4,095.2m)
8.5km
Oyayubi Iwu Peak
Ugly Sister Peak
King Edward Peak
St John's Peak
8km
Donkey Ear Peak
7.5km
Tunku Abdul Rahman
7km
Sayat-Sayat Hut
6.5km
Panar Laban Hut
Gunting Lagadan Hut
6km
라반 라타 레스트하우스 Laban Rata Hut
Burlington Hut
Waras Hut
5.5km
Paka Cave
Paka Shelter
5km
Villarosa Shelter
4.5km
메실라우 게이트 / 메실라우 네이처 리조트
Mesilau Gate (2,000m)
4km
Magnolia Shelter
Chempaka Shelter
2km
라양 라양 헛 Layang-Layang Hut
Tikalod Shelter
3.5km
5km
Bambu Shelter
1km
2.5km
Mempening Shelter
Lompoyau Shelter
4km
Nepenthes Shelter
3km
3km
2km
Lowii Shelter
1.5km
Ubah Shelter
1km
Kandis Shelter
0.5km
팀폰 게이트
Timpohon Gate (1,890m)
키나발루 공원 관리 사무소 (1,554m) / 힐 로지 / 식물원

코스 1일 07:00~08:00 관리 사무소 본부 도착 → 입장료, 보험료, 가이드비 지불 → 09:00 출발 → 15:00 라반 라타 레스트하우스 도착, 휴식 → 18:00 취침 / 2일 01:00~02:00 라반 라타 레스트하우스 기상 → 02:30 출발 → 04:30 정상 도착 → 일출 감상 → 05:30 하산 → 07:30 라반 라타 레스트하우스 도착 → 식사, 휴식 → 09:30 출발 → 13:30 관리 사무소 본부 도착 → 등정 증명서 발급 → 숙소로 귀환
요금 공원 입장료-성인 RM50, 어린이 RM25 / 등산 허가비 RM400 / 보험료 RM7 / 가이드비(1~5인) RM350 / 등정 증명서 RM1
준비물 긴바지, 긴소매 옷, 모자, 장갑, 우비, 점퍼 또는 방한복, 등산화, 랜턴, 간식 등
산행 투어 1박 2일 코스 RM1,480, 2박 3일 코스 RM1,740 내외(여행사별로 다름)

방문자 센터 Visitors Centre

키나발루 공원 입구에서 산 쪽으로 조금 올라간 곳에 있는 안내 센터로 리와구(Liwagu) 레스토랑과 숙소, 매점, 전시장(09:00~15:00, 무료)이 있다. 전시장에는 키나발루산의 사진과 자연 생태에 대한 전시물이 설치되어 있어 키나발루산에 대한 이해를 돕는다.

주소 Visitors Centre, Kota Kinabalu Park, Kota Kinabalu 교통 코타 키나발루 공원 입구에서 차량 또는 도보 이용 시간 09:00~16:30

식물원 Botanical Garden

보통 키나발루산 투어를 오면 이곳의 숲길을 걸으며 키나발루산의 나무와 식물, 꽃, 야생 동물에 대한 설명을 듣는다. 설명을 들으며 산을 걷다 보면 금세 키나발루산 입구의 관리 사무소 본부에 도착하게 된다.

주소 Botanical Garden, Kota Kinabalu Park, Kota Kinabalu 교통 방문자 센터에서 도보 이용 시간 09:00~16:00 요금 성인 RM5, 청소년 RM2.5

힐 로지 Hill Lodge

키나발루산 국립공원 식물원에서 조금 올라간 곳에 위치한 호텔이다. 등산객이나 산 입구에서 산책을 즐길 사람 모두에게 적당한 숙소로 개별 방갈로 형태라 사생활도 보장된다.

주소 Kinabalu Park, Ranau, Sabah 교통 키나발루산 식물원에서 바로 요금 트윈 RM320 전화 013-548-2663 홈페이지 suterasanctuarylodges.com.my/kinabalu-park

라반 라타 레스트하우스 Laban Rata Resthouse

해발 3,272m 지점에 있는 숙소로 전기 히터가 있고 온수 샤워를 할 수 있으며 뷔페식 식사까지 가능하다. 해발 3,352m에 고목 한계선이 있어 이 지점부터는 황량한 돌이 보이기 시작한다. 방문자 센터에서 라반 라타 레스트하우스까지는 등산로가 잘 정비되어 있어 6시간 정도면 무난하게 오를 수 있다. 라반 라타 레스트하우스에서 정상까지는 약 2시간이 소요된다. 라반 라타 레스트하우스 외에도 몇몇 숙소가 있으니 참고하자.

주소 Laban Rata, Mount Kinabalu, Kundasang Ranau, Sabah 교통 방문자 센터에서 도보 이용, 6시간 소요 요금 도미토리 RM448~518, 2인실 RM1,069 전화 013-833-2723

키나발루 정상 Kinabalu Summit

해발 4,095m 지점의 키나발루산 정상을 로우 피크(Low Peak)라고 한다. 해발 3,353m의 고목 한계선을 지나면 주위에 나무가 없어지고 잡풀만 조금 보일 뿐, 주위는 온통 용암이 녹아 굳은 바위투성이다. 경사가 있는 코스는 설치된 밧줄을 잡고 올라야 하지만 그리 위험하지는 않다. 키나발루산 정상에 서면 키나발루산을 중심으로 구름과 함께 작은 산들이 연이어 늘어서 있고 멀리 코타 키나발루 시내가 보이는 듯하다.

주소 Kota Kinabalu Summit, Kota Kinabalu Park 교통 라반 라타 레스트하우스에서 도보 2시간

포링 온천 Poring Hot Spring

여행 피로를 푸는 데는 온천이 최고

키나발루산 입구에서 라나우(Ranau) 마을을 거쳐 북쪽으로 올라간 곳에 위치한다. 포링 온천에는 온천뿐만 아니라 나비 정원, 캐노피 워크웨이, 키푼깃(Kipungit) 폭포, 박쥐 동굴, 란가남(Langanam) 폭포 등이 있어 온천과 생태 체험, 트레킹을 함께 즐길 수 있다. 온천은 유황천으로 온도는 50~60℃이지만 찬물을 섞어 쓰기 때문에 입욕하기 좋다. 온천탕은 여러 명이 들어가는 공용탕과 혼자 들어가는 독탕이 있고 옆에 수영장이 있어 아이들의 놀이터가 되고 있다. 온천의 원탕은 일반 온천탕 위쪽에 있는데 바위 밑에서 뜨거운 물이 솟아 김이 오르는 것이 보인다. 온천 아래쪽에는 시멘트 워터 슬라이드가 있는 온천이 있다.

주소 Poring, Ranau, Kota Kinabalu, Sabah 교통 코타 키나발루 시내에서 투어 또는 차량 이용 시간 08:00~17:00 요금 입장료 RM50, 슬라이드 풀 RM5, 공용탕 RM10, 독탕 RM25, 라커 RM5(※공원 티켓이 있으면 무료 입장) 전화 088-878-801

나비 정원
Butterfly Garden

화려한 나비와의 만남

포링 온천 지난 곳에 위치한 생태 체험장으로, 나비를 주제로 하는 정원이다. 생태 전시장에 이어 나비 정원, 다양한 식물을 볼 수 있는 식물원이 나온다. 키나발루산의 숲길을 걸으며 다양한 식물군과 나무, 곤충 등을 관찰해 보자.

주소 Butterfly Garden, Poring, Ranau, Kota Kinabalu, Sabah 교통 포링 온천에서 도보 3분 시간 09:00~16:00, 월요일 휴무 요금 성인 RM4, 청소년·어린이 RM2

캐노피 워크웨이
Canopy Walkway

말레이시아 국민 어드벤처, 구름다리 걷기

포링 온천에서 나비 정원 지나 숲길을 걷다 보면 구름다리인 캐노피 워크웨이가 나온다. 캐노피 워크웨이는 높이 41m, 길이 157m 규모다. 캐노피 워크웨이를 걸으며 키나발루산의 생태도 감상하고 손에 땀을 쥐는 스릴도 느껴 보자.

주소 Canopy Walkway, Poring, Ranau, Kota Kinabalu, Sabah 교통 포링 온천에서 도보 25분 시간 08:00~15:00 요금 RM10 / 카메라 RM5, 캠코더 RM30

키푼깃 폭포 Kipungit Waterfall

덥다면 폭포수로 퐁당

캐노피 워크웨이에서 약 30분 정도 숲길을 걸으면 4m 높이의 폭포를 만나게 된다. 폭포수의 줄기는 가늘게 두 갈래로 떨어진다. 수영복을 준비했거나 반바지 차림이라면 물웅덩이에 들어가 시원한 물장난을 해도 좋다. 시간적 여유가 있다면 키푼깃 폭포를 지나 박쥐 동굴과 랑가남(Langanam) 폭포까지 트레킹을 해 보자. 박쥐 동굴까지는 1km 정도 거리로, 30분 정도 걸린다. 랑가남 폭포까지는 3.7km 정도이고 2시간 소요된다.

주소 Kipungit Waterfall, Poring, Ranau, Kota Kinabalu, Sabah 교통 포링 온천에서 도보 30분

코타 키나발루의 투어 프로그램

코타 키나발루 일부 지역은 개별적으로 가기 힘든 곳이 있으니 투어 프로그램이 유용하다. 이들 투어 프로그램은 보통 왕복 교통, 관람·체험, 식사로 이루어진다. 대표적인 투어 프로그램으로는 툰쿠 압둘 라만 공원의 사피, 마누칸, 마무틱섬으로 스노클링 여행을 떠나는 호핑 투어, 증기 기차 여행을 할 수 있는 북보르네오 증기 기차, 오랑우탄과 호랑이를 볼 수 있는 록카위 야생 공원 & 시티 투어, 사바 주의 대표 부족 가옥과 전통 공연을 관람하는 마리 마리 문화 마을, 클리아스강(Klias)에 서식하는 코주부원숭이와 반딧불을 관찰하는 클리아스강 반딧불 투어, 키울루강에서 래프팅을 즐기는 키울루강 래프팅, 키나발루산 트레킹과 포링 온천 온천욕을 즐기는 키나발루산&포링 온천 등이 있다. 여행사는 코타 키나발루 시내의 위스마 수리아 건물에 많다.

투어	시간	요금(RM)
툰쿠 압둘 라만 공원 호핑 투어	매일 09:00	180
북보르네오 증기 기차	매주 수 토요일 10:00	358.5
록카위 야생 공원 & 시티 투어	매일 09:00	230
마리 마리 문화 마을	매일 10:00, 14:00	170
코주부 원숭이 & 클리아스강 반딧불 투어	매일 14:00	190
키울루강 래프팅	매일 09:00	230
키나발루산 & 포링 온천	매일 08:00	260

※ 요금, 일정 등 여행사별로 다를 수 있음.

온리 인 보르네오 투어 www.onlyinborneotour.com, 08-826-2507
트래버스 투어 www.traversetours.com, 088-260-501
TYH 보르네오 투어 & 트래블 www.tyhborneotours.com, 08-823-3168
수트라 하버 리조트 www.suteraharbour.com, 088-303-900

Restaurant & Café

코타 키나발루의 레스토랑은 시내와 리조트 내로 나눌 수 있다. 시내에서는 말레이시아 갈비탕 바쿠테를 맛볼 수 있는 스야리캇 유키, 스테이크의 어퍼스타, 피자의 리틀 이탤리, 해산물의 웰컴 시푸드 레스토랑 등이 유명하고, 리조트 레스토랑으로는 딤섬의 실크가든, 피자의 알 프레스코, 뷔페의 파이브 세일스 등이 방문해 볼 만하다.

코타 키나발루 시내

크랩 하우스 The Crab House Seafood Restaurant

제셀턴 포인트 앞에 위치한 해산물 레스토랑이다. 해산물 중에서도 크랩 하우스라는 이름처럼 게 요리가 맛있다고 알려진 곳이다. 주문은 게 요리, 바지락 볶음, 볶음밥 정도면 적당하다.

주소 Lots 9, 10, 11, 12 & 13, 6, Jalan Gaya 교통 제셀턴 포인트에서 바로 시간 10:00~22:00 메뉴 게 요리, 타이거 새우, 로브스터, 시푸드 볶음밥 등 전화 011-5500-1883

요요 카페 Yoyo Cafe & Mini Croissant

쇼핑센터 수리아 사바 L/F에 있는 디저트 숍으로 다양한 베이커리, 요구르트 아이스크림, 음료 등을 갖추고 있다. 시원하게 마시는 워터멜론 밀크티, 파파야 밀크 주스, 망고 스노우 아이스, 아이스 라즈베리 요거트, 망고 푸딩 등 맛있는 것이 많다. 웬만한 쇼핑센터에는 요요 카페 분점이 있으니 다양한 메뉴를 맛보자.

주소 L/F, Suria Sabah, Jalan Tun Fuad Stephen, Kota Kinabalu, Sabah 교통 위스마 수리아에서 도보 3분 시간 10:00~22:00 메뉴 워터멜론 밀크 티 RM3.5, 파파야 밀크 주스 RM4.5, 망고 스노우 아이스 RM4.5 전화 088-234-366 홈페이지 www.suriasabah.com.my

센트럴 마켓 푸드코트

Central Market Food Court

센트럴 마켓 1F에 있는 푸드코트로 관광객보다 현지인들이 많이 찾는 곳이다. 재래시장에 있는 곳이라 시설은 떨어지지만 맛있는 음식과 말레이시아 서민들의 소박한 모습을 만날 수 있어서 좋은 곳이다. 메뉴는 나시 르막(덮밥), 나시 고렝(볶음밥) 같은 말레이 요리부터 볶음밥, 덮밥 같은 중식, 난, 무르타팍 같은 인도 요리, 밀크 티, 커피 같은 음료 등이 있다. 음식을 주문하면 종업원이 밀크 티나 커피를 권하지만 필수는 아니다.

주소 1F, Central Market, Jalan Tun Fuad Stephens, Kota Kinabalu 교통 위스마 메르데카에서 잘란 툰 후아드 스테판(Jalan Tun Fuad Stephens) 이용, 센트럴 마켓 방향, 도보 5분 시간 06:30~18:00 메뉴 말레이 요리, 중식, 양식 등

어퍼스타 Upperstar Cafe & Bar

코타 키나발루에서 인기 있는 스테이크 레스토랑 겸 바이다. 서로인 스테이크부터 비프 치즈 버거, 아이스크림까지 메뉴가 굉장히 많다. 말레이시아는 소고기 가격이 저렴한 편이어서 부담 없이 스테이크를 즐길 수 있어 좋다. 저녁 시간에는 타이거 생맥주나 싱가포르 슬링 같은 칵테일을 마셔도 괜찮다. 이곳 외에도 쇼핑센터 수리아 사바, 아미고 쇼핑몰 등에도 분점이 있으니 가까운 곳을 이용해 보자.

주소 Block C, Lot 8, G/F, Segama Complex, Pusat Bandar, Kota Kinabalu 교통 위스마 메르데카에서 도보 5분 시간 10:00~24:00 메뉴 서로인 스테이크, 램 촙, 카르보나라 스파게티 전화 088-270-775

리틀 이탤리 Little Italy

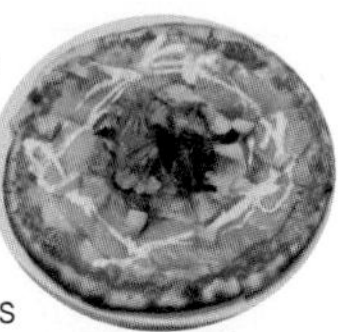

위스마 메르데카 인근에 있는 정통 이탈리아 레스토랑으로 "우리 레스토랑에 오는 손님들이 즐겁게 떠날 수 있도록 하겠다(Never let our customers leave the restaurant unhappy)."라는 거창한 모토를 가진 곳이다. 그만큼 요리에 자신이 있다는 것인데 실제로 매일 밤마다 빈자리를 찾을 수 없이 성업 중이다. 다양한 종류의 파스타와 피자도 맛있고 메인 요리로 닭고기나 양고기구이가 있으며 달콤한 초콜릿 무스 같은 디저트도 추천한다.

주소 Capital Hotel, Jalan Haji Saman, Kota Kinabalu, Sabah 교통 위스마 메르데카에서 길 건너, 바로 시간 10:00~23:00 메뉴 샐러드, 피자, 파스타 등 전화 12:00~22:00 홈페이지 littleitaly-kk.com

샘플랑 Restoran Sempelang

센터 포인트 사바 쇼핑센터 건너편의 현지 식당이다. 길가 쪽의 벽면이 오픈된 구조여서 에어컨은 없지만 천장의 팬이 돌아 덥진 않다. 현지인이 즐겨 먹는 미 고렝, 나시 고렝, 나시 르막 같은 메뉴가 인기이고 후라이드 치킨이나 튀김을 더할 수도 있다.

주소 20, Asia City, Pusat Bandar Kota Kinabalu 교통 센터 포인트 사바 건너편, 바로 시간 06:30~23:00 메뉴 미 고렝(볶음면), 나시 고렝(볶음밥), 나시 르막(덮밥), 튀김 RM5~15 내외 전화 013-687-8413

고려정 Koryo-Jeong 高麗亭

와리산 스퀘어 1F에 있는 한국 식당으로 김치찌개, 된장찌개, 오징어볶음, 삼겹살 등을 맛볼 수 있다. 센트럴 마켓, 필리피노 야시장, 와리산 스퀘어를 둘러보고 고려정에 들러 식사를 하기 좋다. 여행 중에 매일 한국 음식을 먹는다면 여행의 재미가 떨어질 수 있지만 현지 음식이 입에 맞지 않을 때 한국 음식이 간절히 생각난다면 찾아가 보자.

주소 1F, Warisan Square, Jalan Tun Fuad Stephens, Kota Kinabalu 교통 필리피노 야시장에서 와리산 스퀘어 방향, 도보 3분 시간 11:00~22:00 메뉴 김치찌개, 된장찌개, 삼겹살(※서비스 차지 10% 추가) 전화 088-448-860

뇨냐 하우스 Nyonya House

뇨냐 요리는 중국계 이주자와 말레이 사람의 혼혈인 페라나칸들의 요리를 뜻한다(참고로 페라나칸 남자는 '바바', 여자는 '뇨냐'). 뇨냐 하우스는 코타 키나발루에서 뇨냐 요리를 먹을 수 있는 레스토랑이다. 중국풍과 말레이풍이 혼합된 요리로 매콤하면서 시큼한 맛이 특징이다.

주소 1, Jalan Tun Fuad Stephens 교통 수리아 사바 쇼핑몰에서 바로 시간 11:15~21:15 메뉴 뇨냐 락사(국수), 아암 퐁테(고기 · 감자볶음), 카리 카피 탄(치킨 커리) 등

센터 포인트 푸드 코트 Center Point Food Court

쇼핑센터 센터 포인트 B/F에 있는 푸드코트로 말레이 요리부터 중식, 인도식, 중동식, 태국식, 양식 등 여러 나라의 음식을 한자리에서 저렴하게 맛볼 수 있다.

주소 BF, Center Point, 1 Jalan Centre Point, Kota Kinabalu, Sabah 교통 와리산 스퀘어에서 도보 3분 시간 07:30~21:00 전화 088-246-900 홈페이지 www.centrepointsabah.com

푹옌 카페 & 베이커리 Fook Yuen Cafe & Bakery 富源

깔끔한 말레이시아식 차찬텡(茶餐室)이다. 보통 차찬텡에서는 음료와 간단한 음식을 제공하는데 이곳에는 빵 종류도 제공한다.

주소 Jalan Gaya, Kota Kinabalu, Sabah 교통 위스마 메르데카에서 잘란 가야 방향, 도보 3분 시간 06:00~23:00 메뉴 딤섬 RM3.6, 볶음면 RM3.6, 아이스티 RM2.2 전화 016-832-9847

셋코 스퀘어 Sedco Square

쇼핑센터 센터 포인트 동쪽에 있는 시푸드 푸드코트 식당가다. 중앙 광장에는 손님을 위한 테이블이 놓여 있고 'ㄷ'자 형태로 시푸드 레스토랑이 둘러싸고 있다. 주요 시푸드 레스토랑은 꾸촌(古村), 트윈 스카이(Twin Sky, 双天), 스리 무티아라(Sri Mutiara, 珍味), 후아힝(Hua Hing, 華興) 등이 있고 각 레스토랑 앞에 대형 수조가 있어 신선한 생선과 해산물을 직접 고를 수 있다. 시푸드 레스토랑은 여럿이 가서 여러 음식을 주문해 왁자지껄 먹어야 제맛이 난다.

주소 Kampung Air, Kota Kinabalu, Sabah 교통 센터 포인트에서 길 건너, 도보 3분 시간 11:30~20:00 메뉴 로브스터, 생선, 새우, 전복, 조개 등 100g당 RM30 내외

솔드 아웃 SOULed OUT

아미고 쇼핑몰 1층에 자리한 양식 레스토랑이다. 메뉴를 보니 스테이크, 램(양고기)이 보이는데 외국에서 동남아 스테이크 식당에서 스테이크나 램을 시키면 한국보다 싸고 푸짐해서 무조건 남는 장사다.

주소 G-101, Imago Shopping Mall KK Times Square Phase 2 교통 코타 키나발루 시내에서 아미고 쇼핑몰까지 택시 이용 시간 12:00~익일 01:00 메뉴 샌드위치, 스테이크, 램 숄더, 포르투갈식 볶음밥, 파스타, 피자 전화 016-839-1338 홈페이지 www.soulsociety.com.my/souled-out

4 핑거 크리스피 치킨 4 Fingers Crispy Chicken

아미고 쇼핑몰 내에 위치한 말레이시아식 프라이드 치킨점이다. 한국에서 노란 튀김옷을 입혀 튀기는 것과 달리 이곳에서는 약간 붉은빛이 나는 튀김옷을 입혀 닭을 튀겨 낸다. 크리스피 치킨이라 자부하니 얼마나 바삭한지 맛을 보자. 그 외에 치밥(치킨+밥)은 있지만 양념치킨은 없다.

주소 Lot 99, Imago Shopping Mall KK Times Square Phase 2 교통 아미고 쇼핑몰 내 시간 10:00~22:00 메뉴 치킨 버거, 시그니처 크리스피 치킨, 새우/오징어 튀김 전화 088-214-815

부스트 주스바 Boost

아미고 쇼핑몰 내에 있는 카페이다. 열대 과일 주산지인 동남아에 가서 열대 과일이나 열대 과일 주스를 마시지 않는 것은 안타까운 일이다. 가격 싸고 양 많고 맛있고 더할 나위가 없다. 여행 중 시시때때로 열대 과일 주스를 사 마시자.

주소 Lot 1-32, Imago Shopping Mall, Coastal Highway 교통 아미고 쇼핑몰 내 시간 10:00~22:00 메뉴 주스, 스무디, 바나나 브레드, 프로틴 볼, 랩 샌드위치 전화 088-532-488

스야리캇 유키(유키 바쿠테) Syarikat YuKee 佑記茶室

보통 '유키 바쿠테'로 알려져 있지만 실제 상호는 스야리캇 유키이다. 바쿠테(Bakuteh, 肉骨茶)는 고기, 한약, 버섯 등을 넣고 잘 끓인 말레이시아식 갈비탕을 말한다. 펄펄 끓는 육수를 도가니에 붓고 잘 삶은 고기, 버섯 등을 넣어 만든다. 바쿠테 종류에는 고기, 족발, 간과 콩팥 바쿠테가 있는데 우리 입맛에는 고기나 족발 바쿠테가 맞다. 테이블 위에 차가 있으나 무료는 아니다. 잘란 가야 거리의 여러 레스토랑 중에 가장 손님이 많은 곳이라 쉽게 찾을 수 있고, 자리를 잡으려면 일찍 가야 한다. 근처에도 몇몇 바쿠테 식당이 있으니 취향에 맞는 곳을 선택해도 좋다.

주소 7, Jalan Gaya, Pusat Bandar Kota Kinabalu 교통 위스마 메르데카에서 잘란 가야 방향, 도보 5분 시간 14:00~21:30, 월요일 휴무 메뉴 고기 바쿠테 RM6, 족발 바쿠테 RM6, 간과 콩팥 바쿠테 RM6.5 전화 088-221-192

페퍼민트 Peppermint

잘란 가야 중간, 분수대 부근에 있는 베트남 레스토랑으로 내부는 패스트푸드점처럼 꾸며져 있으나 메뉴를 보면 베트남 쌀국수, 샐러드, 덮밥 등이 대부분이다. 시원한 국물이 일품인 베트남 쌀국수와 베트남 고산지에서 재배된 커피를 맛보고 싶다면 추천한다.

주소 81, Jalan Gaya, Pusat Bandar Kota Kinabalu 교통 스야리캇 유키에서 분수대 방향, 도보 3분 시간 09:00~23:00 메뉴 분가(치킨 샐러드) RM9, 크리스피 스프링 롤 RM5, 스파이시 치킨 라이스 RM6.5 전화 010-762-7228

웰컴 시푸드 레스토랑 Welcome Seafood Restaurant

복합 상가 단지인 아시아 시티 내에 있는 시푸드 레스토랑이다. 여느 시푸드 레스토랑처럼 대형 수조에 싱싱한 로브스터, 대게, 소게, 생선, 해산물 등이 손님을 기다린다. 해산물 볶음을 주문하면 칠리, 갈릭, 블랙 페퍼(흑후추), 버터 등의 소스 중에서 선택할 수 있는데 강한 매운맛이 나는 칠리, 갈릭 소스보다는 블랙 페퍼나 버터 등이 우리 입맛에 맞는 듯하다. 2인이 시푸드 요리 2개에 채소 볶음 1개, 음료로 차를 주문하면 적당하다.

주소 GF, G-15~G- 18, Asia City, Jalan Coastal, Kota Kinabalu 교통 센터 포인트에서 길 건너 아시아 시티 방향, 도보 5분 시간 12:00~23:00 메뉴 100g당 로브스터 RM25, 게 RM13, 새우 RM18, 생선 RM20 내외 전화 08-844-7866

주렌 카페 Zureen's Cafe

사바 박물관 주차장 부근에 있는 카페테리아로 특이한 시설은 없으나 주위에 이렇다 할 레스토랑이 없으므로 간단한 식사를 하기에 괜찮다. 카페에서 선보이는 음식은 말레이시아에서 흔한 나시 고렝(볶음밥), 미 고렝(볶음국수), 나시 칸다르(덮밥), 톰 양쿵이지만 주인장의 정성이 들어가 감칠맛난다.

주소 Jalan Muzium, Kota Kinabalu, Sabah 교통 코타 키나발루 시내에서 택시 이용 시간 07:00~17:00 메뉴 나시 고렝(볶음밥) RM3~6.5, 미 고렝(볶음국수) RM3~6.5, 똠양꿍 RM4~6 전화 013-606-2268

첸페닥 판타이 코너 Cempedak Pantai Corner

탄중 아루 해변 입구에 있는 먹거리 야시장이다. 메뉴 중 나시 고렝, 나시 르막, 면 요리, 사테 등이 맛이 있다. 천막 치고 장사하는 곳이라 그리 깔끔하지는 않다는 점을 감안해야 한다.

주소 Tanjung Aru Beach Resort 교통 코타 키나발루 시내에서 탄중 아루 해변까지 택시 이용 시간 17:00~22:00 메뉴 나시 고렝(볶음밥), 나시 르막(밥+반찬), 면, 사테(꼬치)

파이브 세일스 Five Sails

마젤란 수트라 리조트 1F에 있는 뷔페 레스토랑으로 말레이 요리, 사바 요리, 인터내셔널 요리 등 다양한 메뉴를 낸다. 여행 중에 여러 음식을 한자리에서 맛볼 수 있는 뷔페식은 빼놓을 수 없는 즐거움이 아닐까. 한두 번은 리조트나 호텔의 뷔페 식사를 하는 것도 즐거운 일이다.

주소 1F, The Magellan Sutera Resort, Kota Kinabalu City, Sabah 교통 수트라 하버 리조트 내에서 도보 또는 리조트 순환 셔틀버스(06:00~01:00, 10분 간격, 무료) 이용 시간 06:00~10:30, 18:00~22:00 메뉴 뷔페 RM120 내외 전화 088-318-888 홈페이지 www.suteraharbour.co.kr

실크 가든 Silk Garden

퍼시픽 수트라 호텔 1F에 있는 중식당으로 88가지 딤섬 뷔페로 유명하며, 2009년 말레이시아 최고 레스토랑으로 선정된 곳이다. 한국어로 적힌 메뉴판이 있어 딤섬을 주문할 때 도움이 되지만 재료를 파악하는 데 어려움이 있는 것은 사실이다. 한 번에 4개의 메뉴를 고르고 접시를 비우면 추가 주문할 수 있다. 남기면 한 접시당 RM10의 벌금을 내야 하니, 조금씩 주문하고 추가 주문하도록 하자.

주소 1F, The Pacific Sutera Hotel, Kota Kinabalu City, Sabah 교통 수트라 하버 리조트 내에서 도보 또는 리조트 순환 셔틀버스(06:00~01:00, 10분 간격, 무료) 이용 시간 11:30~14:30, 18:30~22:00 메뉴 딤섬, 북경오리구이, 볶음밥, 면 요리 전화 088-318-888 홈페이지 www.suteraharbour.co.kr

알 프레스코 Al Fresco

마젤란 수트라 리조트 1F에 있는 레스토랑으로 지중해의 낭만을 상징하는 듯한 장식물이 사람을 들뜨게 한다. 레스토랑 바로 옆은 바닷가인데 저녁 무렵이면 석양이 레스토랑 안까지 붉게 물들인다. 지중해식 피자, 파스타, 샐러드 등이 있는데 양이 많은 편이고 맛도 좋다. 칵테일이나 맥주를 곁들여 보자.

주소 1F, The Magellan Sutera Resort, Kota Kinabalu City, Sabah 교통 수트라 하버 리조트 내에서 도보 또는 리조트 순환 셔틀버스(06:00~01:00, 10분 간격, 무료) 이용 시간 11:00~22:00 메뉴 파스타 RM36~58, 피자 RM40~45, 선셋 디너 BBQ RM110(세금+서비스 차지 16% 추가) 전화 088-318-888 홈페이지 www.suteraharbour.co.kr

샹 팰리스 Shang Palace

샹그릴라 탄중 아루 리조트 내에 있는 중식당으로 중국 광둥 지방의 요리인 캔토니즈 요리를 낸다. 캔토니즈 요리 중에 중국 차와 함께 먹는 딤섬이 가장 유명하다. 런치 딤섬 뷔페에서는 원하는 딤섬을 표시해 종업원에게 주면 음식을 테이블로 가져다준다. 딤섬 이름을 잘 모른다면 손가락으로 원하는 딤섬을 가리키거나 직원에게 추천을 부탁하자.

주소 Shangri-La Tanjung Aru Resort, 20 Jalan Aru, Tanjung Aru, Kota Kinabalu 교통 코타 키나발루 시내에서 택시 이용 메뉴 런치 딤섬 뷔페 RM45, 중국 요리 단품 RM25~60 내외(세금+서비스 차지 16% 추가) 전화 088-327-888 홈페이지 www.shangri-la.com/ kotakinabalu/ tanjungaruresort

리도 스퀘어 Lido's Square

코타 키나발루 시내 남쪽에 위치한 대형 푸드코트로 주로 현지인들이 찾는 곳이다. 꼬치구이인 사테부터 볶음밥, 덮밥, 생선구이, 새우 등 다양한 음식을 맛볼 수 있다. 수조나 생선 코너에서 원하는 해산물을 골라 조리를 부탁하면 테이블로 갖다 준다.

주소 Jalan Penampang, Lido Square 교통 코타 키나발루 시내에서 택시 이용 시간 18:00~23:30 메뉴 사테, 나시 르막, 미 고렝, 해산물

스시 킹 Sushi King

말레이시아 쇼핑센터에서 흔히 볼 수 있는 일식당 체인점으로 회전 초밥을 비롯해 다양한 일식을 맛볼 수 있는 곳이다. 회전 초밥 테이블에는 쉴 새 없이 다양한 초밥들이 지나가고 단품 요리인 돈부리, 우동, 세트 메뉴 등도 먹을 만하다.

주소 1Borneo Mall, s-701, Jalan Sulaman, Kota Kinabalu, Sabah 교통 원 보르네오 몰 내 시간 11:00~22:00 메뉴 살몽 스테이크 세트+미니 샐러드 RM26.7, 우나기 세트 RM31.9, 사시미 & 어묵 세트 RM21.9 전화 088-448-000 홈페이지 www.1borneo.net/public/1borneohypermall

어퍼스타 Upperstar

원 보르네오 몰 내에 있는 레스토랑으로 스테이크에서 파스타, 샌드위치, 피자, 나시 르막까지 다양한 음식을 낸다. 패밀리 레스토랑 분위기여서 실내도 쾌적하고 음식도 맛이 있는 편!

주소 G-829, G-830, G-831, One Borneo Mall 교통 코타 키나발루 시내에서 택시 이용 시간 10:00~22:00 메뉴 서로인 스테이크, 봉골레 파스타, 클럽 샌드위치, 나시 르막 전화 088-204-668

CFC 시티 푸드 코너 CFC City Food Corner

원 보르네오 몰 뒤쪽에 있는 푸드코트이다. 메뉴는 나시 고렝, 나시 르막, 면 요리 같은 것들이지만, 현지인과 어울려 한 끼 식사를 할 수 있다는 점에서 가 보길 추천한다.

주소 Jalan Sulaman, Kota Kinabalu 교통 원 보르네오에서 원 보르네오 타워1 서비스 아파트먼트 방향, 바로 시간 10:00~22:00 메뉴 나시 르막(밥+반찬), 나시 고렝(볶음밥), 면 요리 전화 088-526-888

테피 라웃 마칸 스트리트

Tepi Laut Makan Street

샹그릴라 라사 리아 리조트 내에 있는 레스토랑으로 말레이 요리, 중식, 일식, 양식 등의 메뉴를 선보인다. 수영장 옆의 풀바 형태로 간단한 점심이 제공되고 저녁에는 다양한 음식을 맛볼 수 있는 뷔페 레스토랑이 된다. 저녁에는 대나무 춤을 추는 무용수의 전통 공연도 볼 수 있다.

주소 Shangri-La's Rasa Ria Resort, Pantai Dalit, Tuaran, Kota Kinabalu 교통 코타 키나발루 시내에서 택시 이용 / 샹그릴라 탄중 아루-라사 리아 셔틀버스 이용 시간 11:45~17:45, 18:30~22:30 메뉴 라이트 런치 RM35~, 뷔페 디너 RM110 전화 088-792-888 홈페이지 www.shangri-la.com/kotakinabalu/rasariaresort

Bar & Club

코타 키나발루의 나이트라이프는 시내 KK 워터프런트의 샴록 아이리시 바, 비어팩토리 워터프론트 KK, KK 타임즈 스퀘어의 타임즈 스퀘어 파린다, 오로스 가스트로바 등에서 즐길 수 있다. 코타 키나발루의 루프톱은 그랜디스 호텔의 스카이 블루 바, 메르디앙 호텔의 루프톱 바 @ 르 메르디앙이 괜찮다.

코타 키나발루 시내

콕 & 불 Cock & Bull Bistro

제셀턴 포인트에서 와리산 스퀘어 부근으로 이전한 비스트로(Bistro)이다. 바닷가에 있어 저녁이면 석양을 보려는 사람들이 줄을 잇는다. 시원한 맥주를 마시며 여행지에서의 하루를 마감해 보자.

주소 Lot 3, Anjung Samudra, The Waterfront 교통 와리산 스퀘어에서 바로 시간 15:00~익일 03:00 메뉴 버거, 맥주, 칵테일 등

비어팩토리 워터프런트 KK

The Beer Factory Kota Kinabalu

와리산 스퀘어 근처 바닷가, 바(Bar)가 늘어서 있는 KK 워터프런트에 위치한 맥주 바이다. 시원한 맥주 한잔하며 석양을 즐기기 좋고 때때로 열리는 라이브 밴드의 음악도 들을 만하다. 단, 늦게 가면 사람이 많아 북적일 수 있다.

주소 Lot 11 Kota Kinabalu Waterfront 교통 와리산 스퀘어에서 바로 시간 16:00~24:00 메뉴 맥주, 칵테일, 피시 앤 칩스 전화 011-2898-9866

샴록 아이리시 바

The Shamrock Irish Bar

KK 워터프런트에는 레스토랑 겸 바가 많아 해변 좌석에서 식사를 하거나 맥주를 즐기기에 좋다. 샴록 아이리시 바는 클래식한 분위기인 정통 아이리시 펍인 샴록 아이리시 바이다. 인근의 콕 & 불(Cock & Bull), 오지(Aussie) 등도 추천한다.

주소 Lot 6, Anjung Samudera, The Waterfront, Kota Kinabalu, Sabah 교통 센트럴 마켓에서 KK 워터프런트 방향, 도보 8분 시간 토~목 12:00~01:00, 금 12:00~02:00 메뉴 피시 앤 칩스, 맥주 RM20(세금+서비스 차지 16% 추가)

비비 카페 BB Cafe

잘란 가야 남쪽에 있는 바 & 그릴로 닭고기나 소고기 바비큐에 시원한 맥주 한잔하기 좋은 곳이다. 주변에 게스트 하우스나 중저가 호텔이 모여 있어 주머니 가벼운 여행객들이 자주 찾는다. 매일 밤 밴드의 공연도 즐길 수 있다.

주소 Jalan Gaya, Kota Kinabalu, Sabah 교통 KK 플라자에서 잘란 가야 방향, 도보 8분 시간 토~목 18:00~01:00 / 일 12:00~13:00, 21:00~02:00 메뉴 바비큐 세트_스몰 RM17, 미디움 RM27, 라지 RM32 / 치킨 & 비프 사테 RM12, 병맥주 RM12~ 전화 088-258-228

스카이 블루 바 Sky Blu Bar

수리아 사바 쇼핑몰 인근 그랜디스 호텔 루프톱 바이다. 백만불짜리 코타 키나발루 선셋을 보기 위해 바닷가 루프톱 바만큼 좋은 곳이 있을까 싶다. 고공에서 바라보는 툰쿠 압둘라만 해상공원의 낙조가 아름답기만 하다.

주소 Grandis Hotels and Resorts, Pusat Bandar Kota Kinabalu 교통 수리아 사바에서 그랜디스 호텔 방향, 바로 시간 16:00~22:00 메뉴 맥주, 위스키, 칵테일 전화 088-522-875 홈페이지 www.hotelgrandis.com

루프톱 바 @ 르 메르디앙 Rooftop Bar @ Le Méridien

코타 키나발루에서 바닷가 호텔이나 리조트에 묵고 있다면 굳이 루프톱 바를 찾을 필요가 없지만, 그렇지 않다면 한 번쯤 루프톱 바를 방문할 필요가 있다. 그만큼 코타 키나발루의 석양이 아름답기 때문이다. 이곳 역시 선셋 명소로 이른 시간에 와야 좋은 자리를 차지할 수 있으니 참고하자!

주소 Jalan Tun Fuad Stephens, Jln Dua Puluh 교통 센터 포인트 사바 쇼핑몰에서 바로 시간 17:00~23:00 메뉴 칵테일, 맥주 전화 088-322-222

Spa & Massage

코타 키나발루의 대중 스파로는 와리산 스퀘어의 코코넛 마사지, 벨라 선셋 스파 등이 있고, 고급 스파로는 하얏트 리젠시 호텔의 아반탕 스파, 수트라 하버 리조트의 보디 센스, 만다라 스파 등이 추천할 만하다.

코타 키나발루 시내

아반탕 스파 Avantang Spa

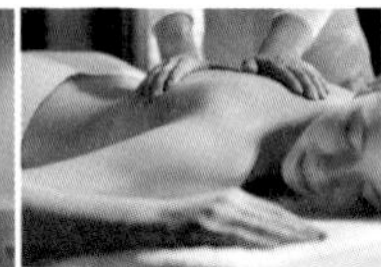

하얏트 리젠시 호텔 내에 있는 고급 스파로 정갈한 스파 룸에서 편안하게 마사지나 스파 서비스를 받을 수 있다. 스파 메뉴는 정통 보르네오 마사지, 핫스톤 마사지, 발 마사지, 스파 패키지인 마운틴, 에너지 시리즈 등을 들 수 있다. 단품보다 스파 패키지로 럭셔리한 서비스를 경험해 보자.

주소 Jalan Tun Fuad Stephens, Kota Kinabalu, Sabah 교통 위스마 메르데카에서 하얏트 리젠시 호텔 방향, 도보 5분 시간 06:00~21:00 요금 정통 보르네오 마사지 1시간 RM225, 핫 스톤 마사지 1시간 RM225, 발 마사지 1시간 RM195 전화 088-221-234 홈페이지 kinabalu.regency.hyatt.com

원 헬시 리플렉설러지

1 Heathy Reflexology & Beauty Point

위스마 메르데카에서 하얏트 리젠시 호텔 방향으로 이동하면 길 건너편에 보이는 마사지 숍이다. 동네 마사지 숍이라 저렴한 가격에 발 마사지나 전신 마사지 정도 받으면 좋다.

주소 G/F, Lot 5, Block C, Jalan Labuk, Segama Complex, Kota Kinabalu 교통 위스마 메르데카에서 하얏트 리젠시 호텔 방향, 도보 3분 시간 10:00~22:00 요금 발 마사지 1시간 RM53, 시아추(지압) 1시간 RM68.9, 전통 보디 테라피 1시간 RM68.9 전화 088-211-805

벨라 선셋 스파 Bella Sunset Spa

와리산 스퀘어 위쪽에 위치한 마사지 숍이다. 한국어 메뉴가 있어 마사지를 선택하는 데 큰 어려움이 없다. 가볍게 발 마사지를 받아 보고 실력이 좋으면 전신 마사지까지 시도해 보자.

주소 B-05-01, Jalan Tun Fuad Stephens, Lorong Warisan Square 교통 와리산 스퀘어에서 바로 시간 11:00~23:00 요금 발 마사지 RM45, 전신 마사지 RM90, 아로마 전신 RM60 전화 011-7079-3102

코코넛 마사지 Coconut Massage

코타 키나발루의 마사지 숍은 와리산 스퀘어 부근에 몰려 있다고 해도 과언이 아니다. 와리산 스퀘어 옆 KK 워터프런트, 필리피노 야시장까지 관광객이 모이는 장소이기 때문이다. 이곳은 한국 관광객이 많이 찾는 곳으로 알려져, 한국인 눈높이에 맞고 소통이 용이한 것이 장점이다.

주소 A-G, 18, Jln Tun Fuad Stephens 교통 와리산 스퀘어 내 바로 시간 10:00~23:00 요금 발 마사지, 전신 마사지, 오일 마사지 전화 010-953-1700

에덴 리플렉설러지 센터

Eden Reflexology Centre 伊甸園足體養生館

코타 키나발루에서는 마사지 숍 간판에 리플렉설러지(Replexology)라는 용어를 자주 볼 수 있다. 이는 마사지를 통해 신체의 좋은 반응을 유발하는 마사지 요법을 말하는데 여기에는 약간의 치료 효과를 포함한다고 할 수 있다.

주소 Lot 18 Ground Floor or Level 1, same row with Hong Leong Bank 교통 와리산 스퀘어에서 남쪽, 도보 5분 시간 12:00~24:00 요금 전신 마사지 RM68, 지압 마사지 RM78, 발 마사지 RM55 전화 017-832-1878

선데이 마켓 맹인 마사지

매주 일요일 오전, 잘란 가야 거리에서 열리는 선데이 마켓에서 맹인 마사지사의 발 마사지를 받을 수 있다. 선데이 마켓 한쪽에 비치 의자가 늘어서 있고 맹인 마사지사가 손님을 기다린다. 선데이 마켓 구경도 하고 발 마사지도 받아 보자.

주소 Jalan Gaya, Kota Kinabalu, Sabah 교통 코타 키나발루 시내에서 잘란 가야 방향, 도보 5분 시간 일요일 06:00~12:00 요금 발 마사지 30분 RM20 내외

코타 키나발루 시외

보디 센스 Body Senses by Mandara

수트라 하버 리조트의 퍼시픽 수트라 호텔 내에 있다. 스파 룸은 아늑하고 편안하고 룸 내에 샤워 시설, 마사지 침대 등이 구비되어 있다. 수준 높은 마사지사의 서비스를 받을 수 있다. 아울러 향초, 알로에 젤, 페이셜 마스크, 자스민, 페퍼민트 같은 허브 에센스 등도 구입할 수 있다.

주소 The Pacific Sutera Hotel, 1 Sutera Harbour Boulevard, Sutera Harbour, Kota Kinabalu 교통 수트라 하버 리조트 내에서 도보 또는 리조트 순환 셔틀버스(06:00~01:00, 10분 간격, 무료) 이용 시간 10:00~22:00 메뉴 발 마사지, 전신 마사지, 에너지스(스파) 1시간 40분 RM355, 릴렉싱(스파) 2시간 30분 RM465, 스파 센스 1시간 25분 RM320 전화 088-303-680 홈페이지 www.suteraharbour.co.kr

만다라 스파 Mandara Spa

세계적인 스파 체인으로 수트라 하버 리조트 내 마젤란 수트라 리조트에 위치한다. 말레이시아 전통 스파에서 최고급 스파까지 다양한 스파 프로그램을 갖추고 있다.

주소 The Magellan Sutera Resort, 1 Sutera Harbour Boulevard, Sutera Harbour, Kota Kinabalu 교통 수트라 하버 리조트 내에서 도보 또는 리조트 순환 셔틀버스(06:00~01:00, 10분 간격, 무료) 이용 시간 10:00~22:00 메뉴 발 마사지, 전신 마사지, 보디 스크럽, 보디 랩, 스파 패키지 등 전화 088-303-680 홈페이지 www.suteraharbour.co.kr

치, 스파 CHI, THE SPA

샹그릴라 탄중 아루 리조트와 샹그릴라 라사 리아 리조트 내에 있는 고급 스파로 럭셔리하고 편안한 스파 룸에서 마사지나 스파 서비스를 받을 수 있다. 고급 스파에서는 발 마사지나 전신 마사지보다 종합 서비스를 받을 수 있는 스파 패키지를 이용하는 것이 좋다.

주소 탄중 아루점 Shangri-La Tanjung Aru Resort, 20 Jalan Aru, Tanjung Aru / 라사 리아점 Shangri-La's Rasa Ria Resort, Pantai Dalit, Tuaran 교통 코타 키나발루 시내에서 택시 이용 또는 샹그릴라 탄중 아루·라사 리아 셔틀버스 이용 시간 10:00~23:00 요금 발 마사지 30분 RM120, 치 밸런스 1시간 RM280, 아시안 블런드(마사지) 1시간 15분 RM330 전화 탄중 아루점 088-327-888, 라사 리아점 088-792-888 홈페이지 탄중 아루점 www.shangri-la.com/kotakinabalu/tanjungaruresort, 라사 리아점 www.shangri-la.com/ kotakinabalu/rasariaresort

보르네오 스파 Borneo Spa

넥서스 리조트 & 스파 내에 있는 고급 스파로 발 마사지, 전신 마사지, 보디 스크럽, 보디 랩, 스파 패키지 등 다양한 서비스를 받을 수 있다. 스파 서비스는 스파 룸뿐만 아니라 수영장이나 해변의 원두막인 카바나에서도 받을 수 있다. 야외에서 자연을 느끼며 스파 서비스를 받는 기분이 상쾌하다.

주소 Nexus Resort & Spa, Off Jalan Sepangar Bay, Kota Kinabalu, Sabah 교통 코타 키나발루 시내에서 택시 이용 요금 발 마사지, 전신 마사지, 보디 스크럽 등 RM100~500 내외 전화 088-480-888 홈페이지 www.nexusresort.com

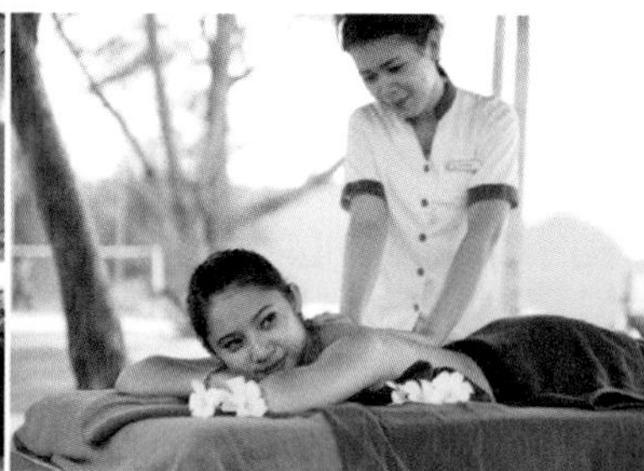

Hotel & Resort

코타 키나발루의 게스트 하우스는 알키나발루 유스 호스텔와 제셀턴 캐빈, 중저가 호텔은 에덴 54 호텔과 제셀턴 호텔, 고급 호텔은 하얏트 리젠시 호텔과 르 메르디앙 호텔을 들 수 있고, 코타 키나발루에서 조금 떨어진 원 보르네오에도 고급 호텔과 중저가 호텔이 있다. 시외의 해변이나 툰쿠 압둘 라만 공원의 섬에는 고급 리조트들이 있어서 아름다운 자연 속에서 휴식을 즐길 수 있다.

코타 키나발루 시내

가야 센터 호텔 Gaya Centre Hotel

고급 호텔

코타 키나발루 시내 북쪽에 있는 호텔로 스탠더드 룸에서 스위트 룸까지 260개 객실을 보유한다. 해변에 있어 객실 창문으로 가야섬, 마누칸섬 등 툰쿠 압둘 라만 공원과 코타 키나발루 앞바다가 한눈에 들어온다. 호텔 인근에 쇼핑센터, 수리아 사바, 위스마 메르데카 등이 있어 이용하기 편리하다.

주소 Jalan Tun Fuad Stephen, Kota Kinabalu, Sabah 교통 위스마 메르데카에서 도보 3분 요금 스탠더드 룸 RM195 전화 088-245-567 홈페이지 gayacentre.com

하얏트 리젠시 호텔 Hyatt Regency Hotel

센트럴 마켓 부근에 있는 특급 호텔로 스탠더드 룸에서 스위트 룸까지 288개의 객실을 보유하고 있다. 호텔 주요 시설로는 코타 키나발루 앞바다를 바라보며 수영을 즐길 수 있는 야외 수영장, 아반탕 스파(Avantang Spa), 일식당 나기사(Nagisa), 뷔페 레스토랑 탄중 리아 카페(Tanjung Ria Café), 칵테일 바인 셔나니간스 펀 펍(Shenanigan's Fun Pub) 등이 있다.

주소 Jalan Tun Fuad Stephens, Kota Kinabalu, Sabah 교통 위스마 메르데카에서 도보 5분 요금 스탠더드 킹 룸 RM565 전화 088-221-234 홈페이지 kinabalu.regency.hyatt.com

르 메르디앙 호텔 Le Meridien Hotel

코타 키나발루 중간에 위치한 특급 호텔로 세계적인 호텔 체인인 스타우드에서 운영한다. 객실은 클래식 룸, 딜럭스 룸, 메르디앙 클럽 룸, 메르디앙 스위트 룸 등이 있어 선택의 폭이 넓다. 야외 수영장에서 수영을 하거나 일광욕을 즐기기 좋고 호텔 내 서클(Circle), 플레임 스테이크(Flames Steak) 등의 레스토랑이 있다.

주소 Jalan Tun Fuad Stephens, Kota Kinabalu, Sabah 교통 와리산 스퀘어에서 도보 3분 요금 클래식 룸 RM360 전화 088-322-222 홈페이지 www.lemeridienkotakinabalu.com

힐튼 코타 키나발루 Hilton Kota Kinabalu

KK 워터프런트 동쪽에 위치한 특급 호텔이다. 바닷가에서 약간 내륙에 있지만, 그래 봐야 코타 키나발루 시내 폭이 400~500m에 불과하니 금방이다. 고층 객실에서는 바닷가에 있으니 조금 떨어져 있으나 멋지기는 마찬가지다. 호텔 수영장이 넓어 물놀이하며 시간 보내기 좋다.

주소 Jln Tunku Abdul Rahman, Asia City 교통 코타 키나발루 시내에서 택시 이용 요금 킹·트윈 RM330, 딜럭스 트윈 RM360, 딜럭스 킹 RM380 전화 088-356-000 홈페이지 www.hilton.com/en/hotels/bkikkhi-hilton-kota-kinabalu

키나발루 다야 호텔 Kinabalu Daya Hotel

중저가
호텔

코타 키나발루 시내 북쪽에 있는 호텔로 세계적인 호텔 체인 베스트 웨스턴에서 운영한다. 객실은 슈피리어 룸에서 딜럭스 룸, 주니어 스위트 룸까지 다양하게 보유하고 있고 호텔 내 레스토랑 겸 바인 헌터스(Hunter's)에서 식사를 하거나 맥주를 마시기 좋다.

주소 Lot 3 & 4, Block 9, Jalan Pantai, Kota Kinabalu, Sabah 교통 위스마 메르데카에서 바로 요금 슈피리어 룸 RM140 전화 088-240-000 홈페이지 staahmax.staah.net

에덴 54 호텔 Eden 54 Hotel

잘란 가야 거리 북쪽에 있는 작은 호텔로 콤팩트 룸에서 스튜디오 룸까지 23개의 모던한 객실을 보유하고 있다. 외관과 달리 객실은 깔끔한 편이라 연인이나 친구와 함께 이용하면 좋다. 다만, 코타 키나발루 공항에서 공항버스를 탄다면 종점에서 15분 정도 걸어야 하기 때문에 공항에서 호텔까지 택시를 이용하는 것이 좋다.

주소 54, Jalan Gaya, Kota Kinabalu, Sabah 교통 수리아 사바에서 잘란 가야 방향, 도보 5분 요금 콤팩트 D 룸 RM129, 스튜디오 룸 RM169 전화 088-266-054 홈페이지 www.eden54.com

제셀턴 호텔 Jeselton Hotel

잘란 가야 북쪽에 있는 호텔로 1954년 세워졌고 클래식한 분위기의 로비가 멋지다. 슈피리어 룸에서 스위트 룸까지 다양한 객실을 보유하고 있다. 이탈리아 레스토랑 벨라 이탈리아(Bella Italia), 마운트배튼 라운지(The Mountbatten lounge) 등의 레스토랑이 있다.

주소 69, Jalan Gaya, Pusat Bandar, Kota Kinabalu, Sabah 교통 위스마 메르데카에서 잘란 가야 방향, 도보 3분 요금 슈피리어 룸 RM220 전화 088-223-333 홈페이지 www.jesseltonhotel.com

만자 호텔 Manja Hotel

KK 타임즈 스퀘어 내에 있는 호텔로 침대, TV, 욕실 등 기본 시설을 잘 갖추고 있다. KK 타임즈 스퀘어가 신축된 건물이라 호텔 역시 깔끔하다. 호텔 인근에 레스토랑이나 바 등이 있어 이용하기 편리하나 코타 키나발루 시내로 나가려면 택시를 이용해야 한다. 단지 내에 비슷한 분위기의 KK 타임즈 스퀘어 호텔, 킹스턴 호텔 등이 있다.

주소 25-26 Block E, KK Times Square, Off Coastal Highway, Kota Kinabalu 교통 코타 키나발루 시내에서 택시 이용 요금 스탠더드 룸 RM115 전화 088-486-601

캐피탈 호텔 Capital Hotel

위스마 메르데카 인근에 있는 호텔로 스탠더드 룸에서 딜럭스 스위트 룸까지 102개의 객실을 보유하고 있다. 시설은 다소 낡아 보이지만 하룻밤 지내는 데 큰 불편은 없다. 2인 이상이라면 게스트 하우스보다 중저가 호텔을 이용하는 것이 훨씬 만족도가 높다.

주소 23, Jalan Haji Saman, Kota Kinabalu, Sabah 교통 위스마 메르데카에서 길 건너, 바로 요금 스탠더드 룸 RM120 전화 088-231-999 홈페이지 www.kkhotelcapital.com

호텔 식스티3 Hotel Sixty3

잘란 가야 거리 북쪽에 있는 호텔로 스탠더드 룸에서 스위트 룸까지 다양한 객실을 보유하고 있다. 전체적으로는 세련된 분위기가 나는 호텔로 깔끔한 객실을 자랑한다.

주소 63 Jalan Gaya, Pusat Bandar, Kota Kinabalu, Sabah 교통 위스마 메르데카에서 잘란 가야 방향, 도보 5분 요금 슈퍼 스탠더드 룸 RM188 내외 전화 088-212-663 홈페이지 www.hotelsixty3.com

오요 777 에팔 호텔 OYO 777 Epal Hotel

코타 키나발루 시내 남쪽에 위치한 부티크 호텔로 스탠더드 더블룸·트윈룸, 디럭스 더블 등 24개의 객실을 보유하고 있다. 객실과 화장실도 깔끔한 편이다. 최근 동남아시아 최대 호텔 체인 오요(OYO)에서 운영하고 있다.

주소 Lot 30&31, Blk E, Jln Ikan Juara 1, Sadong Jaya, Karamunsing Kota Kinabalu 교통 코타 키나발루 시내에서 택시 이용 요금 스탠더드 더블룸 · 트윈룸 RM 180 전화 03-8873-3710 홈페이지 www.oyorooms.com

튠 호텔 Tune Hotel

중저가
호텔

원 보르네오에 위치한 중저가 호텔로 창문이 있는 더블 룸 51개, 창문이 없는 더블 룸 114개를 보유하고 있다. 튠 호텔의 장점은 저렴한 가격에서 괜찮은 객실을 이용할 수 있다는 것이다. 그러나 코타 키나발루 시내와 떨어져 있어 시내 구경이나 투어 등에 불편하다.

주소 Unit No. G-803, 1Borneo Hypermall, Jalan Sulaman, Kota Kinabalu 교통 원 보르네오에서 바로 요금 더블 룸 RM40 전화 088-447-680 홈페이지 tunehotels.com

제셀턴 캐빈 Jesselton Cabin(The North Borneo Cabin)

잘란 가야 거리 북쪽에 있는 게스트 하우스로 선풍기 도미토리와 더블 룸, 에어컨 도미토리와 더블 룸 등을 보유한다. 밤에는 시원해서 굳이 에어컨 룸을 이용하지 않아도 되지만 더위를 많이 탄다면 에어컨 룸을 이용하자. 인근 위스마 메르데카, 센트럴 마켓, 수리아 사바 등과 접근성이 좋다.

주소 1~2F, No. 74, Jalan Gaya, Kota Kinabalu, Sabah 교통 위스마 메르데카에서 잘란 가야 방향, 도보 5분 요금 도미토리-선풍기 RM25, 에어컨 RM30 / 더블 룸-선풍기 RM55, 에어컨 RM65 전화 088-274-529 홈페이지 www.jesseltoncabin.com

알키나발루 유스 호스텔 Alkinabalu Youth Hostel

잘란 가야 거리 남쪽에 있는 유스 호스텔로 공항버스(종점) 정류장과 가깝다. 도미토리 룸은 다소 좁은 듯하지만 지내는 데 크게 무리가 없고 거실은 넓고 쾌적하다. 무료 무선 인터넷은 잘 잡히지 않으므로 크게 기대하지 말자. 더블 룸을 이용하려는 사람은 비용을 조금 더 지불하여 중저가 호텔을 이용하는 것을 추천한다.

주소 133, Jalan Gaya, Pusat Bandar, Kota Kinabalu, Sabah 교통 KK 플라자 또는 공항버스(종점) 정류장에서 유스 호스텔 방향, 도보 5분 요금 도미토리_선풍기 RM25, 에어컨 RM30 / 더블 룸_선풍기 RM70, 에어컨 RM80 전화 088-272-188 홈페이지 www.akinabaluyh.com

코타 키나발루 시외

수트라 하버 리조트 Sutra Harbor Resort

코타 키나발루 시내 남서쪽, 남중국해를 마주한 384ac(1.6km²)의 리조트로 코타 키나발루 최대 규모이다. 리조트는 퍼시픽 수트라 호텔과 마젤란 수트라 리조트로 나뉘고 그 사이에 요트 정박장과 제티(선착장)가 있고 리조트 주위로 27홀의 골프장이 자리한다. 리조트 내에 5개의 야외·실내 수영장, 스포츠 센터인 마리나 클럽 내의 국제 규격의 실내 수영장, 볼링장, 탁구장, 당구장, 스쿼시, 줌바 댄스장, 피트니스 센터, 키즈 클럽, 영화관, 스포츠 센터 옆 테니스장, 골프장의 골프 드라이빙 레인지 등이 있다. 제티에서는 마누칸, 사피 등 툰쿠 압둘 라만 공원으로 가는 보트를 운영하고 있고, 툰쿠 압둘 라만 공원 중의 마누칸섬, 키나발루산의 로지, 포링 온천, 북보르네오 증기 기차 등을 직접 관리하고 있어 코타 키나발루 관광에 중요한 부분을 담당하고 있다. 말레이시아 정부가 선정한 '가장 아름다운 리조트' 부문을 수상할 정도로 리조트 시설과 골프장, 해변 등이 잘 조화를 이루고 있고 바다 너머로 지는 석양에서 아름다움의 절정을 느낄 수 있다. 공항과 10분 정도 떨어진 거리에 위치하고 리조트-코타 키나발루 시내 간 셔틀버스(RM3)가 운행되고 있어 편리하다.

주소 1 Sutera Harbour Boulevard, Kota Kinabalu City, Sabah 교통 코타 키나발루 시내에서 택시 또는 리조트 셔틀버스(08:05~13:05 / 15:05~18:05 / 20:05~21:05, 1시간 간격, RM3) 이용, 센터 포인트-위스마 메르데카-KK 플라자 정차 전화 수트라 하버 리조트 088-318-888, 리조트 한국 사무소 02-752-6262 홈페이지 www.suteraharbour.co.kr

퍼시픽 수트라 호텔 The Pacific Sutera Hotel

수트라 하버 리조트 입구에 있는 12층 규모의 호텔로 딜럭스 룸, 클럽 룸, 스위트 룸 등 497개의 객실을 보유하고 있다. 말끔하게 정리된 객실은 편안한 잠자리를 보장하고 시뷰 객실에서는 남중국해, 골프뷰 객실에서는 멀리 코타 키나발루산이 보인다. 뷔페 레스토랑 카페 볼레(Cafe Boleh), 딤섬 뷔페로 유명한 중식당 실크 가든(Silk Garden), 음료와 스낵을 맛볼 수 있는 로비 라운지(저녁 라이브 공연), 바다를 조망할 수 있는 브리즈(Breeze) 바, 만다라 스파 등이 있다.

주소 The Pacific Sutera Hotel, Kota Kinabalu City, Sabah 교통 수트라 하버 리조트 내에서 도보 또는 리조트 순환 셔틀버스(06:00~01:00, 10분 간격, 무료) 이용 요금 딜럭스 룸 시뷰 RM725

마젤란 수트라 리조트 The Magellan Sutera Resort

고급 리조트

5층 건물의 리조트로 딜럭스 룸, 클럽 룸, 스위트 룸 등 454개의 객실을 보유하고 있다. 리조트 주요 시설로는 뷔페 레스토랑 파이브 세일즈(Five Sails), 지중해식 메뉴를 선보이는 알 프레스코(Al Fresco), 정통 이탈리아 레스토랑 페르디난드(Ferdinad's), 음료와 스낵을 맛볼 수 있는 타릭스 로비 라운지(Tarik's Lobby Lounge), 만다라 스파 등이 있다.

주소 The Magellan Sutera Resort, Kota Kinabalu City, Sabah 교통 수트라 하버 리조트 내에서 도보 또는 리조트 순환 셔틀버스(06:00~01:00, 10분 간격, 무료) 이용 요금 딜럭스 룸 시뷰 RM830

넥서스 리조트 & 스파 Nexus Resort & Spa

고급 리조트

투아란 지역의 카람부나이에 있는 리조트로 13.5km2의 부지에서 딜럭스 룸과 빌라 등 485개의 객실, 18홀 골프장, 보르네오 스파 등을 갖추고 있다. 리조트 내 레스토랑으로는 뷔페 레스토랑 펜유(The Penyu), 말레이 레스토랑 킹피셔(The Kingfisher), 올리브(Olives), 중식당 노블 하우스(Noble House), 바로는 달링 달링(Darlin' Darlin') 등이 있다.

주소 Off Jalan Sepangar Bay, Kota Kinabalu, Sabah 교통 코타 키나발루 시내에서 택시 이용 요금 오션 파노라마 딜럭스 룸 RM517 전화 088-411-222 홈페이지 www.nexusresort.com

샹그릴라 라사 리아 리조트

Shangri-La's Rasa Ria Resort

코타 키나발루 북쪽, 투아란의 판타이 달리트 해변에 위치한 리조트로 세계적인 리조트 체인인 샹그릴라에서 운영한다. 리조트 주위로 달리트 베이 골프장이 둘러싸고 있으며 가든 윙의 326개 객실, 오션 윙의 90개 객실을 보유하고 있다. 리조트 주요 시설은 야외 수영장, 치 스파, 레스토랑 & 바인 코스트(Coast), 커피 테라스, 일식당 코잔 테판 야키(Kozan Teppan Yaki), 인도 레스토랑 난(Naan), 레스토랑 테피 라웃 마칸 스트리트(Tepi Laut Makan Street) 등이 있다. 리조트 내에서 실시하는 자연 체험 프로그램에도 참여해 보자.

주소 Pantai Dalit, Tuaran, Kota Kinabalu 교통 코타 키나발루 시내에서 택시 이용 또는 샹그릴라 탄중 아루-라사리아 셔틀버스 이용(10:00, 14:00, 17:00, 20:00, 1일 4회, 1시간 15분 소요, 코스_샹그릴라 라사리아-원 보르네오-위스마 메르데카-포인트 사바-샹그릴라 탄중 아루, RM30) 요금 가든 윙 딜럭스 가든뷰 룸 RM890, 자연 체험 프로그램 RM65~100 내외 전화 088-792-888 홈페이지 www.shangri-la.com/kotakinabalu/rasariaresort

샹그릴라 탄중 아루 리조트

Shangri-La Tanjung Aru Resort

코타 키나발루 시내 남서쪽에 있는 고급 리조트로 세계적인 리조트 체인인 샹그릴라에서 운영한다. 키나발루 윙과 탄중 윙 등 2개의 건물에 일반 룸과 클럽 룸, 스위트 룸 등 492개의 객실을 보유하고 있다. 리조트 주요 시설로는 바다가 보이는 야외 수영장, 치 스파(Chi Spa), 뷔페 레스토랑인 카페 타투(Cafe Tatu), 이탈리아 레스토랑 페피노(Peppino), 중식당 샹 팔라스(Shang Palace), 음료와 스낵을 맛볼 수 있는 보르네오 라운지(Borneo Lounge and Bar) 등이 있다. 리조트 내 스타 마리나에서 툰쿠 압둘 라만 공원의 섬으로 가는 보트 편을 제공하고 바다에서 즐길 해양 스포츠도 진행하고 있으니 문의해 보자.

주소 20 Jalan Aru, Tanjung Aru, Kota Kinabalu, Sabah 교통 코타 키나발루 시내에서 택시 이용 요금 탄중 윙 시뷰 룸 RM1,060 전화 088-327-888 홈페이지 www.shangri-la.com/kotakinabalu/tanjungaruresort

붕가 라야 아일랜드 리조트 Bunga Raya Island Resort

가야섬 서쪽 가야나 마린 리조트를 지나 해변에 있는 리조트로 슈피리어 빌라, 딜럭스 빌라. 플런지 풀 빌라 등 48개의 객실이 있다. 주요 시설은 야외 수영장, 솔라스 스파, 레스토랑 파빌리온, 판타이 그릴, 코이(Koi), 와인 케이브 등이 있다. 리조트 주위에 울창한 열대 우림, 앞에는 넓은 바다가 펼쳐져 있다. 가야나 마린 리조트와 자매 리조트이므로 가야나 마린 리조트의 해양 스포츠 시설을 이용할 수 있어 편리하다.

주소 Polish Bay, Gaya Island, Tunku Abdul Rahman Park, Kota Kinabalu 교통 제셀턴 포인트에서 보트 이용 요금 슈피리어 빌라 RM1,207 전화 088-380-390 홈페이지 bungarayaresort.com

가야나 마린 리조트 Gayana Marine Resort

고급
리조트

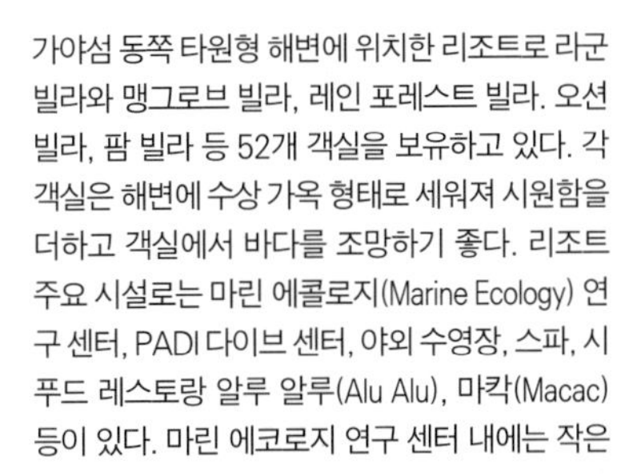

가야섬 동쪽 타원형 해변에 위치한 리조트로 라군 빌라와 맹그로브 빌라, 레인 포레스트 빌라. 오션 빌라, 팜 빌라 등 52개 객실을 보유하고 있다. 각 객실은 해변에 수상 가옥 형태로 세워져 시원함을 더하고 객실에서 바다를 조망하기 좋다. 리조트 주요 시설로는 마린 에콜로지(Marine Ecology) 연구 센터, PADI 다이브 센터, 야외 수영장, 스파, 시푸드 레스토랑 알루 알루(Alu Alu), 마칵(Macac) 등이 있다. 마린 에코로지 연구 센터 내에는 작은 아쿠아리움이 있어 바다 생물을 이해하는 데 도움이 되고 PADI 다이브 센터에서 스노클링이나 스쿠버 다이빙, 카약 타기 등 해양 스포츠를 즐기기 좋다.

주소 Malohom Bay Pulau Gaya, Taman Tunku Abdul Rahman, Kota Kinabalu 교통 제셀턴 포인트에서 보트 이용 요금 라군 빌라 RM905 전화 088-247-611 홈페이지 www.gayana-eco-resort.com

가야 아일랜드 리조트 Gaya Island Resort

가야섬 동쪽 해변에 있는 리조트로 YTL 리조트 체인에서 운영한다. 바유(Bayu) 빌라, 캐노피 빌라, 키나발루 빌라, 수리아 스위트 등 120개 객실을 보유하고 있다. 주요 시설은 40m에 이르는 야외 수영장, 스파 빌리지, 레스토랑 피에스타 빌리지(Feast Village), 피셔맨스 코브(Fisherman's Cove) 등이 있다.

주소 Malohom Bay, Pulau Gaya, Tunku Abdul Rahman Park, Kota Kinabalu 교통 수트라 하버 리조트 제티(선착장)에서 보트 이용 요금 바유 빌라 RM800 전화 018-939-1100 홈페이지 www.gayaislandresort.com

수트라 생추어리 로지 Sutera Sanctuary Lodge

로지 객실은 언덕 쪽의 힐 사이드 샬레과 해변 쪽의 비치 사이드 샬레으로 나뉜다. 로지 내 야외 수영장에서 수영을 하거나 일광욕을 하기도 좋고 레스토랑에서 해산물 바비큐를 맛볼 수도 있다.

주소 Manukan Island, Tunku Abdul Rahman Park, Kota Kinabalu 교통 마누칸섬 내 요금 샬레 RM600 내외 전화 017-833-5022 홈페이지 www.suteraharbour.com/v4

테마 여행
• 다국적 요리부터 열대 과일까지 말레이시아 식신 로드
• 편안한 여행의 완성 스파 & 마사지
• 열대의 밤을 뜨겁게 하는 나이트라이프
• 에메랄드빛 바다로 풍덩! 해양 스포츠
• 알고 가면 본전 뽑는 리조트 100배 즐기기
• 원시의 자연 속으로! 정글 트레킹
• 나이스 샷! 말레이시아 골프 여행

다국적 요리부터 열대 과일까지

말레이시아 식신 로드

말레이시아는 말레이인, 중국인, 인도인 등이 주축이 된 다민족 국가이다. 여기에 이주 중국인과 말레이인의 혼혈인 페라나칸이 있는데 이들의 음식을 뇨냐 요리라고 한다. 따라서 말레이시아에서는 말레이, 중국, 인도, 뇨냐 요리 등 4종류의 요리가 있어 다채로운 음식 문화를 경험할 수 있다. 여기에다 다양한 열대 과일을 맛보는 것도 동남아 여행에서 빼놓을 수 없는 즐거움 중 하나이다.

말레이 요리

말레이 요리는 태국 요리나 인도네시아 요리와 비슷하며, 주로 코코넛, 고추 등의 향신료를 넣어 조리한다. 말레이 사람들 대부분이 이슬람교를 믿는 까닭에 이슬람에서 금하는 돼지고기를 사용하지 않고 소고기, 닭고기, 생선을 주재료로 한다.

나시 르막 Nasi Lemak

밥 위에 닭고기, 생선, 멸치 볶음, 삶은 계란, 생선 소스 등을 올려놓고 먹는 일종의 덮밥이다. 밥 위에 올라가는 고기의 종류에 따라 가격이 달라진다. 보통 아침 식사로 많이 먹지만 간단한 점심, 저녁으로도 먹고 어느 식당에서나 볼 수 있으며 저렴하면서 부담 없이 먹을 수 있는 요리이다.

나시 고렝 Nasi Goreng

태국이나 인도네시아 등에서 볼 수 있는 것과 같은 볶음밥이다. 볶음밥에 들어가는 재료인 커리, 닭고기, 생선, 계란 프라이 등에 따라 가격이 달라진다. 말레이의 어느 식당에서 볼 수 있는 메뉴이고 저렴하면서 부담 없이 먹을 수 있다.

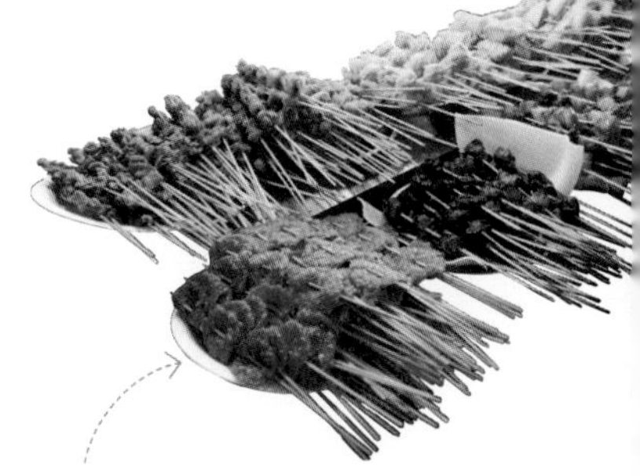

미 고렝 Mee Greng

태국이나 인도네시아 등에서 볼 수 있는 것과 같은 볶음국수이다. 볶음국수에 들어가는 재료에 따라 가격이 달라진다. 미 고렝은 대개 간장 베이스의 소스를 사용하고 식초, 레몬 등이 첨가되므로 감칠맛이 나면서 짭짤하다. 여기에 땅콩 가루와 양파를 곁들이면 고소한 맛과 상큼한 맛이 더해진다.

사테 Satay

말레이시아 대표 요리 중 하나로, 주로 길가 노점에서 쉽게 볼 수 있으며, 일반 식당에서도 맛볼 수 있는 요리이다. 닭고기, 소고기, 생선, 해산물 등을 꼬치에 끼워 숯불에 잘 구운 꼬치 요리이다.

삼발 투미스 Sambal Tumis

고추를 재료로 한 매운 향신료인 삼발을 사용하여 닭고기, 소고기, 생선, 해산물 등을 잘 볶은 요리이다. 어느 재료를 넣고 볶아도 매콤하게 먹을 수 있고 재료에 따라 가격이 달라진다.

이칸 마삭 Ikan Masak

고추, 향신료 등을 넣고 잘 조린 생선 조림이다. 가끔은 알루미늄 포일로 생선을 싸서 조림 겸 찜으로도 만든다. 말레이시아에서는 생선이 풍부하고 값도 저렴하니 기회가 있다면 꼭 맛보도록 하자.

나시 칸다르 & 나시 캄푸르 Nasi Kandar & Nasi Campur

말레이시아에서 흔히 볼 수 있는 음식으로 여러 반찬을 늘어놓고 그중 원하는 반찬을 밥과 함께 담아 먹는 것을 말한다. 반찬 수와 양에 따라 가격이 계산된다. 고기 반찬일수록 가격이 비싸나 서민 음식이므로 부담스러운 정도는 아니다.

말레이 음식 이름

말레이 음식 이름은 조리 방법과 재료에 따라 정해진다. 예를 들어, 나시 고렝(볶음밥)은 '나시(밥)'와 '고렝(볶다)'을 합친 이름이며, 이칸 바카르(생선 구이)는 '이칸(생선)'과 '바카르(굽다)'를 합친 이름이다. 따라서 몇 가지 용어만 알아 두면 음식을 주문할 때 도움이 된다.

이름	뜻	이름	뜻
고렝 Goreng	볶다, 튀기다	다깅 Daging	고기
투미스 Tumis	볶다	아얌 Ayam	닭고기
바카르 Baker	굽다	이칸 Ikan	생선
팡강 Panggang	말리다	다깅 Daging Sapi	소고기
마삭 Masak	조리다	나시 Nasi	밥
칸다르 Kandar	옮기다(뷔페식 덮밥)	미 Mee	국수
참푸르 Campur	더하다(뷔페식 덮밥)	삼발 Sambal	매운 향신료(고추)

중국 요리

말레이 3대 민족 중 하나인 중국의 요리는 말레이 어디서나 쉽게 맛볼 수 있다. 가장 흔한 중국 요리는 닭고기, 소고기 등을 올린 덮밥, 맑거나 진한 국물이 있는 국수, 조금 고급인 하이난 치킨 라이스, 바쿠테, 스팀보트, 클레이 포트 요리 등이 있다.

까이판 Gaipan

푸드코트의 중국 식당에서 흔히 맛볼 수 있는 요리로, 밥 위에 닭고기, 소고기 등을 올려 주는 덮밥이다. 맛도 좋고 양도 많고 가격도 싼 음식이어서 누구나 찾는 대중적인 음식이다.

완탄미 Wantan Mee

시원한 국물이 있는 국수에 고기 완당을 넣고 먹는다. 중국에서 말하는 '운탄면'이 바로 완탄미이다. 일반 음식점보다는 노점에서 뜨거운 국물을 후후 불면서 먹어야 제맛이다.

차퀘티아우 Char Koay Teow

납작한 국수에 새우, 계란, 채소 등을 넣고 잘 볶은 요리로 일종의 볶음국수이다. 다 같아 보이는 차퀘티아우지만 잘하는 집의 것이 더 맛있는 것은 왜일까. 길게 줄 선 식당의 차퀘티아우를 맛보자.

하이난 치킨 라이스 Hainan Chicken Rice

중국 하이난(海南) 지방의 명물로 중국식 찜닭 요리이다. 단, 닭고기를 양념 없이 잘 쪄서 담백하고 부드러운 것이 특징이다. 여기에 밥을 작은 공처럼 만들어 찐 라이스 볼을 닭고기와 함께 먹는데, 라이스 볼 대신 그냥 밥을 주는 곳도 있다. 한 마리, 반 마리, 1/4마리 등 양대로 판매한다.

스팀보트 Steam Boat

중국식 샤부샤부인 훠궈 요리를 말하는데 닭뼈 육수에 고기, 생선, 해산물, 어묵, 채소 등을 넣어 끓여 먹는다. 흔히 스팀보트를 먹을 때 여러 가지 딤섬을 곁들여 먹는다.

바쿠테 Bakuteh

돼지갈비에 마늘, 후추는 물론 정향, 감초 같은 한약재까지 넣어 푹 곤 말레이시아식 갈비탕이다. 지역에 따라 흰 국물 또는 검은 국물, 국물 없는 바쿠테도 있다.

클레이 포트 요리 Clay Pot Food

중국식 한방 갈비찜으로 돼지갈비, 버섯, 한약재를 넣고 잘 조린 요리이다. 푸짐하게 붙은 갈빗살도 맛있고, 한약 냄새가 나는 국물도 맛이 좋다. 종류에 따라 국물이 있거나 없을 수 있다.

딤섬 Dimsum

원래는 차와 함께 먹는 전채 요리이지만, 종류가 다양해 한 끼 식사로도 충분하다. 대표적인 딤섬으로는 샤오롱바오(만두), 하가우(새우), 슈마이(돼지+새우), 차슈바우(만두) 등이 있다.

인도 요리

인도 요리는 크게 고기 위주인 순한 맛의 북인도 요리와 코코넛을 많이 쓰는 매운 맛의 남인도 요리로 나뉜다. 어느 요리든 기본 메뉴는 비슷하므로 입맛에 따라 선택하면 된다. 간단히 밀가루 빵인 난, 로티를 맛보거나 탄두리 치킨, 바나나잎 식사를 해도 좋다.

로티 차나이 Roti Canai

인도인들이 아침 식사나 간식으로 먹는 요리로 계란, 버터를 넣고 반죽한 밀가루 빵에 보통 커리를 찍어 먹는다. 여기에 진한 밀크 티를 곁들이면 좋다. 가격이 매우 싸니 지나는 길에 맛을 보자.

탄두리 치킨 Tandoori Chicken

항아리 모양의 탄두리 화덕에 붉은 향신료를 바른 닭을 잘 구운 것이 탄두리 치킨이다. 일반 프라이드 치킨보다 훨씬 담백하고 고소하며 매콤하다. 탄두리 치킨 세트를 주문하면 보통 탄두리 치킨에 난, 커리, 허브, 생선 등이 함께 나온다.

바나나잎 식사 Banana Leaf Meal

넓은 바나나잎에 난과 소스, 탄두리 치킨, 빠빠담(과자) 등을 차려 먹는 음식이다. 인도 사람은 보통 손으로 먹지만 외국인은 포크를 이용해 먹어도 상관없다. 여기에 요구르트 음료인 라시를 곁들여도 좋다.

난 Naan

북인도의 빵으로 로티가 네모 모양이라면 난은 둥근 것이 많다. 주로 커리와 함께 먹고 밀크 티를 곁들인다.

뇨냐 요리

이주 중국인과 말레이인의 결합으로 태어난 후손을 페라나칸(Peranakan)이라 하고, 이들의 요리를 뇨냐(Nyonya) 요리라고 한다. 중국과 말레이풍이 섞여 있고 매콤한 향신료와 코코넛을 많이 쓰는 요리로 말라카와 페낭 등에서 쉽게 맛볼 수 있다.

락사 Laksa

락사 또는 뇨냐 락사라고 하는 국수 요리로, 매콤하면서 신 국물에 두꺼운 면발을 넣어 먹는다. 마치 태국의 똠얌 국물에 국수를 넣어 먹는 느낌이 들기도 한다. 고기, 생선, 새우 등 넣는 재료에 따라 다양한 락사 요리가 만들어진다.

카리 카피탄 Kari Kapita

코코넛 밀크를 기본으로 하고 여기에 고기, 커리를 넣고 조린 것이 카리 카피탄이다. 고기는 보통 닭고기를 쓴다. 여기서 커리는 우리가 흔히 보는 노란색이 아닌 붉은 색 커리로 맛도 기존 커리와 다르다.

아얌 퐁테 Ayam Pongteh

고기와 감자, 채소 등을 넣고 조린 요리로, 고기는 보통 닭고기를 쓴다. 매콤하면서 신 맛이 있는 요리로 넣는 재료에 따라 이름, 가격이 달라진다.

음료 & 디저트

말레이시아에서 흔히 볼 수 있는 음료는 커피와 밀크 티, 마일로(코코아)라고 할 수 있다. 커피 중에서는 이포에서 유래한 화이트 커피가 유명하고, 홍차는 카메론 하일랜즈에서 재배된 것이 유명하며 보통 홍차에 우유를 넣어 밀크 티로 마신다. 인기 있는 간식으로는 와플, 꼬치, 국수, 첸돌과 아이스 카창이 있다.

코피 Kopi

커피는 코피(Kopi)라고 하고 보통 커피에 프림과 설탕이 첨가된 것을 가리킨다. 코피오(Kopi-O)는 프림과 설탕이 첨가되지 않은 블랙커피이다. 말레이시아 커피 표기 중 'OO커피 2 in 1'은 커피+프림, 'OO커피 3 in 1'은 커피+프림+설탕이란 뜻!

과일 주스

열대 지역의 다양한 과일을 재료로 한 시원한 주스는 한낮의 갈증을 씻어 내기 좋고 당도도 높아 피곤한 몸에 활력을 주기 충분하다. 길거리에서는 봉지에 담아 파는 봉지 주스도 흔히 볼 수 있다.

밀크 티 Milk Tea

밀크 티는 홍차에 우유를 넣은 것으로 인도식 밀크 티는 테 타릭(Teh Tarik)이라고 한다.

아이스 카창 Ice Kachang

갈린 얼음에 팥, 젤리, 아이스크림 등을 넣은 말레시아 빙수로, 넣는 재료에 따라 ABC 아이스 카창, 두리안 아이스 카창 등 여러 종류가 있다.

첸돌 Cendol

코코넛 밀크와 흑설탕, 국수 모양의 젤리(첸돌)가 들어 있는 말레이시아 빙수이다.

마일로 Milo

마일로는 밀크 티보다 단맛이 강한 코코아 음료를 뜻하는데, 보통 말레이시아 사람들은 식사할 때 마일로 한 잔을 기본으로 주문한다.

두부 푸딩 Tofu Puding

차이나타운에서 맛볼 수 있는 디저트로, 연두부에 시럽을 뿌려 먹는다. 두부 푸딩이 입에 맞지 않는 사람은 두유를 주문해도 좋다.

새콤달콤 열대 과일 맛보기

동남아 여행에서 빠놓을 수 없는 즐거움은 다양한 열대 과일을 맛보는 것이다. 열대 과일은 상점에서 구입하여 숙소에서 먹을 수도 있고, 노점에서 손질하여 파는 것을 맛보아도 좋다. 동남아에서는 연일 더운 날씨에 땀을 많이 흘리고 나른해지기 마련인데 이럴 때 새콤달콤한 열대 과일 한 조각은 몸의 활력을 주기 충분하다.

두리안 Durian

호박만 한 크기에 오돌오돌 가시가 난 못생긴 모습이지만 껍질을 벗기면 안쪽에 부드러운 속살이 드러난다. 베이지색 또는 연녹색의 물컹한 과육은 달콤하기 그지없다. 특유의 냄새 때문에 숙소에 가지고 들어가지 못하는 경우도 있다.

드래곤 프루트 Dragon Fruit

붉은색 과일로, 선인장의 일종이라고 한다. 용과라고도 부르고 속살은 붉고 산뜻한 단맛이 난다.

스타애플 Starapple

스타 프루트(Star Fruit)라고도 한다. 반투명한 과육은 즙이 많고 약간 시금털털한 맛이 난다.

망고 Mango

말레이어로는 망가(Mangga)라고 하며 덜 익은 것은 녹색이고 신맛, 익은 것은 노란색이고 단맛이 난다.

파인애플 Pineapple

말레이어로는 네나스(Nenas)라고 하며 연노랑색 과육은 즙이 많고 달콤하다.

파파야 Papaya

말레이어로는 베틱(Betik)이라 하며 애호박 비슷하게 생겼고, 덜 익은 것은 녹색, 익은 것은 노란색을 띤다. 덜 익은 과육은 신맛, 익은 과육은 단맛이 난다.

람부탄 Rambutan

성게 모양에 연녹색의 털이 있는데, 껍질을 벗기면 과육은 흰색이고 단맛이 난다.

잭 프루트 Jack Fruit

말레이어로는 낭카(Nangka)라고 하며 두리안과 비슷한 크기이나 가시 없이 오돌오돌하다. 과육은 노란색으로 달콤하다.

코코넛 Coconut

말레이어로 클라파(Kelapa)라고 하며 내부에 과즙이 들어 있고 흰색의 과육도 먹을 수 있다.

바나나 Banana

말레이어로는 피상(Pisang)이라 하며 덜 익은 것은 녹색, 익은 것은 노란색을 띤다. 크기가 작은 몽키 바나나는 숯불에 구워 먹기도 한다.

망고스틴 Mangosteen

말레이어로는 망기스(Manggis)라고 하며 보라색의 작은 공 모양이다. 흰색의 과육은 단맛과 신맛이 난다.

포멜로 Pomelo

말레이어로 리마우 탐분(Limau Tambun)이라 하며 과육은 달콤새콤하다. 특히 이포의 포멜로가 유명하다.

편안한 여행의 완성

스파 & 마사지

휴양을 목적으로 한 동남아 여행에서 빼놓을 수 없는 것이 스파 & 마사지이다. 스파(Spa)는 '광천', '온천장'의 뜻으로 주로 보디 스크럽, 보디 랩, 배스(Bath) 등을 말하고 마사지는 말 그대로 발 마사지, 전신 마사지 등을 말한다. 일반적으로 마사지가 스파에 비해 저렴하다. 길가 마사지 숍에서는 발 마사지나 전신 마사지 정도 받는 것이 좋고 고급 스파나 리조트의 스파에서는 보디 스크럽, 보디 랩, 디톡스 트리트먼트, 배스 등을 받는 것이 좋다.

발 마사지 Foot Massage

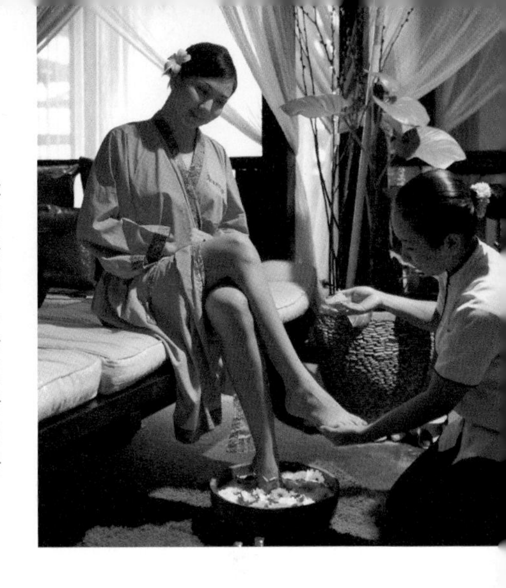

말레이시아에서는 발 마사지를 발 반사 요법(Foot Reflexology)이라고 부르는 곳이 많다. 반사 요법은 마사지에 비해 혈 자리를 자극해 발의 피로를 풀고 건강을 증진시키는 요법에 가깝다. 반사 요법에서는 온몸에 대응하는 혈 자리가 발에 있다고 본다. 발 마사지와 발 반사 요법은 가격이나 효과가 비슷하니 굳이 구분할 필요는 없다. 발 마사지는 압봉이나 손, 팔꿈치로 발과 발목, 종아리까지 문지르거나 눌러 자극하는데 발 마사지를 받고 나면 한결 발이 가벼워짐을 느낄 수 있다. 가장 저렴하고 간편한 마사지라서 중저가 마사지 숍을 이용해도 좋다.

요금 1시간 RM50~70(업소별로 다름)

전신 마사지 Body Massage

반바지, 반팔의 마시지복 차림으로 몸 전체를 건식으로 마사지하는 것을 말한다. 전신 마사지는 태국, 중국 마사지가 유명하나 말레이시아에는 말레이 전통 마사지도 있다. 말레이 전통 마사지는 몸을 비비고 누르고 꺾는 태국 마사지와 비슷하다. 온몸의 혈을 비비고 누르고 꺾음으로써 근육의 긴장을 이완시키고 혈액 순환에 도움을 준다. 전신 마사지뿐만 아니라 모든 마사지와 스파는 식사 후 바로 받는 것은 몸이 불편할 수 있어 식후 2시간 정도 지난 후에 받는 것이 좋다고 한다. 아울러 임신부도 마사지나 스파를 받을 때에는 주의가 필요하다. 전신 마시지 중 일본 지압, 인도에서 유래했다는 아유르베딕(Ayurvedic) 마사지 등을 하는 곳도 있으니 참고하자. 중저가 마사지 숍에서 받는 전신 마사지도 효과는 만점이다.

요금 1시간 RM100(업소별로 다름)

오일 마사지 Oil Massage

샤워를 하고 반바지 차림으로 누워, 몸에 오일을 발라 습식 마사지를 하는 것을 말한다. 전신 마사지에서의 누르거나 꺾는 동작은 보이지 않고 주로 피부를 문지르는 동작으로 진행된다. 강한 힘이 들어가는 마사지를 좋아하는 사람은 성에 차지 않을 수도 있다. 오일 마사지는 혈액 순환과 신진대사 증진에 좋다고 알려져 있다. 탈의를 해야 하므로 기본 시설이 갖춰진 중급 이상의 마사지 숍을 이용하는 것이 좋고 고급 스파로 갈수록 선택할 수 있는 오일의 종류가 많다.

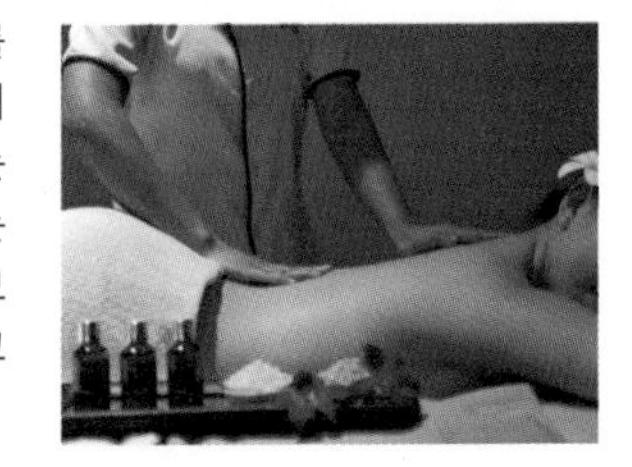

요금 1시간 RM120(업소별로 다름)

아로마테라피 aromatherapy

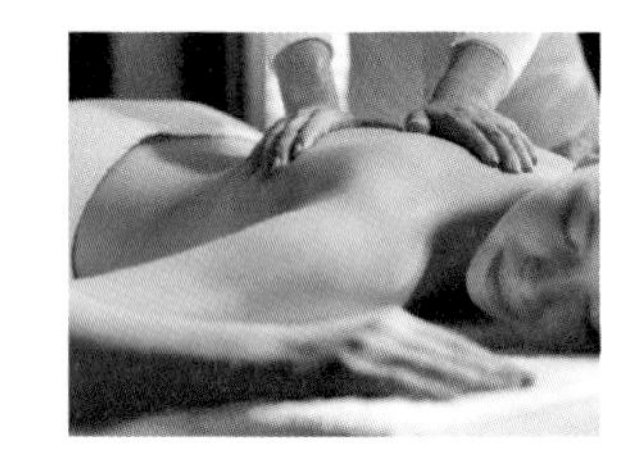

허브 오일 또는 아로마 에센스 오일을 사용한 마사지로 시술 방법은 오일 마사지와 비슷하다. 하지만 허브 오일 또는 아로마 에센스 오일의 강한 향과 피부 자극으로 무자극의 오일 마사지에 비해 어떤 요법을 받는 듯한 느낌이 난다. 이들 오일에는 라벤더, 재스민, 로즈마리, 페퍼민트, 샌달우드 등이 사용된다. 아로마테라피는 후각과 몸의 촉각을 다루는 마사지로 혈액 순환과 신진대사 증진에 심리적인 안정까지 가져다 준다.

요금 1시간 RM120(업소별로 다름)

허벌 볼 마사지 Herbal Ball Massage

허브 성분인 생강, 쑥, 라벤더 등을 천으로 싸서 뜨겁게 한 후 몸에 지그시 누르는 것을 말한다. 몸에 지그시 누르는 동작 때문에 허벌 볼 프레스(Herbal Ball Press)라고도 한다. 뜨거운 허브의 기운이 피부로 전해져 근육의 긴장 완화, 통증 감소 등의 효과가 있다. 중급 이상의 마사지 숍을 이용해야 선택할 수 있는 허브의 종류가 많다.

요금 2시간 RM170(업소별로 다름)

보디 스크럽 Body Scrub

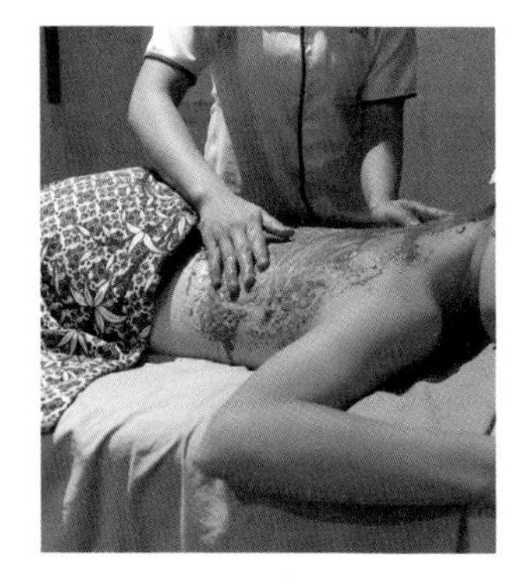

스크럽(Scrub)은 '비벼 빨다', '제거하다' 등의 뜻으로 보디 스크럽은 천연 재료를 이용하여 몸의 각질, 노폐물을 제거하는 것을 말한다. 천연 재료에는 소금, 코코넛, 꿀, 오렌지, 요구르트 등으로 다양한다. 한국식 보디 스크럽으로 유명한 것은 이태리 타월로 때를 벗기는 것이다. 서양에는 때를 벗기는 문화가 없기 때문에 서양에서 온 보디 스크럽 역시 천연 재료로 피부를 간지르는 정도라서 시원하지 않을 수 있다. 보디 스크럽으로 피부 노폐물 제거, 피부 탄력 증가 등의 효과를 볼 수 있고 이어서 보디 랩, 오일 마사지, 아로마테라피 등을 받으면 효과가 배가된다. 고급 스파일수록 더 많은 보디 스크럽 재료를 선택할 수 있다.

요금 1시간 RM150(업소별로 다름)

페이셜 트리트먼트 Facial Treatment

얼굴에 시술이나 특정 목적의 팩을 하여 피부를 안정시키고 영양을 보충하고 탄력 있게 하는 것을 말한다. 페이셜 트리트먼트의 종류는 클렌징, 안티 에이징(노화 방지), 디톡시파잉(독소 제거) 등이 있는데 얼굴만 시술하는 가격이 스파 가격과 맞먹는 경우도 있다.

요금 1시간 RM150(업소별로 다름)

보디 랩 Body Wrap

몸에 천연 재료나 보습 크림, 영양 크림을 바르고 바나나잎이나 랩으로 감싸는 것을 말한다. 보디 랩으로 손상된 피부에 영양 보충, 보습, 피부 안정 등을 가져올 수 있다. 보통 보디 스크럽 다음에 보디 랩을 실시한다.

요금 1시간 30분 RM240 내외(업소별로 다름)

핫 스톤 마사지 Hot Stone Massage

뜨겁게 데운 돌을 몸에 올려놓아 돌 찜질하는 것을 말한다. 달구어진 돌에서 나오는 원적외선이 피부로 침투해 근육 피로, 결림, 냉증 등에 효과가 있다고 한다. 몸이 좋지 않을 때 온돌에서 몸을 지지는 문화가 있는 우리는 핫 스톤 마사지가 약하게 느껴질 수도 있다.

요금 1시간 RM200 내외(업소별로 다름)

배스 Bath

스파의 마무리 코스로 적당한 온도의 물이 담긴 욕조에 몸을 담그는 것을 말한다. 이때 욕조에는 꽃, 허브, 우유, 와인, 꿀 등 다양한 입욕제가 사용되어 심신을 이완시킨다. 배스는 서비스 못지않게 안락한 스파 룸과 시설이 요구되므로 고급 스파를 이용하는 것이 좋다.

요금 1시간 30분 RM200 내외(업소별로 다름)

열대의 밤을
뜨겁게 하는

나이트라이프

더운 열대의 낮에는 현지인들도 활력을 잃고 처지기 일쑤이니 타국에서 온 여행자는 더 말할 필요가 없을 듯하다. 뜨거웠던 한낮이 지나면 공터에 야시장이 열리고 도심 유흥가에는 네온사인이 켜지며 흥겨운 열대의 밤이 시작되니 즐겁게 동참해 보는 것은 어떨까. 루프톱 바에서 야경을 감상하며 칵테일을 한잔하는 것도 좋고, 극장식 레스토랑에서 전통 문화를 엿보는 것도 즐겁다. 뜨거운 밤을 맞이하고 싶다면 클럽이나 바에 들러 흥겨운 음악에 취해 보자.

루프톱 바 Rooftop Bar

동남아 도시에서 흔히 볼 수 있는 루프톱 바(Rooftop Bar) 또는 루프 바(Roof Bar)는 빌딩 옥상에 마련된 바이다. 지붕이 없어 머리 위로는 하늘이 펼쳐져 있고 반짝이는 야경을 조망하기 좋으며, 사방에 거칠 것이 없어 시원하게 불어오는 밤바람을 맞으며 시간을 보낼 수 있다는 점이 인기의 요인이다. 이들 루프톱 바는 대개 호텔 고층에 자리한 경우가 많아 일반 바에 비해 단정한 복장으로 가는 것이 좋고 주류 가격도 조금 비싼 편이다. 쿠알라 룸푸르의 루프톱 바로는 트레이더스 호텔 33층의 스카이 바(Sky Bar), 페이스 스위트 호텔 51 층의 딥블루(DEEPBLUE), 캐노피 라운지 루프톱 바 KL(Canopy Lounge Rooftop Bar KL) 등이 대표적이다. 그 밖에도 일부 호텔의 루프톱 야외 수영장에는 풀 사이드 바가 있어서 루프톱 바와 비슷한 분위기를 느낄 수 있으니 참고하자.

쿠알라 룸푸르의 추천 루프톱 바

캐노피 라운지 루프톱 바 KL Canopy Lounge Rooftop Bar KL

주소 183, Jln Mayang, Kampung Baru, Kuala Lumpur
시간 16:00~03:00 전화 03-2181-7907

스카이 바 Sky Bar

주소 33F, Traders Hotel 시간 일~목 10:00~01:00(금~토10:00~03:00)
전화 03-2332-9888 홈페이지 www.shangri-la.com/kualalumpur/traders

딥블루 DEEPBLUE

주소 Level 51, THE FACE Suites 시간 18:00~02:00
전화 012-226-1020 홈페이지 www.thefacehospitality.com

전통 극장식 레스토랑

외국 여행 중에 그 나라의 전통 공연을 보는 것은 쉽지 않는 일이다. 패키지 여행이라면 으레 한 번 정도의 전통 공연 일정이 끼어 있을지도 모르나 개별 여행이라면 전통 공연을 일부러 찾아서 보기 힘든 것이 사실이다. 이럴 때 식사도 하고 전통 공연도 볼 수 있는 전통 극장식 레스토랑을 찾는 것도 좋다. 전통 극장식 레스토랑에서는 단품보다는 뷔페 식사를 선택하여 다양한 요리를 맛보는 것을 추천한다. 개인 여행자는 그 나라의 요리를 다양하게 맛볼 기회가 별로 없기 때문에 이런 뷔페를 통해 한자리에서 여러 요리를 맛보는 것도 좋다. 쿠알라 룸푸르의 송켓 레스토랑(Songket Restaurant)이 대표적인 전통 극장식 레스토랑이다.

클럽 Club

음악을 좋아한다면 디제이의 현란한 디제잉을 보고 즐길 수 있는 클럽 투어를 외국 여행에서 빼놓을 수 없다. 간혹 로컬 음악 위주의 디제잉 때문에 당황스럽기도 하지만, 다른 한편으로는 평소 들어 보지 못한 음악이어서 더 흥미롭기도 하다. 대부분의 디제잉은 세계의 유행 음악을 베이스로 하므로 누구나 흥겹게 즐길 수 있다. 아울러 그 도시의 가장 핫한 젊은이들을 만날 수 있다는 점도 매력적이다. 디제잉 외에도 라이브 무대에서 공연이 열리기도 하므로 잠시도 지루할 새가 없다. 쿠알라 룸푸르의 쿄(kyō kuala lumpur), 말라카와 페낭의 하드록 카페(Hard Rock Cafe), 페낭의 레드 가든 푸드 파라다이스(Red Garden Food Paradise), 코타 키나발루의 민트 클럽(Mynt Club) 등이 대표적이다.

바 Bar

연일 더운 동남아에서 하루의 일정을 마치고 마시는 시원한 맥주 한잔은 그날의 피로를 말끔히 씻어 주는 듯하다. 간단히 오징어, 땅콩 같은 안주에 세계의 맥주를 골라 마시거나 치킨 춥이나 스테이크 같은 식사를 하며 와인을 마셔도 괜찮다. 일부 바에서는 라이브 공연이 있어 흥겹게 시간을 보내기 좋다. 쿠알라 룸푸르의 라티노 바인 라 보카(La Boca), 위스키 바(The Whisky Bar), 코타 키나발루의 샴록 아이리시 바(The Shamrock Irish Bar) 등이 대표적이다.

에메랄드빛
바다로 풍덩!

해양 스포츠

페낭섬, 랑카위섬, 코타 키나발루 등 유난히 바다에 접한 지역이 많고 열대 기후와 아름다운 해변을 자랑하는 말레이시아에서 다양한 해양 스포츠를 즐겨 보자. 해양 스포츠의 종류는 바나나 보트, 플라이 피시 라이드, 콩 보트, 오션 카약, 시 워킹, 제트 스키, 패러세일링, 스노클링, 스쿠버 다이빙 등이 있으며, 해변마다 자리한 해양 스포츠 간이 사무실에서 신청할 수 있다. 해양 스포츠를 이용할 때에는 반드시 구명조끼를 착용하고 안전에 유의하자.

바나나 보트 Banana Rides

모터보트가 이끄는 바나나 모양의 긴 튜브를 타는 것으로 최하 3~4인이 있어야 이용할 수 있다. 바나나 보트를 타는 동안 스피드를 즐길 수 있고 친구들과 함께 이용하면 좋다.

요금 10분 RM40 내외

오션 카약 Ocean Kayak

원래 통나무를 파서 만든 보트를 가리키지만, 현대에는 플라스틱으로 만든다. 1인용과 2인용이 있으며, 주로 강이나 섬 주변 바다에서 노를 저으며 탈 수 있다.

요금 1인용 RM70, 2인용 RM100 내외

플라이 피시 라이드 & 콩 보트 Fly Fish Rides & Kong Boat

플라이 피시 라이드는 가오리 모양의 고무보트이고 콩 보트는 2인용의 작은 보트이다. 둘 다 모터보트가 로프로 연결해서 빠르게 끌고 다니며 스피드와 시원함을 느낄 수 있어 즐겁다.

요금 10분 RM70 내외

시 워킹 Sea Walking

산소 호스가 연결된 헬멧을 머리에 쓰고 바닷속을 둘러보는 것으로, 지상이나 배에서 호스를 통해 공기를 주입해 준다. 헬멧 무게 때문에 뜨지 않고 바닷속을 걸을 수 있다. (또는 허리에 추를 감기도 한다.) 별도의 교육이 없이도 초보자가 손쉽게 즐길 수 있는 점이 장점이다.

요금 1회 RM250 내외

제트 스키 Jet Ski

바다를 달리는 소형 보트 또는 해상 오토바이라고 할 수 있으며, 속도가 매우 빠르고 신속한 회전을 할 수 있어 운행하는 재미가 있다. 단, 과속하지 않도록 하고 주위의 돌출물을 피해 운전해야 한다.

요금 1시간 RM300 내외

패러세일링 Parasailing

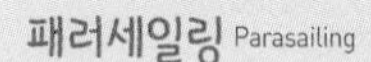

보트가 끄는 낙하산을 타는 것으로 1인용과 2인용이 있다. 바람을 맞으며 하늘을 나는 기분이 좋고 바다의 시원함까지 느껴진다. 간혹 보트 운전자가 재미를 위해 급회전을 하기도 하므로 장난치지 않도록 주의를 주는 것도 좋다.

요금 1인용 RM70, 2인용 RM180 내외

스노클링 Snorkeling

스노클링은 물안경을 쓰고 스노클(Snorkel)이라 불리는 대롱을 이용해 숨을 쉬며 수심 5m 내외의 바닷속을 둘러보는 것이다. 주로 섬 주위의 얕은 바다에서 레저 삼아 많이 이용한다.

요금 스노클링 대여료 RM10, 핀(오리발) 세트 RM10 내외

스쿠버 다이빙 Scuba Diving

스쿠버 다이빙은 등에 숨을 쉴 수 있는 산소통을 메고 바닷속을 둘러보는 것으로 일정 시간 교육이 필요하며, 깊은 바다로 들어가기 위해서는 일정 수준의 자격을 갖추어야 한다. 보통 PADI(Professional Association of Diving Instructors)의 스쿠버 다이빙, 오픈 워터 다이빙, 어드벤스 오픈 워터 다이빙 자격증은 2~3일간의 교육을 거쳐 단계적으로 취득할 수 있다.

요금 전일 RM185 내외, PADI 교육 RM950~1300

알고 가면
본전 뽑는

리조트 100배 즐기기

고급 리조트는 단순히 잠만 자는 숙박 시설이 아니라 그 안에서만 며칠을 지내도 될 만큼 멋진 시설과 프로그램을 자랑한다. 더구나 일정 수준 이상의 비용이 드는 곳이므로 알차게 즐기다 올 필요가 있다. 우선 리조트 팸플릿이나 홈페이지를 통해 어떤 시설과 액티비티가 있는지, 어떤 이벤트가 열리는지 확인해 보자. 일정을 짤 때도 줄곧 밖으로만 돌아다닐 것이 아니라 리조트 내에서 여유로운 시간을 보낼 수 있도록 한다.

체크인 & 체크아웃 Check In & Check Out

리조트 프론트에 예약 번호와 성명을 알려 주고 방을 배정받는 것을 체크인, 리조트 이용을 마치고 키를 반납하는 것을 체크아웃이라고 한다. 프론트 옆 콘시어지(Concierge)는 리조트 안내, 객실 이용 안내, 투어 문의 등을 담당하는데 자리에 없으면 프론트에 문의해도 된다. 리조트를 떠나는 날 보통 10~11시 체크아웃하고 방을 비워야 하는데, 항공편이 늦은 시간에 있는 경우에는 일정 금액을 지불하고 오후 6시경까지 체크아웃을 늦출 수 있다.

룸 이용 & 룸서비스 Room Using & Room Service

객실 내에는 침대, TV, 냉장고, 전화, 옷장 내의 개인 금고, 다림판, 슬리퍼 등이 비치되고 욕실에는 비누, 샴푸, 면도기, 여러 종류의 타월, 화장지 등이 비치된다. 처음 객실에 들어오면 이들 비품이 있는지 살펴보고, 없으면 프론트에 전화하여 필요한 비품을 갖다달라고 한다. 냉장고 내의 음료와 맥주 등은 유료이니 가격을 확인하고 이용하고, 룸서비스는 프론트에 전화하여 주문할 수 있는데 저녁 시간 연인과의 낭만적인 시간을 보내고 싶을 때, 몸 상태가 좋지 않을 때 이용하면 좋다. 요즘은 객실 내에 무선랜이 되므로 스마트폰이나 노트북으로 인터넷을 이용할 수 있다. 다음 날 아침 방해 받지 않고 늦잠을 자려면 문 밖에 '방해하지 마시오.(No Disturb)' 표지판을 걸어 둔다.

레스토랑 Restaurant

리조트 식사의 하이라이트는 조식과 석식 뷔페이다. 여행 중 피곤하다는 이유로 아침 뷔페를 거른다면 아쉬운 일이 될 것이다. 조식 뷔페는 간단한 베이커리부터 죽, 볶음밥, 과일, 디저트, 케이크, 음료 등으로 이루어져 있고 석식 뷔페는 말레이식, 중식, 일식, 양식을 망라하는 국제식 메뉴가 펼쳐지므로 조금씩만 맛보더라도 적어도 3~4번 접시를 비우게 된다.

뷔페를 먹는 순서는 양식의 코스 요리처럼 애피타이저가 될 만한 샐러드, 수프, 죽 등을 조금 맛본 뒤 메인 요리로는 초밥, 해산물 같은 찬 것부터 먹고 스테이크, 불고기 같은 따뜻한 음식을 먹는다. 메인 요리 뒤에는 케이크, 푸딩 같은 달콤한 디저트를 맛보고 이후 열대 과일을 먹고 아이스크림으로 마무리한다. 음료는 찬 과일 주스나 탄산음료로 시작해, 따뜻한 커피나 홍차로 옮겨 간다. 마지막 비법은 맛있는 것만 먹으라는 것이다. 많은 음식이 나오는 뷔페는 모든 음식을 다 먹으라는 것이 아니라 맛있는 것만 먹으라는 의미가 내포되어 있음을 명심하자.

뷔페 레스토랑 외에도 이탈리아 레스토랑, 일식당, 중식당 등 전문 식당이 있어서 각자 입맛에 따라 이용하면 되는데, 런치나 디너 세트로 먹는 것이 조금 저렴하면서 여러 음식을 맛볼 수 있는 방법이다.

야외 수영장 Outside Swimming Pool

리조트 액티비티의 꽃은 야외 수영장이라고 할 수 있다. 해변과는 달리 모래가 묻을 염려도 없고 깨끗하게 정리된 수영장에서 수영을 하거나 물놀이를 하며 놀다가, 선베드에 누워 쉬거나 일광욕을 즐기기도 좋다. 선선한 바람을 맞으며 책을 읽어도 괜찮다. 여유가 되면 일종의 원두막인 카바나를 빌려 연인 또는 가족끼리 이용할 수도 있고 리조트 내 스파에 연락하여 야외 마사지를 받을 수도 있다. 수영장 가의 풀 바(Pool Bar)에 들러, 시원한 맥주나 칵테일을 마셔도 괜찮다.

리조트 액티비티 Resort Activities

리조트 내의 스포츠 센터에서 볼링, 줌바 댄스, 배드민턴, 스쿼시, 탁구, 영화 등을 즐길 수 있고 테니스장이나 축구장이 있다면 테니스나 축구를 할 수도 있다. 리조트 이용객은 이들 시설을 무료로 또는 저렴하게 이용할 수 있어 가족과 함께 즐거운 시간을 보내기 좋다.

해변 Beach

해변 리조트라면 그 리조트만의 해변을 가지고 있을 것이다. 리조트 해변은 투숙객만 이용할 수 있기에 넓은 해변을 한가하게 이용할 수 있다. 해변에서 물놀이를 하든, 조깅을 하든 온전히 해변을 즐겨도 좋다. 해변에서 일광욕을 하거나 마사지를 받아도 즐겁다. 리조트에서 해양 스포츠를 진행한다면 프로그램에 참여해 보자.

골프 Golf

일부 리조트는 골프장을 가지고 있으니 골프 애호가라면 이용해 보자. 우선 골프 드라이빙 레인지에서 가볍게 공을 쳐 본 뒤 필드로 나가자. 보통 리조트 이용객에게는 골프 이용료가 할인된다.

리조트 투어 Resort Tour

리조트에서 자연 체험 투어, 트레킹, 호핑 투어 등을 진행하는 경우, 굳이 외부 여행사를 통하기보다 리조트 내 투어 프로그램을 이용하자. 가격은 조금 비쌀 수 있어도 투어 품질은 어느 정도 보장된다고 볼 수 있다. 리조트에 머무는 동안, 이틀에 1번 정도 투어에 참여하는 것이 적당하다. 좋은 투어가 많다고 연달아 투어에 참여해 리조트를 비운다면, 비용을 내고 리조트를 이용하는 의미가 없어진다.

스파 Spa

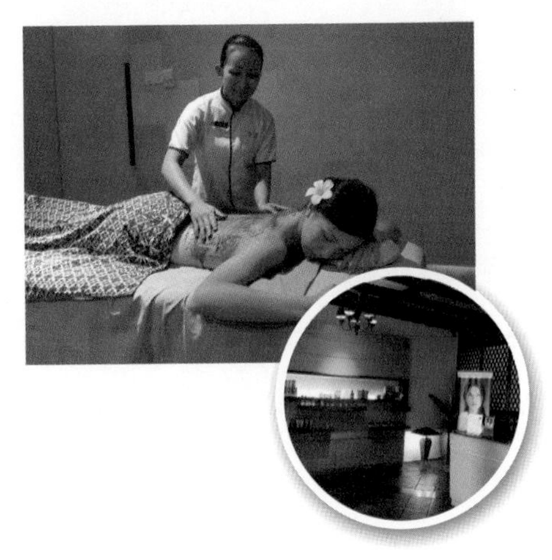

리조트의 럭셔리한 스파 룸에서 스파를 받는 것은 즐거운 일 중의 하나이다. 다만, 리조트 스파는 고급 스파가 많으므로 가격이 비싼 것이 아쉽다. 이럴 때는 스파를 이용하기 전에 리조트 홈페이지의 스파 코너나 스파 자체 홈페이지의 프로모션 안내를 참고해 보자. 때때로 스파 프로모션을 실시하므로 일부 스파에 한해, 할인된 가격으로 서비스를 받을 수 있다. 아무 정보 없이 스파에 가면 절대 알려 주지 않는다.

키즈 클럽 Kids Club

요즘 리조트에는 아이들을 위한 키즈 클럽이 있어 아이들끼리 놀게 하고 부모들만의 시간을 가질 수 있다. 아이들도 다른 아이들과 교류할 수 있는 기회가 되기도 한다. 보통 키즈 클럽은 유료지만 그리 비싸지 않다.

셔틀버스 & 택시 Shuttle Bus & Taxi

리조트에서 외부로 오갈 때 이용하게 되는 것이 셔틀버스로, 대개 1시간에 1대꼴로 운행되고 요금은 있는 곳도, 없는 곳도 있다. 간혹 셔틀버스 이용 시 예약제로 운영되는 경우가 있으므로 이용하기 전에 예약을 하자. 셔틀버스 시간이 어정쩡하다면 택시를 이용하는 것도 시간을 절약하는 방법이다. 리조트에서 택시를 불러 주고 행선지별로 대략적인 요금을 알려 주므로 바가지 쓸 염려도 없다. 시내에서 리조트로 돌아올 때에도 셔틀버스가 늦다면 택시를 이용하는 것이 나은 경우가 있으니 참고한다.

원시의 자연 속으로!

정글 트레킹

정글 트레킹은 열대 우림이 발달한 말레이시아 여행의 하이라이트라고 해도 좋을 것이다. 챙이 넓은 모자와 긴 바지, 트레킹화를 신고 카메론 하일랜즈, 타만 네가라 등의 정글을 누벼 보자. 사륜구동 자동차나 보트 등을 이용한 정글과 리버 사파리도 흥미진진하다. 정글 트레킹 신청은 카메론 하일랜즈의 타나 라타, 타만 네가라의 쿠알라 타한, 코타 키나발루 위스마 사바 등의 여행사에서 신청한다. 프로그램 내용과 가격은 대부분의 여행사가 비슷하니 가까운 여행사를 이용하면 된다.

카메론 하일랜즈 브린창산 트레킹

카메론 하일랜즈에서의 정글 트레킹은 브린창산(Brinchang)을 오르는 것과 라플레시아 꽃 + 보 티 농장 + 정글 트레킹 + 오랑 아슬리 투어가 있다. 브린창산은 해발 2,032m로 브린창산 입구에서 보 티 농장으로 가는 임도를 지나 보 티 농장 갈림길에서 산으로 오르면 된다. 정상 부근의 안개 지대인 모시 포레스트를 지나 전망탑이 있는 정상에 도착하면 브린창 일대가 한눈에 보인다. 오르는 길이 넓고 오전에는 수시로 투어 차량이 정상까지 올라가니 초심자도 비교적 무리 없이 오를 수 있다. 단, 숲길을 오르는 것이 아니라 임도를 따라 오르므로 정글 트레킹하는 기분이 덜 들 수 있다.

투어 요금 보 티+브린창산 반일 투어 RM 50 내외

코스

약 3km / 약 2시간 소요

브린창산 입구 (나바 농원 앞) — 임도 — 보 티 농장 갈림길 — 임도 — 모시 포레스트 — 임도 — 브린창산 정상

카메론 하일랜즈 라플레시아 꽃 & 정글 트레킹 투어

세계 최대 크기의 꽃이라는 라플레시아(Rafflesia)와 보 티 농장 견학, 정글 트레킹, 말레이 원주민인 오랑 아슬리를 만나는 투어로, 전일 투어와 반일 투어로 나뉜다. 반일 투어는 라플레시아 + 정글 트레킹 + 오랑 아슬리로 이루어진다. 라플레시아는 숲 속 깊은 곳에 있고 정글 트레킹은 역시 열대 우림 속으로 들어가는 것이어서 개별적으로 가기 어려우니 투어를 이용하는 것이 좋다. 열대 우림 속의 길은 진창이라서 발이 쑥쑥 빠지고 옷이 젖거나 더러워질 수 있다. 투어는 숲길을 걸어 라플레시아 꽃을 보고 숲을 나와 보 티 농장을 견학한 뒤, 다시 열대 우림 속으로 들어가 울창한 숲을 체험하고 오랑 아슬리 마을에서 대롱 화살 시범이나 불 피우는 시범을 보고 귀환하는 일정이다. 숲이 덥고 습하며 길이 진흙탕인 것을 제외하면 그리 힘든 일정은 아니다.

투어 요금 전일 투어 RM80, 반일 투어 RM40 내외

전일, 도보/차량 이용

라플레시아 — 보 티 농장 — 정글 트레킹 — 오랑 아슬리

타만 네가라 부킷 테레섹 트레킹

타만 네가라에서 가이드 없이 비교적 힘들이지 않고 갈 수 있는 트레킹 코스가 부킷 테레섹(Bukit Teresek)이다. 부킷 테레섹 입구가 캐노피 워크웨이 출발지에 있고, 타만 네가라 국립 공원 사무소에서 이곳까지는 나무 데크가 깔린 길을 따라가면 되기 때문에 무척 편하다.

부킷 테레섹 입구에서 부킷 테레섹까지 나무 계단과 흙길이 이어지지만 북한산의 1/3 정도밖에 되지 않으니 오르기 힘든 것은 아니다. 다만, 덥고 습하고 간간히 거머리도 있어서 불편할 뿐이다. 이런 불편함은 정글을 걸으며 느끼는 풍성한 자연, 맑은 공기, 땀을 흘리면서 느껴지는 상쾌함 등으로 상쇄되고도 남으니 걱정할 필요가 없다. 부킷 테레섹 정상에서 내려가는 길은 다소 돌길이지만 어려운 정도는 아니고 어느 정도 내려가면 다시 파크 센터(국립 공원 사무소)로 돌아가는 평탄한 길이 보인다.

우천에 대비해 비옷이나 우산, 음료와 간식, 지도 등을 준비하면 좋다.

약 2.5km / 약 3시간 소요

파크 센터 — 캐노피 워크웨이 — 부킷 테레섹

타만 네가라 정글 트레킹 & 리버 투어, 사파리 투어

타만 네가라 파크 센터에서 조금 먼 곳으로 가려면 정글 트레킹이나 리버 투어를 이용하는 것이 좋다. 정글 트레킹은 말 그대로 열대 우림 속을 걷는 것이고 리버 투어는 열대 우림 속을 지나는 강을 통해 열대 우림의 생태를 살피는 것이다. 타만 네가라에는 차량이나 보트를 이용한 야간 투어, 오랑 아슬리 마을을 들리는 코스 등도 있다.

투어 요금 정글 트레킹 1일 RM150, 1박 2일 RM230, 2박 3일 RM330 / 나이트 사파리(차량) RM40 / 나이트 리버 사파리(보트) RM45 내외

코타 키나발루 클리아스강 반딧불 투어

코타 키나발루의 열대 우림 속을 흐르는 클리아스강(Klias)에서 보트를 타고 강가에 펼쳐진 열대 우림의 풍경과 숲 속에 사는 코주부원숭이를 구경하고, 밤이 되면 숲 속에서 반짝이는 반딧불을 보는 투어이다. 동물원에서만 보던 코주부원숭이들을 직접 보니 신기하고 어둠 속에 펼쳐지는 반딧불의 향연은 신비로운 느낌을 준다. 코주부원숭이를 잘 보려면 망원경이나 고배율 카메라를 준비하는 것이 좋고, 아쉽게도 반딧불은 여간해서 카메라로 촬영하기 어려우니 눈으로만 감상하도록 한다.

투어 요금 RM190 내외

나이스 샷!

말레이시아 골프 여행

요즘은 골프 여행으로 말레이시아를 찾는 사람들이 늘고 있다. 말레이시아는 한때 골프의 종주국 영국의 지배를 받은 적이 있어 골프에 친근하고 골프장도 많은 편이다. 말레이시아의 골프장은 도시 근교, 고원, 해변 골프장으로 나눌 수 있다. 도시 근교 골프장은 도시 여행과 골프 여행을 겸할 수 있고, 고원 골프장은 고원의 쾌적한 기온에서 골프를 즐기기 좋으며, 해변 골프장은 휴양 여행과 골프 여행을 겸할 수 있어 좋다. 여기서는 말레이시아 골프 투어리즘 협회(MGTA) 소속의 골프장을 몇 군데 소개한다.

쿠알라 룸푸르 근교 마인즈 리조트 & 골프 클럽
The Mines Resort & Golf Club

쿠알라 룸푸르 남쪽, 마인즈 쇼핑센터, 마인즈 리조트 산하 골프장으로 로버트 트렌트 존스(Robert Trent Jones)와 주니어 존스 주니어(Jr. Jones Jr)가 18홀, 파(Par) 71, 챔피언십 코스로 설계했다. 1997년 CIMB 클래식 월드컵이 열려 타이거 우즈가 우승하기도 했다. 쿠알라 룸푸르 시내에서 가까워 이용하기 편리하다.

주소 Jalan Kelikir, The Mines Resort City, Seri Kembangan, Selangor 교통 쿠알라 룸푸르에서 KTM 커뮤터 스렘반 라인 이용하여 세르당(Serdang) 역 하차, 마인즈 리조트 방향으로 도보 10분 시간 07:00~19:00, 매주 월요일 휴무 전화 012-271-0471 홈페이지 www.minesgolfclub.com

쿠알라 룸푸르 근교 팜 가든 골프 클럽
Palm Garden Golf Club

푸트라자야 북쪽에 있는 골프장으로 테드 파슬로우(Ted Parslow)가 18홀, 파 72로 설계했다. 여러 개의 벙커와 연못 등이 적절히 배치되어 있어 홀을 공략하는 재미가 있다. 골프장 주위에 팜 가든 호텔, 푸트라자야 메리어트 호텔 등이 있어 이용하기 편리하다.

주소 IOI Resort City, Putrajaya, Selangor 교통 쿠알라 룸푸르에서 KLIA 트랜짓 이용하여 푸트라자야(Putrajaya) 역 하차, 골프장까지 택시 이용 시간 07:00~18:00 요금 18홀 그린피 주중 RM280, 주말 RM450 / 버기(카트) RM100, 캐디 RM70, 보험료 RM5 전화 03-8213-6310 홈페이지 www.palmgarden.net.my

쿠알라 룸푸르 근교 아와나 겐팅 하일랜즈 골프 & 컨트리클럽
Awana Genting Highlands Golf & Country Club

겐팅 골프장은 해발 945m에 위치하고 있고 로날드 프림(Ronald Fream)이 챔피언십 코스로 설계했다. 고원에 있어 시원하고 상쾌한 공기를 마시며 골프에 임할 수 있다. 인근 겐팅 하일랜즈, 친쉬 사원 등을 둘러보아도 좋다.

주소 Awana Golf Club, Genting Highlands, Bentong, Genting Highlands, Pahang 교통 쿠알라 룸푸르의 푸두 센트럴 또는 KL 센트럴에서 겐팅 하일랜즈행 버스 이용 시간 07:45~17:00 요금 18홀 그린피 주중 RM150, 주말 RM220 / 버기(카트) RM80, 캐디 RM65, 보험료 RM3.5 전화 03-6436-9037 홈페이지 www.rwgenting.com/en/golf/index.htm

이포 메루 밸리 골프 & 컨트리클럽
Meru Valley Golf & Country Club

이포 시내 북쪽에 있는 골프장으로 무함메드 카멜 야신(Muhammed Kamel Yasin)이 27홀, 파 72로 설계했다. 메루 밸리 리조트 내에 있어 숙박을 겸해 골프를 즐기기 좋다. 인근 이포 시내, 동굴 사원 등과의 접근성도 좋다.

주소 Jalan Bukit Meru, Ipoh, Perak, Malaysia 교통 이포 시내에서 골프장까지 택시 이용 시간 07:00~17:00 요금 18홀 그린피 주중 RM120, 주말 RM190 / 버기(카트) RM74, 캐디 RM40, 보험료 RM3, 골프 세트 대여 RM42 전화 05-529-3358 홈페이지 www.meruvalley.com.my

페낭 페낭 골프 클럽
Penang Golf Club

페낭의 말레이반도 쪽에 있는 골프장으로 18홀, 파 72로 설계되었다. 1992년 31회 말레이시아 오픈에서 비제이 싱(Vijay Singh)이 우승한 곳이기도 하다. 페낭섬에서 조금 떨어져 있지만 그리 먼 거리는 아니다. 골프장 내에 일식당, 중식당, 발리 스타일 레스토랑 등도 잘 갖춰져 있다.

주소 No.2, Jalan Bukit Jambul, Bayan Lepas, Penang 교통 페낭 버터워스에서 골프장까지 택시 이용 요금 18홀 그린피 주중 RM160, 주말 RM200 내외 시간 07:00~20:00 전화 04-644-2255 홈페이지 www.penanggolfclub.com.my

페낭 부킷 자위 골프 리조트
Bukit Jawi Golf Resort

페낭 버터워스 남쪽에 있는 골프장으로 웡예콴(Wong Yew Kuan)이 36홀, 파 72, 챔피언십 코스로 설계했다. 2008년부터 2010년까지 골프 말레이시아 투표에서 20위 안에 드는 골프장으로 선정되었다. 48개의 타석을 가진 드라이빙 레인지가 있어 충분히 스윙을 가다듬고 필드로 나갈 수 있다.

주소 Lot 414, Mukim 6, Jalan Paya Kemian Sempayi, Sungai Jawi, Seberang Prai Selatan, Pulau Pinang 교통 페낭 버터워스에서 골프장까지 택시 이용 요금 18홀 그린피 주중 RM160, 주말 RM200 / 버기(카트) RM40, 캐디 RM47.7, 보험료 RM3.18 전화 04-582-0759 홈페이지 www.bukitjawi.com.my

랑카위 구눙 라야 골프 리조트
Gunung Raya Golf Resort

랑카위 동부에 있는 골프장으로 막스 웩스러(Max Wexler)가 18홀, 파 72, 챔피언십 코스로 설계했다. 야자수가 있는 이국적인 풍경을 자랑하고 벙커와 연못도 조화를 잘 이루고 있다. 인근 쿠아 타운으로 오가기도 편리하다.

주소 Jalan Air Hangat, Kisap, Langkawi, Kedah Darulaman 교통 랑카위 쿠아 타운에서 택시 이용 시간 18홀 07:00~15:30, 9홀 07:00~17:30 요금 18홀 그린피 RM230, 버기(카트) RM90, 보험료 RM3 전화 04-966-8148 홈페이지 www.golfgr.com.my

랑카위 ELS 클럽
The ELS Club Teluk Datai

랑카위 서부 다타이 베이에 있는 골프장으로 18홀, 파 72, 챔피언십 코스로 설계되었으며, 골프 클럽 다타이 베이(The Golf Club Datai Bay)로 불리기도 한다. 열대 우림 속에 있어 자연 속에서 골프를 즐길 수 있고 인근에 다타이 리조트, 안다만 리조트 등이 자리한다.

주소 Jalan Teluk Datai, P.O. Box 6 Kuah, Langkawi, Kedah Darul Aman 교통 랑카위의 판타이 체낭에서 택시 이용 요금 18홀 그린피 RM230, 버기(카트) RM90, 보험료 RM3 내외 전화 04-959-2700 홈페이지 www.dataigolf.com

말라카 티아라 말라카 골프 & 컨트리클럽
Tiara Melaka Golf & Country Club

말라카 북동쪽에 있는 골프장으로 넬슨(Nelson), 라이트 & 하이워스(Wright & Hayworth)가 27홀, 파 72, 챔피언십 코스로 설계했다. 열대 우림 속 레이크(Lake) 코스, 미도우((Meadow) 코스, 우드랜드(Woodland) 코스가 있는데 각기 다른 분위기에서 골프를 즐길 수 있다.

주소 Jalan Gapam, Bukit Katil, Melaka 교통 말라카에서 골프장까지 택시 이용 요금 18홀 그린피 주중 RM95.4, 주말 RM159 / 전동 버기(카트) RM80, 캐디 RM35, 보험료 RM3.18 전화 06-231-1111 홈페이지 www.lion.com.my/WebOper/Property/TiaraMelaka.nsf/Home?OpenForm

말라카 아이어 케로 컨트리클럽
Ayer Keroh Country Club

말라카 북동쪽에 있는 골프장으로 툰 닥터 가퍼 바바(Tun Dr Ghaffar Baba)가 27홀, 파 72, 챔피언십 코스로 설계했다. 1989년에는 메이저 대회인 말레이시아 오픈 경기가 열리기도 했다. 골프장 내 수영장, 테니스장, 스쿼시장, 바 라운지 등 부대시설도 잘 되어 있다.

주소 PO Box 232, Melaka 교통 말라카에서 골프장까지 택시 이용 시간 07:00~18:00 요금 18홀 그린피 주중 RM95.4, 주말 RM159 / 전동 버기(카트) RM80 내외 전화 06-233-2000 홈페이지 akcc.com.my

조호르 바루 호라이즌 힐 골프 & 컨트리클럽
Horizon Hills Golf & Country Club

조호르 바루 서쪽에 있는 골프장으로 로스 왓슨(Ross Watson)이 18홀, 파 72, 챔피언십 코스로 설계했다. 바닷가 평지에 골프장이 있어 드라이버로 친 골프공이 떨어지는 궤적을 관찰하기 좋다. 조호르 바루에서 가까운 싱가포르로 가기도 편리하다.

주소 1 Jalan Eka, Horizon Hills, Nusajaya, Nusajaya, Johor 교통 조호르 바루에서 골프장까지 택시 이용 시간 07:15~15:00 요금 18홀 그린피 주중 RM160, 주말 RM180~330 전화 07-232-3166 홈페이지 hhgcc.com.my

조호르 바루 세니봉 골프 클럽
Senibong Golf Club

조호르 바루 서쪽에 위치한 골프장으로 원래 국제적인 골프 코스 디자이너 피트 다이가 설계한 18홀 파 72, 챔피언십 골프장으로 유명한 곳이다. 2018년 회사가 바뀌면서 전체적으로 코스가 리뉴얼되었다. 부대 시설로 수영장, 헬스장, 회의실, 카페 등이 있어 골프 전후로 시간을 보내기 좋다. 클럽 하우스 음식도 맛있다는 평이다.

주소 KM36 Mukim tanjung Kupamg Gelang Patah, Johor Bahru 교통 조호르 바루에서 골프장까지 택시 이용 시간 07:00~19:00 요금 18홀 그린피 주중 RM150, 캐디 RM100(+팁 RM50) 전화 07-596-4311 홈페이지 www.senibonggolfclub.com.my

코타 키나발루 수트라 하버 골프 & 컨트리클럽
Sutera Harbor Golf & Country Club

코타 키나발루의 수트라 하버 리조트 내에 있는 골프장으로 그레이엄 마시(Graham Marsh)가 27홀, 파 72, 챔피언십 코스로 설계했다. 세부적으로는 가든 코스, 헤리티지 코스, 레이크 코스 등이 있어 각기 다른 분위기 속에서 골프를 즐길 수 있고 말레이시아에서는 드물게 야간 골프도 가능하다. 인근 공항이나 코타 키나발루 시내로 가기도 편리하다.

주소 1 Sutera Harbour Boulevard, Kota Kinabalu 교통 코타 키나발루에서 셔틀버스 또는 택시 이용 시간 18홀 06:00~19:00, 9홀 06:00~20:00 요금 주중 18홀 그린피 주간 RM270, 야간 RM320 / 주말 18홀 그린피 주간 RM360, 야간 RM390 / 캐디 RM80~120, 버기(카트) RM50 전화 088-303-900 홈페이지 www.suteraharbour.com

코타 키나발루 사바 골프 & 컨트리클럽
Sabah Golf & Country Club

코타 키나발루 시내 동쪽에 있는 골프장으로 넬슨 & 하워드(Nelson & Haworth)가 18홀, 파 72로 설계했고 1976년 문을 열어 사바 주에서 가장 오래된 골프장 중 하나이다. 야자수가 심어진 이국적인 풍경 속에 골프를 즐기기 좋고 인근 코타 키나발루 시내로 가기도 좋다.

주소 Jalan Kolam, Bukit Padang, Kota Kinabalu, Sabah 교통 코타 키나발루에서 골프장까지 택시 이용 시간 07:00~18:00 요금 18홀 그린피 주중 RM180, 주말 RM320 / 캐디 RM50 전화 088-247-533 홈페이지 sgccsabah.com

코타 키나발루 넥서스 골프 리조트 카람부나이
Nexus Golf Resort Karambunai

코타 키나발루 시내 북쪽, 투아란의 카람부나이 지역에 있는 골프장으로 로널드 프림(Ronald Fream)이 18홀, 파 72로 설계했다. 열대우림 속 연못과 벙커가 조화를 잘 이루고 있어 드라이브 샷을 하기 좋다. 인근 넥서스 리조트 & 스파, 원보르네오의 숙소, 레스토랑 등을 이용하기 편리하다.

주소 Locked Bag 101, Kota Kinabalu, Sabah 교통 코타 키나발루에서 골프장까지 택시 이용 시간 07:00~18:00 요금 18홀 주중·주말 RM403(그린피, 버기, 캐디 포함) 전화 088-411-215 홈페이지 www.karambunaigolf.com

코타 키나발루 달리트 베이 골프 & 컨트리클럽
Dalit Bay Golf & Country Club

코타 키나발루의 샹그릴라 라사 리아 리조트 옆에 있는 골프장으로 테드 파슬로우(Ted Parslow)가 18홀, 파 72, 챔피언십 코스로 설계했다. 바다와 인접해 시원한 해풍을 느낄 수 있고 넓은 연못과 벙커가 곳곳에 배치되어 코스를 공략하는 재미가 있다.

주소 Pantai Dalit, Tuaran, Kota Kinabalu, Sabah 교통 코타 키나발루에서 골프장까지 택시 이용 시간 07:00~18:00 요금 18홀 주중·주말 RM420(그린피, 버기, 캐디 포함) 전화 088-797-870 홈페이지 www.dalitbaygolf.com.my

여행 정보

- 여행 준비
- 한국 출국하기
- 말레이시아 입국하기
- 말레이시아 교통
- 제3국으로 이동하기
- 귀국하기
- 여행 안전 SOS

여행 준비

여권 만들기

해외여행에서 가장 먼저 준비해야 할 것은 여권으로, 기존 여권이 있는 사람도 출국일 기준으로 유효 기간이 6개월 이상 남았는지 확인해 보고 그렇지 않다면 재발급받아야 한다. 서울의 경우 구청에서, 지방은 시청과 도청에서 발급받을 수 있는데, 특별한 경우가 아니면 대리 신청이 불가하고 본인이 직접 신청해야 한다. 여권 발급에는 신청 후 4일 정도 소요되므로 여유를 갖고 신청한다. 여권은 개인 정보를 담은 전자 칩이 내장된 전자 여권과 사진 부착식 여권이 있는데, 일반적으로 모두 전자 여권으로 발급하며 사진 부착식 여권은 해외에서의 긴급한 사유 등 예외적인 경우에만 발급한다. 또한 유효 기간과 사용 횟수에 따라 유효 기간 10년인 복수 여권과 1년인 단수 여권이 있다. 단, 미성년자는 5년, 병역 미필자는 5년 미만으로 유효 기간이 제한되어 있다. 자세한 사항은 외교부 여권 안내를 참조한다.

외교부 여권 안내 홈페이지 www.passport.go.kr

➊ 여권 발급에 필요한 서류 (일반 여권)

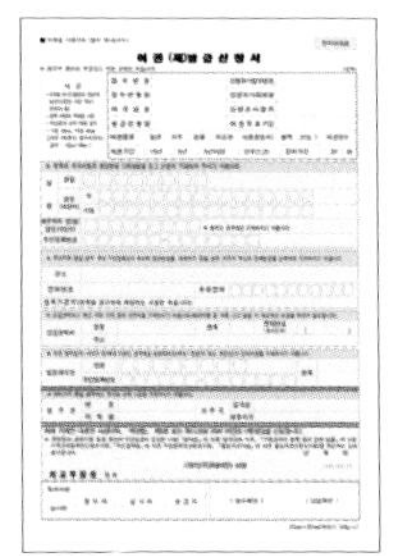

일반인

여권 발급 신청서, 여권용 사진 1매(6개월 이내 촬영한 여권용 사진, 전자 여권이 아닌 경우에는 2매), 신분증(주민등록증 또는 운전면허증), 병역 관계 서류(병역 의무자에 한함).

미성년자

여권 발급 신청서, 여권용 사진 1매, 부 또는 모의 여권 발급 동의서 및 인감 증명서(부 또는 모가 직접 신청할 경우는 생략), 동의인의 신분증 사본, 기본 증명서 및 가족 관계 증명서.

➊ 여권 발급 수수료

10년 복수 여권 53,000원 / 5년 복수 여권 45,000원(18세 미만), 33,000원(8세 미만) / 1년 단수 여권 20,000원 등.

비자 받기

한국인이 관광 목적으로 말레이시아에 단기 방문할 경우에는 90일까지 무비자로 체류할 수 있으므로 비자를 받을 필요가 없다. 단, 취업이나 유학 등의 목적으로 3개월 이상 체류하려면 주한 말레이시아 대사관 영사과에서 비자를 받아야 한다.

주한 말레이시아 대사관
02-2077-8600, www.malaysia.or.kr

항공권 구입

말레이시아로 가는 항공편은 직항과 경유편이 있다. 직항은 인천-쿠알라 룸푸르, 인천-코타 키나발루 노선이 있고, 경유편은 인천에서 홍콩이나 방콕, 광저우 등을 경유해 쿠알라 룸푸르나 코타 키나발루로 간다. 항공권 가격은 직항이 경유편에 비해 비싸다. 왕복 항공권은 1주일, 15일, 1개월, 3개월, 오픈(보통 1년, 귀환일을 정하지 않는 티켓) 등 유효 기간에 따라 가격이 달라지기도 하는데 물론 기간이 길수록 가격이 비싸다. 항공권의 구입은 인터넷 항공권 예매 사이트, 각 항공사 홈페이지, 여행사 홈페이지, 또는 오프라인의 여행사 사무실 등에서 할 수 있다.

➊ 온라인 항공권 판매처

인터파크 투어 1588-3443, tour.interpark.com

대한항공 1588-2001, koreanair.com
아시아나항공 1588-8000, flyasiana.com
말레이시아 항공 www.malaysiaairlines.com
바틱 에어 말레이시아 www.malindoair.com
이스타항공 1544-0080, www.eastarjet.com

숙소 예약

말레이시아의 숙소는 호텔, 레지던스, 리조트, 모텔, 게스트 하우스, 유스 호스텔 등 다양한 종류와 등급이 있다. 따라서 여행의 목적, 예산, 인원 등에 따라 숙소를 정하는 것이 바람직하다. 신혼여행이나 가족 여행이라면 고급 호텔, 레지던스, 리조트 등이 좋고, 부부나 연인, 친구끼리의 가벼운 여행이라면 모텔이나 중저가 호텔도 괜찮으며, 배낭여행이라면 게스트 하우스, 유스 호스텔이 좋을 것이다. 배낭여행이라도 인원이 2인 이상이면 비용을 조금 더 지불하더라도 한 단계 높은 모텔이나 중저가 호텔 쪽으로 알아보는 것도 좋은데, 모텔이나 중저가 호텔의 만족도가 게스트 하우스에 비해 더 높기 때문이다. 관광을 위해서라면 시내 또는 터미널에서 가까운 숙소로 정하는 것이 편리하지만, 휴양을 위해서라면 시내에서 떨어진 곳도 괜찮다. 숙소 예약은 호텔, 리조트, 모텔의 경우 온라인의 호텔 예약 사이트나 오프라인의 여행사를 이용하면 되고, 게스트 하우스와 유스 호스텔의 경우 온라인의 호스텔월드, 호스텔닷컴 등의 예약 사이트를 이용한다.

호텔, 리조트, 모텔 예약 사이트

익스피디아 expedia.co.kr
아고다 agoda.com
부킹닷컴 booking.com
호텔엔조이 hotelnjoy.com
인터파크 투어 1588-3443, tour.interpark.com

게스트 하우스, 유스 호스텔 예약 사이트

호스텔월드 korean.hostelworld.com
호스텔닷컴 hostels.com

여행자 보험 가입하기

해외에서 여행자가 질병이나 부상, 소지품 분실 등의 사고를 당했을 때 일부 보상받을 수 있는 것이 해외여행자 보험이다. 해외여행자 보험은 보통 가격이 싼 일반형과 조금 비싼 고급형으로 나뉘나 그 차이가 크지 않으므로 고급형을 추천한다. 해외여행자 보험은 주요 보험사 또는 보험 전문 사이트에서 가입할 수 있다.

해외여행자 보험 사이트

삼성 화재 1588-3339, samsungfire.com
현대 해상 1588-5656, hi.co.kr
여행자 보험 몰 02-334-0040, tourinsu.co.kr

국제 학생증 & 국제 운전면허증

대학생인 경우 국제 학생증을 준비해 가면 박물관, 공원, 공연장 등의 입장료 할인 혜택이 주어지나 할인되지 않는 곳도 있다. 국제 학생증 발급 기관인 국제 학생 교류 센터(ISEC), 한국 국제 학생 교류회(ISIC) 등에서 신분증, 재학증명서, 사진, 수수료 등을 준비하여 신청하면 된다.
국제 운전면허증은 해외에서 자동차, 오토바이 운전을 하고자 할 때 필요하다. 보통 스쿠터 운전은 면허증이 필요치 않지만 간혹 경찰 단속이 있는 경우가 있으니 국제 운전면허증이라도 준비해 두는 것이 좋다. 국제 운전면허증은 각 자동차 면허 시험장에서 발급한다. 참고로 한국에서는 1, 2종 운전면허로 자동차와 125cc 이하 오토바이까지 운행 가능하다.

국제 학생증 발급 기관

국제 학생 교류 센터(ISEC)
070-7530-5577, isecard.co.kr
한국 국제 학생 교류회(ISIC)
02-733-9393 , www.isic.co.kr

환전 & 신용 카드

환전

환전은 말레이시아로 떠나기 전에 한국에서 하는 것이 좋은데, 은행마다 수수료가 다르니 알아보고 하자. 말레이시아 현지에서는 은행, 사설 환전소 등에서 할 수 있다. 말레이시아 은행의 영업 시간은 09:30~16:00이고 토·일 휴무이나 페를리스, 클란탄, 테렝가누, 크다 주는 이슬람의 영향으로 목·금 휴무이니 참고하자. 사설 환전소는 호텔이나 대형 쇼핑센터 내에 있는 환전소가 비교적 믿을 만하고 길거리 소규모 환전소를 피하는 것이 좋다. 환전 후에는 금액과 영수증을 반드시 확인한다.

신용 카드

비자(VISA), 마스타(Master), 아멕스(Amex) 등 국제적으로 통용되는 신용 카드는 말레이시아에서 사용 가능하다. 주로 호텔, 리조트, 대형 쇼핑센터, 슈퍼마켓 등에서 이용하는 것이 좋고 소규모 상점에서는 이용하지 않도록 하자. 특히 유흥업소에서는 신용 카드를 사용하지 않는 것이 좋고, 만일 사용하게 된다면 처리되는 과정을 직접 지켜보는 것도 중요하다. 현지의 현금 인출기(ATM)를 통해서 현금 서비스를 받거나 체크 카드로 예금 인출을 할 수 있으니 참고하자. 현금 인출기를 사용할 때는 주위를 잘 살피고 일행과 함께 이용한다.

여행 정보 수집

말레이시아 여행 정보의 기준은 말레이시아 관광청 홈페이지이다. 말레이시아 관광청의 서울 사무소에 직접 방문하여 무료 책자, 지도를 받아 볼 수 있고 '어트랙션 인 말레이시아' 홈페이지에서 말레이시아 13개 주의 관광지에 대해 알아볼 수도 있다. 한국의 여행자 커뮤니티인 태사랑도 여행 정보가 풍부하여 참고하기 좋다.

여행 정보 사이트

말레이시아 관광청 서울 사무소
02-779-4422, achimmalaysia.tistory.com,
www.malaysia.travel/ko-kr/kr
서울시 중구 서소문동 47-2 한산빌딩 2층
어트랙션 인 말레이시아
attractionsinmalaysia.com
태사랑 www.thailove.net

일정 짜기

일정은 여행 목적과 여유 시간, 여행 비용 등에 따라 결정된다. 태국이나 싱가포르 등지로 여행을 갔다가 말레이시아에 잠시 들르는 경우에는 당일 또는 1박 2일이 적당하고, 단기 휴가라면 2박 3일 또는 3박 4일이 적당하며, 장기 휴가라면 일주일에서 한 달까지 다양한 일정을 생각해 볼 수 있다. 당일이나 1박 2일이라면 쿠알라 룸푸르나 말라카 같은 도시 하나만 집중해서 여행하고, 2박 3일이나 3박 4일이라면 2개 도시를 연결해 여행 계획을 세우며, 일주일 이상의 일정이라면 여러 도시를 연결해 여행 계획을 세우면 된다. 물론 시간이 많더라도 여러 도시를 이동하기 싫은 사람은 한 도시를 집중적으로 둘러보는 것도 좋다.
세부 일정을 짤 때는 항공편과 숙소 위치가 중요하다. 항공편에 따라 현지에서 활용할 수 있는 여행 시간이 달라지고, 숙소 위치에 맞춰서 동선을 짜야 효율적으로 움직일 수 있기 때문이다. 또한 여행지의 공휴일과 주요 관광지의 휴관일을 사전에 확인하는 것도 매우 중요하다. 말레이시아의 일부 주에서는 토·일이 아니라 목·금 휴무이며, 많은 관광지가 월요일에 휴관한다. 또한 말레이시아는 더운 나라이기 때문에 대낮에 야외를 돌아다니기 어려울 수도 있으므로, 한낮에는 박물관이나 쇼핑센터와 같은 실내로 일정을 짜는 것이 좋다.

예산 짜기

여행 예산은 여행 일정과 밀접한 관계가 있어서 여행 일정이 짧으면 적은 여행 비용, 길면 많은 여행 비용이 발생한다. 예산은 항공료+숙박비+식비+교통비+입장료와 잡비의 총합으로 계산해 볼 수 있다. 여기에 예비비 20%를 더한다. 숙박비의 경우 숙소 등급에 따라 차이가 많이 나기 때문에, 저렴한 숙소를 택하면 예산을 많이 절약할 수 있다. 하지만 무조건 예산을 줄이기 위해 저가 숙소를 찾는 것은 바람직하지 않다.

예) 1박 2일 쿠알라 룸푸르 여행

항공료(세금, 유류 할증료 포함) : 600,000원
숙박비(중저가 호텔 1박) : 80,000원
식비(2일x6끼x10,000원) : 60,000원
교통비(지하철, 버스 등, 2일x10,000원) : 20,000원
입장료와 잡비(2일x20,000원) : 40,000원

합계 800,000원+예비비(20%) = 960,000원

여행 가방 꾸리기

여행 준비물은 여권, 여권 복사본과 사진, 현금, 항공권, 갈아입을 의류, 세면도구, 의약품, 여행 가이드북 등이 필요하다. 여행 가방은 직접 휴대하고 기내로 반입할 작은 가방 또는 백팩과 수화물로 부칠 큰 트렁크로 나뉜다. 보통 항공기 수화물 허용 중량은 20kg이며, 초과 시에는 별도의 비용을 지불해야 한다. 칼, 면도칼, 가위처럼 무기로 사용될 수 있는 물품은 기내 반입이 금지되어 있고, 라이터, 부탄가스 등 인화성이 있는 물품은 위탁 수화물로도 반입이 금지되어 있으므로 주의해야 한다. 또한 액체, 젤, 스프레이류도 반입 기준이 엄격하므로 잘 확인해야 한다. 수화물로 부칠 트렁크는 도중에 열리지 않도록 잘 잠그고 밴드로 감싼다.

말레이시아 여행의 필수 준비물

바르는 모기약 정글 트레킹을 할 예정이라면 모기나 벌레 등을 쫓을 모기약을 반드시 준비해야 한다. 바르는 모기약을 물에 풀어 휴대용 분무기에 넣어 가면 편리하다. 숙소에서 사용할 모기장을 준비해도 좋다. 침대 버그(진드기)에 민감한 사람은 침대 주변에 모기약을 뿌려 놓으면 효과가 있다.

수영복 해변이나 섬에 가지 않는 사람이라도 수영복을 준비하면 호텔 수영장에서 즐거운 시간을 보내기 좋다. 중급 호텔 이상에는 수영장이 갖춰져 있는 경우가 많다.

3구 어댑터 우리는 2구 콘센트를 사용하는데 반해 말레이시아에서는 3구 콘센트를 사용하므로 미리 3구 어댑터를 준비하면 좋다. 미처 준비하지 못했을 때에는 호텔이나 리조트의 프론트에서 대여하거나 현지 상점에서 구입하면 된다.

빈 가방 쇼핑을 좋아한다면 큼직하고 접을 수 있는 빈 가방을 준비하자. 재래시장, 야시장, 쇼핑센터 등에서 산 물건들을 바리바리 손에 들고 귀국하는 것보다는 깔끔하게 빈 가방에 채우는 것이 편하다.

액체 및 젤류, 보조 배터리의 기내 반입 제한

국제선 항공편(통과·환승 포함)은 액체·젤류·보조 배터리의 기내 반입 제한 조치를 실시하고 있다. 따라서 액체 및 젤류는 부치는 짐에 넣거나 작은 용기에 담아 기내에 반입할 수 있으며, 보조 배터리는 부치는 짐에 넣어서는 안 되며 160Wh 이하의 용량만 기내 반입이 가능하다.

기내로 휴대 반입되는 조건

- 용기 1개당 100ml 이하여야 함. (잔여량에 관계없이 용기 사이즈를 기준으로 함.)
- 모든 용기를 1리터 규격의 투명한 지퍼백(약 20cmX20cm) 하나에 넣은 상태로 지퍼가 잠겨 있어야 하며, 완전히 잠겨 있지 않으면 반입 불가.
- 승객 1인당 투명한 지퍼백 1개만 소지할 수 있음.

➋ 주요 준비물 체크 리스트

분류	항목	준비물 내용	체크
필수	여권	여권의 유효 기간이 6개월 이상 남았는지 확인하자.	★★★
	항공권(E 티켓)	항공권에 기재된 영문 이름이 여권상의 이름과 같은지 확인한다.	★★★
	여권 복사본, 사진	여권 분실에 대비해 준비하고, 메일로도 보내 놓자.	★★★
	현금	말레이시아 링깃. 예비용으로 소량의 달러를 준비해도 좋다.	★★★
	여행자 수표	여행 기간이 길고 경비가 많을 때 여행자 수표가 안전하다.	★☆☆
	신용 카드	호텔, 리조트, 대형 쇼핑센터 등에서만 사용한다.	★★★
	국제 학생증, 국제 운전면허증	국제 학생증이 있으면 입장료 할인을 받는 곳도 있으니 챙겨 두자. 렌터카를 이용할 계획이라면 국제 운전면허증도 필요하다.	★☆☆
	가이드북	《Enjoy 말레이시아》 가이드북은 필수!	★★★
	여행자 보험	여행 전에 가입하고, 증서를 잘 챙겼나 확인하자.	★★★
의류	외투	냉방이 강한 실내나 야간에는 얇은 점퍼나 카디건이 유용하다.	★★☆
	상하의	여행할 날수에 맞춰서 부피가 크지 않고 다림질이 필요 없는 옷으로 준비.	★★★
	속옷, 양말	여행할 날수에 맞춰서 준비. 장기 여행이라면 간단히 세탁해서 입어도 된다.	★★★
	모자, 선글라스	햇볕을 가리기 위해 챙 넓은 모자가 좋으며, 선글라스도 필수다.	★★☆
	신발	운동화 1켤레, 샌들 1켤레면 충분하다. 많이 걸어야 하므로 굽이 있는 구두는 피하는 것이 좋다.	★★★
	수영복	호텔이나 리조트 수영장을 이용할 때 필요하다.	★☆☆
	기타 액세서리	멋쟁이라면 옷에 맞춰서 준비하자.	☆☆☆
위생	세면도구	칫솔, 치약, 비누, 샴푸, 샤워용품 등. 호텔에 투숙할 경우에는 기본적인 세면용품이 제공되므로 준비하지 않아도 된다. 여행 기간이 길지 않다면 작은 샘플 용기에 담아 가는 것도 요령이다.	★★★
	면도기	남자라면 필수! 현지에서도 구입 가능하다.	★★★
	화장품	로션 등의 기초 화장품은 용기가 크므로, 여행 기간이 길지 않다면 작은 샘플 용기에 담아 가는 것이 좋다.	★★☆
	선크림	자외선 차단 지수가 30 이상인 것으로 준비하자.	★★★
	약	두통약, 설사약, 소화제, 벌레 물릴 때 바르는 약 등.	★★☆
	여성용품	여성이라면 필수! 현지 슈퍼마켓에서도 살 수 있다.	★★☆
	휴지, 물티슈	휴대용 휴지와 물티슈, 야외 활동이 많은 여행에서는 물티슈가 자주 필요하다.	★★☆
	렌즈, 세척액	렌즈를 착용한다면 필수!	★☆☆
	손수건, 수건	가지고 다닐 수 있는 손수건과 세안할 때 쓸 수건도 준비.	★★★
기계	카메라, 관련 용품	배터리나 메모리 카드를 확인하고, 야경을 찍으려면 삼각대도 준비한다.	★★★
	3구 어댑터	말레이시아는 3구 플러그를 쓴다. 현지에서 구입할 수도 있다.	★★☆
	휴대전화	로밍을 하거나 현지에서 심 카드를 구입하여 사용한다. 충전기나 여벌 배터리도 절대 빠뜨리지 말자.	★★★
소품	우산, 우비	우기 때는 필수. 양산 겸용으로 준비하면 햇빛을 차단하는 데도 유용하다.	★★★
	가방	캐리어나 배낭 이외에도, 관광할 때 들고 다닐 작은 가방 준비하기.	★★☆
	주머니, 비닐봉지	간단하게 가방에서 짐을 분리해서 담거나 빨랫거리를 담을 때 필요하다	★★☆
	보안용품	숙소가 도미토리라면 가방을 잠가 둘 자물쇠 등이 필요하다.	★☆☆
	기념품	말레이시아에서 만난 친구들에게 줄 간단한 기념품도 준비하면 좋다.	☆☆☆
	필기 도구	여행 중 필기 도구는 필수! 수첩과 볼펜을 꼭 챙기자.	★★★

한국 출국하기

공항 도착

인천 국제공항

서울에서 인천 국제공항으로 이동할 때는 공항 철도, 공항 리무진 버스를 이용하거나 자가용을 이용한다. 국제선의 경우 보통 2시간 전에 도착해 수속을 하기를 권한다. 공항 3층에 도착하여 게시판에서 해당 항공사의 체크인 카운터 번호를 찾아 이동한다. 2018년 1월 18일부터 인천 국제공항은 제1여객터미널과 제2여객터미널로 나눠 운영되므로 참고하자.

인천 국제공항 1577-2600, www.airport.kr

탑승권 발급

체크인 카운터

항공사별 체크인 카운터에 항공권과 여권을 제시하고 좌석이 지정된 탑승권을 받고 수화물을 부치면 탑승권에 수화물 태그를 붙여 준다. 이때 직접 휴대할 손가방이나 배낭 속에 기내 반입 금지된 물품이 없는지 확인한다. 창가 좌석(Window Seat)과 복도측 좌석(Aisle Seat) 중에서 원하는 좌석을 요구하면 맞춰서 배정해 주니 원하는 좌석을 이야기한다. 탑승권을 받으면 항공편, 출발 시간, 탑승 게이트 번호를 확인한다. 탑승권을 받은 후에는 병역 미필자 병역 신고, 환전, 로밍, 해외여행자 보험 등 기타 일처리를 하고 출국장으로 이동한다.

인천 국제공항의 구조

3층

M L K J H G F E D C B A

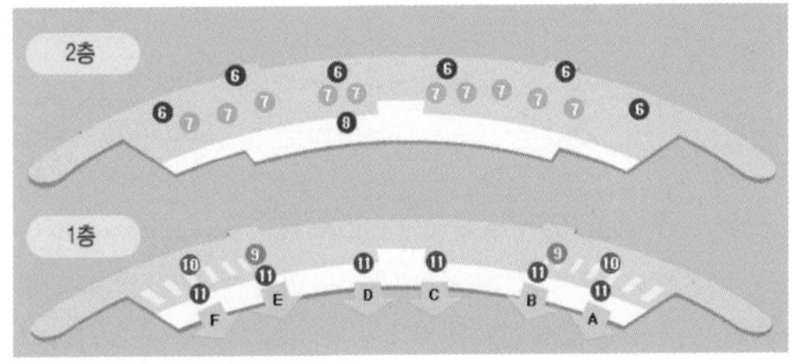

A~M 체크인 카운터

❶ 병무 신고
❷ 영사 민원 서비스 센터
❸ 출국장
❹ 대형 수하물 수속 카운터
❺ 출입국 관리 사무소

A~F 도착장 출구

❻ 검역 심사대
❼ 입국 심사
❽ 동식물 검역
❾ 대형 수하물 수취대
❿ 분실 수하물 안내 카운터
⓫ 세관 검사대

➋ 셀프 체크인 키오스크 이용

체크인 자동화 기계인 셀프 체크인 키오스크를 이용하면 신속하게 탑승 수속을 마칠 수 있다. 단, 수화물은 체크인 카운터에서 보내야 하고 무비자 국가로 출국 시만 이용할 수 있다.

셀프 체크인 대상

아시아나 항공, 대한 항공, 말레이시아 항공, 델타 항공, 유나이티드 항공, 캐세이퍼시픽 항공, 전일본 공수(NH), 네덜란드 항공(KL), 하와이안 항공 등

순서

항공사 선택 → 항공편 선택 → 승객 수 선택 → 여권 인식 → 좌석 선택 → 마일리지 입력 → 탑승권 발행

➋ 도심 공항 터미널 이용

서울역 도심 공항 터미널과 광명역 도심 공항 터미널에서 미리 체크인과 수화물 탁송, 출국 심사 등을 받고 간편하게 공항으로 갈 수 있다. 단, 항공기 출발 3시간 전에 수속을 마쳐야 하니 이른 아침 시간에는 이용하기 불편할 수 있다. 대상 항공사의 일부 항공편은 탑승 수속이 안 될 수 있으니 참고!

서울역 도심 공항 터미널

05:20~19:00, 032-745-7788
대상 항공사 : 대한 항공, 아시아나 항공, 제주 항공

광명역 도심 공항 터미널

05:30~19:00, 1544-7788
대상 항공사 : 대한 항공, 아시아나 항공, 제주 항공 등
(※ 2024년 3월 현재 임시 운영 중단됨)

출국 심사장

인천 국제공항은 3층에 4개의 출국 심사장이 있으며 아무 곳으로 들어가도 무방하다. 출국 심사장으로는 출국할 여행객만 입장이 가능하며, 입장을 할 때 항공권과 여권, 그리고 기내 반입 수하물을 확인한다. 보통 출국 과정은 세관-보안 검색-출국 심사-검역 순서로 이루어진다.

출국 심사장

➋ 세관

출국장에 들어오자마자 양옆으로 세관 신고를 하는 곳이 있는데, 고가의 전자 장비와 골프채, 귀중품, 미화 1만 달러 이상의 현금을 가지고 출국할 때는 세관에 신고해야 한다. 기존에 사용하던 고가의 물품은 이곳에서 세관 신고를 해야만 나중에 입국할 때 세금이 부과되지 않는다.

관세청 문의 1577-8577, www.customs.go.kr

➋ 보안 검색

여권과 탑승권을 제외한 모든 소지품은 검색대를 통과해야 하는데, 기내에 반입이 안 되는 소지품이 발견되면 모두 압수되므로 주의해야 한다.

➋ 출국 심사

출국 심사대에 여권, 탑승권을 제시하고 출국 심사를 받는다. 자동 출입국 심사대를 이용하면 대면 심사 대신 여권과 지문을 스캔하고, 안면 인식을 한 후 심사를 마치기 때문에 더욱 빠르게 출입국 심사대를 통과할 수 있다. 때에 따라 자동 출입국 심사대가 붐비는 경우도 있으니, 상황에 맞게 이용하면 된다.

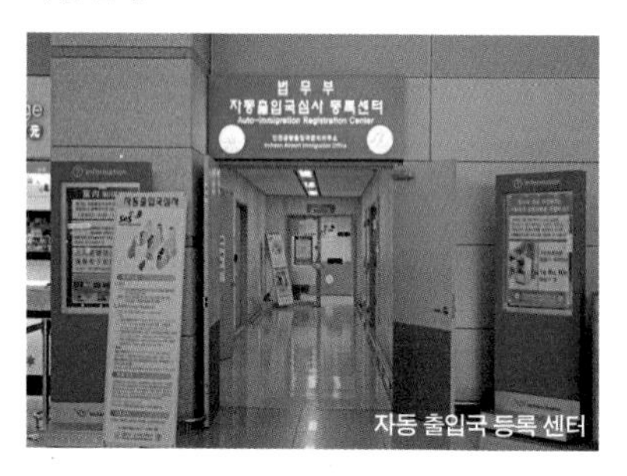

자동 출입국 등록 센터

➋ 검역

특별한 검역 사항이 없으면 그냥 통과한다.

면세점

해외 여행을 계획하면 여행 경비 외에 가장 큰 예산을 차지하는 부분이 바로 면세점 쇼핑이다. 평소 갖고 싶었던 아이템들을 저렴하게 구입할 수 있는 기회이니 가격을 따져 보고, 할인 쿠폰을 챙겨 알뜰하게 이용해 보자. 단, 여행 중 가지고 다녀야하는 불편함이 있으니, 부피가 큰 것은 귀국길의 해

외 면세점에서 구입하는 것이 나을 수도 있다.

주의할 점은, 출국 시 내국인 구매 한도는 2022년 3월 폐지되었지만, 입국 시의 면세 한도는 1인당 미화 $800이다. 단, 2리터 이하의 주류 2병, 담배 1보루(200개피), 향수 60ml는 면세 한도에 포함되지 않는다. 아울러 면세 한도($800)를 초과하면 세관에 신고 후 세금을 납부해야 한다.

인터넷 면세점

할인 쿠폰을 많이 주기 때문에 저렴한 가격에 구매할 수 있고, 출국 전날까지도 쇼핑이 가능하기 때문에 매력적이다. 대신 입점해 있는 브랜드는 시내 면세점이나 공항 면세점에 비해 적다. 주문을 하면 휴대전화 문자로 교환 번호가 오는데, 인도장에서 여권과 함께 제시하면 면세품을 찾을 수 있다.

신라 인터넷 면세점 www.shilladfs.com
롯데 인터넷 면세점 www.lottedfs.com
동화 인터넷 면세점 www.dwdfs.com

시내 면세점

의류나 잡화 등 쇼핑 시간이 오래 걸리는 품목을 산다면 시내 면세점을 이용하는 것이 좋다. 대신 사고자 하는 상품이 명품이라면 출국하기 2~3일 전에는 쇼핑을 끝내야 한다. 상품을 구입하면 물건 대신 교환권을 주는데 출국 날 꼭 챙겨서 간다. 출국 심사 후에 면세품 인도장에서 교환권과 여권을 함께 보여 주면 상품을 찾을 수 있다.

공항 면세점

출국 심사를 마치고 나가면 곧바로 만날 수 있는 공항 면세점은 비행기가 뜨기 전까지 쇼핑을 즐길 수 있는 큰 쇼핑센터이다. 시내 면세점이나 인터넷 면세점에서 미처 사지 못한 상품들을 구매하기 좋은 곳이지만, 의외로 지름신이 오기 쉬운 곳이니 주의해서 쇼핑을 하자.

공항 면세점

기내 면세점

비행기 안에서 책자 안 물품을 구매할 수 있는 소규모 면세점이다. 상품이 한정되어 있지만 항공사가 개별적으로 판매하는 상품이 있고 저렴한 편이다. 자신이 앉은 좌석의 비상등을 눌러 승무원을 호출해 구매 의사를 밝히면 된다. 결제는 신용 카드, 현금 모두 가능하다.

항공기 탑승

탑승구

보통 항공기 출발 시간 30분 전부터 탑승이 시작되므로 탑승권의 탑승구 위치, 출발 시간 등을 확인하여 해당 탑승구로 이동한다. 탑승구 101~130번은 모노레일을 타고 이동해야 하므로 출발 시간 30분 전보다 일찍 이동하여 대기한다.

기내에서

항공기 이륙 전과 이륙 후 항공기가 운항 고도까지 올라가기 전에는 안전벨트를 매고 앉아 대기한다. 운항 고도에 올라간 뒤 승무원의 지시에 따라 벨트를 풀고 움직일 수 있다. 기압이 낮은 기내에서는 취기가 급하게 오르고, 음식물 소화가 잘 되지 않을 수 있으니 주의한다. 불의의 사태에 대비해 항공기의 비상구 위치를 알아 둔다.

말레이시아 입국하기

말레이시아 디지털 입국 카드(MDAC)

2024년 1월부터 말레이시아에 입국하는 모든 여행객은 반드시 도착 전 3일 이내 말레이시아 이민국 웹사이트에서 말레이시아 디지털 입국 카드(Malaysia Digital Arrival Card)를 작성, 등록해야 한다.

말레이시아 이민국 imigresen-online.imi.gov.my/mdac/main

작성&등록 순서 RESISTER(등록) → Personal Information(개인 정보) 입력 → Traveling Information(여행 정보) 입력 → SUBMIT(제출) → 입력한 이메일로 승인 메일 도착 → 승인 메일 스마트폰 화면 복사 또는 프린트 → 말레이시아 입국 심사 시 스마트폰 화면 복사 또는 프린트 보여 줌

도착

쿠알라 룸푸르 국제공항

쿠알라 룸푸르행 항공편의 경우, 대한 항공과 말레이시아 항공, 바틱 에어 말레이시아는 쿠알라 룸푸르 국제공항(KLIA, 1터미널)에 도착한다. 코타 키나발루행 항공편의 경우, 코타 키나발루 국제공항(KKIA, Kota Kinabalu International Airport)으로 도착한다.

쿠알라 룸푸르 국제공항 www.klia.com.my

입국 심사장

쿠알라 룸푸르 국제공항(KLIA)의 경우, 도착 후 모노레일을 타고 바로 본 청사로 이동해야 한다. 입국 심사장에 도착하면 검역(Quarantine)-입국 심사(Immigration)-세관(Customs) 순으로 입국 과정이 진행된다.

검역

유행병이 있는 경우 복도에서 적외선 장치로 체온을 재는 경우가 있으나 별일 없으면 그냥 통과한다.

입국 심사

입국 심사대에 여권을 제시하고 양손 검지 지문을 등록하거나 때론 그냥 심사만 받고 통과한다. 간혹 심사관이 질문하면 짧게 대답하면 된다. 주로 왜 왔는지, 어디서 머무는지, 얼마나 머무는지를 질문하는데, 각각 "관광(tour)", "OO 호텔(OO hotel)", "1주일(1 week)" 등으로 대답하면 된다.

말레이시아 자동출입국심사 신청 및 이용

한국 여행자가 쿠알라 룸푸르 공항으로 입국하는 경우, ❶ 말레이시아 입국 3일 전 말레이시아 디지털 입국 카드를 작성 및 등록하고 ❷ 최초 방문 시 이민국에 여권 등록 및 확인한 후 ❸ 자동출입국심사(오토게이트)로 입국 가능하다. 다음 입국 때부터는 말레이시아 디지털 입국 카드 작성 및 등록, 자동출입국심사(오토게이트)로 입국 가능하다.

입국장

수화물

관광 안내

수화물 찾기

위탁 수하물로 부친 짐이 있다면, 입국 심사대 통과 후 수하물이 나오는 컨베이어 벨트를 찾아가자. 자신이 타고 온 항공편을 전광판에서 확인하면 번호가 나온다. 그 번호 앞에서 기다렸다가 자신의 짐을 찾으면 된다.

세관

수화물 수취대와 입국장 사이에 세관이 있으나 신고할 것이 없으면 그냥 나가면 된다. 말레이시아 면세 한도는 RM500(약 14만 원)이다. 주류 1리터, 새 옷 3개, 새 신발 1켤레, RM150 이하의 음식 등은 면세 한도에 포함되지 않는다. 단, 담배(전자담배 포함)는 세금 부과되니 주의하자. 또한 이슬람에서 금기시하는 마약을 반입하는 자는 극형에 처해진다.

입국장

입국장으로 나오면 마중 나온 사람, 입국하는 사람이 많아 복잡하므로 침착하게 행동한다. 입국장 내의 통신사 부스에서 핸드폰 심 카드를 구입하고, 환전이 필요하면 공항 내 환전소에서 환전을 하고, 관광 안내 센터에서 관광 지도를 얻은 후에 공항철도(KLIA)나 공항버스를 타러 이동한다.

공항에서 시내로 이동하기

쿠알라 룸푸르 국제공항(KLIA), 쿠알라 룸푸르 국제공항2(KLIA2)에서는 공항 철도(KLIA), 공항버스, 택시 등을 이용해 시내로 이동할 수 있다. 공항버스나 택시를 이용해 시내로 직접 이동하거나, 셔틀버스를 이용해 살락 팅기(Salak Tinggi)까지 이동한 뒤 공항 철도를 이용할 수도 있다. 코타 키나발루 국제공항에서는 공항버스나 택시를 이용하면 된다.

Tip

공항에서 시내로의 자세한 교통편은 쿠알라 룸푸르 파트의 '쿠알라 룸푸르로 이동하기', 코타 키나발루 파트의 '코타 키나발루로 이동하기' 코너를 참고하자.

핸드폰 심 카드 구입하기

선불 통화 카드인 심(SIM) 카드 또는 유심(USIM) 카드는 공항 내 상점에서 구입할 수 있다. 심 카드를 핸드폰에 꽂고 카드에 기재된 설명대로 등록을 하면 말레이시아에서 핸드폰 사용이 가능하다. 구입처에서 심 카드를 등록해 달라고 하면 판매원이 알아서 등록해 준다. 심 카드 종류는 Maxis사의 Hotlink(www.hotlink.com.my), Celcom사의 Xpax/Celcom Frenz(www.celcom.com.my), DiGi(www.digi.com.my), Umobile(www.u.com.my) 등이 있고 각 회사별로 다양한 심 카드가 있으니 홈페이지를 참고한다. '1개월 통화+데이터' 심 카드 가격은 RM50 내외이다.

말레이시아 교통

국내선 항공편

페낭, 랑카위, 조호르 바루, 코타 키나발루, 쿠칭 등으로 갈 때는 쿠알라 룸푸르에서 국내선 항공편을 이용하는 것이 편리하다. 말레이시아 항공, 저가 항공인 바틱 에어 말레이시아는 쿠알라 룸푸르 국제공항(KLIA, 1터미널)에서 출발한다. 쿠알라 룸푸르에서 말레이반도의 각 지역으로 이동하는 데 약 40~50분 소요되고 코타 키나발루까지 약 2시간 35분 소요된다.

말레이시아 항공 www.malaysiaairlines.com
바틱 에어 말레이시아 www.malindoair.com

시외버스

시외버스는 기차에 비해 운행 횟수가 많고 요금도 더 저렴하여 말레이시아의 지방 도시로 가는 여행자들이 즐겨 이용한다. 쿠알라 룸푸르의 여러 버스 터미널에서 말레이반도 각지로 출발하는 버스가 운행된다. 이들 버스는 각 회사별로 운행하므로 출발 시간, 요금 등이 조금 다를 수 있고 버스표를 구입하면 환불하기 어려우므로 주의한다. 말레이시아에서는 일부 역이나 터미널을 'OO 센트럴'로 부르기도 하니 알아두자.

지방의 시외버스 터미널은 시내와 조금 떨어져 있으나 시내버스가 수시로 다니니 이용하기에 불편함이 적다. 시외버스는 3열의 우등 버스와 4열의 보통 버스가 있는데 3열의 우등 버스가 조금 비싸고 청결 상태도 더 좋다. 간혹 시외버스 중에는 낡은 것이 있는데 불편할 수 있지만 타지 못할 정도는 아니다. 여성 여행자라면 가급적 뒷자리보다 운전사와 가까운 앞자리에 앉는 것이 좋다.

각 버스 터미널 운행 정보
www.expressbusmalaysia.com

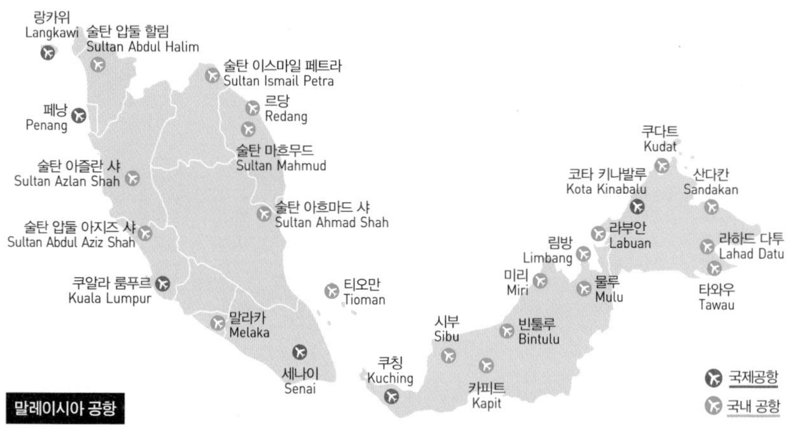

말레이시아 공항

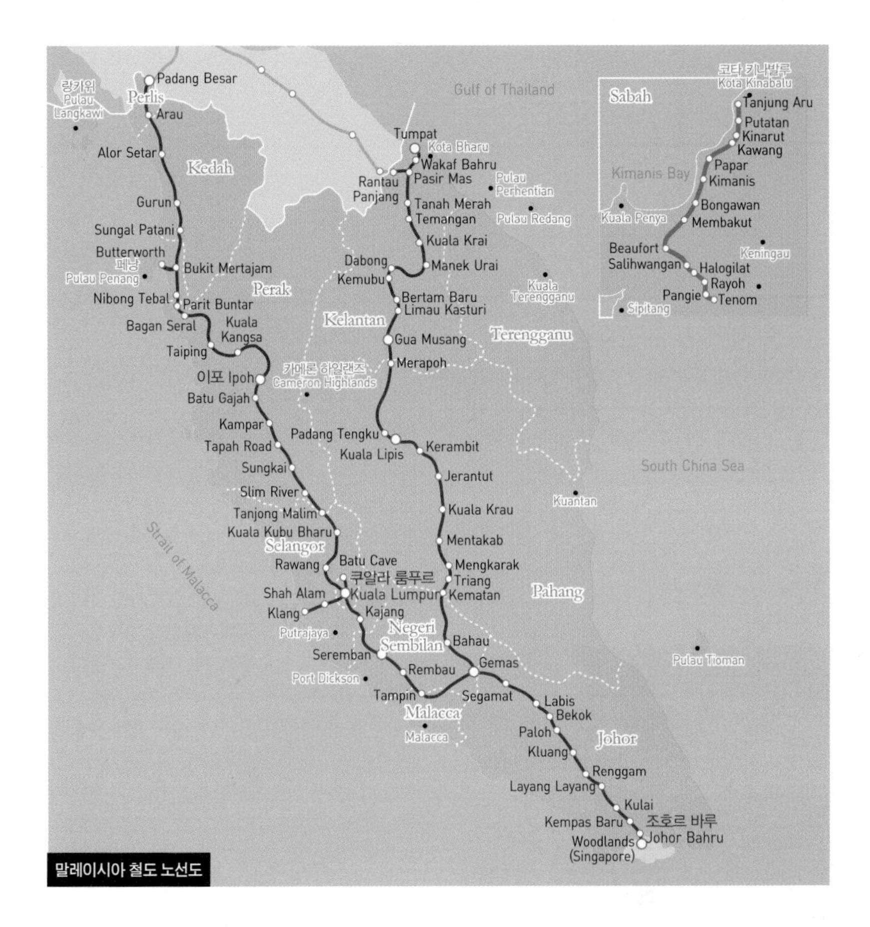

말레이시아 철도 노선도

기차

말레이반도를 운행하는 철도는 동해안 북쪽의 툼팟(Tumpat)에서 KL 센트럴을 거쳐 조호루 바루, 싱가포르 우드랜드까지 가는 이스트-사우스 루트(East-South Route), 태국 핫야이, 말레이시아 파당 베사르에서 KL 센트럴을 거쳐 조호르 바루, 싱가포르 우드랜드까지 가는 노스-사우스 루트(North-South Route), KL 센트럴과 이포 간을 운행하는 ETS 트레인(ETS Train) 등이 있다. 이스트-사우스 루트, 노스-사우스 루트는 1일 3회 정도, ETS 트레인은 1일 8회 정도 운행된다.

북보르네오에서는 탄중 아루에서 파파르까지 관광 증기 기차, 탄중 아루에서 남서쪽 테놈까지 기차가 다니고 있으나 횟수는 많지 않다. 기차의 종류는 급행(Senandung/Eksres)과 보통(Shuttle) 열차로 나뉘는데 급행은 장거리만 운행하고 정차하는 역이 적으며, 보통은 단거리만 운행하고 정차하는 역이 많다.

좌석은 1등석인 프리미어(Premier), 2등석인 슈피리어(Superior), 3등석인 이코노미(Economy)로 나뉜다. 침대칸은 1등석 침대인 딜럭스(Deluxe)와 2-플러스(2-Plus), 2등석 침대인 슈피리어(Superior)로 나뉜다. KL 센트럴-이포 노선 외에는 대체로 기차 운행 횟수가 많지 않아서 여행자는 잘 이용하지 않는 편이다.

말레이시아 철도국 www.ktmb.com.my

Tip

시내 교통편은 '지역 여행' 챕터의 각 도시별 교통수단 코너를 참고하자.

제3국으로 이동하기

항공편

말레이시아에서는 항공기를 이용해 인접한 태국, 싱가포르, 인도네시아 등으로 갈 수 있다. 쿠알라 룸푸르에서 방콕은 약 2시간, 싱가포르는 약 1시간, 발리는 약 3시간 소요된다. 말레이시아 항공, 저가항공인 바틱 에어 말레이시아는 쿠알라 룸푸르 국제공항(KLIA, 1터미널)을 이용한다.

육로 교통편

➋ 버스

말레이반도 북쪽의 페낭, 랑카위, 코타 바루 등에서 태국의 핫 야이, 푸껫 등으로 가는 버스편(랑카위는 페리+버스)이 있다. 이들 버스편은 보통 여행사에서 미니버스+일반 버스로 운영되고 랑카위 같은 섬에서는 페리+버스로 운영된다. 버스의 속도가 빠르지 않고 중간에 출입국 심사를 거쳐야 하므로 약 12시간 정도 소요된다. 말레이반도에서 싱가포르까지는 말레이반도 각지에서 출발하는 싱가포르행 버스를 이용할 수 있다. 말레이반도 남쪽 조호르 바루에서는 불과 1시간 정도면 싱가포르에 도착한다.

➋ 기차

쿠알라 룸푸르의 KL 센트럴 역에서 기차를 이용해, 북쪽에 위치한 태국이나 남쪽의 싱가포르로 갈 수 있으나 운행 횟수가 많지 않아 여행자들이 즐겨 이용하는 편은 아니다.

현지에서 비자 받기

한국인이 관광 목적으로 여행할 경우, 말레이시아와 태국에서는 무비자 90일 체류가 가능하며, 인도네시아는 도착 비자(수수료 US$35)를 받아서 30일 체류가 가능하다. 체류 도중에 일정이 늘어났다면 해당 국가의 이민국(Immigration Bureau)에서 비자 신청(여권, 여권 사진, 수수료 준비)을 하거나 인접 국가로 갔다가 다시 입국하면 된다. 단, 태국의 경우 2014년 5월부터 관광 비자로 관광 목적이 아닌 사업, 취업, 기타 목적으로 장기 체류하려는 비자런을 단속하고 있다. 일정 기간, 단순 여행 목적(동남아 여러 나라 여행)의 비자런은 허용되나 이를 확인할 왕복 항공권, 체류 비용, 신용 카드 등이 필요하고, 단순 여행 목적이라는 증빙 자료가 있어도 출입국 사무소의 사정에 따라 거절될 수 있으니 참고하자!

스톱오버

항공기를 타고 가다가 경유지에서 1일 이상 머물다 다른 항공기로 갈아타는 것을 스톱오버(Stopover)라고 한다. 정식 명칭은 항공 통과 여객(Transit Passenger)이다. 즉, 경유 항공편을 잘 이용하면 항공권 한 장으로 두 나라를 방문할 수 있게 된다. 유럽이나 호주행 비행기 중에는 쿠알라 룸푸르를 경유하는 비행기가 있고, 반대로 쿠알라 룸푸르행 비행기가 싱가포르, 홍콩 등을 경유하는 경우도 있다. 말레이시아에서 스톱오버할 때 무비자로 72시간(3일) 체류할 수 있다. 단, 항공사 별로 스톱오버를 허용하는지, 추가 요금이 있는지 등 스톱오버 조건이 다를 수 있으니 주의하자.

귀국하기

공항 도착

공항버스

쿠알라 룸푸르의 공항은 대한 항공, 아시아나 항공, 말레이시아 항공, 바틱 에어 말레이시아 등이 이용하는 쿠알라 룸푸르 국제공항(KLIA)이 있고, 코타 키나발루의 공항은 코타 키나발루 국제공항 (KKIA)을 이용한다. 쿠알라 룸푸르 국제공항(KLIA)은 제1 터미널과 제2 터미널로 나뉜다. 본인의 항공권이 어느 항공사인지, 어느 공항을 이용하는지 확인하고 2시간 전에 도착하도록 미리 출발한다.

탑승권 발급

체크인 카운터에서 항공권 또는 전자 항공권을 제시하고 좌석이 지정된 탑승권(Boarding Pass)을 받고 수화물을 탁송한 뒤, 수화물 태그(Claim Tag)를 탑승권에 붙인다. 이때 손가방이나 백팩에 기내반입이 금지된 물건이 없는지 확인한다. 탑승권의 항공편, 출발 시간, 탑승 게이트 등을 확인한다.

출국 심사장

보통 출국 과정은 세관(Customs)-출국 심사(Immigration)-검역(Quarantine) 순서로 진행된다. 참고로, 말레이시아에는 관광객을 위한 세금 환급이 없다.

세관 심사 & 보안 검색

특별히 세관 신고할 것이 없으면 그냥 통과하고 보안 검색을 받는다. 현지에서 쇼핑한 물건 중에서 기내 반입이 금지된 물품이 없는지 미리 확인하자.

저가 항공 키오스크 체크인

항공기를 이용하기 위해 공항에 도착하여 체크인 카운터에서 좌석 배정, 수화물 탁송 등을 하는 과정을 체크인이라고 한다. 일부 저가 항공사는 공항에서의 체크인 카운터 대신 웹 체크인, 공항의 키오스크(Kiosk) 체크인, 모바일 체크인 등을 이용한다. 키오스크 체크인 이용 방법을 알아보자.

1. 키오스크 사용 언어(영문, 중문 등) 선택
2. Check In & Print Boarding Pass 선택
3. Booking Number(예매 용지 확인) 선택
4. 부킹 넘버 입력 후 Confirm(확인) 선택
5. 여행 일정 나오고 탑승자 성명 체크(가방 같은 화물 표시 있으면 체크)
6. 확인하면 보딩 패스(탑승권)와 화물 태그 프린트 됨
7. 화물 태그를 화물에 붙임
8. 안쪽의 체크인 카운터로 이동
9. 체크인 카운터에서 보딩 패스 확인, 화물 확인 후 화물 배송
10. 대합실로 이동

키오스크에서 왕복 항공편 체크인을 모두 할 수도 있고 따로 할 수도 있는데, 모두 했을 때는 귀환용 탑승권 보관에 유의한다. 화물 태그는 가는 편 1장만 나오고 귀환 시 공항에서 다시 발행해야 한다. 키오스크 이용 방법을 잘 모르면, 주변 현지인에게 도움을 청하자(항공사 직원은 잘 보이지 않음).

관광객들이 흔히 구입하는 열대 과일이나 육포, 짝퉁 상품 등은 현지에서 출국할 때 문제가 안 되어도 인천 공항에서 압수당할 수 있으니 주의하자.

➋ 출국심사

출국 심사대에 여권, 항공권을 제시하고 출국 심사를 받는데 별일 없으면 여권에 도장을 찍어 주고 통과된다.

➋ 검역

검역 역시 특별한 유행병이 없으면 바로 통과!

면세점

면세점 쇼핑 전에 미리 쇼핑 리스트를 준비하면 충동구매를 줄일 수 있다. 한국의 면세 한도는 미화 US$600 이내, 주류 1리터 1병, 담배 200개비(1보루), 향수 60ml 등이니, 한국 면세점에서 샀던 물품까지 고려해서 면세 한도가 넘지 않도록 주의한다.

항공기 탑승

탑승구

항공기 출발 시간 30분 전, 탑승 게이트에서 대기하고 탑승 시간이 되면 항공기에 탑승한다. 항공기 이륙 전과 이륙 후에 항공기가 운항 고도에 오를 때까지 자리에서 안전벨트를 하고 대기한다. 항공기가 운항 고도에 오르면 승무원의 지시에 따라 움직인다. 인천 국제공항에 도착하기 전에, 미리 승무원이 나누어 주는 검역 질문서와 세관 신고서를 작성해 둔다.

입국심사

인천 국제공항에 도착하면 곧바로 입국 심사장으로 이동하게 된다. 입국 심사장에서의 입국 과정은 검역-입국 심사-세관 순으로 진행된다.

➋ 검역

항공기에서 내려 입국 심사장으로 가는 길에 적외선 장치로 승객의 체온을 잰다. 특별한 유행병이 없으면 검역 질문서를 제출하고 그냥 통과한다. 만일 발열이나 몸의 이상이 있으면 검역 당국에 신고를 하자.

➋ 입국심사

입국 심사대에 여권을 제시하고 입국 심사를 받는데 별일 없으면 바로 통과된다. 미리 자동 출입국 등록을 한 사람은 자동 출입국 게이트에서 지문과 여권 스캔을 하고 통과한다.

➋ 수화물 찾기

입국 심사 후 게시판에서 해당 항공편의 수화물 게이트를 확인한다. 해당 수화물 게이트에서 대기하다가 가방이 나오면 자신의 가방을 찾는다.

➋ 세관

세관 신고할 것이 없으면 미리 작성한 세관 신고서를 제출하고 통과하면 되고 세관 신고할 것이 있으면 세관에 신고하고 조치를 받는다.

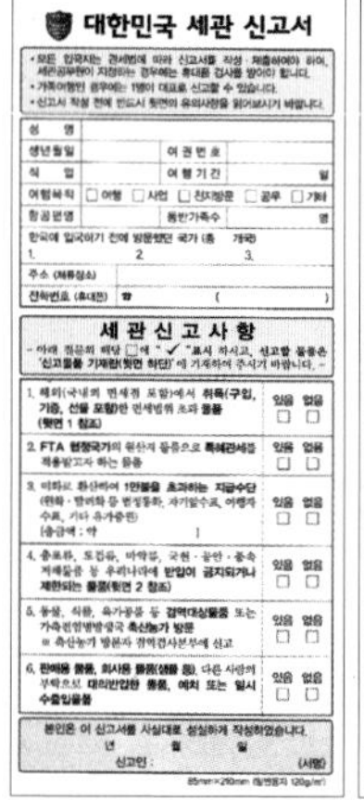

대한민국 세관 신고서

성 명			
생년월일		여권번호	
직 업		여행기간	일
여행목적	□ 여행 □ 사업 □ 친지방문 □ 공무 □ 기타		
항공편명		동반가족수	명
한국에 입국하기 전에 방문했던 국가 (총 개국) 1. 2. 3.			
주소 (체류장소)			
전화번호 (휴대폰)			

세 관 신 고 사 항

1.	있음 □ 없음 □
2. FTA	있음 □ 없음 □
3.	있음 □ 없음 □
4.	있음 □ 없음 □
5.	있음 □ 없음 □
6.	있음 □ 없음 □

년 월 일

신고인 : (서명)

1. 휴대품 면세범위

구 분	주 류	향 수	담 배
일반 여행자	1병	60ml	200개비
승무원	-		200개비

2. 반입이 금지되거나 제한되는 물품

3. 검역대상물품

[신고물품 기재란]

※ 유의사항

입국장

세관을 통과해 입국장에 당도하면 여행 끝! 이라는 안도감에 간혹 물건을 공항이나 공항 철도, 공항 리무진 버스에 놓고 오는 경우가 있으니 마지막까지 주의하자.

여행 안전 SOS

긴급 연락처

말레이시아 여행 중 불상사가 생겼을 때 이용할 수 있는 현지 긴급 연락처는 경찰서 구급차 999, 관광 경찰 03-9284-2222, 소방서 994 등이 있다. 영어에 서툴러도 짧게 핵심만 이야기하면 알아들으니 침착하게 대응하자. 한국 관련 긴급 연락처는 주 말레이시아 한국대사관, 외교부 영사 콜센터, 해외여행자 보험 긴급 전화 등이 있다. 해외여행자 보험 가입자라면 도난, 질병 등이 발생했을 때 보험사 긴급 전화(한국어)에 신고하고 도움을 받자.

경찰서 구급차 999
관광 경찰 03-9284-2222
소방서 994
주말레이시아 한국 대사관
08:30~17:00(점심 시간 12:00~13:30)
03-4251-2336, mys.mofa.go.kr
No. 9 & 11, Jalan Nipah, Off Jalan Ampang, Kuala Lumpur
주말레이시아 한국 대사관 코타 키나발루 분관
088-206-110
consulate_kk@mofa.go.kr
L7, Plaza Shell, 29 Jalan Tunku Abdul Rahman, Kota Kinabalu
재말레이시아 한인회 03-4257-7585
외교부 영사 콜센터
00+800-2100-0404, 1-800-80-0082+5(무료)
00+822-3210-0404(유료)
www.0404.go.kr

사고 대처 요령

여권 분실 및 도난

여행 중에 여권을 분실하거나 도난당하면 귀국할 수 없다. 타국에서 여권을 재발급받으려면 약 3주의 시간이 필요하므로, 여권 재발급 대신에 귀국을 위한 단수 여권이나 여행 증명서를 발급받는다. (※ 코타 키나발루에서 분실 시 현지 경찰서→코타 키나발루 분관→현지 이민국→공항 출국 순으로 업무 처리)

❶ 가까운 경찰서에 신고 후, 분실 및 도난 증명서를 받는다.
❷ 분실 및 도난 증명서와 여권 재발급에 필요한 서류를 지참하고 한국 대사관으로 가서 여행 증명서를 발급받는다.
❸ 말레이시아 이민국(푸트라자야 소재)으로 가서 스페셜 패스(수수료 RM100)를 받는다.

여권 재발급 서류
여권 사진 2매, 경찰서 발행 분실 및 도난 증명서, 신분증(주민 등록증 또는 여권 사본), 수수료(단수 여권 RM60, 여행 증명서 RM28) ※ 현금만 가능

지갑, 신용 카드, 여행자 수표의 분실 및 도난

지갑이나 신용 카드를 분실하거나 도난당했을 때는 우선 카드 회사의 긴급 연락처에 연락하여 분실 및 도난 신고를 하고 카드를 정지시킨다. 한국계 신용 카드의 경우 해외에서 재발행이 어려우므로 비상금이 있는지 찾아보고 일행이 있다면 일행의 도움을 받을 수 있는지 알아본다. 필요한 경우 경찰서에서 분실 및 도난 증명서를 발급받는다. 해외여행자 보험을 가입했다면 분실 및 도난 증명서의 사유에 '도난'으로 표기하는 것이 좋다.
여행자 수표를 분실하거나 도난당했을 때는 여행자 수표 발행 회사에 전화하여 분실 및 도난 신고를 하고, 필요한 경우 경찰서에서 분실 및 도난 증명서를 발급받는다. 여행자 수표 사본(또는 번호)과 여권을 준비해, 발행 회사에서 재발급 신청을 하면 2~3일 내 재발급이나 환불을 받을 수 있다.
지갑, 신용 카드, 여행자 수표 등을 분실하거나 도난당해, 여행 비용이 없다면 외교부 영사 콜센터에 연락해 신속 해외 송금 지원 제도를 이용하자. 신속 해외 송금 지원 제도란 외국에서 돈을 분실하거나 도난당했을 때 한국의 지인이 외교부 계좌로 입금(최대 3,000달러 이하)하면 이를 재외 공관(대

사관, 총영사관)에서 현지 통화로 찾을 수 있게 하는 제도를 말한다.

국민카드 1588-1688
국민BC카드 1588-9999
농협카드 1588-1600
롯데카드 1588-8300
삼성카드 1588-8900
신한카드 1544-8877
시티카드 1588-7000
우리카드 1588-9955
하나카드 1588-1155
현대카드 1577-6200
외환카드 1588-3200

※ 카드사에 전화 시 자동 응답기(ARS)에서 해당 번호를 누르라고 하는데 일부 해외 공중전화는 번호를 눌러도 입력되지 않는 경우가 있으므로 주의! 해당 번호를 누르지 못해 다음 단계로 넘어가지 못함. 핸드폰은 상관없음.

➋ 항공권 분실 및 도난

항공사에 연락하여 항공권 분실 및 도난 신고를 하고 경찰서에서 분실 및 도난 증명서를 발급받는다. 분실 및 도난 증명서를 지참하고 해당 항공사 지점을 방문하여 일정 수수료를 내고 재발급받는다. 할인 항공권의 경우 재 발행되지 않는 경우 많으니 참고한다. 전자 항공권(E-Ticket) 분실 시에는, 프린터로 재출력하거나 스마트폰, 태블릿 등으로 보여주면 된다.

➋ 소매치기 & 날치기를 당했을 때

쇼핑센터나 지하철, 터미널, 유명 사원 등 사람이 북적이는 곳에서는 소매치기와 날치기를 주의해야 한다. 지갑은 항상 안주머니에 넣거나 복대를 이용하고 가방이나 카메라는 손으로 잡고 있어야 한다. 은행이나 현금 인출기(ATM) 이용 시에는 주위를 잘 살피고 일행과 함께 이용하는 것이 좋다. 오토바이 날치기도 있을 수 있으므로 길 안쪽으로 다닌다. 소매치기나 날치기는 혼자가 아닌 여러 명이 움직이는 경우가 있으므로 주위에 신경을 뺏기지 않도록 주의한다. 소매치기나 날치기를 당했을 때에는 경찰서에서 분실 및 도난 증명서의 사유에 '도난'이라 적고 증명서를 발급받는다. 해외여행자 보험 가입자는 보험사 긴급 연락처에 연락하여 도난 신고를 하고 보상 여부를 문의한다.

➋ 숙소에서의 분실 및 도난

호텔이나 모텔, 게스트 하우스 등을 이용할 때에는 귀중품, 지갑, 카메라 보관에 유의하자. 호텔의 경우 개인 금고가 있으면 이용하고, 액수가 큰 금액이나 귀중품은 프론트에 보관하는 것이 좋다. 호텔과 모텔, 게스트 하우스 이용 시, 개인실이라도 꼭 필요한 것만 꺼내 쓰고 가급적 늘어놓지 않고 가방에 넣어 잘 잠가놓는다. 특히 게스트 하우스의 도미토리 같은 공동 이용 시설에서는 귀중품, 지갑, 카메라 등을 가방 깊숙이 넣고 가방을 잘 잠가 둔다. 숙소에서 분실하거나 도난당했다면, 우선 숙소 프론트에 신고하고 경찰서에서 분실 및 도난 증명서를 발급받는다. 해외여행자 보험 가입자라면 긴급 연락처로 전화하여 분실 및 도난 신고를 하고 보상받을 수 있는지 문의한다.

➋ 질병 & 부상

여행 전 소화제, 지사제, 감기약, 몸살약, 두통약, 파스, 모기약, 압박 붕대 등 비상 약품을 준비한다. 지병이 있다면 그에 맞는 약을 준비하고 해당 나라에서 유행하는 풍토병이 있다면 미리 예방 주사를 맞는다. 현지에서는 먹는 물, 음식에 주의하고 더운 날씨나 찬 에어컨 바람에 감기나 몸살이 나지 않도록 한다. 외출 시 몸과 가방, 신발 등에 모기약을 뿌려 모기나 해충의 접근을 막고 숙소에서 모기약을 뿌리면 모기나 해충으로부터 조금 안심이 된다. 현지에서 병이 나거나 부상당했을 때 준비한 약으로 나을 수 있는지 보고, 나을 수 없다면 구급차 999번으로 연락해 병원으로 가자. 999번을 연락하기 전에 대사관이나 재말레이시아 한인회 등에 연락해 도움을 받을 수 있는지 문의하는 것이 좋다. 가벼운 증상이라면 현지 약국에서 필요한 약을 구입할 수도 있는데 현지 언어를 하는 사람과 같이 가면 좋다. (※ 영사 콜센터 무료 통역 전화 활용!)

➋ 유흥가에서 문제가 발생했을 때

일반적인 장소보다 클럽이나 바, 레스토랑, 뒷골목 마사지 숍 등 유흥가에서 문제가 발생할 소지가 높다. 유흥가에서는 과음하거나 밤늦게 다니지 말고 현지인과 다투지 않도록 한다. 현지인과 문제가 발행하거나 바가지를 쓴 경우에는 다투지 말고 가급적 원하는 대로 해 준 다음, 경찰(999)이나 관광경찰(03-2163-4422)에 신고하자. 먼저 청하지 않았는데 친절하게 다가오는 사람은 일단 경계하고 문제가 발생하기 전에 예방하는 것이 현명하다.

여행 회화

말레이어

말레이어는 영국의 영향으로 알파벳을 차용해 쓰고 일부 단어는 소리 나는 대로 표기한다. 일부 자음은 된소리로 발음되고 자음 'c'는 'ㅊ'로 발음한다. 첫 모음 'e' 다음에 자음+자음이 있을 때는 '에'로, 첫 모음 'e' 다음에 자음+모음이 있을 때는 '으' 나 '우'로 발음되고, 두 번째 모음 'e'부터는 '에'로 발음되는데 간혹 예외가 있다. 말레이시아는 영국 식민지였기 때문에 영어에 비교적 익숙한 편이다. 말레이어가 익숙하지 않으니 굳이 문장으로 말하지 말고 단어만 이야기해도 도움이 된다.

인사

안녕하세요?(아침 인사)	Selamat pagi. 슬라맛 빠기
안녕하세요?(오후 · 저녁 인사)	Selamat petang. 슬라맛 프탕
안녕히 가세요.	Selamat jalan. 슬라맛 잘란 Selamat tinggal. 슬라맛 팅갈
또 만나요.	Jumpa lagi. 줌빠 라기
건강하세요?	Apa khabar? 아빠 카바르
건강하세요.	Khabar baik. 카바르 바이크
감사합니다.	Terima Kasih 뜨리마 카시
실례합니다.	Maaf. 마프 Halo. 할로
예.	Ya. 야
아니오.	Tidak. 티닥

소개

당신의 이름이 무엇인가요?	Siapa nama anda? 씨아파 나마 안다
나의 이름은 홍길동입니다.	Nama saya Hong Jil Dong. 나마 사야 홍길동
나는 한국인입니다.	Saya orang korean. 사야 오랑 코리안

나 Saya 사야 당신 Anda 안다 그/그녀 Dia 디아 그들 Mereka 므레카

질문하기

어디입니까? / 어디에 있습니까?	Di mana? 디 마나
저기입니다.	Di sana. 디 사나
화장실 어디입니까?	Di mana tandas? 디 마나 탄다스
있습니까? / 됩니까?	Ada? 아다
홍길동 있습니까?	Ada Hong Gil Dong? 아다 홍길동
여기 있습니다.	Ada di sini. 아다 디 시니
주세요.	Minta. 민타
아이스 티 주세요.	Minta teh ais. 민타 테 아이스
~하여 주세요.	Tolong~ 토롱
택시 불러 주세요.	Tolong panggikan teksi. 토롱 팡기칸 툭시
여기 세워 주세요.	Tolong berhenti sini. 토롱 베르헨티 시니
얼마입니까?	Berapa? 브라파 Berapa harga? 브라파 하르가
비싸요.	Mahal. 마할
싸요.	Tidak mahal. 티닥 마할
계산해 주세요.	Tolong kira. 토롱 키라
기다려 주세요.	Tunggu sekejap. 퉁구 스케잡
이것은 어떤 요리입니까?	Apakah jenis masakan ini? 아파카 즈니스 마사칸 이니
정말 맛있습니다.	Sedap sekali masakan di sini. 스답 스카리 마사칸 디 시니

기타 단어

1	Satu 사투	2	Dua 두아
3	Tiga 티가	4	Empat 음팟
5	Lima 리마	6	Enam 으남
7	Tujuh 투주	8	Lapan 라판
9	Sembilan 슴비란	10	Sepuluh 스푸루
100	Seratus 스라투스	1,000	Seribu 스리부
10,000	Sepuluh ribu 스푸루 리부		

오른쪽	Kanan 카난	왼쪽	Kiri 키리
북	Utara 우타라	남	Selatan 슬라탄
동	Timur 티무르	서	Barat 바랏
이곳	Ini 이니	저곳	Itu 이투
여기	Sini 시니	거기	Situ 시투
저기	Sana 사나		

일요일	Ahad 아하드	월요일	Isnin 이스닌
화요일	Selasa 슬라사	수요일	Rabu 라부
목요일	Khamis 키아미스	금요일	Jumaat 주마앗
토요일	Sabtu 삽투	어제	Kelmarin 클마린
오늘	Hari ini 하리 이니	내일	Besok 베속

역	Stesen 스테센
기차	Keretapi 크레타피
비행기	Kapal terbang 카팔 테르방
버스 정류장	Perhetian bas 페르헤티안 바스
버스 터미널	Hentian 헨티안
도로	Jalan 잘란
다리	Jambatan 잠바탄
광장	Dataran 다타란

시장	Pasar 파사르
약국	Kedai buku 크다이 부쿠
은행	Benk 벤크
복합 상가(빌딩)	Wisma 위스마
모스크	Masjid 마스지드
공원	Taman 타만
궁전	Istana 이스타나
국립	Negara 네가라

산	Gunung 구눙
언덕, 낮은 산	Bukit 부킷
강	Sungai 숭가이
섬	Pulau 풀라우
선착장	Jeti(Jetty) 제티
동굴	Gua 구아

찾아보기

INDEX

Sightseeing

Restaurant & Cafe

Bar & Club

Spa & Massage

Hotel & Resort